KB056310

문화재수리보수기술자

한국건축 구조와 시공 1

이승환 · 박남신 · 정수희

예문사

문화재 수리의 커다란 원칙은 「원형유지」입니다. 어떤 것의 원형을 유지하는 것이 뭐 그리 어려운 일이겠나 싶겠으나 막상 문화재를 수리하는 현장에서는 「원형유지」라는 말의 무게가 그리 가볍지 않습니다. 문화재 수리는 '보존해야 할 원형이 무엇인가'를 심사숙고하고, 올바로 보전하기 위해 '어떻게 수리할 것인가' 하는 방법을 연구하고 실행하는 과정의 연속입니다.

수리보수기술자로서 문화재 관련 분야에서 일하면서 늘 아쉬운 부분은 문화재 및 전통건축물의 구조와 시공에 대해 체계적으로 정리되어 있는 서적을 만나기 힘들다는 것입니다. 또한 문화재의 원형을 파악하고 수리의 방향을 잡아나가기 위한 논의를 함에 있어서도 참고할 만한 기준들이 부족하다는 것도 그러한 부분입니다. 그런 아쉬움 때문에 내용적으로 부족하고 오류가 있더라도 전체적으로 정리된 텍스트가 지속적으로 발간되는 것이 필요하다는 생각으로 이 책을 펴내게 되었습니다.

이 책은 새로운 창작물이 아닙니다. 전통건축의 구조에 대한 기존의 연구 성과를 정리하고, 문화재 수리 현장에서 축적된, 수리보수기술자와 기능자의 경험을 정리한 것입니다. 여기저기 조금씩 흩어진 이야기들을 모아서 정리하는 수고에 더하여 문화재수리보수기술자로서 현장에서 문화재 수리 업무를 맡아보면서 듣고 보고 생각한 것들을 보태었습니다.

이렇듯, 완전히 새로운 창작물은 아니지만, 이 책이 문화재 관련 업무에 종사하는 분들께 조금이나마 도움이 될 수 있도록 가급적 많은 내용을 담고자 노력했습니다. 우선 전통건축과 문화재 수리에 관련된 단행본과 논문, 문화재청의 연구 보고서 등을 참고하여 기본적인 이론을 정리하였습니다. 또한, 문화재 수리 표준시방서와 문화재 실측조사 보고서, 수리 보고서 등을 기반으로 기초자료를 수집하고 정리하였습니다. 깊은 내용의 논의보다는 전통건축물의 구조와 시공에 대한 전반적인 내용을 한 권의 책으로 만들어내는 데 의미를 두었습니다.

1권에서는 기초부, 벽체가구부, 공포부, 지붕가구부, 처마부, 지붕부로 세분하여 목조건축물의 구조와 시공에 대해 다루었으며, 2권에서는 수장부, 중층 건축물, 민가 등의 건축유형, 석탑, 성곽, 근대건축물의 구조와 시공에 대해서 서술하였습니다. 전통건축을 공부하는 독자분들이 여기저기 흩어져 있는 개별 수리 보고서 등을 일일이 찾아보는 수고스러움을 덜어드리기 위해, 개별 건축물의 구조와 문화재 수리 사례를 최대한 다양하게 싣고자 하였습니다. 특히, 독자들이 전통건축물의 구조와 시공을 좀 더 쉽게 이해할 수 있도록 도면을 작성하는 데 많은 시간을 들였습니다. 간략하고 함축적인 형태의 도면을 제시하기 위해 모든 도면을 핸드 드로잉 작업하였습니다. 책에 수록된 도면들은 문화재수리

보수기술자 자격시험을 준비하는 분들에게도 직접적인 도움이 될 수 있을 것이라 생각합니다. 지면을 낭비하지 않기 위해 문화재청 홈페이지에서 자유롭게 다운로드 할 수 있는 개별 건물의 도면이나, 인터넷 검색을 통해 확인할 수 있는 각종 사진들은 굳이 싣지 않았습니다.

책에 수록된 도면은 전통건축과 관련한 기존의 서적, 논문, 연구 보고서, 문화재 실측수리 보고서 등에 게재된 사진과 도면을 참고하여 일부 내용을 수정하거나 보완하는 과정을 거쳐 모두 재작성한 것입니다. 따라서 도면 하나하나에 참고도면을 명시하는 것이 마땅하겠으나, 도면의 수량이 방대하여 일일이 그렇게 하지 못하였습니다. 이 점에 대하여 관계자분들께 감사의 인사와 함께 넓은 아량과 이해를 구합니다. 다만, 참고문헌의 목록을 책의 말미에 게재하였습니다. 책의 내용과 관련하여 좀 더 깊고 풍부한 내용을 얻고자 하시는 분들은 참고문헌에 제시된 도서와 논문을 읽어보시길 권합니다. 또한, 집필자의 능력이 부족한 까닭에 내용을 전달하는 과정에서 많은 오류가 있을 것이라 생각합니다. 이 점에 대해서도 독자와 관계자분들의 넓은 양해와 조언을 구합니다.

문화재 수리에 대한 불신과 의혹의 눈초리 속에서도 많은 문화재수리보수기술자와 기능인, 현장 직원들이 묵묵히 현장에서 문화재를 돌보고 있습니다. 올바른 문화재 수리를 통해 문화유산을 지켜나가는 일이 하루아침에 이루어질 수는 없을 것입니다. 감시와 제재를 위한 법과 제도를 만드는 일은 쉽겠으나 사회적인 배경과 동력을 만드는 일은 어렵습니다. 이것은 관심과 애정을 전제로 한 장기적인 계획과 투자 없이는 불가능하기 때문입니다. 힘든 여건 속에서도 전통건축과 문화재에 대한 사명감으로 오늘도 현장을 지키는 많은 사람들이 있어 우리는 오늘보다는 나은 내일을 맞이할 것이라 믿고 있습니다.

나름의 사명감으로 문화재 수리 업무에 임하고 있는 문화재수리보수기술자모임『문온새미』회원분들의 도움과 격려가 있어 책을 발행할 수 있었습니다. 이 자리를 빌려 감사의 인사를 드립니다. 문화재 수리 현장에서 땀 흘리며 고민을 함께 한 신효선 목수에게도 고마움을 전합니다. 아무쪼록 이 책이 전통건축과 문화재 관련 업무에 종사하는 분들에게 도움이 될 수 있기를 바랍니다. 또한, 문화재 수리 현장에서 땀 흘려 일하는 가운데 문화재수리보수기술자 자격을 취득하기 위해 애쓰시는 기능자, 현장 직원분들께도 조금의 힘이 되었으면 합니다.

저자 일동

문화재수리보수기술자

한국건축구조와 시공 ❶

CONTENTS

1편 기초부 구조와 시공

LESSON. 01 기초

LESSON. 02 기단

LESSON. 03 계단

LESSON. 04 초석

2편 벽체가구부 구조와 시공

LESSON. 01 기둥

LESSON. 02 창방

CONTENTS

LESSON. 04 익공양식

LESSON. 05 하앙양식

LESSON. 06 주칸설정과 공포의 비례

LESSON. 07 귀포의 구조

LESSON. 08 공포부 훼손 유형과 시공

CONTENTS

4편 지붕가구부 구조와 시공

LESSON. 01 지붕가구부 구성부재

LESSON. 02 맞배지붕 지붕가구부

LESSON. 03 다포계 맞배집의 구조

LESSON. 04 팔작지붕 지붕가구부

LESSON. 05 우진각지붕 지붕가구부

LESSON. 06 모임지붕 지붕가구부

LESSON. 07 합각부 가구

LESSON. 08 지붕가구부의 훼손과 보수

CONTENTS

5편 처마부 구조와 시공

LESSON. 01 연목의 구조와 시공

LESSON. 02 선자연의 구조와 시공

LESSON. 03 앙곡과 안허리곡

LESSON. 04 추녀의 구조와 시공

LESSON. 05 평고대의 구조와 시공

LESSON. 06 박공, 풍판

LESSON. 07 처마부 보수사례

CONTENTS

6편 지붕부 구조와 시공

LESSON. 01 기와의 종류와 구조

LESSON. 02 산자, 개판

LESSON. 03 누리개, 적심, 종심목

LESSON. 04 보토, 강회다짐

LESSON. 05 기와이기

LESSON. 06 지붕부의 훼손 원인과 보수

문화재수리보수기술자
한국건축구조와 시공 ❶

PART 1 기초부 구조와 시공

LESSON 01

기초

SECTION 01 개요

01 | 기초 및 지정의 개념

① 기초

㉠ 건축물의 하부 지중 구조 부분(협의)

㉡ 건축물의 하부 지중 구조 부분+지내력 증가를 위한 시설물 및 공법(광의)

② 지정 : 기초부의 지내력을 증가시키기 위한 시설물 및 공법

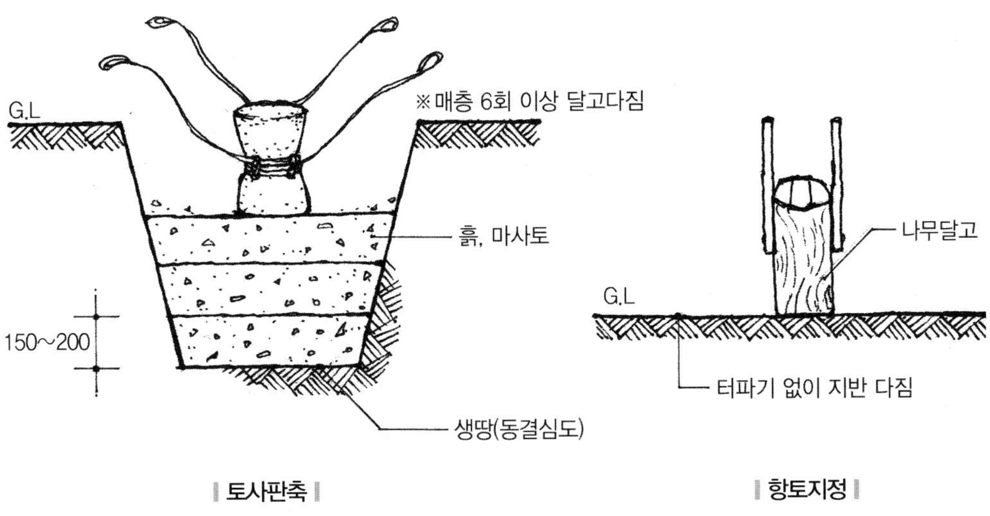

‖ 토사판축 ‖ ‖ 항토지정 ‖

02 | 기초의 종류

① 재료에 따른 분류 : 토축기초, 잡석기초, 입사기초, 장대석기초, 말뚝기초, 횡목기초, 탄축 및 염축

② 시공방법에 따른 분류 : 항토지정, 판축지정, 입사지정, 장대석지정, 말뚝지정, 횡목지정

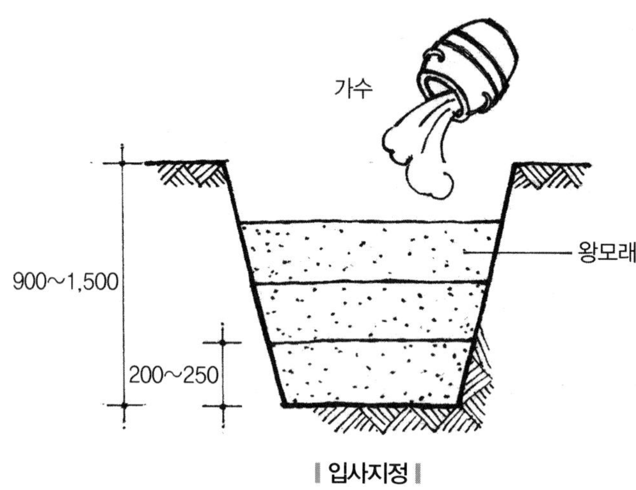

▌입사지정▐

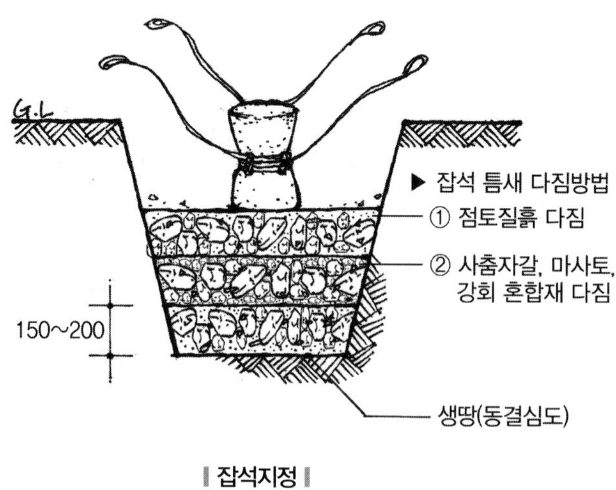

▌잡석지정▐

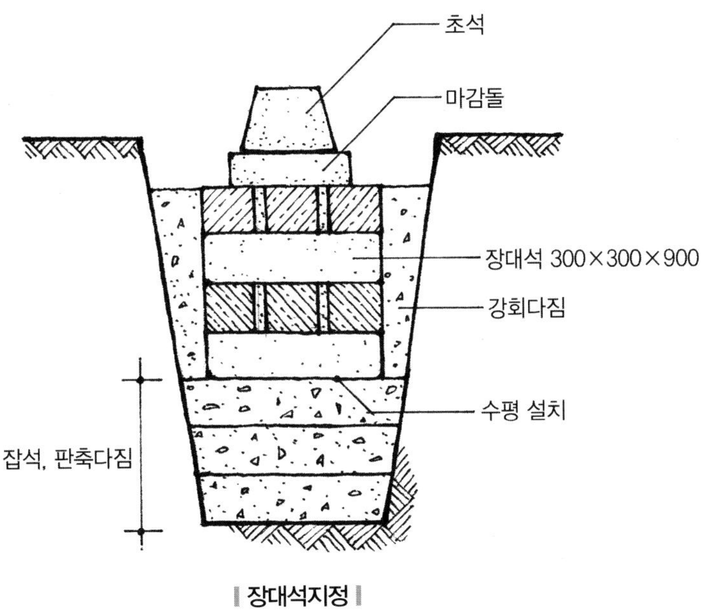

‖ **장대석지정** ‖

지하수위(상수면 이하)
판축다짐
(본지정)
연약지반
60~65mm
말뚝지정
(사전지정)
경질지반
단단한 지반
(생땅)
1자 1자 1자
탈피, 옹이 제거
밑마구리

‖ **말뚝지정** ‖

③ **시공범위에 따른 분류 :** 온통기초(계단, 담장, 탑 등), 줄기초(기단 등), 독립기초(목조건축물 기둥 하부의 일반적인 기초방법)

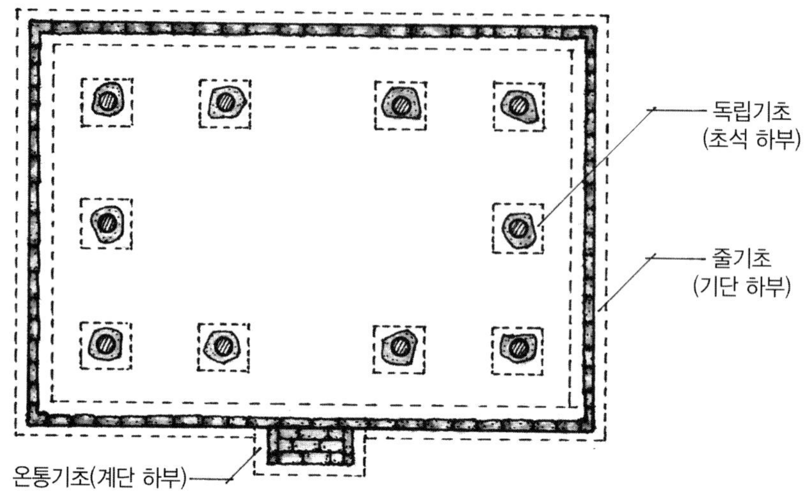

시공범위에 따른 기초의 종류

03 | 지정의 종류 [문화재수리표준시방서]

① **나무말뚝지정 :** 지반에 나무말뚝을 박아 기초를 보강하는 지정

② **모래지정 :** 구덩이를 파고 물을 부어가면서 모래를 층층이 다져 올리는 지정

③ **잡석지정 :** 구덩이를 파고 잡석을 층층이 다지면서 쌓아올리는 지정(적심석지정)

④ **판축지정 :** 구덩이를 파고 마사토, 흙, 잡석 등을 층층이 다지면서 쌓아올리는 지정 / 재료와 방법에 따라 토사판축지정, 토석판축지정, 교전판축지정

⑤ **장대석지정 :** 구덩이를 파고 장대석을 '井'자형으로 쌓아올리는 지정

⑥ 항토지정, 횡목지정, 탄축, 염축

04 | 달고의 종류

손달고(목재), 원달고(석재), 몽둥달고(굵은 통나무)

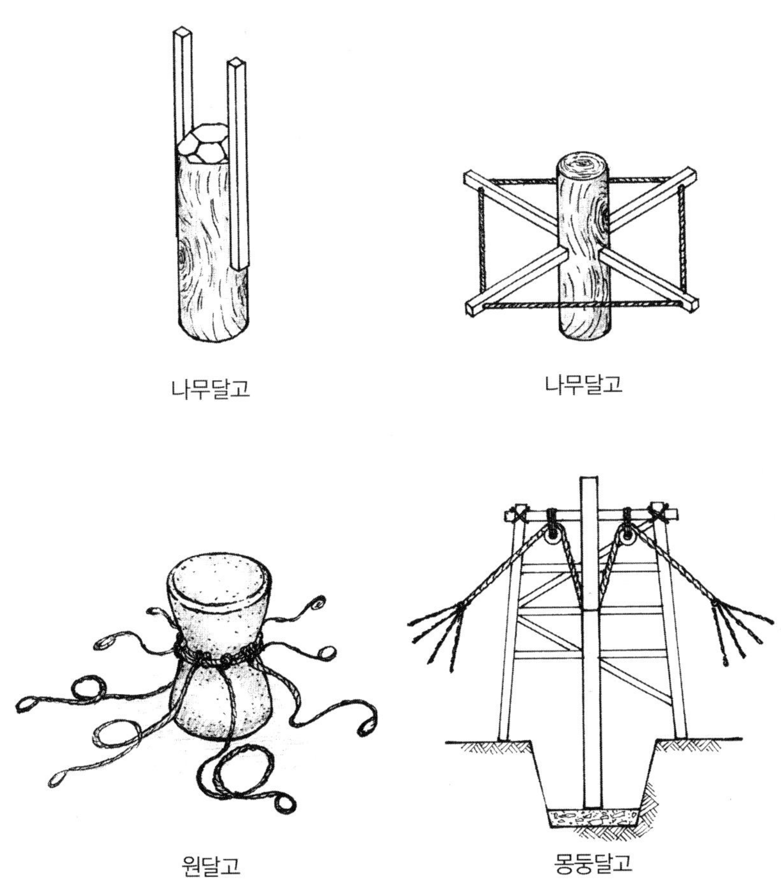

‖ 달고의 종류 ‖

SECTION 02 | 기초의 구조

01 | 기초의 시공방법

① 토축

㉠ 흙 또는 자갈 섞인 흙만으로 다짐

㉡ 사례 : 민가 및 절터의 소규모 건물

② 토사판축

㉠ 마사토를 한 켜씩 다짐하고 1회 다짐두께는 100mm 내외

㉡ 매층마다 6회 이상 달고 다짐

③ 토석판축

㉠ 마사토와 잡석을 혼합하여 한 켜씩 다짐하고 다짐두께는 150mm 내외

㉡ 잡석은 100mm 내외의 크기를 사용

④ 교전판축

㉠ 마사토와 잡석을 교대로 한 켜씩 다짐(토층과 잡석층을 교대로 다짐)

㉡ 다짐두께는 한 켜당 마사토 100mm 내외, 잡석다짐 150mm 내외

㉢ 잡석은 100mm 내외의 크기를 사용

⑤ 잡석지정(적심석지정)

㉠ 잡석을 외곽에서 중심을 향해 방사형으로 깔고, 틈새에는 진흙, 마사토, 자갈 등을 다져 넣음

㉡ 반복하여 250mm 내외 높이로 다짐 / 하부는 넓고 상부로 올라갈수록 좁아지게 설치

⑥ 생석회잡석다짐

㉠ 터파기 한 곳의 외곽부분부터 잡석과 자갈을 최대한 줄을 맞추어서 깐 후 다짐

㉡ 피운 생석회, 마사토 등을 일정 비율로 비빔

㉢ 생석회반죽을 잡석다짐 위에 고르게 펼치고 외곽에서 중심 부분으로 밀실하게 다짐

㉣ 다짐두께는 한 켜당 생석회, 마사토 혼합재료 50mm 내외, 잡석 100~150mm 내외

㉤ 적심석은 뒷뿌리가 기초 중심을 향하도록 방사형으로 배치

㉥ 지정은 하부가 넓은 사다리꼴로 설치 / 외곽에 경계석 설치(둘레돌)

㉦ 기초 최상층은 강회다짐층으로 마감

▼ 생석회잡석다짐(문화재수리 표준품셈)

(m³당)

구분	규격	단위	수량	비고
생석회		kg	40	
마사토		m^3	0.2	
채움자갈	ø 40mm	m^3	0.25	
잡석		m^3	1	
보통인부		인	1.3	
공구손료	인력품의 2%	식	1	

[주] • 생석회, 마사토 혼합재료와 잡석을 교대로 한 켜씩 다짐할 때를 기준
• 원달고(55~75kg)를 사용하여 다짐할 때를 기준
• 다짐두께는 한 켜당 생석회, 마사토 혼합재료 50mm, 잡석 100~150mm를 기준
• 다짐횟수는 한 켜당 6회를 기준
• 마사토는 흙 등으로 대체할 수 있음

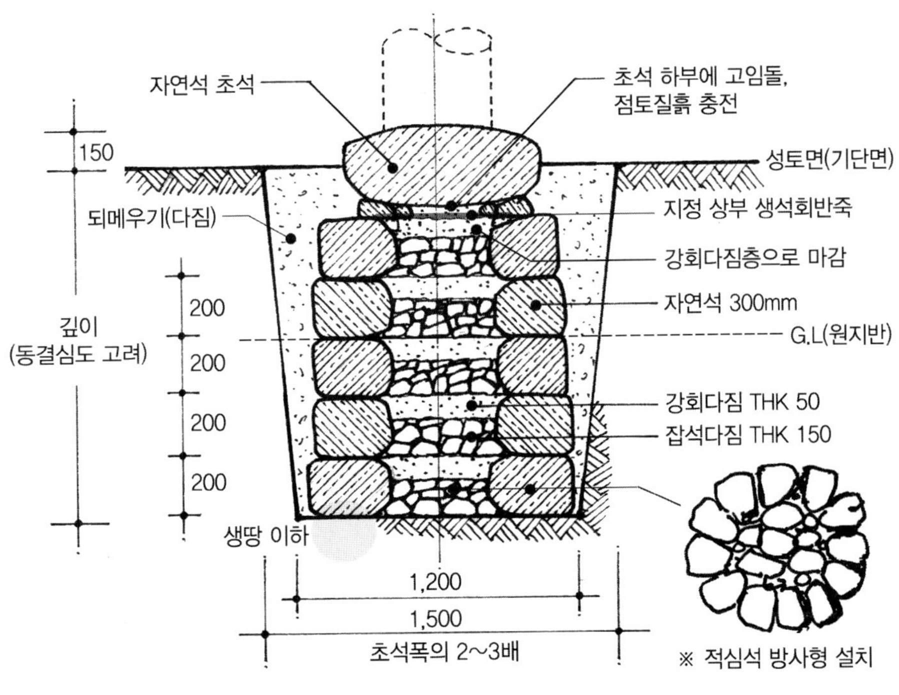

| 생석회잡석다짐 |

⑦ 입사지정(모래지정)

㉠ 구덩이 너비는 초석 너비의 2배 정도

㉡ 구덩이 깊이는 생땅이 나올 때 까지 터파기(통상 0.9~1.5m 깊이)

㉢ 모래를 200~250mm 정도로 깔고 물을 뿌리면서 달고 등으로 고르게 다지는 것을 반복

㉣ 화성 팔달문, 장안문의 기초 공법

⑧ 장대석지정

㉠ 장대석을 우물정자로 나란히 쌓아 올림

㉡ 장대석이 밀려나지 않도록 주위에 강회다짐

㉢ 위아래 장대석 사이는 가급적 모르타르 없이 쌓음

㉣ 필요 시 균등하중을 유지하기 위해 생석회반죽 또는 양질의 점토질흙을 반죽하여 충전

㉤ 상부에 판석 또는 장대석을 밀착하여 마감돌 설치(수평 설치)

㉥ 생땅 깊이에서 쌓아 올라가거나, 하부에 잡석다짐 등 별도의 기초지정 후 설치

㉦ 지반이 특히 약하거나 건물 규모가 크고 하중이 클 때 사용

㉧ 궁궐 전각 및 육축 위 문루의 기초

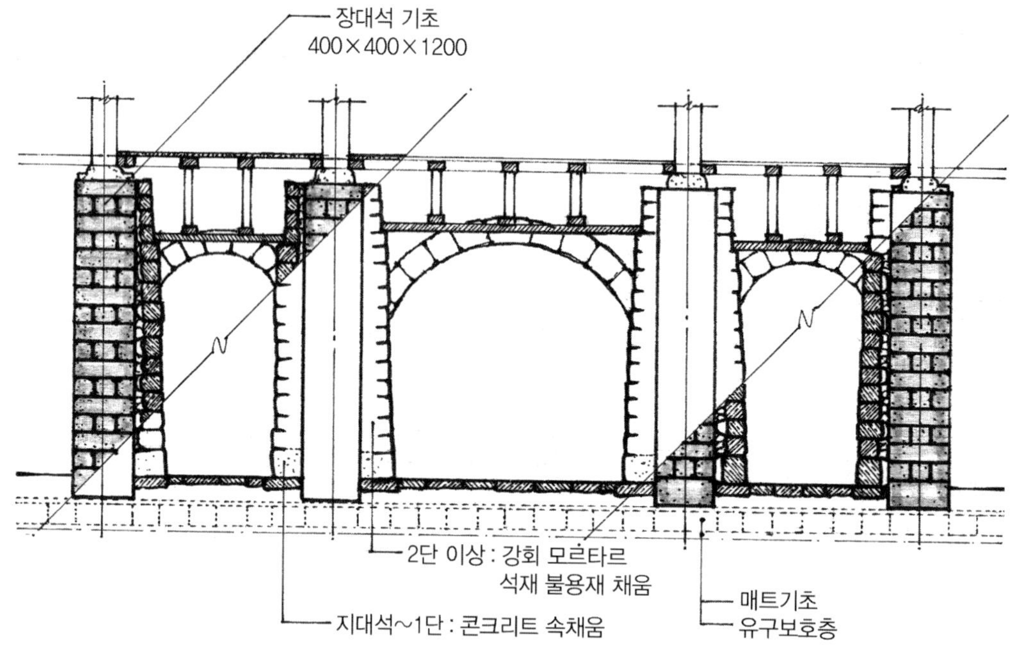

‖ 광화문 장대석 기초 ‖

⑨ 말뚝지정

㉠ 껍질을 벗기고 큰 옹이 등을 다듬어 밑마구리가 아래로 향하게 세워서 상수면 이하에 박음

㉡ 나무말뚝은 갈라짐, 썩음 등의 결함이 없는 생통나무의 껍질을 벗겨서 사용 / 말뚝은 통상 1자 간격

㉢ 말뚝 끝은 지질의 굳기에 따라 적절한 끝 면을 두고 세모 또는 네모로 깎아 뾰족하게 함

㉣ 말뚝박기 후 말뚝머리를 소정의 높이에서 수평으로 자름

㉤ 기초부에 수맥이 있거나 지하수가 유입되는 경우에 본지정을 위한 사전지정으로 사용

㉥ 개울가, 습지, 교각에서 사용

㉦ 흥인지문, 광통교, 동대문 역사문화공원 내 세종시대 성곽구간, 부여 나성, 명정전 월랑지 등

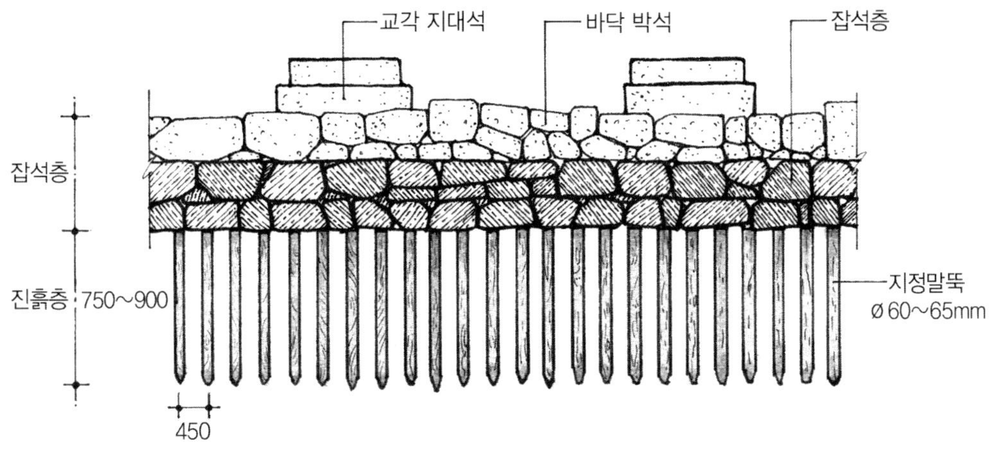

‖ 광통교 기초 하부 말뚝지정 ‖

⑩ 횡목지정 : 하천 교대 하부 기초보강(하천 석축 하부에 통나무 2, 3개를 깔고 석축)

⑪ 탄축 및 염축 : 기초 흙에 소금, 숯가루 등을 혼합하여 시공(방충 및 제습효과)

⑫ 화성성역의궤상의 기초공법

㉠ 석저간축 : 기초웅덩이를 파고 웅덩이 안을 채우지 않은 상태에서 돌달고로 다지는 것

㉡ 교전교축 : 서로 다른 재료를 시루떡 만들듯 교대로 다지면서 쌓아올리는 기초공법(성벽)

㉢ 사수저축 : 모래를 물다짐하여 쌓아올리는 기초공법(성문, 건물지)

㉣ 포회저축 : 회를 고르게 피면서 달고로 다지는 기초공법(황토, 석회, 세사를 배합한 회삼물)
(성문의 입사 기초 위 상부마감, 옹성 상부 바닥마감)

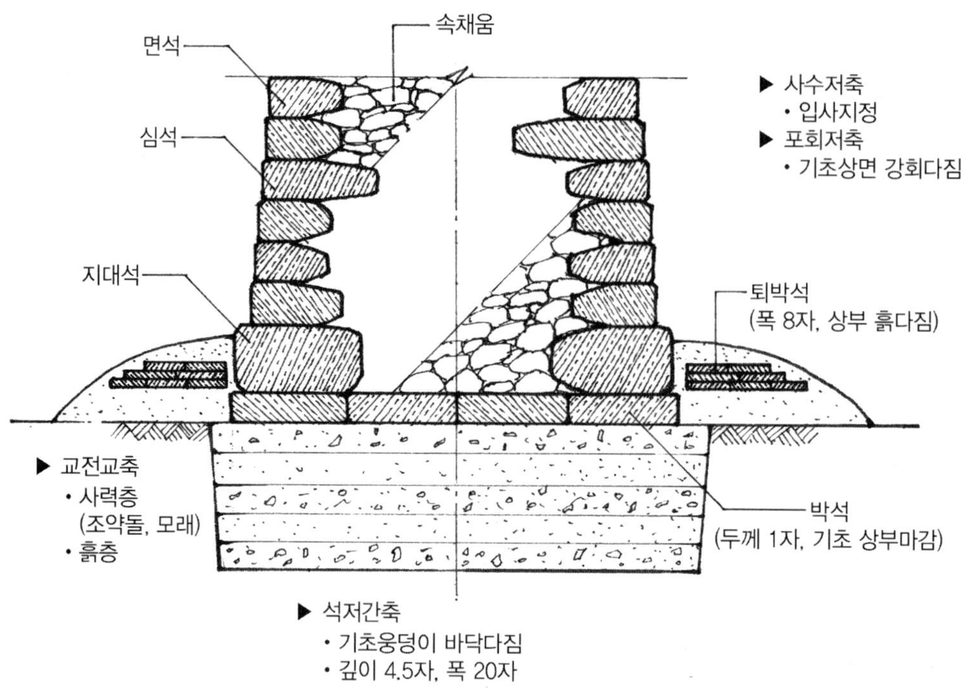

화성 성벽의 기초공법

02 | 기초의 폭과 깊이

① 동결심도, 하부 지층의 상태, 상부구조물의 하중, 초석간 거리 등을 고려

② 동결심도

㉠ 터파기는 연약한 표층을 지나 굳은 생땅이 나올 때까지 파냄

㉡ 굳은 생땅은 동결융해의 영향을 크게 받지 않는 지층으로 깊이는 지역별로 다름

03 | 기초의 설치범위

① 온통기초 : 탑, 성곽, 계단 등에서 구조물의 하부 전체에 기초

② 독립기초 : 일반 목조건축물에서 기둥자리 하부에만 기초 설치

③ 줄기초

㉠ 기둥자리 또는 기단 지대석 하부에 일정폭으로 기초

㉡ 규모가 큰 단층이나 중층건물, 초석간 거리가 짧은 경우 등

SECTION 03 기초의 훼손 원인

01 | 일반적인 원인

① 상부하중에 의한 자연적인 토층 압밀침하

② 지정재료의 내구성 저하에 따른 압밀침하

③ 상부구조물의 편심작용에 의한 압밀, 부등침하

④ 지반의 이동 및 붕괴로 인한 침하

⑤ 지하수의 유입, 기단 하부로의 우수 유입

⑥ 기단 상면 균열에 따른 초석 하부 우수 유입

⑦ 집중호우 시 상향침투압에 의한 기초부 열화현상

⑧ 주변 토목 및 개발공사에 의한 지하수계의 변화

⑨ 차량진동, 부가물 설치에 따른 하중 증가 등 주변환경의 영향

02 | 개별적인 원인

① 경사지 성토부의 전후면 지내력 차이

② 경사지 배면 석축과 기단부 근접에 따른 영향

③ 기단 한쪽 면이 배수로에 면한 구조

④ 기초의 부실 시공(재료 부실, 다짐 불량)

⑤ 근접시공에 의한 기초부 주변의 침하와 유동

SECTION 04 기초의 훼손 유형 및 조사사항

01 | 훼손 유형

부동침하

02 | 조사사항

① 기초부 조사 시 고려사항

㉠ 시간 경과 시 건물 전체의 변위를 촉발하므로 초기 발견이 중요

㉡ 변위의 유형과 상태에 따른 성격 규명(변형 후 안정화 여부)

② 사전조사

㉠ 초석의 파손부위 및 파손정도

㉡ 초석의 이탈 및 기울음 여부 / 초석의 가공 기법(방식)

㉢ 지정 및 지반의 부동침하 여부

㉣ 주변 건물의 상태 조사(지진, 지반운동, 지하수계의 변화에 따른 영향 검토)

㉤ 주변 환경에 대한 조사(배수로, 석축 등)

㉥ 지반탐사 및 지내력시험(탄성파검사, 평판재하시험)

③ 해체조사

㉠ 초석의 사용위치별 종류, 크기, 수량 등

㉡ 초석 중심먹 조사

- 기둥해체 전 초석 윗면에 기둥자리 표시 → 해체 후 초석 중심먹과 비교
- 규준틀, 기준실 설치 → 초석 중심먹, 초석열 확인

㉢ 시굴조사 : 지정의 종류, 재료, 다짐두께, 다짐방법 등(트렌치 조사)

SECTION 05 보수 · 보강방법

01 | 기초 재설치

① 기초는 가급적 해체하지 않음

② 해체 시에는 해체범위 최소화

02 | 기초보강, 재설치

① 기초부 재료의 교체 및 보강

② 초석 하부의 기초 재설치

③ 습지대, 지하수계의 활동에 의한 문제인 경우 말뚝지정, 현대적 공법의 사용 검토

03 | 주변정비

① 주변 잡목 및 배수로 정비, 배면 석축정비(기단 및 건조물과의 이격 확보)

② 차량진동방지대책(진동차단막, 노면정비, 중량물 차량의 우회)

SECTION 06 해체 시 주요사항

① 구조안전상 지장이 없는 기초는 해체하지 않음
② 지정 및 지반의 터파기 시 유구의 유무를 확인
③ 해체 전 초석에는 놓인 방향을 일정한 기준에 의하여 표시
④ 초석의 수직, 수평 위치는 현장의 기준점에 의하여 도면에 기록하고 규준틀에 표시
⑤ 해체 시 초석 파손, 하부지정 훼손에 유의
⑥ 해체한 초석은 가공 형태별, 사용 위치별로 구분하여 보관
⑦ 해체 시 주변 지반의 훼손을 최소화
⑧ 해체는 지정의 종류 및 재료에 따라 구분하여 해체
⑨ 해체 시 유구나 유물이 발견된 경우 즉시 현장을 보존하고 담당원에게 보고

SECTION 07 시공 시 주요사항

01 | 토공사

① 대지정리
㉠ 보존가치가 있는 수목은 보존 또는 이식하고 불필요한 수목은 제거
㉡ 유적지 내의 유구는 임의로 이동하지 않음
㉢ 공사 중 훼손 우려가 있는 인접 문화재는 안전조치

② 터파기
㉠ 터파기 중 유구가 노출되거나 유물 등이 출토될 경우에는 즉시 현장을 보존
㉡ 굴착사면의 붕괴 우려가 있을 때에는 비탈지우거나 흙막이 시공
㉢ 터파기 시 인접 유구 및 구조물의 훼손 방지시설 설치

③ 굴착사면
㉠ 지하수가 유출되는 경우에는 여과층을 설치하여 토사의 유출을 방지
㉡ 외부로부터 물이 유입되는 것을 방지하고 유입된 물은 즉시 배수, 배수시설 설치

④ 배수
㉠ 배수로를 설치하여 지표수 및 지하수가 굴착면에 유입되는 것을 방지
㉡ 문화재 보존과 공사에 지장이 없도록 지하수, 우수, 고인물, 유입수 등은 배수 처리

⑤ 기초바닥고르기

㉠ 자연지반과 동등하거나 그 이상의 지내력을 갖도록 충분히 다짐

㉡ 기초바닥은 생토면이 나타나거나 동결심도 이하로 설정

㉢ 기초바닥은 눈, 비 등으로 인한 지내력 저하 방지를 위하여 비닐 등을 덮어 보양

㉣ 기초바닥 고르기는 달고를 사용하여 인력으로 다짐

㉤ 유적 및 인접 문화재의 보존에 영향을 미치지 않는 경우에 한해 현대적인 장비 사용

⑥ 되메우기 · 흙돋우기

㉠ 되메우기 및 흙돋우기는 한 켜당 150~250mm씩 다져 쌓음

㉡ 흙은 잡티가 섞이지 않은 고운 흙을 사용

㉢ 터파기한 흙을 체가름하여 잡석이나 다짐에 방해되는 이물질을 제거하여 사용

⑦ 잔토처리

㉠ 장비 및 잔토운반용 차량 출입 시 주변 시설물과 유구 등에 지장이 없도록 유의

02 | 지정공사

① 일반사항

㉠ 구조안전상 지장이 없는 지정은 해체하지 않음

㉡ 지정을 보강하거나 재시공할 때는 당해 문화재의 지정기법을 조사하여 반영

㉢ 나무말뚝은 기초 하부에 박아 직접 지내력을 받도록 하거나, 기초 주변에 박아 흙이 밀리지 않도록 시공

㉣ 다짐 및 설치는 기존 기법 시공

㉤ 불가피하게 기계장비를 사용할 경우 소음, 진동, 인접 구조물에 영향이 없도록 조치

㉥ 달고 사용 기준

공구	사용 개소
몽둥달고	다짐 두께 250mm 내외
원달고	다짐 두께 150~200mm
손달고	다짐 두께 150mm 내외

② 나무말뚝지정공사, 모래지정공사, 잡석(적심석)지정공사, 판축지정공사, 장대석지정공사

『section 02 – 01 기초의 시공방법』 참조

03 | 초석공사

① 설치준비

㉠ 장척으로 기둥 위치를 정하고 규준틀에 주심 수평실을 쳐서 이를 지정 위에 표시

㉡ 지정 위에 '十' 자로 심먹을 치고 중심에 못을 박아 초석 설치 위치 표시

㉢ 초석 상면을 수평지게 놓은 상태에서 상면에 전후좌우로 직교하는 심먹 먹매김

㉣ 지정 위에 표시한 먹줄과 맞출 수 있도록 초석의 측면 하부까지 심먹을 그어 내림

② 설치

㉠ 초석 상면의 심먹을 주심에 맞추어 놓고 고임돌을 써서 상면이 수평실에 거의 닿을 정도로 수평지게 맞추어 설치

㉡ 고임돌은 초석에 가해지는 축압력이나 편심하중으로 인하여 빠져나가지 않도록 설치

㉢ 초석 네 귀를 차례로 눌러보아 흔들림이 없도록 설치

㉣ 초석 밑의 빈틈을 청소하고 물을 뿌려 촉촉하게 만들고, 잔돌을 섞은 양질의 진흙을 일매지게 넣고 초석의 무게로 누르면서 놓음(초석의 들뜸, 이동 유의)

㉤ 초석 상면의 수평, 초석 심먹과 주심의 일치 여부 확인

㉥ 초석 아래층이 굳을 때까지 충격을 가하지 않도록 보양

SECTION 08 기초 보수 사례

01 | 초석 재설치 및 주변 정비

① 귀신사 대적광전

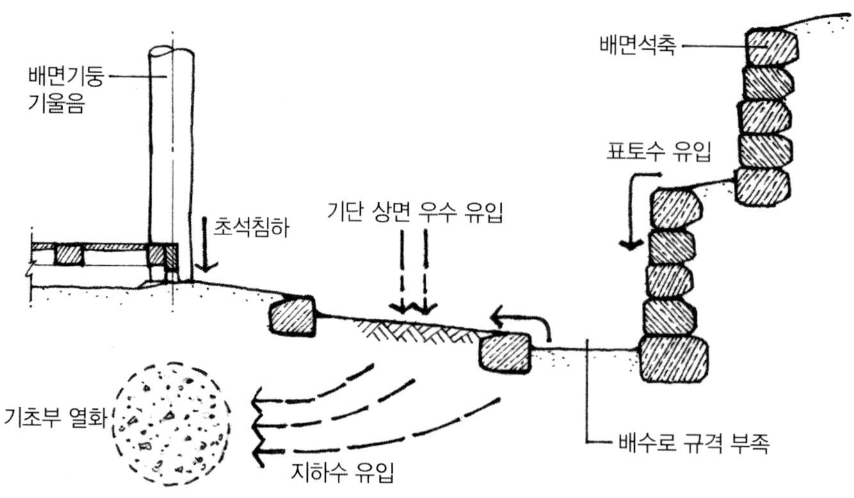

‖ 귀신사 대적광전 수리 전 현황 ‖

㉠ 경사지 절토구조, 배수불량에 따른 기초부 열화, 배면에서 기초부로 지하수 유입

㉡ 배면 기초부 침수에 따른 배면 기둥 및 주초석 침하 → 기초보강, 초석 재설치

㉢ 배수로 규격과 구배 확보, 바닥에 박석 설치, 유공관 설치

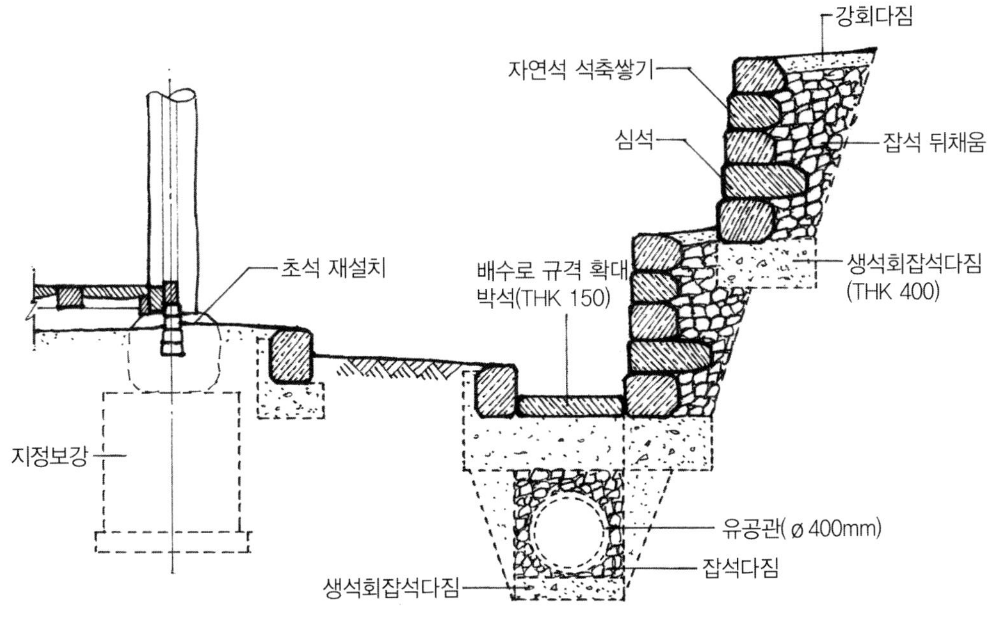

‖ 귀신사 대적광전 시공계획도면 ‖

② 봉정사 대웅전

㉠ 배면 석축과 건물의 근접 → 보축제거 및 석축정비

㉡ 배수로 정비 / 보축 제거 / 건물과 석축 사이의 이격 확보

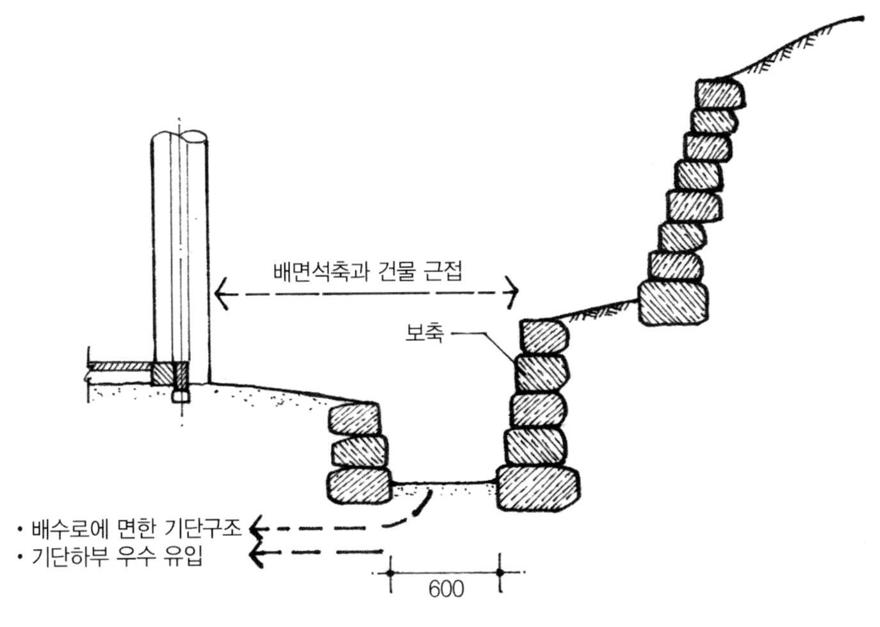

‖ 봉정사 대웅전 수리 전 현황 ‖

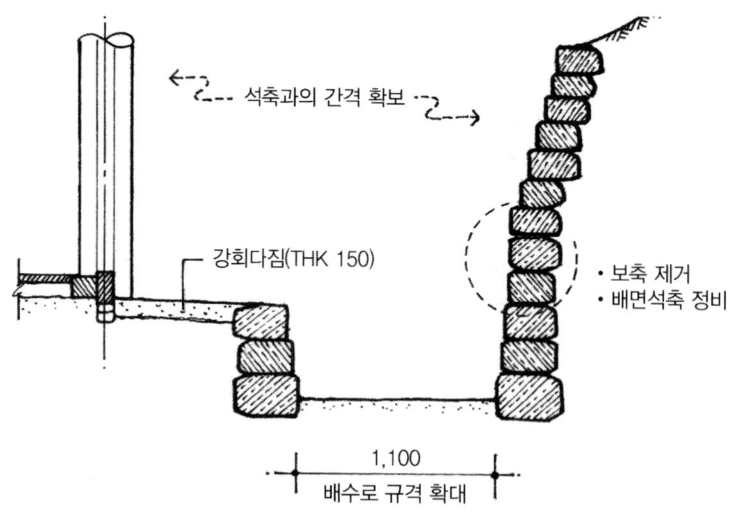

▎봉정사 대웅전 수리 후 현황 ▎

02 | 장대석지정(경복궁 건청궁)

① 깊이 1,700mm~2,000mm, 폭 1,500mm×1,500mm 판축다짐(잡석다짐, 강회다짐 반복)

② 판축다짐 위에 1자각, 3자 길이 장대석을 3개씩 3단 설치(900mm×900mm 폭으로 보와 도리방향으로 井자형으로 엇갈리게 교대로 설치)

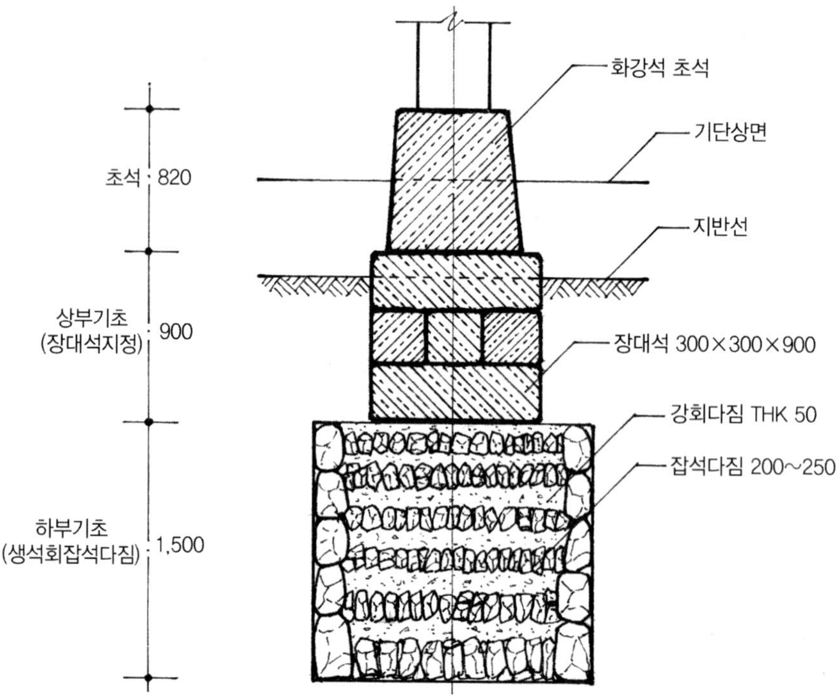

▎경복궁 건청궁 장안당 장대석 지정 설치구조 ▎

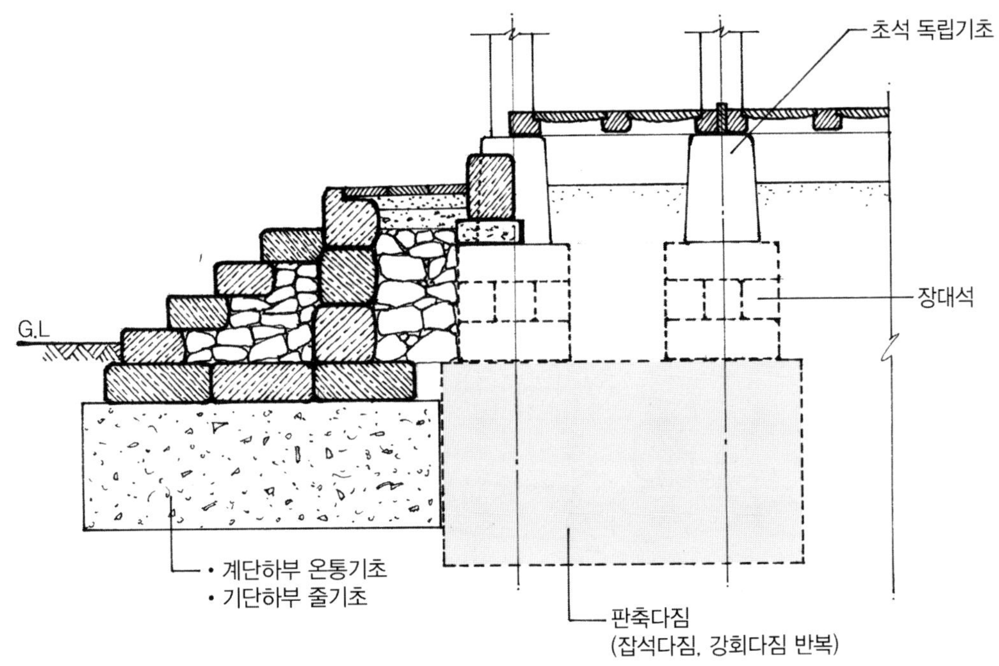

‖ 경복궁 장안당 기초 및 초석 설치구조 ‖

03 | 초석 하부 지정(하동 쌍계사 대웅전)

① 초석 해체 → 기초부 현황조사 → 기초 일부 해체(폭 900mm, 깊이 400mm) → 강회다짐 50mm, 잡석다짐 200mm 순으로 교대로 다짐

② 초석 하부를 고임돌로 고이고 주변을 호박돌과 강회다짐으로 보강

04 | 기초 재설치(경산 불굴사 3층석탑)

석탑 완전해체 후 기초 재설치

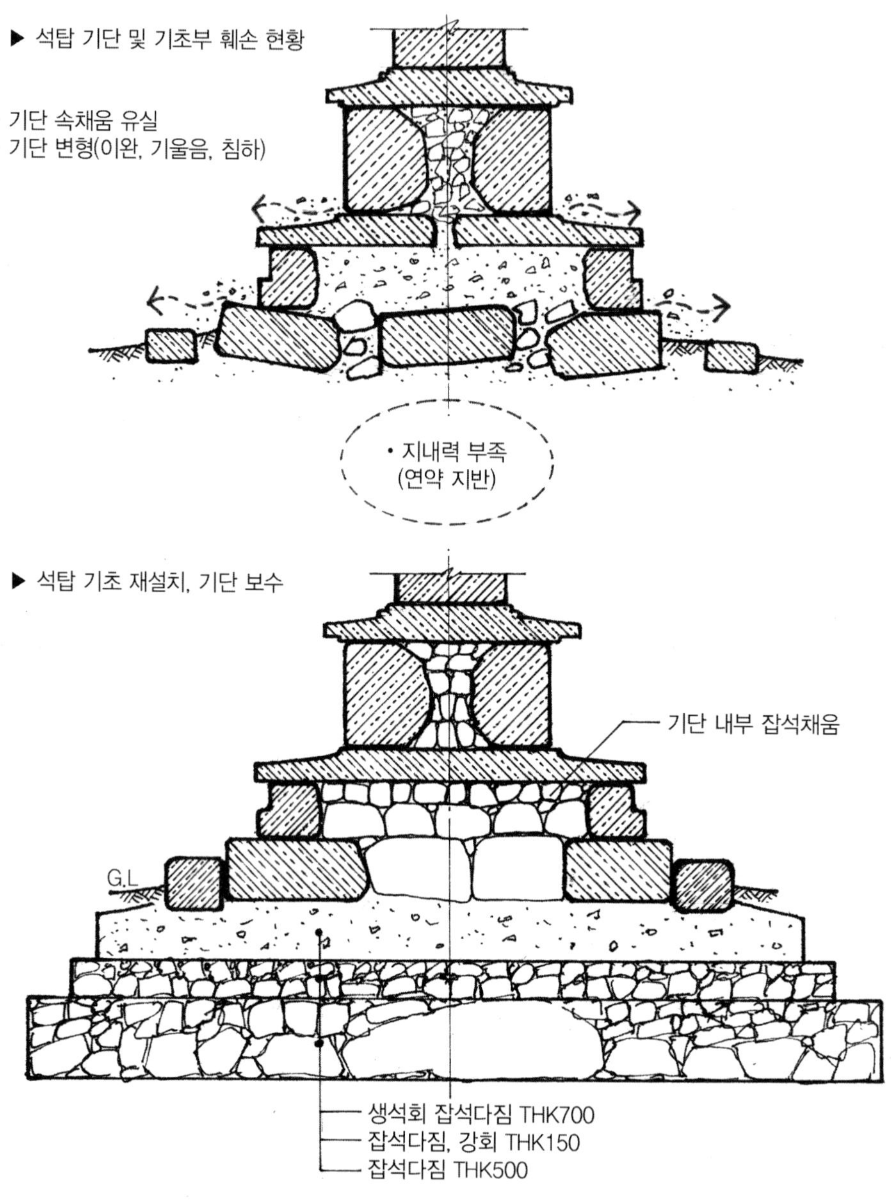

‖ 불굴사 3층석탑 기초 재설치 및 기단 보수 ‖

LESSON 02 기단

SECTION 01 개요

01 | 기단의 개념과 기능

① 개념

㉠ 기단

- 탑, 건조물 하부에 지면보다 높게 쌓은 단
- 축조물의 지면을 일반 지면보다 일단 높게 흙을 쌓아서 축조한 것

㉡ 기 : 건물, 시설을 올리기 위한 받침부

㉢ 단 : 지면보다 높게 쌓은 시설로서 상부에 시설물을 전제로 하지 않음(사례 : 사직단)

② 기능

㉠ 건축물의 외곽 경계 구성

㉡ 건조물을 지면으로부터 분리(우수, 습기, 해충으로부터 건조물 보호)

㉢ 통풍, 채광, 난방 효율 증가

㉣ 건축물의 위계를 반영(기단의 높이는 주택은 1~3자, 권위건물은 3~4자)

02 | 재료에 따른 기단의 종류

① 토축기단

㉠ 민가의 기단

㉡ 진흙을 다져 쌓음(잔돌이나 목심, 와편 등으로 보강)

② 석축기단

㉠ 거친돌 기단(자연석 기단)

㉡ 다듬돌 기단(장대석 기단, 가구식 기단)

㉢ 혼합식 기단(자연석, 장대석)

③ 기타

㉠ 벽돌을 사용한 전축기단(방화수류정의 벽체석연 기단 : 석전혼합식 기단)

㉡ 기와를 사용한 와적기단(백제 절터의 와적기단)

03 | 쌓기법에 따른 기단의 종류

① 막쌓기(난석쌓기, 허튼쌓기), 막돌 허튼층쌓기, 다듬돌 바른층쌓기

② 메쌓기와 찰쌓기

04 | 권위건축 기단의 시대별 특징

① 삼국시대~통일신라시대 : 전축기단, 와적기단, 가구식 기단

② 고려시대 : 자연석 기단, 약식 가구식 기단(가구식과 적층식의 혼합)

③ 조선시대 : 장대석 기단, 자연석 기단

SECTION 02 기단의 구조

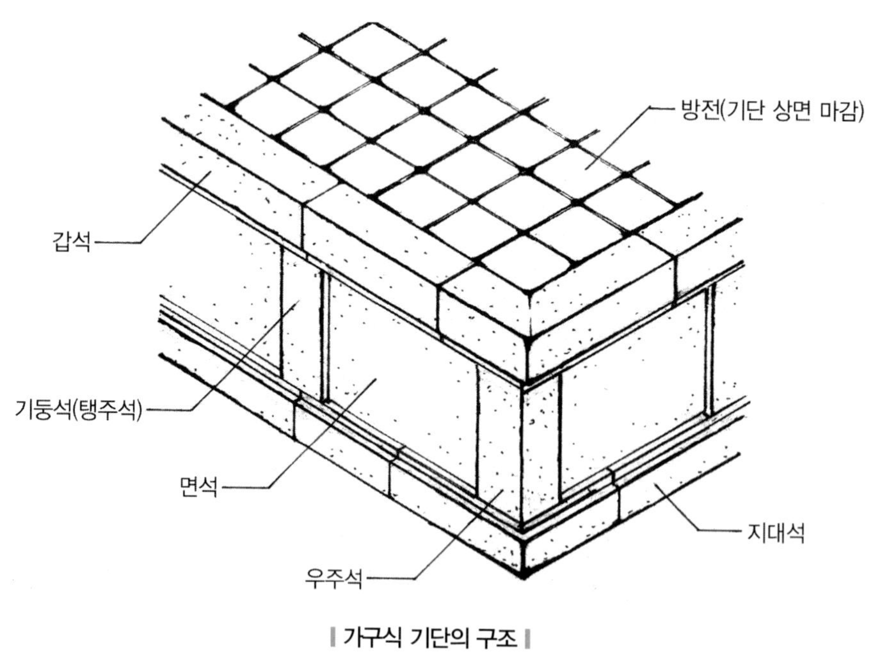

| 가구식 기단의 구조 |

01 | 가구식 기단

① 기초, 지대석

㉠ 기초 : 지대석 하부에 줄기초

㉡ 지대석 : 면석 결구턱, 홈을 만들거나 결구턱 없는 구조

- 상부 갑석의 부연쇠시리에 대칭이 되도록 ㄱ자턱 가공
- 하부지면에 지대석의 1/3 이상이 묻히고 외부로 구배 형성

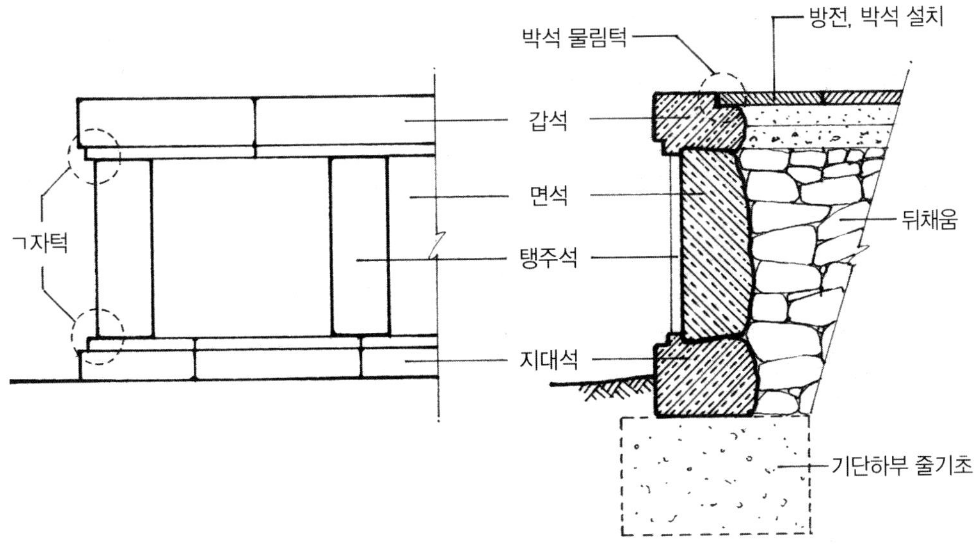

‖ 가구식 기단의 입면 및 단면구조 ‖

② 면석, 뒤채움

㉠ 면석 : 외부는 반듯하게 가공하고 뒷면은 두껍고 배부른 형태

㉡ 기둥석 : 별재 또는 면석에 모각한 형태(지대석에 홈 파서 물리거나 면석과 결구턱으로 고정)

㉢ 뒤채움 : 흙, 잡석으로 속채움

③ 갑석

㉠ 갑석 : ㄱ자턱 가공(부연), 상부에 박석 설치를 위한 물림턱 설치

㉡ 모서리 갑석 : 하중의 작용을 고려하여 ㄱ자 통돌로 사용

④ 기단 바닥

㉠ 강회다짐, 박석, 방전 등으로 마감

㉡ 방전 : 0.8~1자각 / 두께 2치 정도 / 갑석 및 초석 등 접합면과 그레질

㉢ 박석 : 1~3자각 / 두께 5~7치 / 갑석 및 초석 등 접합면과 그레질

㉣ 물매 : 고막이 외벽선에서 기단면 끝선까지 구배 형성(1/50 물매)

㉤ 초석 : 기단 상면에서 3치~6치 이상 노출

⑤ 기단 높이, 너비, 내밀기

㉠ 기단 높이 : 3~5자 내외(의장성 고려)

㉡ 기단 너비와 내밀기

- 통상 처마선에서 1~1.5자 안쪽에 기단 설치
- 기단 너비는 통행 등 활용성과 입면상 의장을 고려해 결정

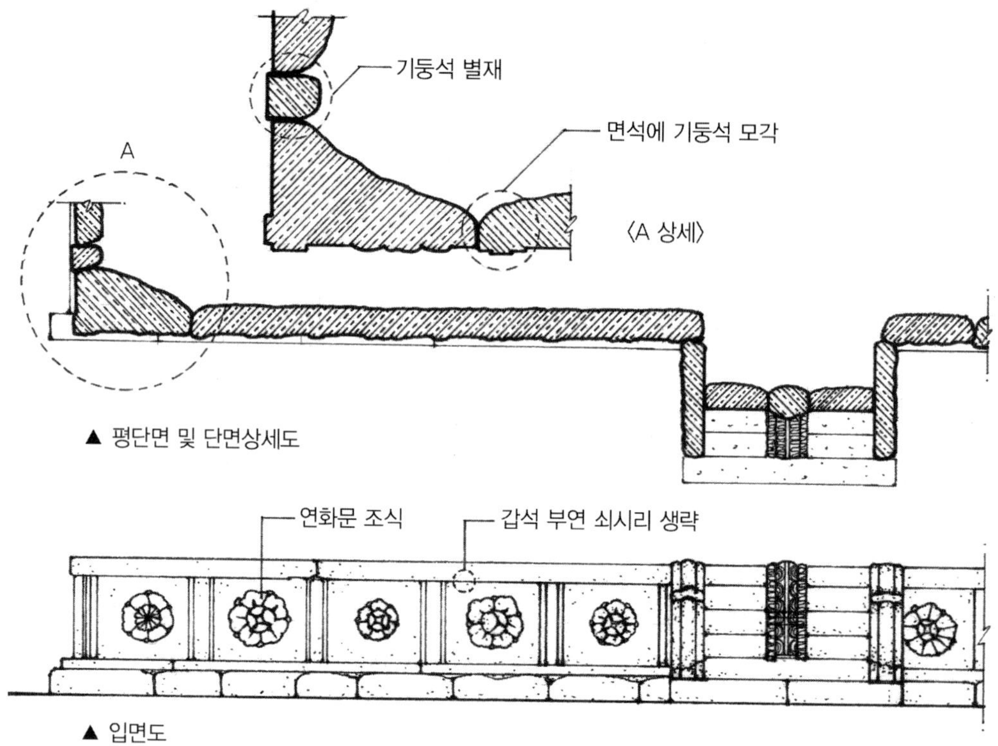

‖ 통도사 대웅전 기단 구조 ‖

⑥ 가구식 기단의 간략화 경향

㉠ 면석에 기둥석 모각, 기둥석 생략 등 각부 부재의 간략화 경향

㉡ 지대석, 갑석에 ㄱ자턱 가공 생략

㉢ 사례 : 통도사 대웅전, 범어사 대웅전, 직지사 대웅전, 도동서원 사당 등

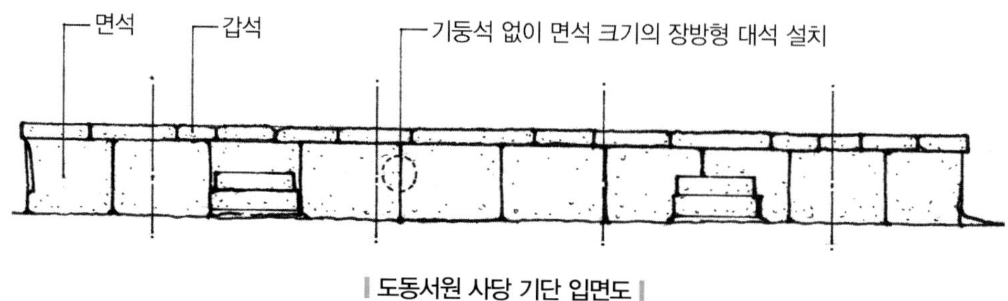

‖ 도동서원 사당 기단 입면도 ‖

02 | 약식 가구식 기단

- 기둥석을 사용하지 않고 면석 크기의 장방형 대석을 1, 2단 적층한 형태
- 봉정사 극락전, 부석사 무량수전 등의 고려시대 건물의 기단
- 가구식 기단에서 적층식 기단인 장대석 기단으로의 이행과정(절충형식)

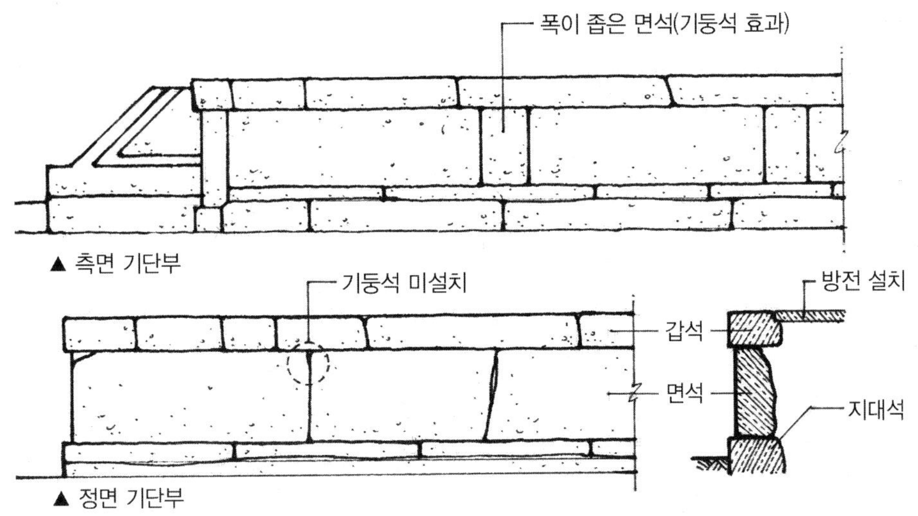

‖ 부석사 무량수전 기단 입면 및 단면 구조 ‖

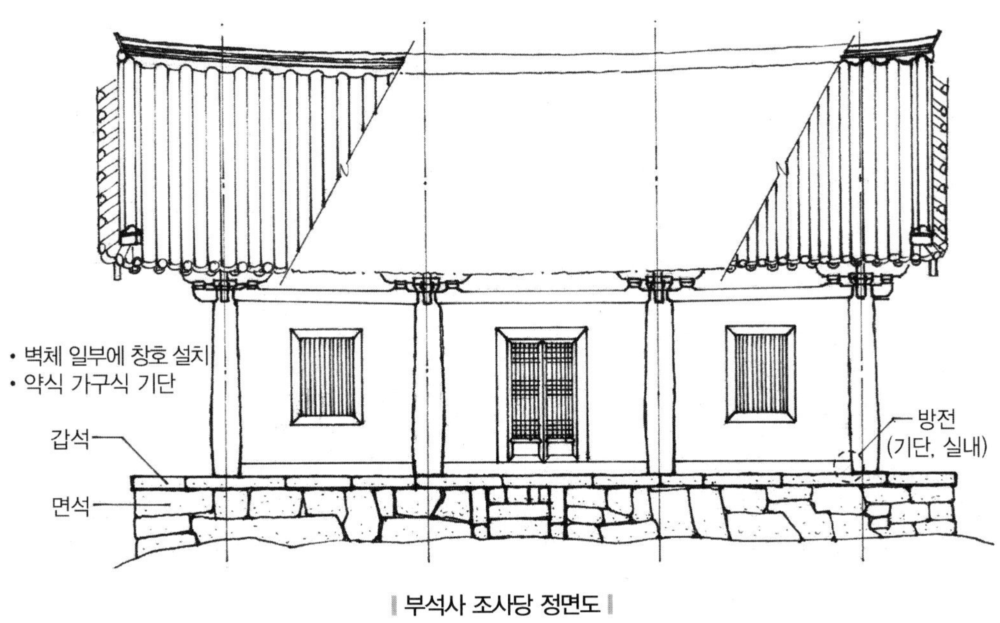

‖ 부석사 조사당 정면도 ‖

① 설치구조

㉠ 면석 : 춤이 큰 부재를 1~2단 쌓아 가구식 기단의 면석과 같은 시각적 효과를 도모

㉡ 면석, 모서리돌에 쇠시리(봉정사 극락전)

㉢ 폭이 좁은 면석으로 탱주석 효과(부석사 무량수전)

㉣ 기둥석 : 기둥석 없음

② 사례 : 부석사 무량수전, 부석사 조사당, 봉정사 극락전 등

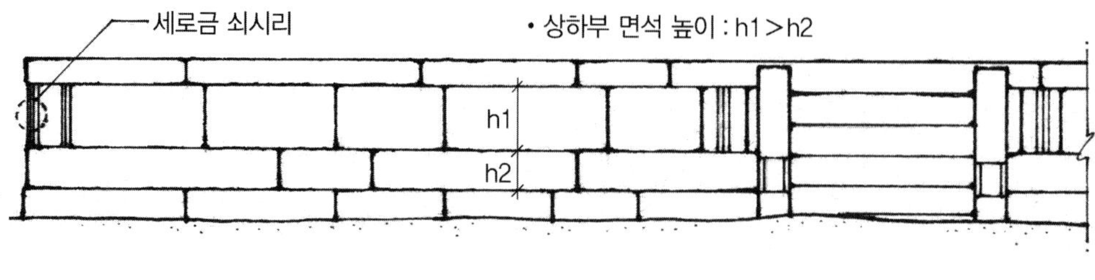

‖ 봉정사 극락전 기단 입면도 ‖

03 | 장대석 기단

① 기초, 지대석

㉠ 기초 : 지대석 하부에 줄기초

㉡ 지대석

- 면석보다 규격이 큰 부재를 사용하거나 별도의 지대석 없이 면석만으로 적층
- 하부지면에 지대석의 1/3 이상이 묻히고 외부로 구배 형성

② 면석, 뒤채움

㉠ 면석 : 너비 0.8~1.2자각, 길이 3~5자의 장방형 대석 사용

㉡ 모서리돌 : 일반 면석보다 규격이 큰 1.5자각 정도의 부재 사용

㉢ 퇴물림 : 3~6푼 퇴물림하여 평축

㉣ 면석의 가공 : 갓테 다듬기, 숨은면 다듬기, 표면 정다듬

㉤ 뒤채움 : 흙, 잡석으로 속채움

③ 갑석

㉠ 갑석

- 대부분 하부에 턱 가공이 없으나 궁궐 등에서는 ㄱ자 및 호형의 턱을 가공(부연)
- 상부에 박석 설치를 위한 물림턱 가공

㉡ 모서리돌 : ㄱ자 통돌 사용. 상면에 방전 및 박석 물림턱 가공

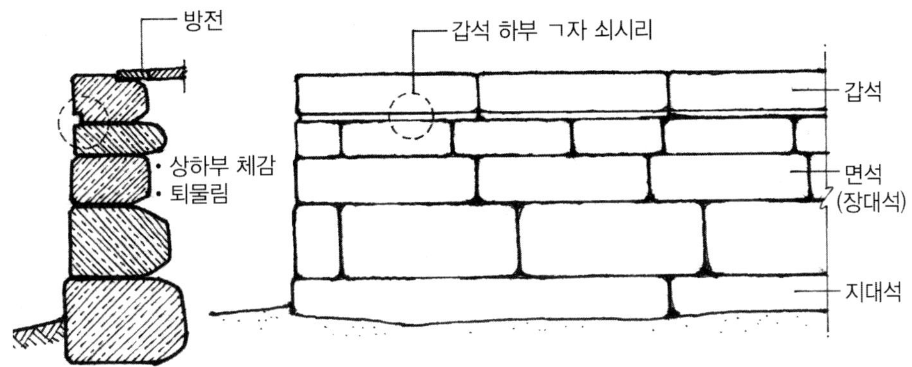

❙ 서울 문묘 대성전 장대석 기단 설치구조 ❙

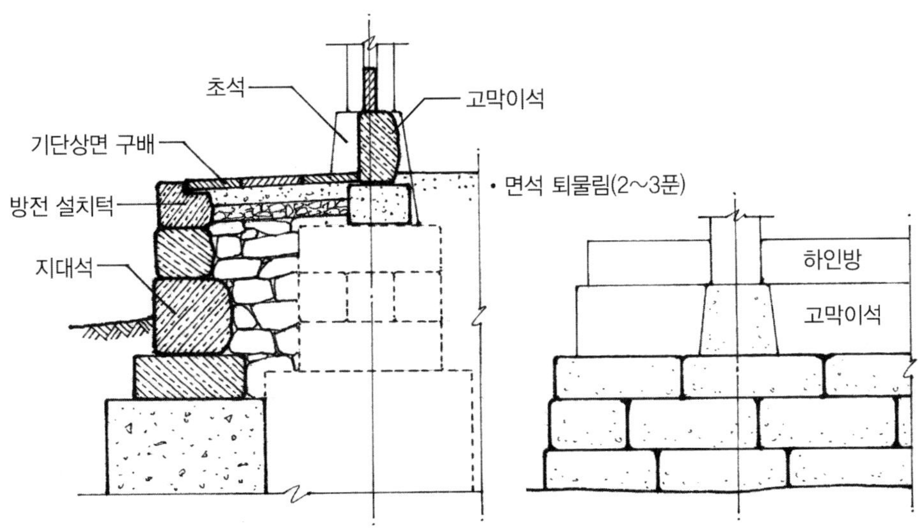

❙ 경복궁 장안당 장대석 기단 입면, 단면구조 ❙

④ 기단 바닥

㉠ 강회다짐, 박석, 방전 등으로 마감

㉡ 방전 : 0.8~1자각 / 두께 2치 정도 / 갑석 및 초석 등 접합면에 그레질

㉢ 박석 : 1~3자각 / 두께 5~7치 / 갑석 및 초석 등 접합면에 그레질

㉣ 물매 : 건물 외부로 구배(1/50)

㉤ 초석 : 기단 상면에서 6치 이상 노출

⑤ 기단높이, 너비, 내밀기

㉠ 기단높이 : 2~5자

㉡ 기단 너비와 내밀기

- 통상 처마선에서 1~1.5자 안쪽에 기단 설치
- 기단 너비는 통행 등 활용성과 입면상 의장을 고려하여 결정

04 | 거친돌 기단(자연석 기단)

① 기초부 구조

㉠ 기초 : 지대석 하부에 줄기초

㉡ 지대석 : 별도의 가공된 지대석 없이, 규격이 큰 자연석을 하부에 사용

② 면석 설치 구조(민가)

㉠ 면석 : 자연석을 그대로 사용하거나 할석하여 사용(막돌, 깬돌)

㉡ 쌓기 : 돌을 거의 가공하지 않고, 상하부 석재 사이에 흙으로 충전하며 쌓음(찰쌓기)

㉢ 뒤채움 : 흙채움 위주로 흙, 자갈 등으로 속채움

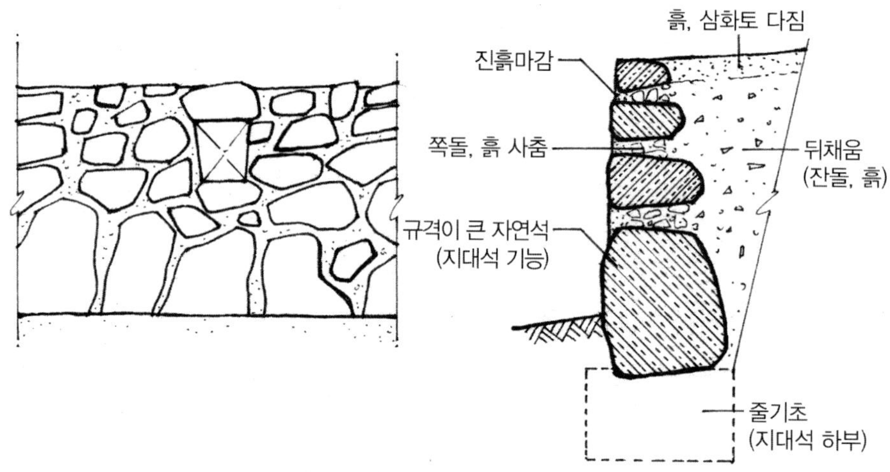

‖ 민가 자연석 기단의 설치구조 ‖

③ 면석 설치 구조(사찰, 향교 등 권위건축물)

㉠ 면석 : 자연석 사용(막돌, 깬돌)

㉡ 쌓기 : 자연석을 그레질해서 물리고 틈서리에 잔돌채움(메쌓기), 퇴물림 평축, 허튼층쌓기

㉢ 보행 시 충격 등을 고려하여 최상부 면석은 뒷길이가 긴 부재를 사용

㉣ 뒤채움 : 규격이 어느 정도 되는 잡석과 자갈, 흙 등으로 속채움

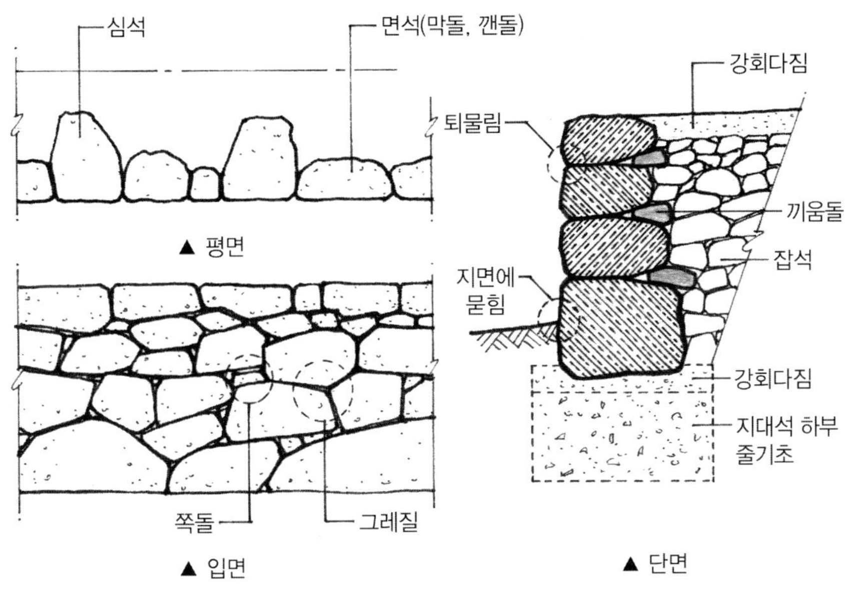

| 권위건축물 자연석 기단의 설치구조 |

④ 기단 상면 구조

㉠ 민가는 주로 흙다짐, 삼화토다짐으로 마감

㉡ 권위건물은 강회다짐으로 마감

⑤ 기단 높이

㉠ 통상 2~5자

㉡ 민가는 2자 내외, 권위건물은 3~5자

05 | 배수로

① 배수로 위치 : 기단 및 배면 석축면이 배수로의 한쪽 면을 겸하는 경우가 많음

② 배수로 바닥 : 흙다짐하거나 강회다짐 후 자연석 박석 설치(원활한 배수를 위한 구배 형성)

③ 배수로 보강 : 집중호우에 따른 배수용량을 고려하여 배수로의 폭과 깊이 등을 보강

④ 궁궐 배수로 : 암거형식 / 집수정에 화강석 판석으로 개석 설치

06 | 기단의 사례

① 자연석 기단 : 은해사 영산전, 봉정사 대웅전, 전등사 대웅전, 고산사 대웅전 등 다수

② 장대석 기단 : 신륵사 조사당, 관룡사 대웅전, 법주사 팔상전, 금산사 미륵전 등

③ 가구식 기단 : 화엄사 각황전, 불국사 대웅전, 선암사 대웅전, 통도사 대웅전 등

④ 약식 가구식 기단 : 봉정사 극락전, 부석사 무량수전, 부석사 조사당 등 여말선초 건물

⑤ 기타

㉠ 자연석 기단+상부에 장대석 : 무위사 극락전, 개목사 원통전, 귀신사 대적광전

㉡ 석전혼용기단 : 화성 방화수류정(벽체석연)

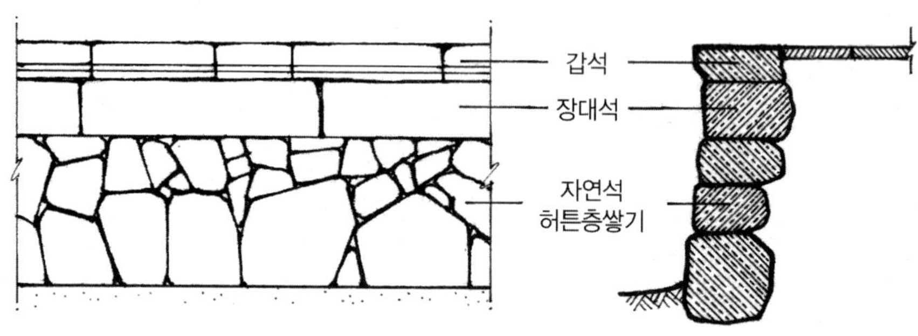

무위사 극락전 기단 구조

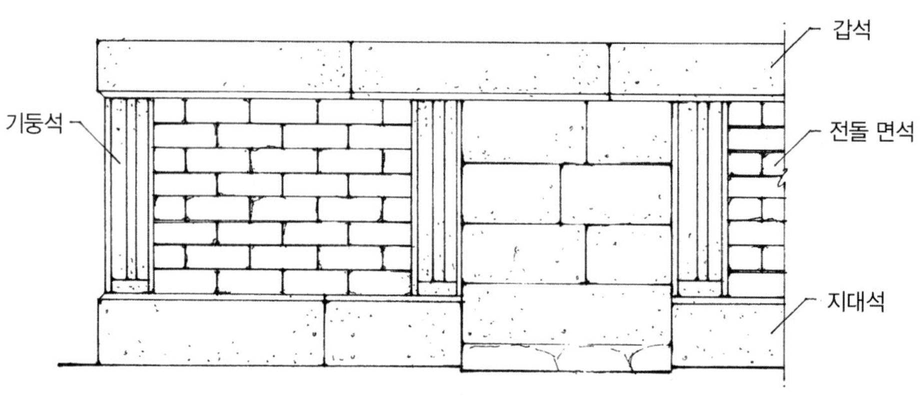

방화수류정 석전혼용기단

SECTION 03 기단의 훼손 유형과 원인

01 | 기단의 침하

① 기초침하 등 기초부 변위에 연동
② 경사지 성토부의 침하에 따른 기단 침하
③ 기단 하부로의 우수 유입
④ 상부 구조물의 하중, 편심작용에 의한 침하
⑤ 지대석 미설치 구조
⑥ 지대석이 지면에 완전히 묻히거나 지대석 하부 기초부 노출
⑦ 배면석축 상부의 표토수 유입
⑧ 배수로 용량 부족
⑨ 수목 뿌리의 침투

02 | 면석의 이완 및 배부름

① 면석 뒷길이 부족, 면석과 뒤채움석의 결구 부실, 심석 미설치
② 뒤채움재의 열화, 뒤채움에 단순 토사채움
③ 기단 내부의 토압증가
④ 기단내밀기와 처마내밀기 부적합(처마선 밖으로 기단부 노출)
⑤ 기단 상면 마감재의 훼손, 균열(뒤채움 내부로 우수 유입)
⑥ 배수로 및 배면석축과 기단의 이격 부족

03 | 면석의 풍화, 균열, 박리, 박락

① 부재의 열화 현상(내구성 저하, 단면내력 저하)
② 상부 하중에 의한 면석 파손(활주하중, 보행하중 등)
③ 기둥석, 면석, 갑석 결구부 파손(가구식 기단)
④ 주변 환경에 따른 부재 풍화 가속화(습기영향, 통풍곤란, 채광부족)

SECTION 04 조사사항

01 | 사전 조사사항

① 기단의 수리연혁 및 변경사항

② 재료조사

㉠ 면석 등 부재의 재질, 색상, 크기, 다듬기 정도

㉡ 기단 바닥의 마감재료

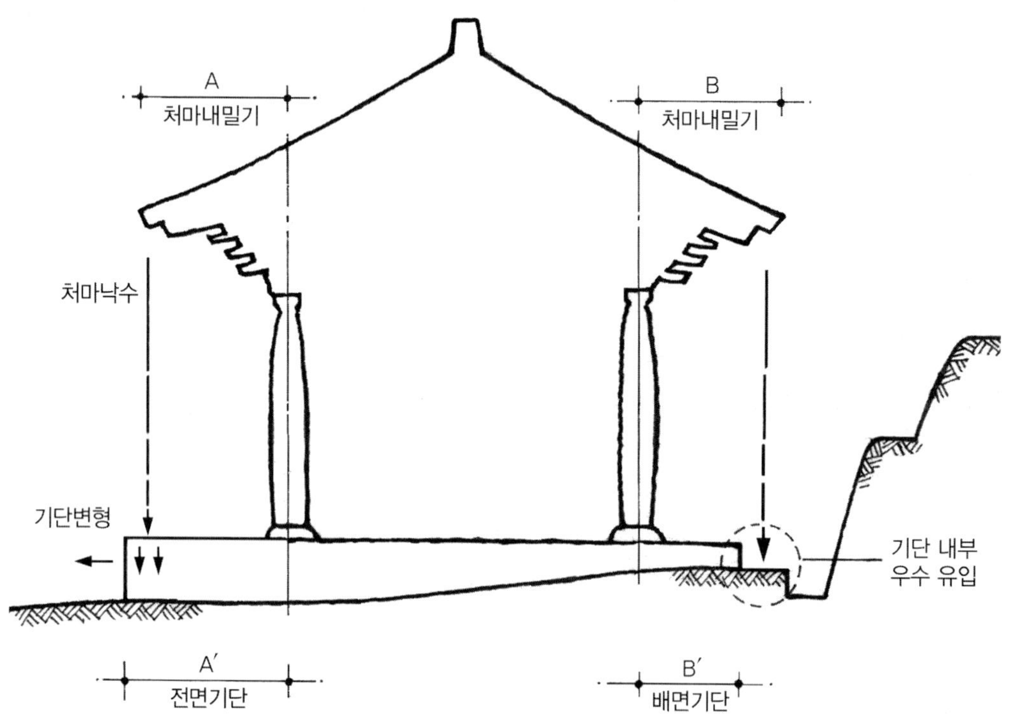

‖ 처마선과 기단부 훼손의 관계 ‖

③ 현황조사

㉠ 기단 높이, 지대석 높이 실측 및 촬영, 기록

㉡ 기단의 쌓기법, 퇴물림 정도

㉢ 기단 바닥의 시공방법, 기단 상면의 구배

㉣ 처마선의 위치와 기단내밀기 비교

㉤ 기존 부재의 명문, 문양

㉥ 주변환경조사(잡목, 배수로 상태, 배면석축과 기단의 이격 정도)

㉦ 면석 등 훼손 부재의 위치와 훼손 상태(육안검사, 촉진, 타진)

㉧ 기단상면 마감재의 훼손 현황

02 | 해체 조사사항

① 기단 및 기초부 시굴조사

② 뒤채움 재료와 설치법

③ 면석 등 기존 부재의 재질, 색상, 규격, 가공법, 쌓기법

④ 부재의 풍화, 파손 정도 등을 조사하여 재사용 여부 결정

⑤ 기존 부재의 명문

⑥ 기단 및 계단의 변형 여부

SECTION 05 | 시공 및 보강 방안

01 | 기단 종류별 시공방안

① 토축 기단

㉠ 양질의 토사를 사용

㉡ 다짐두께는 60mm 이하로 하고 소정의 두께가 될 때까지 반복하여 다짐

㉢ 토축기단의 기단면 모서리는 원형 또는 타원형으로 마감

② 거친돌 기단(자연석 기단)

㉠ 지대석 하부에 강회다짐 시공

㉡ 지대석을 설치하지 않는 경우, 하부 면석 전면부에 성토하고 구배 형성

㉢ 하부에 큰 돌을 사용하고 상부로 갈수록 작은 돌을 사용 / 층단물려쌓기(퇴물림)

㉣ 일정간격으로 심석쌓기. 최상부 면석에도 심석 설치

㉤ 최상부 면석은 가급적 뒷길이를 길게 사용(보행충격 고려)

ⓑ 뒤채움부는 면석과 유사한 규격의 잡석, 잔돌 등으로 채움
ⓢ 채움석과 면석이 접하는 부분은 맞물리도록 설치하고, 뒤채움부는 자립적 구조를 취함
ⓞ 기단 주변의 배수시설 정비

③ 장대석 기단
㉠ 장대석의 뒤뿌리는 경사지게 깎아 뒤채움돌이 끼어들 수 있게 가공
㉡ 모서리돌은 규격이 큰 석재 사용
㉢ 갑석의 모서리돌은 통돌 사용
㉣ 상하부 면석 퇴물림 쌓기(원형대로 재설치)

④ 가구식 기단
㉠ 탱주와 면석은 맞닿는 부분을 밀착
㉡ 기단 갑석의 밑면과 지대석의 상면에는 ㄱ자형 턱쇠시리를 하여 돌과 돌을 견고하게 조립
㉢ 뒤채움을 견고하게 하여 상부하중으로 인한 기단 변형 방지
㉣ 면석 하부를 두껍게 치석하여 안정적으로 자립할 수 있도록 설치
㉤ 뒤채움석은 양질의 석재를 맞물려 자립구조를 취하도록 함

02 | 훼손 원인별 시공방안

① 기단 침하
㉠ 지대석이 없는 경우 지대석 설치 검토
㉡ 지대석을 대신하여 면석 하부에 성토하고 구배 형성(지대석 역할)
㉢ 기초가 부실한 경우 지내력시험과 트렌치조사를 통해 기초보강 여부 검토

② 면석의 이완, 배부름
㉠ 뒤뿌리가 부실한 면석의 교체, 심석 설치
㉡ 양질의 채움석 시공, 면석과 채움석 물려쌓기
㉢ 균열이 발생한 기단 상면 보수
㉣ 처마내밀기에 따른 기단내밀기 조정

③ 면석의 풍화
㉠ 배수로, 잡목 등 주변환경정비
㉡ 신재 교체
㉢ 보존처리 후 재사용

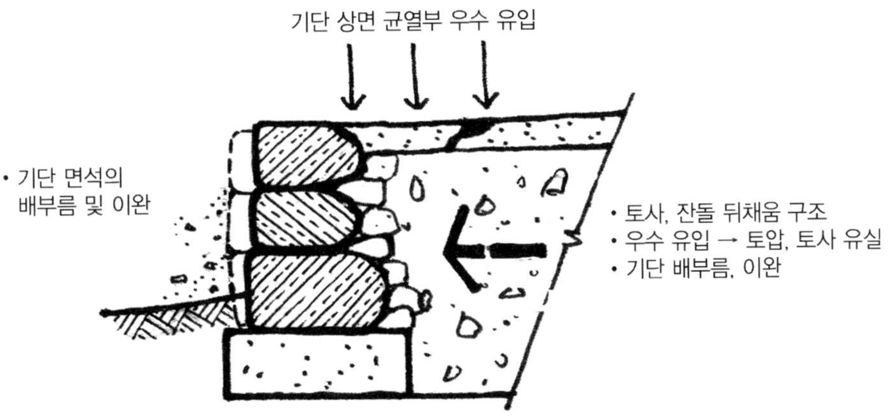

▲ 기단 훼손 및 변형

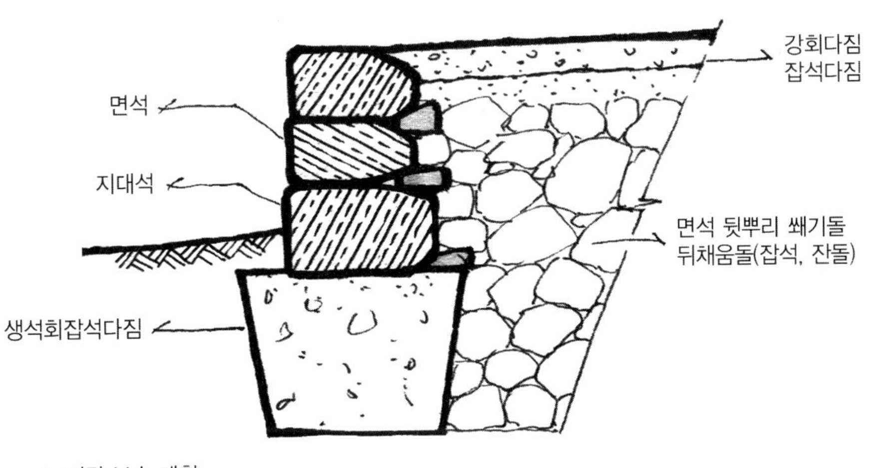

▲ 기단 보수 계획

‖ 기단의 변형과 보수 ‖

SECTION 06 해체 시 주요사항

01 | 일반사항

① 해체 전 부재별로 위치를 표시하고 수리 시 원위치에 재설치(부재 번호표 부착)
② 전체를 해체하지 않고, 변형 · 훼손된 부분만을 해체
③ 규준틀을 설치하고 기단 각부의 위치와 높이를 기록한 후 해체(지대석 등)
④ 기단 부재가 파손되지 않도록 부재를 보양하여 해체

02 | 기단바닥 해체

① 기단바닥 해체 시 기단면석과 고막이의 이동이나 훼손 유의
② 방전, 박석 등 재사용하는 기단바닥 재료의 손상에 유의
③ 기단마감재료와 기초부분으로 나누어 해체

03 | 기단면 해체

① 기단바닥을 완전히 해체한 후 기단면 해체
② 기단면석과 뒤채움은 윗단에서부터 한 켜씩 동시에 해체
③ 지반에 묻힌 기단면은 붕괴 우려가 없는 경사도로 기초부까지 절토 후 해체(지대석)

04 | 기단기초 해체

① 기단기초 해체 시 건물의 붕괴나 침하가 발생하지 않도록 보강 조치(가새, 버팀목 설치)
② 기단기초를 재설치하는 경우, 기존 지반이 나타나도록 완전히 제거

05 | 해체재료의 보관

① 해체한 면석, 갑석 등은 깨질 우려가 있는 경우에는 쌓아서 보관하지 않음
② 재사용재(원자재, 보강부재)와 불용재(보관부재, 폐자재)로 구분하여 표시하고 지정된 장소에 구분 보관

SECTION 07 | 시공 시 주요사항

01 | 일반사항

① 규준틀의 이동이나 변형 여부를 확인 · 점검 후 시공
② 기존의 기법으로 시공
③ 반입 자재의 운반 및 보관 시 훼손 또는 파손 여부 확인
④ 석재는 인력으로 가공하고, 마감은 기존 석재와 동일하게 시공
⑤ 기존 부재 재사용 시에는 구조안전성을 검토하여 재사용 여부를 판단

02 | 기단기초 설치

구조안전상 지장이 없는 경우에는 기초 재사용

03 | 기단면 설치

① 기단면 쌓기와 뒤채움은 동시에 시공
② 뒤채움돌은 크고 작은 돌을 혼합하여 잘 다져 공극이 없도록 설치(건식쌓기)
③ 기단면석쌓기는 막힌줄눈으로 시공
④ 기존 부재를 재사용하는 경우에는 기존의 위치에 설치
⑤ 문양돌의 위치와 형태 등은 현촌도 작성 후 승인을 받아 제작, 시공
⑥ 지대석을 덮고 있는 흙은 제거하여 지대석을 노출시키고 지면에 구배를 형성
⑦ 흙이 유실되어 기단 기초부가 드러난 부분은 성토하여 다짐
⑧ 뒤채움부는 기단의 높이와 초석 하부 지정과의 이격 등을 고려하여 적정 폭을 확보

04 | 기단바닥 설치

① 기단바닥은 기단면 끝 선과 고막이 외벽 선까지의 경사도를 설계도서에 따라 시공(1/50 내외 물매)
② 기단바닥 설치는 고막이 설치를 완료한 후 시행
③ 기단바닥 시공 후 완전히 양생될 때까지 보양조치를 하고 출입을 제한
④ 기단바닥 재료와 초석, 기단면석 등이 맞닿는 경우에는 기단바닥 재료를 그레질하여 설치
⑤ 생석회다짐(기단) 설치
  ㉠ 기단상부를 일정 깊이로 파내고 바닥을 깨끗이 정리
  ㉡ 피운 생석회, 마사토 등을 일정 비율로 비빔
  ㉢ 기단상부에 자갈을 고르게 깔고 그 위를 생석회반죽을 다짐
  ㉣ 기단상부마감은 나무흙손 등을 사용하여 표면을 거칠게 마무리

05 | 주변 정비

기단에 영향을 미치는 배수로, 석축, 잡목 등에 대한 주변 정비

SECTION 08 기단 보수 사례

01 | 기단내밀기 조정

① 하동 쌍계사 대웅전
건물의 기울음으로 전면 기단부가 처마선 밖으로 노출 → 건물보수 후 기단면을 후퇴시킴

② 대적사 극락전
기단면이 처마선 밖으로 노출된 상태에서 면석 파손 → 1자 정도 기단을 들임

02 | 기단 상면 재시공

① 강회다짐의 균열 : 하부에 잡석다짐 후 강회다짐 재설치
② 박석 및 방전의 파손에 따른 재설치 : 신재 교체(구부재 최대한 재사용)

SECTION 09 월대

01 | 개요

① 개념 : 권위건축물에서 기단 밖으로 설치한 넓은 대
② 기능 : 의례진행 및 의장성
③ 사례 : 궁궐의 정전, 편전, 침전 / 왕릉의 정자각 / 종묘 / 향교 대성전

02 | 구조적 특징

① 면석
㉠ 면석 : 일반 기단의 장대석보다 규격이 큰 부재를 사용
㉡ 퇴물림 : 지대석 상부에 2~3단의 장대석 면석을 퇴물림하여 쌓음
㉢ 뒤채움 : 장대석의 뒤뿌리를 쐐기형으로 가공하여 속채움돌과 맞물려 뒤채움

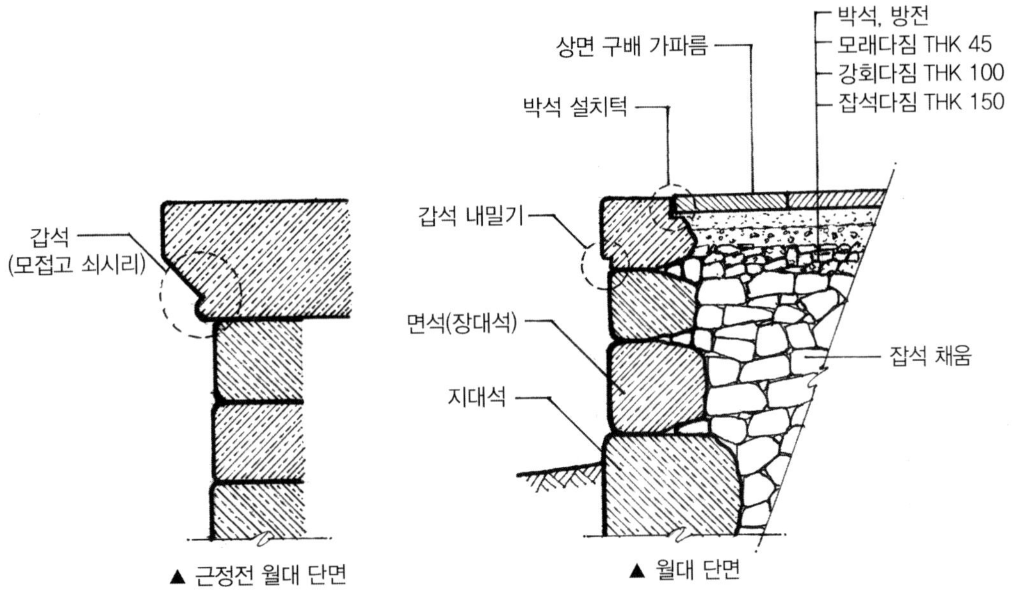

‖ 월대의 단면 구조 ‖

② 갑석

㉠ 갑석 상면에 박석, 방전 설치를 위한 결구턱 가공

㉡ 모서리부에 사용되는 갑석은 ㄱ자 통돌 사용

㉢ 갑석에 모접기, 쇠시리 등으로 장식(근정전, 집옥재 등 궁궐 건물)

③ 월대 상면 마감(박석, 방전)

㉠ 규격 : 1~3자각, 5치 내외 두께의 박석 / 0.8~1자각 방전

㉡ 설치 : 속채움재 상부에 잡석다짐(THK150), 강회다짐(THK100), 흙다짐, 모래다짐 후 설치
우수의 기단 내부 유입과 상면 침하 방지

㉢ 구배 : 원활한 배수를 위해 일반 기단보다 상면 구배가 가파름(처마선 밖으로 노출된 구조)

03 | 월대의 사례

① 근정전(궁궐 정전)

㉠ 이중월대 : 동서남북 4면에 상하 이중으로 월대 설치(상월대, 하월대)

㉡ 계단 : 월대 4면에 계단 설치

㉢ 삼중계 : 월대 정면에 삼중계 설치 / 해태 소맷돌 / 난간 / 답도에 봉황문 새김

㉣ 장대석 바른층쌓기 : 춤이 큰 장대석을 바른층쌓기

㉤ 돌난간 : 상 · 하월대에 돌난간 설치 / 난간 엄지기둥에 법수

㉥ 엄지기둥 : 돌난간 모서리에 엄지기둥 설치 / 12지 신상, 사신, 서수 등을 장식

ⓢ 우석 : 전면 엄지기둥을 받치는 우석이 대각선으로 놓여 갑석과 맞대며 외부로 돌출
ⓞ 갑석 : 안쪽으로 모를 접고 쇠시리 장식
ⓩ 기타 장식물 : 정, 드무 등 장식물 배치

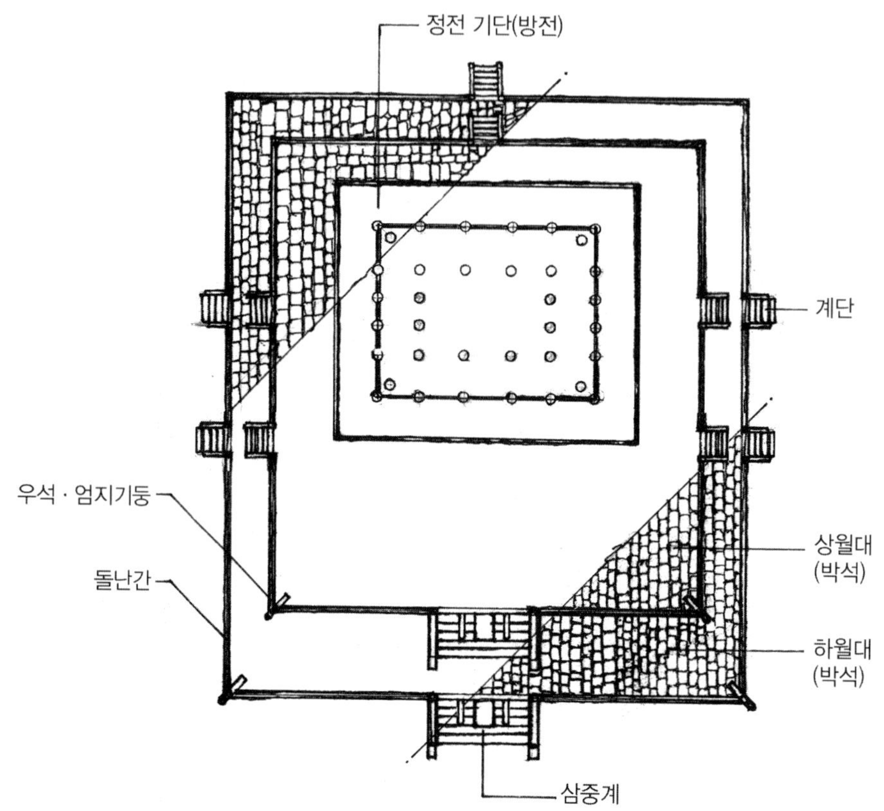

근정전 월대 평면도

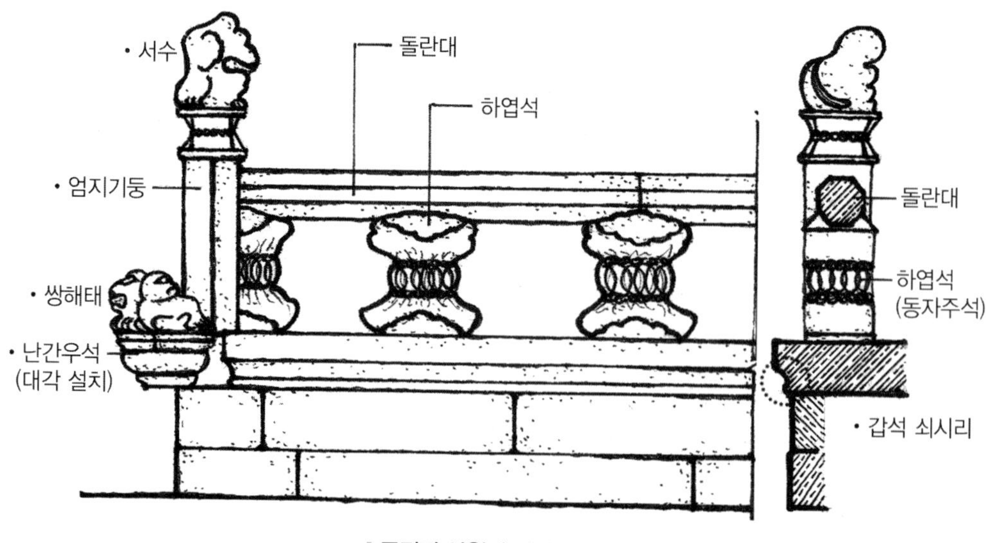

근정전 상월대 난간 구조

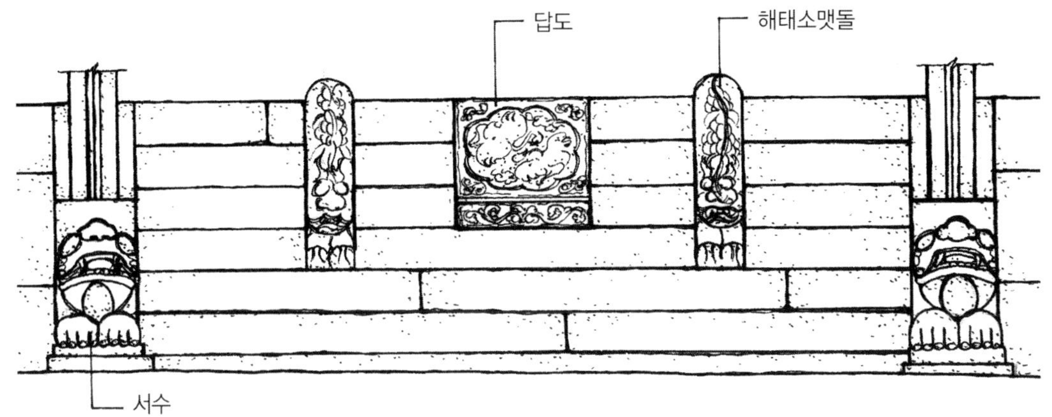

‖ 근정전 월대 삼중계 입면도 ‖

② 인정전, 명정전, 중화전(궁궐의 정전)

㉠ 이중 월대 : 근정전을 비롯해 인정전, 명정전, 중화전 등 궁궐의 정전 건물은 이중월대 구조

㉡ 삼중계 : 궁궐 정전 월대의 계단 / 답도(용판석) / 소맷돌(서수 장식)

㉢ 중화전 : 4면에 이중월대와 계단 설치 / 답도에 용문 새김

㉣ 인정전 : 전측면에 이중월대(배면 단층 월대), 전측면에 계단 설치

㉤ 명정전 : 전면에만 이중 월대 구성 / 전측면에 계단 설치

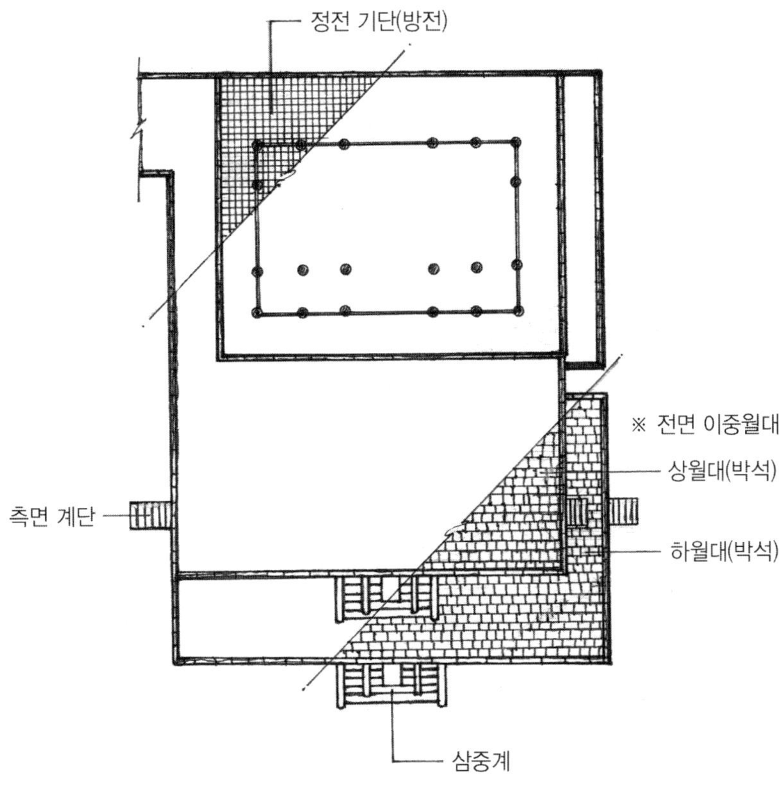

‖ 창경궁 명정전 월대 평면도 ‖

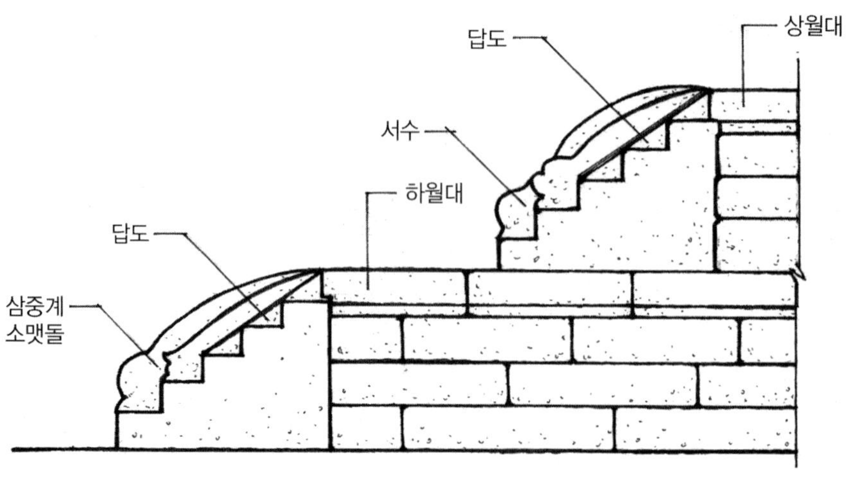

▌창경궁 명정전 월대 삼중계 측면도▐

③ 통명전, 선정전, 대조전, 수정전(궁궐의 편전, 침전)

㉠ 전면부 단층 월대 : 궁궐의 편전, 침전 건물은 전면에 단층 월대 구조

㉡ 삼중계 미설치

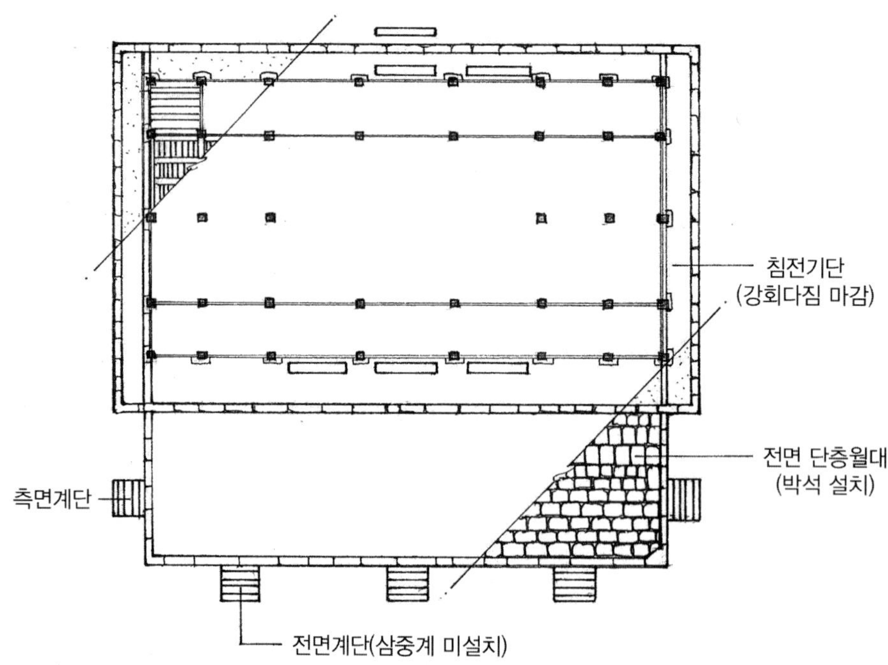

▌창경궁 통명전 월대 평면도▐

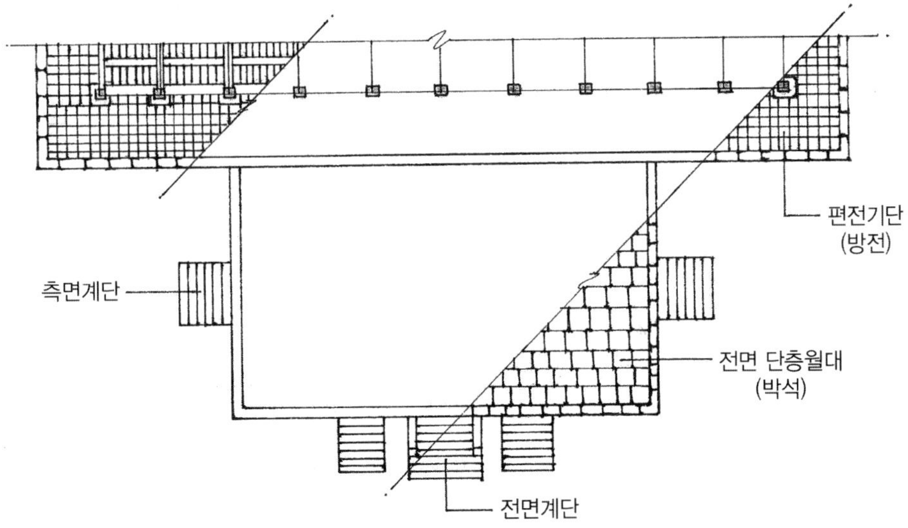

‖ 경복궁 수정전 월대 평면도 ‖

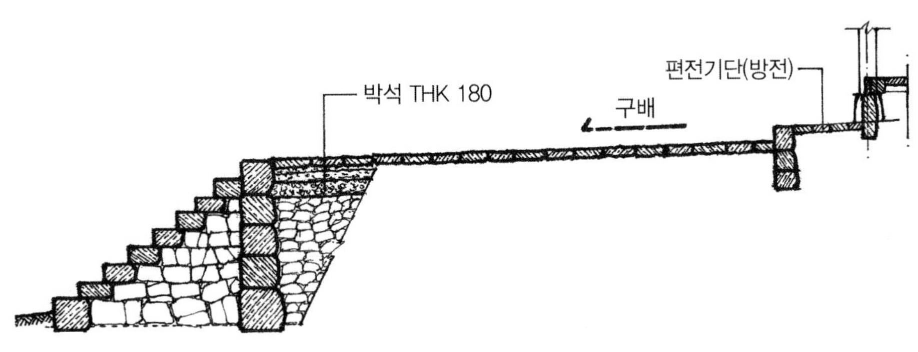

‖ 경복궁 수정전 월대 단면구조 ‖

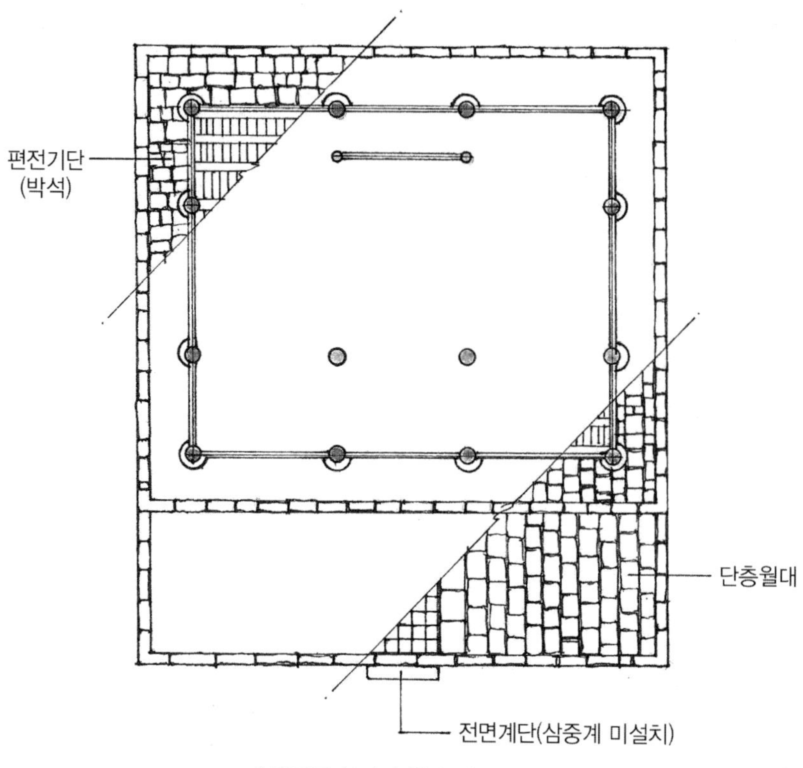

▌창덕궁 선정전 월대 평면도▌

④ 정자각, 종묘, 향교 대성전의 월대 구조

㉠ 종묘의 월대 : 이중월대 / 상면 박석마감

㉡ 정자각의 월대 : 정면에 계단 없는 단층구조 / 방전 설치

㉢ 대성전의 월대 : 대성전 전퇴 전면에 일정폭으로 단층 월대 설치 / 방전 설치

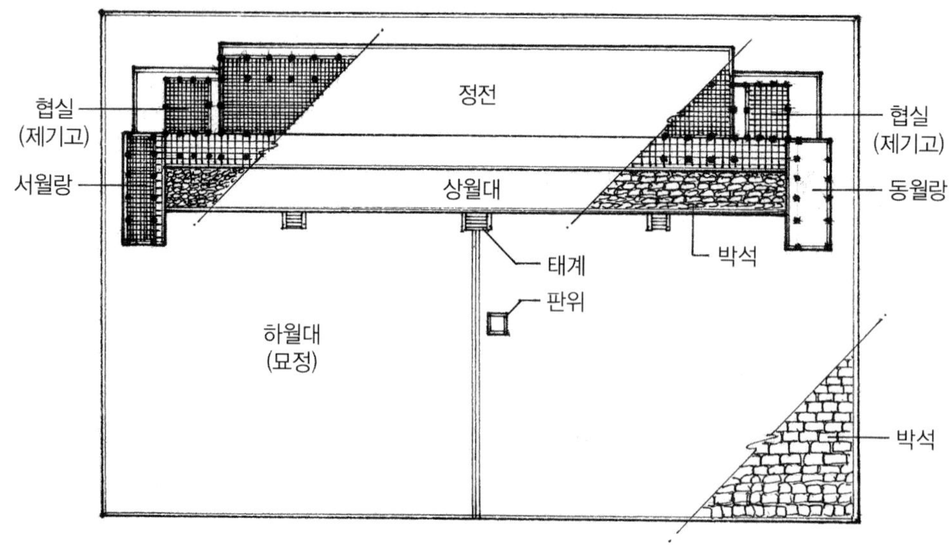

▌종묘 정전 월대 평면도▌

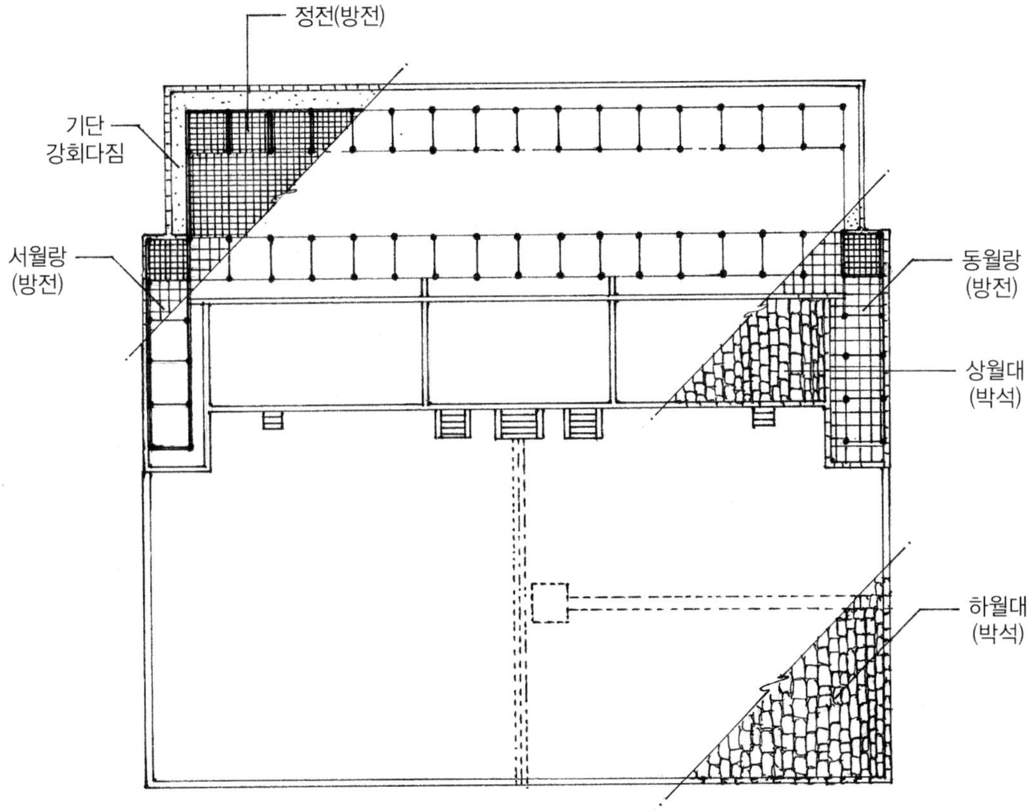

‖ 종묘 영녕전 월대 평면도 ‖

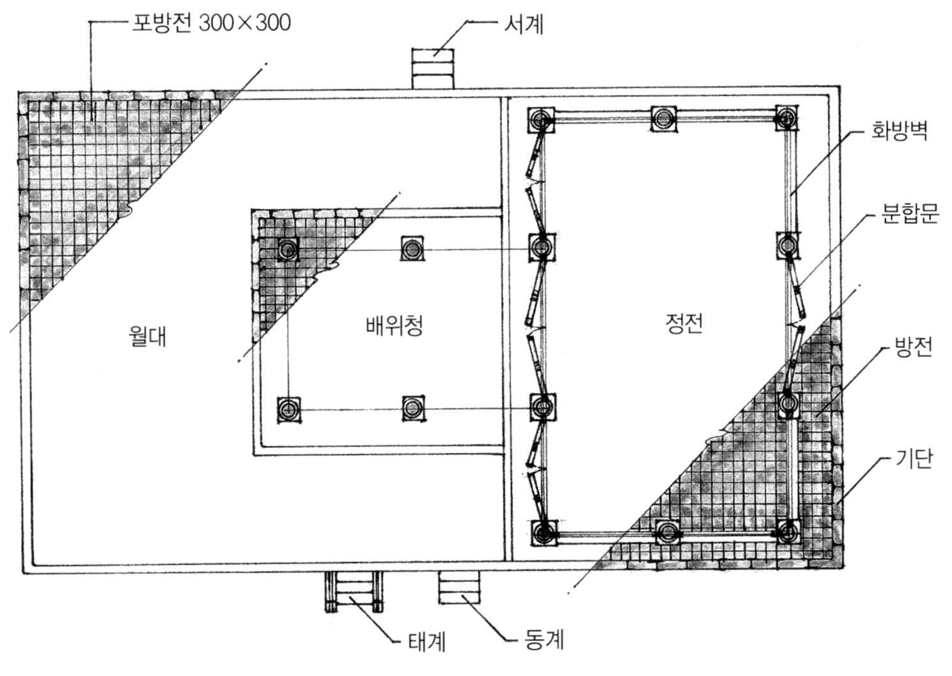

‖ 융릉 정자각 월대 평면도 ‖

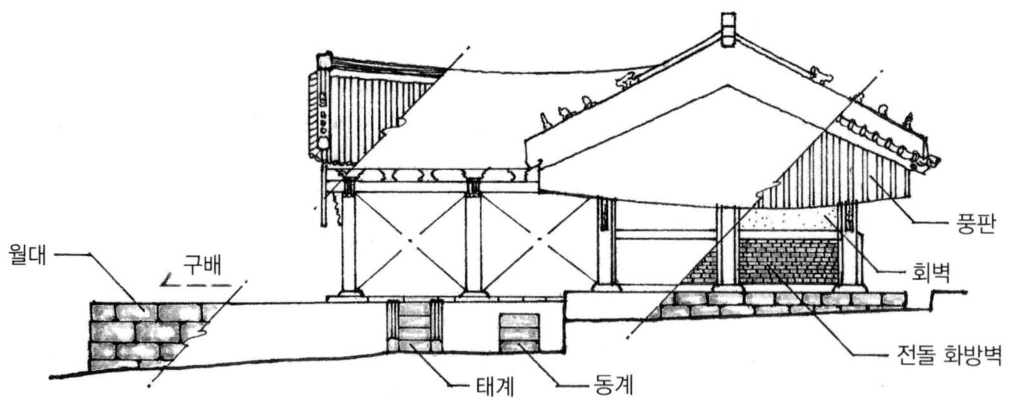

| 융릉 정자각 월대 우측면도 |

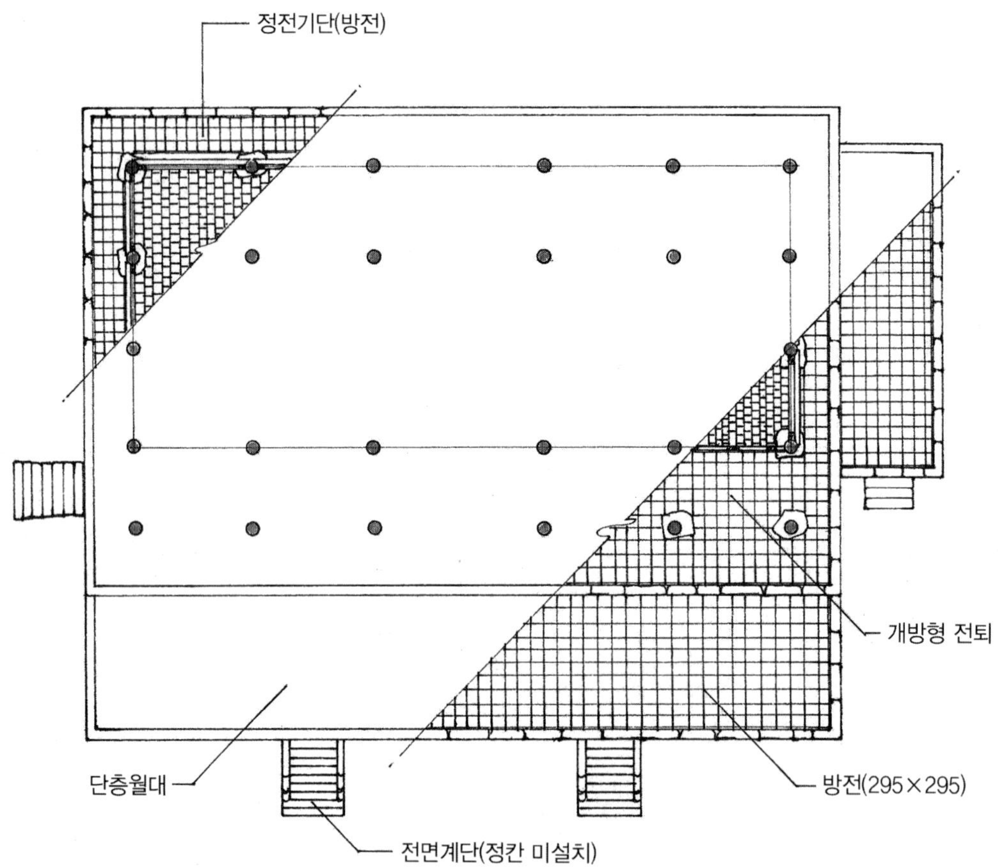

| 서울 문묘 대성전 월대 평면도 |

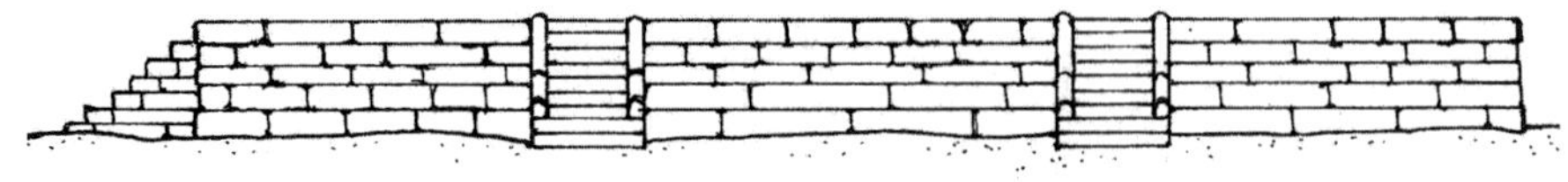
| 서울 문묘 대성전 월대 입면도 |

LESSON 03 계단

SECTION 01 개요

01 | 개념

① 계단 : 기단 등에 오르내리기 위한 시설물

② 대우석 : 계단 측면을 마감하는 삼각형의 판석

③ 소맷돌 : 계단 측면을 마감하는 부재

02 | 권위건축물 계단의 시대별 특징

① 삼국시대 : 지대석, 면석, 갑석을 별석으로 조립한 가구식 계단(삼각형)

② 통일신라시대 : 통돌에 지대석, 면석, 갑석을 모각(삼각형, 사분원형)

③ 고려시대 : 통돌 소맷돌에 문양 및 장식 부조(삼각형, 사분원형, 곡선형)

④ 조선시대 : 소맷돌이 없거나 와장대석을 설치한 장대석 계단, 원형 통돌 소맷돌

SECTION 02 돌계단의 구조

01 | 거친돌 계단(자연석 계단)

① 기초 및 지대석

㉠ 기초 : 온통기초(판축다짐, 잡석다짐)

㉡ 지대석 : 디딤돌 첫단이 지대석 역할(외측으로 구배)

② 디딤돌

㉠ 디딤돌(보석, 섬돌) 뒤뿌리를 길게 하고 상하 디딤돌은 2치 이상 물림(50mm)

㉡ 디딤돌의 높이와 간격을 일정하게 유지

㉢ 디딤돌을 그레질하고 하부를 고임돌로 고여서 수평 설치

㉣ 잔돌, 잡석으로 뒤채움

㉤ 최상부 디딤돌은 기단석에 그레질로 밀착

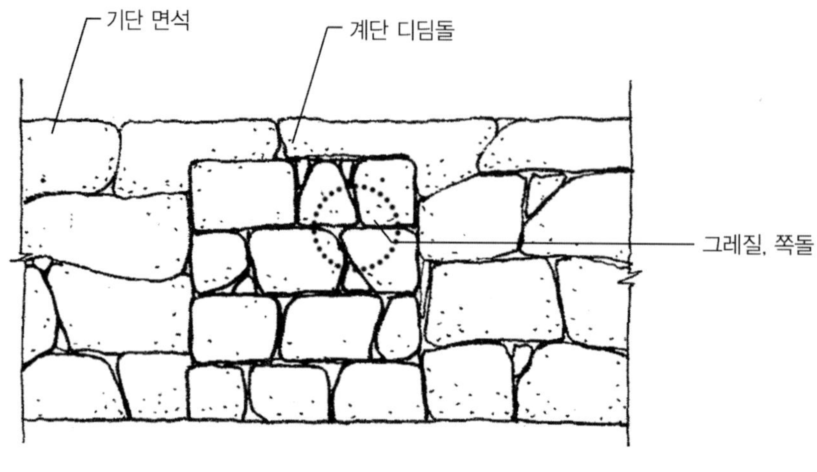

| 자연석 계단의 입면구조 |

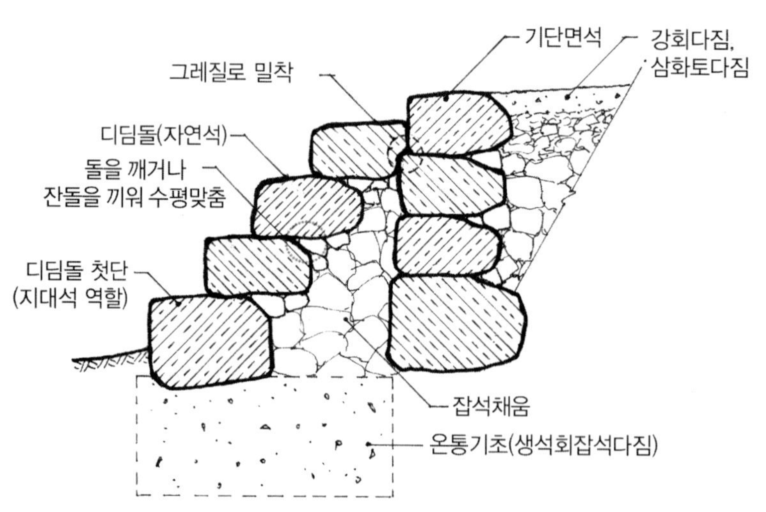

| 자연석 계단의 단면구조 |

02 | 마름돌 계단(장대석 계단)

① 기초, 지대석

㉠ 기초 : 온통기초

㉡ 지대석 : 디딤돌 첫단이 지대석 역할(외측으로 구배)

② 디딤돌

㉠ 다듬돌 사용 / 상면 구배 / 상하 디딤돌은 2치 이상 물림 / 디딤돌의 높이와 간격을 일정하게 함

㉡ 디딤돌 상면은 보행을 고려해 거칠게 가공

㉢ 장대석 기단의 면석 퇴물림에 맞춰 최상부 디딤돌을 그레질로 밀착

㉣ 잡석으로 속채움

③ 사갑석, 와장대석

㉠ 소맷돌 없이 계단 옆막음돌 설치

㉡ 사갑석 설치(와장대석)

- 갑석의 안쪽으로 사갑석, 대우석이 1치 이상 물림
- 기단 갑석에 그레질로 밀착

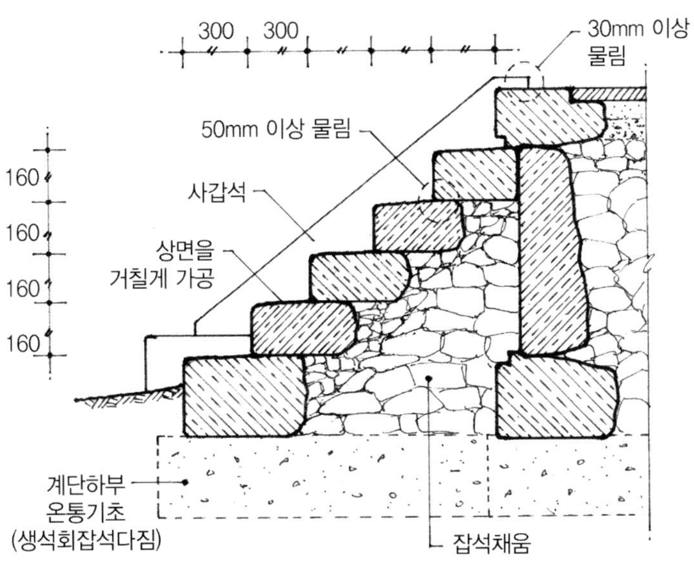

‖ 가공석 계단의 단면구조 ‖

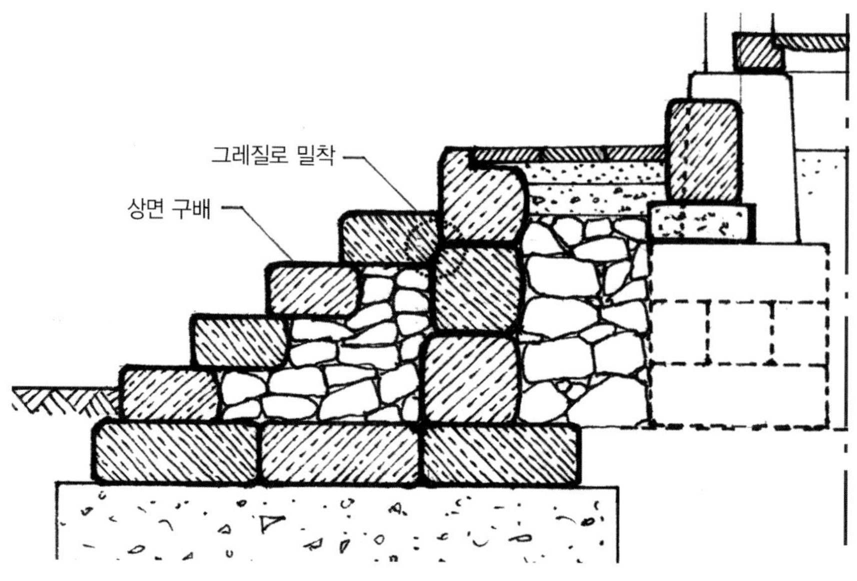

‖ 장대석 기단 및 계단의 단면구조 ‖

④ 삼중계

㉠ 궁궐의 정전, 향교 대성전 등(궁궐 삼중계에 답도 설치)

㉡ 불전의 삼중계(법주사 대웅보전, 통도사 대웅전 계단)

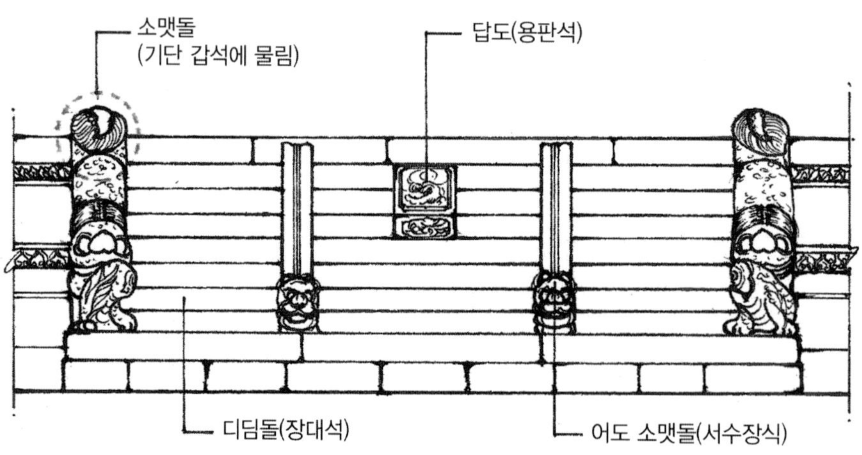

‖ 경복궁 집옥재 삼중계 입면도 ‖

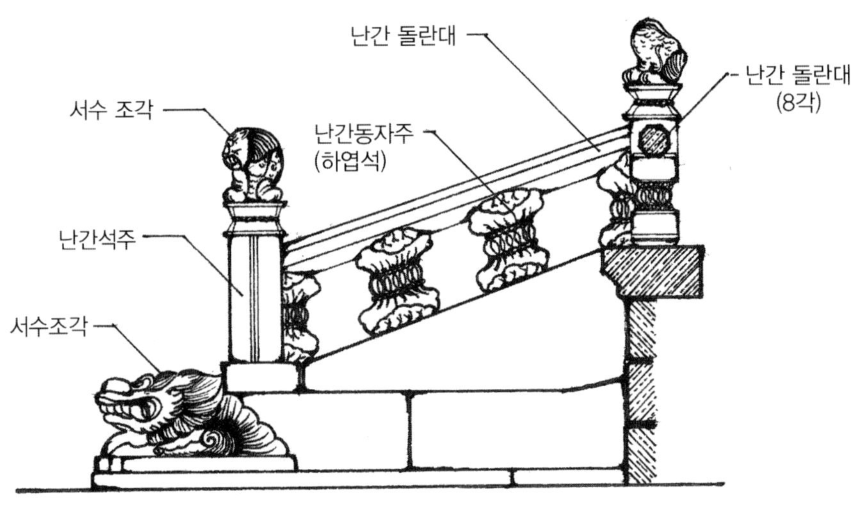

근정전 월대 남측 계단 측면도

SECTION 03 소맷돌

01 | 소맷돌의 유형

① 삼각형

㉠ 삼국시대~통일신라 초기

㉡ 지대석, 면석, 갑석 등이 별석으로 구성(삼국시대)

㉢ 통돌에 모각(통일신라시대)

② 사분원형

㉠ 통일신라 후기 이후

㉡ 사분원형 형태의 통돌 소맷돌

③ 장식형

㉠ 고려시대 이후

㉡ 통돌 곡선형 소맷돌에 다양한 문양과 형태를 조각(연화, 봉황, 용, 운룡, 태극문양 등)

④ 와장대석

㉠ 조선시대

㉡ 장대석 계단의 소맷돌

㉢ 옆막이돌 상부에 장대석을 경사지게 설치(사갑석)

02 | 소맷돌의 구조

① 분리형 소맷돌(백제)

㉠ 지대석

- 가로방향 지대석 사용(가로방향 지대석과 세로방향 지대석 조립)
- 지대석에 갑석과 면석을 턱물림

㉡ 지대석에 면석 받침 ㄱ자턱 쇠시리 없음

㉢ 갑석에 부연 없음

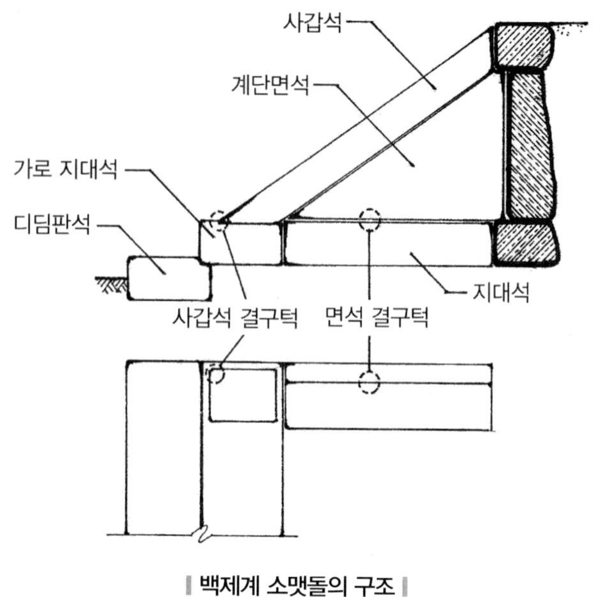

❙ 백제계 소맷돌의 구조 ❙

② 분리형 소맷돌(신라)

㉠ 지대석 : 가로방향 지대석 없음 / 세로방향 지대석 단부에 석주 설치(석주홈, 석주공)

㉡ 지대석 상면에 면석 받침 ㄱ자턱 쇠시리 가공

㉢ 갑석에 부연 쇠시리

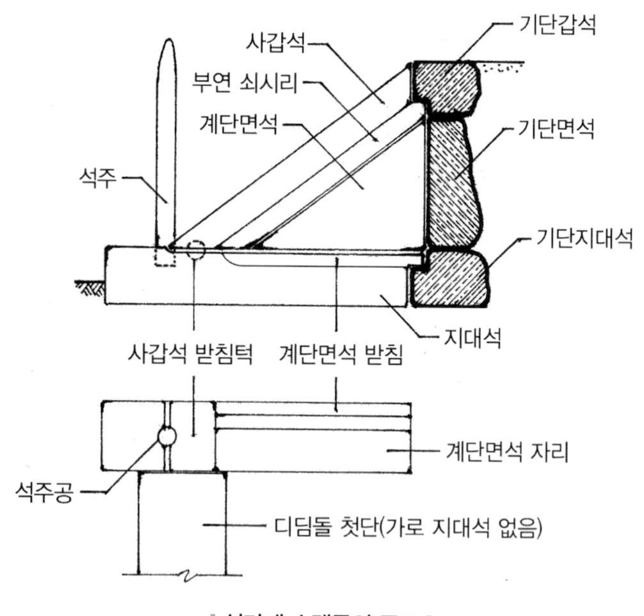

❙ 신라계 소맷돌의 구조 ❙

③ 통돌형 소맷돌(통일신라 이후)

㉠ 통돌에 지대석, 면석, 갑석을 모각한 삼각형 소맷돌(화엄사 각황전, 불국사 대웅전 등)

㉡ 사분원형 통돌 소맷돌

㉢ 장식형 통돌 소맷돌(곡선형)

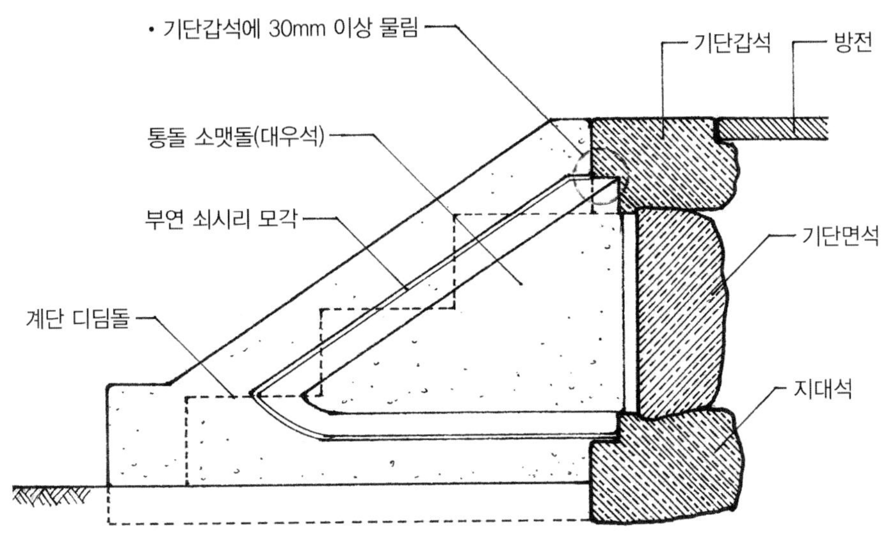

불국사 대웅전 기단 및 계단 설치구조

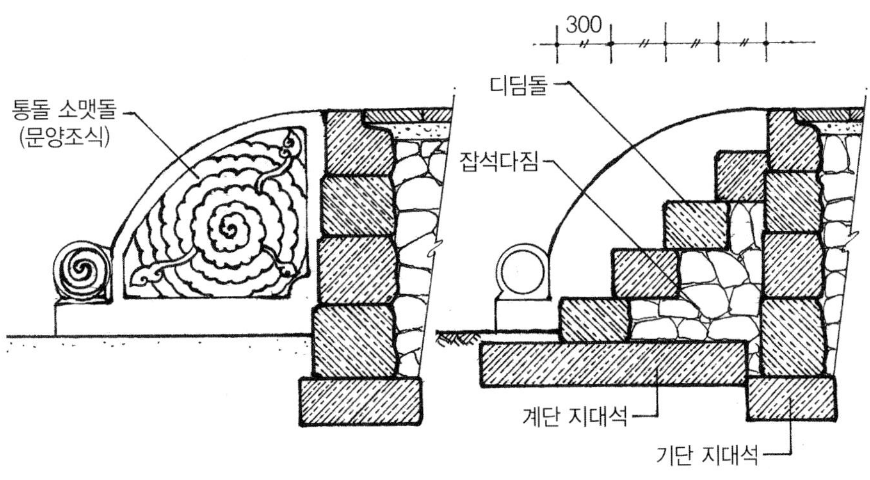

사분원형, 장식형 소맷돌

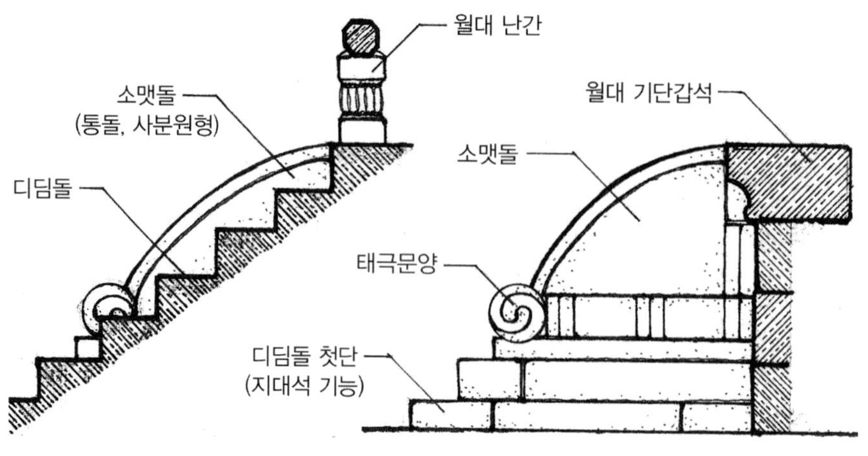

❙ 근정전 월대 동측 계단 입면, 단면구조 ❙

SECTION 04 계단의 훼손 유형 및 원인

01 | 훼손 유형

디딤돌의 기울음 및 이완, 침하 / 디딤돌 파손 / 기단과 계단의 이격

02 | 훼손 원인

① 보행충격에 의한 이완 및 파손
② 디딤돌의 규격, 뒷길이 부족
③ 상하 디딤돌의 물림이 없거나 부족한 경우
④ 잔돌과 흙으로 단순 채움한 경우(적심의 유실 및 토압 작용)
⑤ 그레질, 고임돌을 사용치 않고 디딤돌 하부에 흙채움하여 수평 설치한 경우
⑥ 계단 기초의 부실
⑦ 디딤돌 첫단이 지대석 역할을 못하는 경우(규격 및 설치방법 문제)
⑧ 기단 면석, 갑석과 계단돌의 밀착이 부실한 경우
⑨ 기단부 배부름 변형에 연동

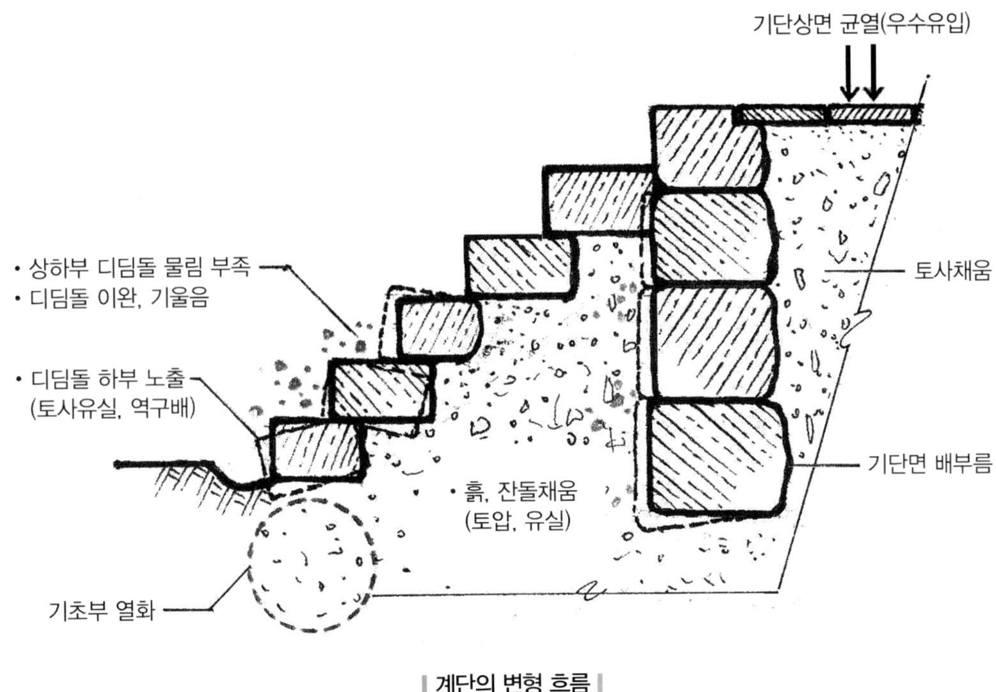

| 계단의 변형 흐름 |

SECTION 05 조사사항

『lesson 02 – section 04 조사사항』 참조

SECTION 06 해체 시 주요사항

① 해체 전 부재별로 위치를 표시하고 수리 시 원위치에 재설치(부재 번호표 부착)

② 계단은 상부에서부터 차례대로 해체

③ 규준틀을 설치하고 계단 각부의 위치와 높이를 기록한 후 해체

④ 계단 부재가 파손되지 않도록 부재를 보양하여 해체

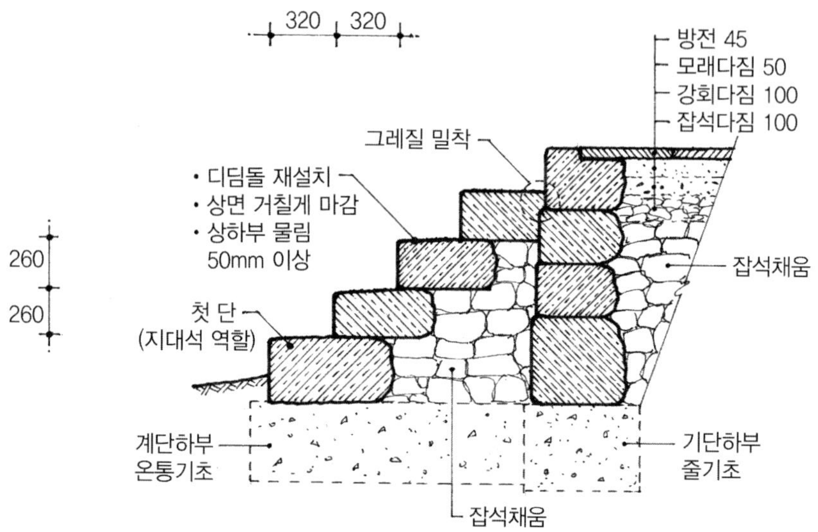

| 정자각 태계 수리 계획도면 |

SECTION 07 시공 시 주요사항

01 | 일반사항

① 기존 계단의 쌓기 기법을 조사 · 분석하여 같은 축조기법으로 시공
② 계단기초는 지반을 충분히 다짐한 위에 설치
③ 기초가 부실하거나 설치되지 않은 경우 기초 재설치(생석회잡석다짐 온통기초)
④ 석재 면 가공 및 맞댄 면 가공 정도는 기존과 동일하게 가공
⑤ 디딤돌 첫 단이 지대석 역할을 할 수 있도록 지면에 일정 깊이로 묻고 외부로 구배를 형성
⑥ 보행안전을 고려해 디딤돌은 표면을 거칠게 가공
⑦ 디딤돌의 높이와 간격을 일정하게 설치
⑧ 뒤채움돌은 크고 작은 돌을 혼합하여 잘 다져 공극이 없도록 견고하게 설치

02 | 거친돌 계단 설치

① 윗면이 평평한 자연석을 일정한 높이의 단으로 선을 맞춰 쌓음
② 계단의 수평, 수직은 돌을 깨서 맞추거나 돌 틈에 잔돌을 끼워 맞춤
③ 경사지면에서는 땅을 파서 계단의 수평, 수직을 조절
④ 아랫돌의 뒤뿌리는 윗돌에 50mm 이상 물려서 설치
⑤ 아랫단부터 한 켜씩 디딤돌과 옆막이돌을 같이 설치하고 내부는 속채움

03 | 마름돌 계단 설치

① 계단의 옆면은 삼각형 판석인 대우석으로 막아대거나, 지대석 · 옆막이돌 · 소맷돌로 세분하여 설치
② 대우석이나 소맷돌을 쓰지 아니할 때는 아랫단부터 한 켜씩 디딤돌과 옆막이돌을 같이 설치하고 내부는 속채움
③ 계단은 기단갑석과 면석에 밀착되게 설치
④ 소맷돌을 기단갑석에 물려서 설치할 경우에는 30mm 이상 물리도록 설치
⑤ 디딤돌 설치 시 아랫돌의 뒤뿌리는 윗돌에 50mm 정도 물리도록 설치

LESSON 04

초석

SECTION 01 개요

01 | 초석

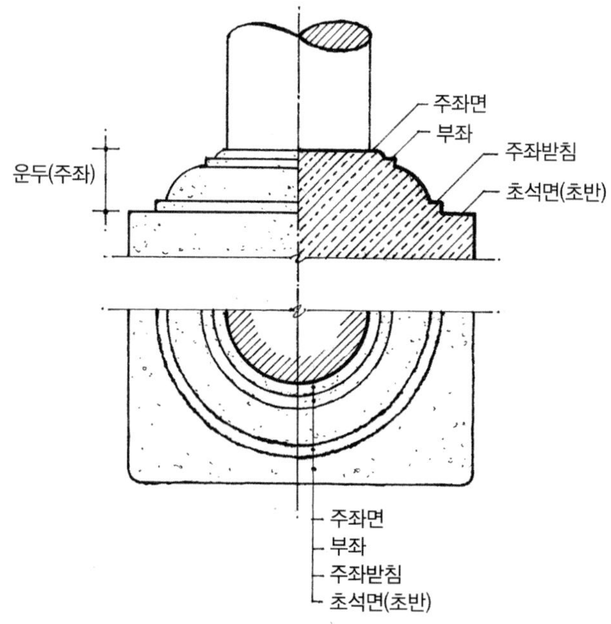

방초원주좌 초석의 각부 명칭

① 개념

㉠ 기둥 하부에 놓여져 기둥으로 전달된 건축물의 하중을 지반으로 전달하는 부재

㉡ 상부하중이 실린 기둥과의 마찰력으로 지탱(그렝이 접합)

㉢ 초석, 주초, 주춧돌

② 기능

하중전달 / 건조물 바닥과 지면의 분리 / 기둥하부의 부식 방지

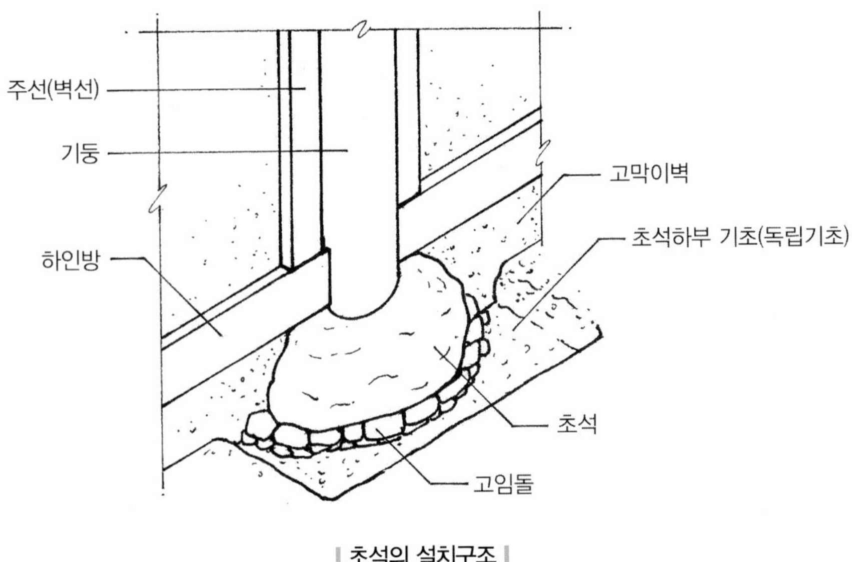

초석의 설치구조

③ 각부 명칭

㉠ 주좌 : 다듬돌 초석의 중앙부를 도드라지게 새겨내 기둥을 받치는 부분

㉡ 운두 : 기둥을 올려 놓을 자리를 만들기 위해 초반에서 돋우어 낸 부분

㉢ 초반 : 초석의 도드라진 면인 운두의 하부 받침부분(가공하여 드러내거나 기단면에 묻힘)

02 | 초석의 종류

① 재료 및 가공 정도에 따른 분류

자연석초석(덤벙주초), 다듬돌초석(정평주초), 자연암반 활용(정자, 누각)

② 형태에 따른 분류

원형, 방형, 제형, 다각(팔각, 육각), 고복형 등

③ 초석높이에 따른 분류

㉠ 평초석

㉡ 장주초석(누마루, 누각 건물의 하층기둥 지지 / 높이 3자 내외 / 방형, 원형, 다각형)

④ 위치에 따른 분류

평주초석, 우주초석

⑤ 기타

㉠ 고막이초석

- 고막이 부분을 초석과 한몸에 만든 것
- 내부에 마루가 설치되지 않은 고식불전, 궁궐, 제례 건물 등에 설치

㉡ 고막이석

- 입식 바닥구조에서 하인방과 기단 바닥 사이의 고막이 부분을 막는 석재
- 초석 사이를 연결하여 초석의 수평이동을 막는 기능
- 내부에 온돌과 마루가 설치되는 좌식 생활구조에서는 건물 바닥이 높아지고 이에 따라 하인방과 기단 바닥면 사이 고막이 부분에 벽체 시공(고막이벽)

㉢ 신방석 : 판문 설치 시 신방목을 받는 석재(별재 또는 초석과 한 부재로 사용)

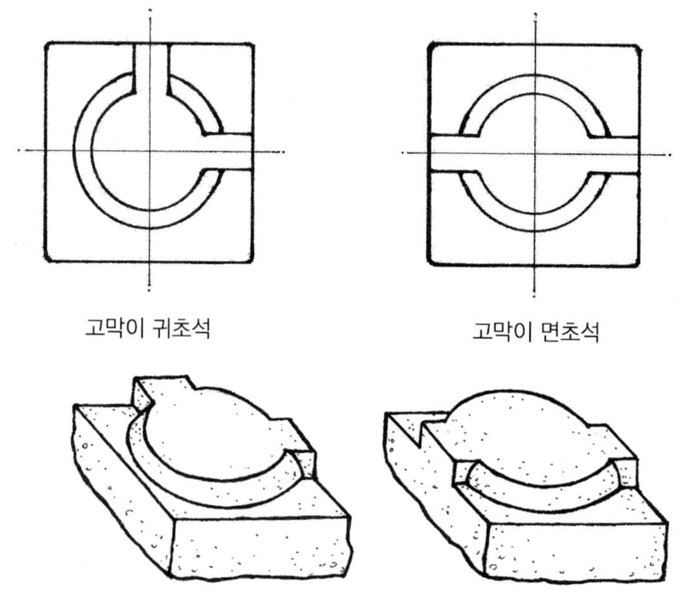

‖ 고막이 초석 ‖

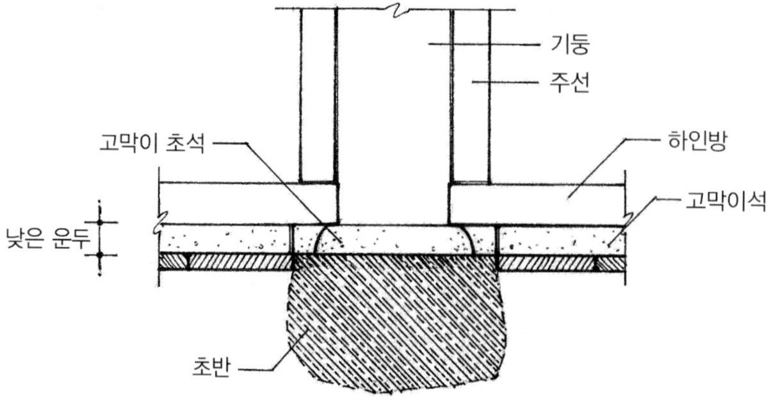

‖ 고막이 초석의 설치구조 ‖

㉣ 심초석 : 목탑의 심주를 받는 초석(사리공)

㉤ 동바리초석 : 마루 귀틀을 직접 받거나 동자주를 지지(동바릿돌)

㉥ 활주초석

03 | 시대별 특징

① 삼국시대

㉠ 고구려는 원형, 팔각형태 / 백제는 정방형

㉡ 주좌를 높게 돋우지 않고 초반에 쇠시리하는 정도

㉢ 초반에 주좌를 단순하게 새기거나, 새김없이 초반만 사용

㉣ 주좌의 높이는 1~2치, 곡률은 4분원보다 작음

㉤ 주좌받침이나 부좌 등의 장식 부가

㉥ 상면에 촉구멍이 있는 초석, 굴립주초석, 고막이초석

② 통일신라시대

방초원주좌의 전형적인 초석 사용

③ 고려시대

방초원주좌 계승. 장식화 경향

④ 조선시대

㉠ 다듬돌초석은 운두를 높혀 주좌를 돋움(주좌 높이는 4~6치)

㉡ 곡률은 4분원보다 크고, 주좌받침이나 부좌 등의 장식이 없어짐

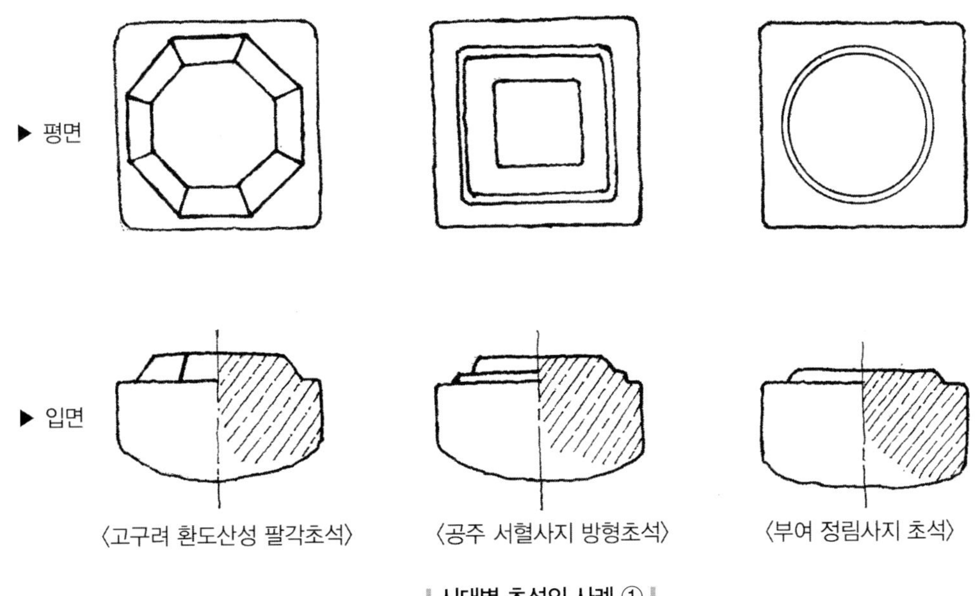

‖ 시대별 초석의 사례 ① ‖

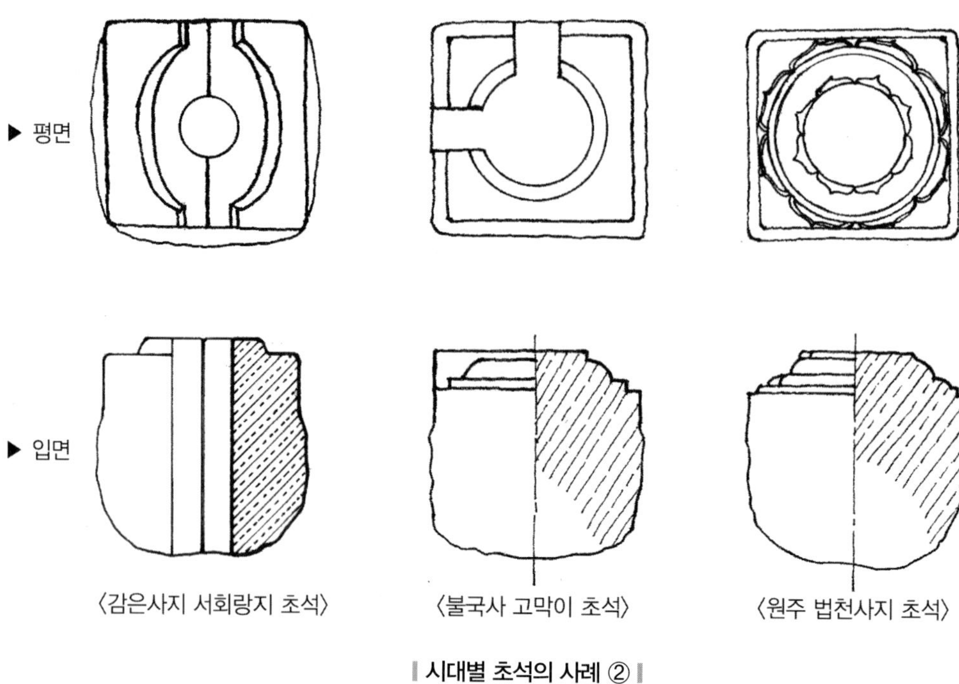

| 시대별 초석의 사례 ② |

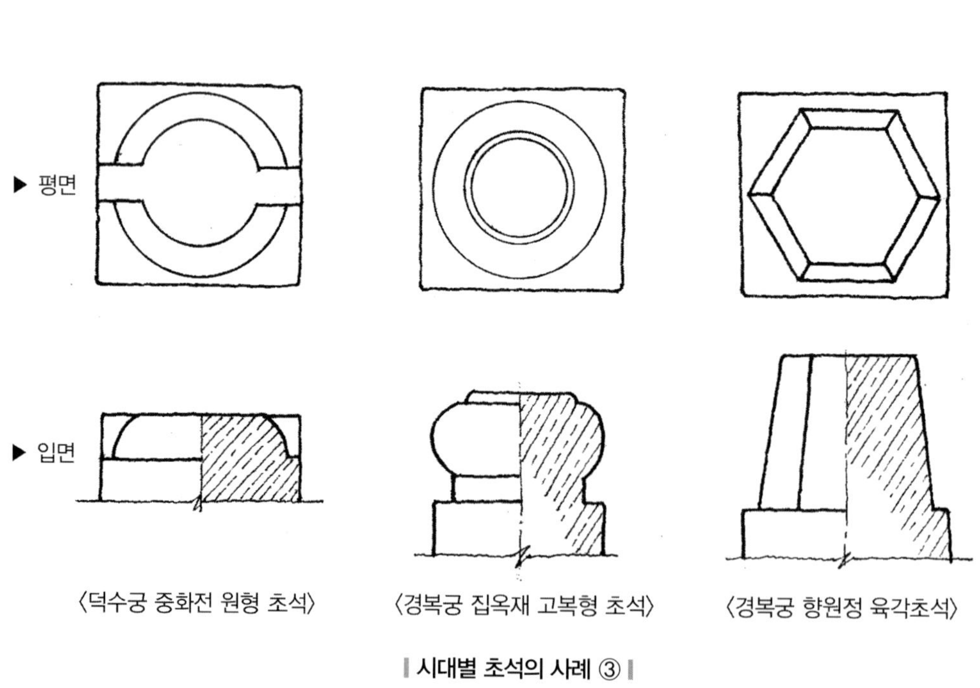

| 시대별 초석의 사례 ③ |

SECTION 02 초석의 구조 및 설치

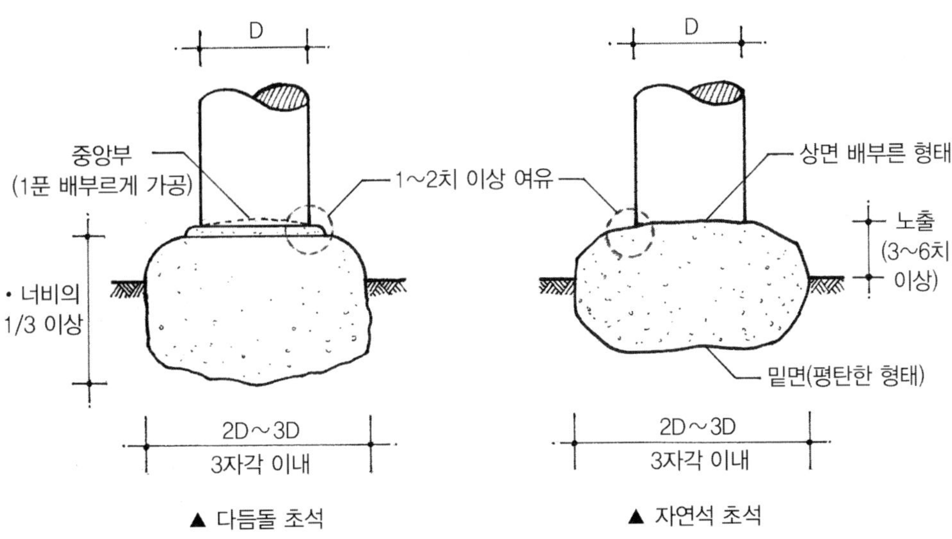

‖ 초석의 규격 ‖

01 | 평초석

① 초석의 규격

㉠ 기둥규격에 비례, 기둥직경의 2~3배(통상 3자각 이내)

㉡ 기둥 외부로 2~3치 이상 여유

㉢ 초석 두께는 너비의 1/3 이상

㉣ 기단 상면에서 최소 3치~6치 이상 노출

② 자연석초석

㉠ 밑면은 평탄하고 윗면은 패이지 않고 불룩한 형태

㉡ 그레발은 2치 이내가 되도록 함

③ 다듬돌초석

중앙부를 1푼 정도 배부르게 가공

④ 우주초석 : 평주초석보다 규격이 큰 초석 사용

⑤ 배면초석 : 산지사찰에서의 전배면 초석의 레벨 차이와 노출높이 차이(산지 경사지 건물)

02 | 고막이초석

고막이 부분을 초석과 한 부재로 가공

03 | 장초석(장주초석)

① 누각건물의 하층기둥 보호를 위해 높은 초석 사용

② 원형, 방형, 팔각형태 / 민흘림 가공

04 | 활주초석

① 활주의 단면 형태에 따라 원형, 팔각, 육각(장주초석 형태)

② 평초석보다 높게 만들고 하엽이나 고복형으로 장식하기도 함

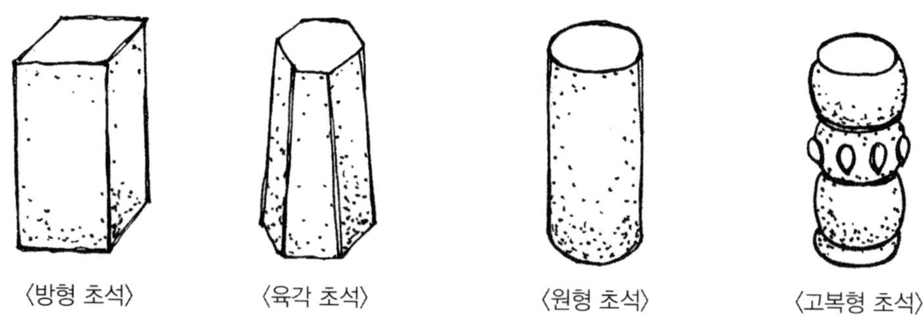

‖ 활주초석의 사례 ‖

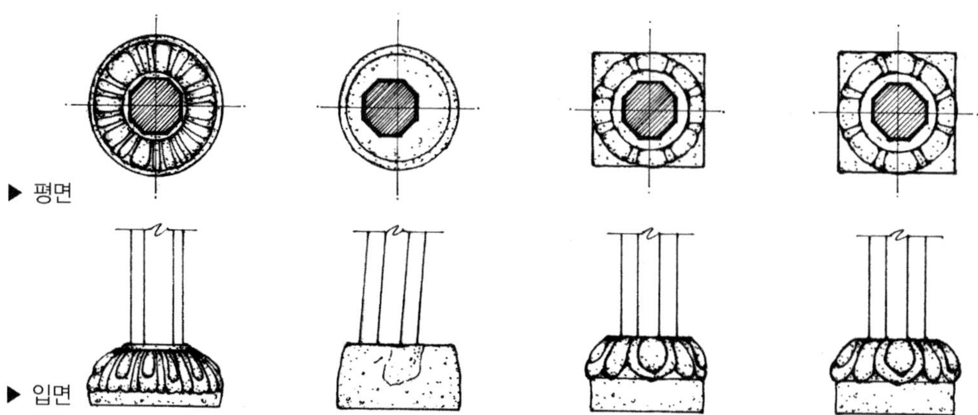

‖ 통도사 대웅전 활주초석 ‖

05 | 초석의 설치

① 설치준비

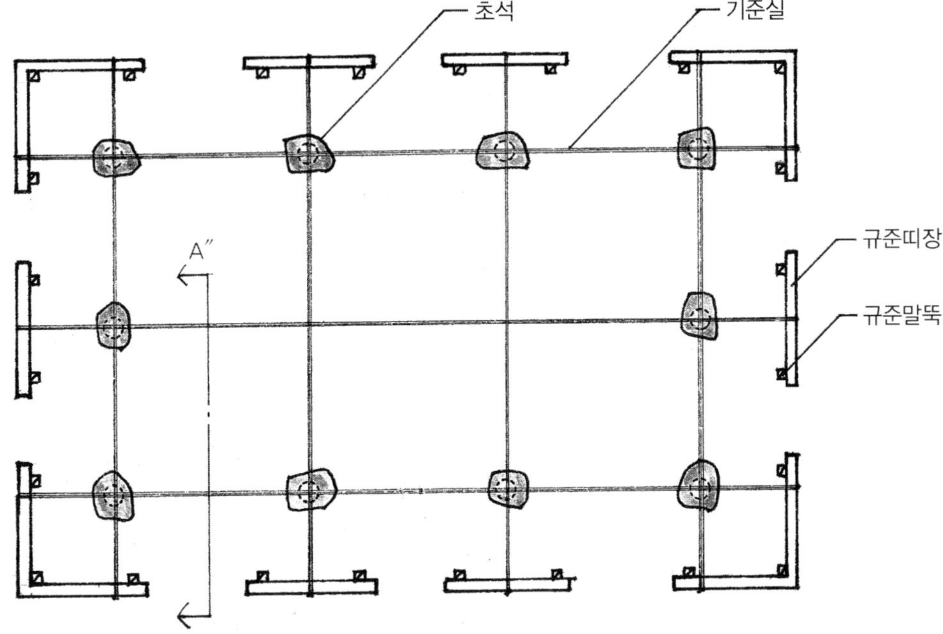

‖ 규준틀 및 초석 설치구조 ① ‖

㉠ 규준틀 설치(말뚝, 띠장)

㉡ 주망에 맞춰 수평실을 쳐서 교차점을 구해 이를 지면 또는 초반석에 표시(장척 사용)

㉢ 초반석 또는 지정 위에 '十'자로 심먹을 치고 중심에 못을 박아 표시

㉣ 초석 상면을 수평이 되게 놓은 상태에서 중심점을 정하고 상면에 전후좌우로 직교하는 심먹그리기

㉤ 측면하부까지 심먹을 그어내려, 초석 설치 시 지정 위에 표시한 먹줄과 용이하게 맞춤

② 설치

㉠ 초석 심먹을 주심에 맞추고 고임돌을 써서 상면이 수평실에 거의 닿을 정도로 수평 설치

㉡ 고임돌은 초석에 가해지는 축압력이나 편심하중으로 인하여 빠져나가지 않도록 설치

㉢ 초석 네 귀를 차례로 눌러보아 흔들림이 없도록 설치

㉣ 초석 밑 빈틈을 청소하고 약간의 물을 뿌려 촉촉하게 만듦

㉤ 잔돌을 섞은 양질의 진흙을 초석의 형태에 따라 일매지게 넣음(진흙, 모래, 강회반죽 혼합)

㉥ 초석의 무게로 누르면서 초석을 놓음

㉦ 초석이 들뜨거나 이동되지 않도록 설치

㉧ 설치 완료 후 초석 상면이 수평이 되게 설치되었는지, 심먹과 주심이 일치하는지 확인

㉨ 초석 아래층이 굳을 때까지 충격을 가하지 않도록 보양

㉩ 초석의 그레발을 측정하고 표시(나이 매기기)

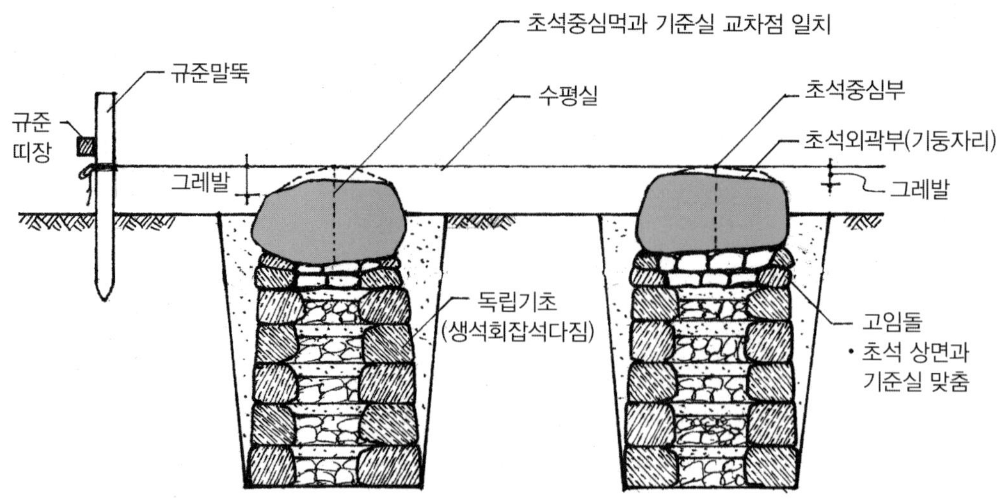

| 규준틀과 초석 설치구조 ② |

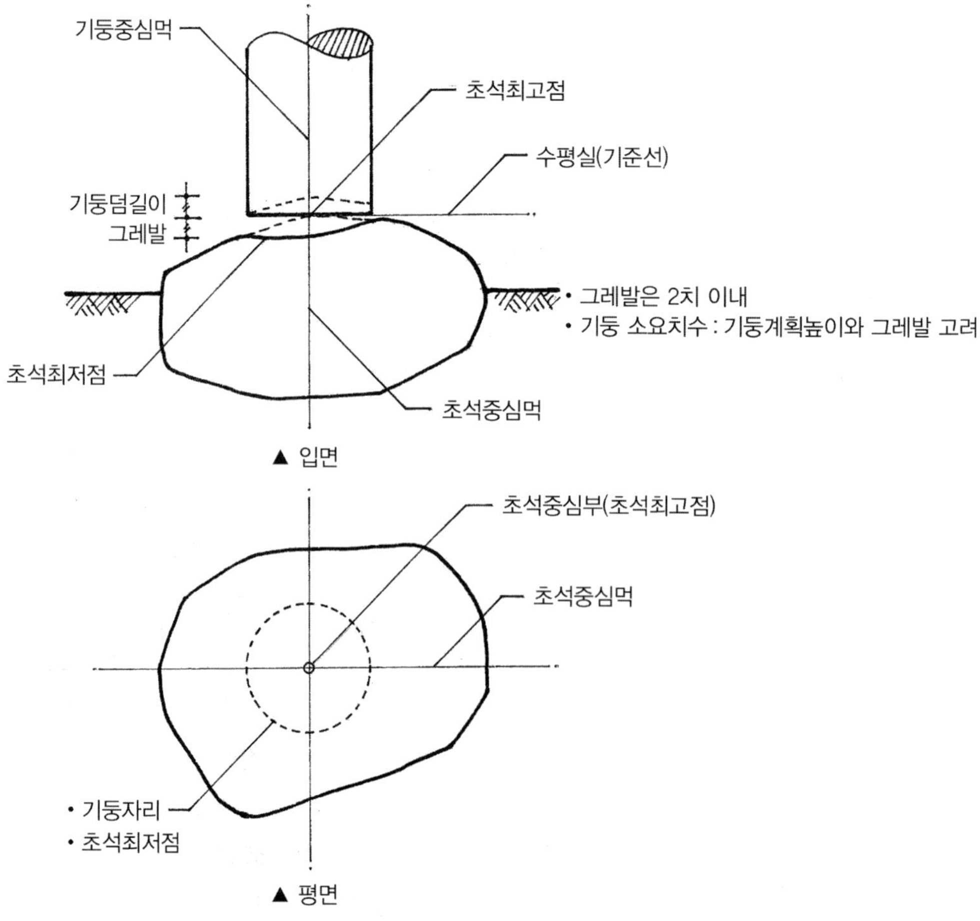

기둥중심먹
초석최고점
수평실(기준선)
기둥덤길이
그레발
• 그레발은 2치 이내
• 기둥 소요치수 : 기둥계획높이와 그레발 고려
초석최저점
초석중심먹

▲ 입면

초석중심부(초석최고점)
초석중심먹
• 기둥자리
• 초석최저점

▲ 평면

| 초석과 기둥의 그레질 ① |

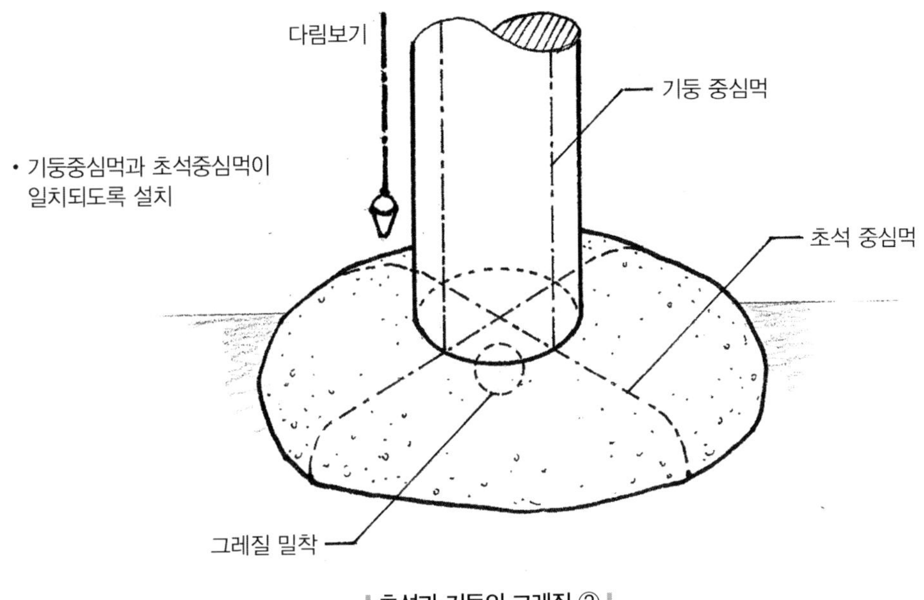

| 초석과 기둥의 그레질 ② |

SECTION 03 초석의 훼손 유형 및 조사사항

01 | 훼손 유형

초석의 침하, 이동, 균열 및 파손

02 | 사전조사

① 초석의 기울음, 이동 여부, 파손 부위 및 파손 정도

② 초석의 재질과 규격, 설치방법

③ 초석 하부지정 및 지반의 침하 여부

03 | 해체조사

① 초석의 사용위치별 종류, 크기, 수량 등

② 초석의 높이, 위치와 방향 등을 조사하고 기록

③ 초석의 가공 흔적(탑본, 사광 라이트)

④ 초석 중심먹 조사

㉠ 기둥 해체 전 초석 윗면에 기둥자리 표시 → 해체 후 초석 중심먹과 비교

㉡ 규준틀, 기준실 설치 → 초석 중심먹, 초석열 확인

⑤ **시굴조사** : 초석 하부지정의 상태, 재료, 침하 여부, 초석 고임돌에 대한 조사

SECTION 04 초석의 주요 훼손 원인

01 | 초석 재료 및 설치상의 문제

① 규격이 작거나 재질이 약한 초석 사용

② 이중초석 사용

③ 기단 상면 초석 노출 높이 부족

④ 초석 지정의 부실 및 지정 재료의 열화

⑤ 기단 상면의 균열에 따른 초석 하부로의 우수 유입

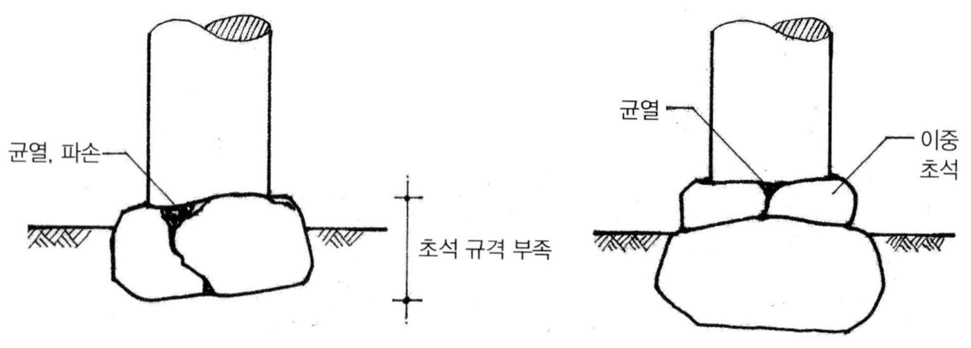

| 초석의 균열과 파손 |

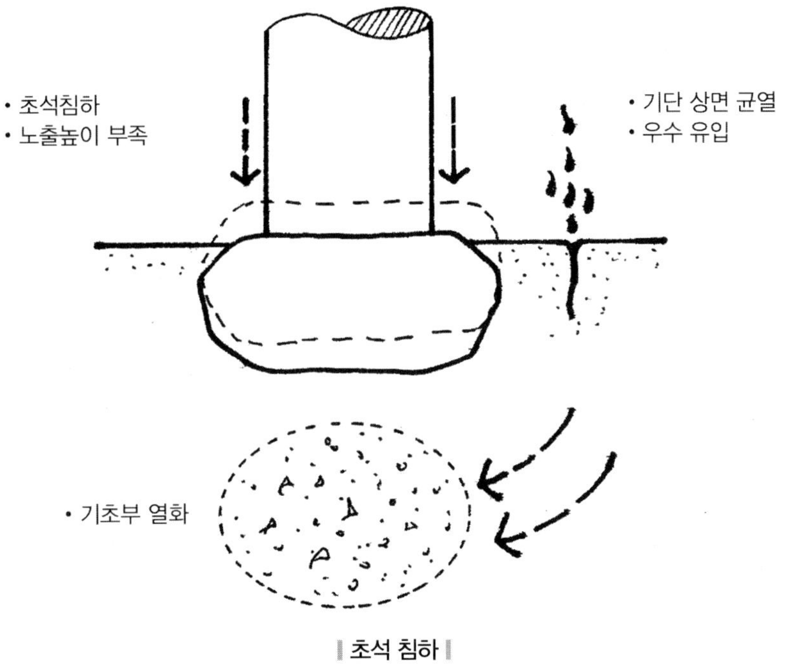

‖ 초석 침하 ‖

02 | 초석 상부구조물의 문제

기둥 및 상부구조물의 편심작용에 의한 압밀침하, 부등침하, 파손, 초석이동, 초석열 교란

03 | 주변환경

배면석축, 배수로 등의 문제

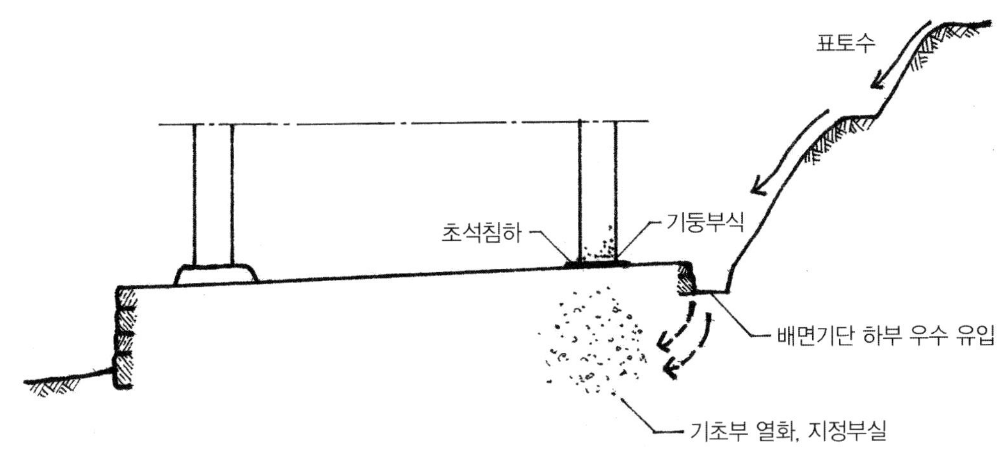

‖ 배면 초석의 변형 ‖

SECTION 05 보수 · 보강방법

01 | 해체 및 보수범위, 수리방법에 대한 검토

사전조사, 해체조사, 시굴조사, 지내력시험 등을 거쳐 해체 및 보수범위를 판단

02 | 지정보강 및 기초 재설치

① 기둥해체나 동바리이음 시 하부 지정을 해체하여 지정을 보강하거나 재설치
② 전체적으로 해체하기 보다는 침하된 깊이 만큼 생석회 잡석다짐 등으로 기초 보강
③ 기초 재료의 교체 및 보강(흙, 잡석, 강회다짐)

03 | 초석 교체 및 재설치

① 균열이 있는 초석, 이중초석을 사용한 경우 교체 고려
② 기둥규격에 맞지 않는 초석의 교체 고려(기둥자리 외부로 2~3치 이상 여유 확보)
③ 기단상면에서의 노출 높이 확보(3~6치 이상)

04 | 상부구조물의 변위조사 및 보수

05 | 주변 정비

① 배면 석축 및 배수로 정비
② 잡목 등 주변 습기 유발요소 제거

SECTION 06 해체 시 주요사항

① 해체 전 초석에는 놓여진 방향을 일정한 기준에 의해 표시
② 초석의 수직, 수평 위치는 현장의 기준점에 의하여 도면에 기록하고 규준틀에 표시
③ 해체 전 초석의 형태, 높이, 위치, 방향 등을 도면과 규준틀에 표시하고 촬영
④ 초석 상면에 기둥자리 표시(초석 중심먹과 기둥 중심먹 비교)
⑤ 해체 시 초석이 파손되거나 하부지정이 훼손되지 않도록 유의

⑥ 해체 시 초석의 크기 및 중량 등을 고려하여 적정한 인양장비를 사용

⑦ 해체한 초석은 가공 형태별, 사용 위치별로 구분하여 보관

SECTION 07 설치 시 주요사항

① 『section 02 – 05 초석의 설치 ① 설치준비, ② 설치』 내용 참고

② 산지 경사지 건물 기단의 전배면 구배, 전배면 초석 높이의 차이 등을 고려

③ 귓기둥의 귀솟음, 평주초석과 우주초석의 높이 차이, 초석 침하량 등을 고려하여 초석 재설치

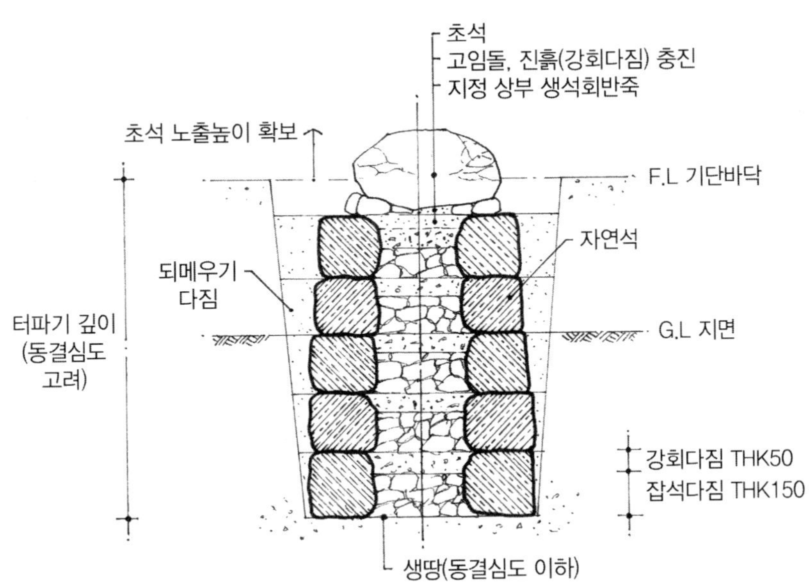

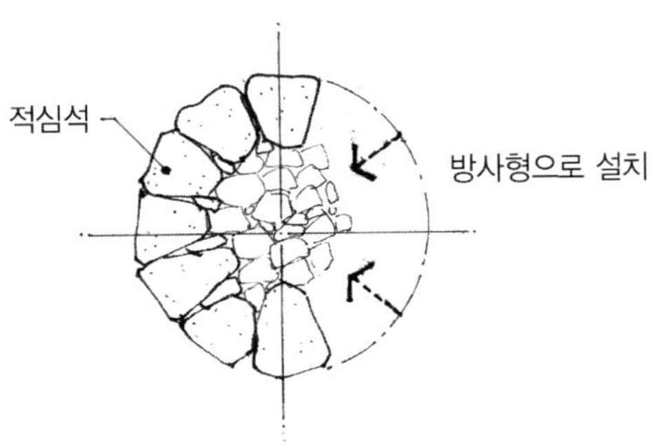

‖ 기초 보강, 초석 재설치 ‖

SECTION 08 초석 보수 사례

01 | 귀신사 대적광전

① 기단 바닥에서 1m 깊이로 파내고 호박돌 채우고 잔자갈로 틈새 메우고 달고질
② 강회를 섞어 반죽한 흙으로 채운 후 다지는 것과 잡석 채우고 다지는 것을 3~4차례 반복
③ 최상단은 설치될 초석의 높이를 고려해 강회다짐으로 마감
④ 강회다짐 양생 후 초석 설치(초석둘레에 강회다짐 채워넣음)
⑤ 초석 설치 후 일정 기간 보양

02 | 하동 쌍계사 대웅전

부족한 기둥높이, 귀솟음 치수를 고려하여 초석의 높이 조절

PART 2 벽체가구부 구조와 시공

LESSON 01 기둥

SECTION 01 개요

01 | 기둥의 개념

① 기능

㉠ 지붕가구부, 처마부, 공포부를 통해 전달된 지붕하중을 기초부로 전달하는 수직부재

㉡ 초석 상부에 놓여 벽체가구를 구성(벽체 형성)

㉢ 공간을 구획하고 구성하는 뼈대

㉣ 입면 의장 형성(높이, 흘림 등)

② 심벽구조와 기둥

기둥이 구조재이면서 수장재로 기능

③ 기둥과 가구 부재의 비례

㉠ 기둥의 규격은 건축물의 평면규모, 하중, 주칸 길이, 건물 높이 등을 고려하여 결정

㉡ 기둥의 규격은 다른 가구재 및 수장재의 규격에 영향을 미침

▼ 기둥 규격 예시

구분	직경, 단변	수장폭	기둥 높이
원주	1.2자	3~3.5치	10~12자
각주	6치	2.5~3치	7.5~9자

④ 주경과 주고

㉠ 기둥 높이는 기둥 직경의 8~10배 정도(조선 후기 건물 기준)

㉡ 기둥 높이는 주칸 길이보다 작거나 같게 구성(주칸 길이 1.1 : 주고 1)

㉢ 기둥 높이는 주칸 길이와 1자 정도 차이(장방형 입면 형성)

㉣ 주요 목조건축물의 기둥 직경은 주칸 길이의 1/8~1/12의 범위에 존재

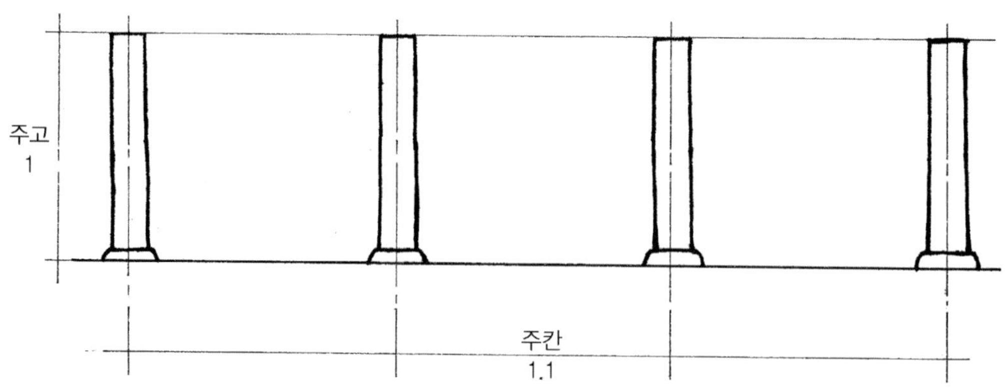

주칸과 주고의 비례

⑤ 기둥 직경의 영향요소

㉠ 지붕 하중(평면규모, 지붕양식, 지붕재료)

㉡ 기둥 높이(건물 규모, 의장)

㉢ 기둥 간격(주칸 설정, 평면계획)

㉣ 기둥의 기능과 설치 위치(평주, 우주, 고주)

㉤ 의장적 고려(입면비례)

▼ 주요 구조부재의 단면규격 예시

구분	기둥	도리	연목
민가	4~6치	8치~1자	4~4.5치
반가	8치~1자	1~1.2자	5~6치
전각	1.2~1.5자	1.2~1.4자	6~7치

⑥ 귓기둥의 규격

㉠ 우주는 평주에 비해 지붕하중이 크게 작용 → 평주에 비해 직경이 큰 기둥을 사용

㉡ 장방형 입면에서 모서리부의 안정감 형성

㉢ 우주에 느티나무, 참나무와 같이 비중이 크고 강도가 좋은 활엽수 사용(산지 사찰)

㉣ 우주에 직경이나 재질이 부족한 기둥을 사용한 경우 건물 변위 유발

02 | 기둥의 종류

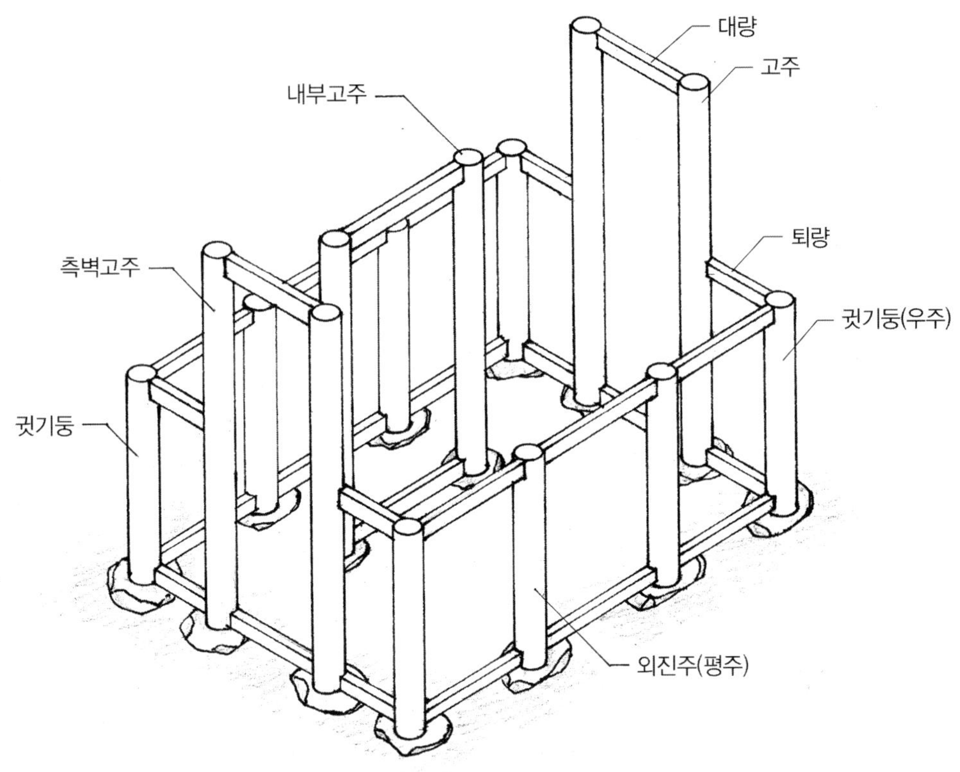

‖ 위치별 기둥의 종류 ‖

① 재료에 따른 분류 : 목재기둥, 석주(누하주)

② 형태에 따른 분류

㉠ 단면 : 원기둥(원주), 각기둥(각주), 다각형기둥(육각, 팔각)

㉡ 길이 : 평주, 고주, 동바리기둥

㉢ 입면 : 배흘림기둥, 민흘림기둥, 흘림 없는 기둥, 도량주(청룡사 대웅전, 화엄사 구층암 등)

③ 설치 위치에 따른 분류

㉠ 평주와 내주

㉡ 평주와 우주

㉢ 외진주와 내진주

㉣ 누상주와 누하주

㉤ 상층기둥과 하층기둥(중층 건물)

㉥ 회첨기둥, 활주, 동바리기둥(마루귀틀)

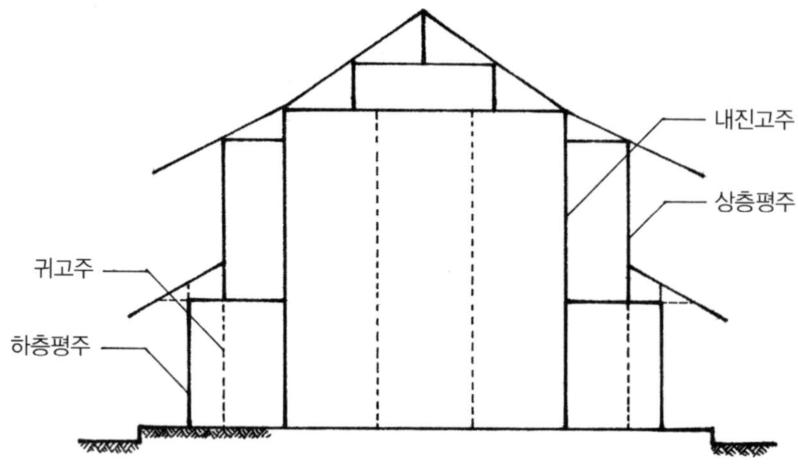

▶ 종단면 구조

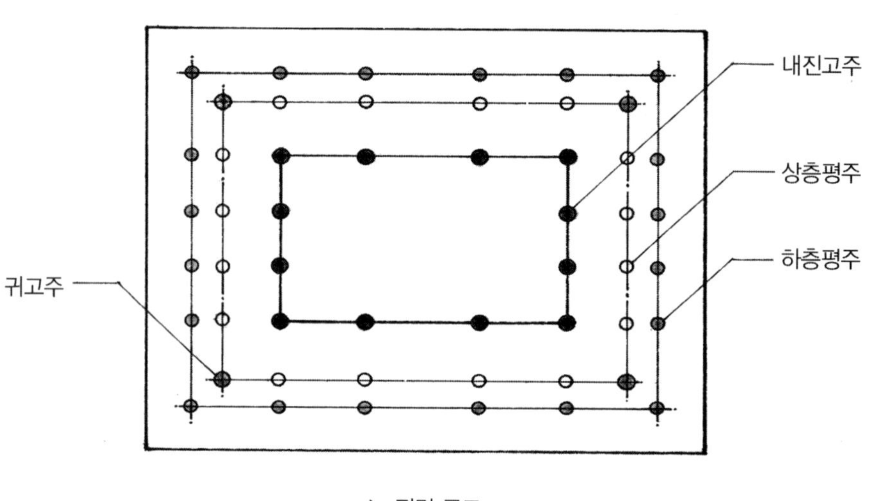

▶ 평면 구조

| 중층 건물의 기둥 명칭 – 근정전 |

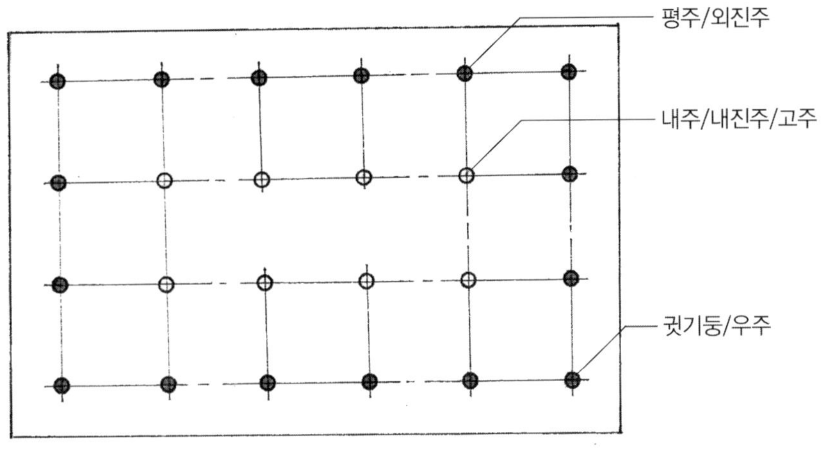

‖ 설치위치에 따른 기둥 명칭 ‖

④ 기타

㉠ 모임지붕 : 옥심주, 찰주

㉡ 목탑 : 심주와 사천주

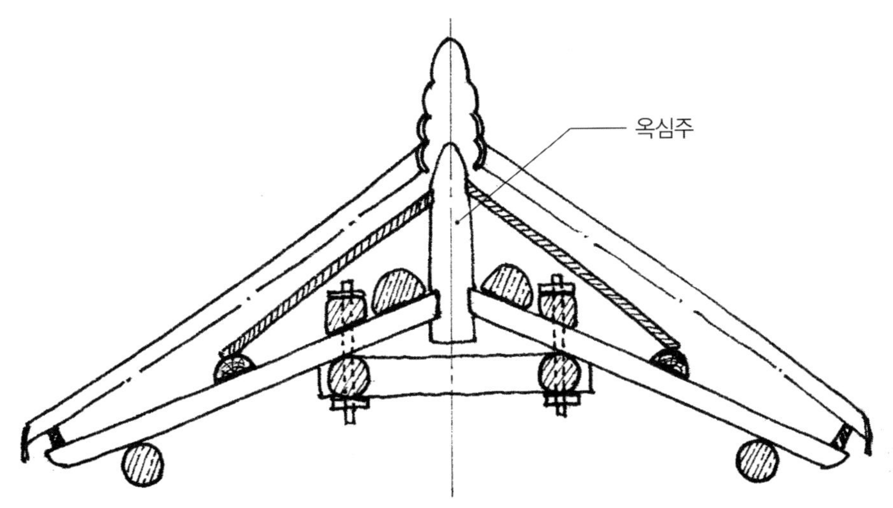

‖ 모임지붕 옥심주 설치구조 ‖

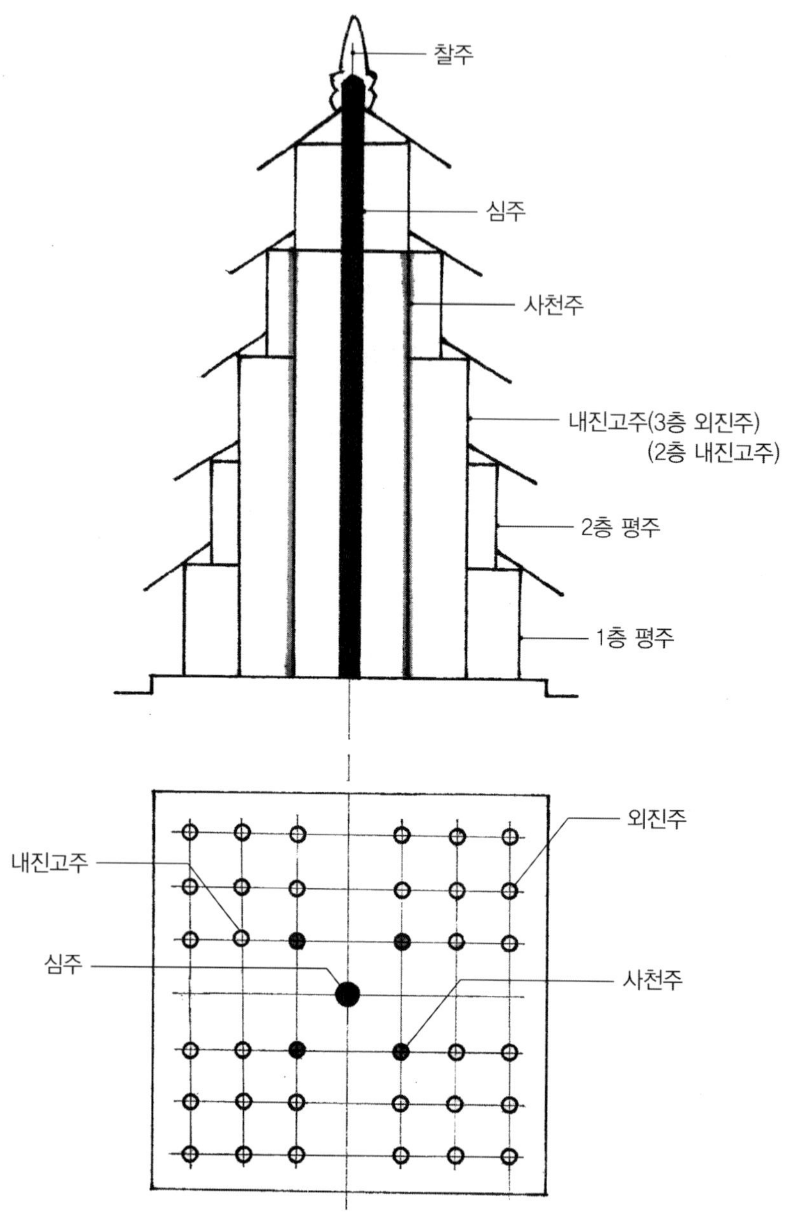

‖ 중층 목조탑의 기둥 명칭 ‖

03 | 원주와 각주

① 천원지방의 사상

② 목재가공 공력과 경제력의 차이(신분과 위계의 구분)

③ 원주 : 권위건축물에서 주로 사용

④ 각주 : 민가에서 주로 사용

04 | 배흘림 기둥

① 개념 및 기능

㉠ 나란한 직선의 가운데 부분이 안으로 휘어 보이는 착시현상 교정(건물의 시각적 안정감 확보)

㉡ 기둥의 좌굴 방지를 위한 구조상의 안정성 추구, 치목 시 단면손실 최소화

㉢ 기둥 하부의 최대단면을 확보하여 좌굴에 대응함과 동시에 의장적으로 고려된 기법

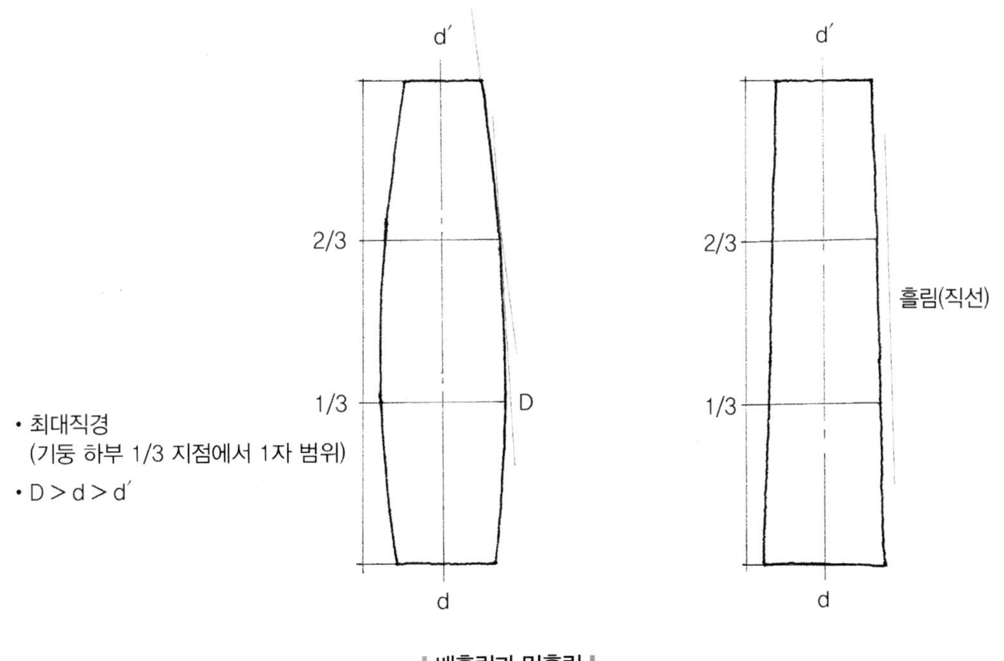

배흘림과 민흘림

② 중국의 흘림 기법

포가 없는 집의 경우 기둥 길이의 1/100, 포집의 경우 0.7/100 정도의 흘림을 규정

③ 전통건축의 흘림 기법

기둥의 직경, 높이, 주두 및 평방의 규격 등을 감안하여 건물에 따라 적용

④ 시대적 특징

㉠ 여말선초 주심포계 건물에서 주로 나타남

㉡ 조선시대 다포계 건물에는 민흘림 기둥이 주로 사용됨

㉢ 조선 중후기 산지사찰의 자연적인 배흘림 기둥(치목 최소화)

⑤ 사례

㉠ 부석사 무량수전, 수덕사 대웅전, 임영관 삼문 등의 목조건축물 배흘림 기둥

㉡ 철감선사 부도 등의 석조물에 표현된 배흘림 기둥

㉢ 고분벽화 등에 표현된 배흘림 기둥

05 | 민흘림 기둥

① 민흘림은 조선시대 목조건축물에 보편적으로 사용

② 미륵사지석탑 등에 표현됨

06 | 도량주

① 목재의 외피만을 거칠게 다듬은 자연목 형태의 부정형 기둥(도량주, 도랑주)

② 조선후기 산지사찰의 경제적 한계와 당대의 장식화 경향 반영

SECTION 02 기둥의 치목

01 | 치목기법

① 마름질 및 탈피

㉠ 도끼, 자귀, 훑이기, 깎낫 등을 사용해 곁가지와 피죽, 옹이 부분을 제거

㉡ 소요치수보다 1~2치 길게 마름질(그레발, 촉 등을 고려)

② 중심먹

㉠ 원목을 모탕 위에 놓고 양 마구리에 수직 · 수평으로 중심먹 먹매김

㉡ 마구리 심먹을 기준으로 원목의 사면에 중심먹 먹매김

③ 단면가공

㉠ 단면이 최대가 되도록 4변에 먹매김

㉡ 4변을 켠 다음 8각으로 치목

㉢ 8각의 제재목에 다시 먹줄을 놓고 16각으로 치목

㉣ 16각의 제재목을 대패, 자귀 등으로 모서리 부분을 깎아 단면이 원형이 되도록 치목

㉤ 표면이 평활하게 되도록 2~3회 대패질

④ 흘림가공

㉠ 원통형 기둥 : 흘림이 없는 원통형 기둥은 밑마구리와 끝마구리의 굵기를 같게 치목

㉡ 민흘림 기둥 : 밑마구리보다 끝마구리의 단면을 적게 하여 기둥 굵기의 1/10~1/20 정도 흘림

㉢ 배흘림 기둥

- 기둥 하부 1/3 지점을 가장 굵게, 밑마구리는 이보다 가늘게 치목
- 끝마구리는 밑마구리보다 가늘게 치목

⑤ 바심질, 가심질

㉠ 바심질한 부분은 끌, 손끌, 대패 등으로 평탄하게 마무리(가심질)

㉡ 치장먹줄의 굵기는 0.5mm 정도, 바심질용 먹줄의 굵기는 0.8mm 정도

⑥ 어깨굴림(편수깎기) : 주두, 평방의 아랫면에 맞춰 튀어나온 기둥머리 부분을 가늘게 하고 그 끝을 둥글게 모접는 일

⑦ 모접기, 쇠시리

㉠ 모접기 : 부재의 각진 모서리를 무디게 깎아내는 일

㉡ 쇠시리 : 부재의 모서리나 면을 볼록하거나 오목하게 깎아 모양을 내는 일(외사, 쌍사 등)

㉢ 기능 : 방형부재의 단면 보호 / 부재 할렬을 줄이고 시각적으로 은폐 / 의장적 효과

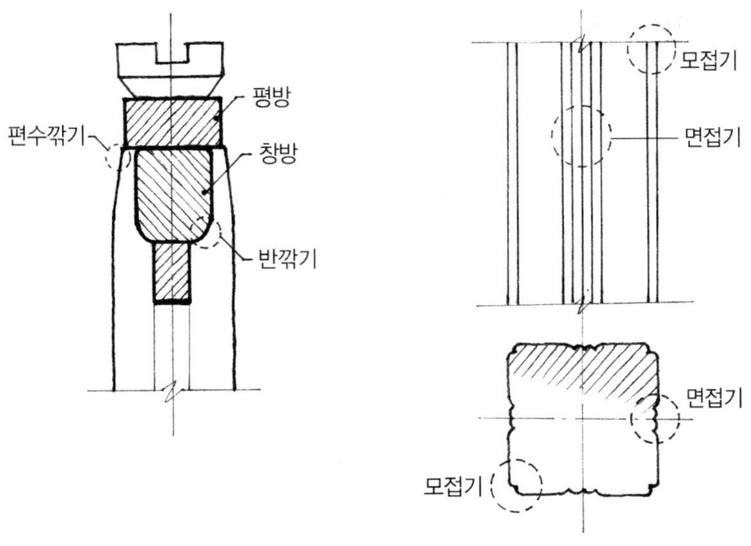

‖ 기둥, 창방의 치목과 쇠시리 ‖

02 | 치목 시 유의사항

① 부재 상태 점검 : 수종, 함수율, 강도, 흠결, 옹이, 나이테 간격 점검

② 원구 · 말구의 구별 : 원목을 모탕 위에 놓을 때 머리와 뿌리를 구별하고 표시

③ 먹매김

㉠ 심먹, 자름, 구멍가심, 반닫이, 끌구멍, 내닫이구멍 등을 정해진 먹매김 기호로 표시

㉡ 톱이 먹줄을 살리는지, 중심을 지나는지 표시

㉢ 부재의 이음과 맞춤 부분은 목재의 건조상태에 따라 조절해서 먹매김(먹줄 살리기와 죽이기)

④ 부재치수 및 마감

㉠ 마감면 처리 : 전통 대패를 사용하여 원형의 질감이 나도록 인력 치목

㉡ 설계상 부재치수는 마무리치수(건조수축으로 인해 줄어들 수치를 감안하여 치목)

㉢ 원형 부재는 표면에 나타난 나이테가 기존의 부재와 유사한 것을 선별하여 사용

㉣ 바심질할 때는 먹줄을 절반 정도 깎는 것을 기본으로 함

㉤ 곱게 다듬기, 가셔내기 등의 다음 공정이 있을 때에는 먹줄을 남기고 깎아냄

㉥ 따내기에서 끌질로 잘라낼 때는 나뭇결의 방향 등을 감안하여 쪼개지지 않도록 조심스럽게 따냄

⑤ 구부재의 규격, 형태, 치목기법을 고려하여 원형대로 치목

⑥ 치목부재의 급속한 건조에 따른 할렬 등을 고려해 보양 조치(광목, 한지)

⑦ 통풍, 습기 등을 고려한 목재 보관(목재 변형, 청태 발생 방지)

03 | 흘림 치목(민흘림, 배흘림)

① 민흘림 기둥의 치목

㉠ 밑둥에서부터 상부로 갈수록 점차 가늘게 되도록 치목

㉡ 흘림은 기둥 하부 직경의 1/10~1/20 정도

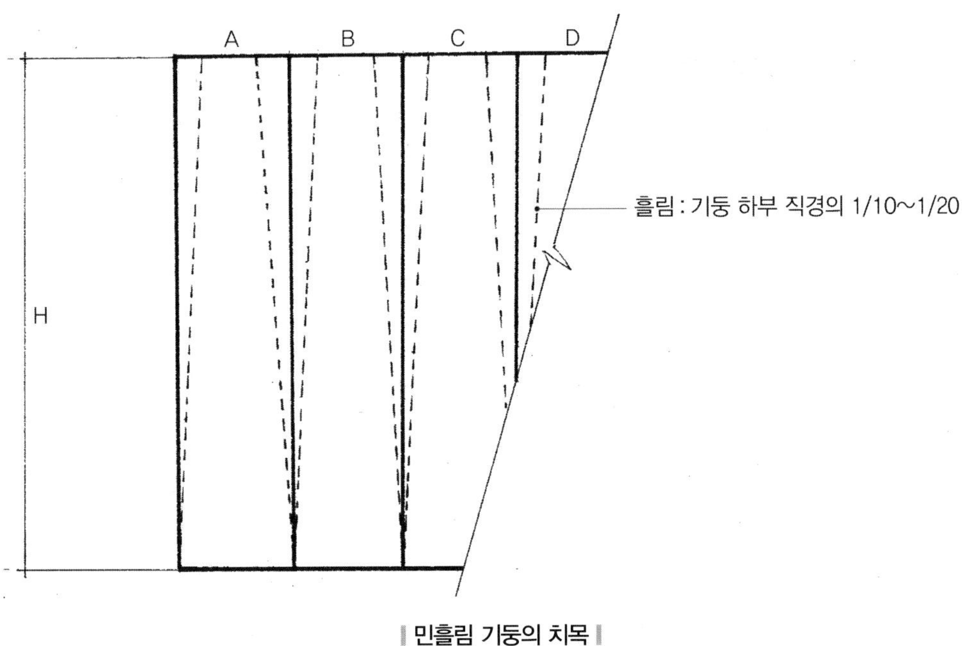

‖ 민흘림 기둥의 치목 ‖

② 배흘림 기둥의 치목

㉠ 중국법식 : 기둥을 3등분하고 상부 1/3 부분을 다시 3등분하여 흘림을 줌

㉡ 전통건축

- 기둥 하부 1/3 지점으로부터 1자 이내의 범위에서 최대직경 형성
- 최대직경 지점≥하부직경>상부직경

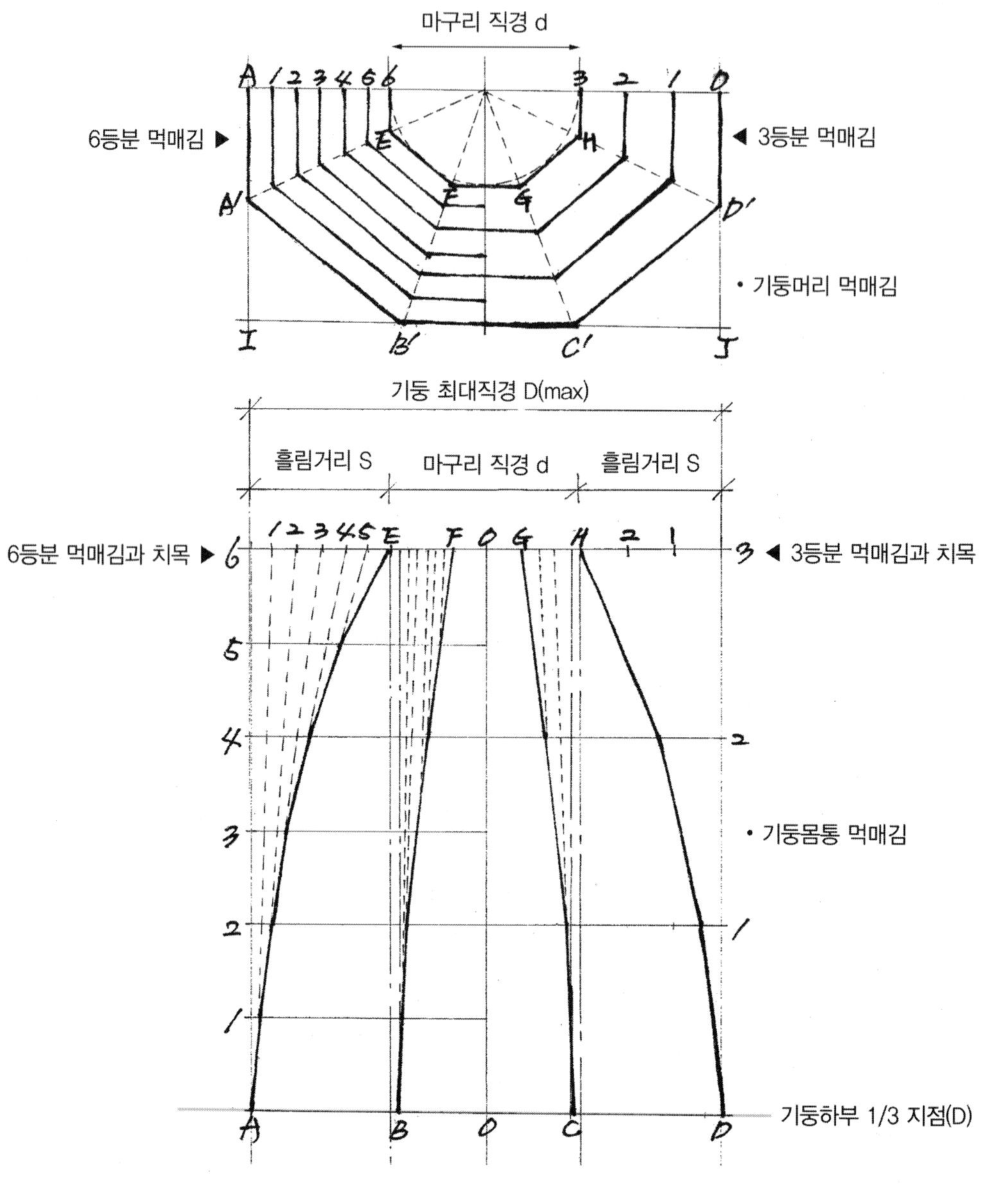
마구리 직경 d
6등분 먹매김 ▶
◀ 3등분 먹매김
• 기둥머리 먹매김
기둥 최대직경 D(max)
흘림거리 S
마구리 직경 d
흘림거리 S
6등분 먹매김과 치목 ▶
◀ 3등분 먹매김과 치목
• 기둥몸통 먹매김
기둥하부 1/3 지점(D)

‖ 배흘림 기둥 치목 개요도 ‖

③ 배흘림 기둥의 사례

㉠ 임영관 삼문 : 기둥 길이 하부 1/4 지점의 가까운 위치에서 최대직경 형성

㉡ 부석사 무량수전

- 최대직경 위치는 기둥 길이의 4/10 위치
- 최대주경과 하부 직경의 차이 2~4치
- 기둥 상하부 직경의 차이 2치 내외

SECTION 03 기둥의 조립

01 | 기둥 각부의 조립

① 기둥 하부의 조립

㉠ 굴립주 방식 : 지면에 박아서 고정(움집, 헛간의 기둥, 판장기둥)

㉡ 초석에 촉맞춤 : 고대 건물지 유구, 홍살문 초석

㉢ 보, 귀틀에 촉맞춤

- 동자주 하부와 보 상면의 결구 / 누상주, 누하주와 마루귀틀의 결구
- 중층 건물에서 상층 기둥과 하층 퇴보의 결구

㉣ 초석에 그레질 맞춤(일반적인 목조건축물의 결구법)

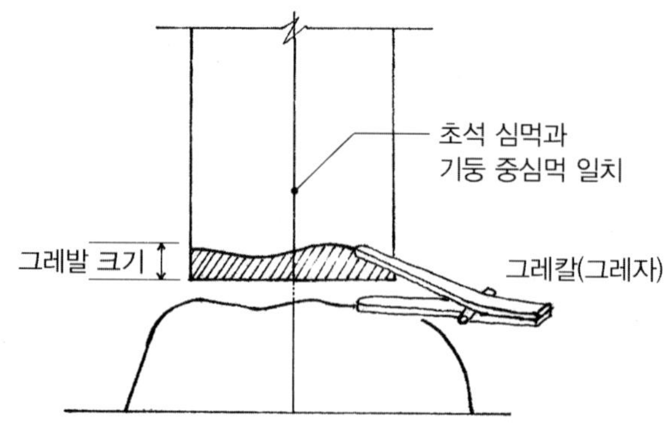

기둥과 초석의 그레질

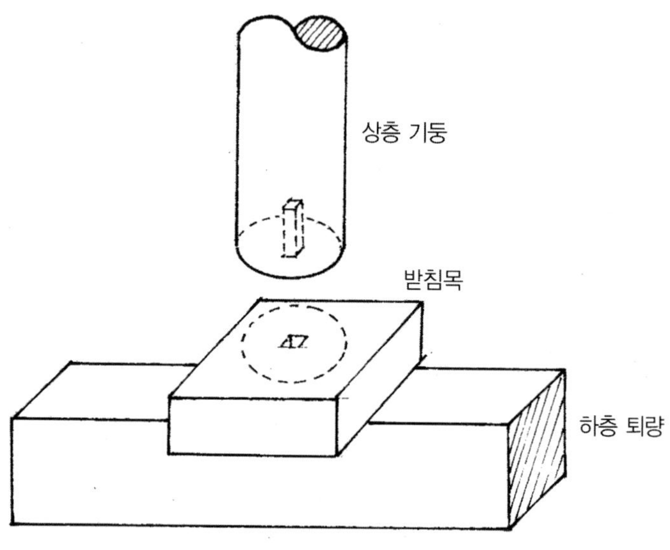

기둥과 보, 받침재의 촉맞춤

② 기둥 몸체의 조립

㉠ 기둥 몸통에 멍에창방, 퇴보, 도리, 창방 등 결구

㉡ 기둥에 장부맞춤하고 산지치기, 메움목 쐐기로 고정 / 내림주먹장맞춤하고 쐐기로 고정

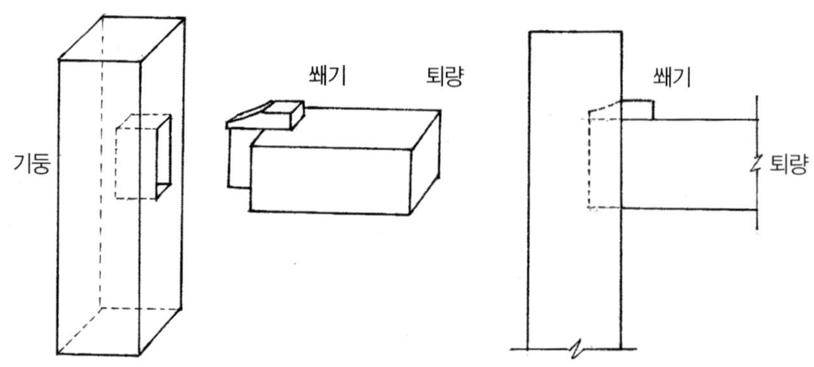

기둥과 퇴량의 장부맞춤

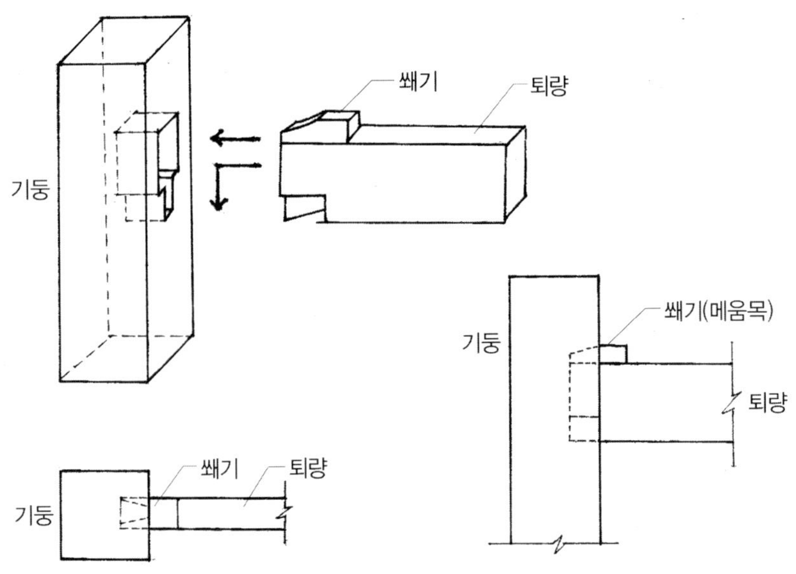

‖ 기둥과 퇴량의 내림주먹장맞춤 ‖

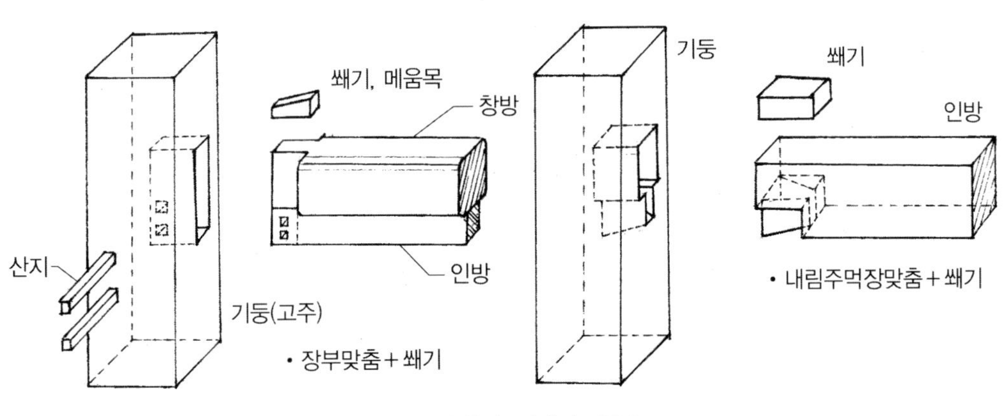

‖ 고주와 창방, 인방의 결구 ‖

③ 기둥 상부의 조립

㉠ 포집 : 창방, 평방, 안초공, 헛첨차와 결구

㉡ 익공집 : 창방, 익공과 결구

㉢ 민도리집 : 보, 도리, 장여와 결구

④ 수장재와의 조립

마루귀틀, 인방, 주선과 기둥의 결구

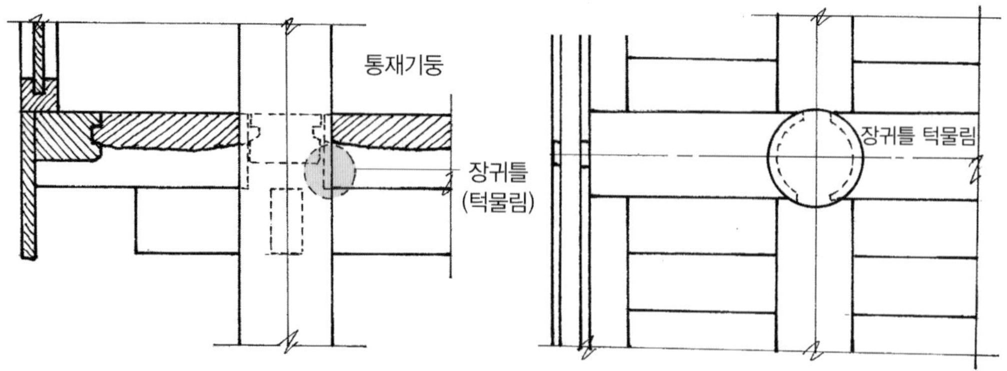

▎기둥과 귀틀의 결구 – 통재주▎

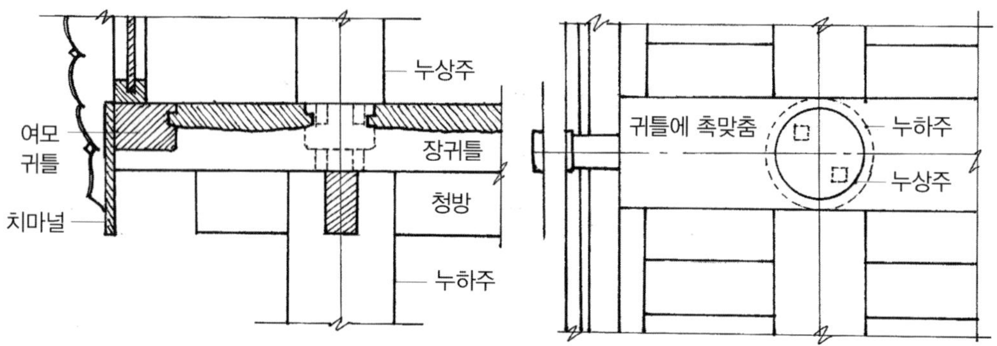

▎기둥과 귀틀의 결구 – 누상주, 누하주▎

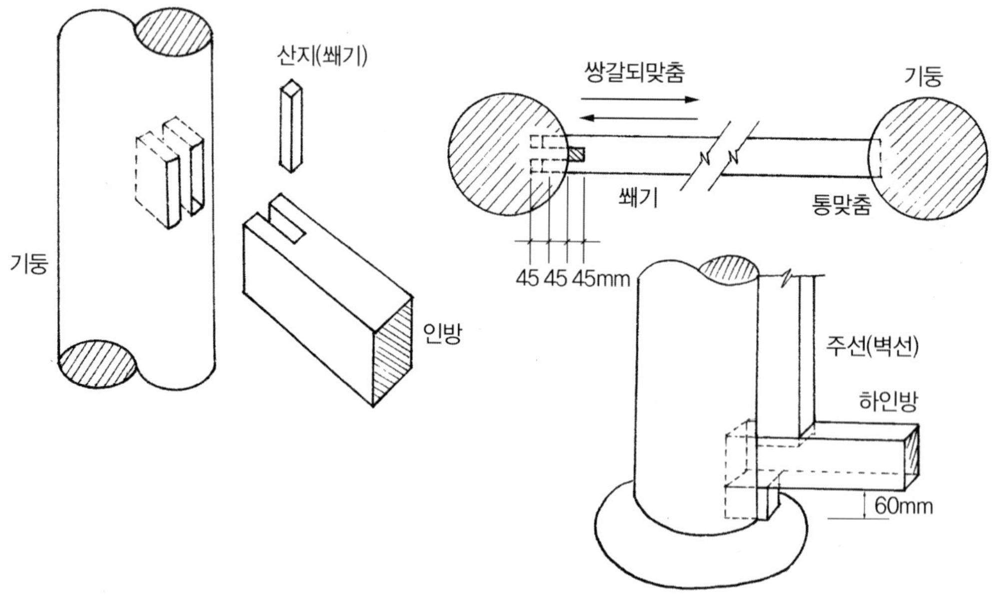

▎기둥과 인방의 되맞춤▎

02 | 다림보기

① 그레발을 고려해 소요길이로 마름질한 기둥을 세움

② 다림보기

㉠ 전후좌우 4면에서 다림보기(다림추, 가새)

㉡ 사개맞춤에 막대기를 십자로 건너지르고 전후좌우로 추를 내림

㉢ 다림추의 실과 기둥의 중심먹선이 일치하도록 기둥을 조정

㉣ 기준 기둥인 귓기둥을 먼저 세우고, 이에 준하여 차례차례 평주를 설치

㉤ 안쏠림을 두는 경우(기둥면에 별도의 안쏠림 중심먹을 먹매기고 다림보기)

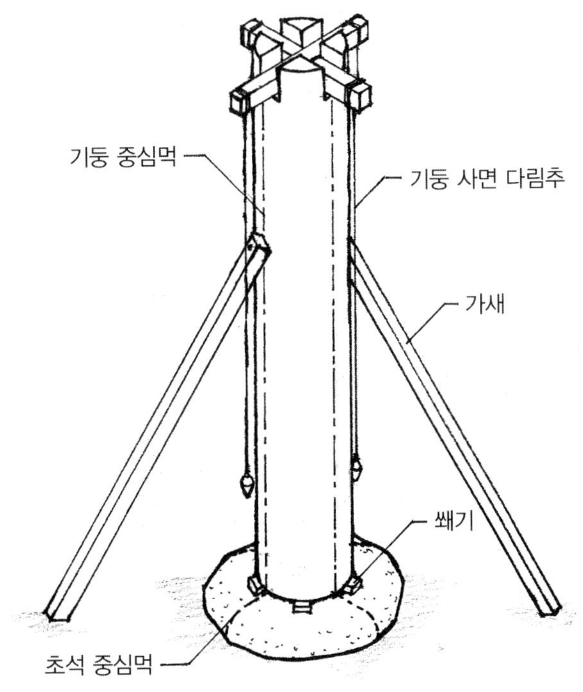

‖ 기둥 세우기, 다림보기 ‖

03 | 그레질 · 그레떼기 · 기둥 세우기

① 그레질의 개요

㉠ 개념 : 맞댄면이 일정하지 않은 두 부재를 밀착시키기 위하여 사용하는 기법

㉡ 기능 : 기둥과 초석의 밀착으로 기둥 고정(편심 발생 방지, 기둥 하부 밀림 방지)

㉢ 사례

- 초석과 기둥 하부 / 기둥과 주선 / 추녀와 사래 / 갈모산방과 도리
- 추녀와 도리왕지 / 굴도리와 장여 / 귀솟음에 따른 창방과 인방의 맞댐

② 기둥 하부의 그레질과 기둥 세우기

㉠ 초석 나이 매기기 : 수평기준선과 초석 상면 기둥자리 사이의 이격을 측정하여 표시

㉡ 그레발 : 수평기준선과 해당 초석 상면 기둥자리의 가장 낮은 지점과의 이격(덤길이)

㉢ 다림보기 : 초석과 기둥 중심먹선에 맞춰 기둥을 바로 세움

㉣ 그레질 : 그레발을 고려하여 그레자를 벌려서 그레질

㉤ 그레먹선 : 그레자에 먹을 묻혀 한쪽 다리는 초석에, 다른 쪽 다리는 기둥에 대고 그림

㉥ 그레발 따내기 : 부재의 외곽에 그려진 그레먹선을 따라 그레발을 따냄

㉦ 지렛대 구멍 : 지렛대 발이 들어갈 수 있도록 심먹을 피해 지렛대 구멍을 끌로 파냄

㉧ 기둥 본설치 : 기둥을 다시 세워 초석의 맞댄면과 최대한 밀착시켜 조립

㉨ 가새 및 버팀목 : 설치된 기둥과 기둥 사이에 가새를 대어 고정

㉩ 보양 : 교체 기둥은 기둥 둘레와 마구리를 한지나 풀 바른 명주천 등으로 보양(급속한 건조에 따른 갈램 방지)

③ 시공 시 유의사항

㉠ 그레발 따내기 : 기둥 밑을 과하게 파내지 않도록 유의

㉡ 다림보기 · 그레질 : 기둥 사개가 파손되지 않도록 무리한 힘을 가하지 않음

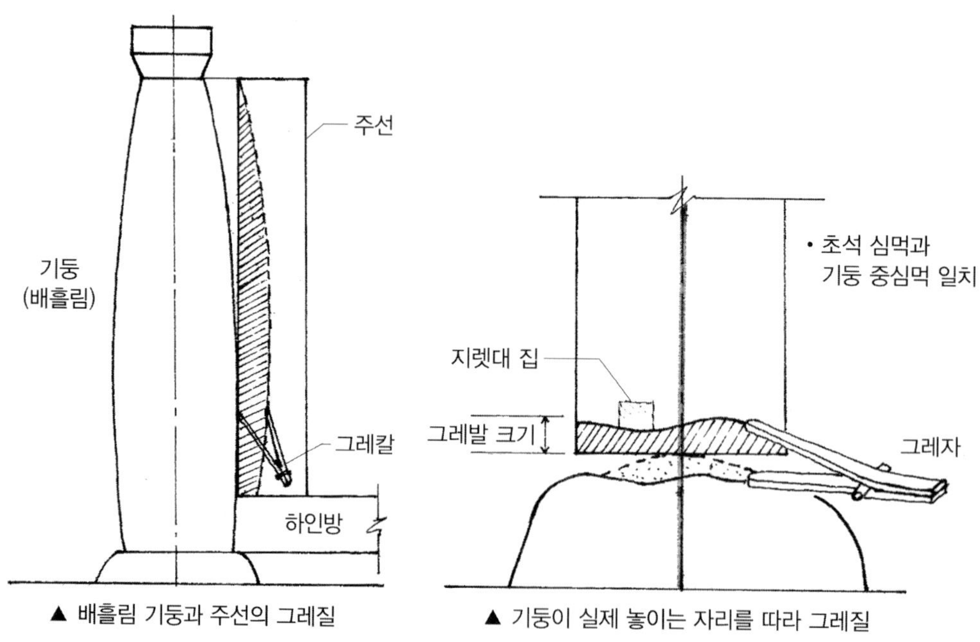

▲ 배흘림 기둥과 주선의 그레질

▲ 기둥이 실제 놓이는 자리를 따라 그레질

‖ 기둥의 그레질 ‖

04 | 동바리이음

① 동바리이음의 개념

㉠ 기둥 전체를 교체하지 않고 기둥 하부에 짧은 기둥을 덧대어 보강하는 방법

㉡ 선체적인 부재상태가 양호한 기둥의 재사용 공법

② 동바리이음의 사례

㉠ 기둥 하부 일부가 부식되어 잘라내는 경우

㉡ 기둥 하부 부식, 압밀 침하 등으로 기둥 길이가 부족해진 경우

③ 동바리 이음길이 산정

㉠ 기둥, 초석, 지반의 침하 여부와 침하량에 대한 조사

㉡ 귀솟음과 안쏠림 등 기법에 대한 조사

㉢ 개별 기둥의 기울음과 침하 여부, 부식 범위, 기둥 높이에 대한 조사

㉣ 변위가 가장 적은 기둥의 높이를 기준으로 전체 기둥 높이를 계획

㉤ 계획된 기둥 높이와 개별 기둥의 현황을 비교하여 동바리 이음길이를 정함

㉥ 귓기둥은 귀솟음을 고려하여 기둥 높이를 계획하고 이에 따라 동바리 이음길이를 결정

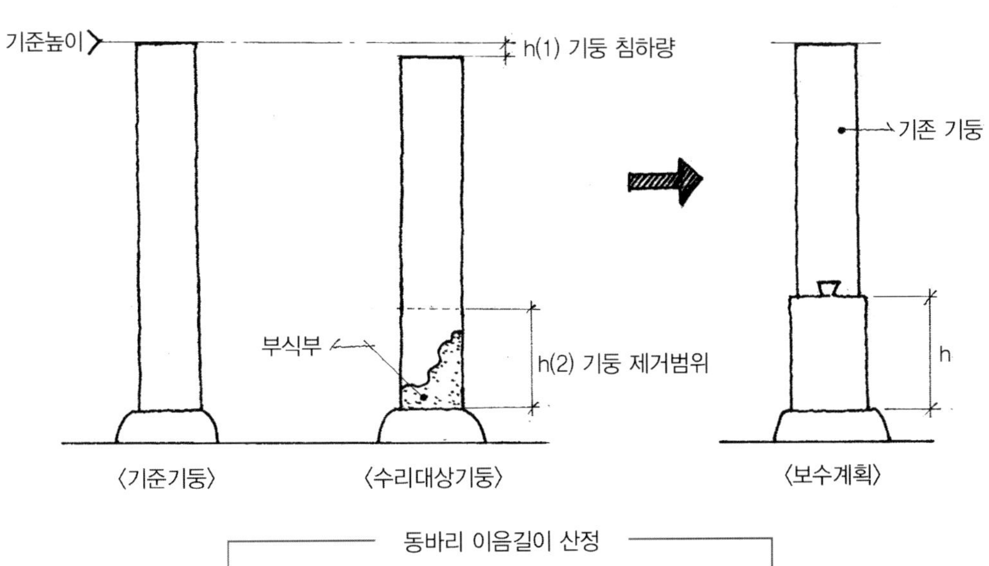

동바리 이음길이 산정

- $h=h(1)+h(2)+\alpha$ (솟음기법)
- 동바리 이음길이 계획 시 기둥침하량, 솟음기법 등 고려

❙ 동바리이음의 이음길이 산정 ❙

④ 해체

㉠ 동바리이음 시공을 위한 해체범위 설정(건물 전체의 보수계획과 연관)

㉡ 가새, 버팀목 설치 : 부재를 해체하기 전에 건물이 좌우로 쏠리지 않게 보강

㉢ 주요 결구부에 버팀목, 꺾쇠, 쐐기 등 보강

㉣ 지붕 산자 이상 해체(지붕하중 제거)

㉤ 인방 및 벽체, 마루 해체(기둥과 결구된 부재)

⑤ 부재견인, 부식부 절단

㉠ 부식부위를 판단하여 표시하고 잘라낼 높이를 정함

㉡ 버팀목, 한식 잭 설치 후 창방 및 기둥 견인 → 기둥 하부 절단

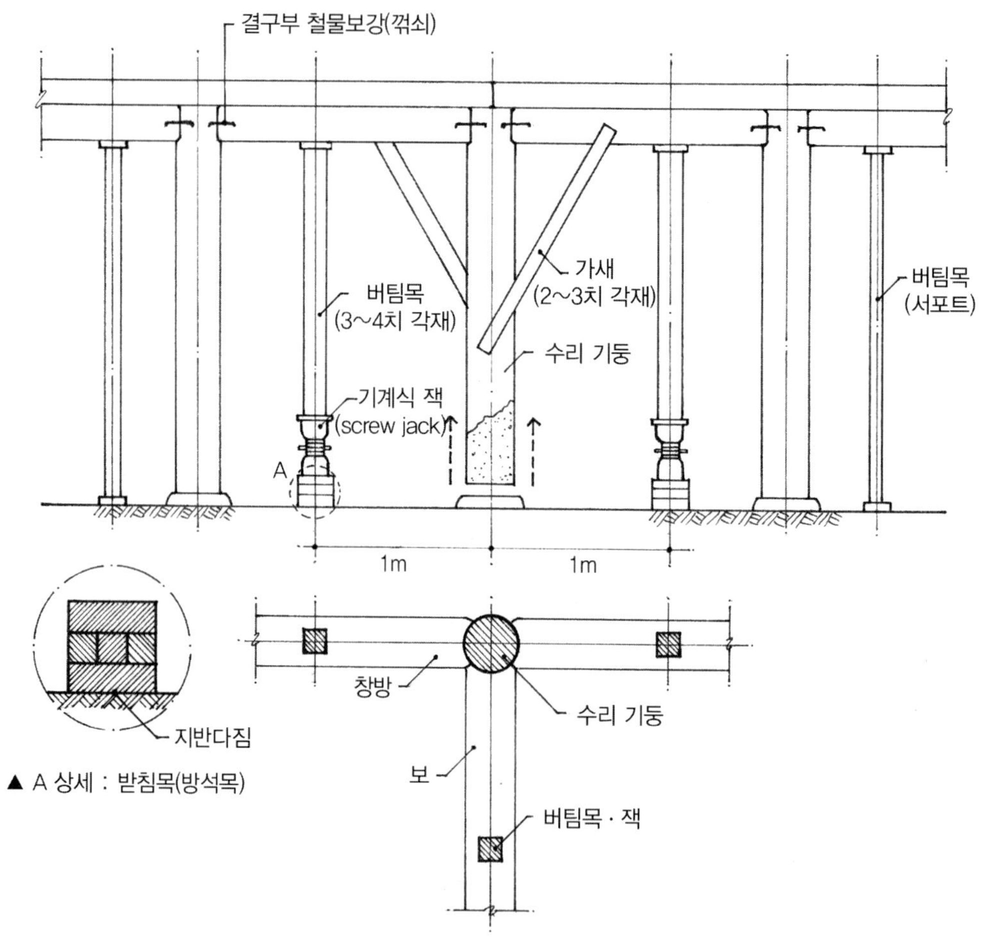

‖ 기둥견인 입면 전개도 및 평면도 ‖

⑥ 현촌도 작성

㉠ 기존 기둥과 동바리기둥의 지름 및 형태를 일치시키기 위해 현촌도 제작

㉡ 잘라낸 기둥 하부를 1 : 1 현촌도로 제작해 동바리기둥 치목

⑦ 이음기법

㉠ 기둥 훼손 상태와 해체범위 등 시공 조건을 고려

㉡ 기둥 해체보수 또는 제자리보수

㉢ 촉이음, 주먹장이음, 쌍주먹장이음, 십자쌍촉이음, 엇걸이 산지이음, 나비장이음 등

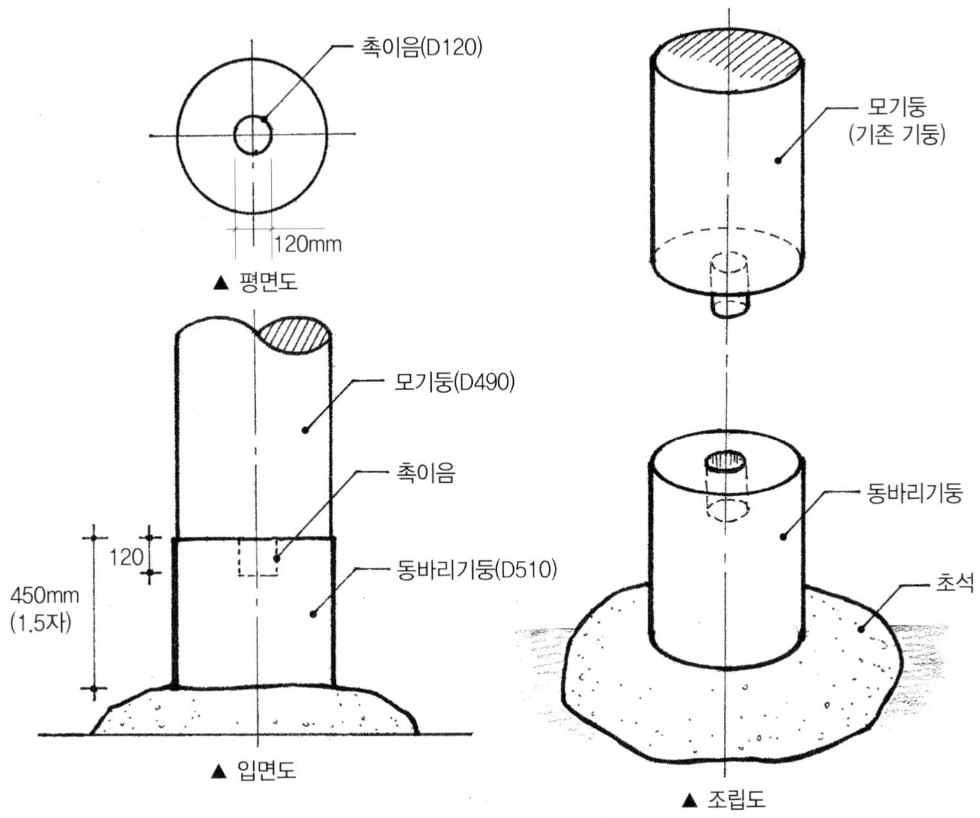

| 봉정사 대웅전 동바리이음 |

⑧ 결구법 비교

㉠ 나비장이음

- 기둥을 해체하지 않고 제자리보수하는 경우에 주로 사용
- 단독으로 사용하거나, 내부는 촉이음하고 외부는 나비장이음으로 보강
- 부재 수축에 따른 결속력 저하 현상 발생 / 횡력에 취약

㉡ 십자쌍촉이음 : 기둥의 뒤틀림, 횡력에 강함

㉢ 엇걸이 산지이음

- 이음 부재의 접촉면이 넓어 변형에 강함
- 엇걸이한 옆면에도 장부를 내어 기둥의 뒤틀림과 횡력에 대응

㉣ 주먹장이음 : 주먹장이음한 옆면에 나비장이음 등으로 횡력 보강

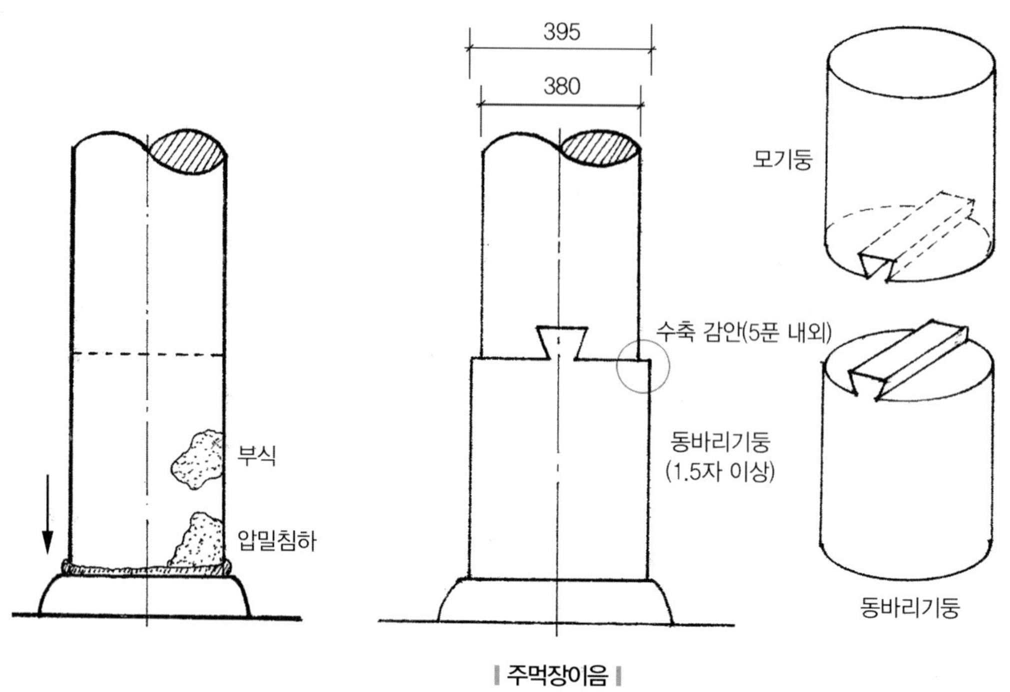

| 주먹장이음 |

• 경성당 사랑채 : 맞장부이음(엇댄이음)+촉 보강

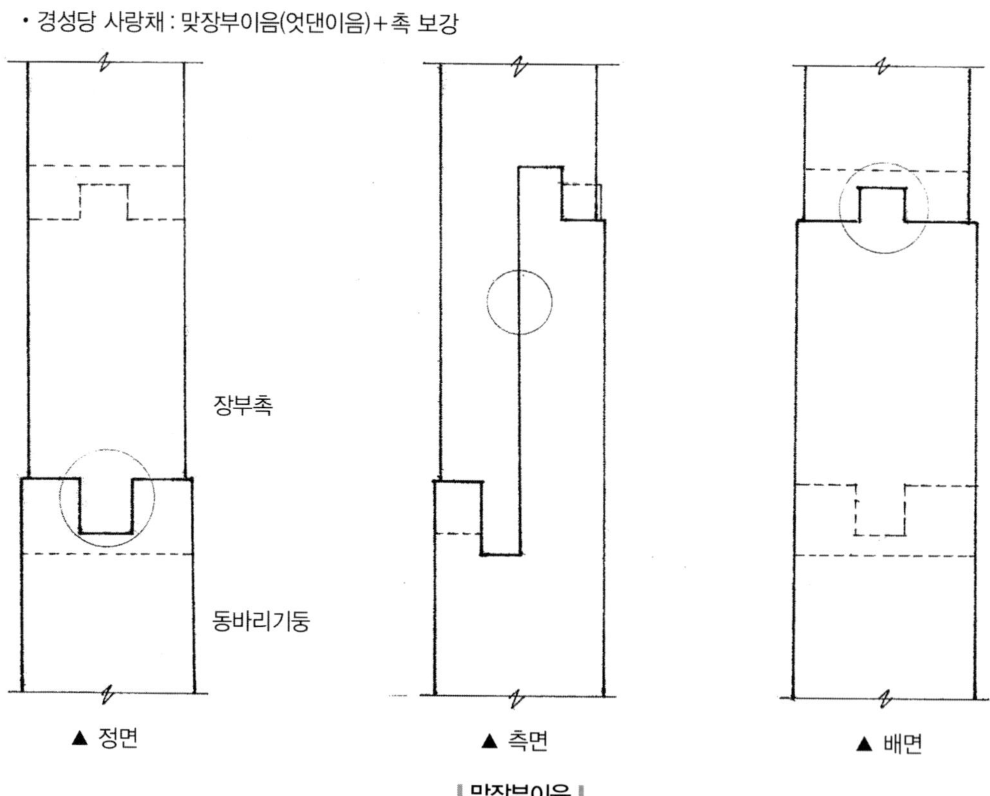

| 맞장부이음 |

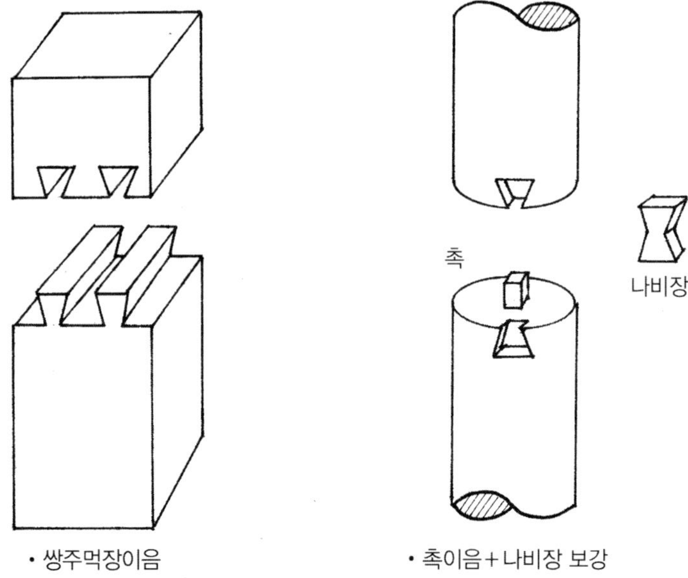

‖ 쌍주먹장이음, 촉이음, 나비장이음 ‖

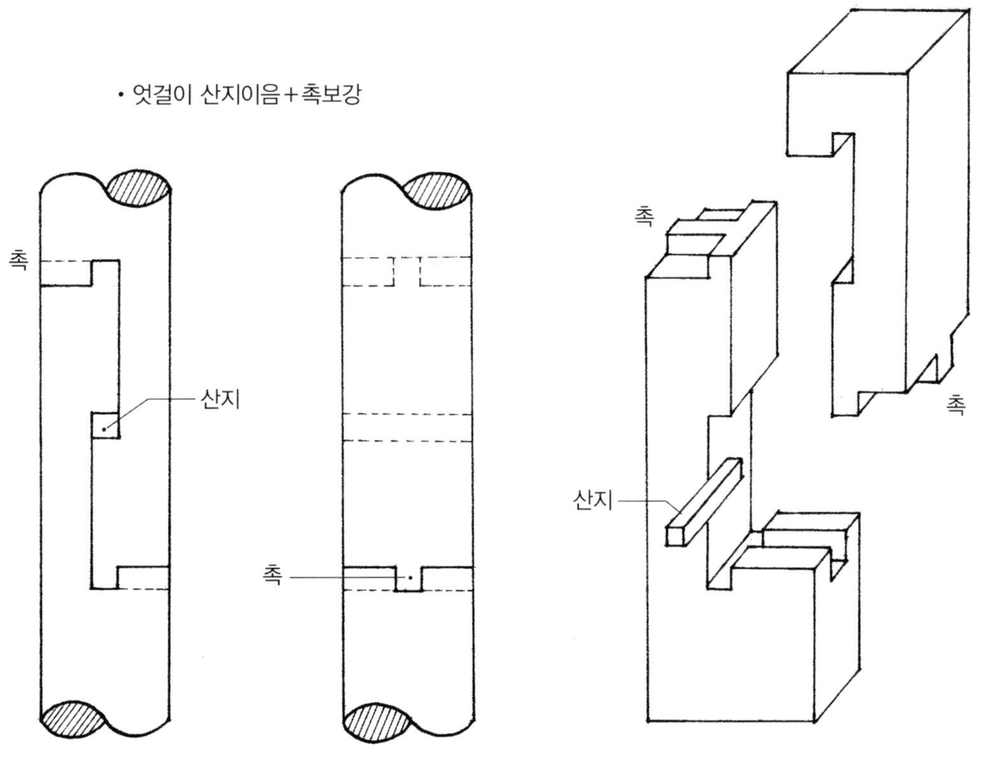

‖ 엇걸이 산지이음 ‖

⑨ 동바리기둥의 규격

㉠ 동바리기둥은 하중에 의한 변형을 고려하여 길이 1.5자 이상 확보

㉡ 동바리이음 길이가 전체 기둥 길이의 1/3 이내가 되도록 함

⑩ 동바리기둥의 치목

㉠ 계획된 기둥 높이를 고려하여 동바리기둥 치목

㉡ 동바리기둥의 두께는 표면마감 및 수축을 고려하여 구부재보다 5푼 정도 크게 치목

㉢ 옹이가 없고 건조가 잘된 목재 사용

㉣ 기존 부재와 나이테 형태, 표면 결 등이 비슷하도록 부재 사용

⑪ 조립 및 표면마감

㉠ 구부재와 조화되도록 표면을 마감

㉡ 버팀목을 해체하고 벽체와 하방을 기존대로 복구

⑫ 동바리이음 시공 시 유의사항

㉠ 구조적인 안정과 외형적인 조화 확보(단면규격, 이음법, 무늿결)

㉡ 기존 부재와 동일한 부재 사용(수종, 재질, 질감, 나이테 등)

㉢ 구부재를 최대한 보존하고, 외관상 자연스럽도록 이음

㉣ 구부재의 함수율을 고려하여 최대한 건조된 목재 사용

㉤ 부식부를 과도하게 제거하지 않음

㉥ 개별 기둥의 상태를 고려하지 않는 일률적인 동바리이음 지양

㉦ 귓기둥은 횡력에 취약하므로 동바리이음 시 유의(결구법 보강)

㉧ 기둥 밑동의 외부만 부식된 경우 수지처리 등으로 보강

㉨ 조립 후 기둥의 수직과 수평, 기둥 높이 확인

㉩ 지붕하중에 의해 건물이 충분히 안정된 후에 버팀목, 가새 등을 점진적으로 제거

⑬ 잭(Screw Jack) 사용법

㉠ 기계식, 나사식 잭 사용

㉡ 기둥 양쪽에서 1m 이내에 균등하게 설치

㉢ 잭 설치 전 바닥 다짐 / 잭 하부에 우물정(井)자 형태로 받침목 설치

㉣ 주변 기둥, 보, 도리 등도 함께 받쳐 줌

㉤ 잭 견인 시에는 부재상태를 확인하며 단계적 · 점진적으로 시공

㉥ 부재 결구부 파손에 유의

05 | 고주이음

① 개념 : 장주의 좌굴 방지 등을 고려해 촉을 길게 내어 이음하고 산지 등으로 보강

② 이음 : 긴촉이음, 판촉이음, 십자쌍촉이음, 엇걸이 산지이음

③ 사례 : 장대재가 소요되는 내진고주, 중층건물 고주에 이음기둥 사용

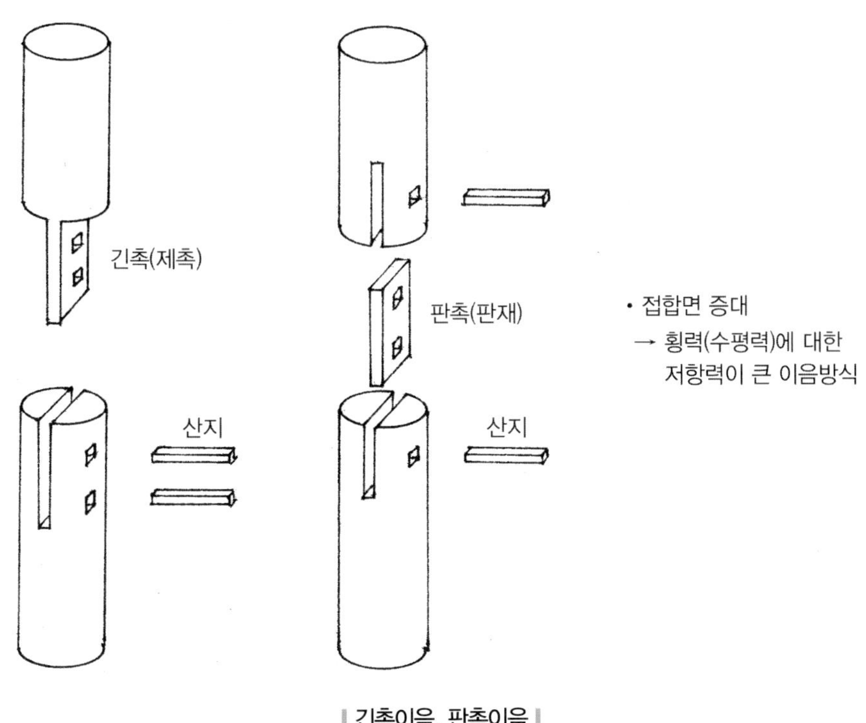

‖ 긴촉이음, 판촉이음 ‖

06 | 귀솟음

① 개념

㉠ 입면상 정칸에서 퇴칸으로 갈수록 기둥을 조금씩 높여 귓기둥을 가장 높게 설치하는 기법

㉡ 후대로 오면서 기법이 약화되어 귓기둥에만 솟음을 설정

② 기능

㉠ 방형 건물의 입면상 단부가 중심에 비해 처져 보이는 현상에 대한 시각적 보정

㉡ 구조상 하중이 집중되어 침하가 발생하는 귓기둥에 대한 구조적 보강

③ 중국 영조법식의 귀솟음(생기)

㉠ 정면 칸수를 기준으로 기법 적용

㉡ 5칸이면 귓기둥에 솟음 4치, 7칸이면 솟음 6치 설정(칸수－1)

㉢ 건물의 칸수가 2칸씩 증가됨에 따라 귓기둥의 높이도 2치씩 증가

㉣ 법식의 한계

전측면 칸수 차이에 따른 솟음의 비례 문제, 귀솟음에 따른 경사재와 수평재의 길이 차이, 상부 공포재 조립 시의 수직 · 수평 문제 발생

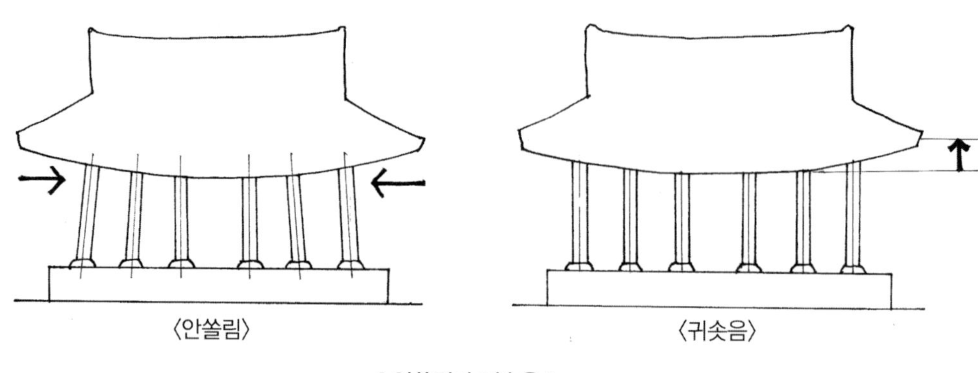

❙ 안쏠림과 귀솟음 ❙

④ 한국전통건축의 귀솟음

㉠ 영조규범이 존재하지 않음

㉡ 통상 귓기둥에서 1~3치 내외의 솟음

⑤ 귀솟음 기법의 사례(부석사 무량수전)

㉠ 정면 협칸 평주 : 정칸 기둥에 비해 3치 내외 솟음

㉡ 정면 퇴칸 우주 : 정칸 기둥에 비해 6~7치 솟음 / 측면 중앙기둥에 비해 1.5치~2치 솟음

㉢ 측면 중앙 기둥 : 정면 협칸 기둥에 비해 1~2치 높음

⑥ 귀솟음 기법의 사례(기타)

㉠ 해인사 장경판전 : 도리통 15칸 건물에 귓기둥 2치 솟음

㉡ 은해사 영산전 : 도리통 7칸 건물에 귓기둥 3~3.5치 솟음

07 | 귀솟음 기법에 대한 조사

① 조사방법

㉠ 수평기준선으로부터 각 기둥의 레벨 확인

㉡ 상인방과 창방의 좌우 레벨, 부재 춤의 차이 조사

㉢ 기둥 사개부의 창방 결구부 형태 조사(결구부 경사각 치목)

㉣ 초석 침하 여부, 침하량 고려

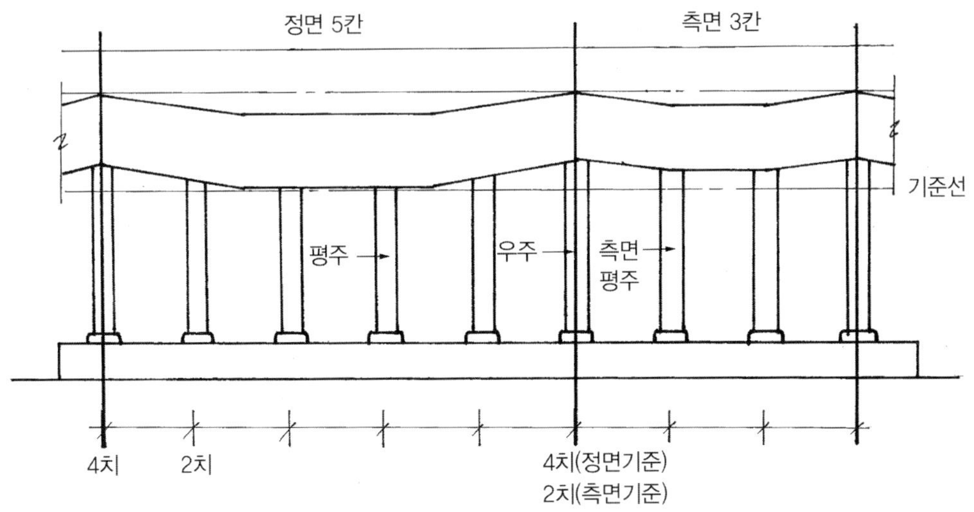

‖ 귀솟음 개요도 ‖

② 조사 시 유의사항

㉠ 기둥 높이에 차이가 없는 경우에도 귀솟음이 없다고 단정할 수 없음(변형 고려)

㉡ 기둥 하부의 압밀이나 초석 및 기초의 침하, 건물의 기울음과 쏠림 등을 함께 조사

08 | 귀솟음에 따른 퇴칸의 예각 처리

① 창방 하부에 창호가 설치되는 경우

㉠ 창방과 인방 사이에 경사부재 덧댐

㉡ 인방의 춤을 조절

㉢ 창방의 춤을 조절

㉣ 창방과 인방의 춤을 동시에 조절

② 창방 하부에 흙벽을 구성한 경우 : 별도의 조절이 필요 없음

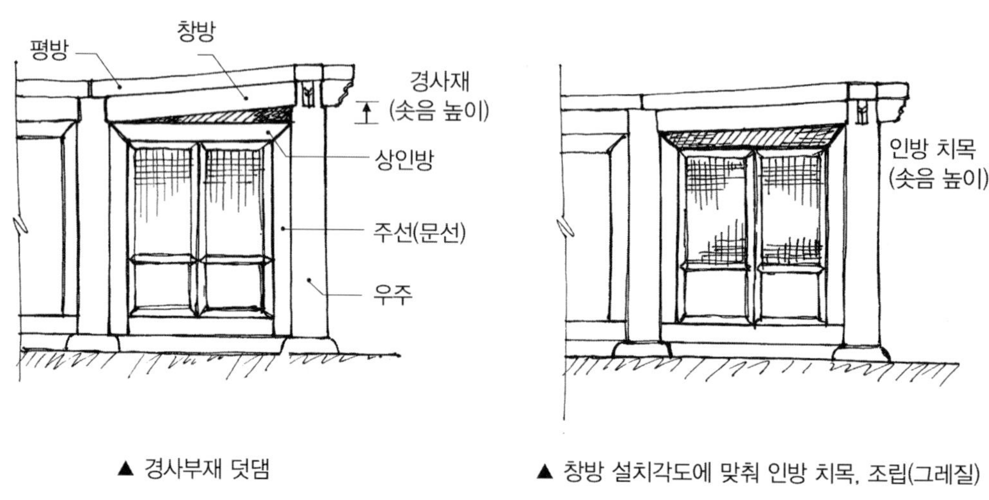

▲ 경사부재 덧댐

▲ 창방 설치각도에 맞춰 인방 치목, 조립(그레질)

| 귀솟음에 따른 퇴칸 부재의 치목과 조립 |

09 | 안쏠림

① 개념

평면상 기둥머리를 건물 중심쪽으로 조금씩 기울여 설치하는 기법

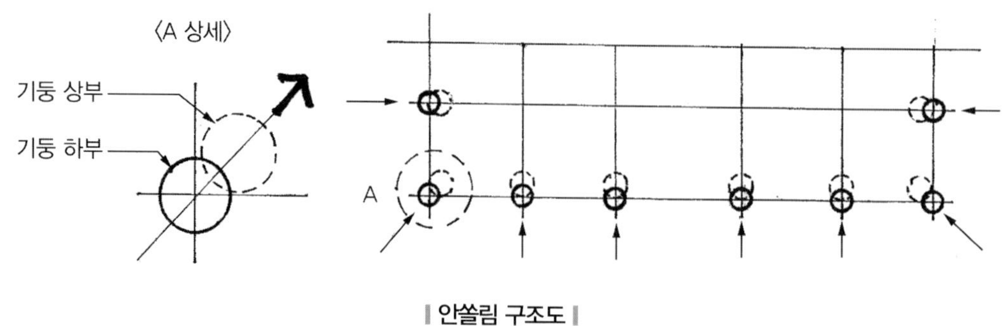

| 안쏠림 구조도 |

② 안쏠림의 기능

㉠ 방형 건물의 입면상 모서리가 벌어져 보이는 착시현상에 대한 시각적 보정

㉡ 기둥 상부의 벌어짐을 방지하기 위한 구조적 보강

③ 중국 영조법식의 사례(측각)

㉠ 기둥 길이를 기준으로 정면은 기둥 길이 1자당 1푼, 측면은 0.8푼의 쏠림

㉡ 귓기둥에서 귀솟음에 따른 쏠림 치수 불균형 문제 발생

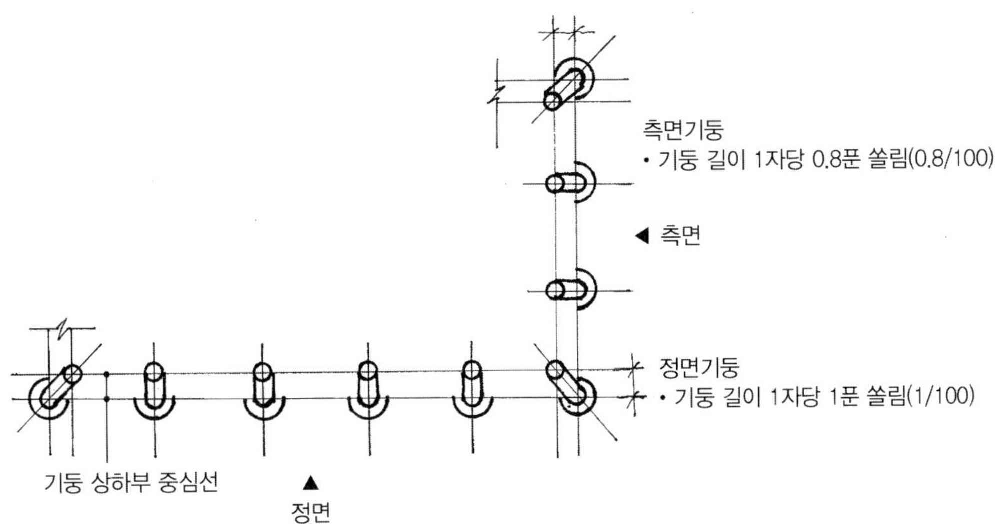

▌영조법식의 안쏠림 구조▐

④ 안쏠림에 대한 조사

㉠ 기둥 상부와 하부의 주칸거리 비교

㉡ 기둥 상부 주칸 총 길이와 하부 주칸 총 길이 비교

㉢ 보칸에서 기둥 상부 거리, 하부 거리, 대각 거리 조사

㉣ 대량의 중심먹과 보칸에서 기둥 하부 중심 사이의 거리 비교

⑤ 안쏠림 조사 시 유의사항

㉠ 시간의 경과에 따라 건물의 처짐과 쏠림, 회전 등의 변위 발생

㉡ 지붕가구의 쏠림과 처짐, 초석 침하와 초석열 교란, 건물의 전체적인 변위를 고려

10 | 기둥과 주선, 인방의 결구

① 기둥과 주선의 결구

㉠ 주선 : 흙벽과 기둥 사이에 이격을 두거나 창호를 설치하기 위해 기둥 옆에 덧댄 수장폭 부재

㉡ 여말선초 건물 : 벽체의 일부에만 창호가 설치되므로 주선과 별도로 문선을 구성

㉢ 조선시대 건물 : 벽체 전체에 창호가 설치됨에 따라 주선이 문선과 혼용됨

㉣ 기둥과의 결구 : 쌍장부맞춤 / 통맞춤 / 그레질 접합

② 기둥과 인방재의 결구

㉠ 일반 : 쌍갈되맞춤, 통넣고 되맞춤

㉡ 특이사례 : 봉정사 극락전(고주 하부와 하인방이 주먹장 쌍장부맞춤)

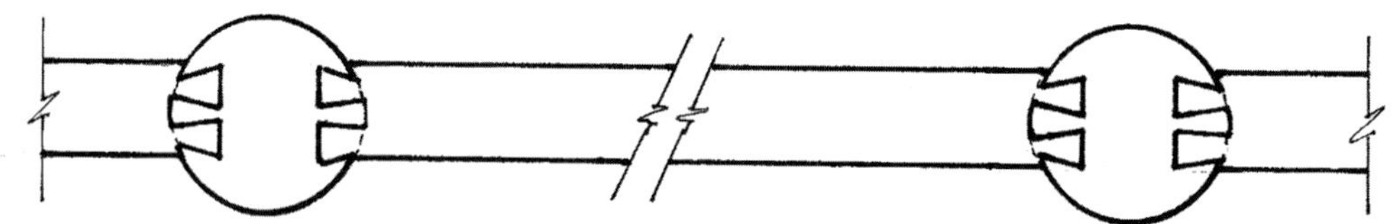

▲ 고주와 하인방의 주먹장 쌍장부맞춤

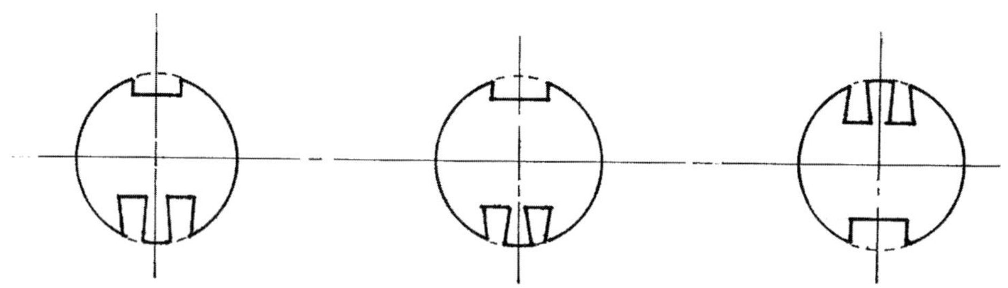

▲ 중고주 하부 하인방 장부홈

| 봉정사 극락전 기둥과 인방 결구 |

③ 기둥과 마루귀틀의 결구

㉠ 결구법 : 통맞춤, 장부맞춤, 턱솔맞춤, 촉맞춤

㉡ 초석과 귀틀 사이에 받침목, 기둥과 귀틀 사이에 쐐기목 설치

㉢ 누상주, 누하주

- 상하층 기둥이 별재인 경우 → 기둥과 귀틀재가 촉맞춤
- 상하층 기둥이 통재주인 경우 → 통맞춤(턱물림)

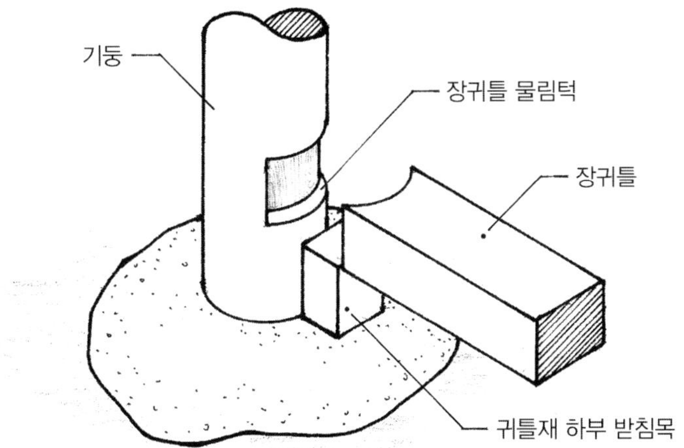

‖ 기둥과 장귀틀 통장부 맞춤, 턱물림 ‖

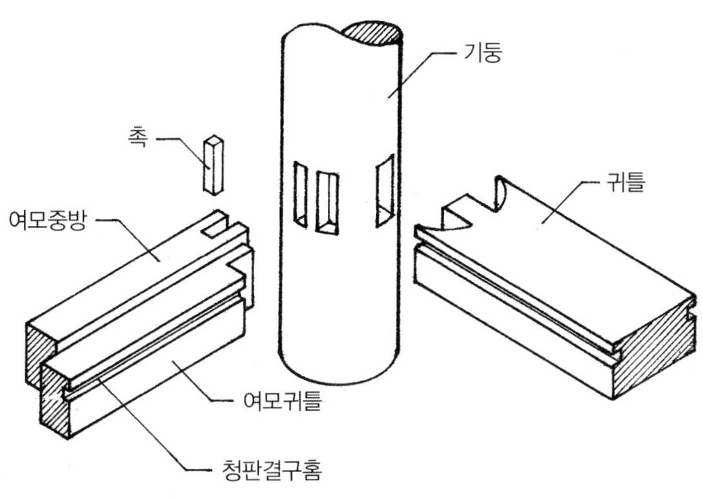

‖ 기둥과 장귀틀 장부맞춤, 그레질 ‖

11 | 활주

① 개념

추녀의 처짐을 막기 위해 추녀 하부에 설치하는 기둥

② 설치위치

기단 상부에 활주초석을 놓고 추녀에 직각방향으로 설치

③ 활주초석

㉠ 방형, 육각, 팔각, 원형, 고복형, 장식형(연화문 등)

㉡ 장주초석 형태

④ 추녀와 활주의 결구

㉠ 활주 기둥머리에 촉을 내어 추녀 바닥면에 결구(제촉, 별촉)

㉡ 통맞춤, 촉맞춤, 통물리고 촉맞춤

㉢ 추녀와 활주를 꺾쇠 등으로 고정하여 보강

⑤ 활주의 변형

㉠ 추녀 처짐에 따른 활주의 휨과 파손

㉡ 활주 부재의 규격 및 재질 부족

㉢ 우수에 의한 목부재 부식

⑥ 맞배집 활주

㉠ 맞배집 측면 도리뺄목 처짐에 대한 보강

㉡ 외출목도리, 장여 하부에 활주 설치

㉢ 사례 : 경주향교 대성전, 선운사 대웅전 등

⑦ 중층 건물 상층 활주

㉠ 하층 추녀마루를 관통하여 하층 추녀의 상면에 고정

㉡ 기타 : 마곡사 대웅보전 상층 활주

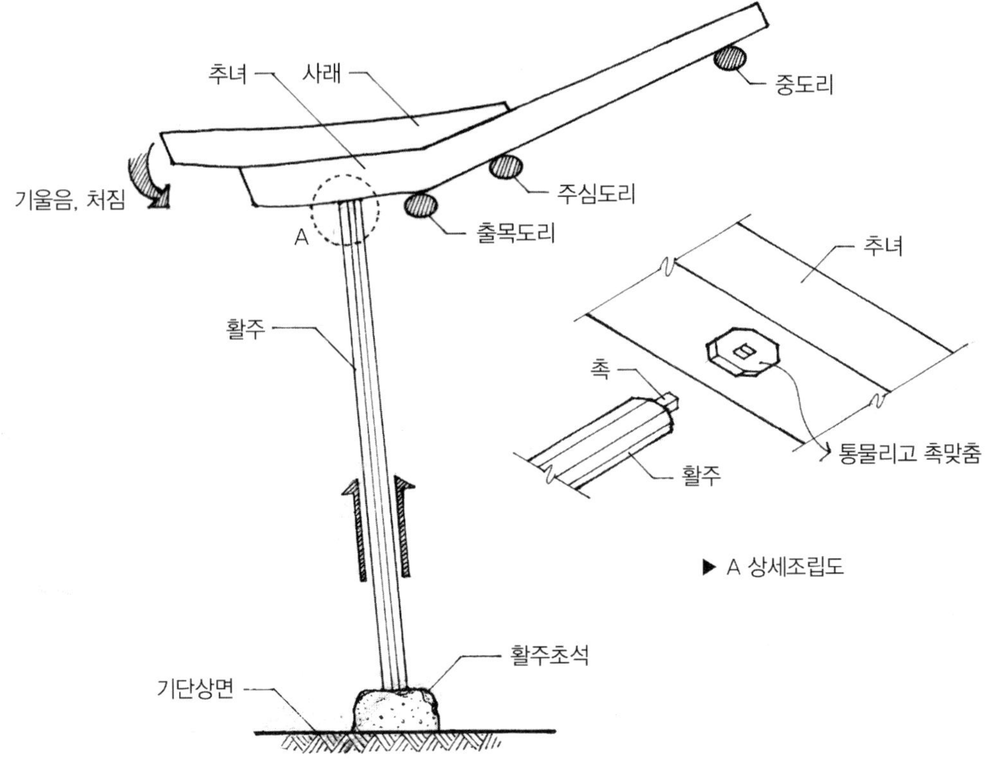

추녀, 활주의 설치구조

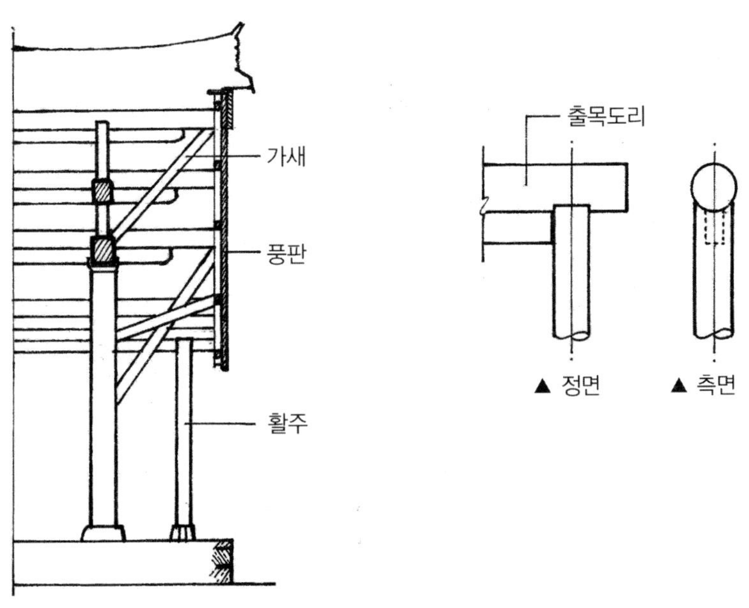

경주향교 대성전의 활주 설치구조

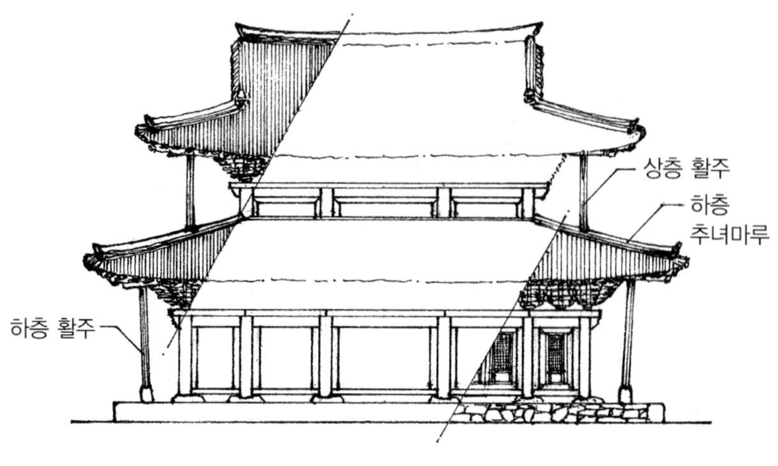

무량사 극락전의 활주 설치구조

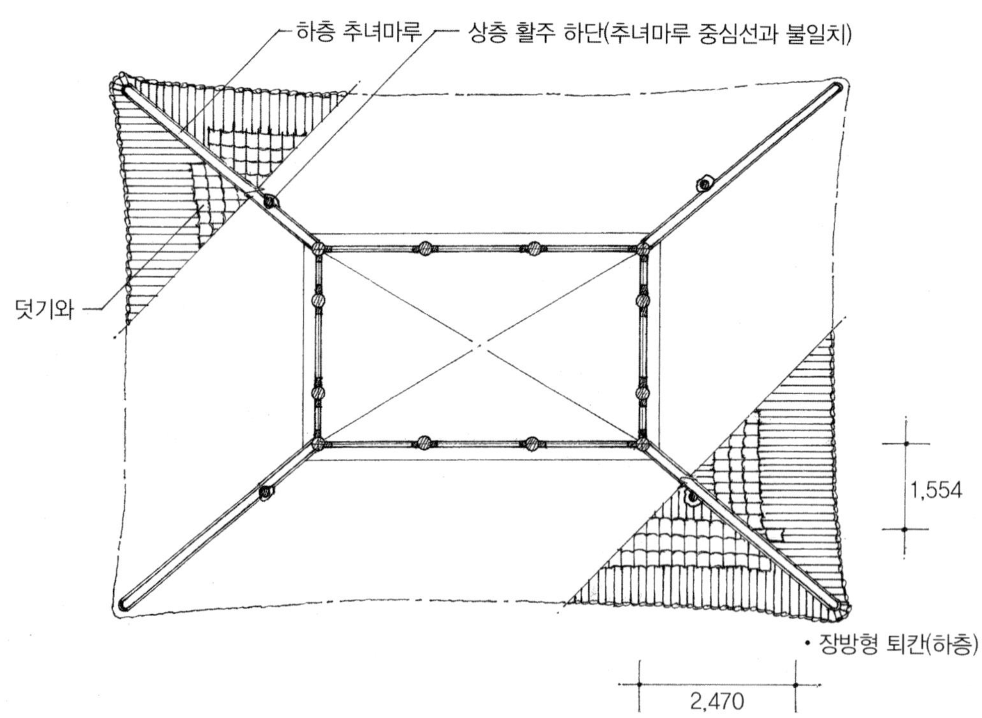

마곡사 대웅보전의 하층 지붕 평면도

12 | 회첨기둥

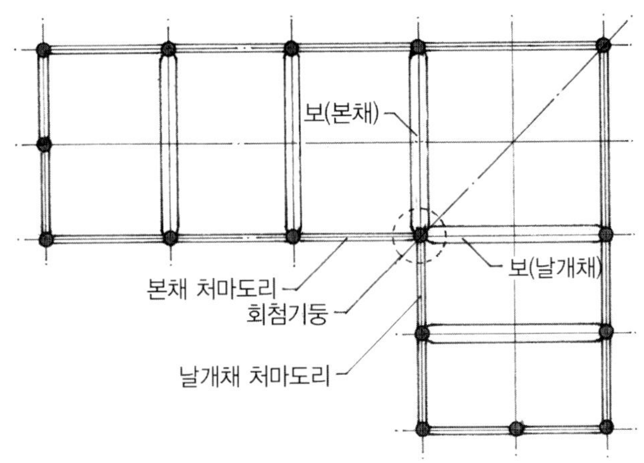

‖ 회첨부 가구 구조 ‖

① 개요

㉠ 회첨 : 꺾인 집에서 지붕면이 마주치는 부분(회첨지붕, 회첨처마)

㉡ 회첨기둥 : 회첨부에 놓인 기둥 / 회첨기둥 상부에서 마주보는 보와 도리, 장여가 결구

② 보, 도리의 결구(민도리집)

㉠ 마주보는 보와 도리가 각각 기둥사개에 장부맞춤

㉡ 마주보는 보와 도리가 기둥사개에 두겁주먹장맞춤, 반연귀 두겁주먹장맞춤

③ 보, 도리의 결구(익공양식)

㉠ 주두 상부에서 보목끼리 맞대거나 반턱맞춤

㉡ 도리, 장여끼리 반턱맞춤한 후 보에 주먹장맞춤

㉢ 외부로 노출되는 보와 보의 맞춤부, 도리와 도리의 맞춤부는 반연귀로 맞댐

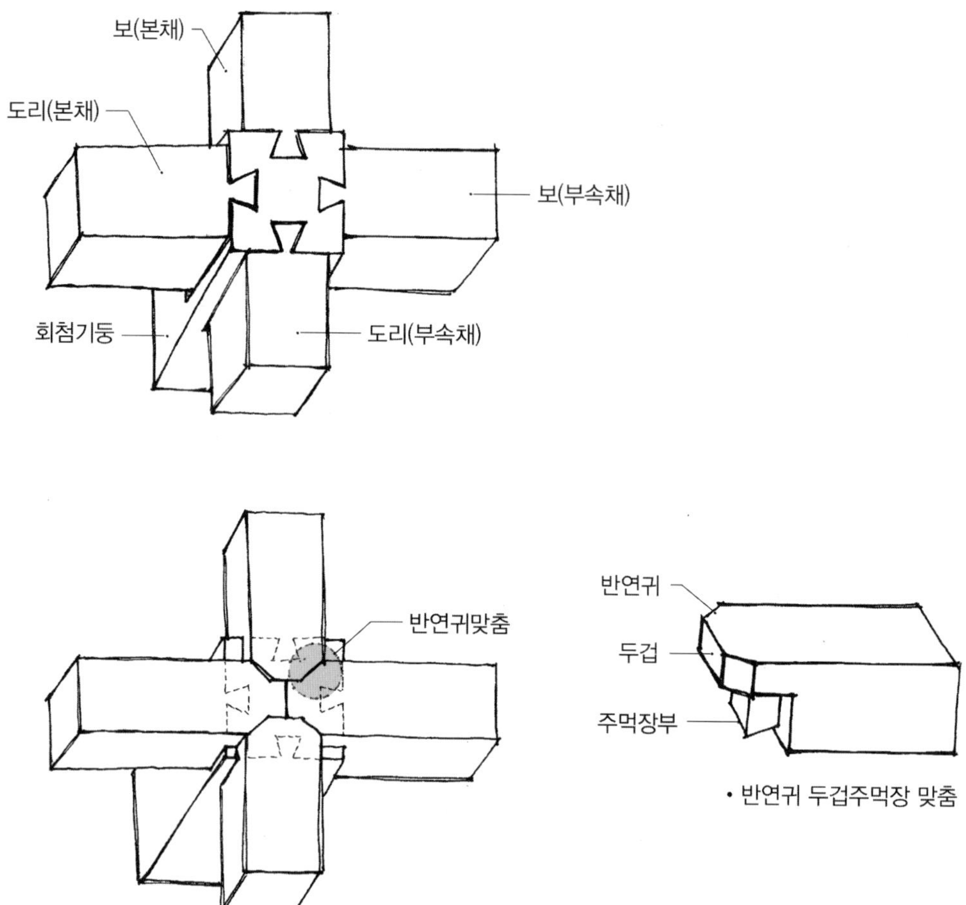

| 회첨기둥, 보, 도리의 결구 |

SECTION 04 기둥의 주요 훼손 유형과 원인

01 | 훼손 유형

① 충해, 부후균에 의한 부식
② 균열, 뒤틀림
③ 기울음, 기둥 하부 압밀, 침하
④ 기둥사개부의 균열, 파손
⑤ 몸통 결구부의 파손(퇴보, 맞보 결구부)
⑥ 동바리기둥, 목재고임편의 부식 · 균열 · 파손

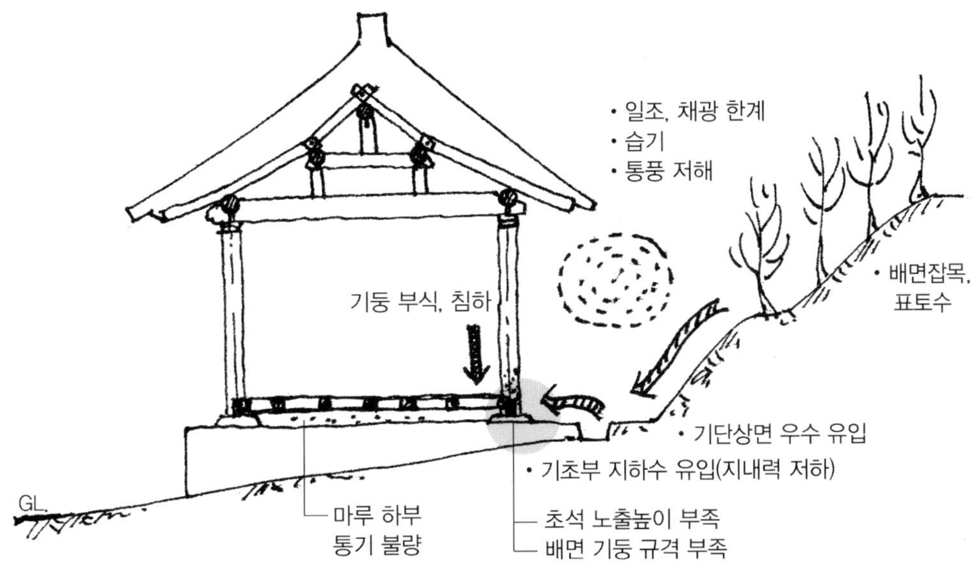

‖ 주변환경과 기둥의 훼손 ‖

02 | 훼손 원인

① 목재의 자연발생적인 수축과 뒤틀림
② 열악한 수종, 규격 미달 부재의 사용(취약한 부재에 편심과 변형 집중)
③ 상부의 압축하중, 편심하중(지붕부 과하중, 상부 가구 부재의 변형)
④ 초석 노출높이 부족에 따른 기둥 하부 부식
⑤ 기단 상부 우수 유입에 따른 기둥 하부 부식
⑥ 마루 하부의 통풍 저해, 지면과 기둥 사이의 이격 부족
⑦ 부후균, 흰개미, 대기오염 등으로 인한 기둥의 내구성 저하
⑧ 주변환경 문제(배면 석축과 건물 근접, 잡목 등에 의한 일조 및 통풍 저해, 습기)

03 | 지붕형태에 따른 훼손 양상

① 팔작, 우진각 지붕 : 귀처마의 하중이 크게 작용 → 귓기둥 변형

② 맞배지붕 : 측면 벽체에 우수 유입 → 측면 기둥 훼손

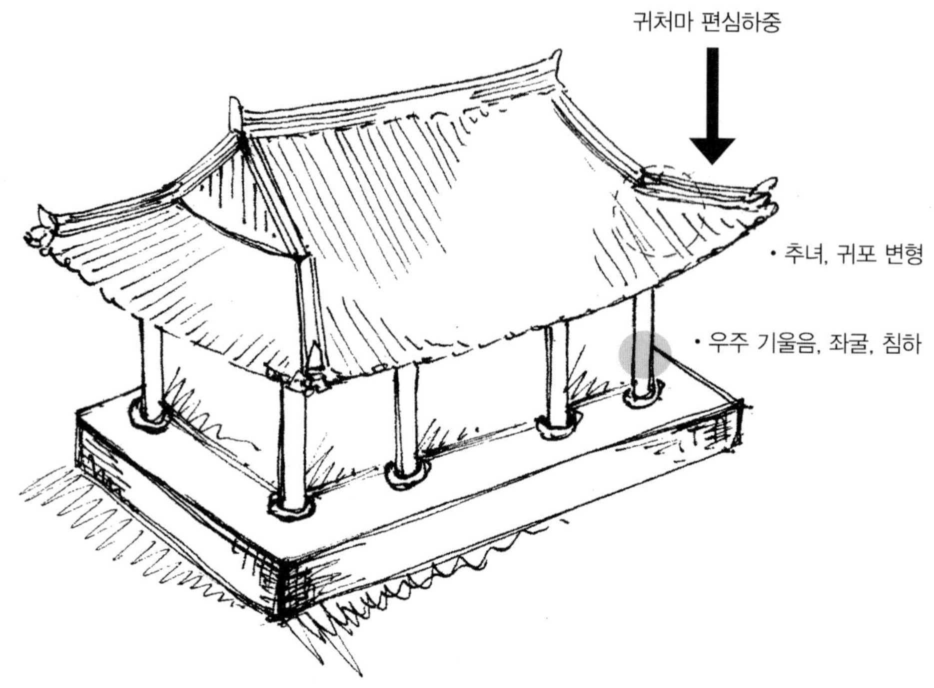

▌팔작지붕 건물 기둥의 변위와 변형▐

▌맞배집 건물 기둥의 변위와 변형▐

SECTION 05 목공사 조사사항(공통)

01 | 사전조사

① 구조양식, 낙서, 명문 등에 대한 조사
② 건물의 기울기, 기울어진 방향을 조사하고 기록
③ 기둥은 해체 전에 수직 · 수평을 실측하고 횡가재 끼움 구멍의 위치도 실측 조사

④ 부분별 세부조사 사항
㉠ 적심 및 개판 : 적심의 흔적, 재료, 사용연장, 단위부재 치수, 형식, 설치방법 등
㉡ 서까래 및 추녀 : 지붕곡, 처마내밀기, 배열법, 각 부재의 상세치수, 재료, 가공법, 사용연장, 형식 등
㉢ 공포 : 재료, 가공법, 사용연장, 단위치수, 형식, 가구법, 기법, 이음과 맞춤법, 의장, 시대 등
㉣ 축부 : 재료, 가공법, 사용연장, 단위치수, 형식, 가구법, 기법, 이음과 맞춤법, 의장, 시대 등

02 | 해체조사

① 해체 시 무리한 힘을 가하여 부재가 손상되지 않도록 주의하여 해체
② 갑작스러운 변화를 일으키지 않도록 보강조치를 취한 후 조사(가새, 버팀목 설치)
③ 각 부재에 쓰인 묵서명, 낙서 등을 조사
④ 수평 · 수직 기준실을 띄우고 기울기, 처짐, 벌어짐 등을 조사
⑤ 기둥이 해체된 후 초석의 높이를 측정
⑥ 초석 상부에서 기둥이 놓였던 위치를 찾아 조사
⑦ 구조 및 양식이 설계도서와 일치하는지 조사
⑧ 각 부재의 이음 및 맞춤, 못자리 등을 조사
⑨ 부식, 충해, 변형 등에 대한 조사
⑩ 필요시 연륜연대 조사(축조 시기가 불확실한 경우, 양식적으로 중요한 부재인 경우)

03 | 목재수종조사

① 수종조사는 육안 식별을 기준으로 하되, 식별이 불가한 목재는 수종검사 실시
② 수종검사는 교체부재와 교체가 필요하다고 판단되는 부재 등 수종조사가 필요하다고 판단되는 부재에 대하여 담당원과 협의하여 검사
③ 수종조사서 작성(종류별 분류, 부재명, 기본 크기, 수종 기록)

SECTION 06 기둥 보수 시 조사사항

01 | 조사사항

① 건물의 전체적인 변형에 대한 검토

㉠ 지붕가구를 비롯한 건물의 전체적인 변위에 대한 조사(쏠림, 처짐, 회전)

㉡ 처마선 물결침, 안허리곡 훼손, 연목 뒤들림과 밀림, 합각의 벌어짐과 처짐 현상

㉢ 지붕면 배부름과 처짐, 지붕마루의 물결침 현상

㉣ 공포, 보, 도리, 연목, 추녀의 결구 및 부재 상태

② 기둥 훼손 현황 조사

㉠ 규준틀 · 기준선 설치, 다림보기

㉡ 기둥의 기울음, 슬라이딩 · 기둥열의 교란 여부와 정도

㉢ 기둥의 부식, 공동화, 충해 여부(촉진, 타진, 비파괴 검사)

㉣ 기둥 사개부의 파손 여부, 결구 상태

㉤ 구들 시근담, 고막이벽과 기둥 접촉부의 상태

③ 기둥 치목 및 설치기법 조사

㉠ 기둥의 치목기법 조사(흘림, 편수깎기)

㉡ 기둥의 설치기법 조사(귀솟음과 안쏠림)

㉢ 기둥머리 부재 결구기법 조사(익공, 안초공, 창방)

④ 초석 및 기단 현황 조사

㉠ 초석의 노출높이

㉡ 초석의 기울음과 침하 여부, 침하량

㉢ 기단내밀기와 처마내밀기 비교

⑤ 연륜연대 조사

㉠ 주요 목부재의 나이테 샘플링 → 절대연륜연대표와 비교 → 목재의 벌채와 치목 시점 확인

㉡ 건물의 수리, 중건 등 보수 이력 확인

㉢ 문화재의 원형, 부재의 보존가치, 보수방안 검토를 위한 기초 정보 제공

⑥ 목재수종조사

㉠ 부재 교체 등 보수방안 마련과 재료 수급의 기초 정보 제공

㉡ 다수의 전통 목조건축물에서 느티나무 등의 활엽수가 주요 구조재로 사용됨

- 법주사 대웅보전(기둥 부재의 69%, 보 부재의 63%에 참나무 사용)
- 화암사 극락전(기둥, 창평방, 보, 도리 부재의 50% 이상이 느티나무 등의 활엽수)

02 | 조사 시 유의사항

① 해체조사 시 부재에 무리한 힘을 가하지 말고, 부재 손상에 유의
② 급작스런 변형을 대비해 보강조치 후 해체 및 해체조사(가새, 버팀목 설치)
③ 건물의 전체적인 변위와 기둥 변위의 연관성을 고려하여 종합적으로 조사
④ 기둥에 사용된 솟음과 쏠림 등 기존의 기법을 고려하여 조사

SECTION 07 목공사 해체 시 주요사항(공통)

01 | 일반사항

① 규준틀을 설치하여 초석 높이부터 처마도리까지 수평을 표시
② 목부재 해체 전에 각 부재의 위치 등을 구분하여 부재 번호표 부착, 도면에 기록
③ 불상 등 동산문화재에 대한 보호시설 설치, 또는 안전한 장소로 이동하여 보관
④ 단청 부재는 단청면을 보양한 후 해체
⑤ 건물의 전체적인 변위 상태와 기둥의 훼손 정도를 감안

02 | 목부 해체

① 해체순서는 조립순서의 역순
② 해체 전에 현판 등은 별도로 보관
③ 묵서명 · 상량문 · 낙서 흔적 · 못구멍 · 홈자국 등을 실측, 사진 촬영, 기록
④ 목부재 해체 전에 각 부재의 위치 등을 구분하여 부재 번호표 부착, 도면에 기록
⑤ 이음과 맞춤부분은 실측과 사진 촬영하여 기록(조립 시 적용)
⑥ 철물은 해체 시 파손에 유의하고, 원위치를 표시하여 보관(기록 및 촬영)
⑦ 부재 파손 유의 · 기둥사개 파손 유의

03 | 해체재료의 보관

① 재사용재와 불용재로 구분하여 알 수 있도록 표시한 후 지정장소에 구분하여 보관
② 재사용재는 손상 정도에 따라 별도의 보강 없이 그대로 사용하는 '원부재'와 보강 후 사용하는 '보강부재'로 구분하여 보관
③ 불용재는 담당원과 협의하여 가치의 유 · 무에 따라 '보관부재'와 '폐자재'로 구분하여 보관
④ 재사용재와 보관부재는 이물질을 제거한 후 손상되지 않도록 지정장소에 구분하여 보관

⑤ 보관부재는 '전통건축부재보존센터' 등에 보관될 수 있도록 조치. 소유자가 보관부재의 반출에 동의하지 않는 경우 해당 부재가 다른 적절한 장소에 보관될 수 있도록 노력
⑥ 보강부재는 보강을 완료한 후 적절한 장소에 보관
⑦ 해체재료는 상태별, 재료별, 위치별 등으로 구분하여 보관
⑧ 해체 부재는 공사기간 중에 외부로 반출 금지. 보관부재 및 불용재는 담당원의 승인을 받아 반출 가능
⑨ 불용재 중 조각, 치목 및 맞춤 기법, 단청 흔적이 있는 부재는 별도로 보존하고 연구자료로 활용
⑩ 단청 훼손의 우려가 있는 경우에는 부재와 부재 사이에 한지 등으로 보양하여 보관
⑪ 변형될 우려가 있는 부재는 보양조치를 하여 보관
⑫ 단청의 박락이나 변색의 우려가 있는 부재는 문양모사 및 보호조치를 하여 보관

SECTION 08 목공사 조립 시 주요사항(공통)

01 | 일반사항

① 부재 조립 시 무리한 힘을 가하여 부재가 손상되지 않도록 유의
② 기존 부재의 재사용 시에는 철물, 수지처리 등으로 충분히 보강
③ 두 개의 부재를 연결하여 재사용 시에는 한 개의 부재와 같은 강도를 지속적으로 유지할 수 있도록 보강처리하여 사용
④ 단일 부재는 이음 및 맞춤을 하지 않음
⑤ 수직재는 밑마구리를 아래로 보내고 끝마구리를 위로 하여 조립
⑥ 수평재의 연결부위는 밑마구리와 끝마구리가 맞대지도록 조립
⑦ 이음 위치는 상하 부재가 한곳에 집중되지 않도록 조립
⑧ 이음 및 맞춤은 편심하중을 받지 않도록 결구
⑨ 보 등 횡가재의 이음 및 맞춤은 응력이 작은 곳에서 결구
⑩ 조립 후 밟히거나 찍힐 우려가 있는 부분은 널판 등의 방법으로 보양

SECTION 09 기둥 보수 · 보강방법

01 | 보수범위와 방법에 대한 검토

① 건물의 전체적인 변위 상태와 기둥의 훼손 정도를 감안

② 해체 및 수리범위, 보수방법 검토

③ 부식부재 수리방법

㉠ 기존 부재를 최대한 재사용

㉡ 기둥 밑동이 전체적으로 부식된 경우(동바리이음 시공)

㉢ 기둥 밑동이 옅게 부식된 경우(수지 처리하여 보강)

㉣ 단면 훼손이 심하여 구조적인 성능이 확보되지 못하는 경우(교체 검토)

02 | 보수방법

① 기둥 신재 교체

② 동바리이음

③ 부식부 제거 후 메움목, 수지 충전

④ 기둥 드잡이

⑤ 기둥 사개부의 단면 복구 및 철물 보강(메움목, 수지)

⑥ 기둥 부재 훈증, 방충 · 방부처리

⑦ 초석 교체, 초석 하부 기초 보강, 초석 드잡이

⑧ 변형이 발생한 상부 가구부재에 대한 보수

⑨ 충해에 대한 후속 조치(흰개미 예찰 시스템 등)

⑩ 습기유발요소 제거 및 주변환경 정비(마루 하부, 배수로, 배면 석축, 잡목 정비)

⑪ 지붕하중 경감방안 마련

03 | 기둥 신재 교체

① 부식, 균열이 심하여 구조적 역할을 할 수 없다고 판단되는 경우

② 다른 기둥에 비해 굵기가 가늘고 전반적으로 부재 열화가 심각한 경우

③ 내부 공동화 등으로 단면 훼손이 심각하여 구조적인 기능을 못 하는 경우

④ 부식 범위가 크거나, 기둥 길이의 1/3 이상을 동바리 시공해야 하는 경우에는 교체 고려

04 | 동바리이음, 목재고임편 시공

① 동바리이음 : 기둥 하부 균열 및 부식부를 제거하고 동바리 기둥으로 이음

② 고임목, 쐐기 : 부식, 침하 정도가 경미한 경우 박달나무 등의 목재편으로 받침(목재고임편)

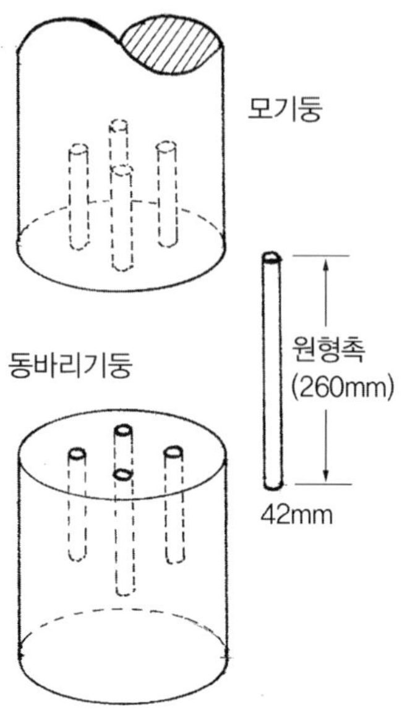

‖ 대한문의 동바리이음 ‖

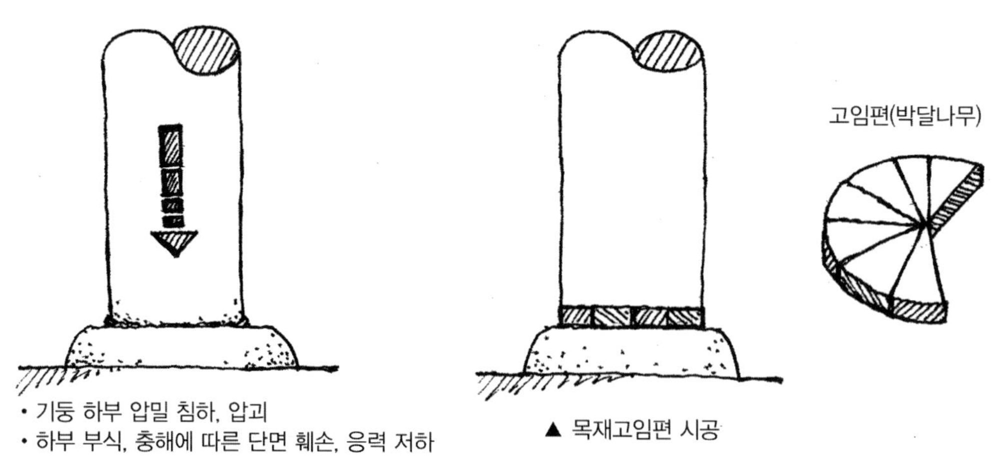

‖ 목재고임편 시공 ‖

05 | 드잡이

① 개념

주요 구조부를 해체하지 않고 변형된 구조를 바로잡는 것

② 드잡이 시공

㉠ 기둥 훼손 현황 및 원인 조사

㉡ 기둥 치목 및 설치기법에 대한 조사

㉢ 교정치수 산정

㉣ 가새, 버팀목 등을 충분히 설치 후 해체(가새 2~3치, 버팀목 3~4치 각재)

㉤ 가새는 기둥 내외부에 엇갈리게 설치하고 건물 내부에도 설치

㉥ 기와, 보토를 해체하여 상부하중을 줄임

㉦ 기둥과 연결된 벽체, 고막이, 온돌, 마루의 해체

㉧ 교정 방향을 고려해 가새 일부를 분리

㉨ 잭, 버팀목, 탕개줄 등을 이용해 시공

㉩ 교정 시 부재 파손 유의

㉪ 교정 방향으로 일방적으로 당기지 않고, 반대쪽에서 동시에 밀어줌

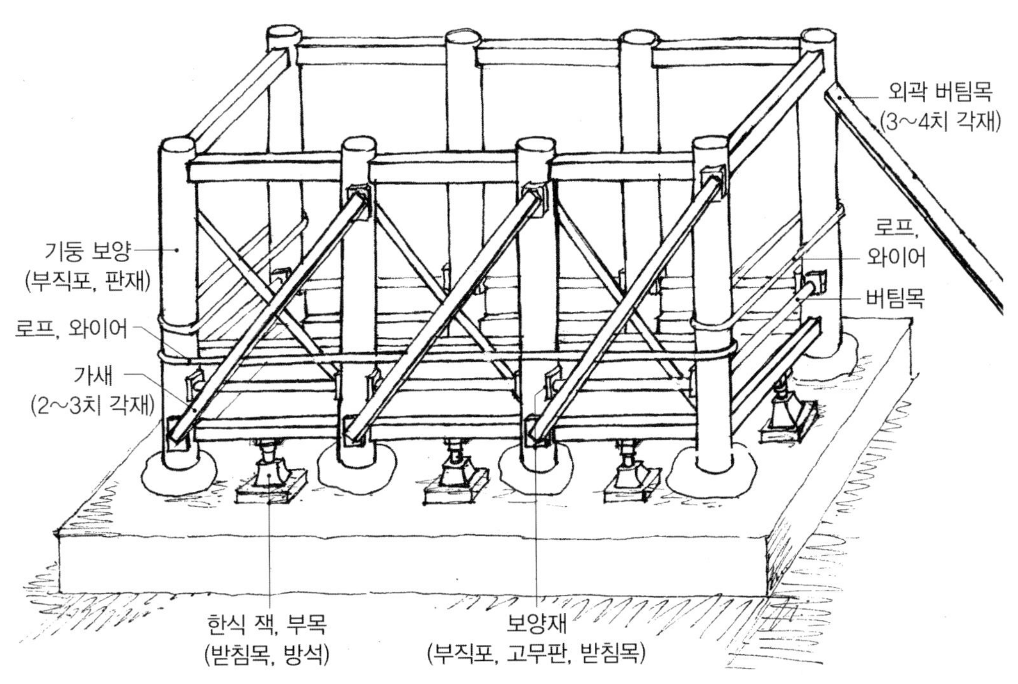

‖ 드잡이 시공을 위한 가새, 잭 설치 ‖

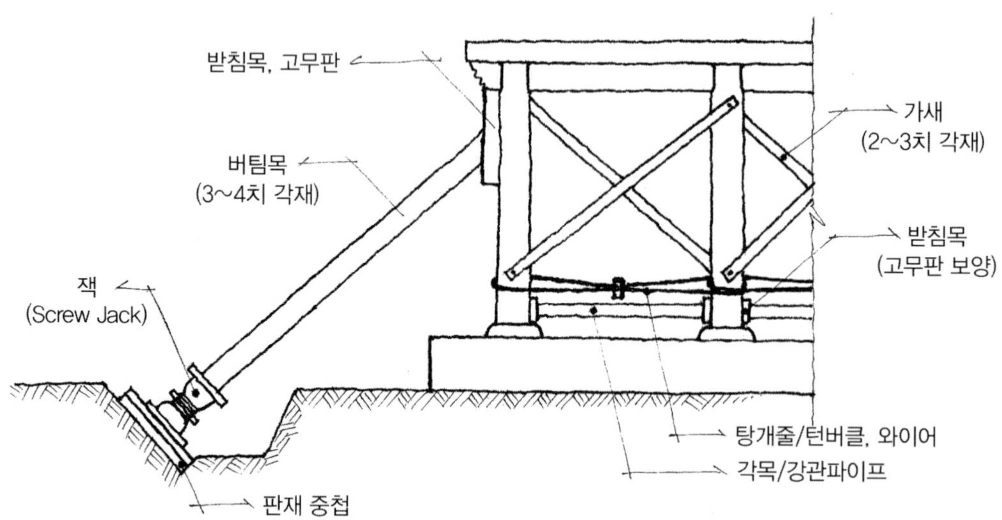

‖ 가새, 버팀목 설치 전개도 ‖

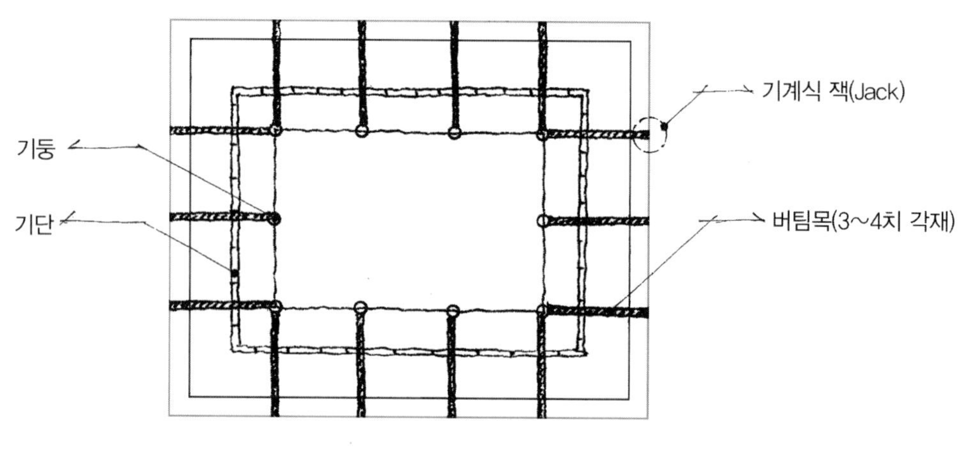

‖ 버팀목 설치 평면도 ‖

③ 시공 결과 검토

㉠ 처마 양단에서 수평 확인

㉡ 결구부 상태, 주변 구조물 상태 확인(드잡이 시공에 따른 2차 변위 여부)

④ 교정에 대한 보강

㉠ 교정 전 상태로 회귀하지 않도록 보강

㉡ 열화된 부재의 교체

㉢ 결구부 보강 : 쐐기, 메움목, 수지, 띠철 등 사용(기둥 사개부, 창방, 도리)

06 | 보존처리

① 보존처리

㉠ 부재 표면의 부후 물질 제거 → 제거 부위에 수지 충전

㉡ 기둥 부식부 제거 → 방충 · 방부제 도포 → 부재 표면에 경화제 도포

㉢ 메움목 및 수지처리 → 경화 → 고색처리

㉣ 기둥 몸통 장부 결구홈에 수지로 경화처리

② 메움목

㉠ 수리과정에서 발생한 재활용 구부재, 구부재와 유사한 재질과 건조 상태의 고목재 사용

㉡ 함수율 13% 미만의 육송을 이용

㉢ 가급적 구부재의 표피는 재사용

③ 고색처리

㉠ 수지처리한 표면은 구부재의 표면과 조화되도록 시공

㉡ 칼이나 조각도 등으로 균열 및 무늬결 등을 표현

④ 유의사항

㉠ 기둥 하부가 1m 이상 부식된 경우 과다한 수지처리는 지양

㉡ 구조적인 문제가 발생할 수 있는 부분은 동바리이음, 부재 신재 교체를 고려

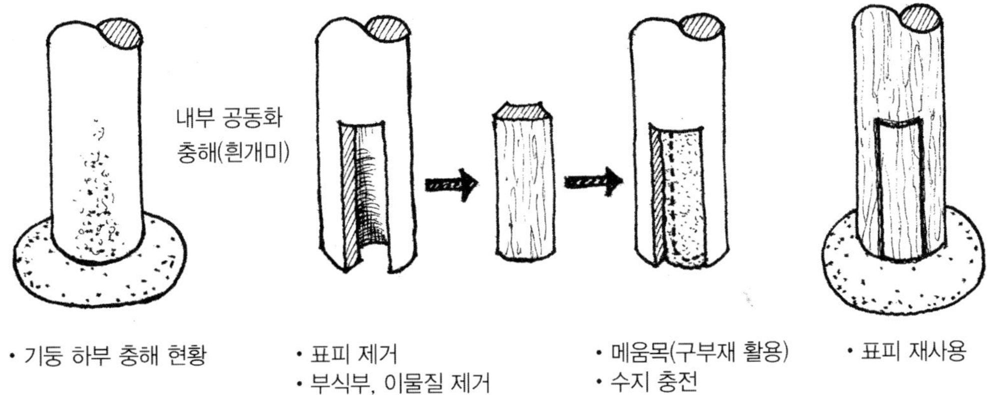

‖ 목재 보존처리 ‖

07 | 결구부 보강(철물, 수지)

① 창방 하부 기둥머리에 띠철을 감아 사개부의 벌어짐 방지(결속력 보강)

② 기둥머리에 결구된 좌우 창방을 띠철로 결속

③ 기둥 사개부의 단면이 손실된 부분에 메움목 및 수지처리

④ 기둥 몸통 결구부 철물 보강(툇보, 맞보, 추녀 뒤초리 결구부)

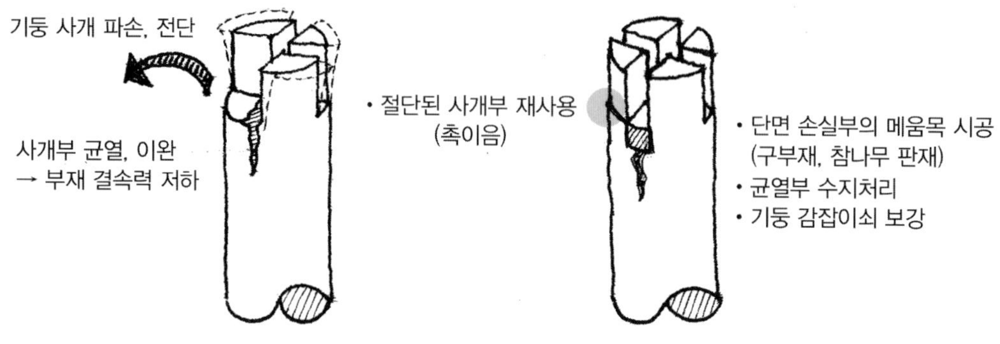

| 기둥 사개부의 보수 · 보강 |

08 | 주변 환경 정비

① 마루 하부의 바닥고르기, 다짐(소금, 숯)

② 고막이벽 통풍구 설치

③ 배면 석축과 건물의 이격 확보

④ 배수로 용량 확보 및 관리

⑤ 암거, 유공관 설치(건물 주위 지하수, 체류수의 발생 저감)

⑥ 흰개미 충해 예방을 위한 예찰 시스템 구축

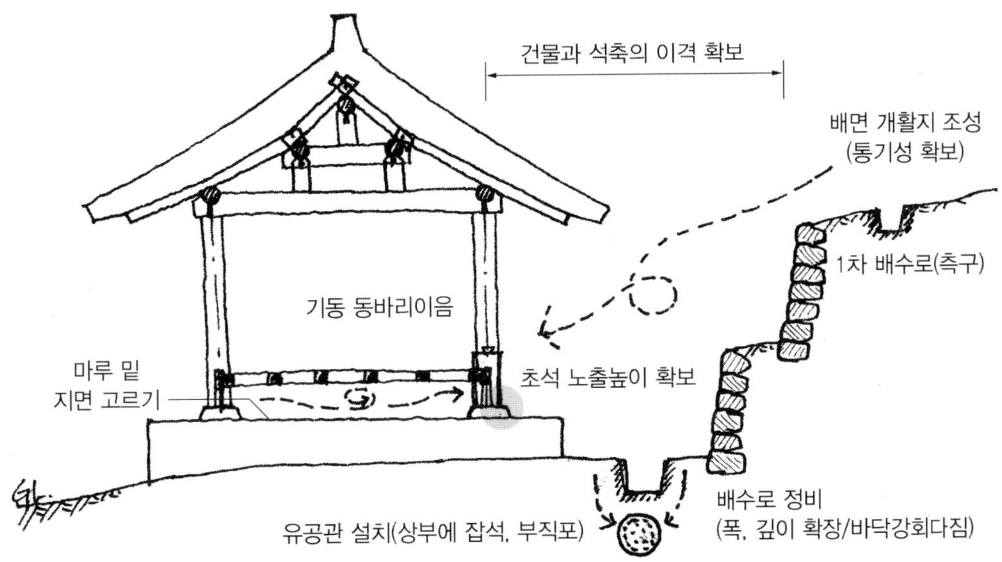

| 주변 정비 공사 |

SECTION 10 기둥 보수 시 유의사항

01 | 기둥 신재 교체

① 기존 부재와 동일한 수종, 혹은 동등 이상의 품질을 갖는 부재를 사용
② 크기, 재질, 색감이 유사한 것을 사용
③ 충분히 건조된 목재를 사용
④ 치목한 기둥은 갈라짐을 예방하기 위해 한지를 발라 보양하고 응달에서 자연 건조
⑤ 교체 및 재사용 부재는 모두 훈증처리, 방충방부처리
⑥ 초석에 접하는 기둥 하부면에 방충방부처리(초석 상면에 소금, 숯 설치)
⑦ 기둥에 설치한 가새, 버팀목은 지붕공사 완료 후 점진적으로 해체
⑧ 초석을 재설치한 경우 일정 시간 양생하여 초석이 충분히 안정된 후 기둥 설치

02 | 동바리이음

① 상부하중에 대해 구조적으로 지장이 없어야 함(동바리의 규격, 재질)
② 이음재료는 동일 재료로 하고 질감과 나이테 등이 비슷한 것을 사용
③ 건조 시의 수축을 감안하여 동바리 부재의 직경은 기존 부재보다 굵은 것을 사용
④ 동바리 길이는 너무 짧으면 갈라지므로 부식 부위보다 길게 하여 동바리이음(45cm 이상)
⑤ 귓기둥은 귀솟음을 고려하여 동바리이음 높이를 설정

03 | 드잡이

① 기계식 잭 등 드잡이 기구는 천천히 조작
② 부재 이탈 등을 수시로 확인하면서 점진적으로 교정
③ 목표 치수를 한 번에 시공하지 않고 단계적으로 시공
④ 쐐기용 재료는 건조된 목재를 사용

SECTION 11 기둥 보수 사례

01 | 기둥 교체 및 동바리이음(귀신사 대적광전)

① 현황

㉠ 기둥들이 전체적으로 정면과 좌측면으로 기울음

㉡ 배면평주가 건물 안쪽으로 심하게 기울음

㉢ 초석침하 발생

② 보수

㉠ 초석 드잡이(기둥 귀솟음 기법 고려)

㉡ 기둥 부식부 수지처리

㉢ 기둥 신재 교체 및 상하부 동바리이음(동바리 이음재 신재 교체)

㉣ 높이가 부족한 기둥 하부에 쐐기목을 받치고 수지처리

㉤ 귀솟음 설정(1치)

㉥ 재사용 기둥은 초석으로 기둥 높이 조정

㉦ 배면 석축 및 배수로 정비(유공관 설치)

02 | 보존처리(동화사 대웅전)

① 기둥 균열부 수지처리

② 공동화된 기둥 부식부에 메움목과 수지처리

㉠ 내부가 부식된 기둥 하부의 표피를 잘라낸 후 부식부 제거

㉡ 경화처리

㉢ 고목재 메움, 수지 충전

㉣ 기둥 표피 부분을 재사용해서 표면 마감

03 | 결구부 철물보강(근정전)

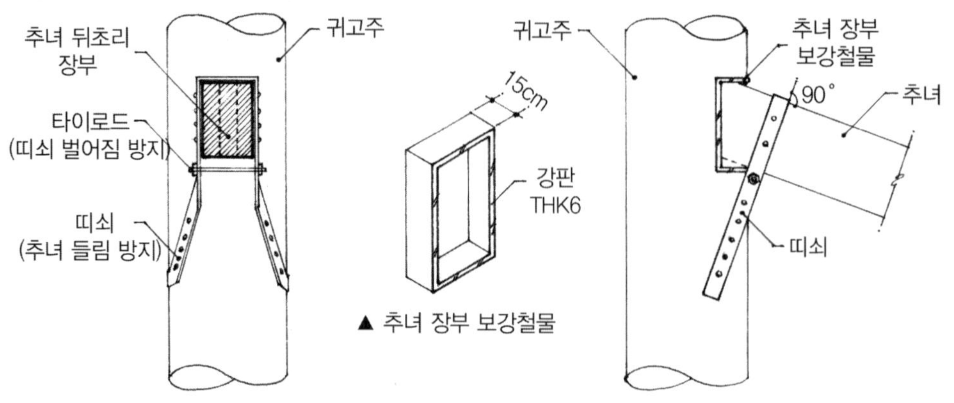

| 근정전 귀고주 결구부 보강 |

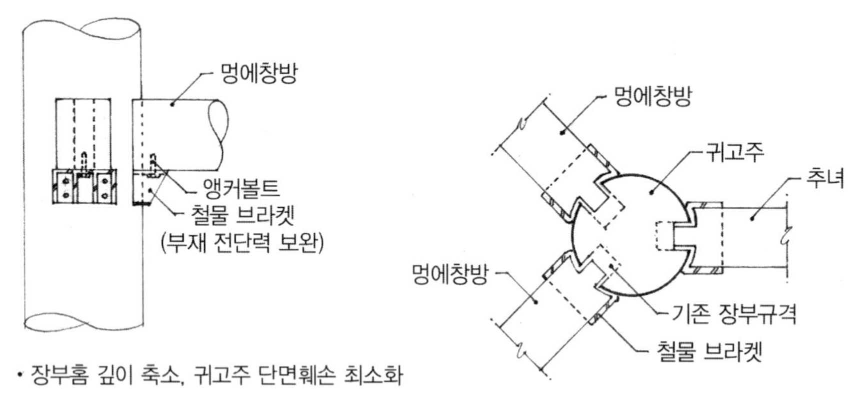

| 근정전 귀고주 유효단면적 증대 |

SECTION 12 목재의 검사와 보관

01 | 현장검사

① 육안으로 검사하여 다음과 같은 결점이 있는 목재는 사용 불가

㉠ 옹이의 긴지름이 150mm 이상인 목재 또는 옹이가 많아 구조적인 결함이 예상되는 목재

㉡ 변재의 나이테 간격이 한 곳이라도 9mm 이상인 목재

㉢ 횡단면의 윤할(갈램)[1]이 원주길이의 10% 이상인 목재

㉣ 분할이 원목길이의 10% 이상인 목재

㉤ 썩음, 벌레먹음, 속빔 등이 단면적의 5%를 넘는 목재

② 결점의 측정방법

<table>
<tr><th colspan="2">결점</th><th>측정방법</th></tr>
<tr><td rowspan="4">옹이</td><td>측정</td><td>1. 재면에 있는 옹이를 대상으로 실측 긴지름을 측정한다.
2. 긴지름 10mm 미만의 옹이는 제외한다.</td></tr>
<tr><td>산옹이</td><td>산옹이의 지름은 그 실측 긴지름으로 측정한다.</td></tr>
<tr><td>죽은옹이
썩은옹이</td><td>죽은옹이, 썩은옹이의 지름은 그 실측 긴지름의 2배로 간주한다.</td></tr>
<tr><td>숨은옹이</td><td>1. 재면이 돌출 또는 함몰 등의 이상을 나타내어 그 내부에 옹이가 숨어있는 것으로 판단되는 경우, 그 크기는 원목의 산옹이, 죽은옹이, 썩은옹이 중 가장 큰 옹이의 실측 긴지름을 1.5배 한 크기로 한다. 다만, 1.5배한 지름이 숨은옹이로 인한 돌출 및 함몰부분의 긴지름보다 작을 경우는 그 돌출 및 함몰부분의 실측 긴지름(재면의 선과 돌출 또는 함몰부분의 교차점 간 거리)을 숨은옹이의 지름으로 한다.
2. 산옹이, 죽은옹이, 썩은옹이가 없고 숨은옹이만 있는 경우의 숨은옹이의 크기는 100mm로 한다. 다만, 숨은옹이로 인한 돌출 및 함볼부분의 긴지름이 100mm보다 큰 경우는 그 돌출 및 함몰부분의 실측 긴지름을 숨은옹이의 지름으로 한다.</td></tr>
<tr><td rowspan="4">분할</td><td>측정</td><td>횡단면에서 재면으로 이어진 분할을 대상으로 재면에서의 분할길이를 측정한다.</td></tr>
<tr><td>동일횡단면</td><td>1. 동일 횡단면에 2개 이상인 경우는 가장 긴 것을 그 횡단면의 분할길이로 간주한다.
2. 횡단면 지름의 1/2을 초과한 깊은 분할은 그 분할의 실측길이를 1.5배한 길이로 한다.</td></tr>
<tr><td>양횡단면</td><td>각각의 횡단면에서 가장 긴 분할만을 합계한 수치로 한다.</td></tr>
<tr><td>백분율</td><td>분할의 길이에 대한 그 원목의 길이 비율로 한다.</td></tr>
<tr><td rowspan="2">윤할</td><td>측정</td><td>1. 횡단면에 있는 윤할을 대상으로 윤할의 곡선길이를 측정한다.
2. 횡단면 중심선에서 9/10보다 외측에 있는 윤할은 제외한다.</td></tr>
<tr><td>동일횡단면</td><td>윤할이 2개 이상인 경우 각각의 윤할 곡선길이를 합한 길이로 한다. 다만, 각 윤할의 양쪽 끝과 수심을 직선으로 연결하여 윤할이 겹치는 경우는 전체의 윤할곡선 길이에서 중복된 윤할곡선 길이를 제외한 길이로 한다.</td></tr>
</table>

1) 갈라짐 : 목재가 갈라지는 것을 의미하며, 할렬, 윤할, 분할로 구분
① 할렬 : 목재의 횡단면 또는 재면에 나타나는 갈라짐
② 윤할 : 연륜(나이테)을 따라 발생하는 갈라짐
③ 분할 : 횡단면의 할렬이 재면 쪽으로 진행하여 갈라지는 것

결점		측정방법
윤할	양횡단면	양횡단면 중 윤할 곡선길이가 더 큰 것을 그 원목의 윤할 곡선길이로 한다.
	백분율	윤할 곡선길이에 대한 그 횡단면 둘레(원주)의 길이 비율로 한다.
썩음	측정	1. 썩음 등에는 썩음, 속빔, 벌레먹음을 포함한다. 2. 평균지름은 최소지름과 직각지름의 평균으로 한다. 3. 속빔이 이상평대부분에 걸쳐있을 때에는 그 부분을 제외한다.
	동일횡단면	결점이 2개 이상인 경우 각 결점의 평균지름을 평균한 것을 그 횡단면의 평균지름으로 한다.
	양횡단면	각 횡단면의 평균지름을 합계한 것을 그 원목의 평균지름으로 한다.
	백분율	썩음 등의 평균지름과 그 횡단면의 지름 비율로 한다.

02 | 강도검사

① 시료는 기존의 것과 같은 수종으로 현장에 반입된 목재 중에서 채취

② 시료채취는 담당원과 현장대리인의 입회하에 실시하고 담당원은 시료에 확인 · 서명

③ 검사결과보고서를 담당원에게 제출하여 사용승인

④ 검사결과 소요기준에 미달되는 재료는 즉시 장외로 반출

03 | 함수율검사

① 함수율은 24% 이하로 하며, 사용부재에 따라 자연건조 또는 인공건조

② 현장에 반입되어 보관 중인 목재 또는 치목재는 함수율 24% 이하로 유지되도록 보관

04 | 목재의 보관

① 보관하는 부재가 오염 또는 손상의 우려가 있을 경우 보양조치 후 보관

② 조립 후 밟히거나 찍힐 우려가 있는 부분은 널대기 등의 방법으로 보양

③ 목재는 지붕이 있고 통풍이 잘 되는 장소에 보관하여야 하며, 지붕이 없는 경우 우장막 등을 덮어 눈, 비, 이물질 등이 목재에 직접 닿지 않도록 보관

④ 부재와 부재 사이에 30mm 이상 졸대 등을 넣어서 통풍이 되도록 보관

⑤ 목재는 지반의 습기로부터 영향을 받지 않도록 보관

⑥ 해체 부재 중 중요한 부재는 도난 방지시설을 하여 보관

⑦ 목재는 규격별 · 용도별로 구분하여 적치

⑧ 목재보관창고 내에는 소화기와 소화용수를 비치

⑨ 가설재, 기타 문화재수리에 직접 사용하지 아니하는 목재는 정리 · 정돈하여 보관

LESSON 02

창방

SECTION 01 개요

01 | 창방의 개념

① 기둥 상부에 건너질러 기둥과 기둥을 연결하는 가로재

② 주간에서 기둥머리를 연결하여 가구를 결속하는 수평방향 부재

③ 상부에 놓이는 주두, 소로, 화반, 평방 등을 지지

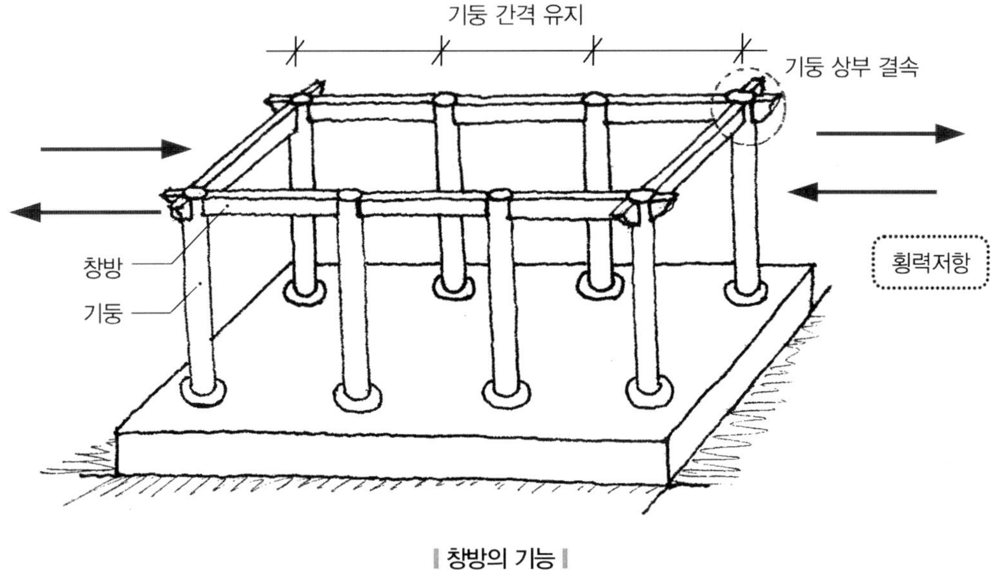

▌창방의 기능▐

02 | 창방의 기능

① 기둥 사이의 간격 확보(이동 방지)

② 기둥 상부를 결속하여 횡력에 저항

③ 상부 하중을 기둥 및 벽체로 전달

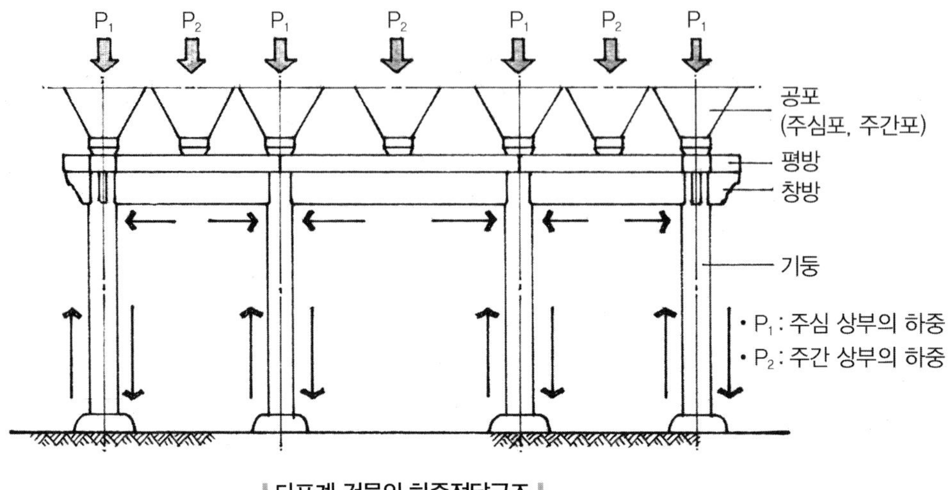

다포계 건물의 하중전달구조

03 | 창방의 형태와 치목

① 수장폭 창방 : 여말선초 주심포계 건물에 사용. 모서리 직절

② 정방형, 장방형 창방

㉠ 조선시대 다포계, 익공계 건물에 사용된 단면이 큰 장방형 창방

㉡ 폭과 춤의 비례는 1 : 1.2~1.4

㉢ 모서리 궁굴림(반깎기)

04 | 뜬창방

내목도리열, 중도리열, 고주, 종도리 대공 등에 추가로 설치된 창방

05 | 멍에창방

① 개념

중층건물에서 하층 연목 뒤뿌리를 지지하기 위해 상층 기둥 사이에 건너지른 부재

② 멍에창방 별도 설치구조

㉠ 상층 기둥열이 하층 내목도리열 안쪽에 위치

㉡ 사례 : 인정전, 법주사 대웅보전, 무량사 극락전 등

③ 내목도리가 멍에창방으로 기능하는 구조

㉠ 상층 기둥열이 하층 내목도리열과 일치

㉡ 사례 : 근정전, 숭례문 등

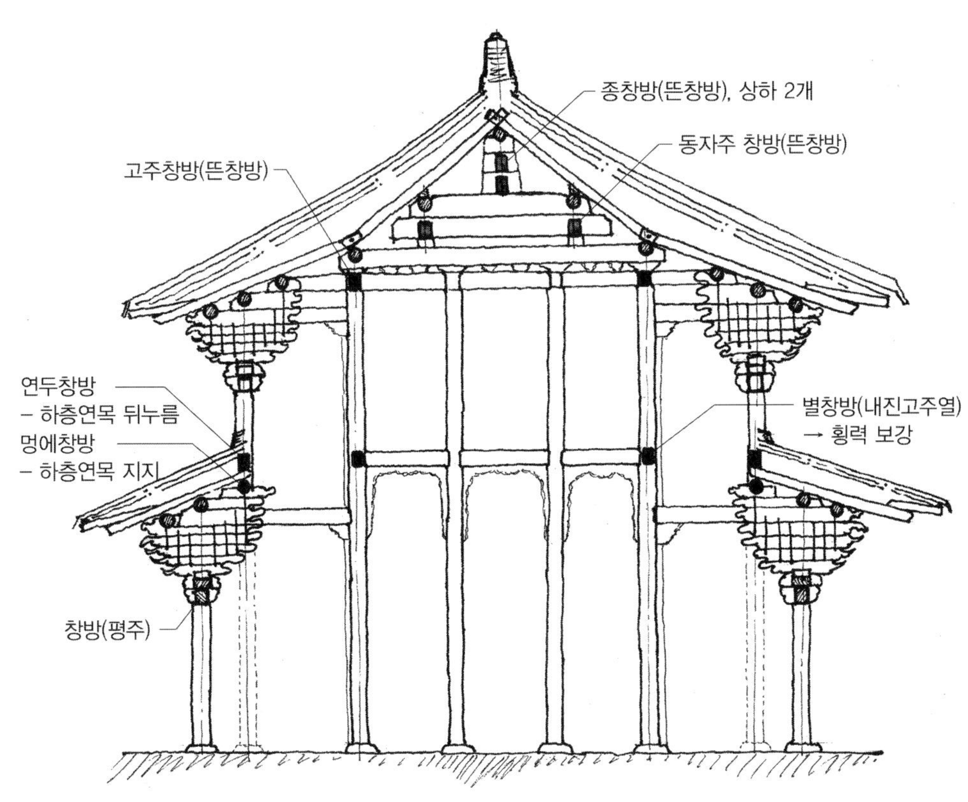

‖ 근정전 종단면과 창방 설치구조 ‖

④ 하층연목과 멍에창방의 결구

㉠ 연목과 멍에창방을 연정으로 고정(근정전)

㉡ 연목과 연두창방을 연정으로 고정(인정전)

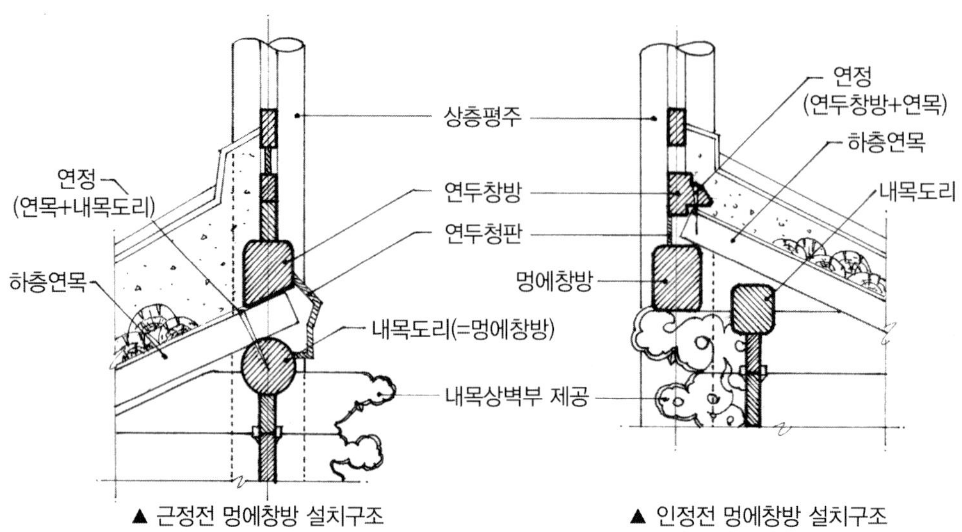

▲ 근정전 멍에창방 설치구조

▲ 인정전 멍에창방 설치구조

| 근정전과 인정전의 멍에창방 설치구조 비교 |

06 | 연두창방, 연두청판

① 연두창방

㉠ 하층 연목 상부에 연목의 뒤누름을 위해 설치된 부재

㉡ 형태 : 창방 형태(근정전), 수장재 및 귀틀재 형태(인정전, 숭례문 등)

② 연두청판

㉠ 멍에창방과 연두창방 사이에 설치된 판재

㉡ 하층 연목 뒤뿌리를 감추는 마감재

SECTION 02 창방의 시대별 · 양식별 특징

01 | 여말선초 주심포계 건물

① 수장폭 창방 사용

② 간포가 설치되지 않고 화반 사용이 제한적(창방의 하중 부담이 적음)

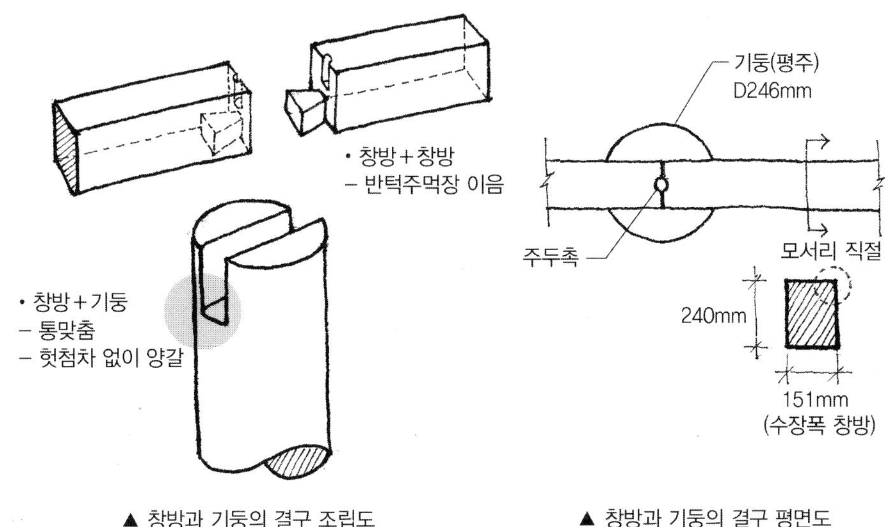

▲ 창방과 기둥의 결구 조립도

▲ 창방과 기둥의 결구 평면도

‖ 봉정사 극락전 창방과 기둥의 결구 ‖

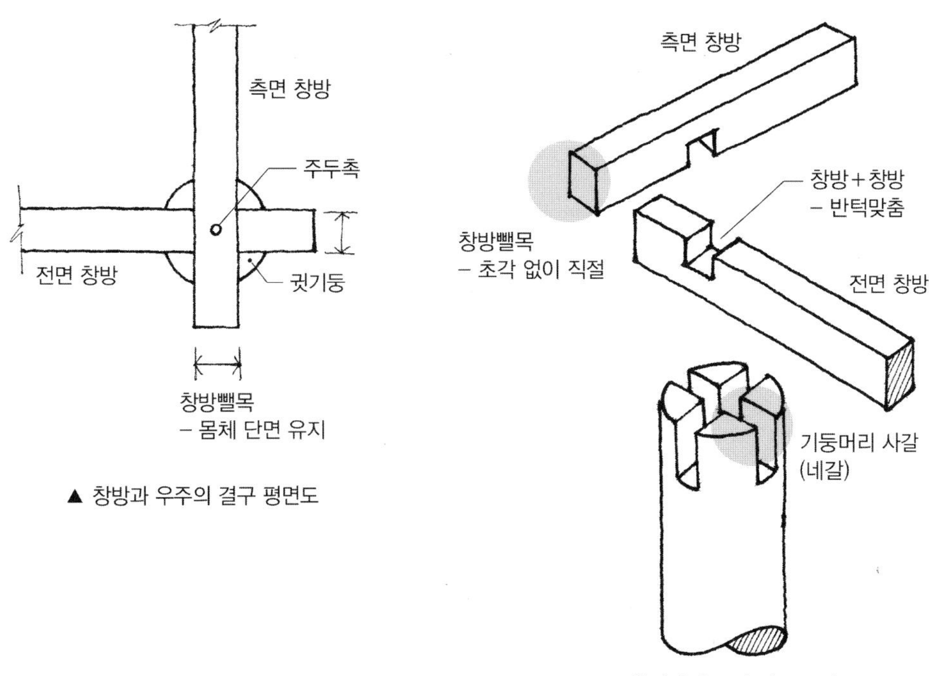

▲ 창방과 우주의 결구 평면도

▲ 창방과 우주의 결구 조립도

‖ 봉정사 극락전 창방과 우주의 결구 ‖

02 | 조선시대 주심포계 건물

① 내부 기둥이 생략되고 보 중심의 하중전달체계로 변화, 장식적인 화반 사용 증가
② 외진평주를 연결하는 창방 규격의 확대 경향(조선후기)

03 | 조선시대 익공계, 다포계 건물

① 익공계 건물
  ㉠ 춤이 큰 장방형 단면
  ㉡ 기둥과 1~3치 차이의 규격이 큰 부재 사용

② 다포계 건물
  ㉠ 춤이 큰 장방형 단면
  ㉡ 간포 설치에 따라 창방의 하중 부담 증가
  ㉢ 기둥 규격에 비례해서 충분한 규격 사용

③ 결구법
  ㉠ 조선초기 다포계 건물 : 소매걷이하고 기둥에 장부맞춤
  ㉡ 조선후기 다포계 건물 : 기둥에 턱물리고 주먹장맞춤

SECTION 03 창방과 창방의 결구

01 | 창방의 위치별 결구법

① 평기둥 : 맞댄이음, 주먹장이음, 반턱이음, 반턱주먹장이음, 엇걸이산지이음, 갈퀴이음

② 귓기둥 : 전후면 창방과 측면 창방이 반턱맞춤

02 | 창방 뺄목

① 뺄목의 유무 : 뺄목 형성(일반적), 뺄목이 없는 경우(부석사 무량수전)

② 뺄목의 단면폭

㉠ 수장폭으로 줄임(일반적)

㉡ 몸체의 단면폭을 유지(마곡사 대광보전, 화엄사 각황전 등)

③ 뺄목의 형태 : 초각한 경우와 직절한 경우

④ 헛첨차, 익공 : 주심포계 건물, 익공계 건물에서 창방뺄목을 헛첨차, 익공 형태로 초각

⑤ 통재와 별재 : 뺄목을 별재로 가공하여 조립하는 경우

SECTION 04 창방과 기둥의 결구

01 | 주심포계

① 평주(헛첨차 없는 구조)

㉠ 기둥 사개부 양갈

㉡ 창방과 창방 결구 : 반턱주먹장이음

㉢ 창방과 기둥 결구 : 통맞춤(수장폭 창방이 기둥에 통장부맞춤)

② 평주(헛첨차 있는 구조)

㉠ 기둥 사개부 사갈

㉡ 창방과 창방 결구 : 반턱주먹장이음

㉢ 창방과 기둥 결구 : 통맞춤(수장폭 창방이 기둥과 통장부맞춤)

㉣ 창방과 헛첨차 결구 : 반턱맞춤 / 헛첨차는 기둥에 통장부맞춤

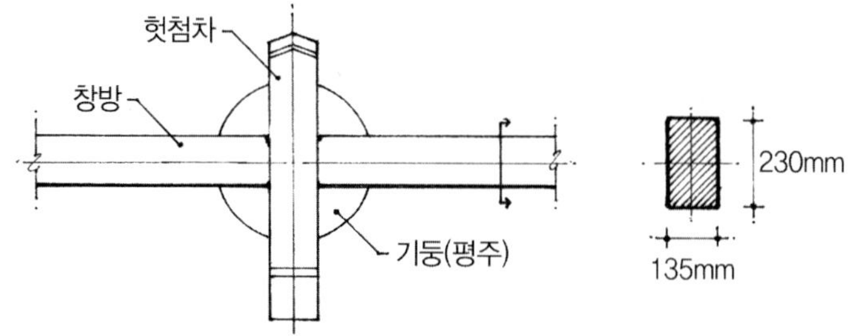

| 수덕사 대웅전의 창방과 기둥 결구 평면도 |

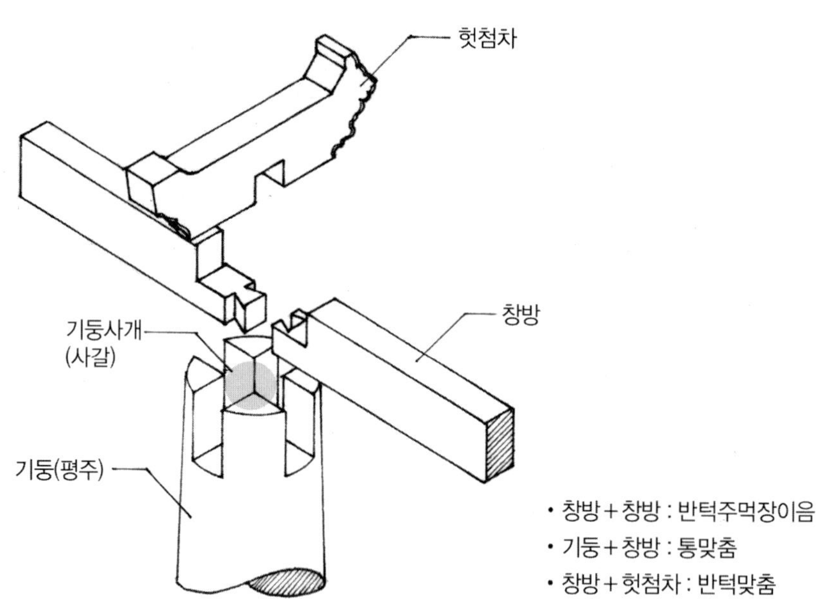

| 수덕사 대웅전의 창방과 기둥 결구 조립도 |

③ 우주

㉠ 기둥 사개부 사갈

㉡ 창방과 창방 결구 : 반턱맞춤

㉢ 창방과 기둥 결구 : 통맞춤(수장폭 창방이 기둥과 통장부맞춤)

㉣ 창방 뺄목

- 수장폭 창방과 뺄목의 단면폭이 동일 / 헛첨차 형태로 가공(수덕사 대웅전)
- 헛첨차가 없는 봉정사 극락전은 창방 뺄목 직절

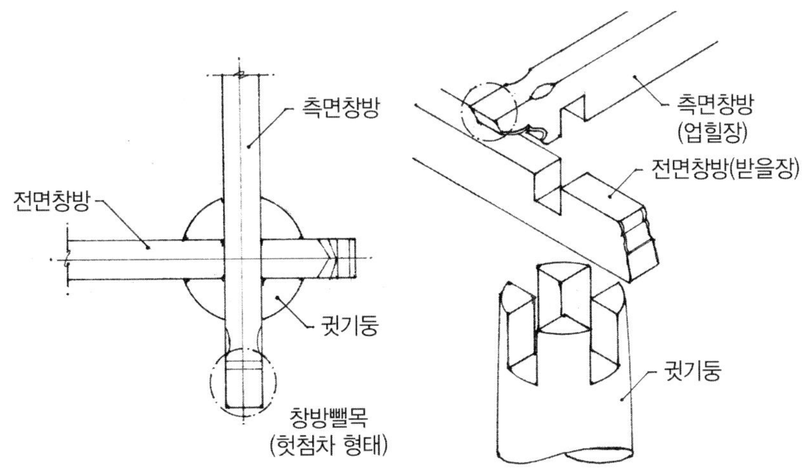

‖ 수덕사 대웅전 창방과 귓기둥 결구 조립도 ‖

02 | 다포계

① 평주(안초공 없는 구조)

㉠ 기둥사개 양갈

㉡ 창방과 창방 결구

- 주먹장이음, 맞댄이음, 나비장이음, 갈퀴이음, 엇턱이음, 엇걸이산지이음
- 갈퀴이음(봉정사 대웅전), 반턱이음(숭례문)
- 좌우측 창방이 각각 기둥에 주먹장맞춤(율곡사 대웅전)
- 엇댄산지이음(통도사 대웅전)
- 엇걸이촉이음(선암사 대웅전)
- 맞댄이음, 주먹장이음(송광사 대웅전)

㉢ 창방과 기둥 결구 : 장부맞춤, 주먹장맞춤(소매걷이, 어깨턱)

㉣ 소매걷이 : 기둥에 결구되는 보나 창방의 옆면을 둥글게 굴려 깎는 것

㉤ 어깨턱 : 결구홈을 가공한 기둥 사개부의 할렬과 벌어짐을 막아주는 기능

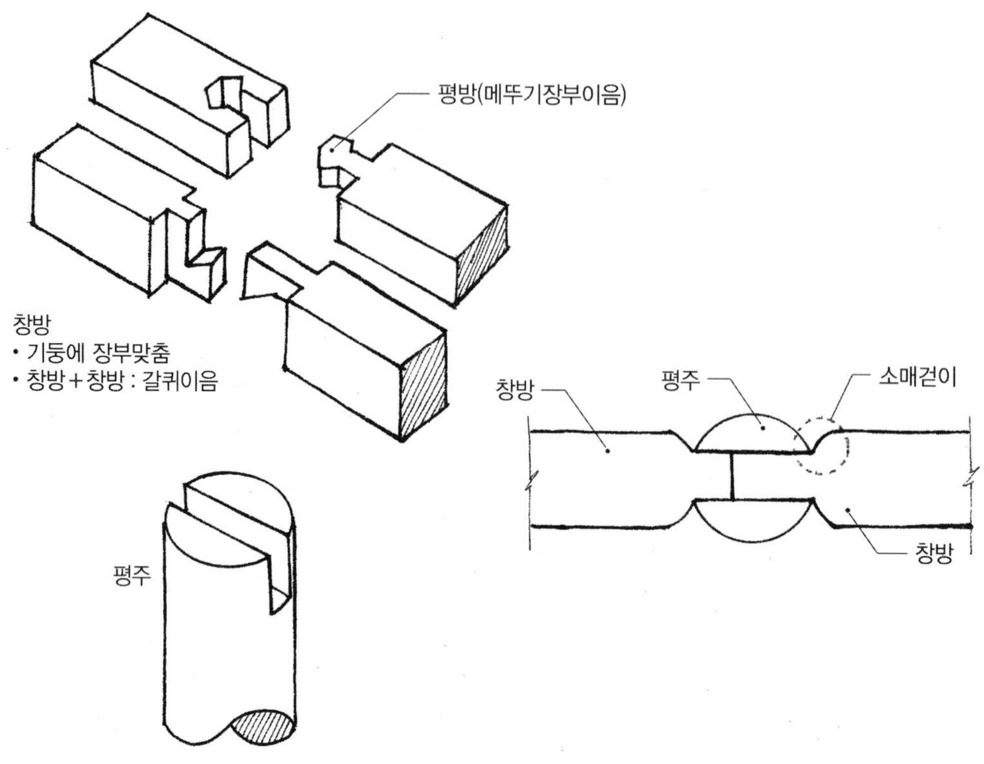

▌봉정사 대웅전 평주 상부의 결구▐

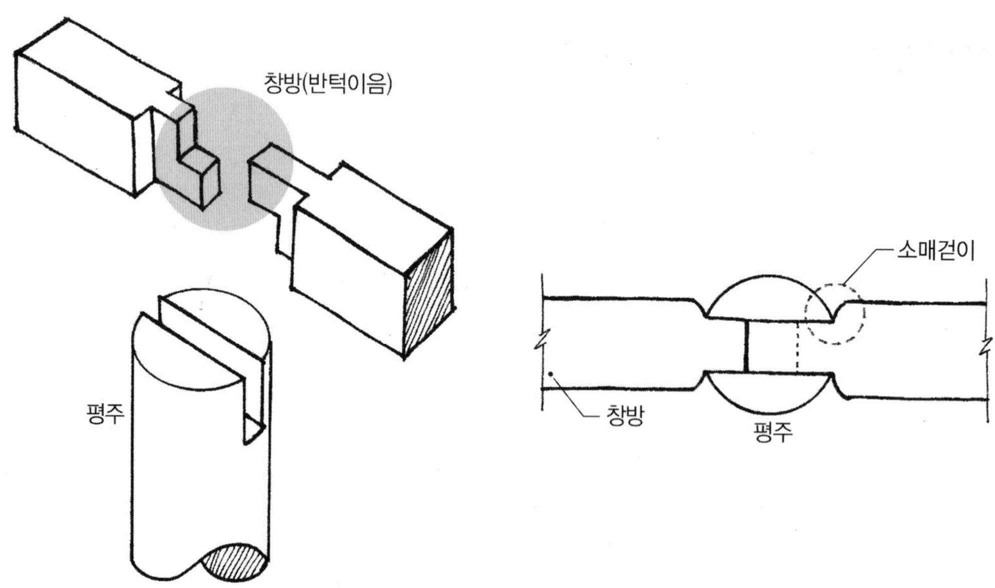

▌숭례문 평주 상부의 결구▐

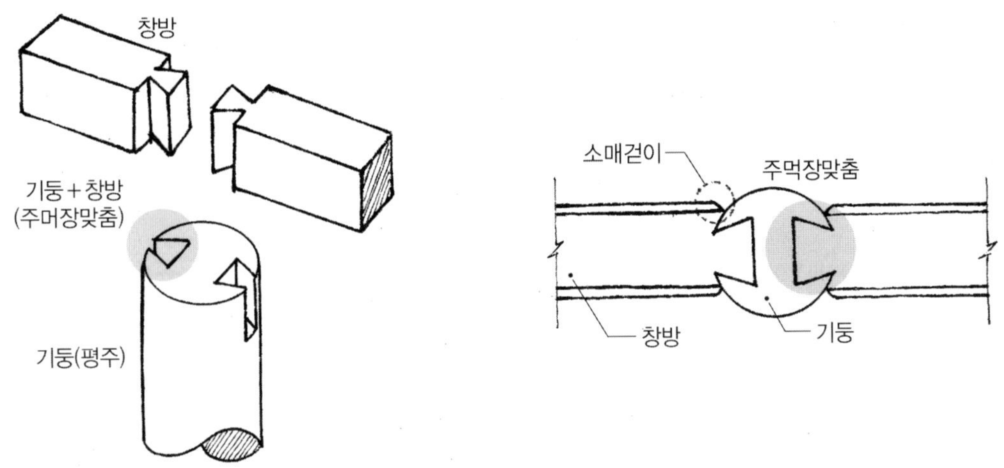

| 율곡사 대웅전 평주 상부의 결구 |

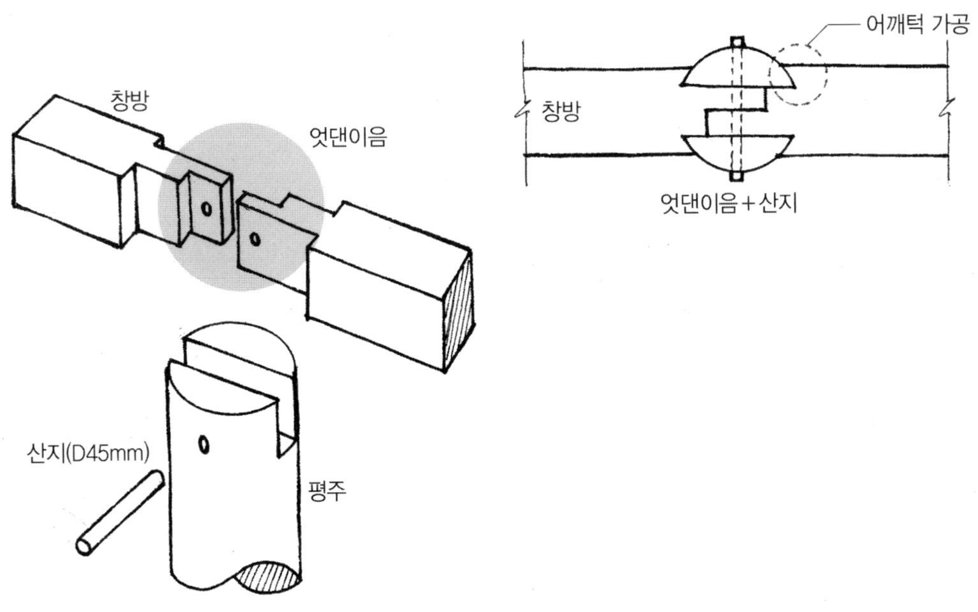

| 통도사 대웅전 평주 상부의 결구 |

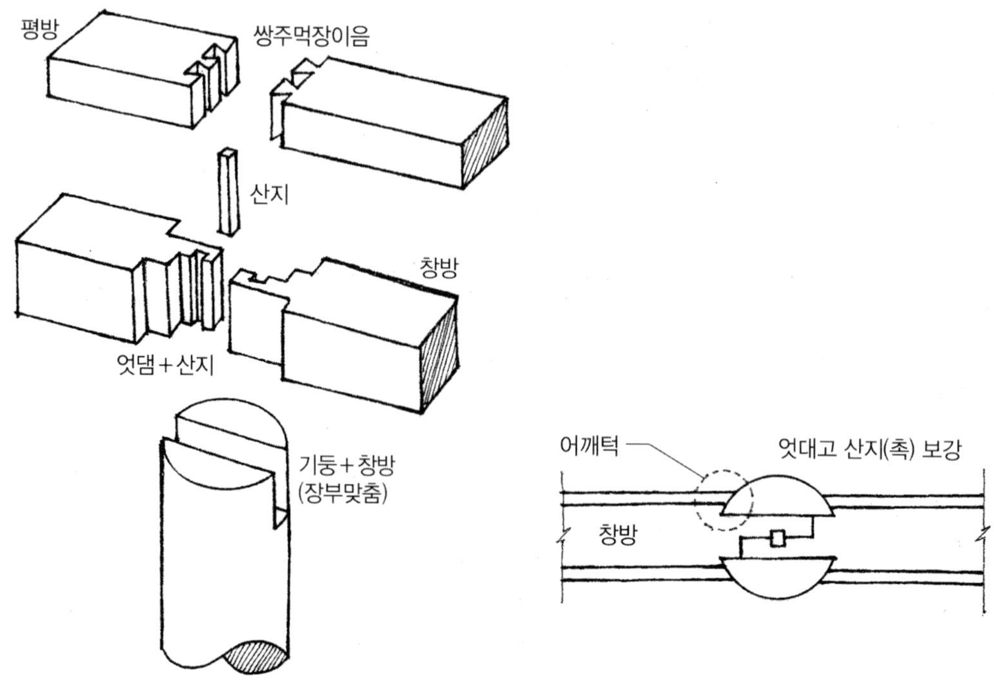

‖ 선암사 대웅전 배면, 측면 기둥 상부 조립도 ‖

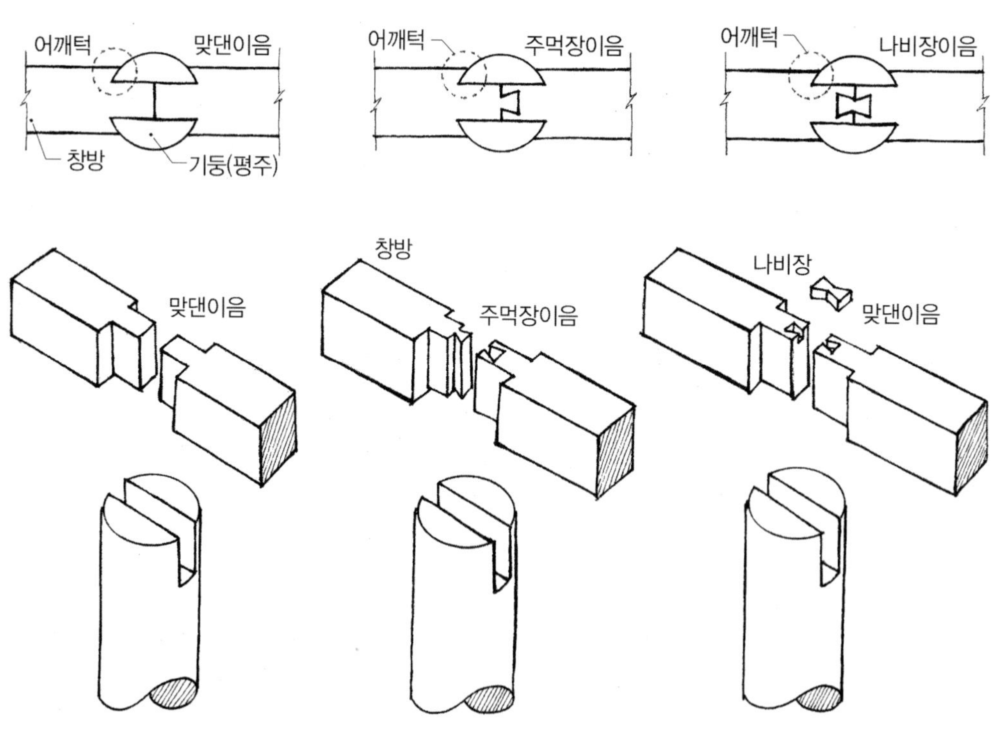

‖ 송광사 대웅전 평주 상부 결구 ‖

② 평주(안초공 있는 구조)

㉠ 기둥 사개부 사갈

㉡ 창방과 창방 결구 : 이음 없음

㉢ 창방과 기둥 결구 : 장부맞춤, 주먹장맞춤(소매걷이, 어깨턱, 물림턱)

㉣ 물림턱

- 기둥에 결구되는 창방의 몸체 단면을 기둥에 물림
- 부재 할렬, 파손, 장부 수축에 따른 이완, 뒤틀림, 결속력 저하를 줄임

㉤ 창방과 안초공 결구 : 창방이 기둥에 주먹장맞춤하고 안초공에 맞댐

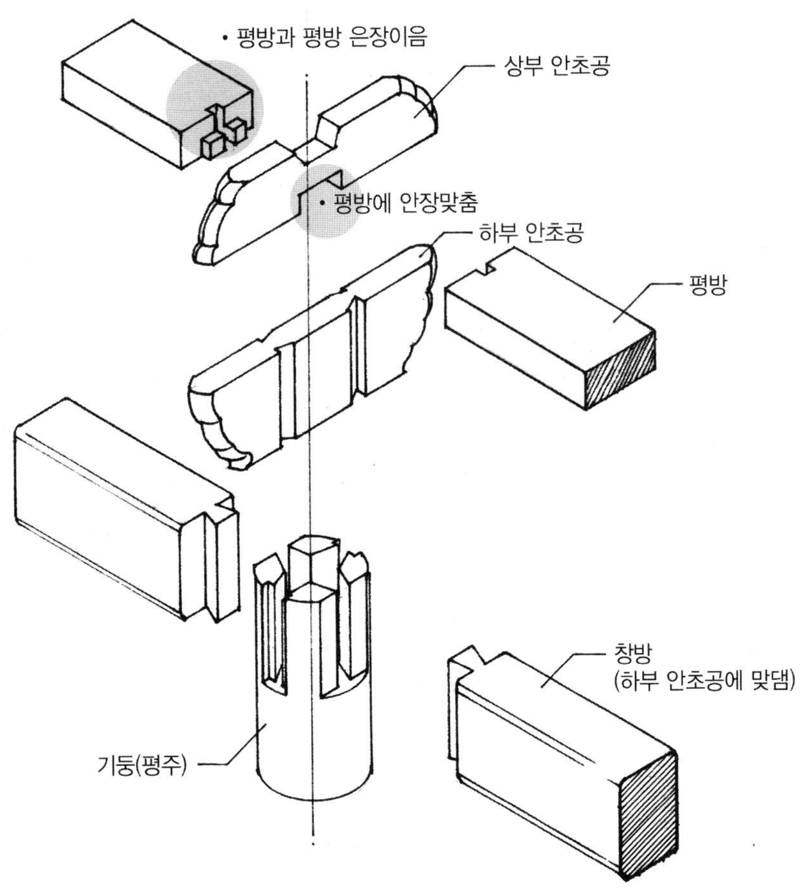

근정전 평주 상부 결구 조립도

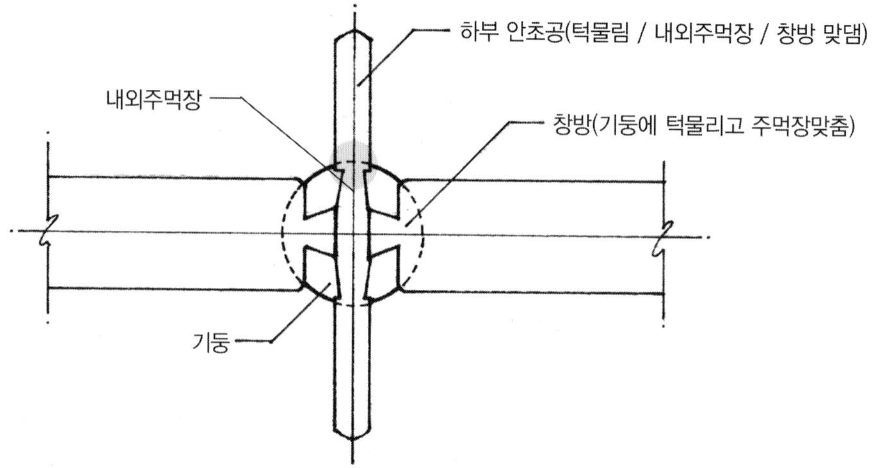

근정전 평주 상부 결구 평면도

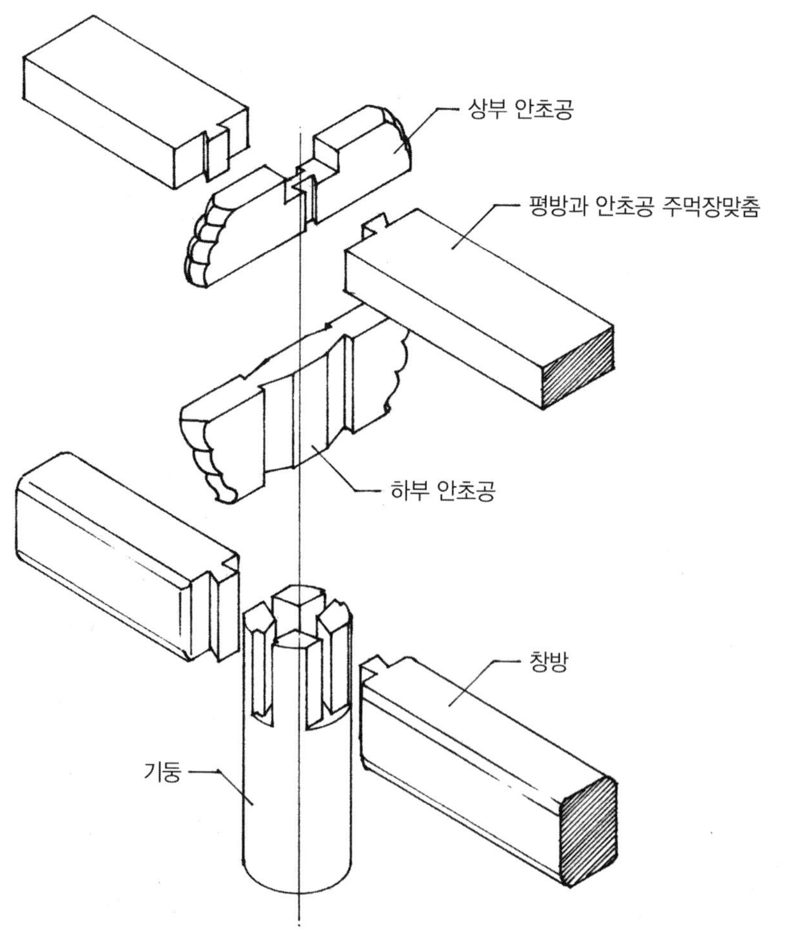

대한문 평주 상부 결구 조립도

③ 우주

㉠ 귀초공의 사용 여부에 따라 기둥 사개부 사갈, 또는 육갈

㉡ 창방과 창방 결구 : 반턱맞춤, 삼분턱맞춤

㉢ 창방과 기둥 결구 : 장부맞춤

㉣ 창방뺄목

- 몸체 단부를 수장폭으로 줄이고 초각
- 몸체 단면 그대로 노출(초각 없는 형태)
- 별재로 뺄목만 결구한 형태

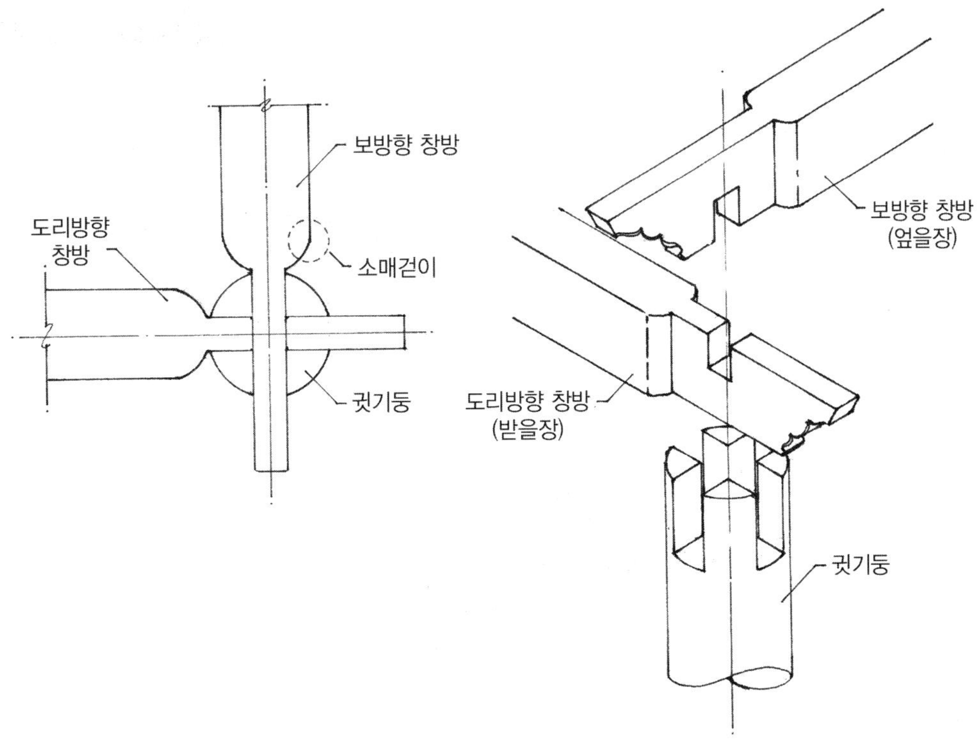

‖ 봉정사 대웅전 우주 상부의 결구 ‖

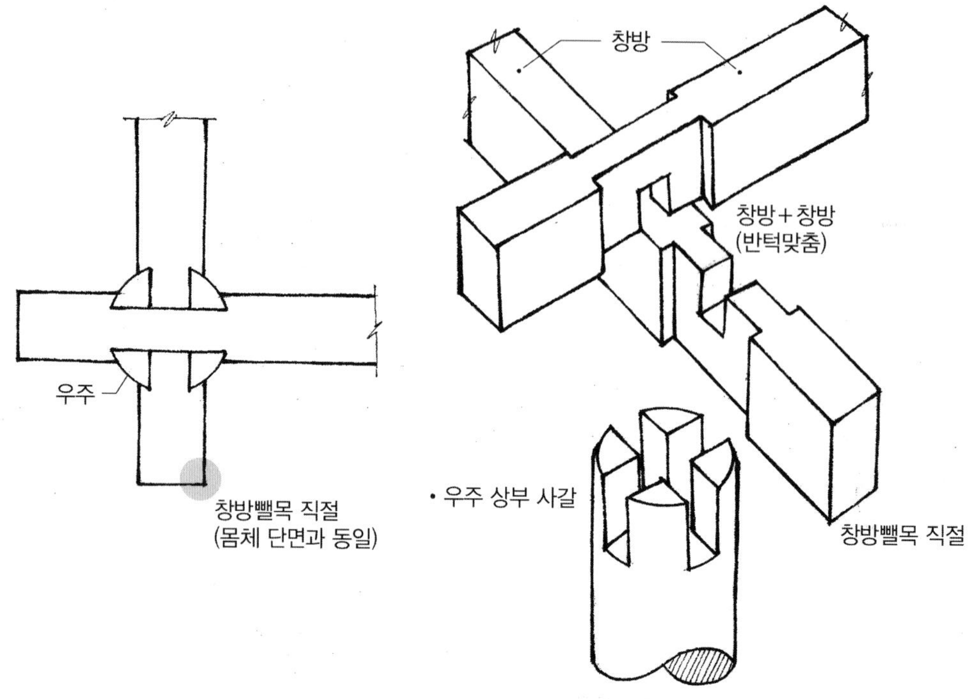

귀신사 대적광전 우주 상부의 결구

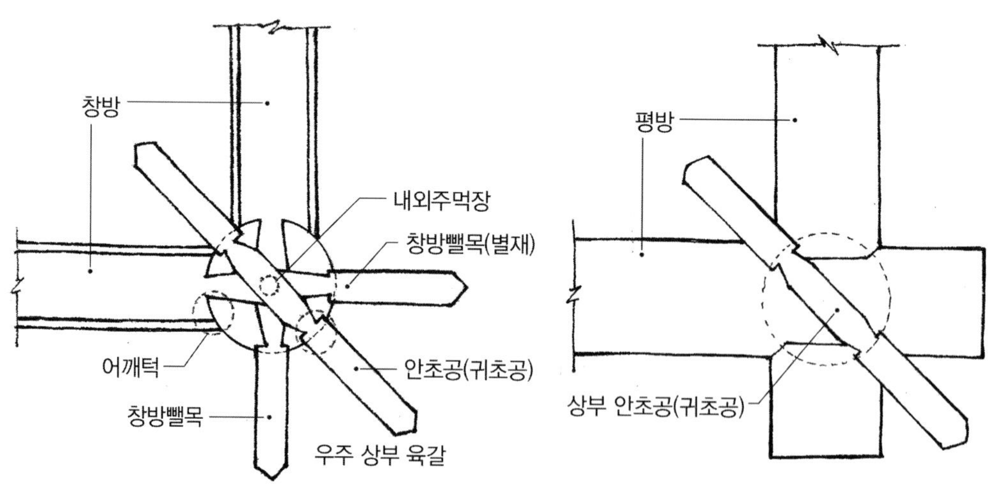

근정전 상층 우주 상부의 결구

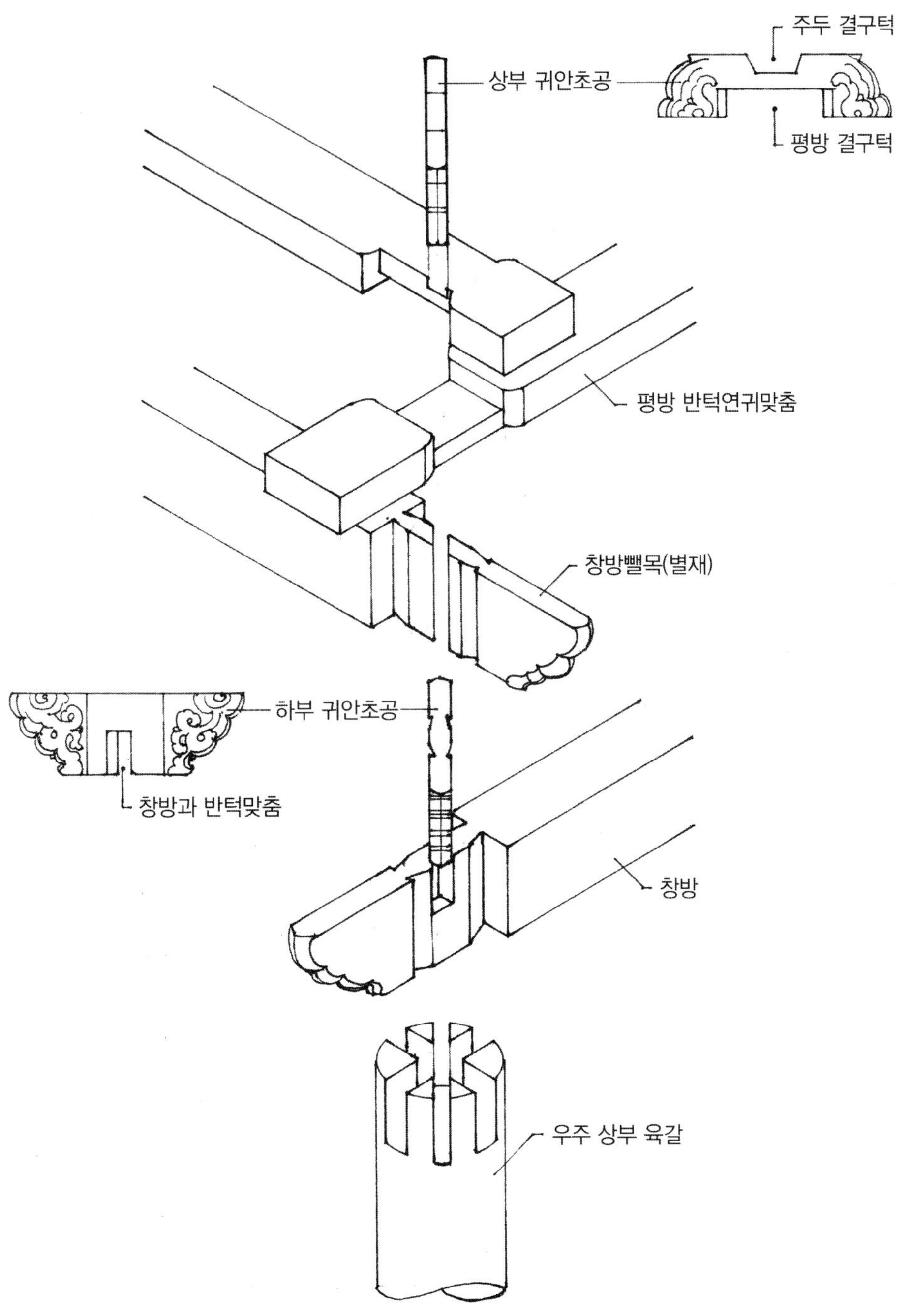

‖ 근정전 상층 우주 상부 조립도 ‖

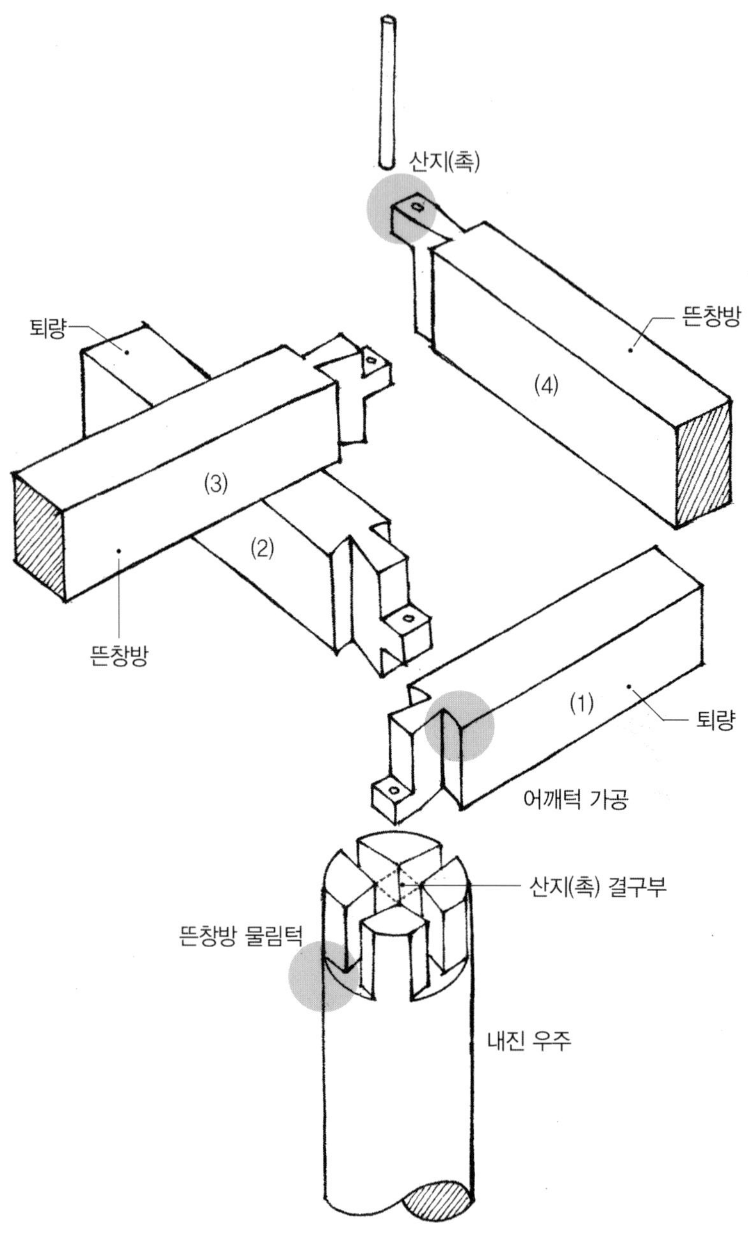

| 근정전 내진 귓기둥 상부 조립도 |

03 | 익공계

① 평주

㉠ 기둥 사개부 사갈

㉡ 창방과 창방 결구 : 이음이 없거나 반턱주먹장이음

㉢ 창방과 기둥 결구 : 주먹장맞춤(어깨턱, 물림턱)

㉣ 창방과 초익공 결구

- 맞대거나 반턱맞춤
- 초익공은 기둥에 내외주먹장맞춤 / 초익공에 창방을 주먹장맞춤

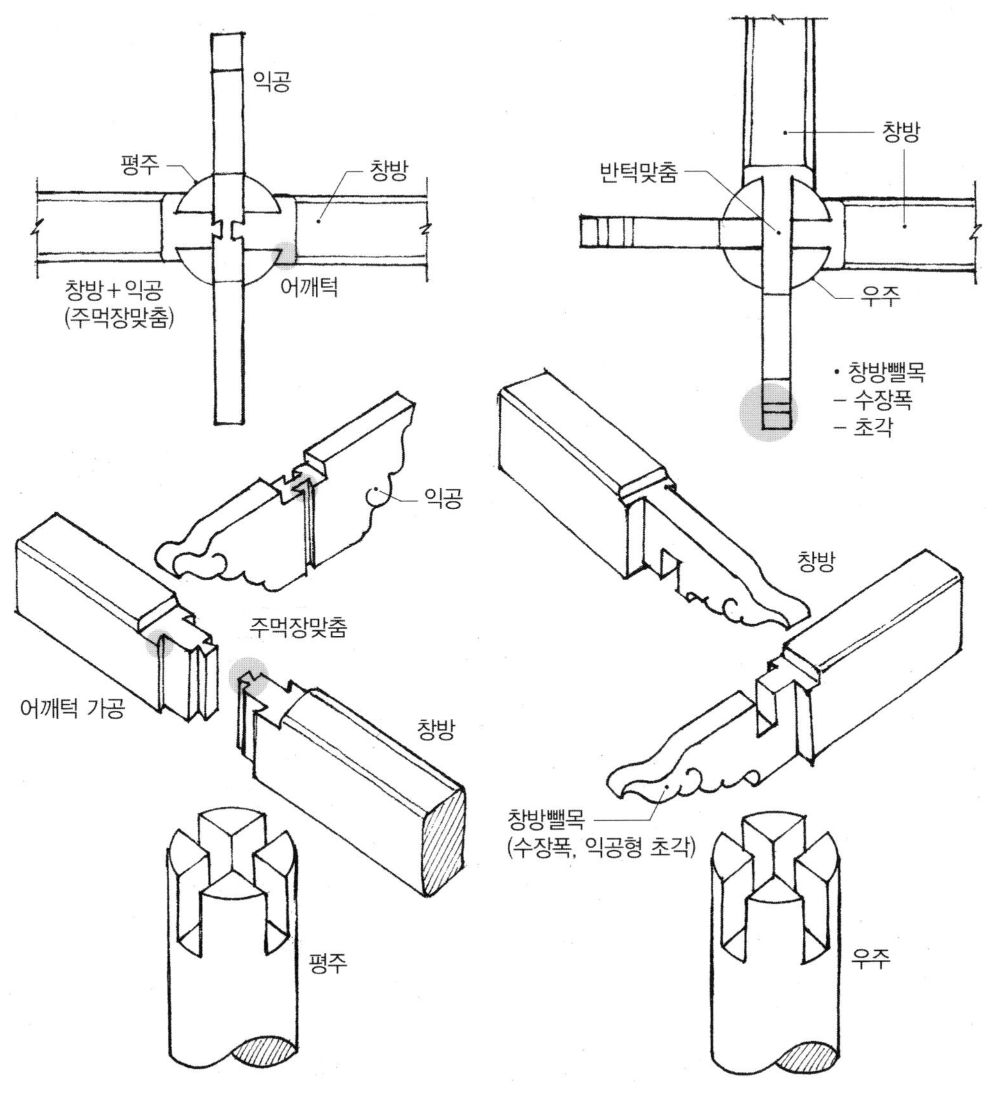

▌피향정 기둥 상부 결구 조립도▐

② 우주

㉠ 기둥 사개부 사갈, 육갈

㉡ 창방과 창방 결구 : 반턱맞춤

㉢ 창방과 기둥 결구 : 장부맞춤

㉣ 창방뺄목 : 초익공 형태로 가공

㉤ 삼분턱맞춤 : 전측면 창방, 귀한대 익공이 삼분턱맞춤(기둥 사개부 육갈)

04 | 민도리집의 기둥 상부 결구

① 평주

㉠ 보와 도리 결구 : 턱맞춤, 두겁주먹장맞춤

㉡ 기둥과 보 결구 : 숭어턱맞춤

㉢ 도리와 도리 결구 : 두겁주먹장이음, 은장이음, 맞댄이음

㉣ 기둥과 도리 결구 : 주먹장맞춤, 통맞춤(그렝이)

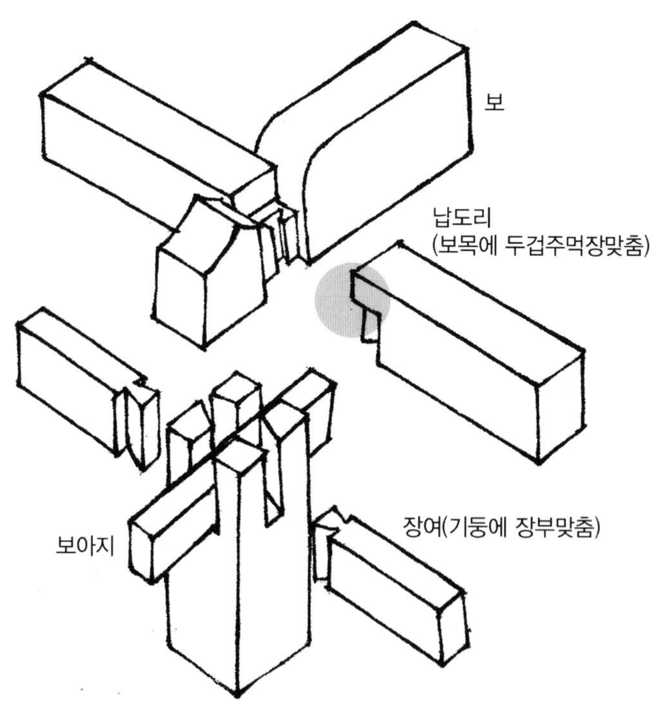

‖ 민도리집 기둥 상부 결구 조립도 ‖

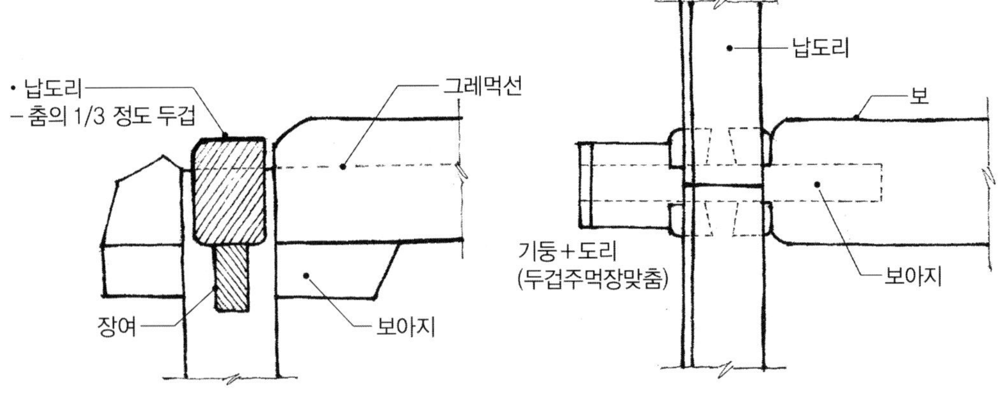

‖ 민도리집 기둥 상부 결구 – 납도리 ‖

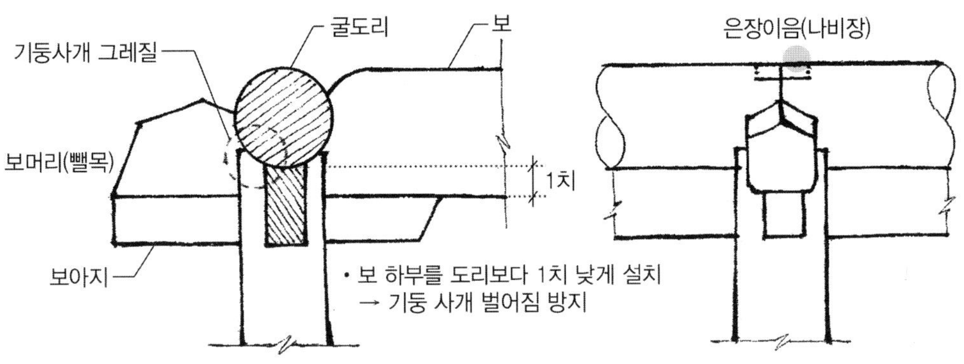

‖ 민도리집 기둥 상부 결구 – 굴도리 ‖

② 우주

도리와 도리 결구 : 반턱연귀맞춤

05 | 기둥과 결구되는 창방의 접합면 가공

① 턱이 없는 경우

㉠ 어깨턱 없이 소매걷이 후 장부맞춤

㉡ 사례 : 조선 초기 다포계 건물(봉정사 대웅전, 숭례문 등)

② 어깨턱 설치

㉠ 창방의 단면을 살려서 기둥을 감쌈

㉡ 어깨턱을 두르고 소매걷이

㉢ 사례 : 조선 중기 다포계 건물(통도사 대웅전, 율곡사 대웅전, 화엄사 각황전 등)

③ 턱물림(통넣고 주먹장)

㉠ 기둥에 창방을 턱물리고 장부맞춤

㉡ 사례 : 조선 후기 다포계 건물(근정전, 대한문 등)

④ 도래걷이 : 원기둥에 창방 · 도리 등을 결구할 때 창방 · 도리 등을 원기둥 단면에 맞춰 둥글게 깎는 기법

⑤ 소매걷이 : 기둥에 보 · 창방 등을 결구할 때 기둥에 맞춰 보 · 창방 등의 양 옆을 둥글게 깎는 기법

SECTION 05 창방의 훼손 유형 및 원인

01 | 창방의 처짐

① 상부 하중에 의한 처짐

② 창방 뺄목의 처짐(맞배집 측면 뺄목 처짐)

③ 벽체, 창호가 없는 건물 창방의 처짐(문루, 정자, 누각 건물 등)

④ 육축 위 문루 건물 정간 창방의 처짐(하부 성문 통로 폭에 따른 주간 길이 증가)

⑤ 창방의 처짐은 인방의 처짐으로 이어져 창호의 변형 유발

02 | 창방의 균열

① 하중에 의한 전단, 인장 파괴

② 귀처마 편심하중의 작용(귀창방, 창방 뺄목 균열)

③ 부식, 풍화에 따른 내구성 저하

03 | 창방의 이완, 이탈

① 기둥열 교란, 기둥의 기울음에 따른 창방 변위

② 부재 수축에 따른 결구부 이완, 이탈

③ 기둥사개의 할렬, 파손에 따른 창방의 이완

SECTION 06 조사사항

『lesson 01 – section 06 기둥 보수 시 조사사항』 참조

SECTION 07 시공방안

01 | 교체

① 상부 하중에 비해 단면 내력이 확보되지 않은 경우
② 처짐과 균열이 심하여 재사용이 불가한 경우
③ 별재로 처리된 뺄목 부재 교체 고려

02 | 철물 보강(결속력 보강)

① 창방과 창방 연결부에 띠쇠 연결
② 기둥머리에서 창방과 기둥을 띠쇠로 연결
③ 기둥머리에 띠쇠를 감아 사개부 할렬과 벌어짐 방지

03 | 보존처리

① 부식, 탈락 등 단면이 훼손된 부분에 덧댐목, 메움목과 수지처리
② 기둥머리의 사개, 사개바닥 등에 메움목 및 수지처리
③ 참나무 판재, 구부재를 이용해 파손부 보강 및 수지처리

SECTION 08 창방 보수 사례

01 | 창방 신재 교체

① 북지장사 대웅전

휨, 할렬이 큰 부재를 신재로 교체

② 귀신사 대적광전

우주에 결구되는 창방 부재 교체(별재 뺄목을 통부재로 교체)

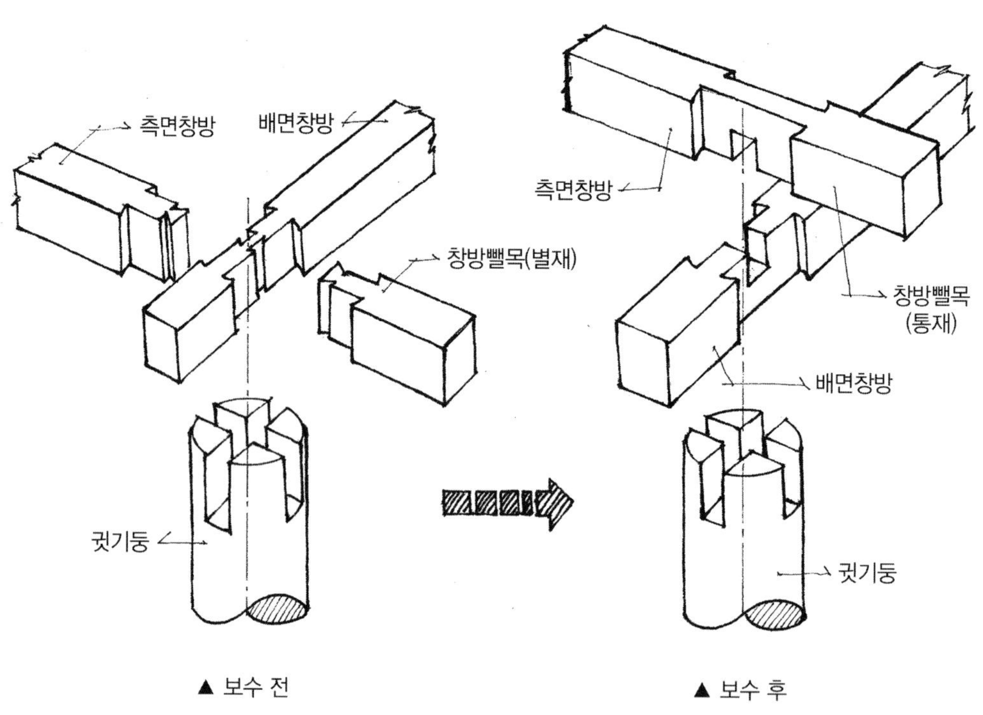

‖ 귀신사 대적광전의 창방 보수 ‖

02 | 철물 보강

① 쌍계사 대웅전

㉠ 창방과 창방 결구부 상면에 홈을 파고 띠철로 좌우 창방을 연결

㉡ 철물 녹막이칠

② 법주사 대웅보전

㉠ 창방 주먹장이음 결손부에 수지처리

㉡ 좌우 창방 연결하는 꺾쇠 2개를 박아 고정

③ 임영관 삼문 : 창방 이음부의 철물 보강

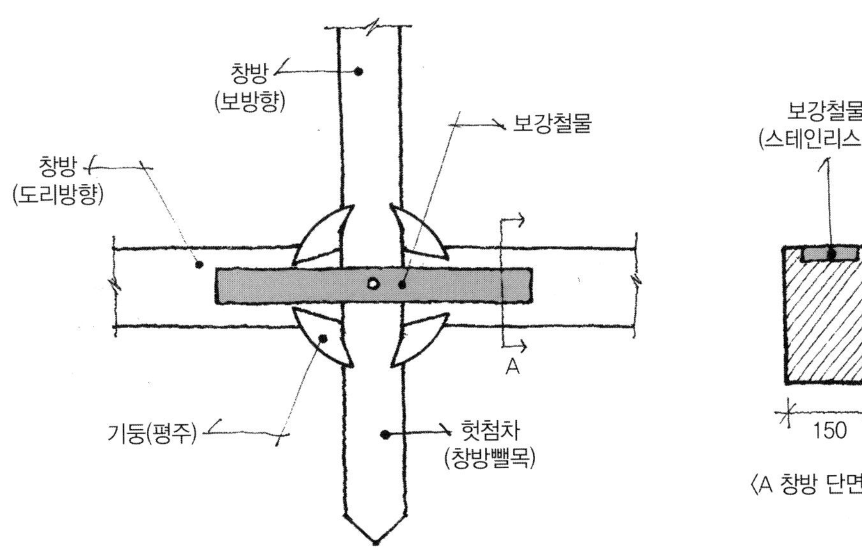

‖ 임영관 삼문 창방 결구부 철물보강 ‖

03 | 보존처리

① 쌍계사 대웅전

㉠ 휨이 발생한 창방은 뒤집어서 재사용(상면을 수평 가공)

㉡ 부식이 심한 창방은 부식부를 제거하고 수지 충전

㉢ 교체 기둥에 결구되는 창방은 주먹장맞춤으로 결구(현황 : 창방끼리 맞대거나 주먹장이음)

② 동화사 대웅전

창방 주먹장부의 단면 손실부에 수지처리해서 단면 복구

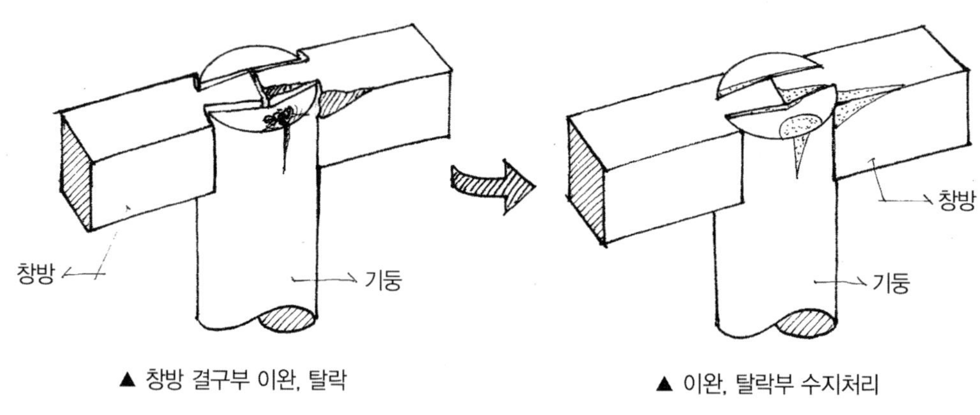

▲ 창방 결구부 이완, 탈락

▲ 이완, 탈락부 수지처리

‖ 창방 수지처리 ‖

LESSON 03
평방

SECTION 01 평방의 구조

01 | 평방

① 개념

㉠ 다포계 건물에서 창방 위에 설치된 장방형 부재

㉡ 공포대와 포벽을 지지

㉢ 춤보다 너비가 큰 장방형 부재

② 평방의 기능

㉠ 주두, 공포, 포벽 지지

㉡ 공포부로 전달된 지붕의 하중을 창방과 기둥으로 전달

㉢ 창방과 합쳐져 T자형 보와 같은 역할

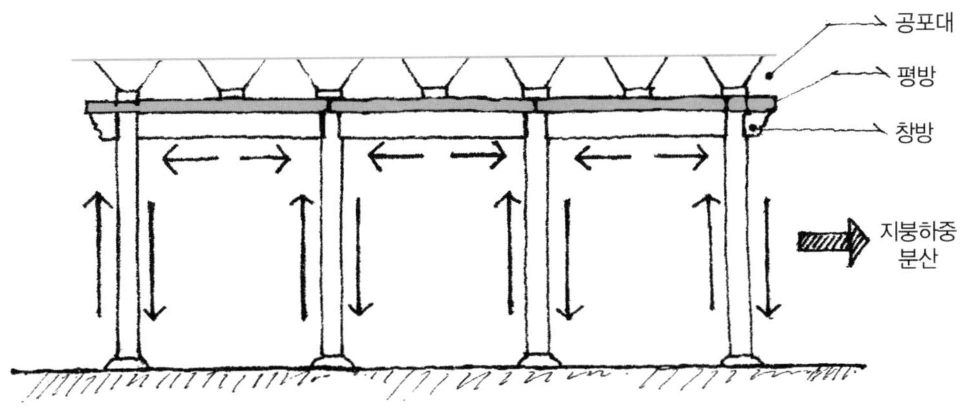

간포 설치에 따른 하중 분산

③ 평방의 규격 및 형태

㉠ 주두를 안정적으로 받치기 위해 창방 및 주두폭보다 크게 제작

㉡ 주두의 밑굽 너비보다 1치 이상 크게 만듦

㉢ 너비는 1자 이상, 춤은 4~8치

㉣ 빨목 : 통상 외부로 내밀어 직절 / 빨목길이는 부재춤의 1.5~2배 정도

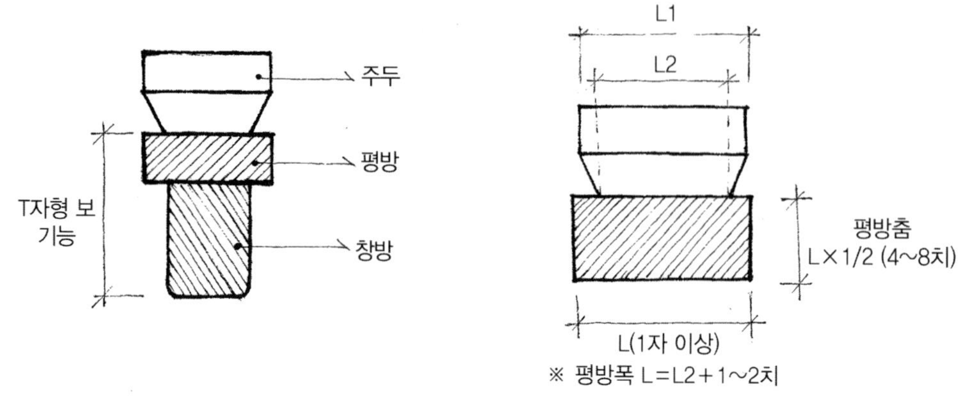

‖ 평방의 규격 ‖

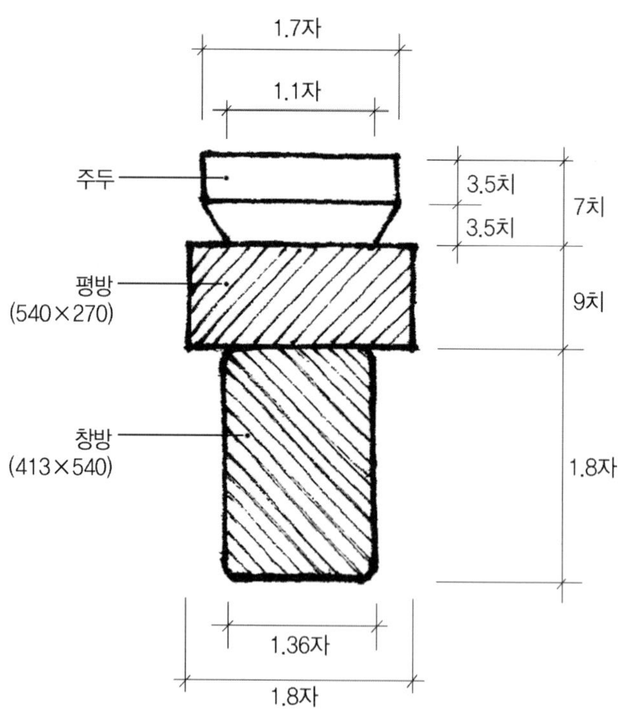

‖ 근정전 하층 주두, 평방, 창방 규격 ‖

02 | 이음부재를 사용한 평방

① 단일부재를 사용하지 못하고 부재를 촉과 나비장 등으로 이음하여 사용

② 외부로 노출되는 귀기둥 뺄목 부분은 가급적 통재를 사용

03 | 단평방(다포계 맞배집)

① 단평방

공포가 설치되지 않는 다포계 맞배집 측면에서 전배면 평방과 결구되는 짧은 평방

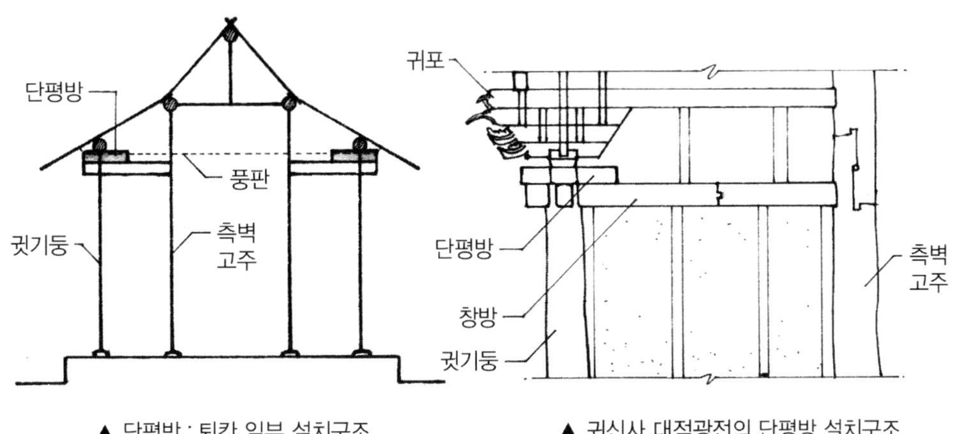

▲ 단평방 : 퇴칸 일부 설치구조

▲ 귀신사 대적광전의 단평방 설치구조

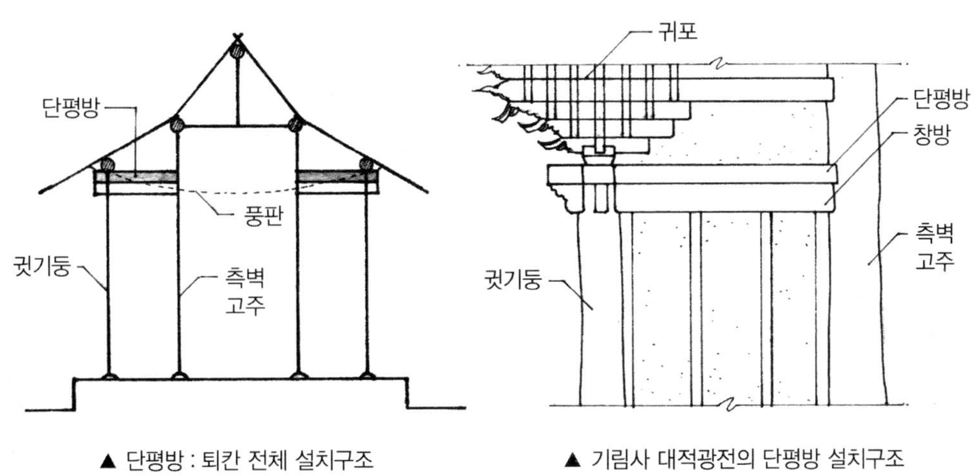

▲ 단평방 : 퇴칸 전체 설치구조

▲ 기림사 대적광전의 단평방 설치구조

| 단평방 설치 사례 |

② 측면 퇴칸에 설치되는 경우

㉠ 퇴칸 일부에 짧게 설치 : 귀신사 대적광전, 용문사 대장전 등

㉡ 퇴칸 전체에 길게 설치 : 기림사 대적광전 등

③ 통평방 설치

㉠ 다포계 맞배집 중 측면에도 공포를 배치한 경우

㉡ 단평방이 아닌 통평방 설치(장곡사 하대웅전, 안심사 대웅전 등)

04 | 기타 다포계, 주심포계 건물에서의 평방 사용

① 평방이 있는 주심포계 건물 : 고산사 대웅전

② 간포 없이 평방이 설치된 건물 : 법주사 원통보전

③ 평방이 없는 다포계 건물 : 장곡사 상대웅전, 전등사 약사전 등

SECTION 02 평방의 결구

01 | 평방과 평방의 결구

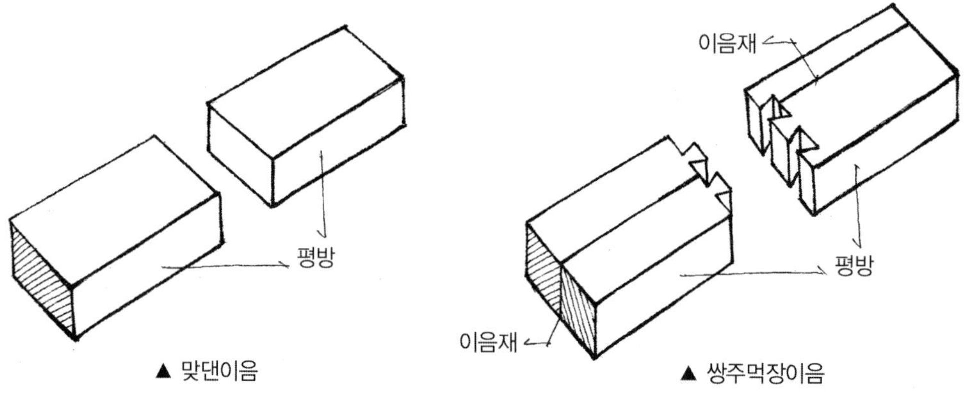

▲ 맞댄이음

▲ 쌍주먹장이음

| 평방의 이음 |

① 길이방향의 이음(평방+평방)

㉠ 기둥 상부에서 맞댄이음, 주먹장이음, 쌍주먹장이음, 메뚜기장부이음(봉정사 대웅전)

㉡ 은장이음(나비장)

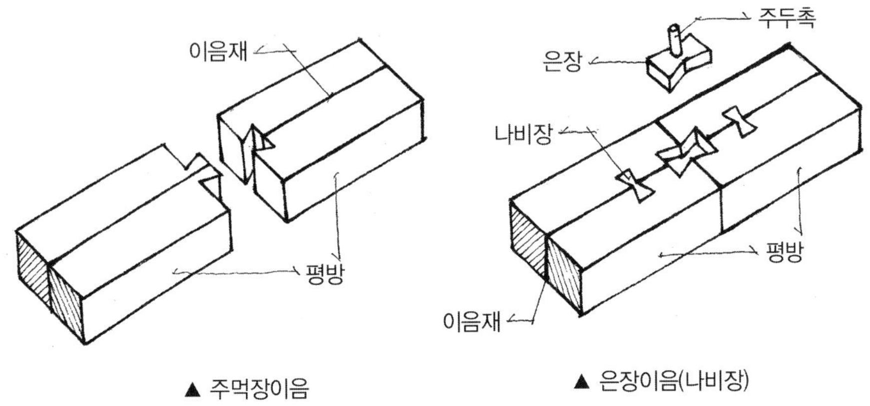

▲ 주먹장이음　　▲ 은장이음(나비장)

‖ 법주사 대웅보전의 평방 이음 ‖

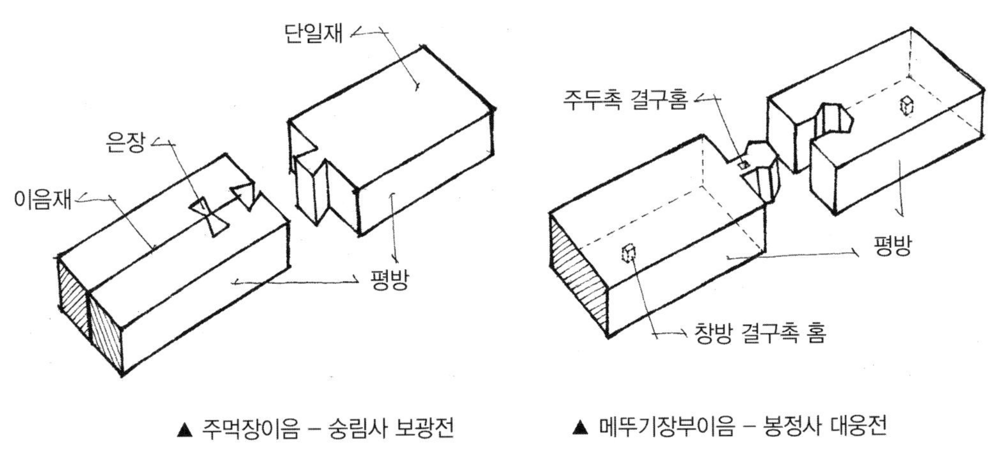

▲ 주먹장이음 – 숭림사 보광전　　▲ 메뚜기장부이음 – 봉정사 대웅전

‖ 숭림사 보광전, 봉정사 대웅전의 평방 이음 ‖

② 귓기둥에서의 맞춤

㉠ 우주상부에서 직각 반턱맞춤(고식)

㉡ 우주상부에서 연귀 반턱맞춤(조선후기)

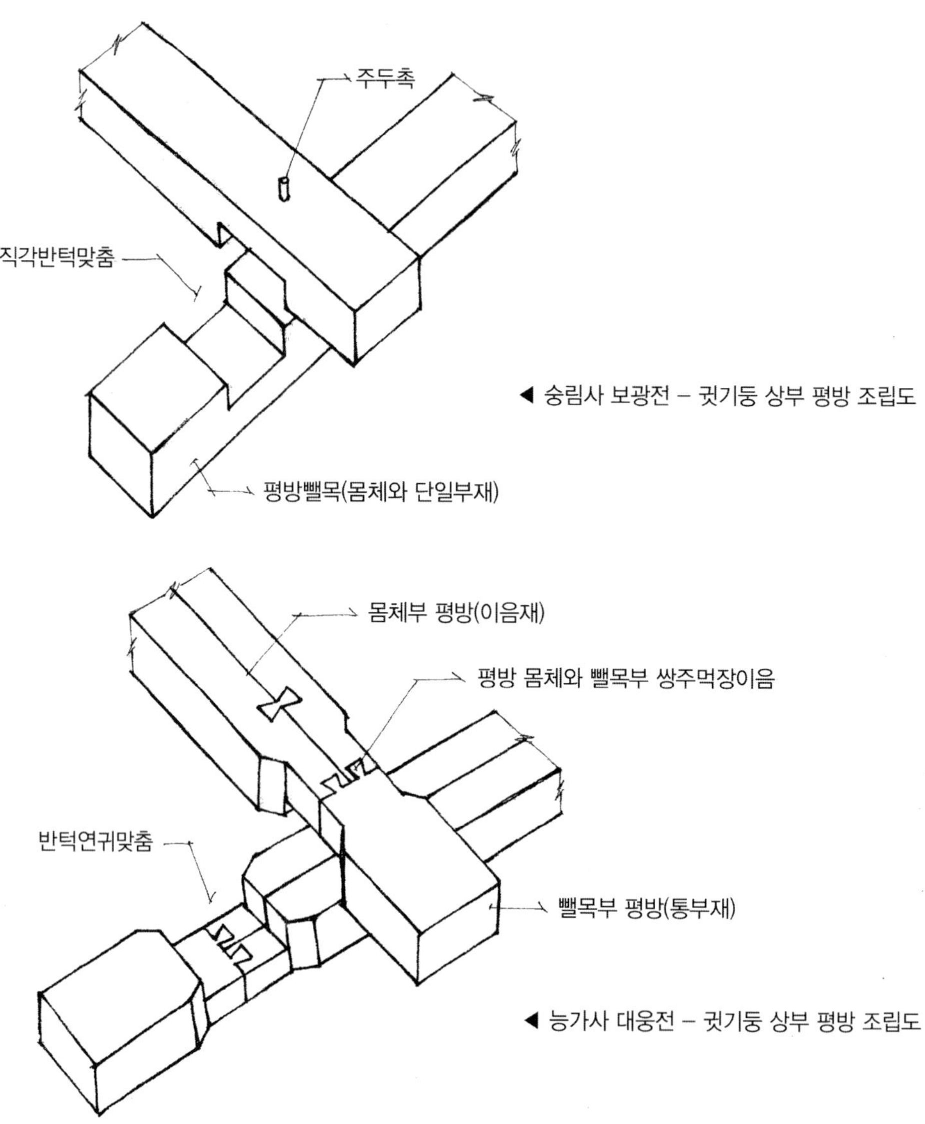

‖ 귓기둥 상부 평방 결구 ‖

02 | 평방 + 주두 : 촉맞춤

03 | 평방 + 창방 : 촉맞춤

04 | 평방 + 안초공

① 안초공이 평방 하부에 위치하는 경우(조선중기)

② 안초공이 주두 하부에 위치하는 경우(조선후기)

㉠ 상하부 안초공으로 구성

㉡ 상부 안초공이 평방과 반턱맞춤

㉢ 상부 안초공과 평방이 안장맞춤(근정전)

㉣ 상부 안초공 옆면에 평방이 주먹장맞춤(대한문)

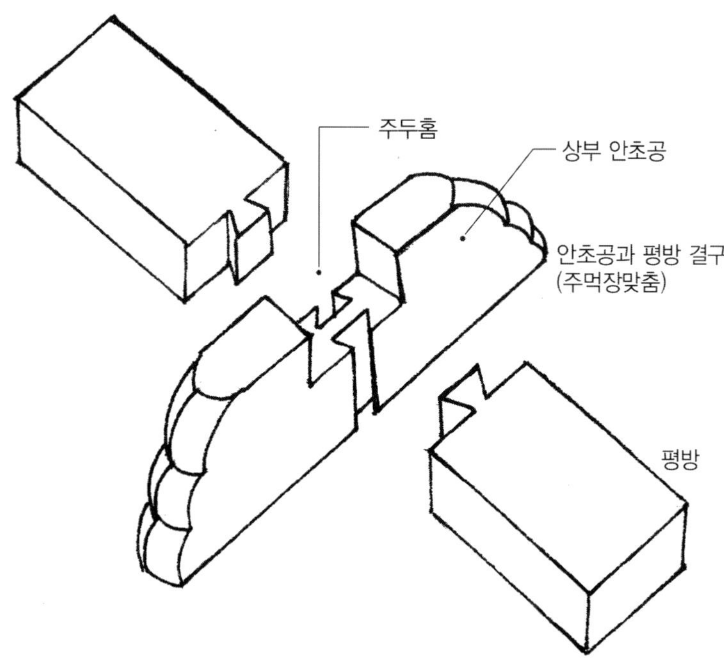

▮ 대한문 상부 안초공과 평방 결구 ▮

05 | 이방(고삽) 설치

① 귀포에서 평방 상부에 이방을 설치하거나 설치하지 않는 구조

② 귀초공 설치(이방 미설치)

SECTION 03 평방의 훼손 유형 및 원인

01 | 평방의 처짐

① 상부 하중에 의한 처짐
② 주칸 길이 증가에 따른 평방 처짐
③ 평방 부재의 규격 부족, 이음부재 사용에 따른 변형

02 | 평방의 균열 및 부식

상부 하중에 의한 압축 및 인장

03 | 평방의 이완, 이탈

① 상부 편심하중에 의한 평방의 밀림
② 이음부재를 사용한 합성평방에서 두 부재의 재질, 규격 차이에 의한 편심작용
③ 평방의 중심에 주두가 위치하지 않은 경우
④ 창방과 평방 결구촉과 결구홈의 파손, 촉 미설치 구조
⑤ 평방 수축에 따른 이음부 이완
⑥ 장부 파손에 의한 결속력 저하

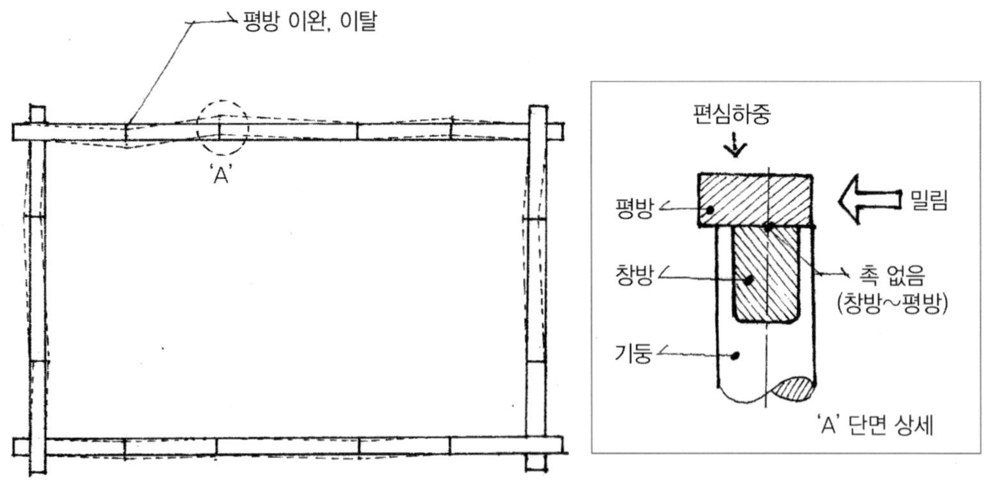

| 쌍계사 대웅전의 평방 수평변위 현황 |

SECTION 04 조사사항

① 평방 훼손 현황
② 평방 결구법 및 설치구조
③ 평방 부재의 규격 및 형태
④ 상하부 부재의 변위 여부(공포부, 창방의 변형)

SECTION 05 시공 및 보수 · 보강방안

① **신재교체** : 균열 및 파손 부재의 교체
② **철물보강** : 평방과 평방의 이음부에 띠쇠 등 철물보강
③ **보존처리** : 균열 및 부식부에 대한 메움목 및 수지처리
④ **결구보강** : 창방과 평방 사이에 촉 설치

SECTION 06 보수 시 유의사항

① 부재 파손 유의
② 결구기법, 치목기법 조사
③ 단청 문양, 명문 유의

SECTION 07 평방 보수 사례

01 | 교체

02 | 결구보강(쌍계사 대웅전)

① 촉 보강

㉠ 현황 : 평방이 촉 없이 창방 위에 얹힌 상태

㉡ 보수 : 참나무 촉 2개소씩 설치(평방 이탈 방지)

② 결구법 보강

㉠ 현황 : 귀평방에 직각맞춤과 반턱연귀맞춤이 혼재

㉡ 보수 : 반턱연귀맞춤으로 시공

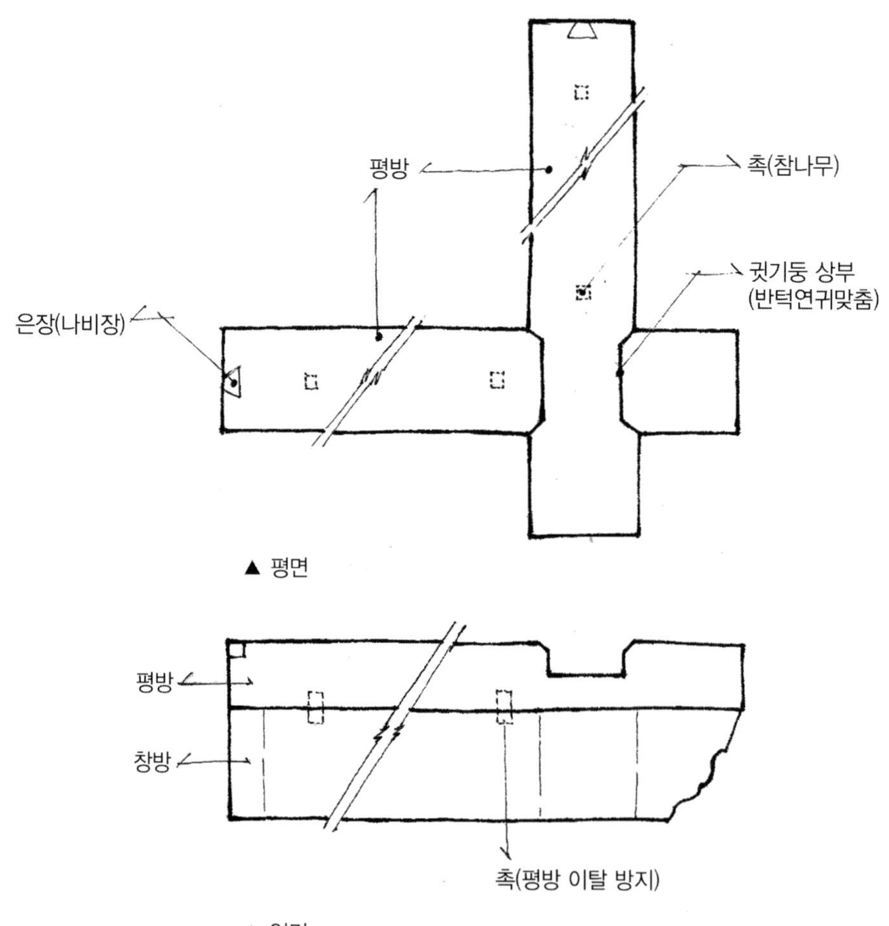

▲ 평면

▲ 입면

| 쌍계사 대웅전의 평방 보수계획 |

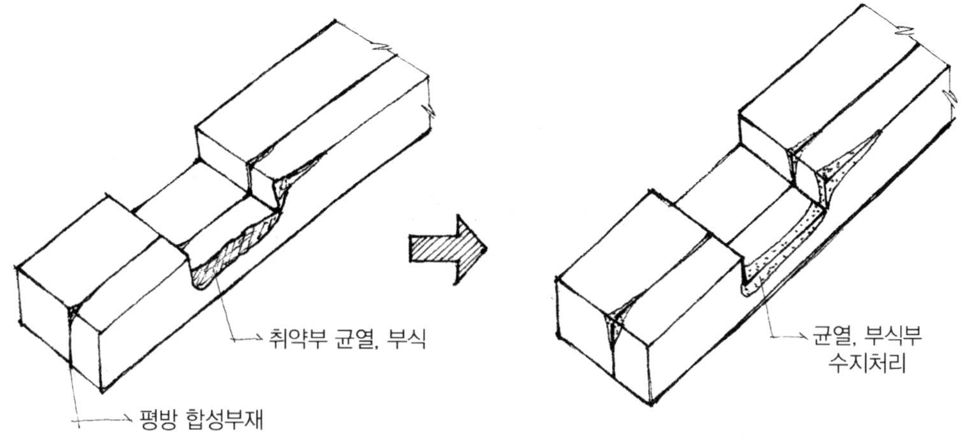

‖ 쌍계사 대웅전의 평방 보존처리 ‖

03 | 보존처리(동화사 대웅전)

평방 상부 부식 및 탈락부, 장부 균열 및 훼손부에 수지처리

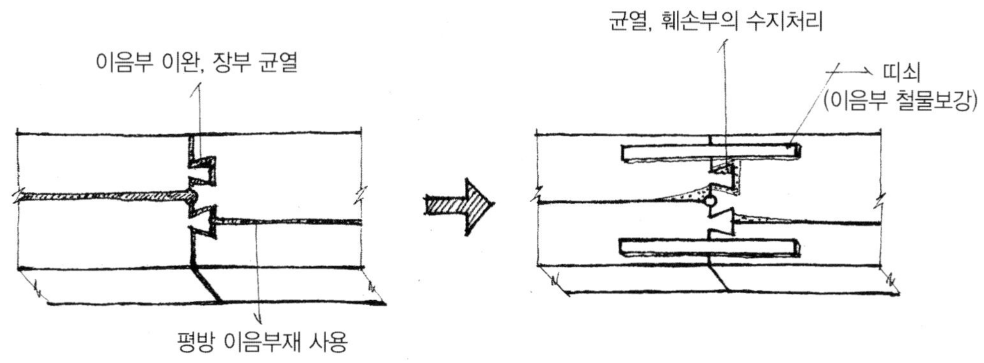

‖ 동화사 대웅전의 평방 철물보강 및 수지처리 ‖

PART 3 공포부 구조와 시공

LESSON 01 공포의 원리와 구성부재

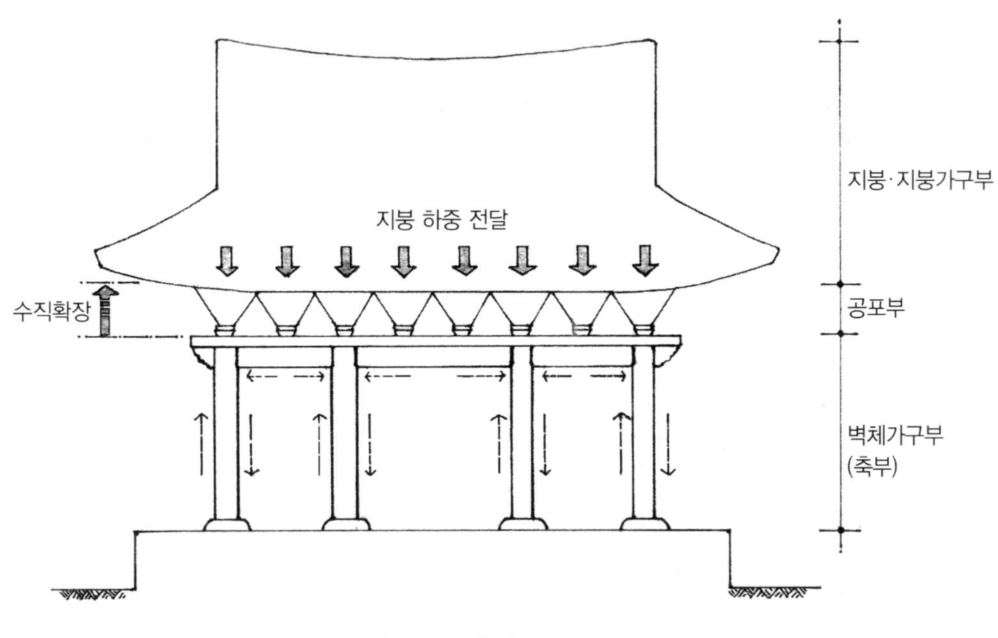

공포의 기능

SECTION 01 공포의 개념 및 기능

01 | 공포(工包, 栱包)

① 주두, 소로 위에 첨차, 살미 등을 교차시켜 거듭하여 짜올린 것

② 공답, 포, 포작, 두공, 포살미, 공아, 화공, 화두아

③ 포작 : 공포를 짜서 꾸미는 일

02 | 공포의 수직적 확장 기능

① 벽체와 처마 및 지붕가구부 사이의 수직적 확장(건물 내외부)

② 처마의 무게감을 감소

③ 지붕하중을 축부에 고르게 전달(간포의 사용)

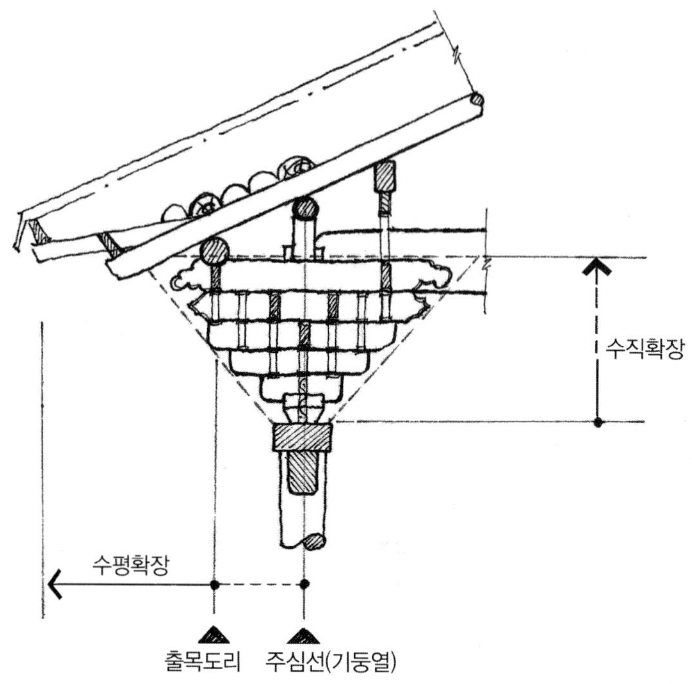

| 공포의 기능 : 율곡사 대웅전 주상포 |

03 | 공포의 수평적 확장 기능

① 역삼각형 적층 구조

수직적으로 제공을 쌓아 올라갈수록 수평적으로도 확장되는 구조

② 처마내밀기 증대

출목도리 사용 → 기둥열 외부에 처마의 지지점을 확보 → 처마내밀기 증대

③ 보의 경간을 감소시킴(보가 외출목도리를 직접 지지하지 않는 경우)

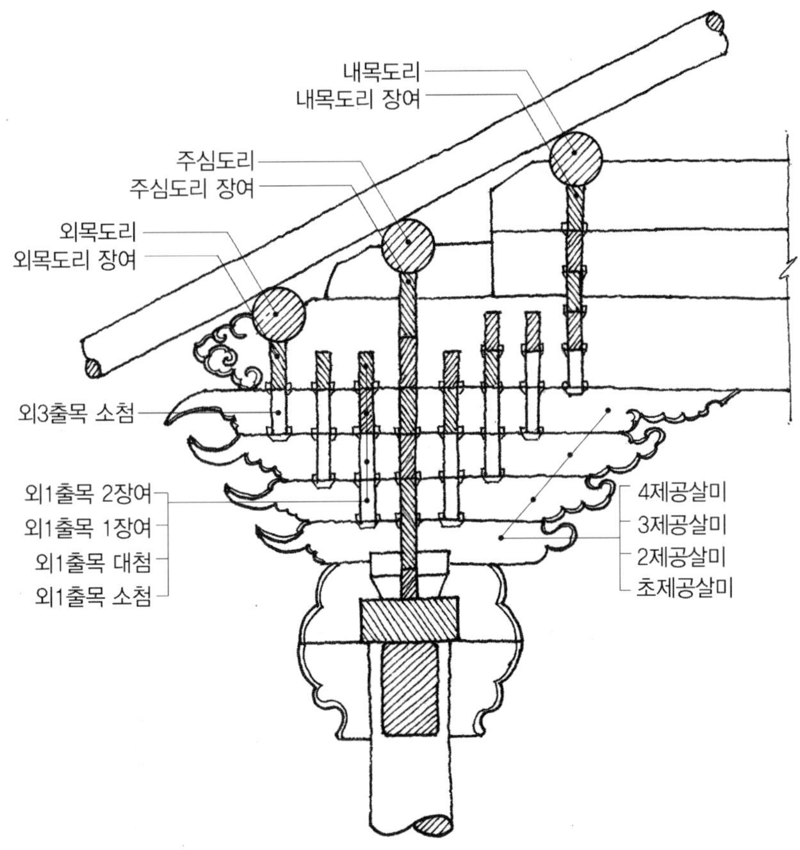

‖ 공포 구성부재 : 근정전 상층 주상포 단면도 ‖

04 | 공포 사용에 따른 입면비례와 의장

① 공포의 사용으로 기둥을 길게 쓰지 않고도 벽체 높이의 확장이 가능

② 처마선의 위치를 높이는 효과

③ 기둥과 처마 및 지붕가구 사이에 완충공간을 형성하여 처마부의 답답함을 해소

④ 첨차, 살미 등 소규모 부재의 중첩을 통해 화려한 의장적 효과

05 | 공포의 사용 위치

① 여말 선초 : 고주, 동자주, 대공, 화반 등 내부가구에도 폭넓게 사용됨

② 조선 후기 : 건물 외진 평주 위에만 설치

SECTION 02 | 공포의 구성 부재

01 | 주두

① 개념 : 기둥머리를 장식하며 공포의 최하부에 놓여 공포 부재를 받치는 정방형 부재

② 기능 : 공포를 통해 전달되는 하중을 평방, 창방을 거쳐 기둥으로 전달하는 역할

③ 각부 명칭

㉠ 갈 : 주두 상면에 첨차와 살미를 교차하여 결구하기 위해 파놓은 트인 부분(양갈, 사갈, 옆갈)

㉡ 굽 : 역사다리꼴을 이루는 아랫부분(빗굽, 오목굽)

㉢ 운두 : 사갈을 튼 윗부분

㉣ 굽받침 : 주두 밑에 별재로 받치거나 조각한 받침부분(고려시대 주심포계 건물)

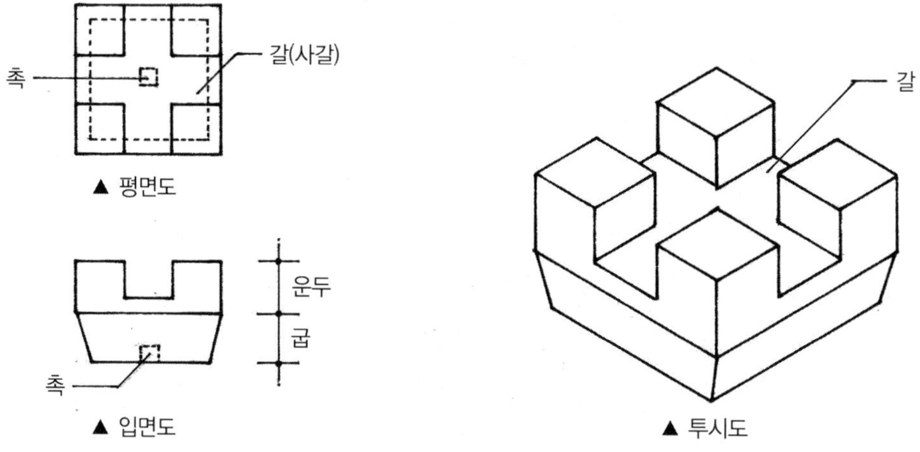

| 평신포의 주두 |

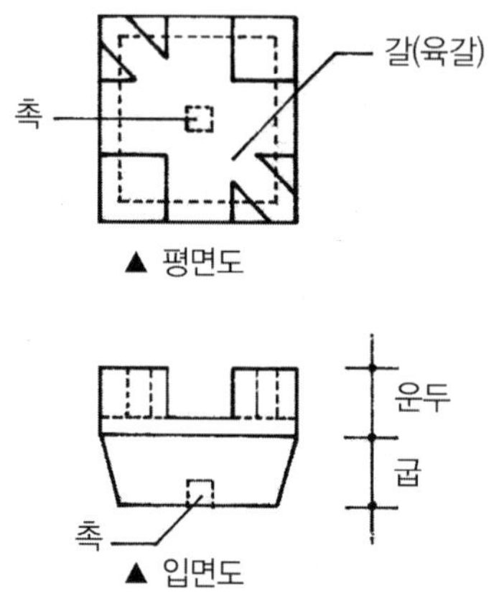

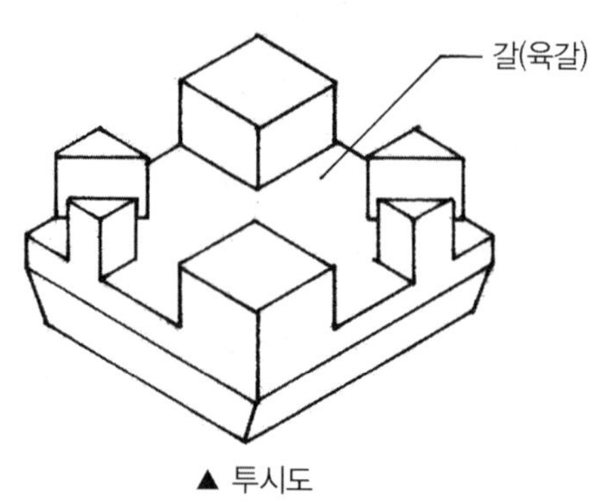

| 귀포의 주두 |

④ 재주두

㉠ 이익공양식에서 이익공 위에 올려지는 주두

㉡ 평면 크기는 주두의 밑면 크기와 동일하고 높이는 주두에 비례하여 작아짐

⑤ 대접받침 : 동자주나 대공 등에 사용된 주두 형태의 부재, 또는 간포에 쓰인 주두를 지칭

⑥ 주두방막이(주두봉, 벽부) : 주두와 주두 사이의 틈을 막는 장방형 부재

⑦ 주두의 고정 : 하부 평방, 초익공 등에 촉으로 고정

⑧ 주두의 규격

㉠ 밑면 크기는 기둥지름 또는 평방의 너비와 같거나 조금 작게 사용

㉡ 입면상 주두의 굽과 운두를 나누는 선은 주두 높이의 1/2

㉢ 입면상 굽과 운두의 경계선과 실재 운두의 갈 상면 사이에 5푼~1치의 이격

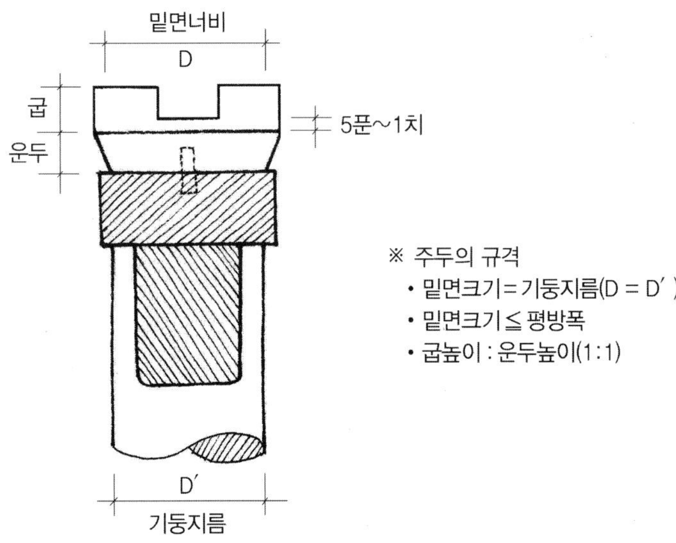

‖ 주두의 치수계획 ‖

⑨ 초각 주두 : 사찰건물에서 연화 등을 초각한 장식성이 강한 주두 사용(개암사 대웅보전 등)

02 | 소로

① 개념

장여나 공포재의 밑을 받치는 작은 주두 모양의 부재

② 기능

㉠ 첨차, 살미, 장여 등 중첩된 수평부재 사이에 일정 간격으로 놓여 상부하중을 고르게 전달

㉡ 부재 교차부의 결속력 보강

㉢ 수장폭 부재의 뒤틀림 제어

③ 규격 및 형태

㉠ 정방형 또는 장방형

㉡ 통상 공포부재, 장여 등 인방재의 두께보다 1치 정도 크게 사용

㉢ 양갈, 세갈, 네갈, 옆갈(소로의 옆면을 조금 따서 공포재가 끼이게 된 것)

〈빗굽소로〉 〈오목굽소로〉 〈굽받침소로〉

‖ 굽 형태별 소로의 종류 ‖

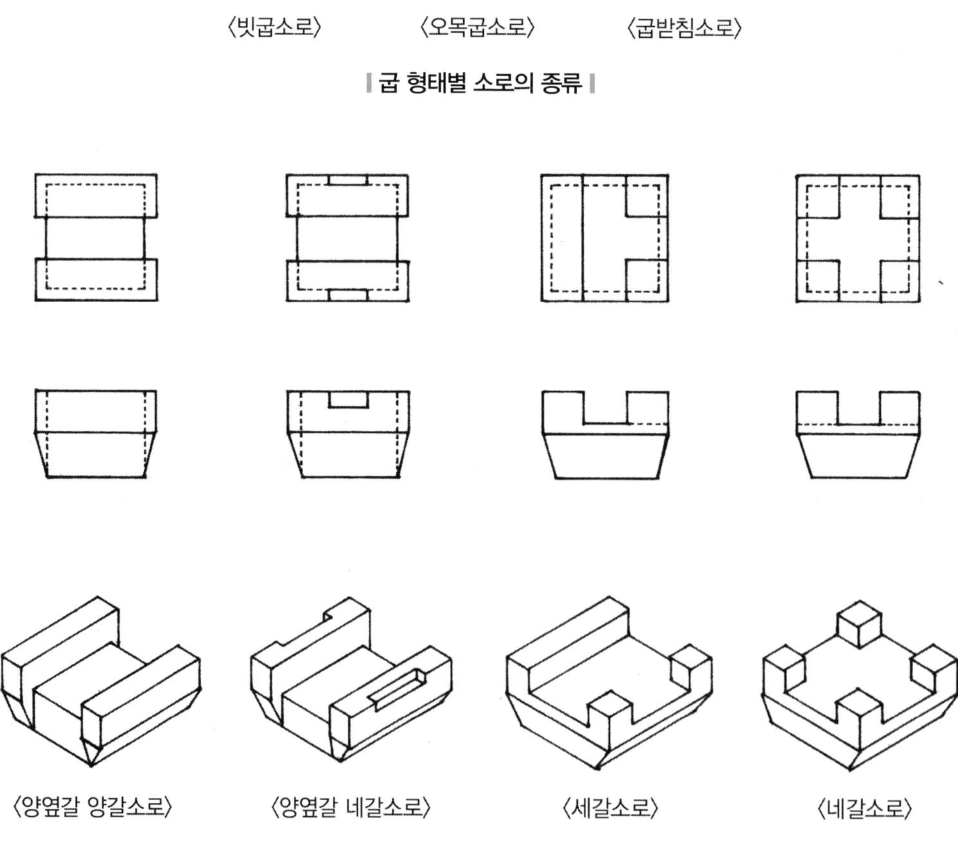

‖ 소로의 종류 ① ‖

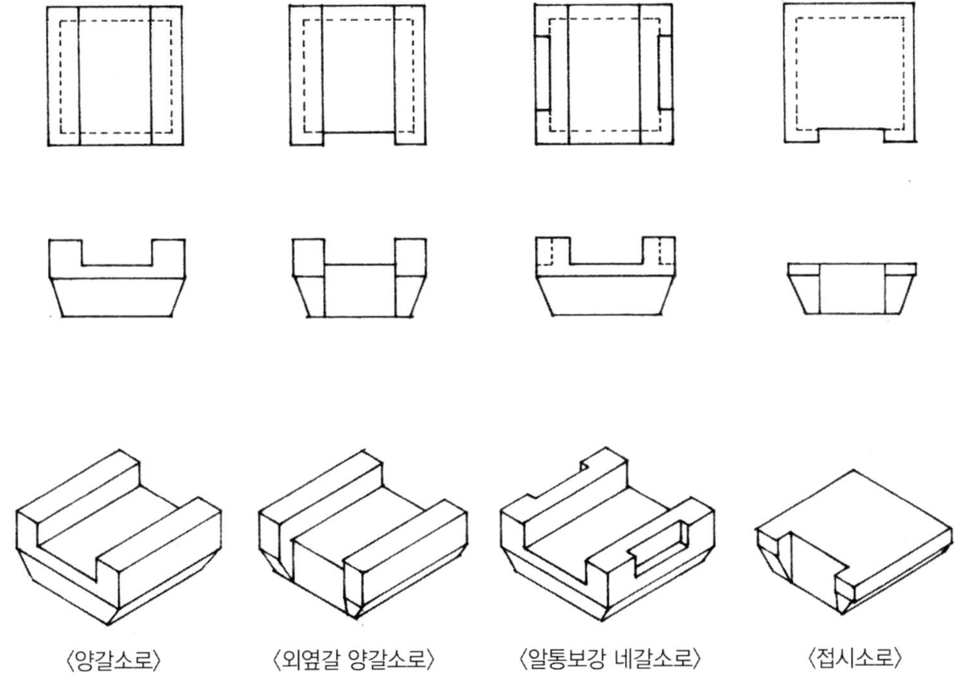

소로의 종류 ②

④ 알통

㉠ 운두 귀 부분 파손을 줄이고 결속력을 높이기 위해 양 귀를 연결하는 부분에 살을 남긴 것

㉡ 옆갈과 알통은 소로에 결구되는 첨차와 살미의 이동방지, 결속력 보강 효과

⑤ 기타

㉠ 소로방막이 : 창방 위 소로와 소로 사이의 공백을 막아대는 장방형 부재(소로봉)

㉡ 접시소로 : 귀포에서, 3방향 부재가 결구되어 운두가 거의 남지 않아 운두 없이 만든 귀한대소로 / 방형, 팔각형 / 대접소로, 접시받침, 맞모소로

03 | 첨차

① 개념

㉠ 살미와 십자맞춤하는 도리방향 부재

㉡ 주두, 소로 위에 놓여 상부의 소로, 공포재, 장여 등을 받음

㉢ 소첨과 대첨

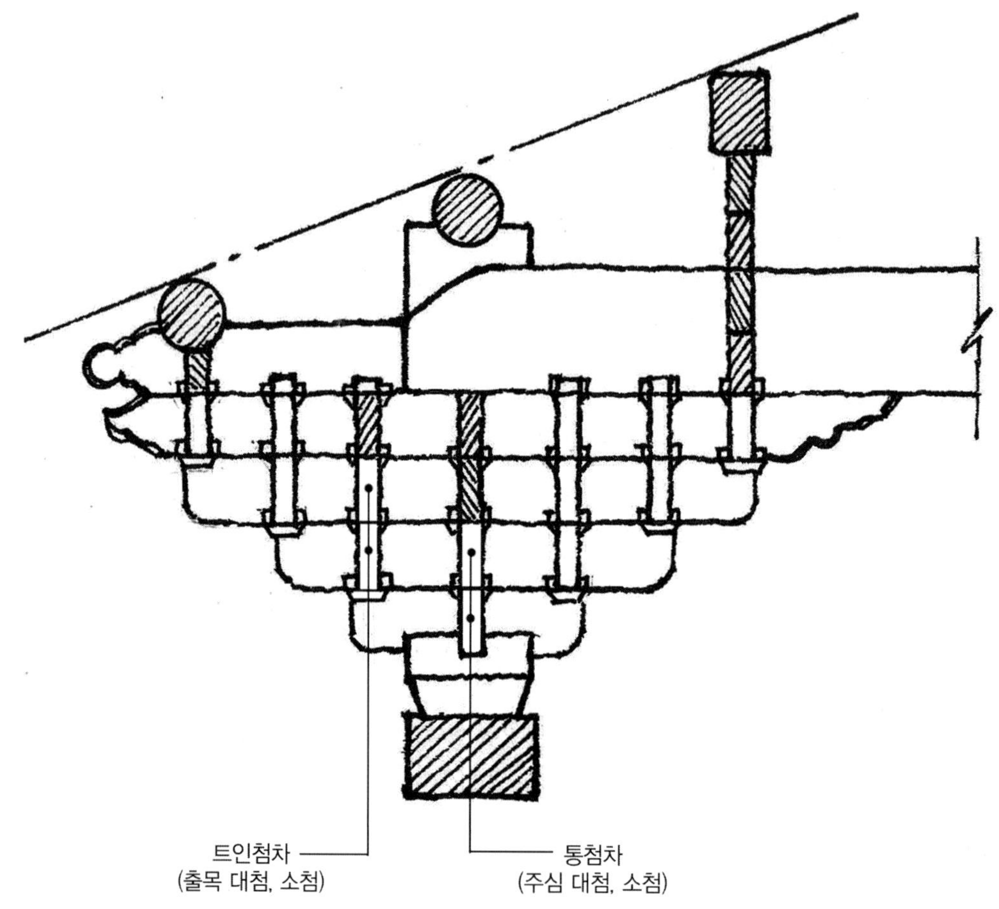

‖ 율곡사 대웅전 주상포 단면도 ‖

② 첨차의 규격

㉠ 두께는 수장폭, 춤은 6치

㉡ 길이는 소첨 2~2.5자, 대첨 3자 정도

③ 첨차의 형태

㉠ 첨차의 마구리는 연화두형, 교두형, 초새김형

㉡ 첨차 상면에 공안이 있는 것과 없는 것

④ 주심첨차와 출목첨차

㉠ 주심의 첨차를 출목첨차보다 크게 구성

㉡ 주심의 소첨과 출목의 대첨이 같은 길이

㉢ 다포계에서는 외출목 도리를 받는 외출목에서는 소첨만 사용

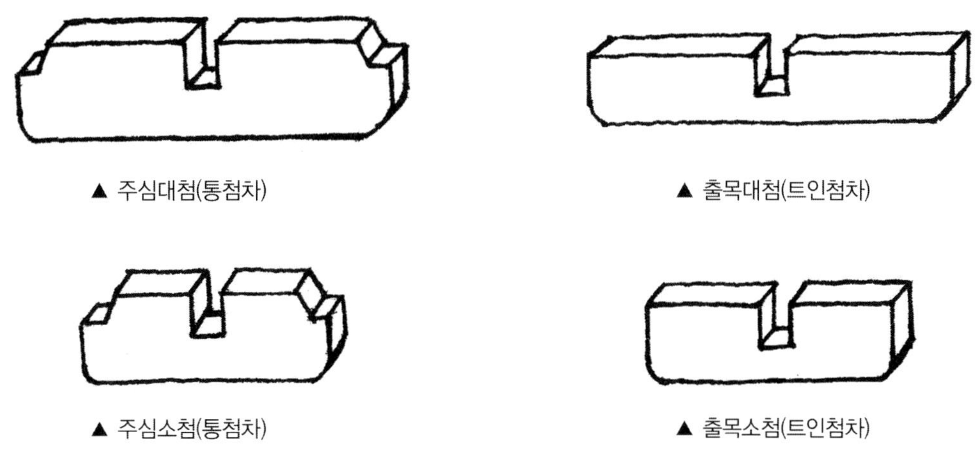

‖ 율곡사 대웅전 첨차 상세도 ‖

⑤ 통첨차와 트인첨차

주심에 통첨차, 출목에 트인첨차 사용

⑥ 중첨차

㉠ 소첨, 중첨, 대첨 3개의 첨차를 사용한 경우

㉡ 사례 : 법주사 대웅보전 상층, 청룡사 대웅전, 선운사 대웅전, 송광사 대웅전 등

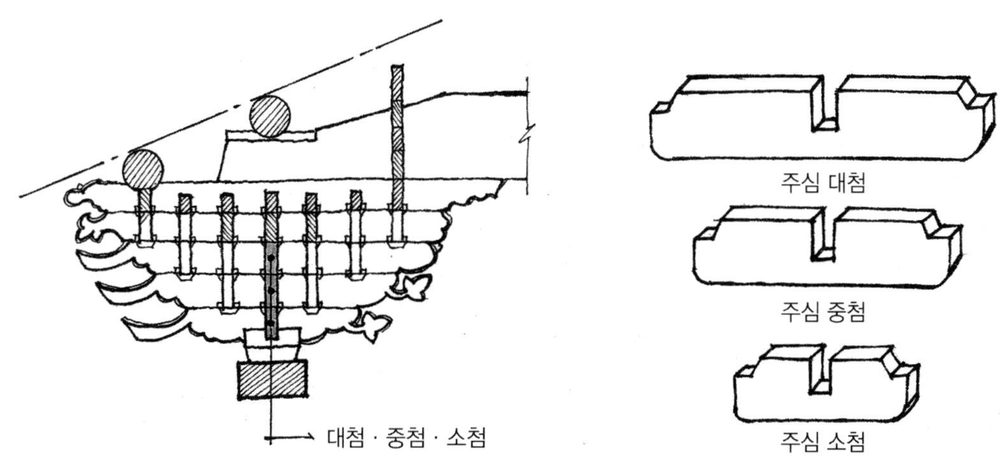

‖ 송광사 대웅전 주상포 구조 ‖

⑦ 공안

㉠ 첨차의 윗면을 좌우 소로 부분까지 굴려 깎은 것

㉡ 온통따기(고식)

㉢ 어깨따기, 쇠시리, 단청(후대)

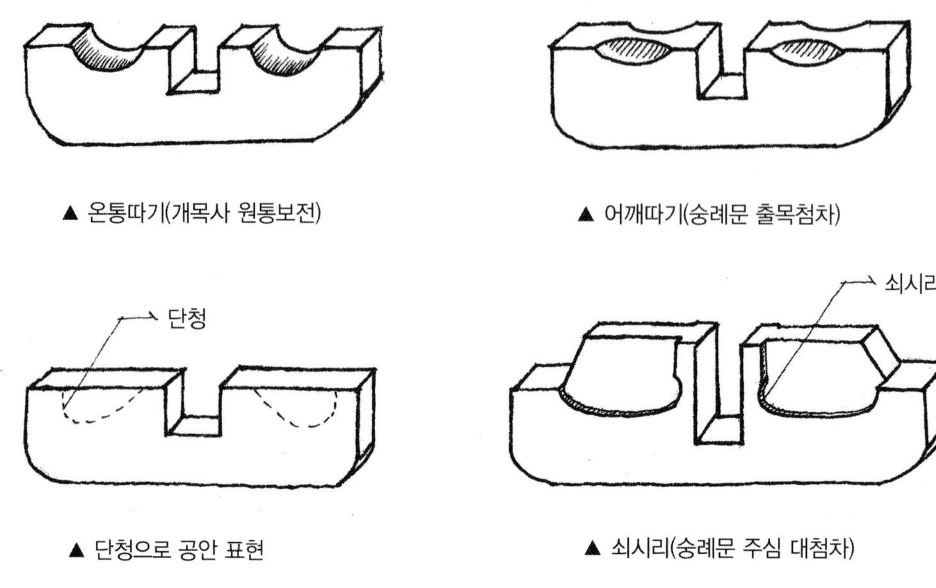

▲ 온통따기(개목사 원통보전)

▲ 어깨따기(숭례문 출목첨차)

▲ 단청으로 공안 표현

▲ 쇠시리(숭례문 주심 대첨차)

‖ 공안의 형태 ‖

04 | 헛첨차(주심포계)

① 주심포계 건물에 사용

② 기둥머리에 창방과 직교하여 결구된 살미부재(첨차형, 쇠서형)

③ 출목첨차 하부를 지지하고 주두의 이동을 방지

05 | 살미(제공)

① 제공

공포 한 단의 짜임을 뜻하거나 살미 부재를 지칭

② 살미의 개념

도리, 장여, 첨차에 직교하여 내민 보방향 공포 부재 짜임새의 총칭

③ 기능

첨차와 직교하여 내외 출목첨차와 출목도리 지지

④ 형태

㉠ 첨차와 동일한 모양을 갖는 첨차형 살미 / 곡선형으로 가공한 쇠서형 살미

㉡ 쇠서 : 살미의 끝을 소 혓바닥 모양으로 얄팍하게 내민 것

㉢ 앙서, 수서 : 위로 뻗어오른 것을 앙서, 밑으로 늘어진 것을 수서

㉣ 외단 : 앙서, 수서, 익공형태, 초새김형태(연화두형, 봉황, 운공형)

㉤ 내단 : 교두형, 보아지형, 운궁형(연봉, 봉황, 당초문 등 초각)

⑤ 살미의 결구

㉠ 첨차와 반턱맞춤

㉡ 상부에 소로를 촉으로 결구 / 상하 살미 사이에 촉 설치

㉢ 살미의 중첩 : 초제공, 이제공, 삼제공, 사익공, 오운공

㉣ 조선 후기 다포계 건물에서 내목 상벽부에 제공 설치(육두공, 칠두공, 팔두공)

06 | 행공, 두공

① 두공 : 다포계의 주심첨차, 익공계의 주심첨차

② 행공 : 익공계의 주심첨차를 지칭하거나, 주심포계에서 외출목도리를 받는 첨차를 말함

07 | 귀포부재

① 귀포 : 건물 모서리 퇴칸의 우주 상부에 구성되는 공포부

② 귀한대 : 귓기둥 위에서 45도 각도로 걸린 살미 형태 부재

③ 좌우대

㉠ 귀한대의 좌우에서 빠져나와 귀한대에 결구되는 부재(좌대와 우대)

㉡ 안쪽은 첨차 형태, 바깥쪽은 살미 형태

④ 병첨 : 귀포의 첨차와 인접한 주간포의 첨차 사이 간격이 좁아 한 개의 부재로 만들어진 첨차

⑤ 도매첨 : 부재 간의 거리가 짧아 온전한 첨차형태를 갖추지 못한 토막첨차(통상 내1출목 위치)

⑥ 이방(고삽) : 귀평방 머리에 걸쳐 귀한대를 받쳐주는 사다리꼴 형태의 판재(귀포 처짐방지)

08 | 하앙

① 개념 : 공포부재에 결구되어 출목도리를 받도록 서까래방향으로 설치된 경사 부재

② 기능 : 출목도리의 높이와 위치를 자유롭게 조절, 처마내밀기 증대 등

③ 원리 : 기둥 상부 공포대를 지점으로한 지렛대 구조

09 | 익공

① 개념 : 새의 날개처럼 뾰족하게 생긴 보 방향 살미부재(익공계, 다포계)
② 구조 : 기둥 위에 안팎으로 내밀어 외부는 쇠서가 되고, 내부는 보아지가 되는 구조
③ 형태 : 첨차는 밑면에 초새김 / 쇠서는 혓바닥 모양으로 꾸미거나 뭉툭하게 처리(물익공)
④ 고주익공, 동자주익공 : 고주, 동자주 기둥머리에 끼인 익공형태 부재
⑤ 유형 : 익공의 중첩형태와 출목에 따라 초익공, 이익공, 삼익공, 출목익공 등

10 | 안초공

① 개념 : 기둥머리에서 창방과 직교하여 평방 및 주두 하부를 감싸는 부재
② 기능 : 평방의 이음부를 감추고 평방 및 주두의 이동을 막아 기둥 상부의 결속력을 보강
③ 초기 안초공 : 단일재로 평방 하부를 감싸는 형태(조선 중기)
④ 후기 안초공 : 상하부 2개의 부재로 구성되어 초제공 하부를 지지(조선 후기)
⑤ 용두 안초공 : 사찰은 용두 안초공, 궁궐은 당초문 초각하여 장식

11 | 화반

① 개념 : 간포가 없는 주심포계, 익공계 건물에서 주간에 놓여져 도리 장여를 지지하는 초각 부재
② 형태 : 초새김, 제형, 방형 등 다양한 형태
③ 결구 : 창방에 촉 결구, 상부에 소로를 놓아 장여 등을 받음

12 | 운공

① 개념 : 주간의 화반이나 공포의 최상부 쇠서 위에서 장여와 직교하여 설치되는 초각부재
② 기능 : 도리를 받으며 처마 밑을 장식
③ 결구 : 장여와는 반턱맞춤, 도리와는 통맞춤하거나 2치 정도 숭어턱을 두어 도리밑을 따서 끼움

13 | 기타(단장여, 벽부, 주장첨차, 장화반)

14 | 부재 간 결구법

반턱맞춤 및 촉 보강

SECTION 03 공포양식에 따른 목조건축 분류

주두, 소로, 살미, 첨차 등 공포부재를 사용한 포식과 민도리식으로 대별

01 | 민도리식

① 공포 부재 없이 기둥머리에서 보와 도리가 직접 결구되는 구조
② 보아지, 장여, 소로 등의 부재 사용에 따라 소로수장집, 장여수장집
③ 납도리집 : 민가, 궁궐(낙선재 행랑채, 연경당 안채)
④ 굴도리집 : 반가, 전각의 행각(경복궁 함화당, 건청궁, 연경당 사랑채)

02 | 포식

주심포식, 다포식, 하앙식

03 | 익공식

① 초익공, 이익공 양식
② 출목 익공, 무출목 익공
③ 부속 건물, 소규모 건물에 사용(경복궁 강녕전, 교태전, 제주 관덕정 등)

04 | 혼합형(절충형)

① 양식의 혼용 : 삼익공 양식, 다포계 익공 양식 등(조선 중기 이후)
② 주심포계 요소 : 간포 없이 주심에만 공포 설치

③ 익공계 요소
㉠ 제공 중첩방식(기둥머리와 상하부 제공이 틈 없이 밀착)
㉡ 익공 부재의 사용(익공, 행공, 화반) / 보머리, 창방의 형태

④ 다포계 요소 : 공포의 세부 장식(앙서, 연봉 장식 등 살미의 형태)

SECTION 04 공포부재의 배열

01 | 주심포식, 익공식

① 간포와 평방 없이 주간에 소로, 화반 배치

② 내출목이 없음

③ 외출목이 없거나 1출목

02 | 다포식

① 간포와 평방 배치

② 내부에도 출목 구성

③ 2~4개 정도의 외출목

03 | 기타

① 맞배집 측면에 공포가 배열된 경우

㉠ 맞배집 구조상 측면에는 공포가 배열되지 않음

㉡ 다포계 맞배집 중 측면에 공포가 배치된 경우(안심사 대웅전, 불영사 응진전 등)

② 전배면의 공포양식 차이

㉠ 정면성이 강조되는 산지사찰의 전배면 공포양식 차이(정면 위주)

㉡ 정면, 배면 공포의 양식이나 세부적인 가공수법의 차이 존재

㉢ 배면 공포는 정면보다 장식성이 약하고 상대적으로 고식 양식

04 | 출목, 출목 간격

주심포양식	다포양식	익공양식
• 통상 1출목 구성 • 내부 출목 없음 • 출목간격은 1.2~2자	• 내외로 출목을 내미는 저울대구조 (내목도리 설치) • 출목을 여러번 내밈(2~4출목) • 출목간격은 0.8~1.2자	• 출목이 없거나 1출목 • 내부 출목 없음

SECTION 05 공포의 시대적 변화 경향

01 | 출목수 증가

내외 출목수 증가 / 내출목수 증가

02 | 출목간격의 변화

내외부 출목의 출목간격 차이 / 출목간격이 좁아지는 경향

03 | 포부재 규격 감소

04 | 포간거리 감소, 간포 개수 증가

05 | 시공의 경제성 추구

① 포부재의 규격화, 단순화

② 포벽균형을 위한 첨차길이 조절수법 퇴화, 생략

06 | 구조적 합리성 추구

주장첨차, 장화반 등 장여 형태 부재 사용 증가

07 | 제공의 중첩, 소로의 기능과 위치 변화

① 소로가 제공의 내부에 위치

② 하중전달의 지점 기능에서 위치 고정 기능에 머물게 됨

③ 중첩판 구조의 제공 형식

08 | 내부가구와의 일체성, 장식성의 증대

① 내목상벽부에도 제공 구성(내부 벽체 은폐, 공포로 장식화)

② 살미의 장식화 경향(날카로운 앙서, 연봉 · 연화 장식)

09 | 양식의 혼합

다포계 익공, 절충식 다포, 절충형 익공, 삼익공 등

LESSON 02

주심포양식

SECTION 01 개요

01 | 주심포양식의 개념

기둥 위에만 공포를 설치하고 주간에는 공포를 배치하지 않는 공포양식

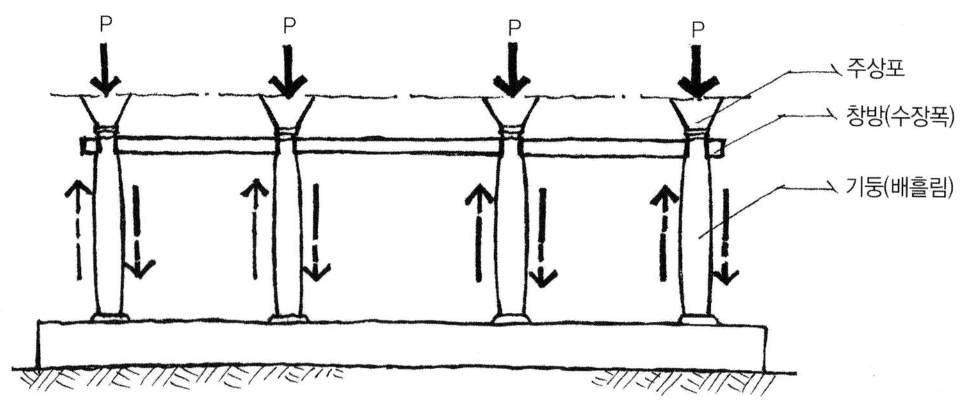

• 상부하중을 주상포를 통해 축부로 전달

• 창방 : 수장폭으로 가공 → 기둥 사이의 간격 유지 기능

‖ 여말 선초 주심포양식 건물의 구조 개념 ‖

02 | 공포양식의 시대적 흐름

① 다포양식의 성행

㉠ 주심포양식은 여말 선초 건물에 주로 사용

㉡ 조선 초 이후 격식과 규모를 갖춘 주요 건물에는 다포양식이 성행

㉢ 다포양식의 성행과 함께 주심포양식은 부속건물이나 격이 조금 낮은 건물에 사용

㉣ 주요 건물 중 엄숙함이 강조되는 사당 등 제례 건물에는 익공양식과 함께 주심포양식 사용

② 익공양식의 성행

㉠ 조선 중기 이후 익공양식이 성행

㉡ 부속건물이나 격이 조금 낮은 건물에서 익공양식이 기존의 주심포양식을 대신

㉢ 전형적인 주심포양식은 쇠퇴하고, 다포양식이 혼용된 익공양식이 성행

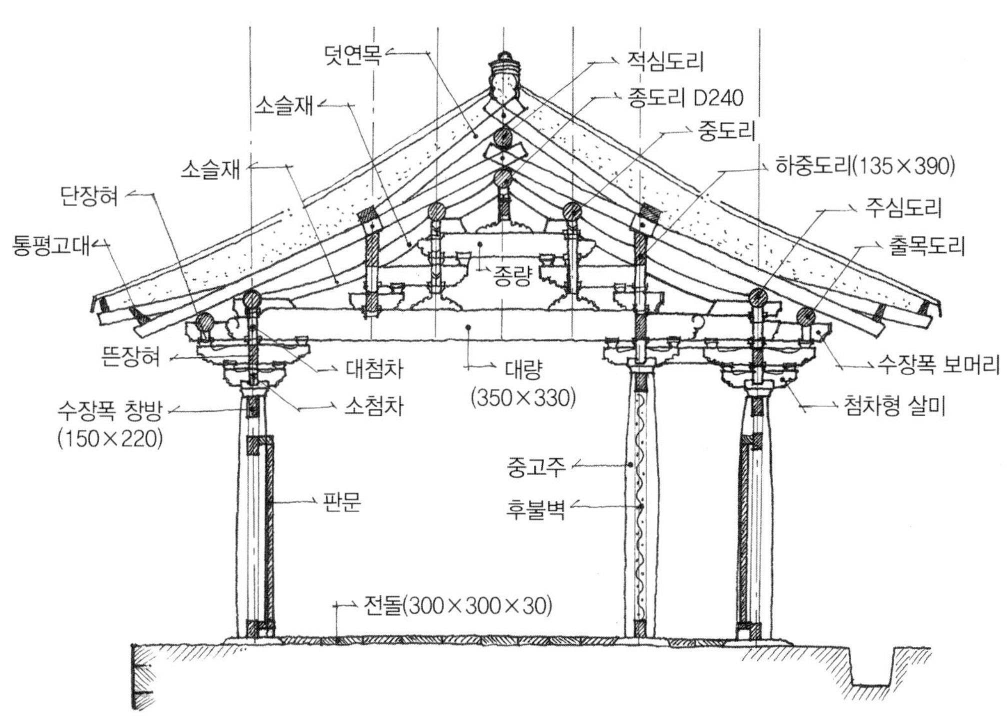

봉정사 극락전 종단면 구조

SECTION 02 주심포양식의 구조

01 | 기둥

① 배흘림 기둥 사용(고려 말 조선 초 주심포양식 건물)
② 배흘림 기법 약화(조선시대 주심포양식 건물)

02 | 창방

① 고려 말 주심포양식 : 창방에 수장폭 부재 사용

② 조선시대 주심포양식
㉠ 창방 규격 증대 경향
㉡ 기둥 규격과 비례해 일정 규격 확보(하중전달구조의 변화)

③ 창방 뺄목
㉠ 일반 : 마구리를 사절하고 초각
㉡ 기타 : 뺄목이 없는 경우(부석사 무량수전), 뺄목을 직절한 경우(봉정사 극락전)
㉢ 헛첨차가 있는 건물에서는 창방 뺄목이 헛첨차 형태를 취함

④ 보 방향 창방
㉠ 문 구조의 건축물에서 보방향 창방 설치
㉡ 창방 뺄목은 헛첨차로 기능
㉢ 사례 : 강릉 임영관 삼문(객사문), 도갑사 해탈문

03 | 헛첨차

① 헛첨차가 없는 주심포양식 건물 : 봉정사 극락전, 부석사 무량수전, 무위사 극락전 등
② 헛첨차가 사용된 주심포양식 건물 : 수덕사 대웅전, 임영관 삼문, 은해사 영산전, 부석사 조사당, 송광사 국사전 등

③ 첨차형 헛첨차
㉠ 여말 선초 주심포계 건물
㉡ 사절하고 연화두형 초각
㉢ 사례 : 수덕사 대웅전, 도갑사 해탈문, 은해사 영산전, 정수사법당 배면 등
㉣ 기타 : 부석사 조사당(외단은 첨차형, 내단은 원호형으로 내부를 지지하지 않는 구조)

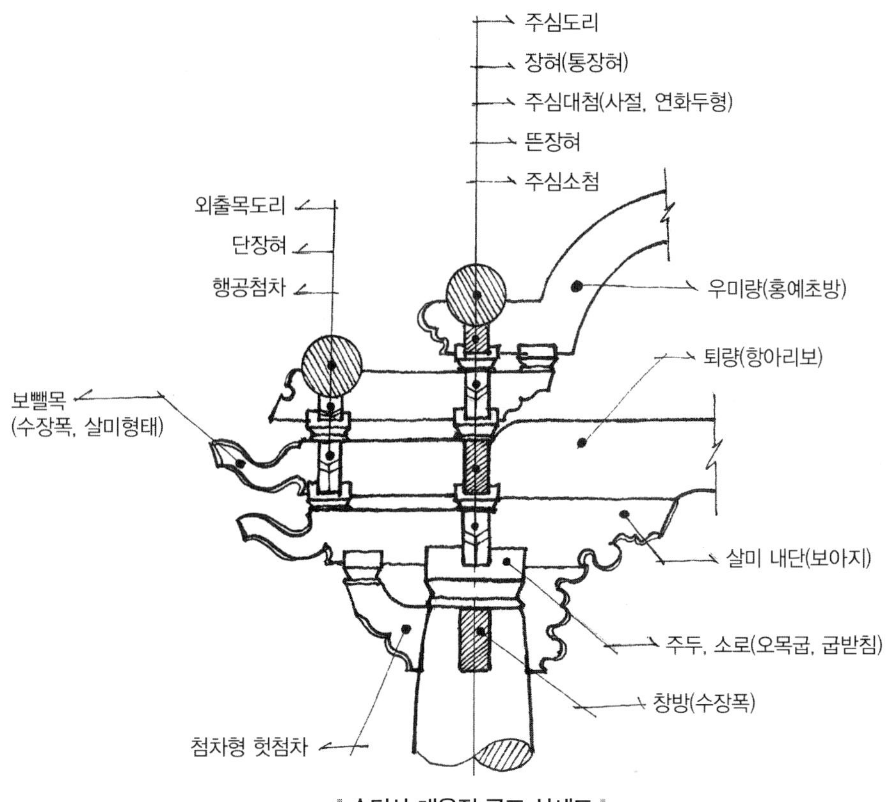

수덕사 대웅전 공포 상세도

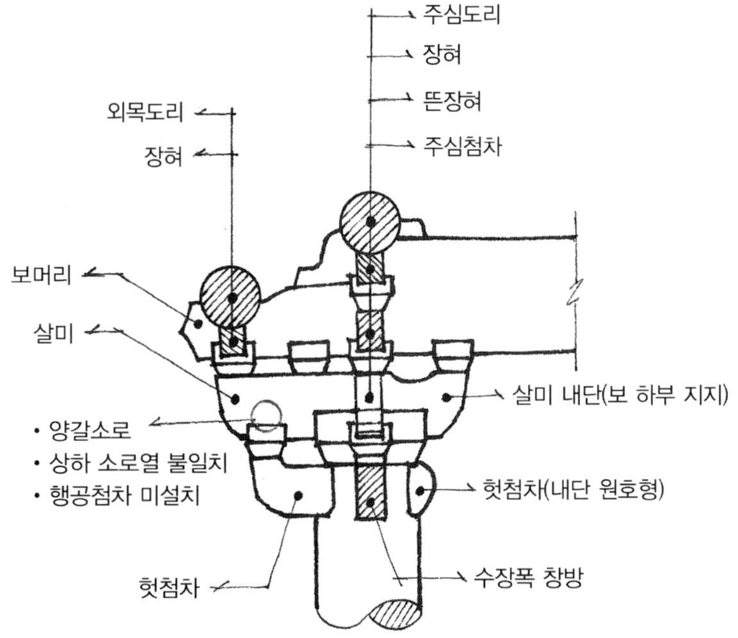

부석사 조사당 평주 상부 공포 단면도

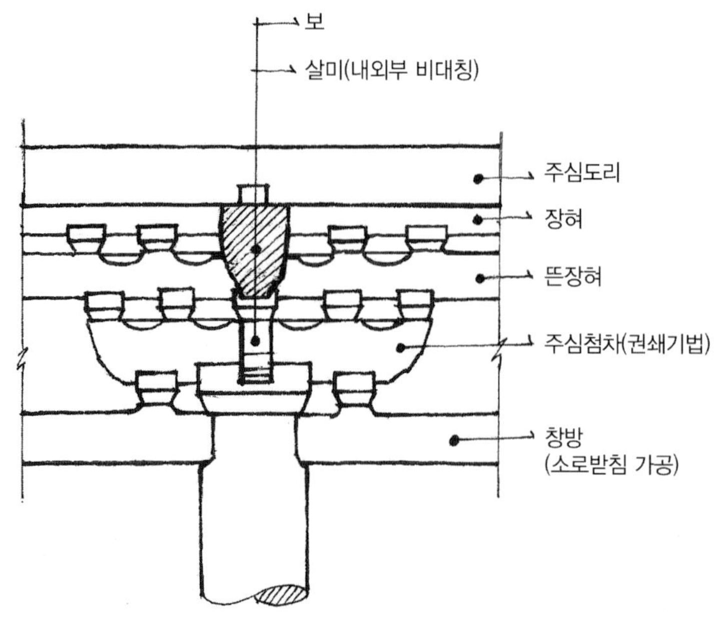

Ⅰ 부석사 조사당 평주 상부 공포 입면도 Ⅰ

④ 쇠서형 헛첨차

㉠ 조선시대 주심포계 건물

㉡ 쇠서형, 익공형 헛첨차

㉢ 외출목도리 하부의 행공첨차를 지지, 내부는 보아지 형태

㉣ 사례 : 송광사 하사당, 송광사 국사전, 봉정사 화엄강당 등

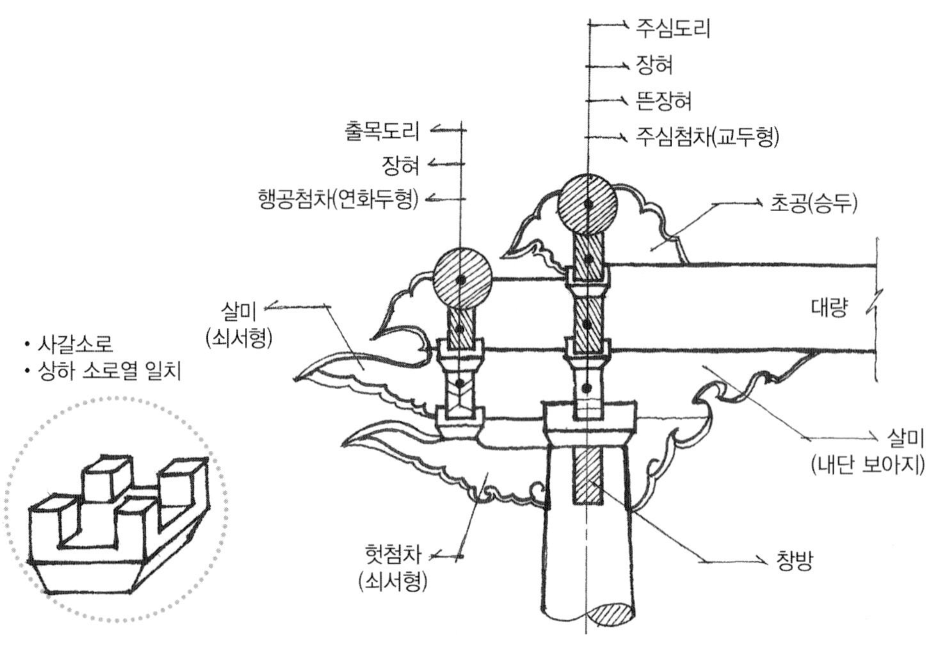

Ⅰ 송광사 국사전 공포 상세도 Ⅰ

04 | 주두의 굽 형태

① 오목굽

㉠ 고려시대 고식 주심포양식 건물

㉡ 부석사 무량수전, 임영관 삼문(오목굽, 굽받침)

㉢ 봉정사 극락전(오목굽, 굽받침 없음)

㉣ 수덕사 대웅전(※ 굽받침을 산(山)형으로 치목하고 사절한 주두굽 설치 / 2005 수덕사 대웅전 실측 조사보고서)

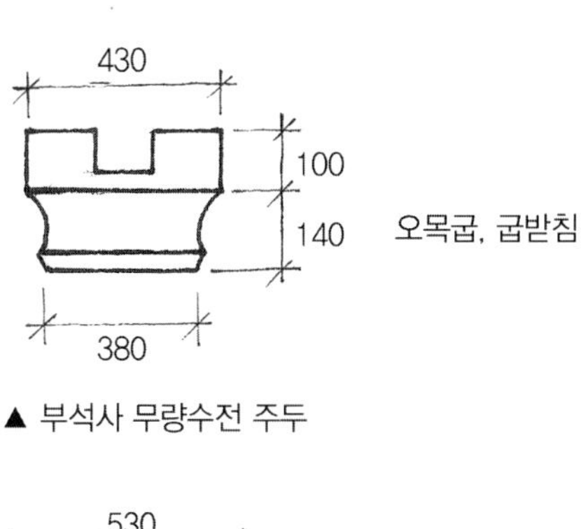

▲ 부석사 무량수전 주두

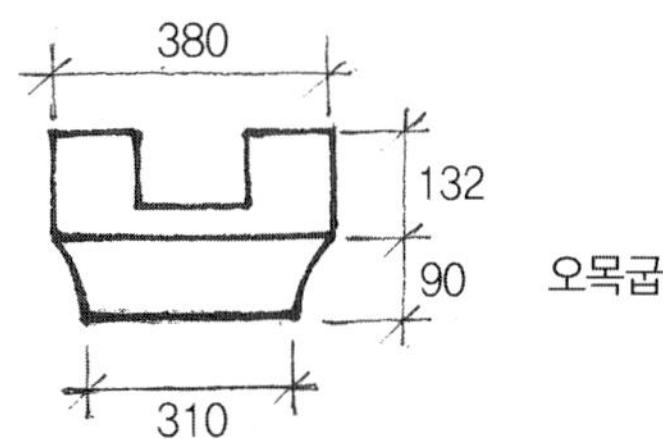

▲ 봉정사 극락전 주두

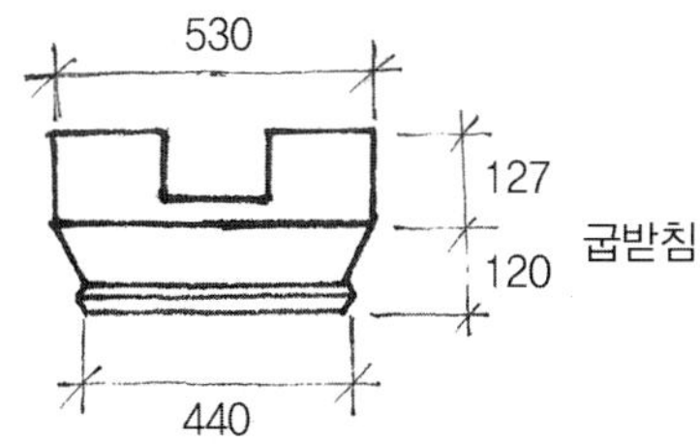

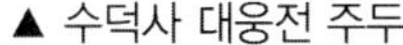

▲ 수덕사 대웅전 주두

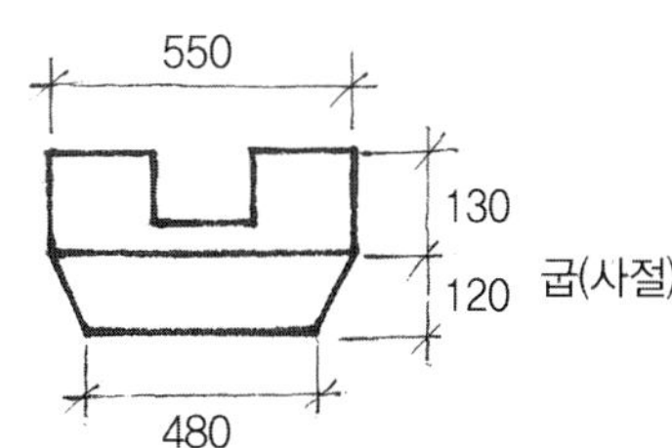

▲ 은해사 영산전 주두

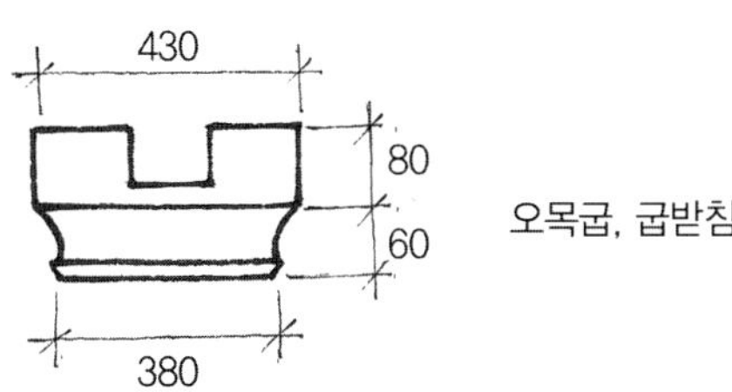

▲ 임영관 삼문 주두

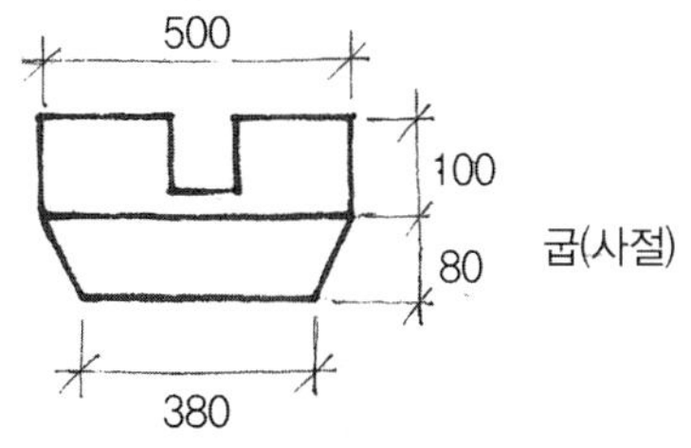

▲ 무위사 극락전 주두

‖ 여말 선초 주심포양식 건물의 주두 사례 ‖

② 빗굽

㉠ 고려시대 고식 주심포양식 건물을 제외한 대부분의 주심포양식 건물

㉡ 은해사 영산전, 무위사 극락전, 고산사 대웅전 등

05 | 주두의 굽받침

① 굽받침이 있는 건물 : 부석사 무량수전, 수덕사 대웅전 등 고려 중기 고식 주심포양식 건물

② 굽받침이 없는 건물 : 은해사 영산전을 포함한 이후 시기의 주심포양식 건물

③ 기타 : 현존 최고(最古) 목조건축물인 봉정사 극락전은 통일신라양식을 반영(굽받침 없음)

06 | 첨차

① 연화두형 첨차

㉠ 마구리 직절+연화두형(쌍S자) 수식 : 봉정사 극락전

㉡ 마구리 사절+연화두형(쌍S자) 수식 : 부석사 무량수전, 수덕사 대웅전 등 대부분의 건물

② 초각첨차

㉠ 익공의 첨차와 같이 초각한 첨차

㉡ 조선 중기 이후의 다수 건물에 사용(양식의 혼용)

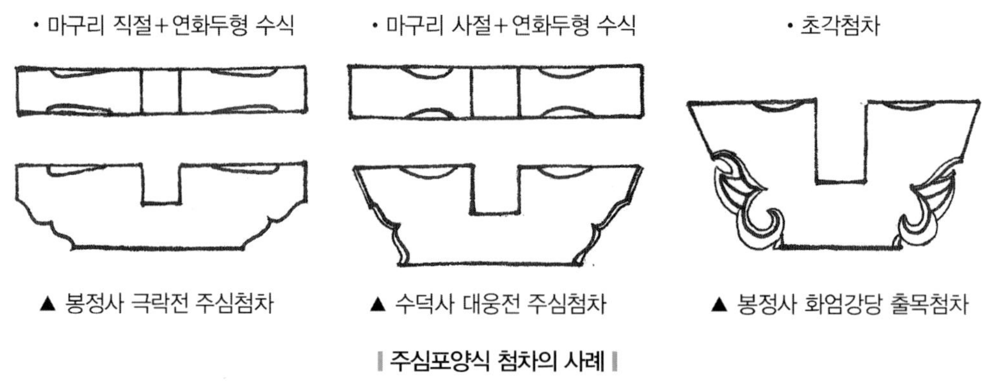

▲ 봉정사 극락전 주심첨차 ▲ 수덕사 대웅전 주심첨차 ▲ 봉정사 화엄강당 출목첨차

‖ 주심포양식 첨차의 사례 ‖

③ 행공첨차 없는 사례

㉠ 외출목도리를 지지하는 첨차 없이 살미첨차가 직접 외출목 장여와 도리를 지지

㉡ 사례 : 봉정사 극락전, 도갑사 해탈문, 부석사 조사당 등

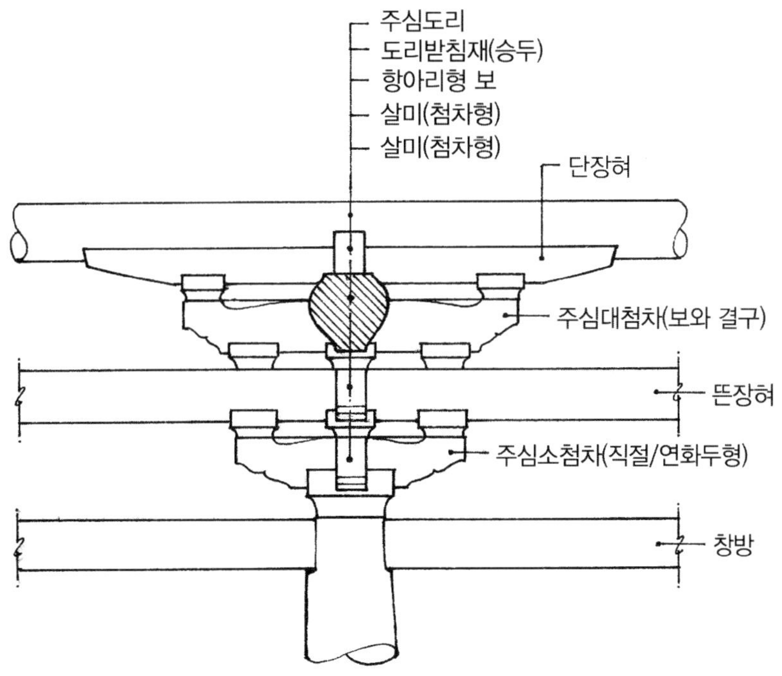

▌봉정사 극락전 주상포 내부 입면구조▐

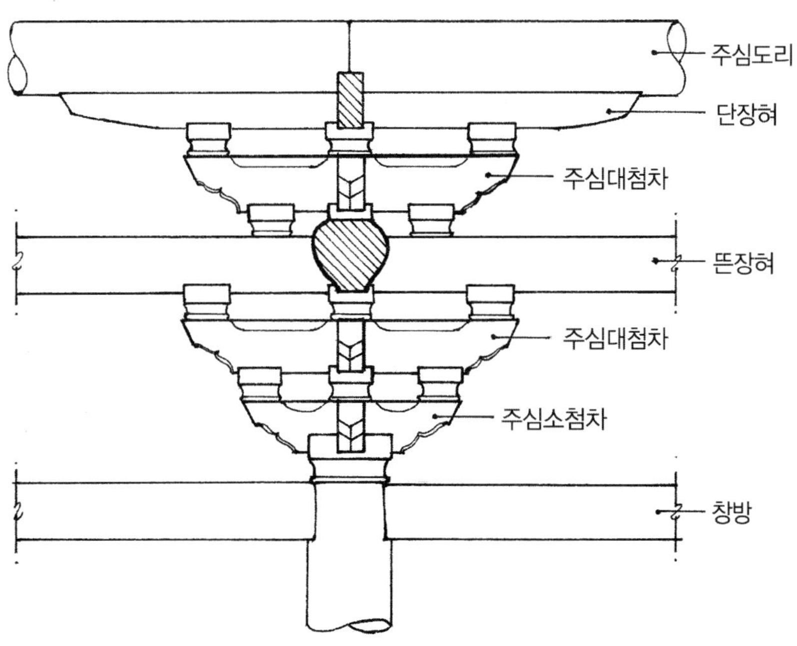

▌부석사 무량수전 주상포 내부 입면구조▐

07 | 살미

① 첨차형 살미

㉠ 첨차와 동일한 형태의 살미 사용

㉡ 봉정사 극락전, 부석사 무량수전, 강릉 임영관 삼문(객사문)

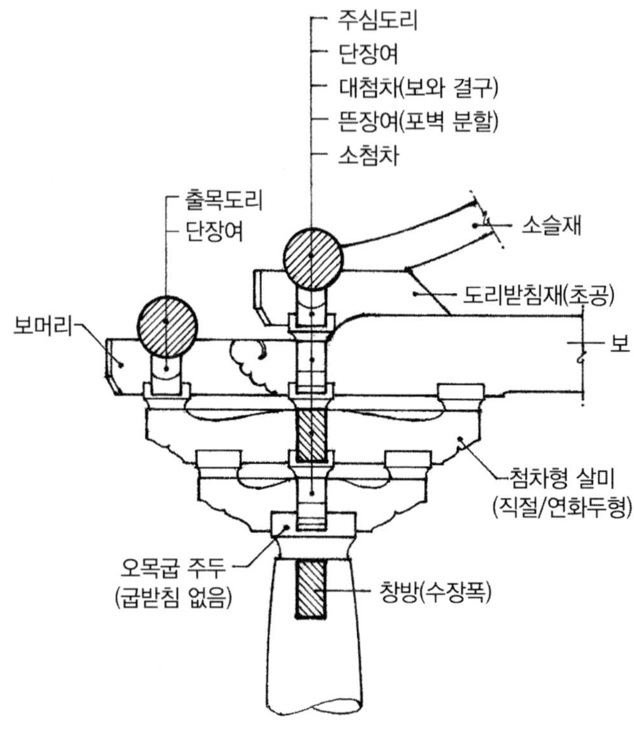

봉정사 극락전 주상포 단면구조

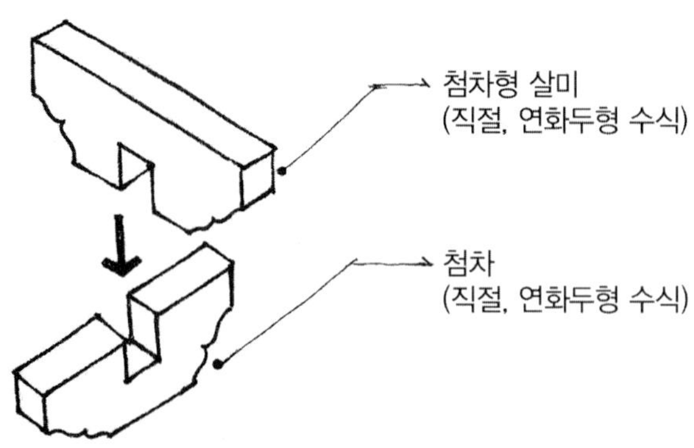

봉정사 극락전 주심소첨과 살미 조립도

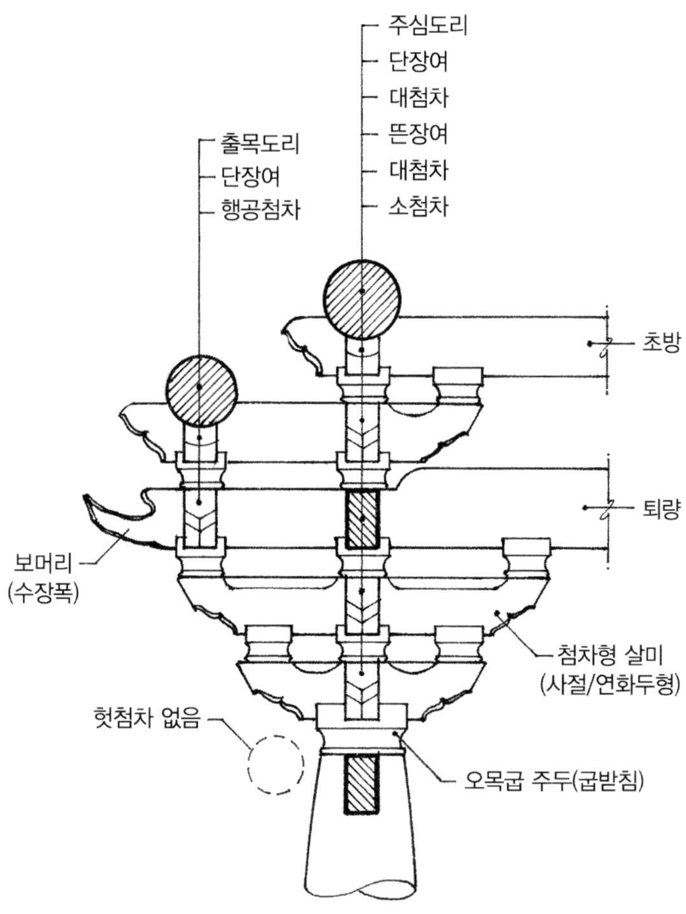

‖ 부석사 무량수전 주상포 단면구조 ‖

② 쇠서형 살미

㉠ 쇠서형태의 곡선형 살미 사용

㉡ 내부는 초각된 보아지형태

㉢ 주심포계 건물의 일반적인 살미 형태

③ 기타(부석사 조사당)

㉠ 첨차형 살미 형태이나 내외부가 비대칭

㉡ 내단은 소로를 설치해 보 하부를 지지

08 | 보

① 보의 몸체 단면

㉠ 항아리형 : 고려시대 고식 주심포양식(부석사 무량수전 등)

㉡ 장방형 : 하단 또는 상하단을 모접은 장방형(무위사 극락전, 나주 향교 대성전 등)

② 보머리 형태

㉠ 몸체 단면과 달리 주심 외부로 수장폭 단면

㉡ 쇠서형 입면

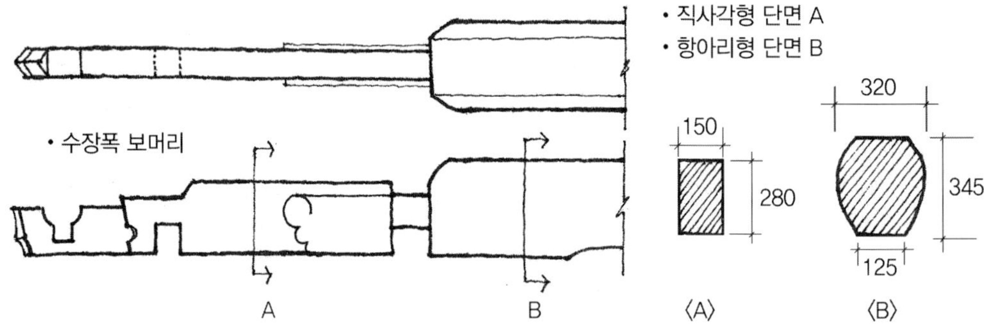

봉정사 극락전 대량 입면, 단면구조

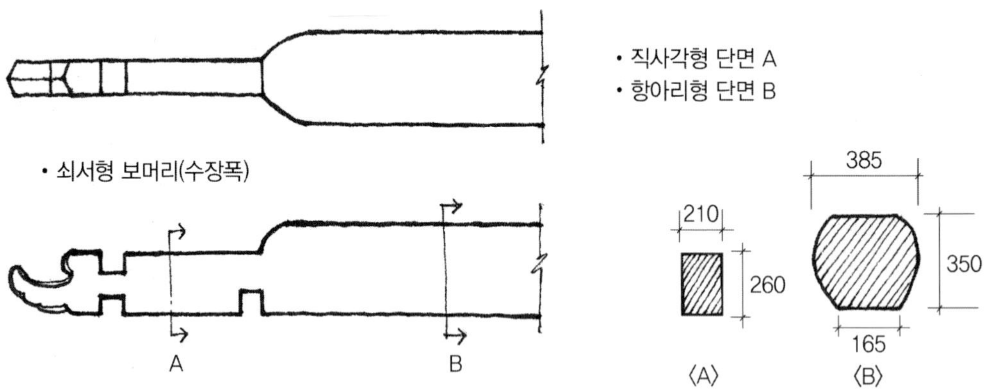

부석사 무량수전 퇴량 평면, 입면구조

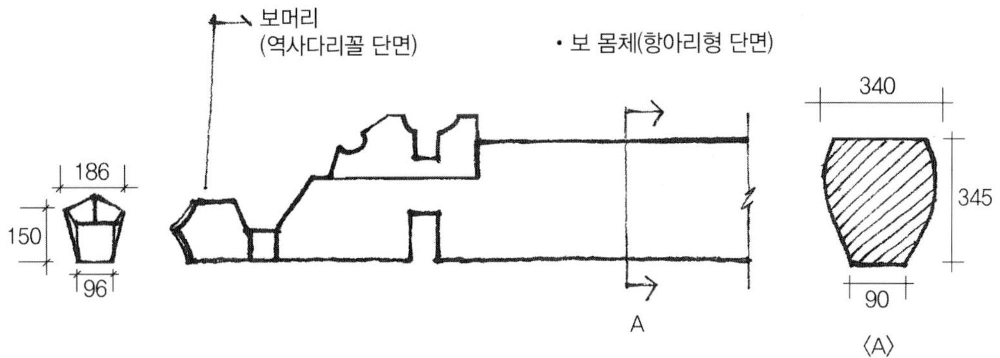

부석사 조사당 대량 입면구조

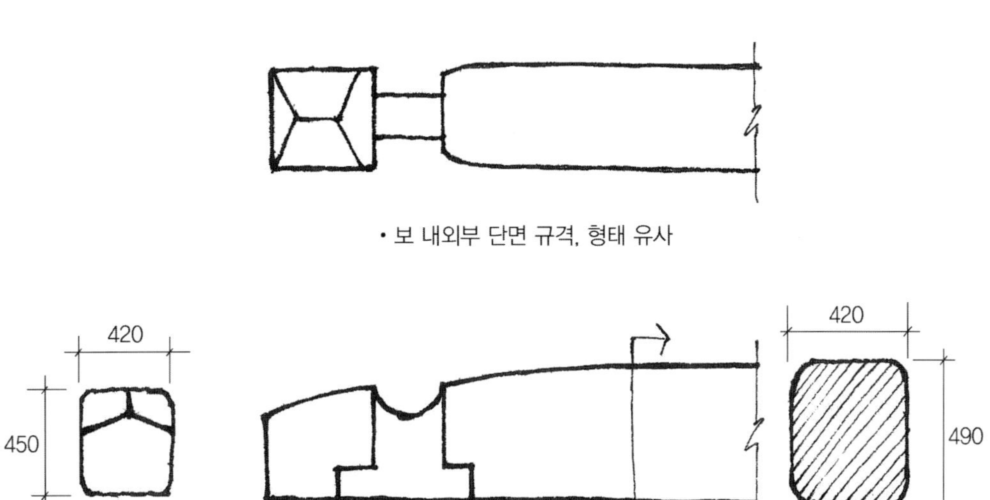

나주향교 대성전 대량 평면, 입면, 단면 구조

09 | 도리, 장여

① 내목도리 없음 : 내부출목 없이 외부출목만으로 구성

② 단장여와 통장여

㉠ 모든 도리 하부에 단장여 설치 : 부석사 무량수전, 봉정사 극락전

㉡ 외목도리에만 단장여 사용 : 수덕사 대웅전, 강릉 객사문, 은해사 영산전

㉢ 통장여 사용 : 부석사 조사당, 일반적인 조선시대 주심포양식 건물

10 | 평고대

① 통평고대 : 봉정사 극락전 등 여말 선초 건물에서 주로 사용

② 조선시대 다포계, 익공계 건물 중 통평고대를 사용한 건물 : 봉정사 대웅전, 율곡사 대웅전 등

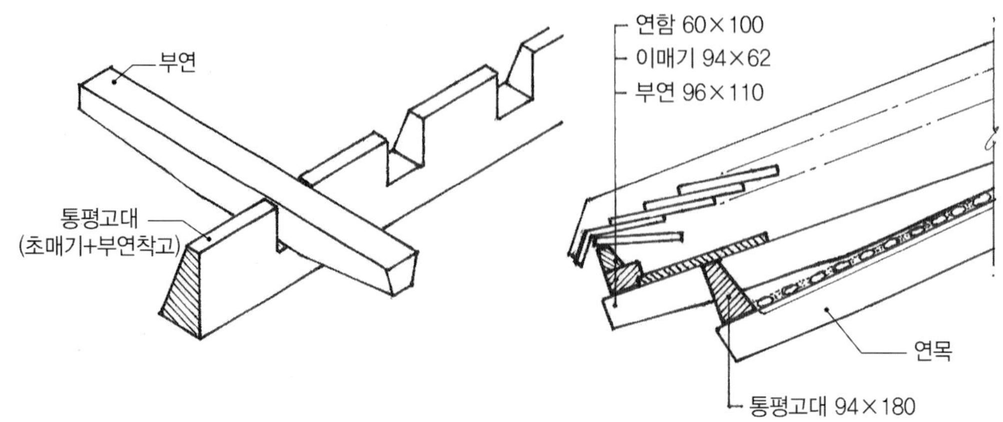

‖ 부석사 조사당 통평고대 설치구조 ‖

SECTION 03 조선시대 주심포양식 건물의 특징

01 | 구조적 요소의 변화

① 평면

내부 기둥의 감주와 이주

② 하중전달방식(고려시대 주심포양식 건물)

㉠ 도리의 균등 배치

㉡ 보가 도리를 직접 지지하지 않음

㉢ 전후면 도리를 연결하는 수평방향 방부재 사용(초방, 충방)

㉣ 초방, 포부재 등을 중첩하여 하중의 흐름을 분산

㉤ 내부고주와 외진주로 하중을 분산하여 전달

③ 하중전달방식(조선시대 주심포양식 건물)

㉠ 도리의 불균등 배치

㉡ 내부기둥의 감주와 이주

㉢ 보와 동자주, 대공으로 도리를 직접 지지

㉣ 보로 집중된 하중을 외진 평주로 전달하는 구조

④ 가구부재의 변화

㉠ 초방, 포부재의 생략으로 전후면 도리와 보가 직접 결구

㉡ 하중이 집중되는 보 부재의 춤과 단면이 확장(장방형)

㉢ 중도리와 종도리의 높이 차이 증대, 장단연 물매 차이 증가

㉣ 다포양식, 익공 양식이 혼용되는 후기 주심포계 건물에서 창방 규격 증대 경향

㉤ 가구부재의 단순화, 의장성 약화(포부재, 곡부재, 소슬재, 방부재의 소멸)

㉥ 포대공 외에 화반, 동자주의 사용이 많아짐

㉦ 통장여 사용이 일반적

㉧ 기둥 배흘림 기법의 약화

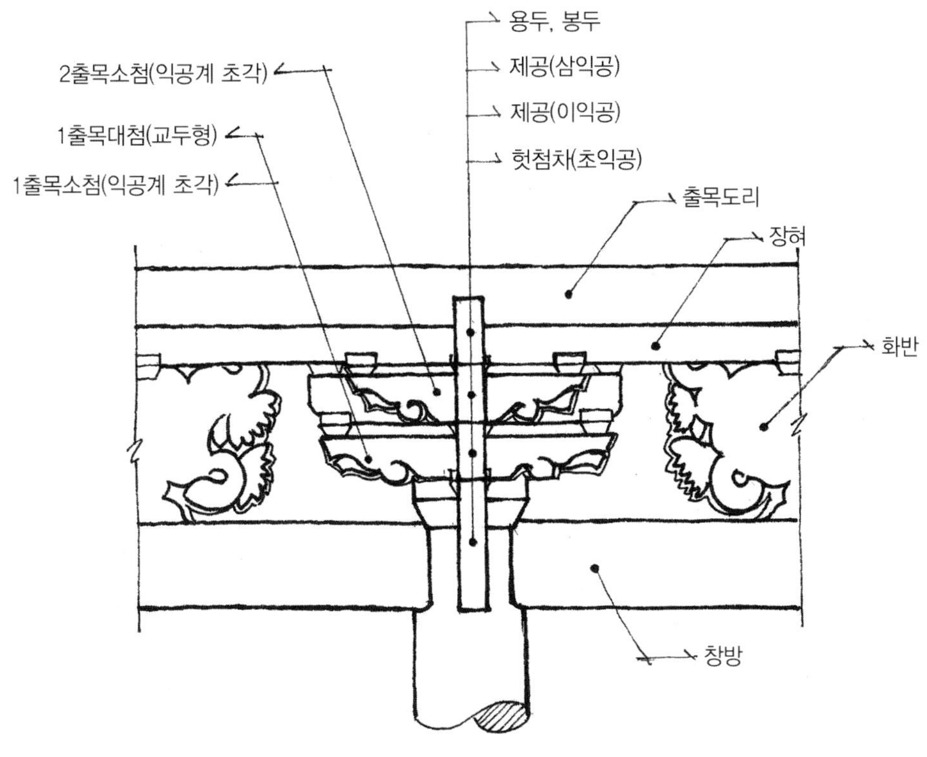

‖ 진남관 평주 공포 입면도 ‖

02 | 공포부

① 주두, 소로 : 굽받침 없는 빗굽 사용

② 헛첨차 : 쇠서형 헛첨차 사용

③ 소로열 : 상하 소로열 일치, 헛첨차가 외출목도리열 하부를 지지

④ 양식의 혼용 : 첨차와 살미 형태, 제공의 중첩 방식 등에서 다포계와 익공계 요소가 혼용

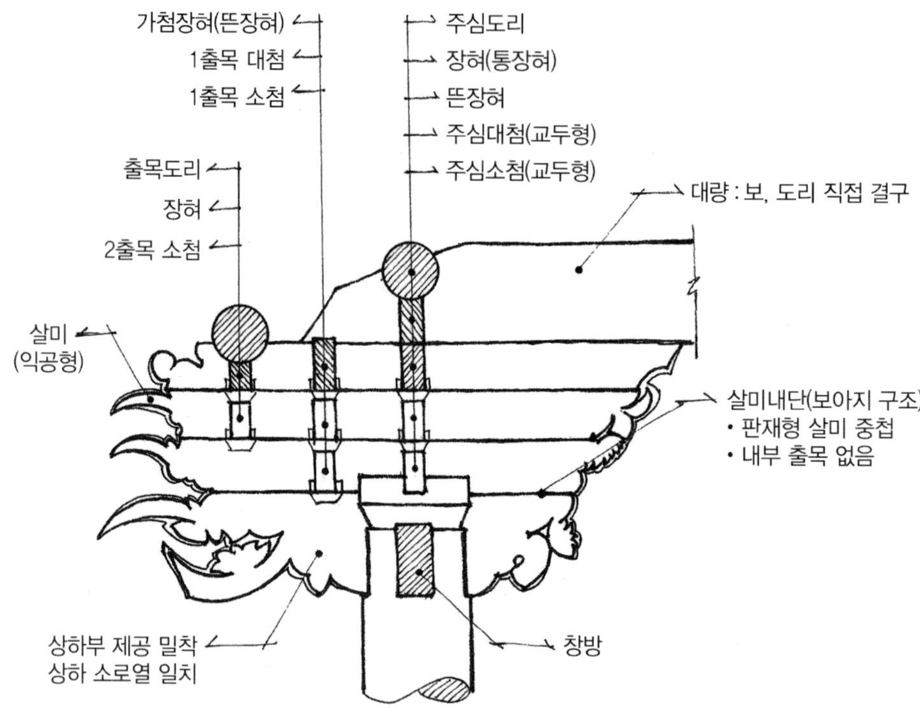

‖ 진남관 평주 공포 단면도 ‖

SECTION 04 헛첨차 구조

01 | 개념

주심포계 건물에서 기둥머리에 창방과 직교하여 결구되는 부재

02 | 기능

① 주두의 수평이동 방지
② 초제공의 처짐 방지
③ 기둥머리에서 공포가 시작되어 기둥과 공포를 일체화
④ 보 하부를 지지(보아지 기능)

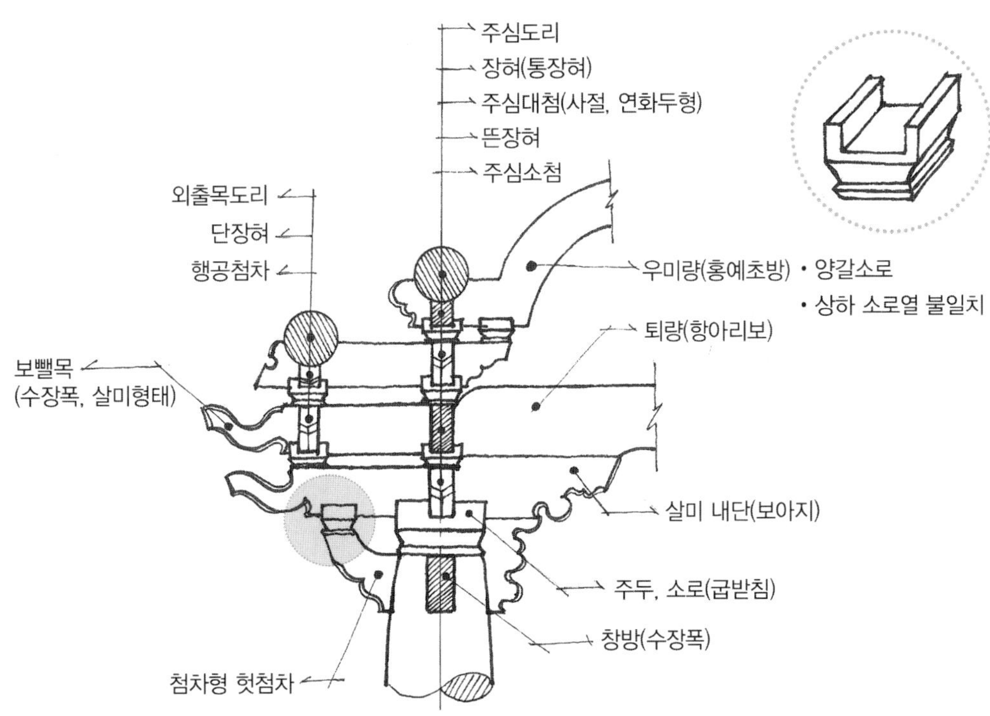

| 수덕사 대웅전 헛첨차 설치구조 |

03 | 헛첨차 설치 유무

① 헛첨차가 없는 구조

㉠ 구조 : 주두 위에서 공포가 시작

㉡ 사례 : 봉정사 극락전, 부석사 무량수전, 무위사 극락전, 고산사 대웅전

② 헛첨차를 사용한 구조

㉠ 구조 : 기둥머리에서 공포가 시작

㉡ 사례 : 수덕사 대웅전, 객사문, 은해사 영산전, 송광사 하사당, 송광사 국사전 등

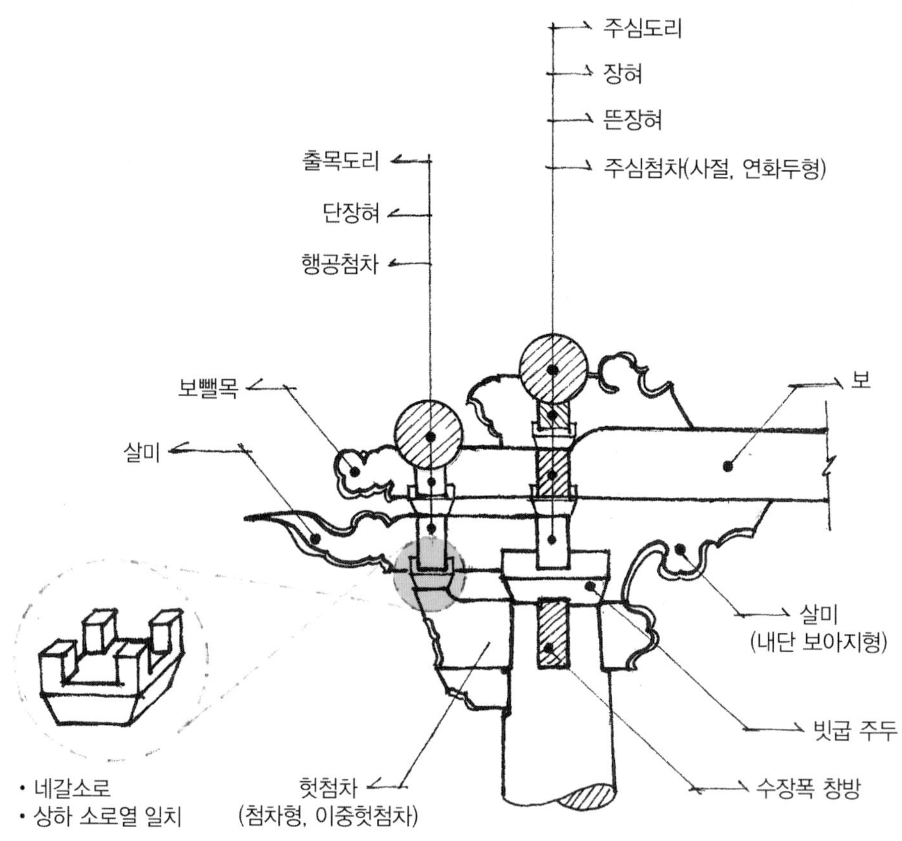

‖ 은해사 영산전 공포 상세도 ‖

04 | 헛첨차의 형태

① 첨차형태(수덕사 대웅전, 부석사 조사당, 은해사 영산전 등 고려시대 주심포계 건물)

② 쇠서형태(송광사 국사전 등 조선시대 주심포계 건물)

05 | 헛첨차와 외출목첨차

① 외출목첨차를 지지하지 않는 구조

㉠ 외출목도리열과 헛첨차의 소로열 불일치

㉡ 헛첨차 위에 양갈소로 사용

㉢ 사례 : 수덕사 대웅전 등 고려시대 주심포계 건물

② 외출목첨차를 직접 지지하는 구조

㉠ 외출목도리열과 헛첨차의 소로열 일치

㉡ 헛첨차 상부에 네갈소로 사용

㉢ 사례 : 고려 말 은해사 영산전, 조선시대 주심포양식 건물(송광사 국사전, 하사당 등)

③ 기타

㉠ 은해사 영산전 : 헛첨차 하부에 받침부재 사용(이중 헛첨차)

㉡ 부석사 조사당 : 외단은 첨차형, 내단은 원호형(보 하부를 지지하지 않음)

㉢ 임영관 삼문 : 창방 뺄목을 헛첨차로 사용

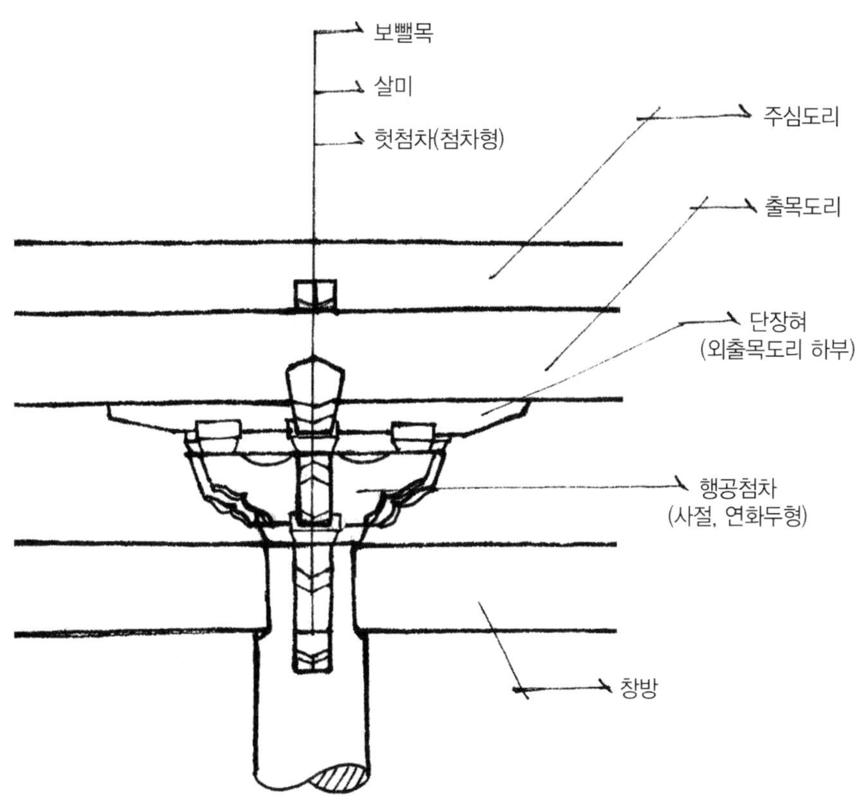

▮ 은해사 영산전 공포 입면도 ▮

06 | 헛첨차의 결구

① 기둥 상부

㉠ 창방과 창방의 결구(반턱주먹장이음)

㉡ 창방과 헛첨차의 결구(반턱맞춤)

② 헛첨차와 공포부재

㉠ 초제공 살미 하부를 지지(양갈소로 설치)

㉡ 초제공 살미 하부와 외출목첨차를 지지(네갈소로 설치)

③ 헛첨차 내단

㉠ 초각된 보아지 형태로 살미 내단을 지지(보 하부 지지)

㉡ 부석사 조사당(내단이 원호형으로 가공되어 살미 내단과 분리)

SECTION 05 | 주심포양식의 특징

01 | 고식 주심포양식의 특징(다포계, 익공계 양식과의 비교)

① 주간 : 주간에는 공포 없이 화반 등을 배치

② 평방 : 평방 없음

③ 출목 : 내부에 출목이 없음 / 외부 1출목

④ 주두, 소로 : 오목굽, 굽받침을 사용한 건물이 존재

⑤ 첨차 : 마구리를 직절, 사절하고 쌍S자 초각 / 헛첨차 사용

⑥ 살미 : 첨차형 살미와 자유곡선형의 유려한 쇠서형 살미

⑦ 장여 : 단장여 사용

⑧ 반자 : 실내에 반자가 없는 연등천장 / 순각판 미설치

⑨ 도리 간 연결부재 : 우미량, 초방 등 도리간 연결부재의 사용

⑩ 동자주, 대공 : 포부재 사용

⑪ 소슬합장, 소슬재의 사용

⑫ 보 : 항아리형 단면 / 수장폭 보머리

⑬ 지붕가구부 : 우미량, 초방 등 방부재와 공포부재를 건물 내부에 폭넓게 사용

⑭ 창방 : 수장폭 창방 사용

⑮ 포부재의 중첩 : 상하 제공 사이의 이격

02 | 주심포양식의 시기별 구분

① 전기(고려 말 이전)

㉠ 특징 : 배흘림 기둥, 오목굽, 굽받침 주두, 복화반, 항아리보, 우미량, 소슬재, 초방, 단장여

㉡ 사례 : 봉정사 극락전, 부석사 무량수전, 수덕사 대웅전, 임영관 삼문

② 중기(고려 말~조선 초기)

㉠ 특징 : 굽받침 없는 빗굽주두, 통장여 사용, 제공 내단을 보아지로 초각

㉡ 사례 : 은해사 영산전, 부석사 조사당, 무위사 극락전, 도갑사 해탈문, 송광사 국사전 등

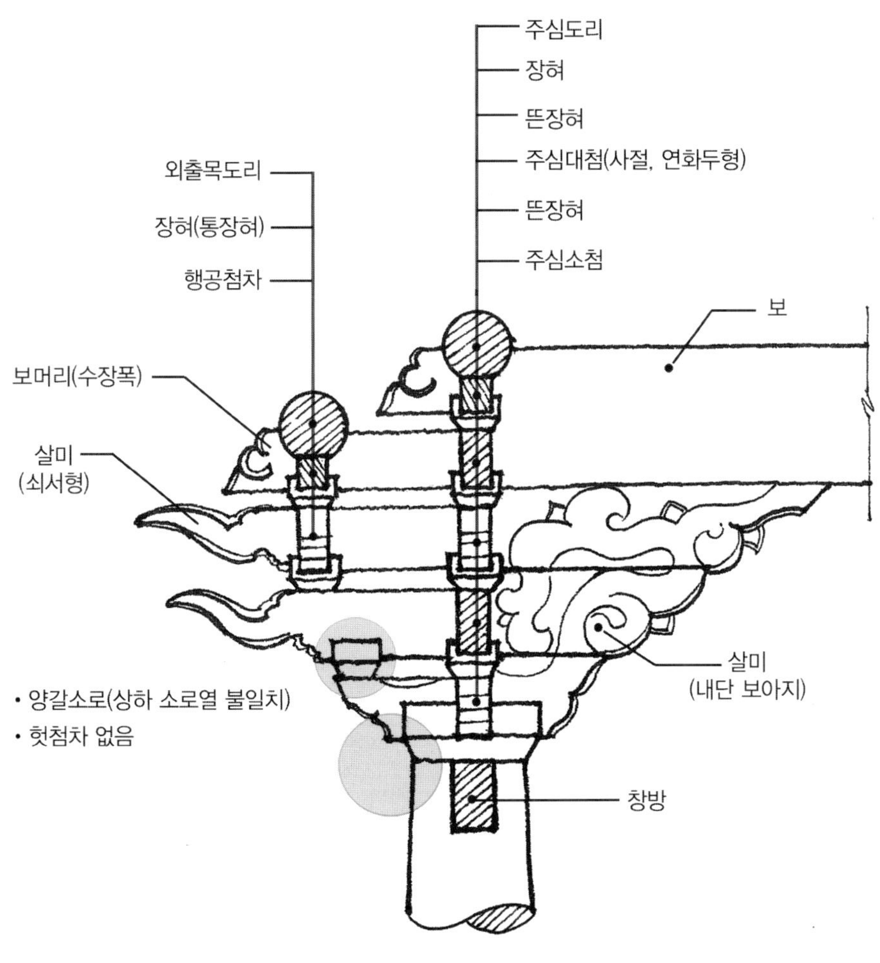

▌무위사 극락전 공포 단면도▐

③ 후기(조선 중기 이후)

㉠ 특징 : 다포계 세부 수법의 도입, 익공양식과의 혼용

㉡ 사례 : 봉정사 화엄강당, 봉정사 고금당, 청평사 회전문, 밀양 영남루, 진남관, 풍남문

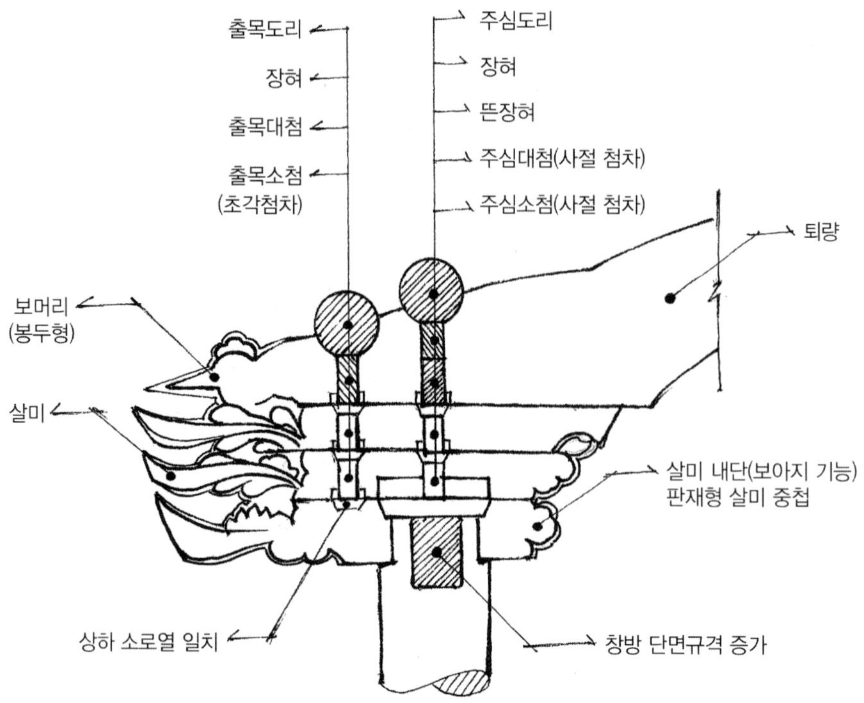

밀양 영남루 공포 단면도

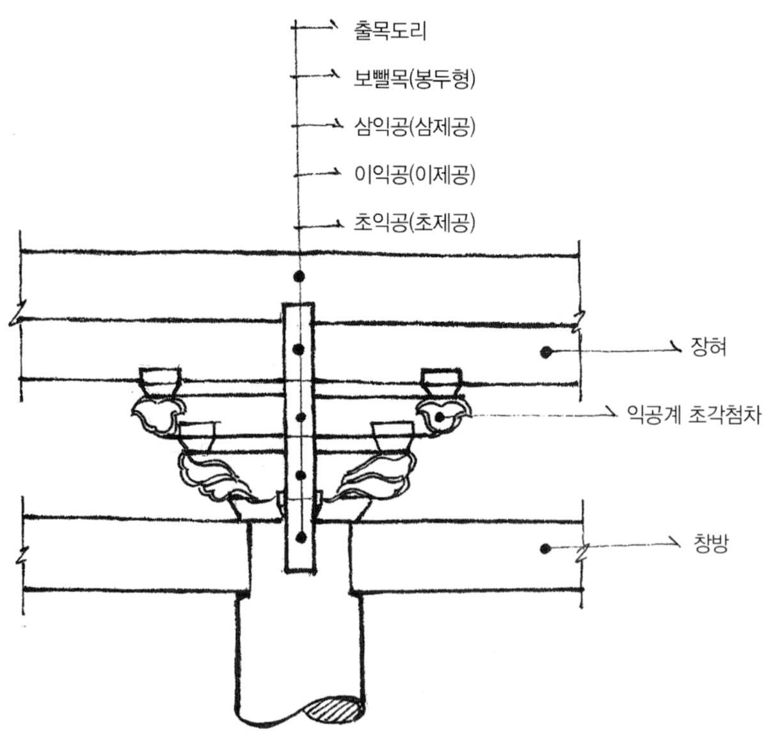

밀양 영남루 공포 입면도

LESSON 03

다포양식

조선시대 다포계 사찰 불전의 입면구조

SECTION 01 개요

01 | 다포양식의 개념

주심 외에 주간에도 평방 위에 공포를 구성한 양식

02 | 다포양식의 특징(주심포양식과의 비교)

① 주간에 공포 배치(간포 사용)

② 내부출목과 내출목 도리 설치

③ 외출목은 2출목 이상

④ 창방 위에 평방 설치

⑤ 주두, 소로 : 빗굽(굽받침 없음)

⑥ 상하 소로열 일치

⑦ 통장여 사용

⑧ 살미 : 외부는 쇠서형, 내부는 교두형 또는 운궁형

⑨ 첨차 : 마구리는 직절 또는 사절하고 궁굴린 교두형

⑩ 보머리 : 삼분두 형태(조선 초기), 초각형(조선 후기)

⑪ 안초공 사용

03 | 다포양식의 시대적 흐름

① 다포양식의 성행

㉠ 조선 초 이후 주요 건물에는 다포양식이 성행

㉡ 주심포양식은 부속건물이나 격이 조금 낮은 건물에 사용됨

② 양식의 혼용(조선 중후기)

주심포계, 익공계 건물에서도 공포의 세부적인 형태에 다포계 요소 가미(첨차, 살미)

SECTION 02 | 다포계 양식의 구조

01 | 기둥

① 배흘림기둥 : 고려시대 다포계 건물(석왕사 응진전, 성불사 응진전, 심원사 보광전 등)

② 민흘림기둥 : 조선시대 다포계 건물의 일반적인 형태

02 | 창방, 평방

① 창방 : 단면이 큰 장방형

② 평방 : 춤보다 너비가 큰 장방형

③ 창방뺄목 : 수장폭으로 단면을 줄이고 사절하고 초각

④ 평방뺄목 : 직절하고, 창방보다 조금 길게 내밈

03 | 안초공

① 초기 형태

㉠ 구조 : 기둥머리에 창방과 직교하여 결구, 평방 하부에 이름

㉡ 사례 : 창경궁 명정전, 명정문, 홍화문

② 후기 형태

㉠ 구조 : 평방을 감싸고, 주두 및 초제공 하부에 이름(상하 이중 부재로 구성)

㉡ 사례 : 근정전 등

㉢ 특징 : 용두, 봉황 등 장식화 경향

04 | 주두, 소로

① 굽받침 없는 빗굽형태

② 소로의 기능과 위치

㉠ 조선 초기 : 첨차와 살미의 양단에 위치하여 하중의 지지점으로 작용

㉡ 조선 후기

- 소로가 살미의 안쪽에 위치하고 상하부 제공이 밀착하는 중첩판 구조
- 소로가 하중 지점으로서의 기능보다는 공포부재의 위치 고정 기능에 머물게 됨

05 | 첨차

① 마구리 형태 : 직절 교두형, 사절 교두형

② 첨차의 중첩구조

㉠ 소첨+대첨+장여 구성

㉡ 소첨+장여+외출목도리

③ 내출목첨차 : 내부에도 출목 구성

④ 공안 : 빗깎기, 쇠시리, 단청

⑤ 주장첨차 : 장여 형태 부재에 첨차를 새긴 주장첨차 사용(조선 후기)

⑥ 출목간격 및 첨차 크기

㉠ 조선 후기로 갈수록 출목숫자는 증가

㉡ 출목간격과 첨차의 크기는 감소

㉢ 포벽균형을 위한 첨차 크기 조절 등 세심한 기법의 약화

⑦ 내외출목 구성 및 장식화

㉠ 초기에는 내외출목수가 동일하고, 후기로 갈수록 내출목수가 증가

㉡ 공포부재의 장식화 경향 증대

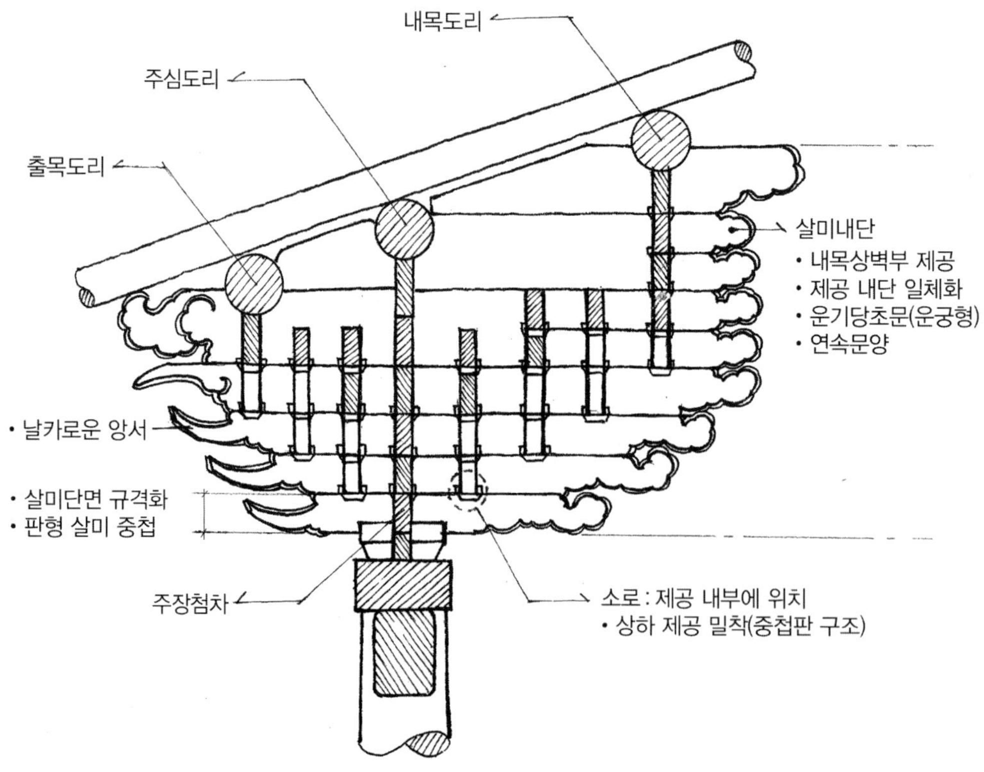

‖ 근정전 주간포 단면 상세도 ‖

06 | 살미

① 조선 초기

㉠ 삼분두 살미

㉡ 교두형 살미 : 첨차와 동일한 교두형 살미 사용

㉢ 쇠서형 살미

- 단부가 투박하고 아래로 뻗은 강직한 수서 형태
- 몸체와 단부의 이격 / 살미내단은 교두형
- 이제공 이상에서 사용

㉣ 제공 중첩방식 : 소로가 살미의 양단에 위치하여 상하부 제공 사이에 이격 형성

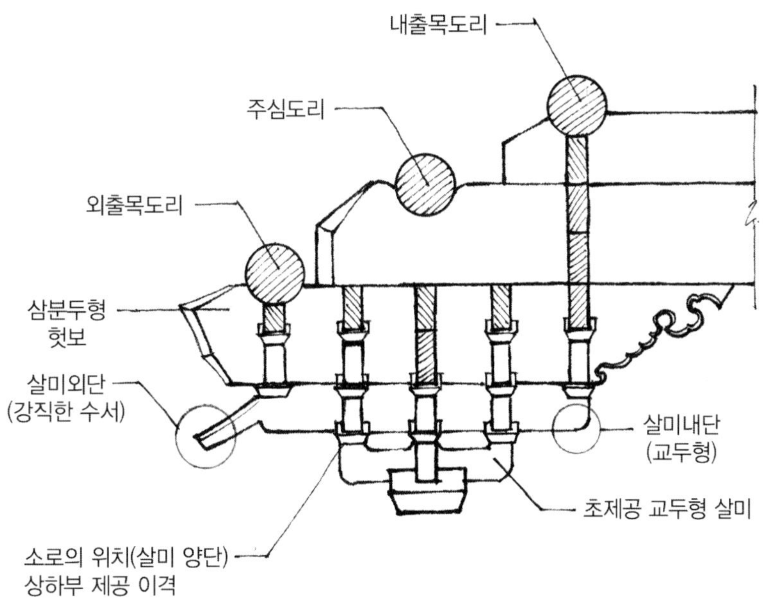

‖ 봉정사 대웅전 공포부 구조 ‖

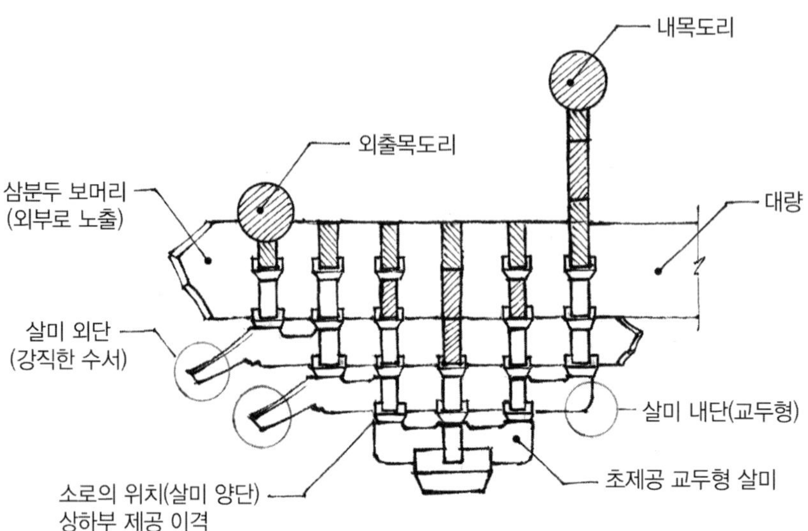

‖ 숭례문 상층 주상포 구조 ‖

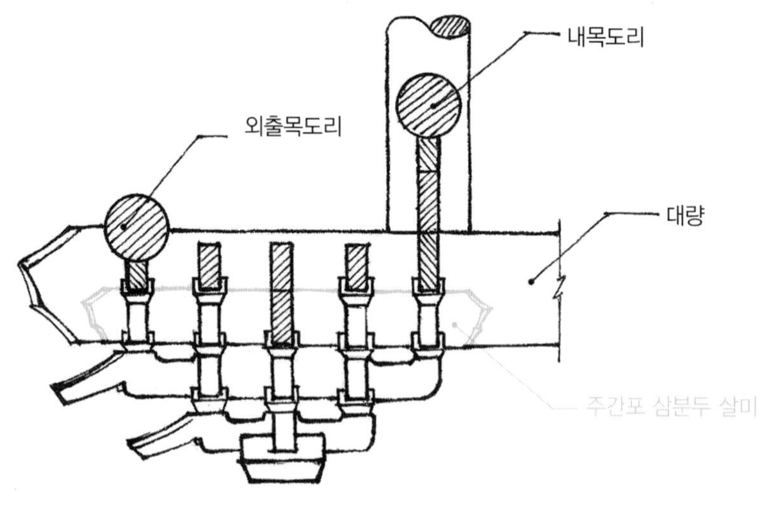

‖ 숭례문 하층 주상포 구조 ‖

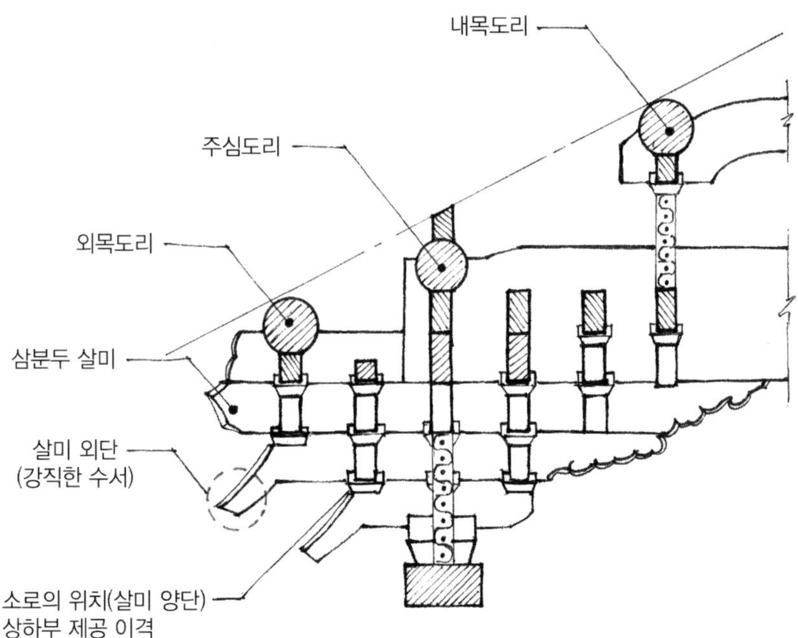

▌개심사 대웅전 주상포 단면도▐

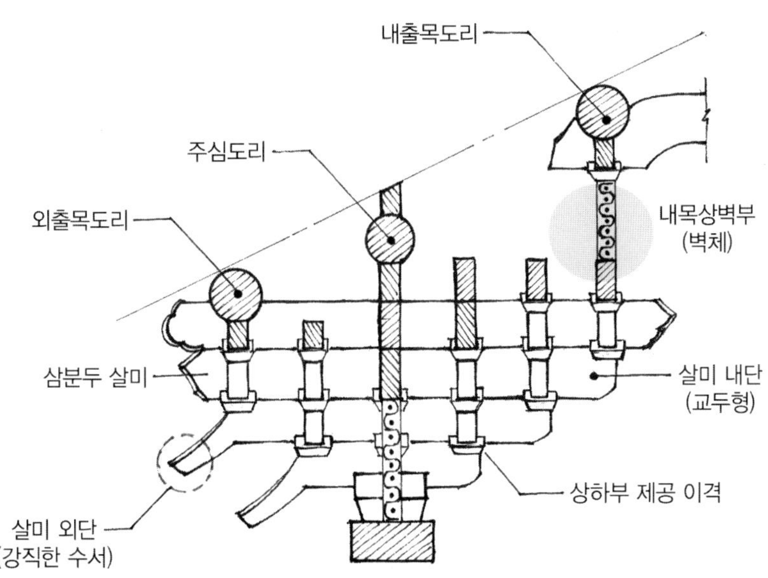

▌개심사 대웅전 주간포 단면도▐

② 조선 중기

㉠ 교두형 살미와 쇠서형 살미 혼재

㉡ 쇠서형 살미

- 살미 단부가 휘어오름(앙서형) / 몸체와 단부의 이격
- 살미 내단은 교두형과 초각형이 혼재
- 이제공 이상에서 사용

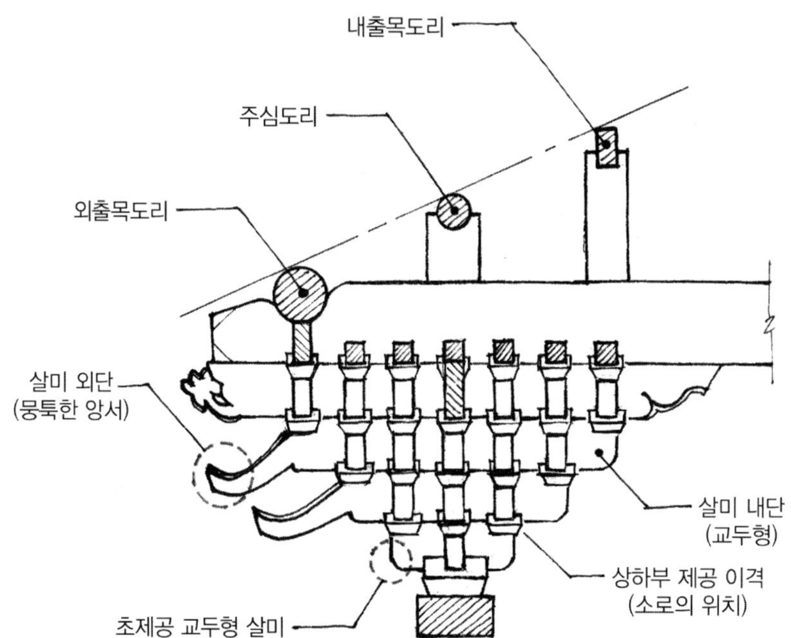

▮ 법주사 대웅보전 상층 주상포 단면구조 ▮

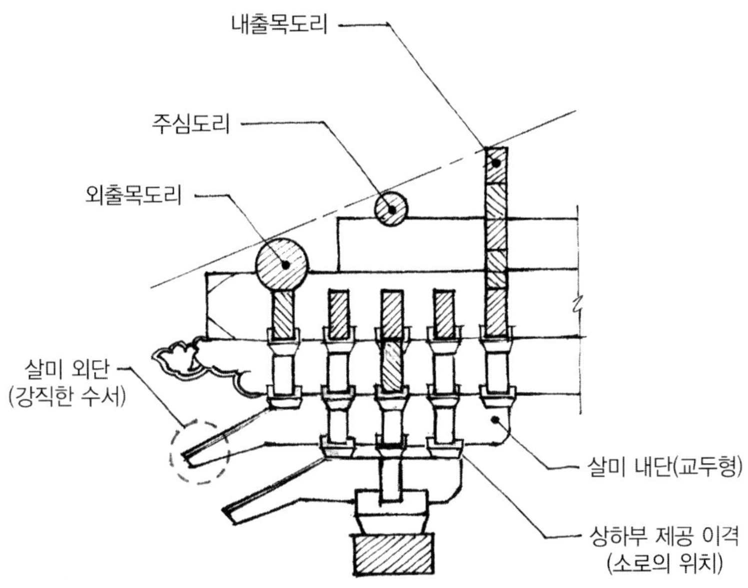

법주사 대웅전 하층 주상포 단면구조

③ 조선 후기

㉠ 쇠서형 살미

- 곡이 크고 날카로워짐
- 쇠서형, 익공형, 운공형
- 몸체와 단부의 이격이 없어짐
- 살미 내단은 연봉, 연화, 운궁 등으로 장식화
- 초제공부터 쇠서형 살미 사용

㉡ 제공 중첩방식

- 소로가 제공 안쪽에 위치함으로써 상하부 제공이 이격 없이 밀착
- 중첩판 구조로 일체화
- 사찰은 연화당초문, 궁궐은 운기당초문의 연속 문양으로 일체화
- 내부 가구부의 구조적 요소가 은폐되고 장식화

㉢ 제공 중첩형태 : 초제공, 이제공, 삼제공, 사익공, 오운공(궁궐)

㉣ 내목상벽부 제공 : 간포에서 내목상벽부에도 짧은 살미를 중첩(두공)

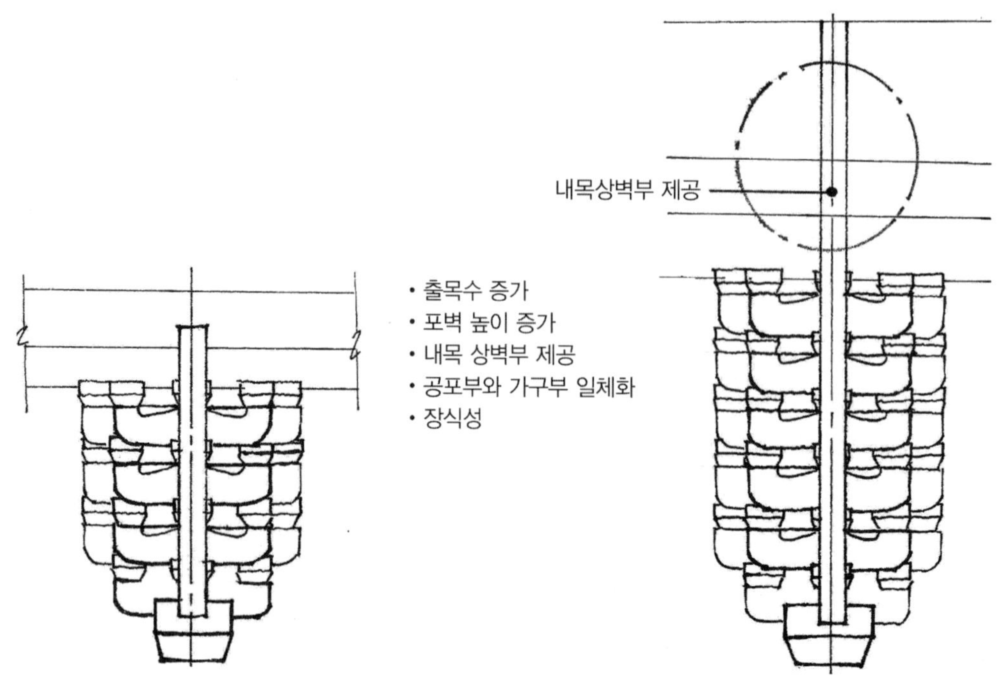

‖ 내소사 대웅보전 공포부 내외부 입면구조 ‖

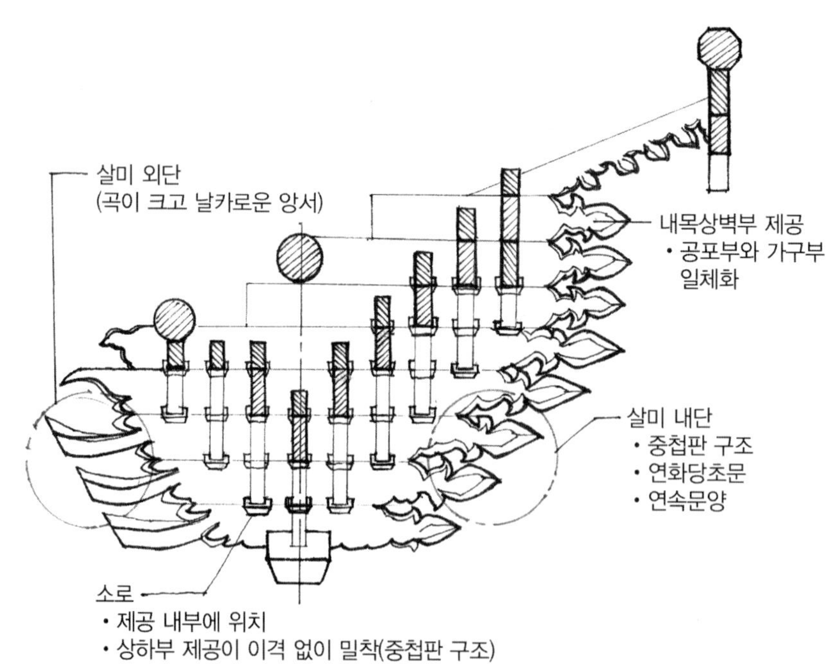

‖ 내소사 대웅보전 주간포 구조 ‖

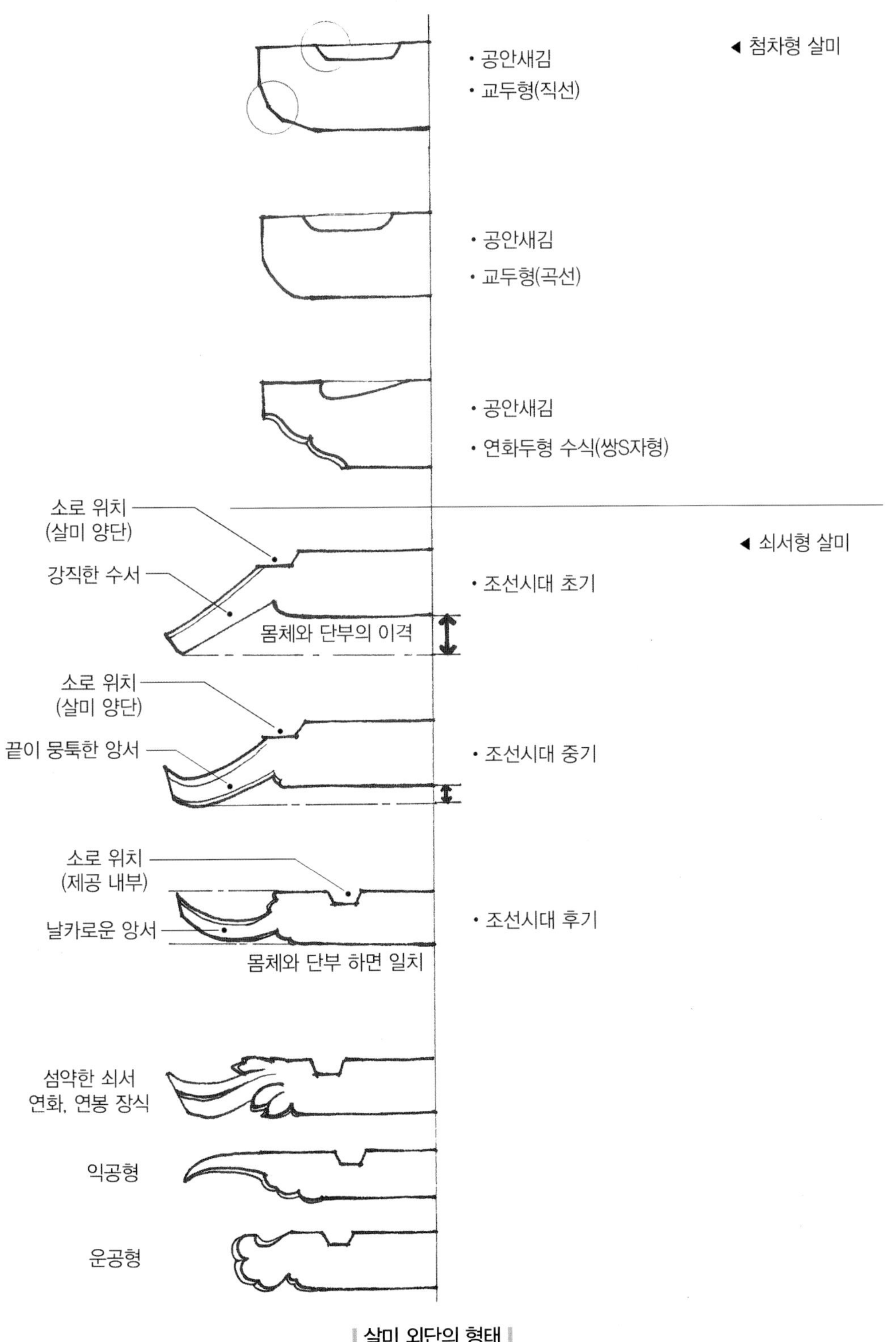
◀ 첨차형 살미
• 공안새김
• 교두형(직선)
• 공안새김
• 교두형(곡선)
• 공안새김
• 연화두형 수식(쌍S자형)
◀ 쇠서형 살미
소로 위치
(살미 양단)
강직한 수서
몸체와 단부의 이격
• 조선시대 초기
소로 위치
(살미 양단)
끝이 뭉툭한 앙서
• 조선시대 중기
소로 위치
(제공 내부)
날카로운 앙서
몸체와 단부 하면 일치
• 조선시대 후기
섬약한 쇠서
연화, 연봉 장식
익공형
운공형

‖ 살미 외단의 형태 ‖

07 | 보

① 조선 초기

㉠ 삼분두형 보머리가 외부로 노출(숭례문)

㉡ 삼분두 형태의 헛보 설치(봉정사 대웅전)

㉢ 삼분두 형태 살미 배치(개심사 대웅전)

② 조선 중기

㉠ 보머리가 외부로 노출되지 않음

㉡ 살미가 외목도리를 지지

③ 조선 후기

㉠ 초각된 보머리를 외부로 노출, 몸체의 단면 유지(궁궐)

㉡ 보는 공포 내부에서 끝나고 단부에 운공, 용두, 봉황 등 별도의 장식 부재를 설치(사찰)

08 | 도리, 장여

① 도리

㉠ 조선 초기, 중기 : 주심도리 생략 경향(숭례문, 관룡사 대웅전 등)

㉡ 조선 후기 : 내출목도리 생략 및 간략화 경향

② 장여

조선 후기로 갈수록 내출목수가 증가하면서 보의 몸통에 결구되는 장여 숫자 증가

SECTION 03 조선 후기 다포계 양식 건물의 특징

01 | 구조적 요소의 변화

① 평면

내부 기둥의 감주와 이주를 통한 공간 확보

② 하중전달방식

㉠ 내부 기둥을 생략하고 하중을 보로 집중

㉡ 대공, 동자주로 전달된 지붕하중을 보를 통해 외진 평주로 전달

③ 가구부재의 변화

㉠ 하중이 집중되는 보 부재의 춤과 단면 확대

㉡ 하중이 집중되는 외진 기둥을 연결하는 창방 부재 단면 규격 증대

㉢ 내부 기둥 생략에 따른 충량 사용 일반화(외기, 충량구조)

㉣ 공포부에 주장첨차, 장화반 등 장여형태의 부재 증가

02 | 공포 구성의 변화

① 살미 장식화 : 외단은 예리한 쇠서와 연화 연봉 장식 / 내단은 연봉, 운궁 등으로 장식 / 초제공부터 쇠서형 살미 사용

② 첨차 및 출목

㉠ 첨차 부재의 규격과 출목 간격이 작아지고 출목수 증가

㉡ 공안새김 간략화

㉢ 포벽균형을 위한 첨차길이 조절 기법 퇴화

③ 안초공 : 안초공이 초제공 하부를 지지 / 용두와 당초문 등으로 장식

④ 제공의 중첩

㉠ 화려하게 초각된 살미를 판재 형태로 여러 단 중첩

㉡ 내목 상벽부까지 공포 부재 설치(구조재와 장식재의 일체화)

⑤ 소로의 위치와 기능 변화

㉠ 살미 내부에 소로가 위치하여 상하부 제공이 소로를 감싸는 형태

㉡ 소로가 하중의 지점 역할을 잃고 공포부재의 위치 고정 역할에 한정

⑥ 주장첨차, 장화반 : 시공의 경제성과 구조적인 안정성을 추구

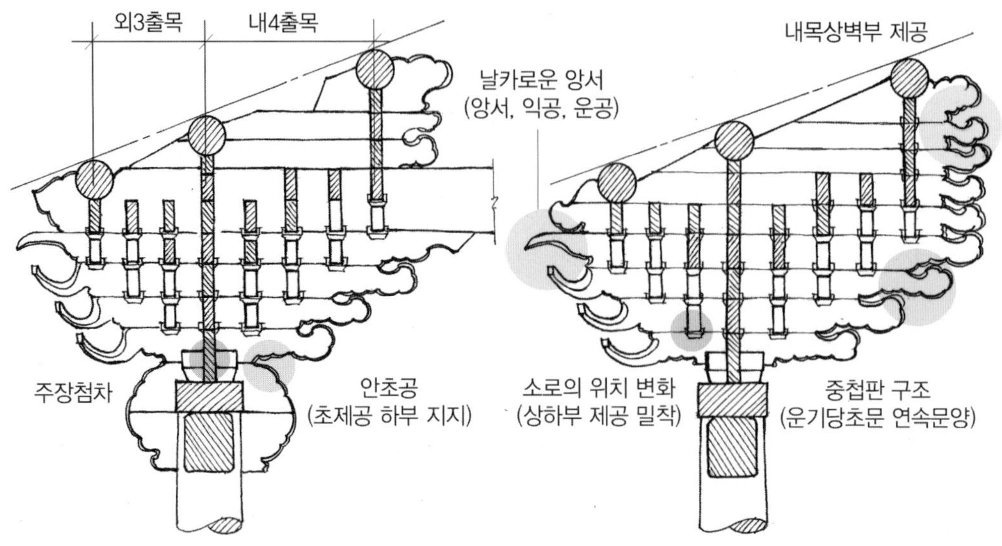

▌중화전 주상포 · 주간포 단면도▐

03 | 조선 후기 사찰 불전의 경향

① 내부 장식화

㉠ 층급반자, 빗반자로 내부의 수직적 확장(반자의 장식성 증대)

㉡ 화려한 내부 단청

㉢ 연봉, 연화, 용, 학, 충량머리 용두 장식 등 장식물 부가

② 부재의 치목 및 가공

㉠ 부재치목을 최소화한 자연스런 흘림 기둥, 도량주 사용

㉡ 부재 단면을 최대로 살린 원형 단면의 보, 홍예보 사용

㉢ 이음부재 사용

‖ 마곡사 대광보전 측면도 ‖

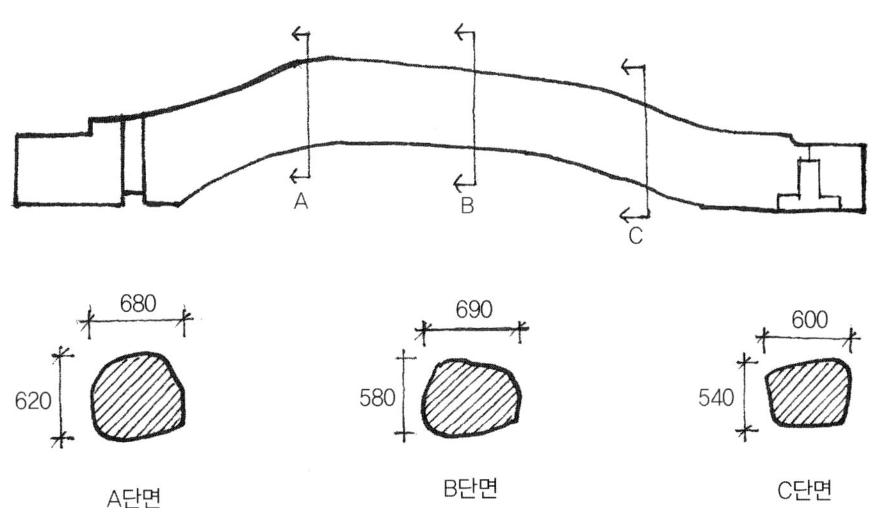

※ 대량

- 원형 단면(폭 : 춤 ≒ 1 : 1)
- 자연 곡재를 목피만 벗겨 사용

‖ 송광사 대웅전 보 상세도 ‖

SECTION 04 안초공 구조

01 | 개념

다포계 건물에서 기둥머리에 창방과 직교하여 결구되는 공포 부재

02 | 기능

① 평방 이음부 은폐, 이음부의 벌어짐 방지

② 주두의 수평이동 방지

③ 초제공 처짐 방지

④ 기둥머리에서 공포가 시작되어 기둥과 공포를 일체화

⑤ 초각, 용두장식으로 장식성 증대

03 | 초기 안초공의 구조

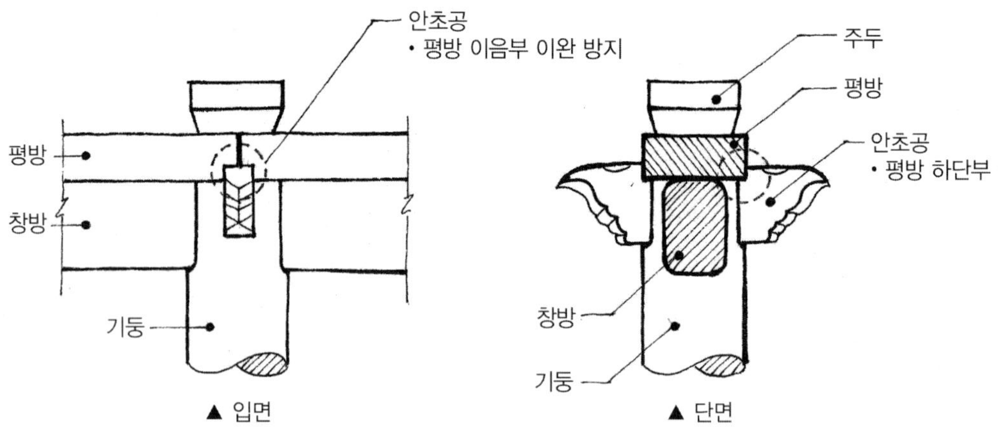

| 창경궁 홍화문 안초공 구조 |

① 구조

㉠ 평방 하부나 평방의 하단부에 위치

㉡ 기둥 상부에서 창방을 잡아주고 기둥과 창방을 연결

㉢ 평방 이음부의 벌어짐 방지, 평방의 이음새를 감추는 의장적 성격이 강한 구조

② 부재규격 : 수장폭보다 규격이 큰 부재 사용

③ 사례 : 창경궁 명정전, 명정문, 홍화문, 인정문 등

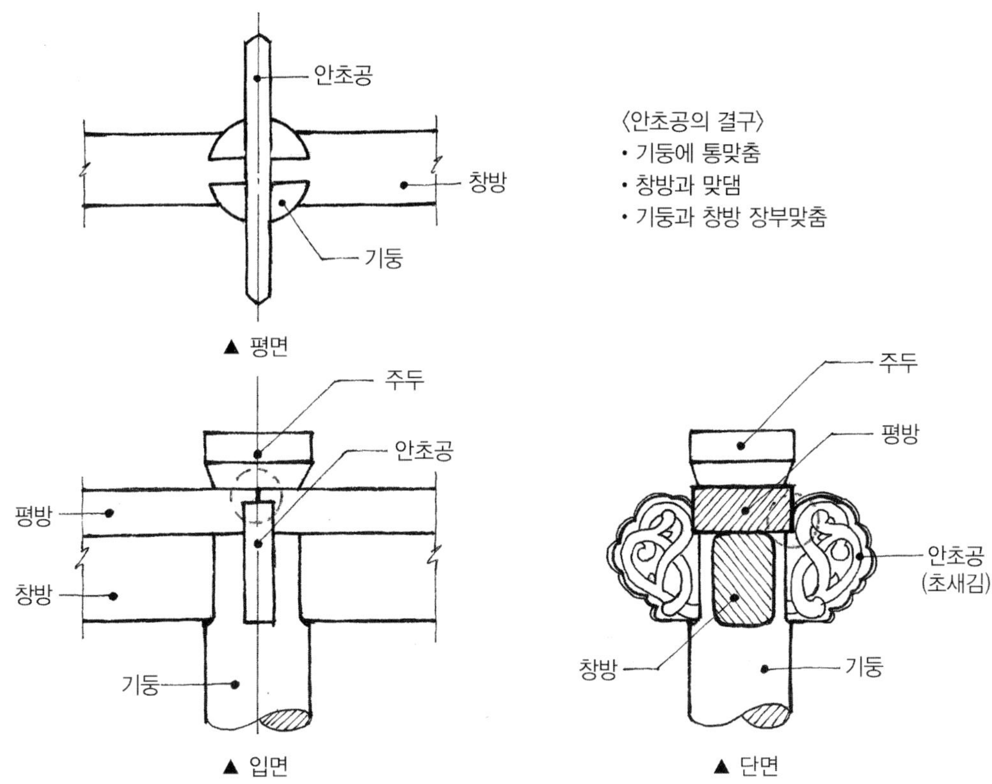

| 창덕궁 인정문 안초공 구조 |

04 | 후기 안초공의 구조

① 구조

㉠ 평방 및 주두를 감싸고 초제공 하부를 지지

㉡ 상하부 2개의 부재로 나뉘어 결구

㉢ 공포의 하중을 기둥으로 직접 전달하는 역할

㉣ 기둥과 공포 사이의 결속력을 높여주고 공포부의 결속을 보강하는 역할

㉤ 사찰 불전의 장엄 요소(용두 안초공)

② 부재규격 : 수장폭

③ 사례 : 근정전, 대한문, 불갑사 대웅전 등

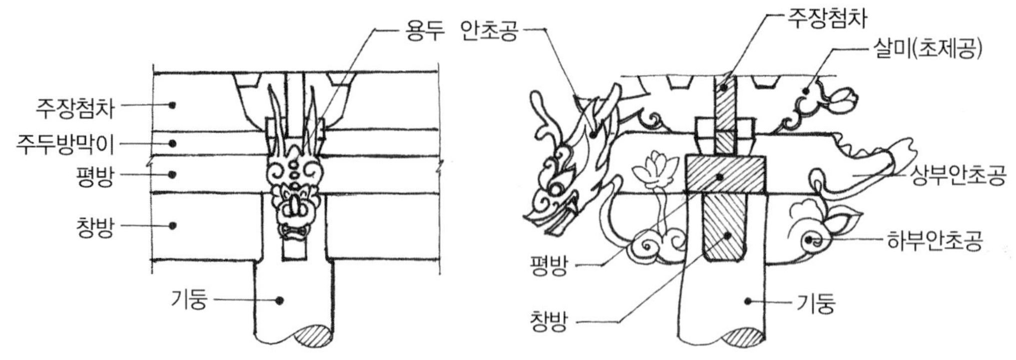

‖ 능가사 대웅전 안초공 구조 ‖

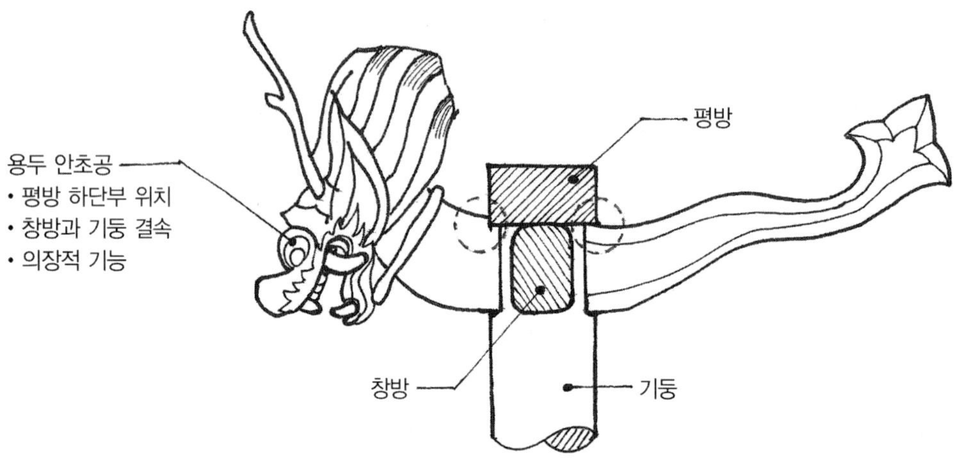

‖ 불회사 대웅전 안초공 구조 ‖

05 | 안초공의 결구 방식

① 초기 안초공

㉠ 기둥＋안초공 : 통맞춤, 내외주먹장맞춤

㉡ 창방＋안초공 : 맞대거나 반턱맞춤

㉢ 창방＋창방 : 이음이 없거나 반턱이음

㉣ 기둥＋창방 : 주먹장 맞춤, 장부맞춤

② 후기 안초공

㉠ 하부 안초공 : 기둥에 내외주먹장맞춤(창방은 기둥에 턱물리고 주먹장맞춤)

㉡ 상부 안초공

- 근정전(반턱이음한 평방 위에 상부 안초공이 가름장맞춤)
- 대한문(상부 안초공 옆면에 평방이 주먹장맞춤)

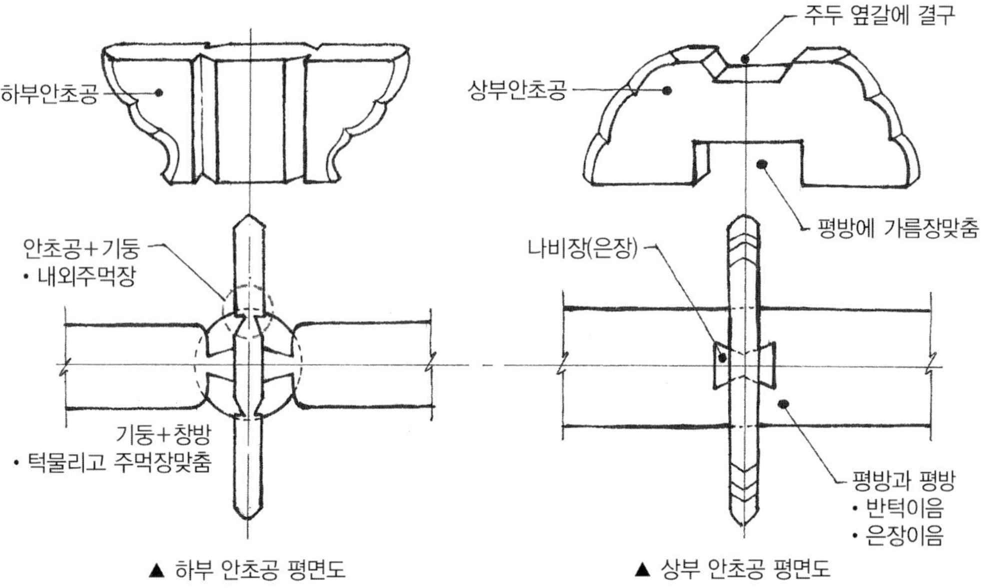

▲ 하부 안초공 평면도 ▲ 상부 안초공 평면도

| 근정전 안초공 평면구조 |

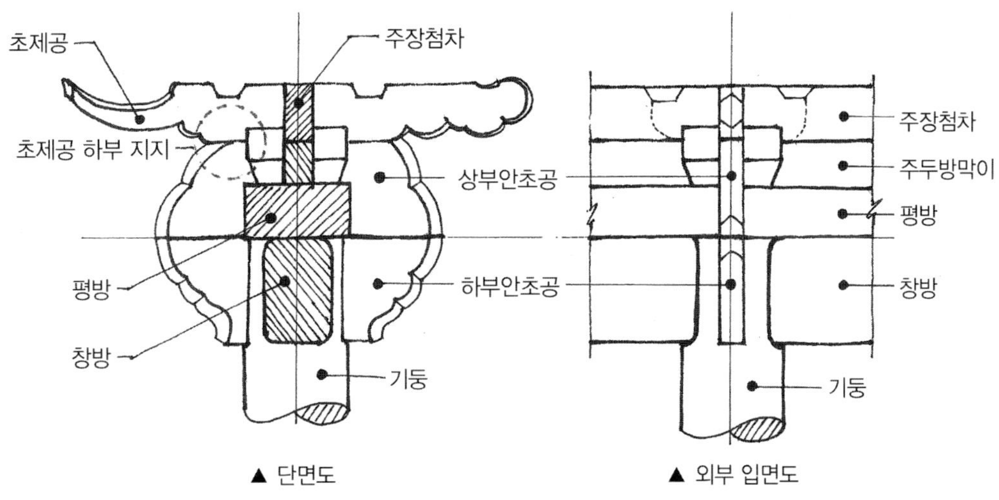

▲ 단면도 ▲ 외부 입면도

| 근정전 안초공 단면, 입면구조 |

SECTION 05 주장첨차

01 | 주장첨차 개요

① 개념

㉠ 주심의 첨차를 대신하여 장여형태의 부재에 첨차를 조각한 부재

㉡ 의장적으로는 첨차, 구조적으로는 장여 부재

② 주장첨차의 기능

㉠ 포벽설치를 위한 별도의 흙벽 구성이 불필요(시공의 경제성)

㉡ 공포와 공포를 일체화(포간 결속력 증가)

㉢ 주심에 장여형태 부재를 중첩함으로써 주심부의 구조적 성능 증대(단면 2차모멘트 증가)

㉣ 공포부, 창평방의 휨과 처짐 보강(하중의 고른 전달)

02 | 주장첨차의 설치구조

① 소첨과 대첨의 결구 : 소첨 주장첨차와 대첨 주장첨차를 중첩

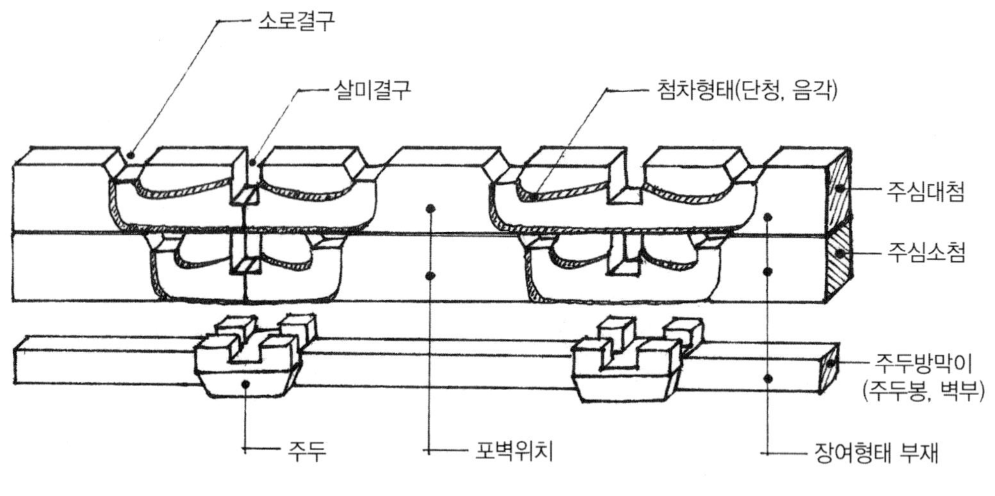

‖ 근정전 주장첨차 구조 ‖

② 주장첨차의 이음(주두 상부)

㉠ 장부 없이 맞댐(근정전)

㉡ 반턱주먹장이음(능가사 대웅전)

㉢ 살미에 주먹장맞춤(대한문)

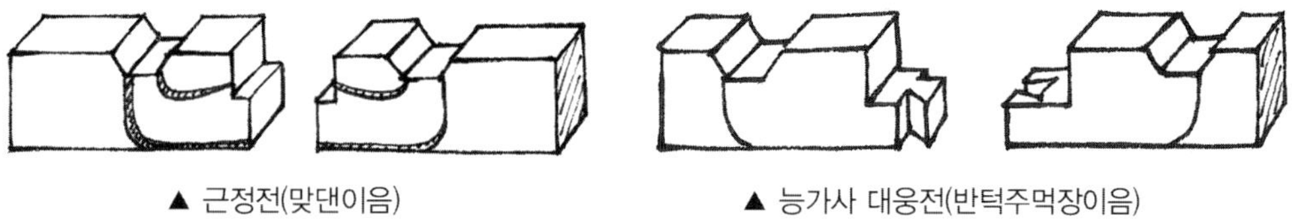

▲ 근정전(맞댄이음) ▲ 능가사 대웅전(반턱주먹장이음)

‖ 주장첨차의 이음 ‖

③ 주장첨차와 살미의 결구

㉠ 일반 : 반턱맞춤

㉡ 기타 : 살미 옆면에 주먹장맞춤(대한문)

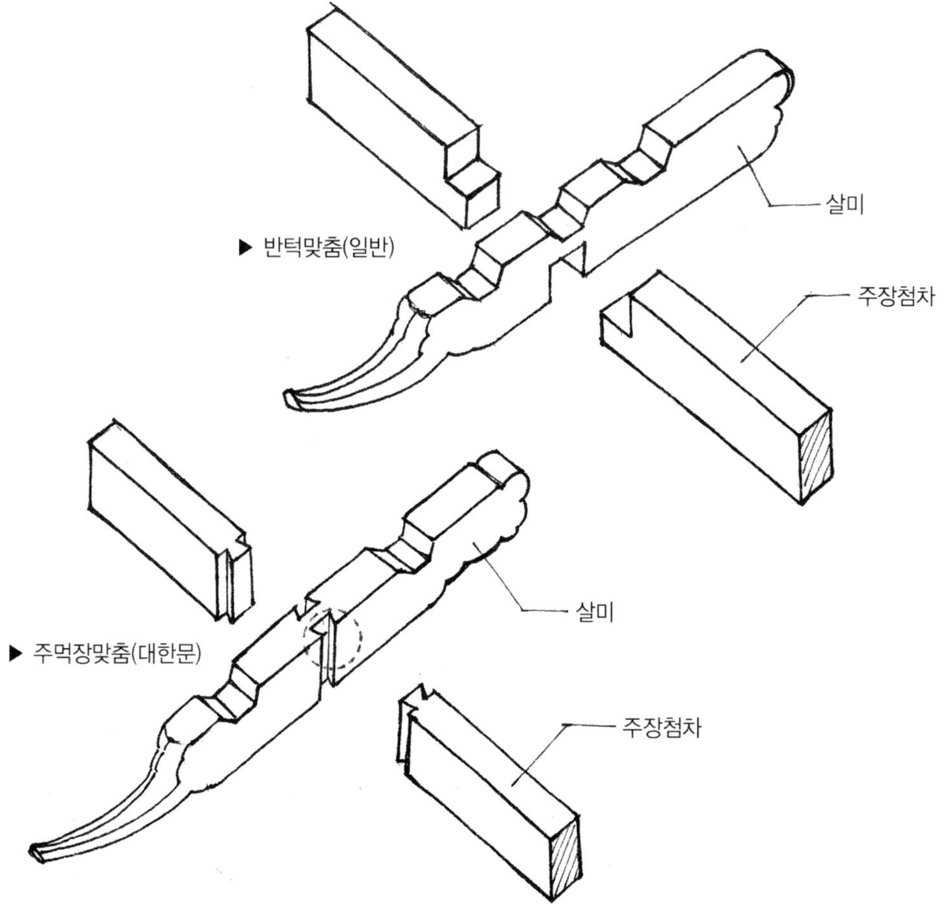

‖ 주장첨차와 살미의 결구 ‖

④ 주장첨차와 평방 사이의 공간 처리

㉠ 주두방막이 설치

- 주장첨차 하부에 판재 형태의 부재를 결구(주두봉)
- 근정전, 마곡사 대광보전, 능가사 대웅전

㉡ 주장첨차와 주두방막이를 한 부재로 치목(중화전, 흥인지문, 대한문)

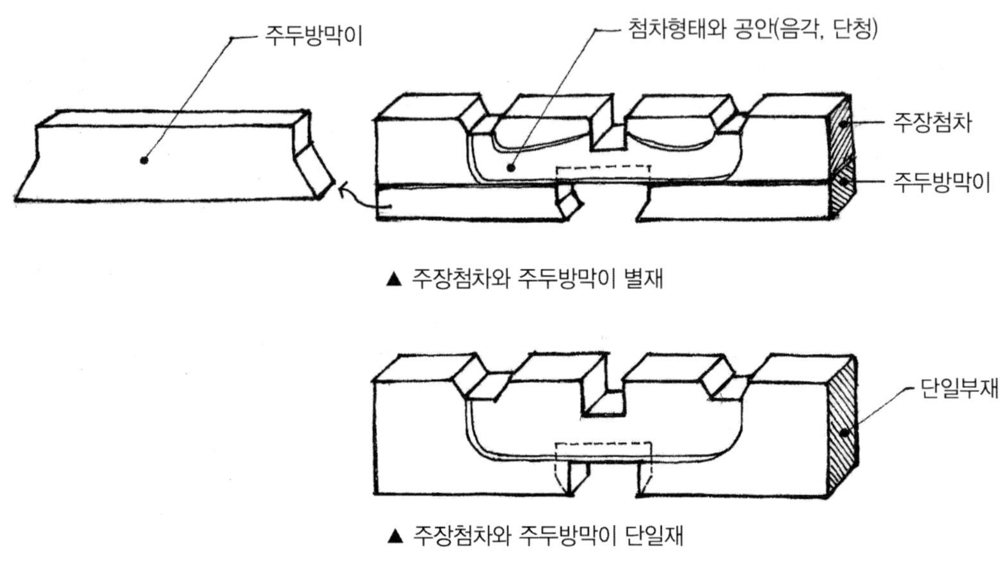

▲ 주장첨차와 주두방막이 별재

▲ 주장첨차와 주두방막이 단일재

‖ 주장첨차와 주두방막이 ‖

⑤ **공안 새김** : 음각, 단청

⑥ **소로** : 주장첨차 상면에 소로 자리를 따냄(주장소첨과 대첨 사이에 소로 결구)

⑦ **설치사례** : 근정전, 중화전, 대한문, 흥인지문, 마곡사 대광보전, 능가사 대웅전 등

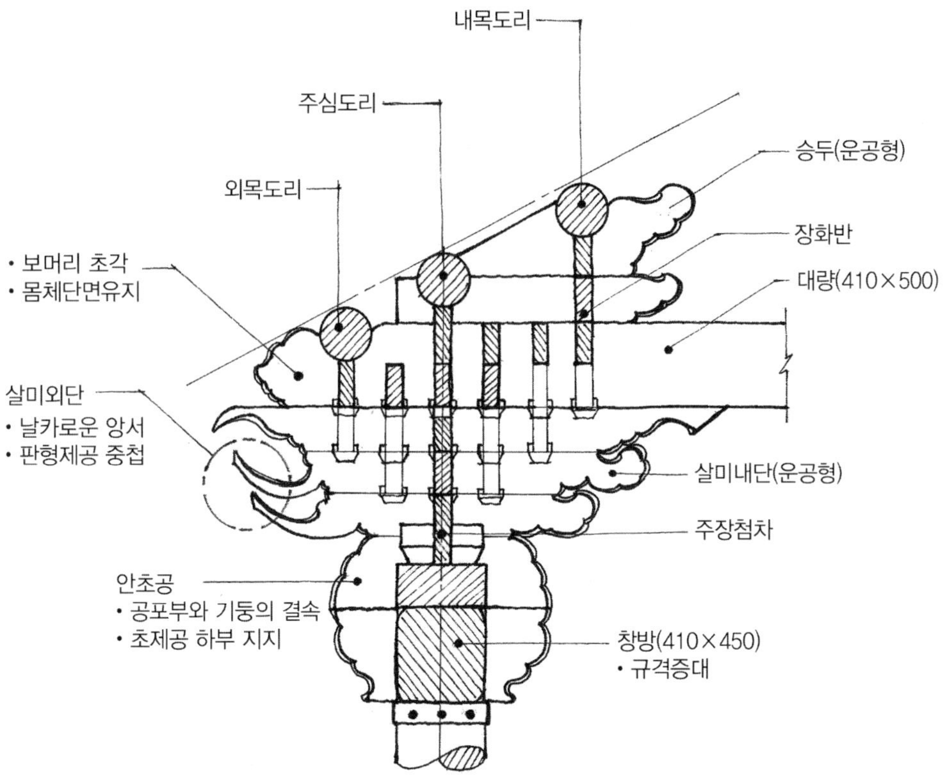

‖ 대한문 주상포 단면도 ‖

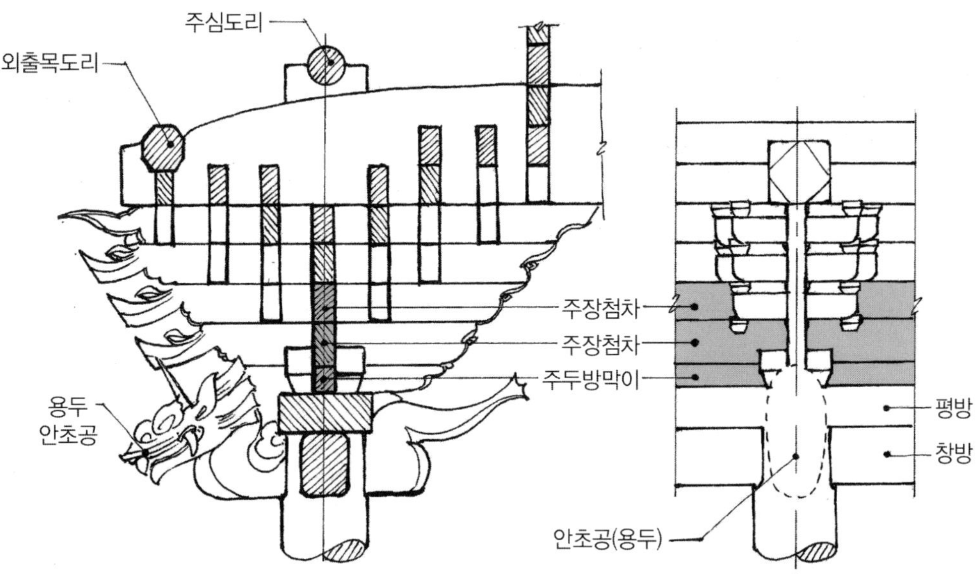

‖ 마곡사 대광보전 주상포 상세도 ‖

03 | 포벽장여, 판재포벽, 장화반

① 포벽장여 : 중첩된 장여에 첨차를 단청(불회사 대웅전)

② 판재포벽 : 주심첨차 사이에 판재로 포벽 설치(광화문)

③ 장화반 : 익공계 건물에서 장여 부재에 주심의 두공, 주간의 화반을 새김(경회루)

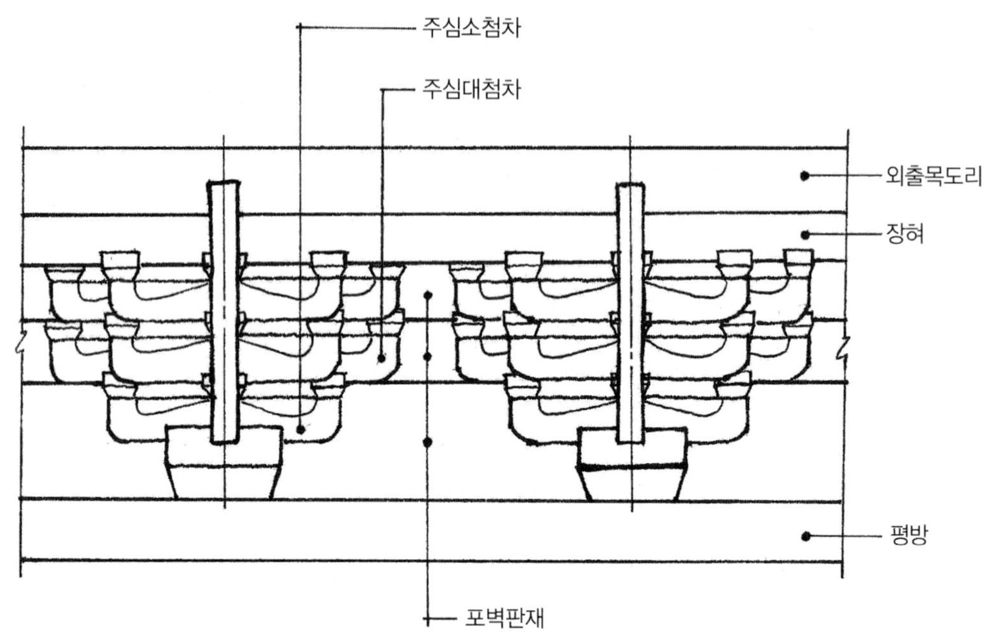

▎광화문 주간포 외부 입면도 ▎

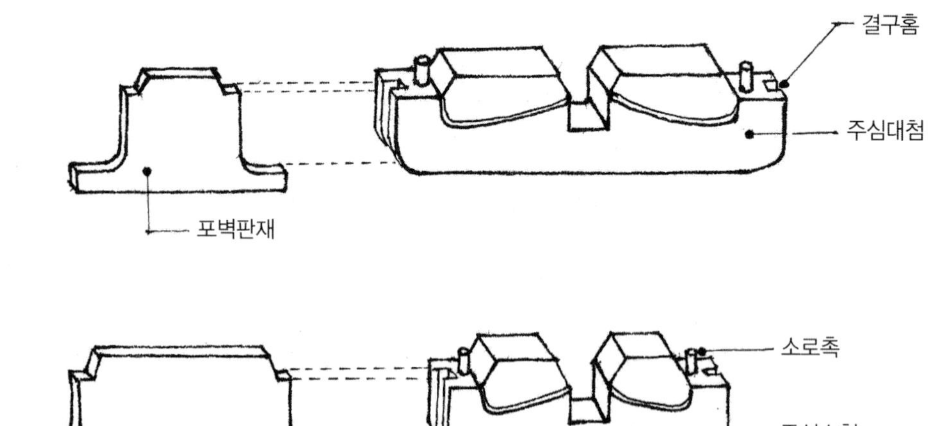

▎광화문 포벽판재와 주심첨차 조립도 ▎

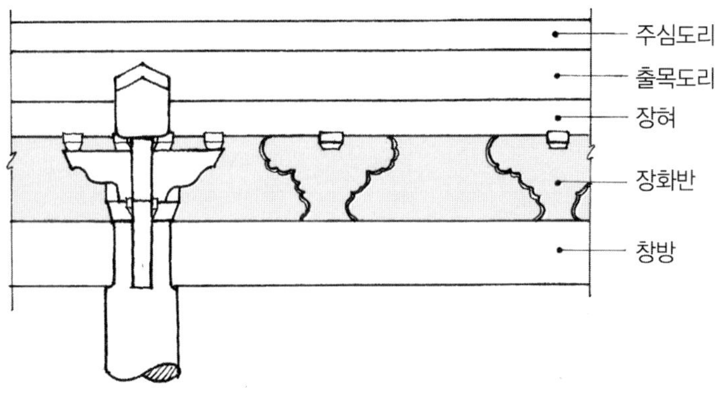

▲ 외부 입면도

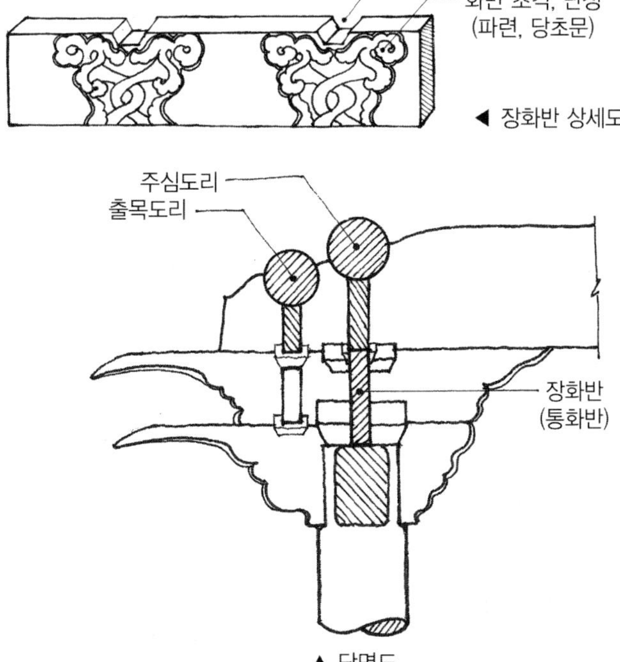

◀ 장화반 상세도

▲ 단면도

| 광릉 휘경원 정자각 공포부 구조 |

LESSON 04

익공양식

SECTION 01 개요

01 | 익공양식의 개념

① 익공 상부에 주두를 올려 보와 도리를 결구하는 공포 양식

② 새의 날개처럼 뾰족하게 생긴 보 방향 살미 부재를 결구(기둥머리에서 창방과 직교)

③ 조선 초기에 출현하여 조선 중기 이후 널리 사용

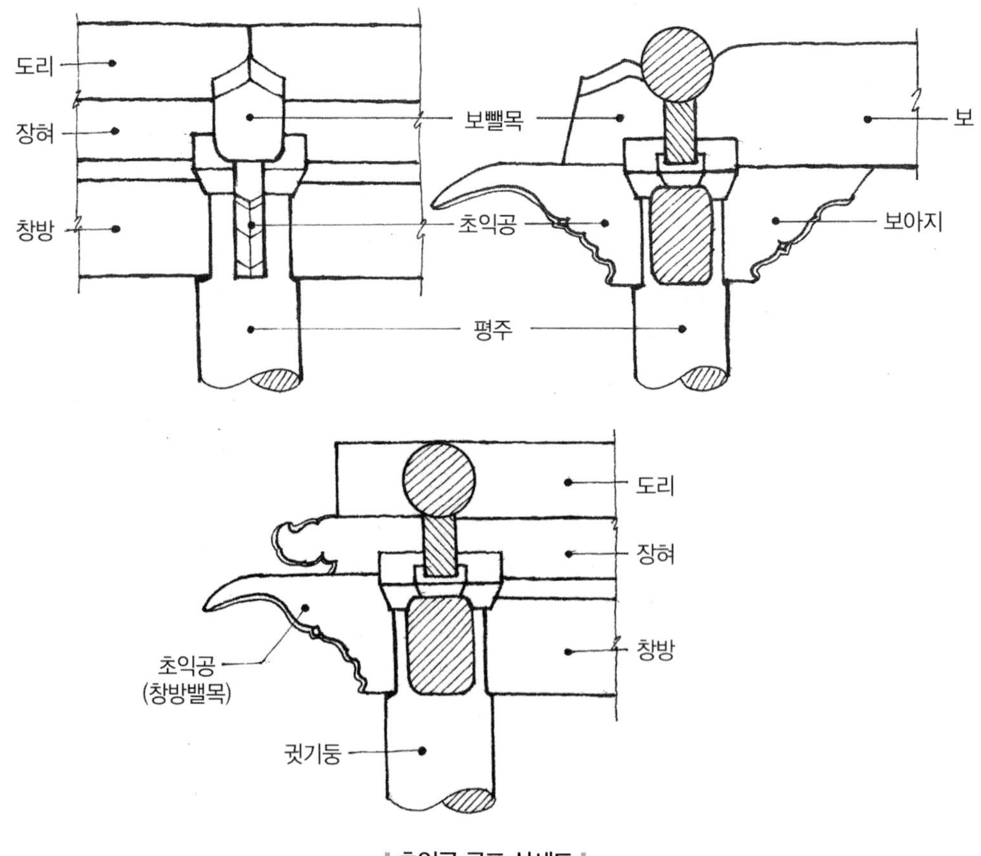

▎초익공 공포 상세도▎

02 | 익공양식의 시대적 특징

① 출현 초기에는 주심포양식과 혼용되고 중기 이후 정형화
② 조선 후기에는 다포계 양식과 혼용되어 살미 등이 장식화되고 제공과 출목이 증가하는 경향
③ 풍남문(2출목삼익공), 영남루(1출목삼익공), 광한루(1출목이익공)

SECTION 02 익공양식의 구성부재 및 배치

01 | 포부재의 배치

① 주심상에만 공포를 배열하고 주간에는 화반, 소로, 운공 설치
② 내출목 없음
③ 외출목이 없거나 외1출목

02 | 익공

① 익공의 내외부 : 기둥 위에 안팎으로 내밀어 외부는 쇠서가 되고, 내부는 보아지가 되는 구조
② 익공의 형태 : 쇠서는 혓바닥 모양으로 꾸미거나 뭉툭하게 처리

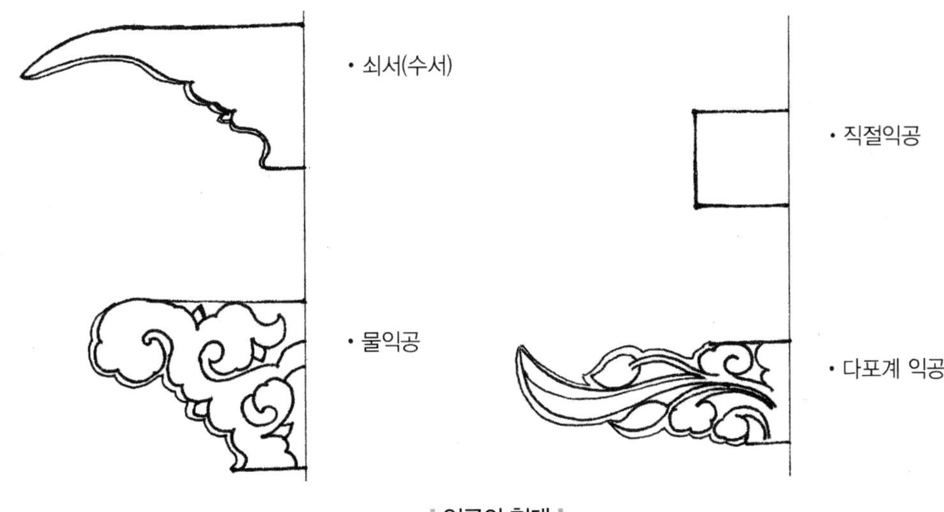

‖ 익공의 형태 ‖

③ 고주익공, 동자주익공 : 고주, 동자주 기둥머리에 끼인 익공 형태 부재

④ 익공의 종류

㉠ 익공의 중첩형태와 출목에 따라 초익공, 이익공, 삼익공, 출목익공

㉡ 익공의 부재 형태에 따라 물익공, 직절익공 등

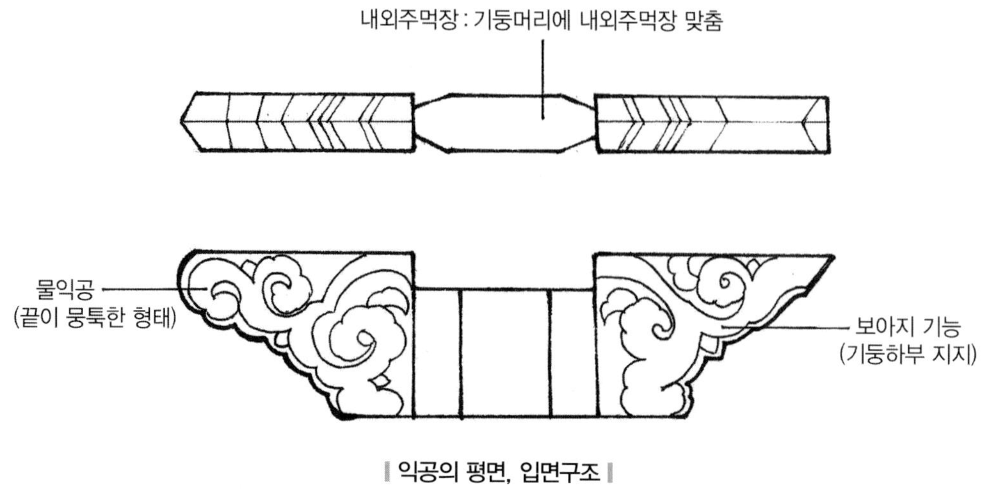

‖ 익공의 평면, 입면구조 ‖

03 | 행공

① 익공양식의 주심첨차(두공) / 동자주 또는 고주 기둥머리에 도리방향으로 설치된 행공

② 사절하고 밑면에 초새김

04 | 재주두

이익공 양식에서 이익공 위에 놓여 보, 도리, 장여를 받는 주두 형태의 부재

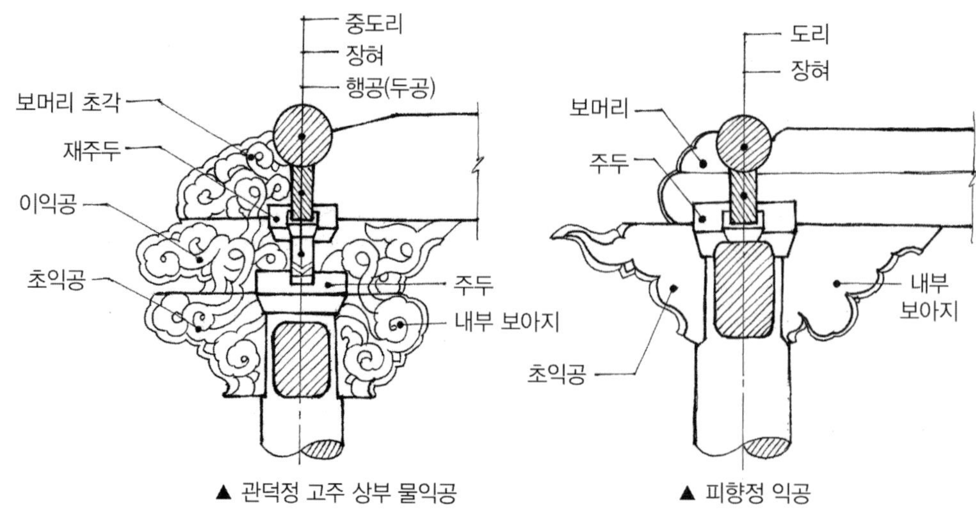

‖ 익공의 사례 ‖

05 | 주두, 소로

주심포계, 다포계 양식에 비해 운두가 낮은 빗굽

06 | 기둥

통상 민흘림 원주

SECTION 03 익공양식의 구조

01 | 초익공 구조(무출목)

① 구조 : 기둥머리에 초익공 결구. 초익공 상부 주두에서 보와 도리 장여 결구

② 사례 : 해인사 법보전(물익공), 수다라장전(초익공)

02 | 이익공 구조(무출목)

① 구조

㉠ 초익공 위에서 이익공과 행공 결구

㉡ 이익공 상부에 재주두를 놓고 보, 도리, 장여를 지지

② 사례 : 창경궁 통명전 등

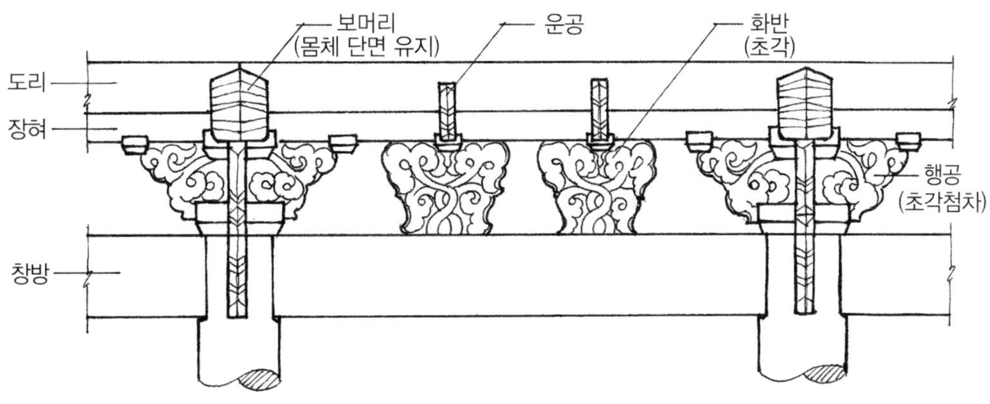

‖ 이익공 양식의 입면구조 ‖

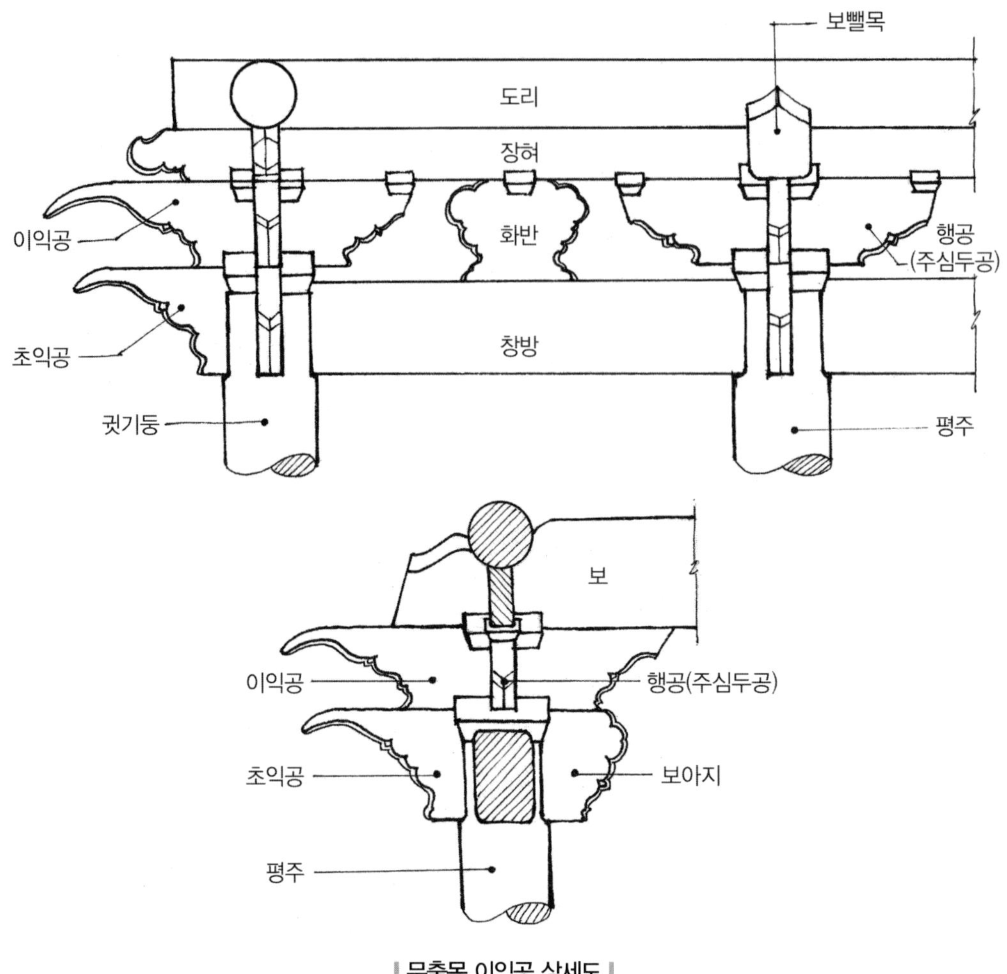

▎무출목 이익공 상세도 ▎

03 | 출목익공

① 구조 : 통상 1출목 구조

② 사례 : 사직단 정문(1출목초익공), 광한루(1출목이익공), 영남루(1출목 삼익공) 등

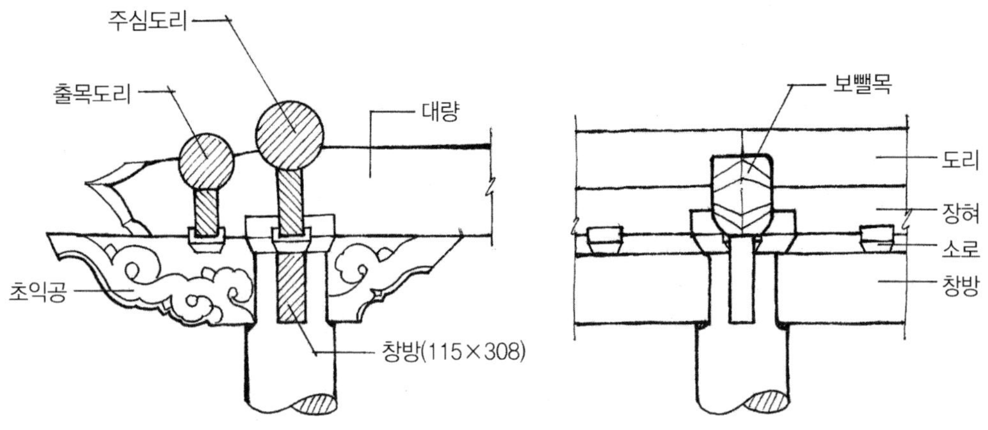

‖ 사직단 정문 출목 초익공 구조 ‖

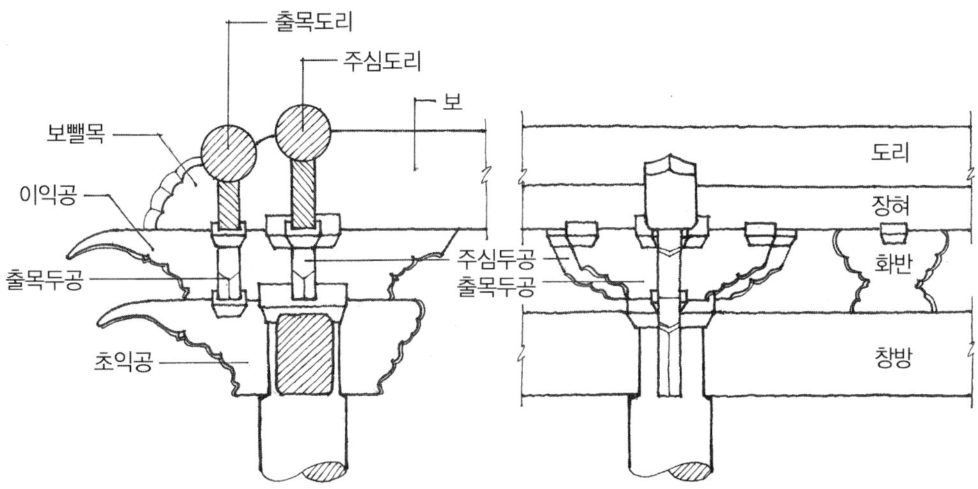

‖ 1출목 이익공 양식의 입면, 단면구조 ‖

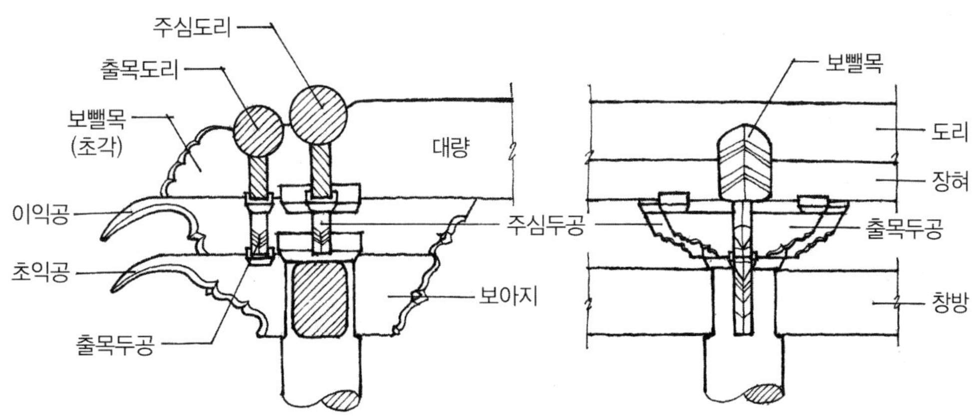

‖ 화서문 공포 입면, 단면구조 ‖

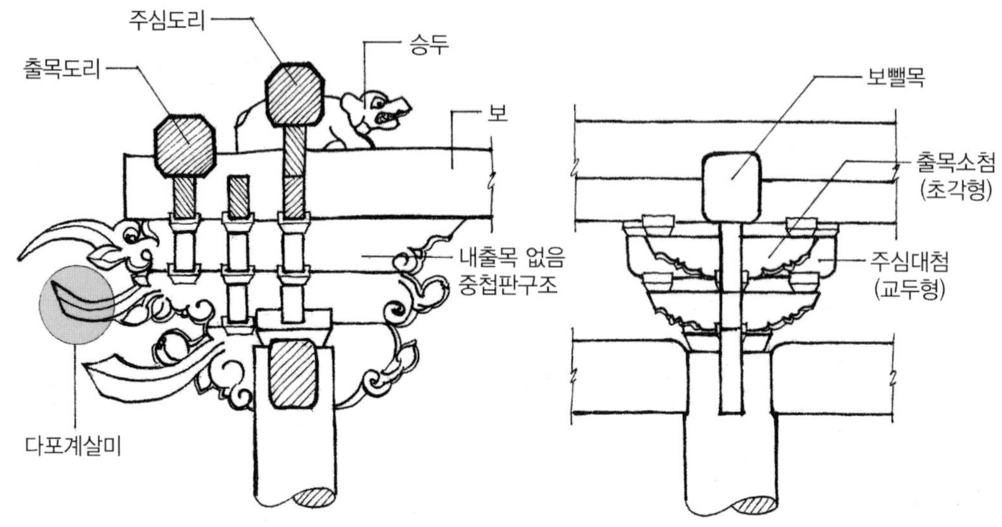

‖ 풍남문 2출목 익공 공포 상세도 ‖

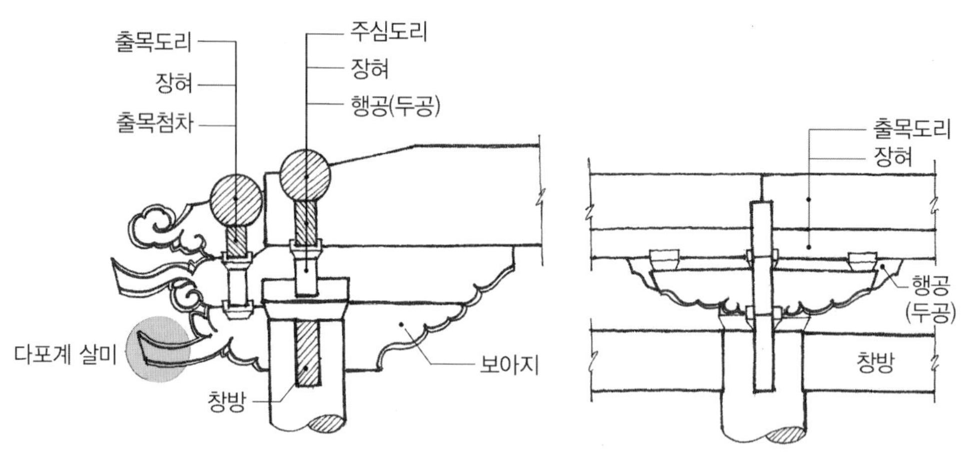

‖ 광한루 공포 상세도 ‖

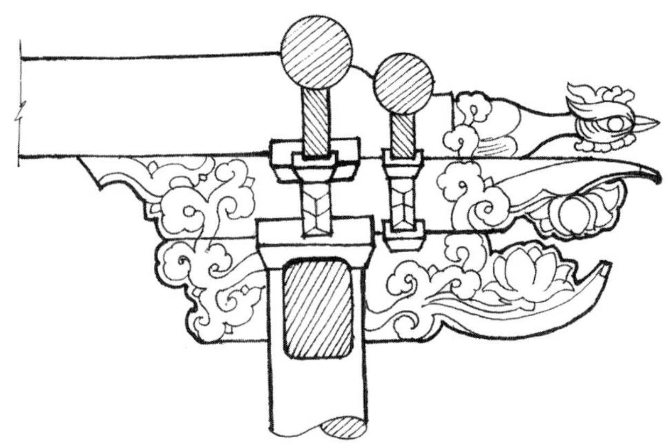

꽃새김 익공, 다포계 익공

04 | 주심포양식과 익공양식의 공통점

간포, 평방이 없음 / 내부출목이 없음 / 기둥머리에서 공포가 시작됨(헛첨차, 초익공)

05 | 주심포양식과 익공양식의 차이점

익공과 헛첨차	• 주심포양식의 헛첨차는 첨차형, 또는 자유곡선형의 쇠서형 • 익공의 쇠서는 수서 또는 앙서 형태로 옆면에 초새김 / 밑면이나 윗면에 연화, 연봉 조각
첨차	• 주심포양식은 연화두형 조각(쌍S자형) • 익공양식의 첨차는 밑면에 초새김하고 사절
제공 중첩방식	• 익공양식은 상하부 제공 사이에 간격 없이 밀착
보, 보머리	• 보 : 익공양식은 주두 위에 보가 직접 결구 • 보머리 : 익공양식은 몸체 단면 그대로 노출하여 초각(주심포계 : 수장폭 보머리)
출목	• 익공양식은 출목이 없거나 외1출목 • 주심포양식은 외1출목

LESSON 05

하앙양식

SECTION 01 개요

01 | 하앙의 개념

① 공포부재에 결구되어 출목도리를 받도록 서까래 방향으로 설치된 경사부재
② 처마도리와 중도리를 지렛대형식으로 지지하는 연목 방향의 경사부재
③ 백제, 고려의 청동소탑, 신라의 청동불감 등에 하앙 표현이 존재

02 | 하앙의 기능

① 처마내밀기 증대 : 출목도리의 높이와 위치를 자유롭게 조절(수평적 확장)
② 지렛대 구조 : 처마 내외부 하중을 지렛대 구조로 지지
③ 보 생략 가능 : 하앙이 처마도리와 중도리를 직접 지지(수직적 확장)
④ 공포재의 편심하중 저감
⑤ 의장성 : 단부 장식

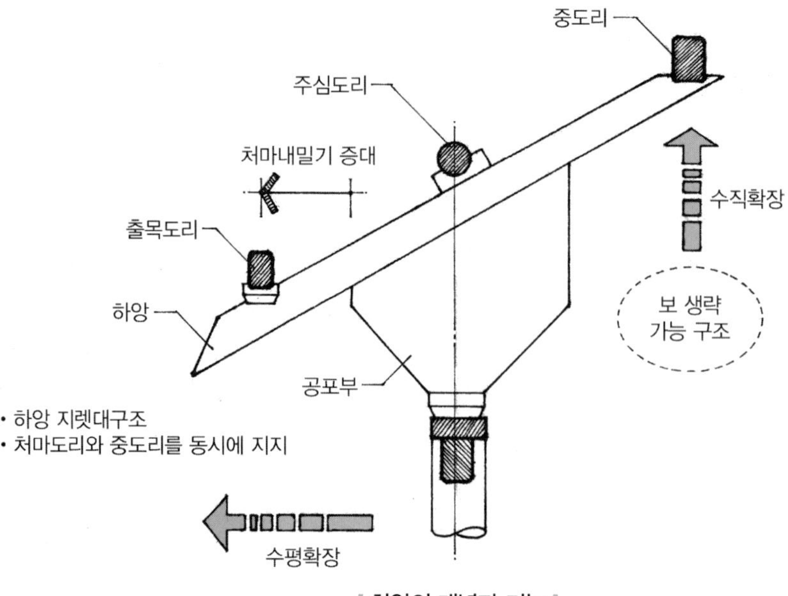

‖ 하앙의 개념과 기능 ‖

SECTION 02 하앙 구조의 사례(완주 화암사 극락전)

01 | 주심의 하앙구조

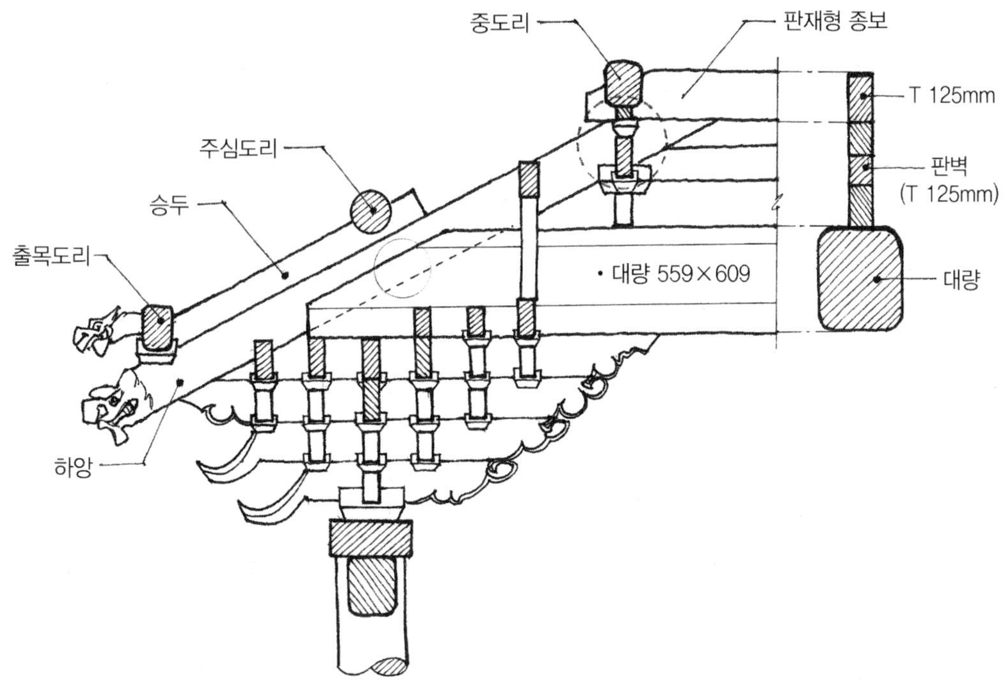

‖ 화암사 극락전 정면 주상포 단면도 ‖

① 내목도리 생략 : 내목도리를 생략하고 출목도리, 주심도리, 중도리 배치

② 판재형 종보 : 대량 상부에 판벽을 쌓아올리고 인방재 형태 판재로 전후면 중도리 연결

③ 하앙의 설치

㉠ 대량과 제공 상부에 경사지게 하앙 설치

㉡ 부재 간 마찰력과 도리 장여와의 결구로 결속력 유지

④ 하앙과 제공 : 제공 위에 경사지게 설치(3, 4제공 상부는 경사에 따라 상부를 사절)

⑤ 하앙과 대량 : 대량 상부에 경사지게 홈을 파내고 하앙 설치(부재 간 마찰력으로 결속)

⑥ 하앙과 중도리 : 중도리 장여, 뜬창방에 턱맞춤

02 | 주간의 하앙구조

① 하앙과 중도리 : 중도리 장여, 뜬창방과 결구

② 하앙과 출목도리 : 하앙 단부에 소로를 올리고 출목도리 지지

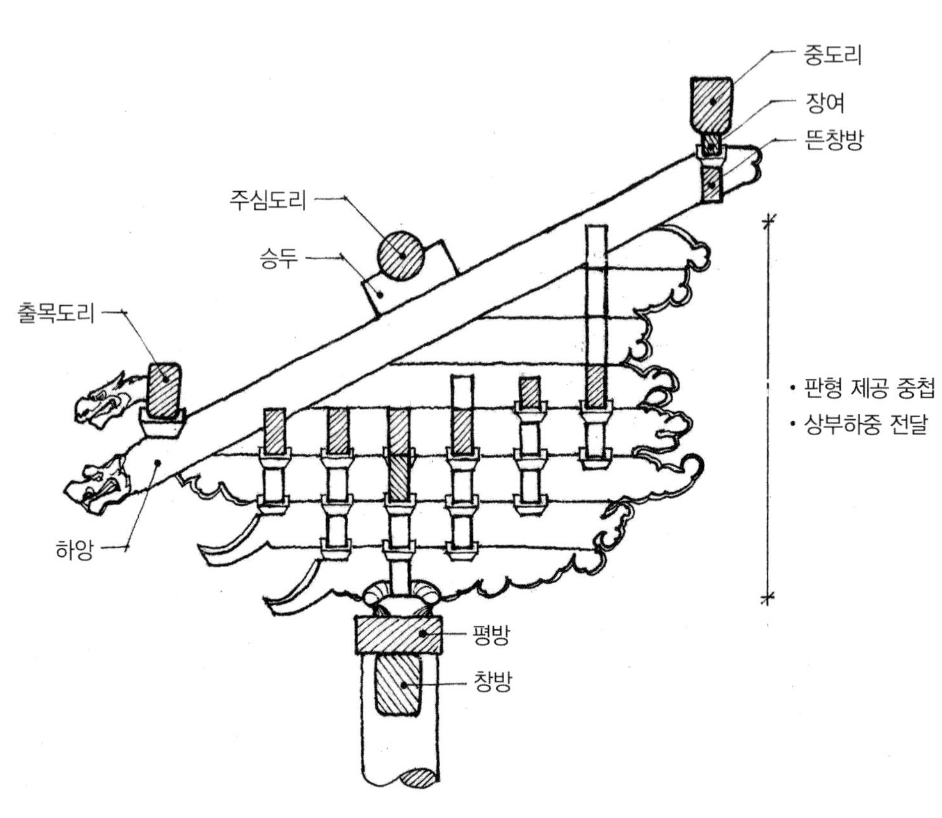

▌화암사 극락전 주간포 단면도▐

03 | 측벽의 하앙구조

① 종보 : 측벽에 종보 설치

② 하앙과 중도리 : 측벽 고주의 뜬창방, 고주 상부의 주두에 턱을 내어 결구

③ 하앙과 출목도리 : 단부에 소로를 올리고 출목도리 지지

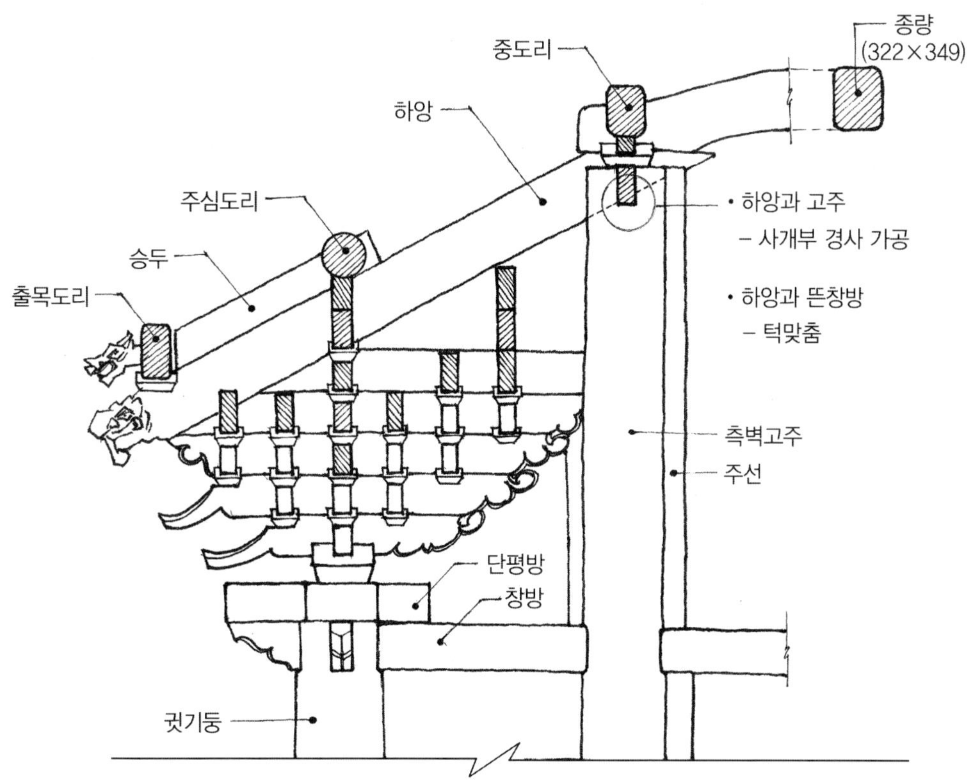

▌화암사 극락전 측면 고주 상부 하앙 결구도▐

04 | 하앙의 결구보강

① 대량, 제공과 하앙이 별도의 결구 없이 설치된 구조

② 결구보강 : 제공 상면과 하앙 사이에 촉 설치

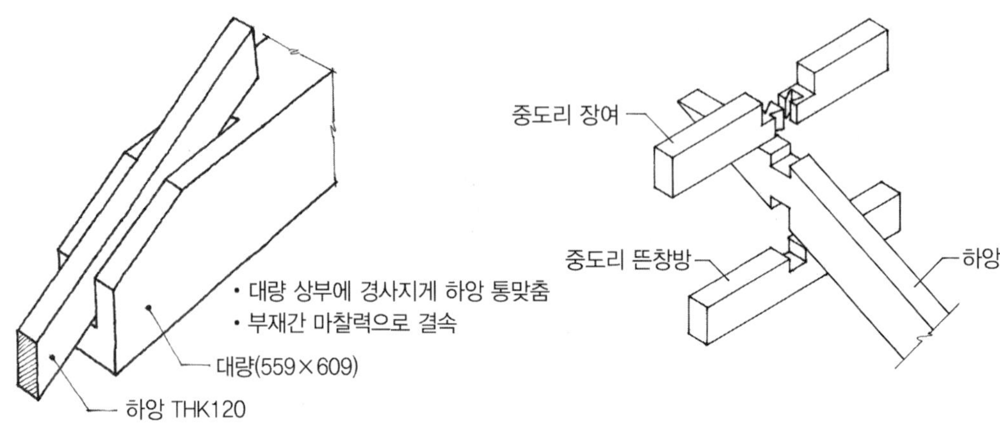

∥ 화암사 극락전 하앙 설치구조 ∥

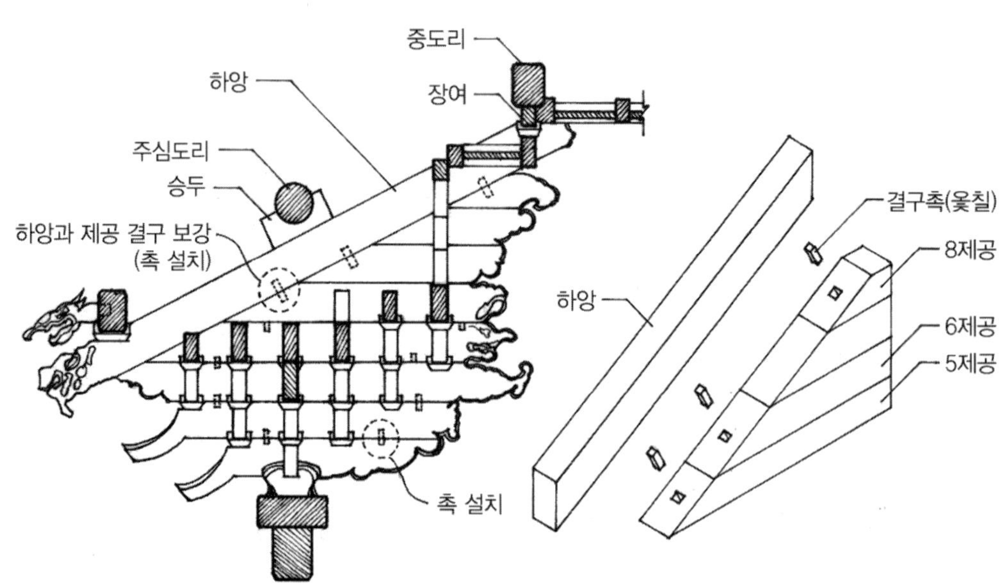

∥ 화암사 극락전 하앙 결구부 보강 ∥

LESSON 06

주칸설정과 공포의 비례

SECTION 01 개요

01 | 포작분수

① 포작 : 첨차와 살미를 중첩하여 공포를 짜올리는 일 / 한 단의 공포 짜임 자체

② 포작분수 : 주칸에 배치되는 공포의 개수와 간격을 정하는 일

02 | 포작분수와 주칸의 설정

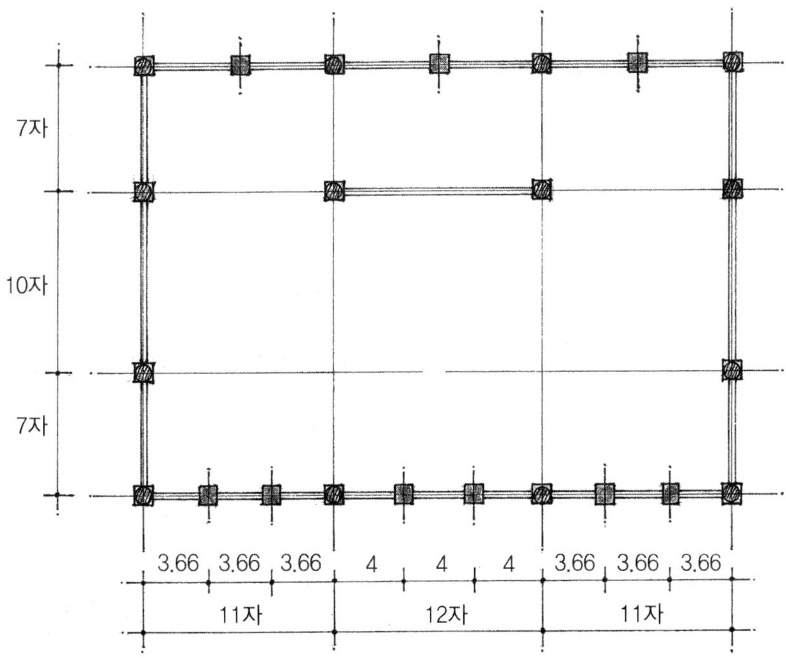

▎주칸거리와 포간거리의 관계▎

① 포간거리의 배수로 주칸을 설정

㉠ 포간거리의 정수배로 주칸길이 설정

㉡ 모든 주칸에서 포간거리 일치 → 모든 주칸에서 포벽 크기 동일

㉢ 모든 칸의 주칸길이가 동일한 경우 / 칸별로 주칸길이가 상이한 경우(포간거리의 정수배 차이)

㉣ 사례 : 화엄사 대웅전, 환성사 대웅전, 인정전 등

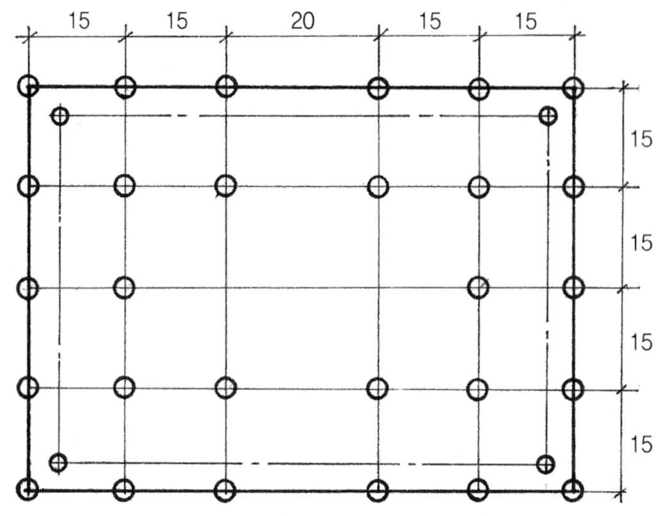

‖ 인정전 하층 평면구조 ‖

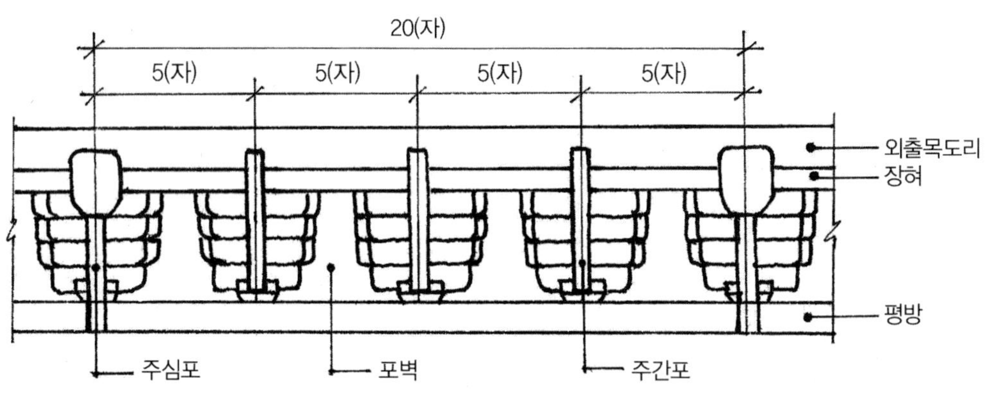

‖ 인정전 주칸거리와 포간거리 ‖

② 주칸을 완척으로 설정하고 주칸내에서 포를 균등하게 배치

㉠ 포간거리와 무관하게 주칸길이 설정

㉡ 주칸별로 포간거리 상이 → 주칸별로 포벽 크기 상이

㉢ 사례 : 대비사 대웅전, 근정전 등

03 | 포작분수와 첨차의 길이

첨차의 길이에 따라 포벽의 크기와 비례, 주칸에 배치될 포의 개수가 정해짐

04 | 포벽균형을 위한 첨차길이 조절 수법

① 평포

㉠ 주심포의 좌우 첨차 길이를 달리하여 포벽의 균형을 추구

㉡ 주칸별로 첨차의 길이를 달리하여 포벽의 균형을 추구

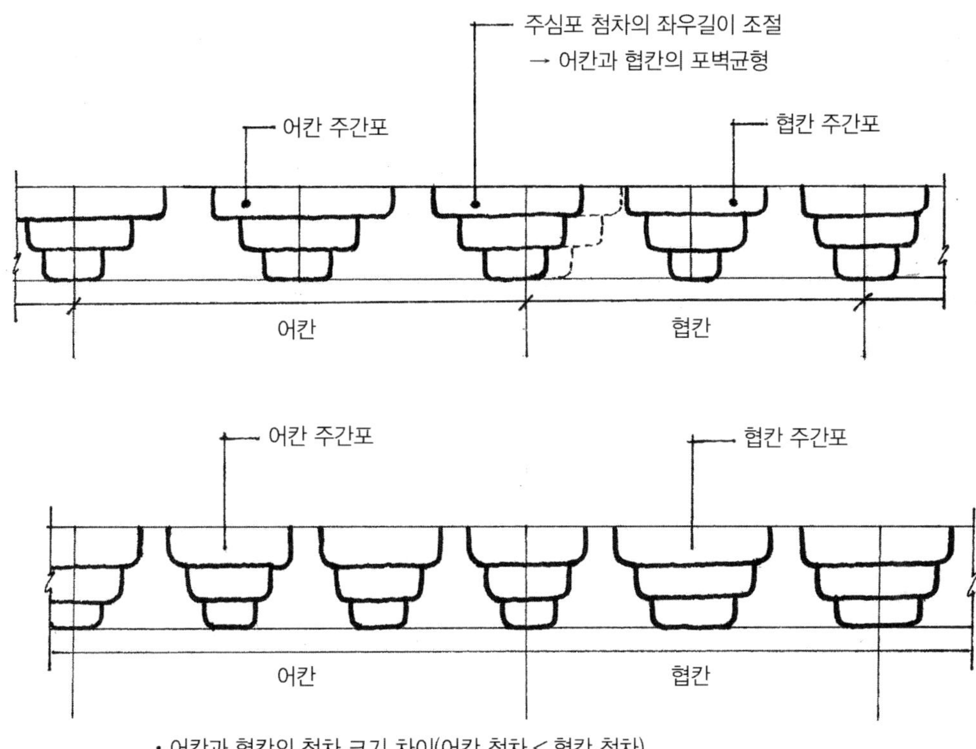

‖ 포벽균형을 위한 첨차길이 조절 기법 ‖

② 귀포

㉠ 귀포짜임을 고려해 귀포와 인접한 전측면 주간포의 배치를 조절

㉡ 퇴칸 내에서 포벽균형을 고려해 귀포에 인접한 주간포 첨차의 좌우 길이를 조절

SECTION 02 포벽균형을 위한 기법의 시대적 경향

01 | 기법의 약화

① 조선 후기로 갈수록 공포의 출목과 간포가 늘어나고 장식적 요소가 증가
② 포벽 자체의 시각적 의장적 비중이 감소
③ 포벽균형을 위한 첨차길이 조절 등의 기법이 점차 약화

02 | 근정전의 사례

① 인정전과 달리 포간거리의 배수로 주칸이 설정되지 않음
② 주칸길이를 정한 후 주칸 내에서 공포를 균분하여 배치 → 주칸별로 포간거리 불일치
③ 하층 : 주칸별 첨차의 규격 차이, 주심포 첨차의 좌우길이 조절 등의 기법을 일부 사용
④ 상층 : 포간거리와 무관하게 모든 주칸에 동일한 규격의 첨차 사용

SECTION 03 주심포양식 건물의 포벽 구성

01 | 주심포양식 건물 포벽 구성의 특징

① 간포가 없으므로 포작분수나 이에 따른 첨차길이 조절 등이 고려되지 않음
② 주간의 포벽에 설치되는 화반, 뜬장여를 통한 포벽의 분할 등이 입면상 중요함
③ 뜬장여가 포벽구성의 바탕재, 포벽분할의 요소로 사용됨

02 | 주심포양식 건물 포벽 구성의 사례

① 첨차와 첨차 사이에 뜬장여를 설치하여 포벽을 분할
② 사례 : 봉정사 극락전, 부석사 무량수전, 수덕사 대웅전 등

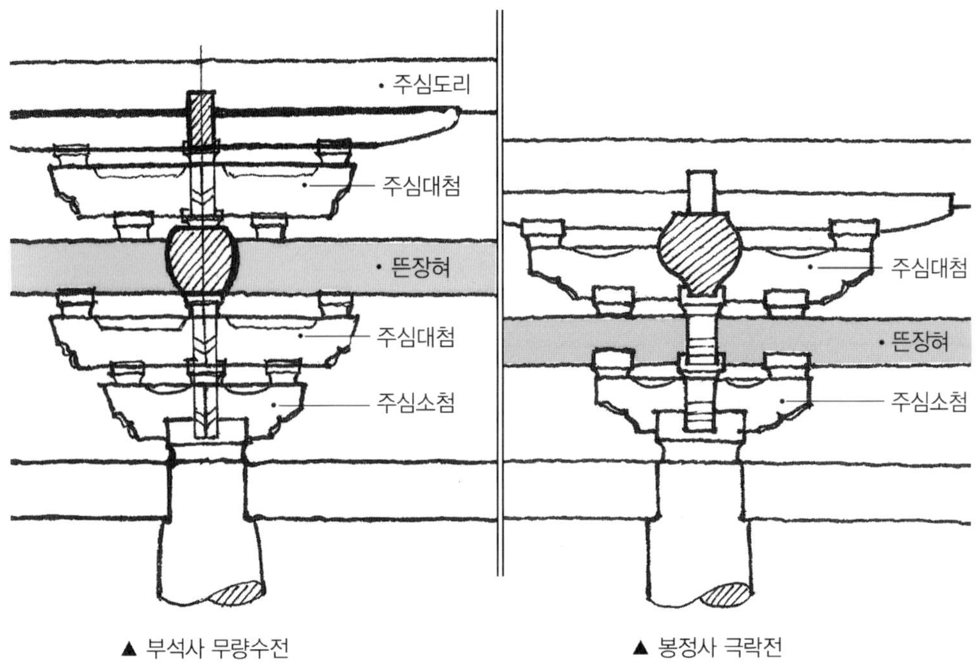

▲ 부석사 무량수전

▲ 봉정사 극락전

| 주심포양식 건물의 포벽 분할 |

SECTION 04 기타

공포를 기둥열과 무관하게 등간격으로 배치(전등사 대웅전)

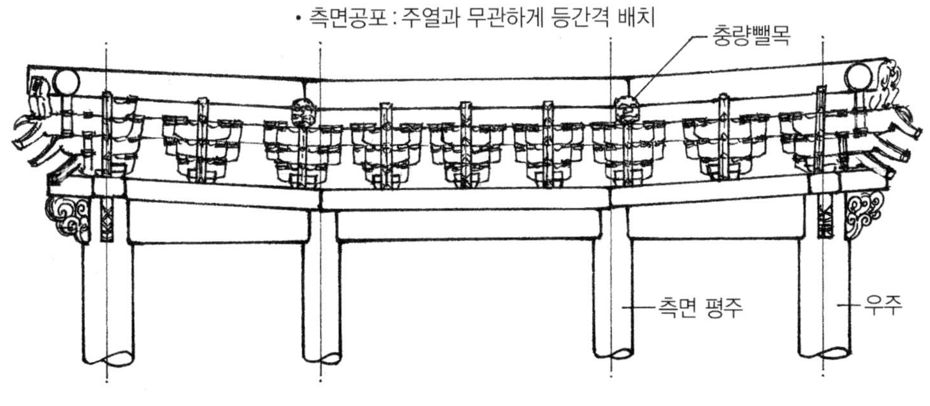

| 전등사 대웅전 측면 공포 배열 |

LESSON 07

귀포의 구조

SECTION 01 개요

01 | 귀포

① 개념 : 건물 모서리 퇴칸의 우주 상부에 구성되는 공포

② 종류
- ㉠ 평포 형태(맞배지붕)
- ㉡ 전각포 형태(팔작지붕, 우진각지붕)

③ 팔작지붕, 우진각지붕의 귀포 구성
- ㉠ 추녀를 하부에서 안정적으로 지지하기 위한 귀포 내외부의 짜임
- ㉡ 귀포 내외부 의장성 고려

02 | 귀포의 구성부재

① 귀한대 : 귓기둥 위에서 45도 각도로 걸린 살미

② 좌우대
- ㉠ 귀한대 좌우 정면과 측면에서 귀한대에 결구되는 살미 첨차(좌대와 우대)
- ㉡ 건물 안쪽으로는 첨차 형태, 외부로는 살미 형태

③ 병첨
- ㉠ 귀한대에 결구되는 귀포의 내출목첨차와 인접 주간포의 내출목첨차를 하나의 부재로 사용
- ㉡ 별도의 첨차로 구성하지 않고 하나의 첨차로 연결하여 만든 부재
- ㉢ 외출목 병첨 : 귀포의 좌우대와 인접 주간포의 외출목첨차를 하나의 부재로 사용

④ 도매첨

㉠ 부재 간의 거리가 짧아 온전한 첨차 형태를 갖추지 못한 토막첨차

㉡ 통상 내1출목에서 발생

⑤ 이방(고삽) : 양쪽 평방에 걸쳐 귀한대를 받쳐주는 삼각형 판재

⑥ 접시소로

㉠ 귀한대를 받는 소로

㉡ 좌우대가 교차하여 소로의 운두가 거의 남지 않아 운두 없이 받침대 형태로 구성

㉢ 방형, 팔각형 등

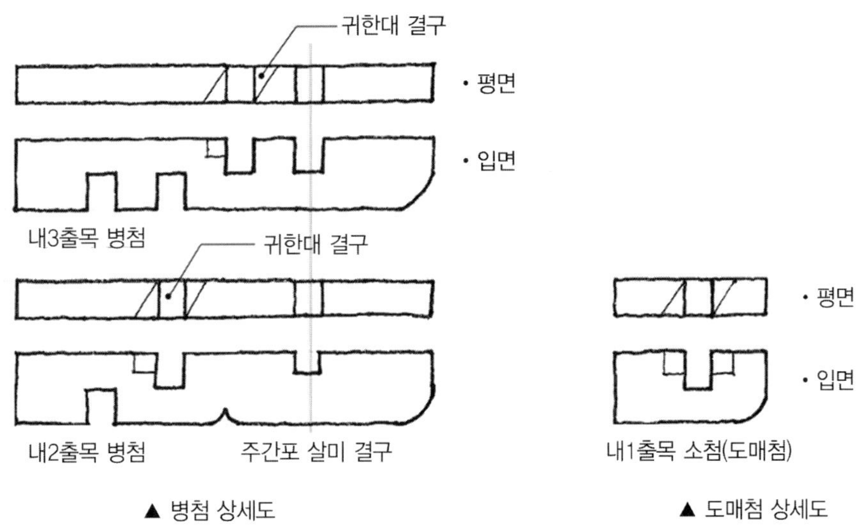

▲ 병첨 상세도

▲ 도매첨 상세도

| 병첨, 도매첨의 구조 |

03 | 귀포 부재의 결구

① 반턱맞춤 : 좌우대의 맞춤, 내출목첨차의 맞춤

② 삼분턱맞춤

㉠ 귀한대와 좌우대, 귀한대와 내출목첨차의 맞춤

㉡ 도리방향, 보방향, 대각선 방향 부재의 맞춤

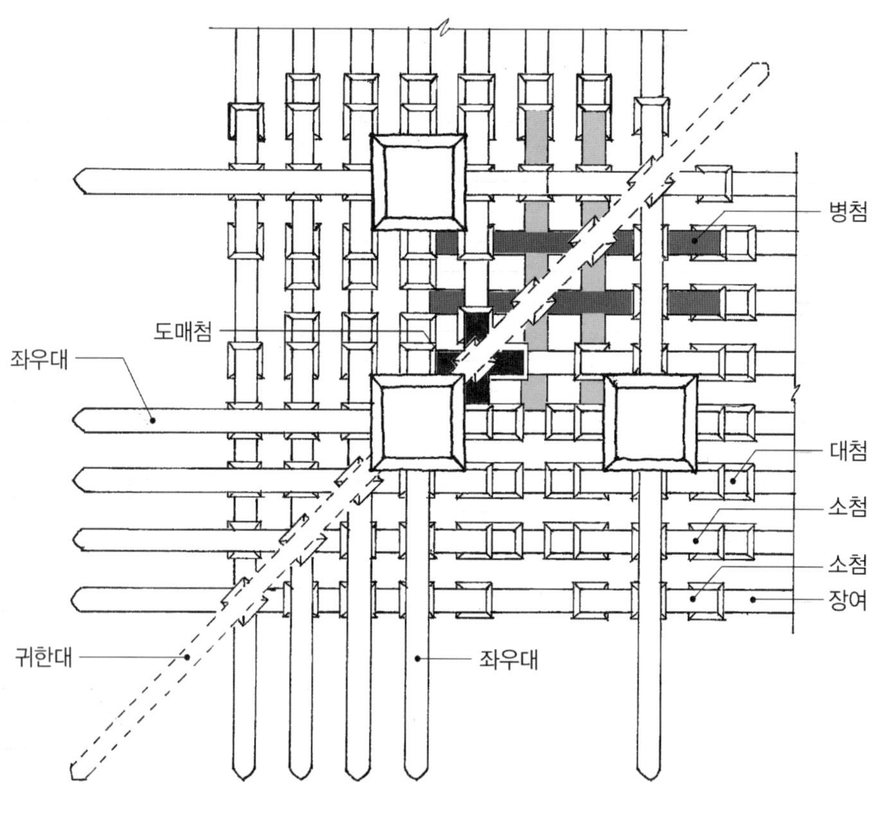

| 귀포 앙시도 |

SECTION 02 귀포의 내부 구조

- 포간거리와 내출목거리의 차이에 따른 귀포 형태 분류
- 귀한대와 인접 주간포 살미의 교차 형태

01 | 분리형(고식)

① 귀한대와 인접 주간포의 살미 내단이 교차하지 않는 경우

② 내출목거리 < 포간거리

③ 통상 내2출목 이하

④ 사례 : 봉정사 대웅전, 금산사 미륵전, 화엄사 각황전 등 조선 초중기 건물

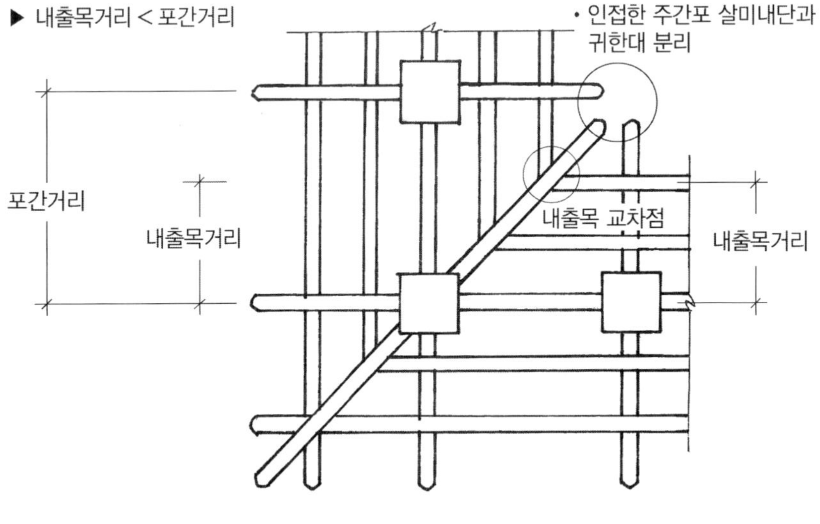

| 분리형 귀포 구조 |

02 | 연장교차형

① 귀한대와 인접 주간포의 살미내단을 연장하여 내출목 교차점 외부에서 교차시킨 경우

② 내출목거리 < 포간거리

③ 사례 : 법주사 대웅보전, 화엄사 대웅전, 송광사 약사전, 미황사 대웅전 등

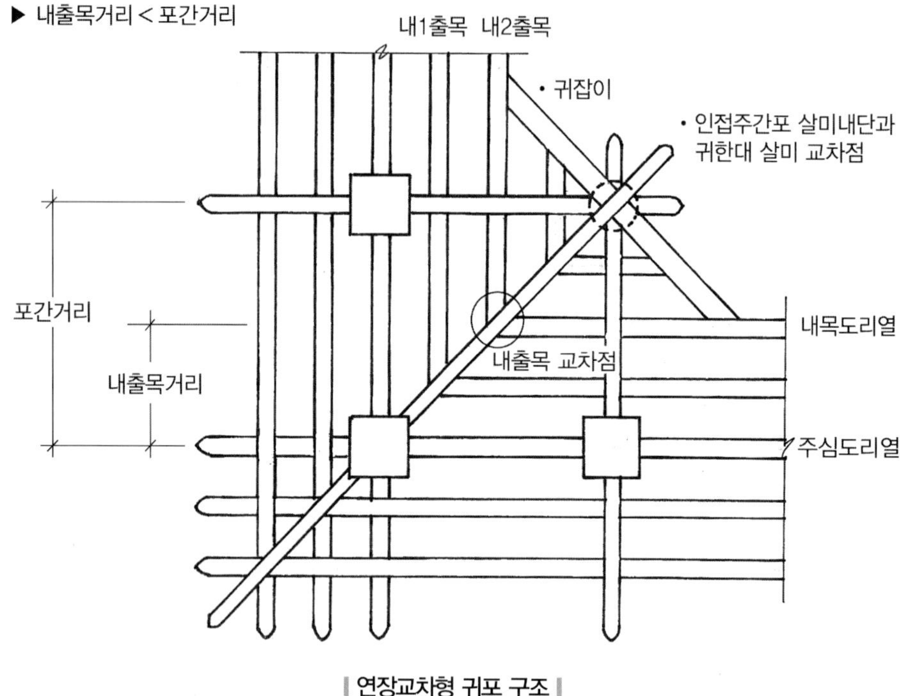

| 연장교차형 귀포 구조 |

03 | 일치형

① 인접 주간포의 내출목 교차점에서 귀한대와 인접 주간포의 살미 내단이 교차하는 경우

② 내출목거리 = 포간거리

③ 통상 내3출목 이상

④ 사례 : 쌍계사 대웅전 등 조선 중후기 건물

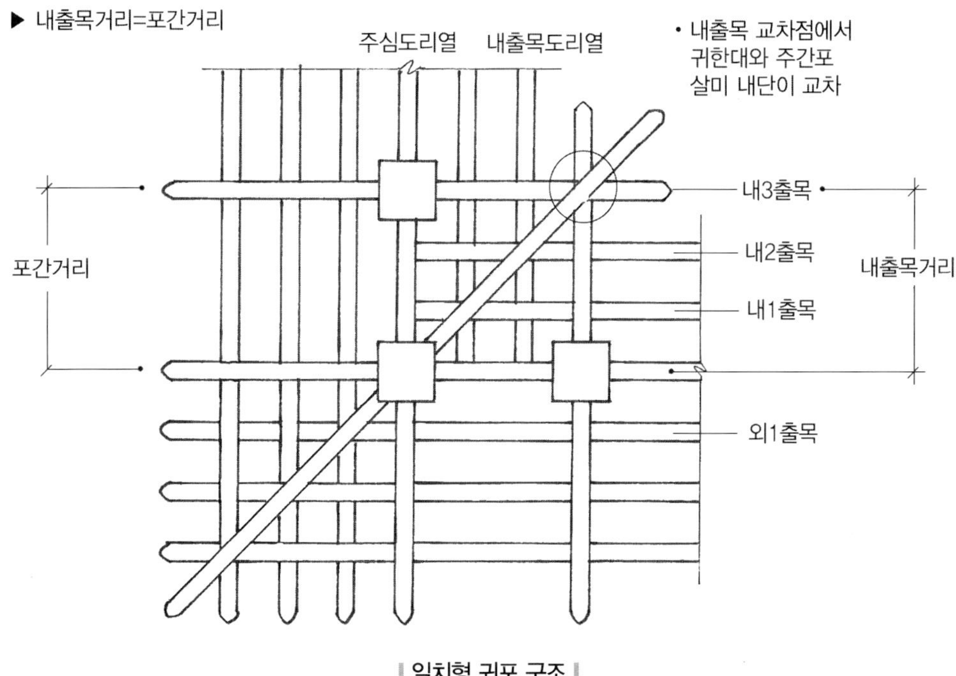

‖ 일치형 귀포 구조 ‖

04 | 내부형

① 인접 주간포의 내출목 교차점 내부에서 귀한대와 인접 주간포의 살미가 교차하는 경우

② 내출목거리 > 포간거리

③ 사례 : 운문사 대웅보전 등 조선 후기 건물

▶ 내출목거리 > 포간거리

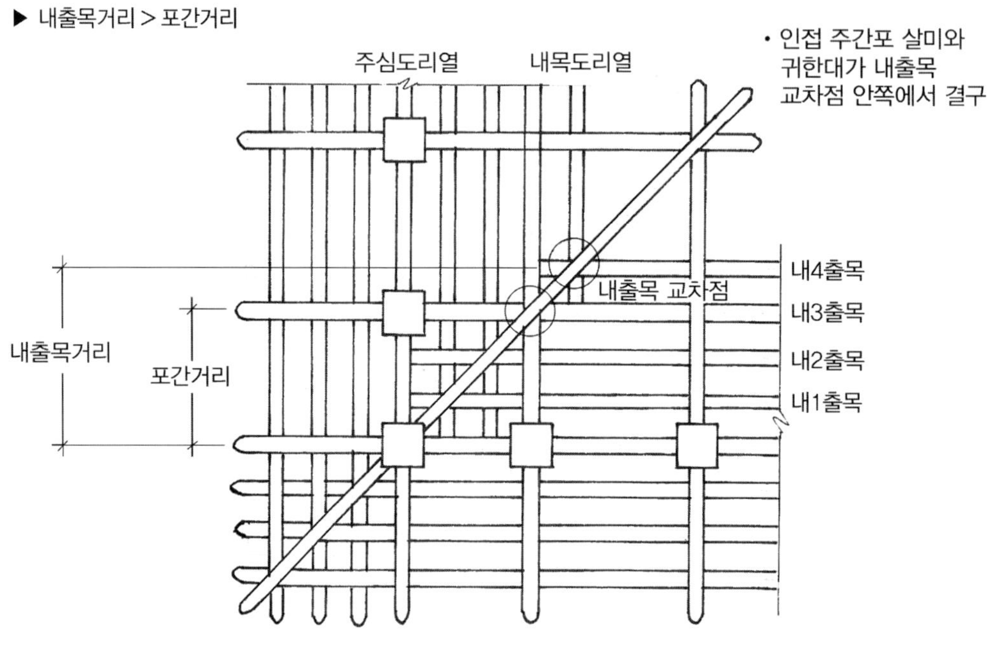

‖ 내부형 귀포 구조 ‖

SECTION 03 주심포계, 익공계 팔작 건물의 귀포

01 | 특징 및 구성부재

① 간포가 없는 구조

② 평방, 이방, 내출목 첨차가 없음

③ 귀포 내부에서 귀한대와 교차하는 인접 주간포의 내출목첨차가 없음

④ 좌우대 부재가 적음(외1출목)

02 | 사례

① 부석사 무량수전

㉠ 내외부에 도매첨 형태의 부재를 추가하여 귀한대를 지지

㉡ 귀한대 소로의 설치각도(대각선 양갈소로)

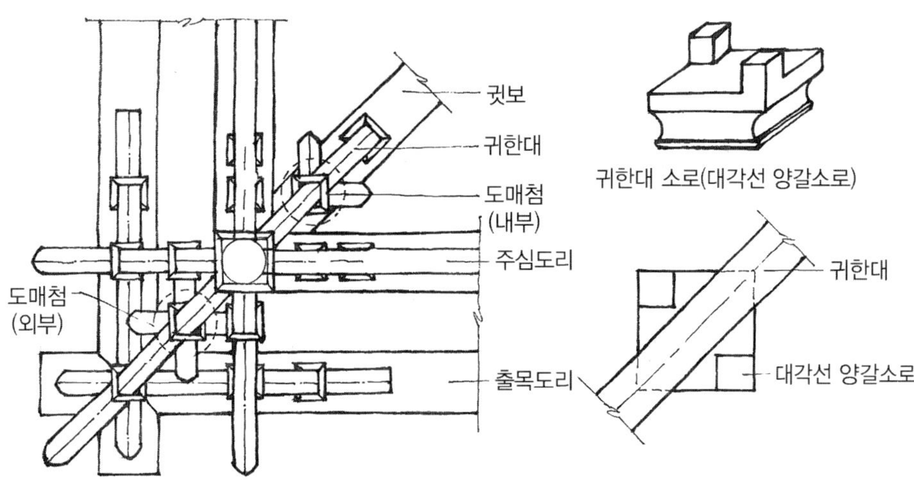

‖ 부석사 무량수전 귀포 앙시도 ‖

② 고산사 대웅전

귀포 내부에 귀잡이재 설치(4제공 귀한대, 주심장여와 반턱맞춤)

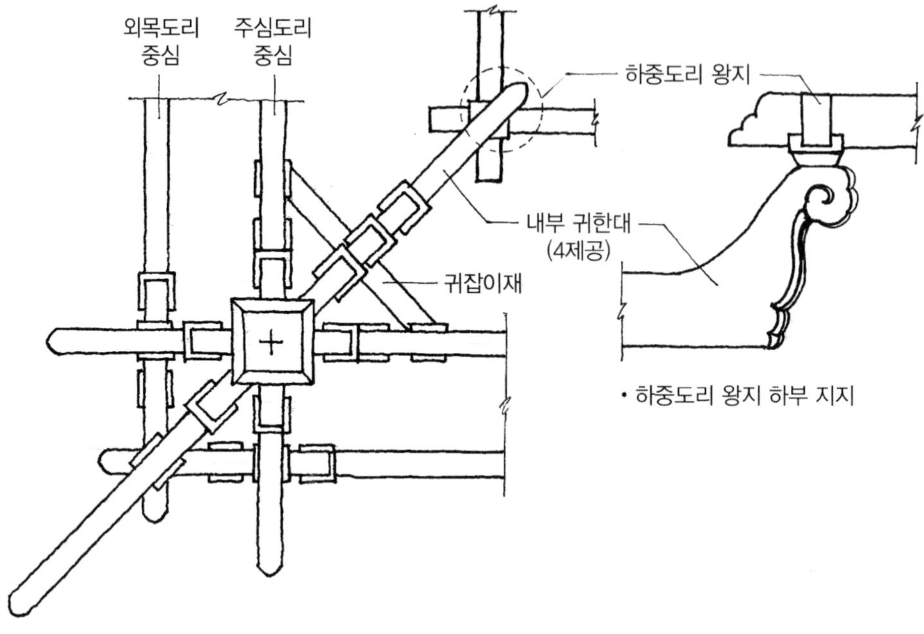

‖ 고산사 대웅전 귀포 앙시도 ‖

③ 나주향교 대성전

㉠ 기둥머리에 45도 방향 헛첨차 구성

㉡ 외목도리 하부에 소첨과 대첨을 좌우대 형태로 중첩

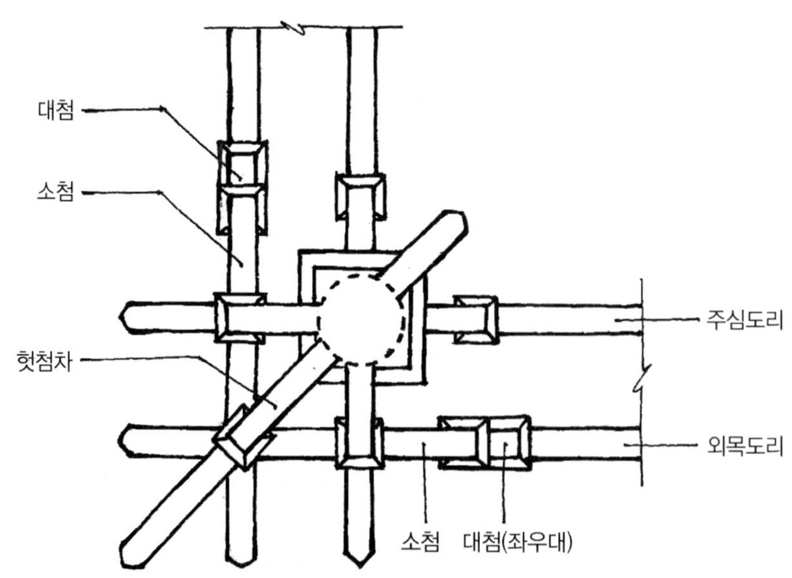

‖ 나주향교 대성전 귀포 앙시도 ‖

SECTION 04 귀포의 시대적 특징

01 | 조선시대 초기, 중기

① 귀포 내부에서 귀한대와 인접 주간포의 살미 내단이 분리

② 귀포의 좌우대 첨차와 장여의 일부가 살미화되지 않는 불완전한 형태

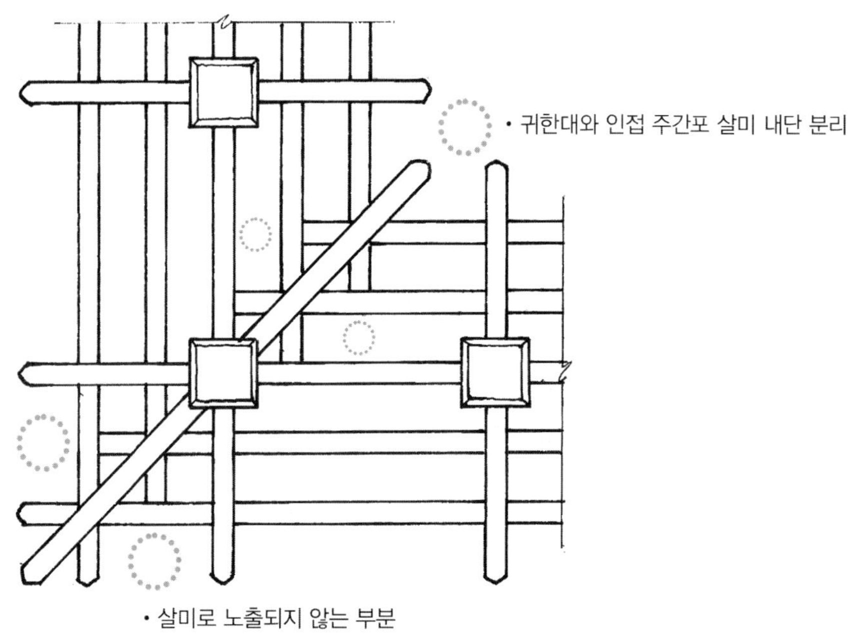

| 조선 초중기 불완전 귀포 구조 |

02 | 조선시대 후기

① 출목수가 증가하고 포간거리가 짧아짐

② 귀포 내부에서 귀한대와 인접 주간포의 살미내단이 근접(일치형, 내부형)

③ 귀포의 좌우대 첨차와 장여가 모두 살미화된 화려한 외관

LESSON 08

공포부 훼손 유형과 시공

SECTION 01 공포부 훼손 유형

01 | 파손

① 상부 편심하중에 의한 압축, 인장, 전단 파괴
② 주두, 소로, 첨차, 살미의 균열 및 파손

02 | 이완

① 상부 편심하중, 공포 부재의 수축, 파손에 따른 결구부 이완
② 공포열 교란
③ 소로와 제공의 이격

03 | 처짐

① 첨차 좌우 처짐 / 살미 내외부 처짐 / 외출목도리를 받는 제공의 처짐
② 귀포의 처짐

SECTION 02 훼손 원인

01 | 일반적인 원인

① 상부 편심하중에 의한 포부재의 압축, 인장, 전단, 처짐

② 포부재의 건조수축에 따른 결속력 저하(결구부 이완과 편심 유발)

③ 시간의 경과에 따른 포부재의 내구성 저하

02 | 개별적인 원인

① 공포의 치목 및 조립 방법의 문제

㉠ 이음부재 사용 : 분절된 제공의 사용

㉡ 제공 치목의 문제

- 외출목도리를 받는 제공이 숭어턱 없이 도리와 통맞춤
- 외출목도리 장여를 받는 제공이 받을장으로 치목된 경우(처짐 가속화)

㉢ 결구 부실 : 주두, 소로, 제공 사이의 촉 설치 부실로 인한 이완 및 편심 작용

② 하중전달방식의 문제

㉠ 주심도리 생략에 따른 변위 가속화(외목도리에 하중 집중)

㉡ 주심도리와 외목도리의 규격 차이(외목에 편심 작용)

㉢ 보 설치구조 : 보의 외단이 짧아 하부 공포부에 편심을 유발

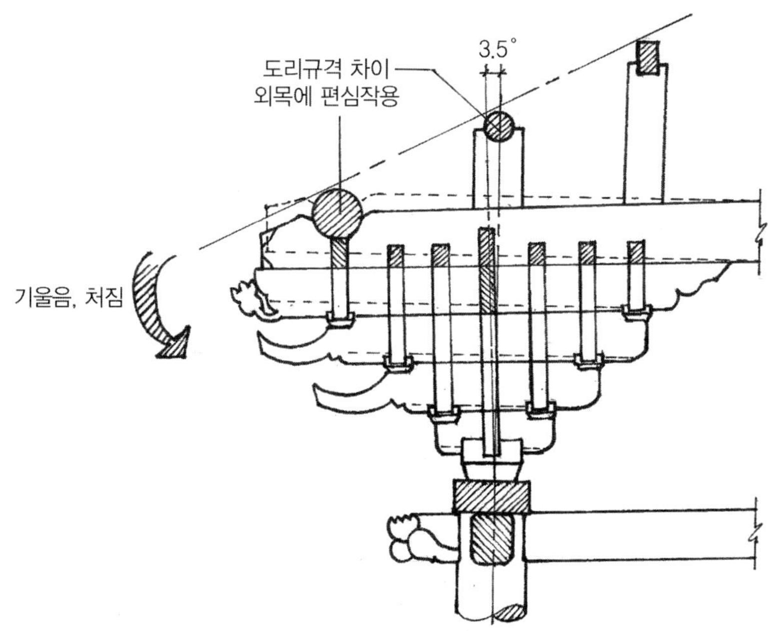

‖ 법주사 대웅보전 상층 공포 수리 전 현황 ‖

③ 처마부 구조의 문제

㉠ 귀서까래의 뒷길이가 짧아 추녀에 제대로 결구되지 못한 경우

㉡ 귀서까래가 추녀 옆면에 밀착하여 고정되지 못한 경우

㉢ 주심도리와 연목의 이격 등으로 하중이 주심에 실리지 못하고 외목으로 집중

④ 상부가구의 편심

㉠ 지붕하중, 편심 작용

㉡ 연목 및 추녀의 처짐에 따른 외력 발생 → 공포부 처짐 유발

㉢ 외목도리를 받는 보머리, 제공의 파손에 따른 편심 발생

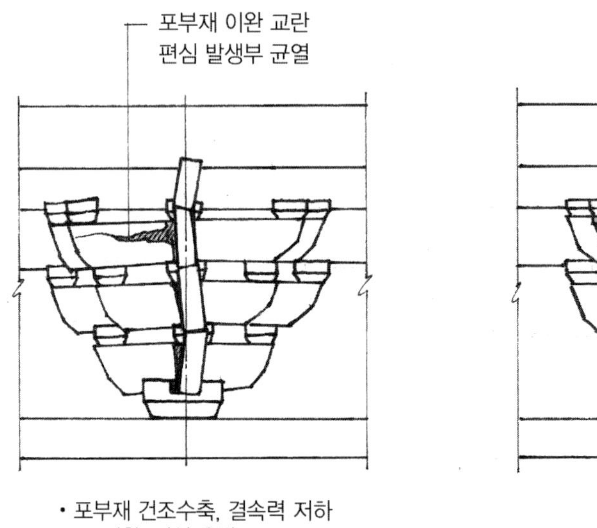

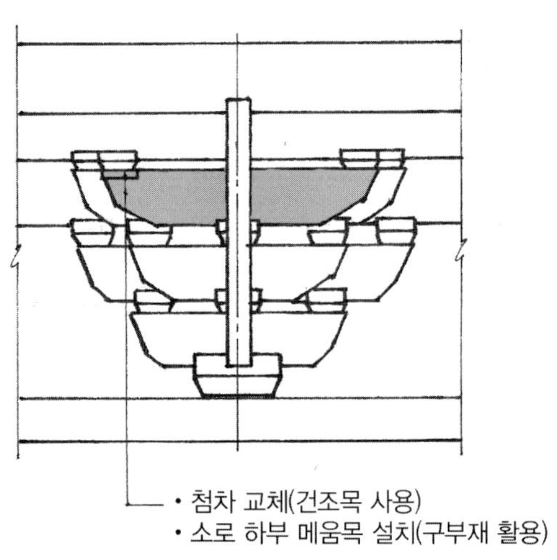

‖ 공포부재의 변형과 수리 ‖

⑤ 기둥 및 기초부의 문제

㉠ 기둥, 동바리, 초석의 침하에 따른 상부 공포부 변위

㉡ 산지사찰 성토부의 지내력 문제

SECTION 03 조사사항

① 균열, 파손 등 공포 부재의 훼손 상태(부재 조사서 작성)
② 수평 · 수직 기준실 설치 후 기울기, 처짐, 벌어짐 여부와 정도
③ 포벽(훼손 상태, 보존가치, 설치기법)
④ 제공의 치목 및 결구법
⑤ 구조양식, 낙서, 명문
⑥ 재료, 가공법, 연장, 단위치수, 형식, 가구법, 기법, 의장, 시대
⑦ 연륜연대조사
⑧ 목재수종조사

SECTION 04 해체 시 주요사항

① 해체범위와 수리방법 검토
　㉠ 공포 해체범위, 해체방법, 수리방법에 대한 검토
　㉡ 포벽에 대한 조사 : 적외선 촬영, 과학적 분석, 전문가 자문 / 보존가치 검토
　㉢ 포벽 처리방침 검토 : 재설치, 재활용, 신재 설치

② 포벽해체
　㉠ 사전보강 : 균열부, 박리 · 박락부 보존처리 / 페이싱(한지, 레이온지)
　㉡ 보호틀 설치 : 부직포, 솜, 압축스폰지, 스티로폼, 합판, 각목, 철선, 슬링벨트
　㉢ 해체 시 포벽 파손 유의

③ 공포해체
　㉠ 부재 번호표 부착 후 해체(전후좌우 표시)
　㉡ 해체과정에 대한 촬영 및 기록
　㉢ 시범해체 : 전체 해체에 앞서 단위 포작에 대한 시범해체(포작구조 숙지)
　㉣ 평포에서 귀포 순서로 해체
　㉤ 부재파손에 유의하며 해체

④ 해체부재의 보관
　㉠ 재사용재와 불용재 분류
　㉡ 위치별로 구분하여 혼동되지 않도록 보관
　㉢ 보존처리가 필요한 부재는 별도 보관

SECTION 05 치목 시 주요사항

① 첨차, 쇠서, 제공 등 곡선부재나 조각물은 구부재의 정확한 원척도를 작성하여 치목

② 주두 및 소로가 놓이는 부분은 촉맞춤으로 치목, 조립

③ 주두, 소로 등 소부재는 나뭇결의 직각 방향으로 힘을 받도록 치목

SECTION 06 조립 시 주요사항

① 해체 시에 표시해 둔 기존 위치에 조립

② 기준선을 띄워 조립

③ 갈라지기 쉬운 부재는 한지로 발라 보양한 후 조립

④ 교체부재는 최대한 구부재의 함수율을 고려하여 건조된 목재 사용

⑤ 밑에서부터 한 단씩 짜서 올라가며 출목도 함께 짜 올림(주심과 출목을 동시에 조립)

⑥ 소로는 닿는 면을 밀착하여 조립하고, 소로와 첨차는 촉구멍에 촉을 끼워 조립

⑦ 상하부 제공 사이에 촉 설치(방형촉)

⑧ 조립 시 높이 차이 조절 : 주두의 운두와 굽높이를 조정하거나 포부재 하부에 받침부재 사용

⑨ 포벽 재설치

㉠ 포부재 조립 시 포벽 재설치 / 미장공사 시 포벽 재설치

㉡ 보호틀은 공사 완료 후 단청공사 시점까지 유지

SECTION 07 수리 시 보강방안

① 부식, 파손된 공포 부재의 교체

② 공포대가 고르게 하중을 받도록 공포 부재 수평 설치

③ 제공 치목 및 조립 방법 개선 : 숭어턱 시공 / 외목도리 하부 제공 엎을장 치목

④ 부재 간 결속력 보강(촉, 철물)

⑤ 균열 및 탈락부에 대한 보존처리(메움목, 수지처리)

⑥ 주심부 구조보강 : 주심도리 설치, 주심도리 단면 규격 확보, 뜬장여 설치 검토

⑦ 연목 설치 시 외목도리와 5푼 이격(편심발생 저감 및 하중전달방식 개선)

⑧ 상부 가구부의 결속력 보강(보와 도리, 추녀와 귀서까래의 결속력 보강)

⑨ 지붕하중 경감방안 마련

⑩ 주변 환경 정비(배수로 정비, 잡목 제거)

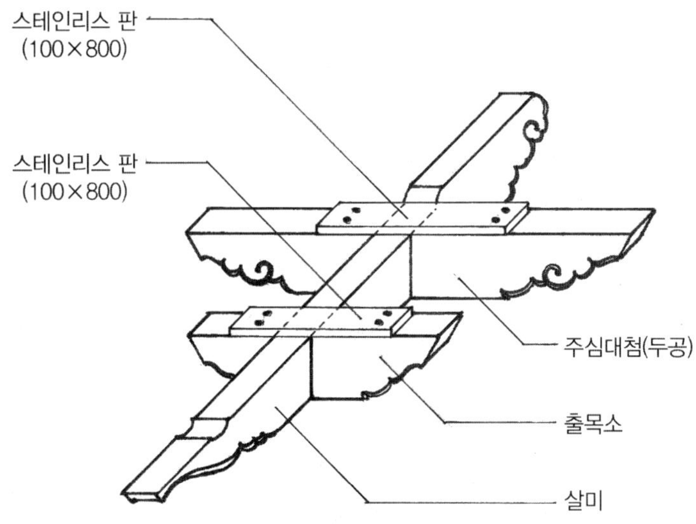

‖ 전주객사 공포부재 철물 보강 ‖

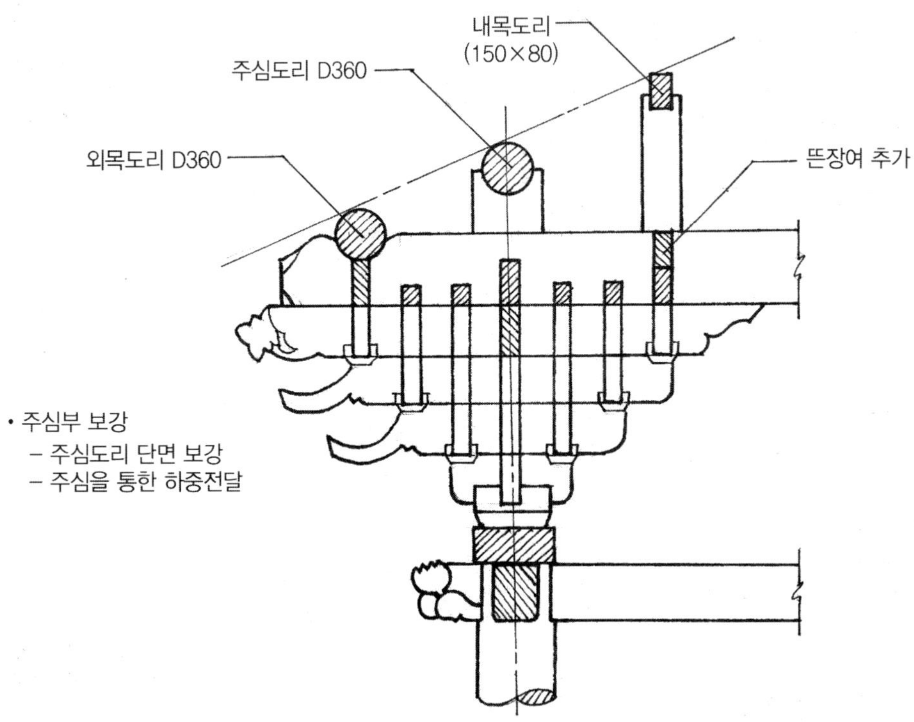

‖ 법주사 대웅보전 상층 공포 수리 후 현황 ‖

SECTION 08 공포부 보수 사례

01 | 하동 쌍계사 대웅전

① 훼손 현황

㉠ 외목도리를 받는 5제공을 받을장으로 치목(처짐, 파손 발생)

㉡ 제공이 부러지고 외목도리가 밖으로 밀려남

② 수리

교체되는 제공은 업힐장으로 치목하고 숭어턱을 넣어 단면보강

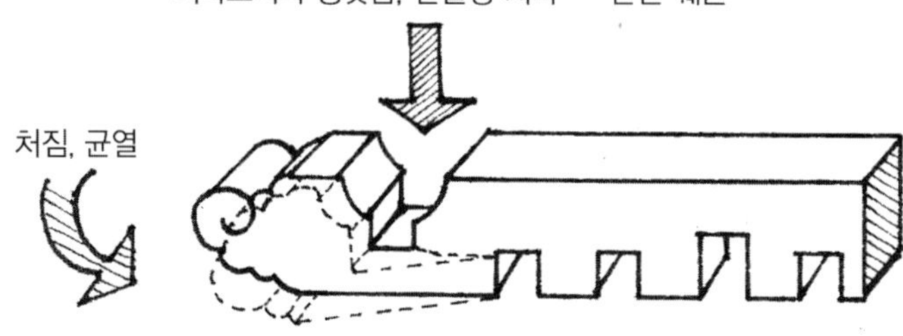

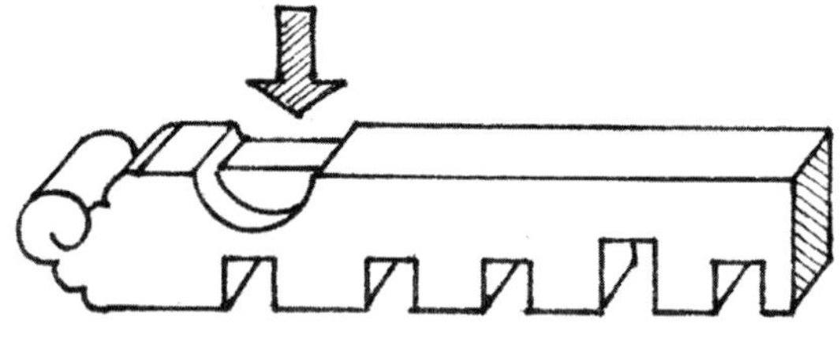

‖ 쌍계사 대웅전 외목도리 하부 제공의 현황과 보수 ‖

02 | 북지장사 대웅전

① 훼손 현황

㉠ 귀포와 배면 공포의 처짐, 공포열 교란

㉡ 5, 6제공에 분절된 부재를 누름목으로 고정하여 설치(외출목 처짐 초래)

㉢ 4제공에 이음부재 사용(귀포 처짐 초래)

㉣ 배면 공포재의 부식(배면의 일조 및 통풍저해와 습기의 영향)

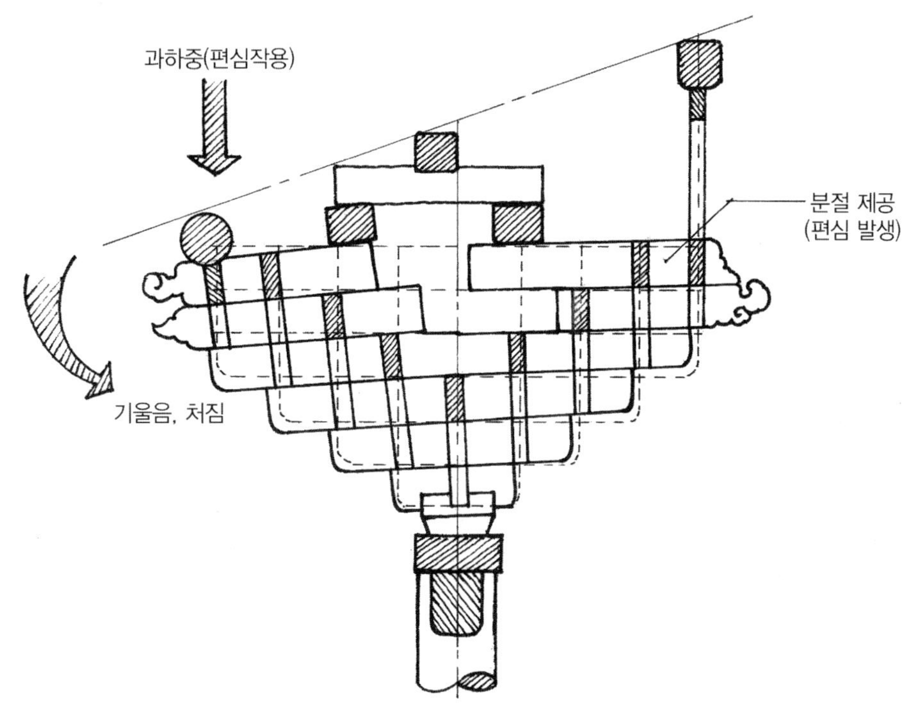

▌북지장사 대웅전 배면 공포 현황▐

② 수리

㉠ 가설 및 보양 : 제공 하부에 판재를 대고 파이프를 받쳐 보양

㉡ 해체된 공포재는 재사용재와 불용재로 구분하여 덧집 내 선반에 보양재를 깔고 적재

㉢ 주심도리 하부에 뜬장여 추가

㉣ 5, 6제공 분절부 빈공간에 채움목 추가 후 분절부와 채움목을 띠철로 연결 고정

㉤ 조립 시 발생하는 소로와 제공 하부의 공극에는 메움목 보완

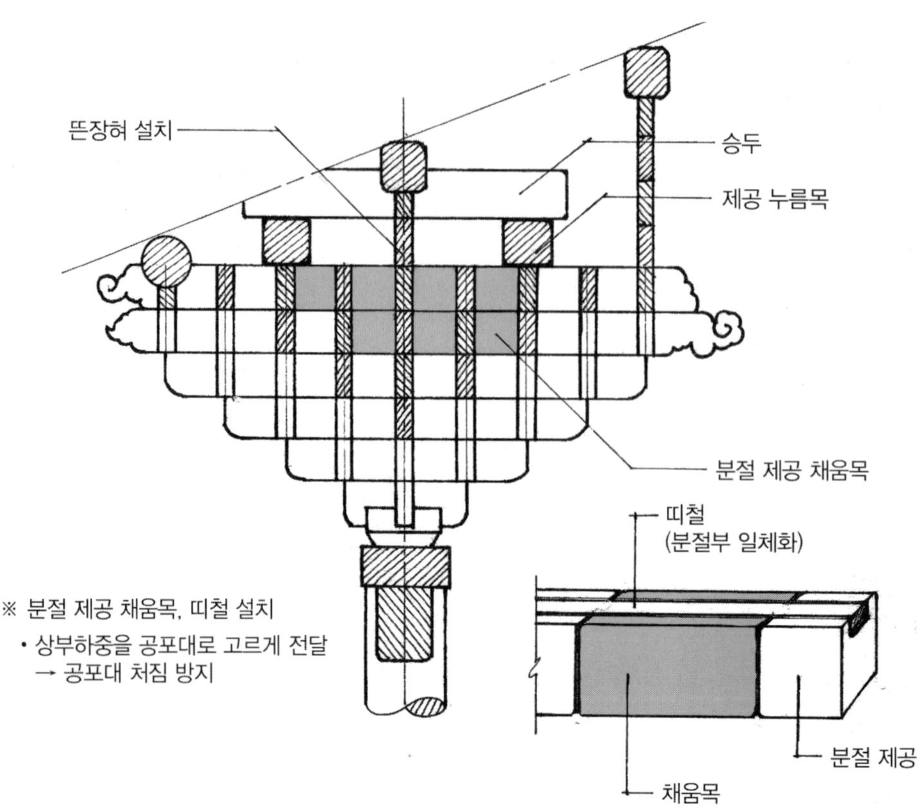

‖ 북지장사 대웅전 배면 공포 수리 ‖

03 | 귀신사 대적광전

공포, 처마의 처짐 → 주심장여 신설, 주심도리가 연목의 지지점이 되도록 조립

04 | 관룡사 대웅전

① **사전조사** : 대웅전 내부 포벽화에 대한 문양조사, 적외선 촬영 실시
② **현황조사** : 훼손부, 잔존하는 안료층 등의 현황을 기록, 도면작성, 촬영
③ **보강작업** : 채색층에 전체적으로 수분을 가하고, 부분적으로 접착제 사용
④ **표면세척** : 벽화면 오염물질 제거(건식, 습식)
⑤ **채색복원** : 내부 포벽화에 보채. 외부 포벽화에 회반죽 바름 후 복원 채색

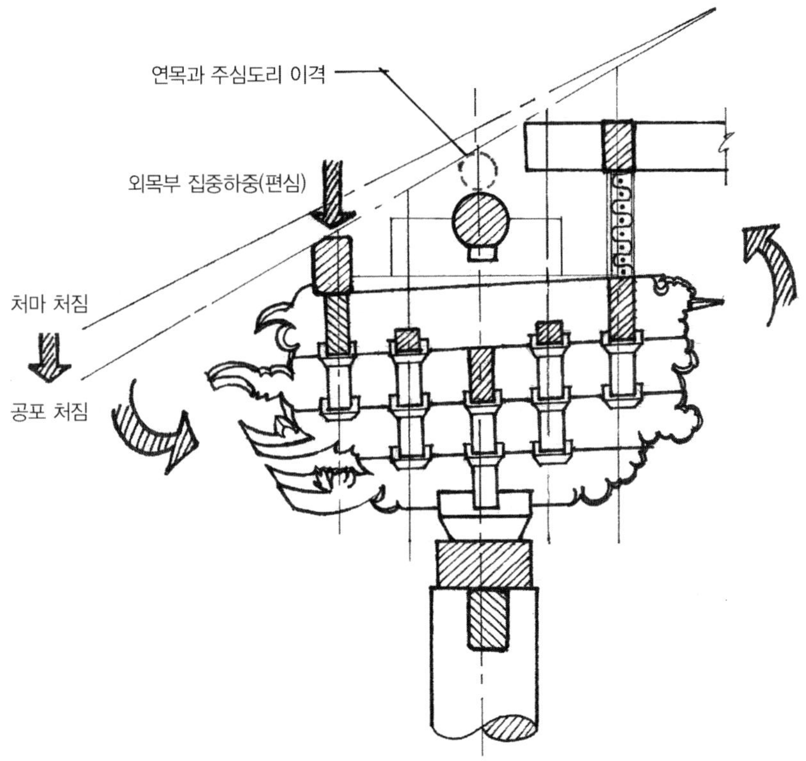

‖ 귀신사 대적광전 공포부 현황 ‖

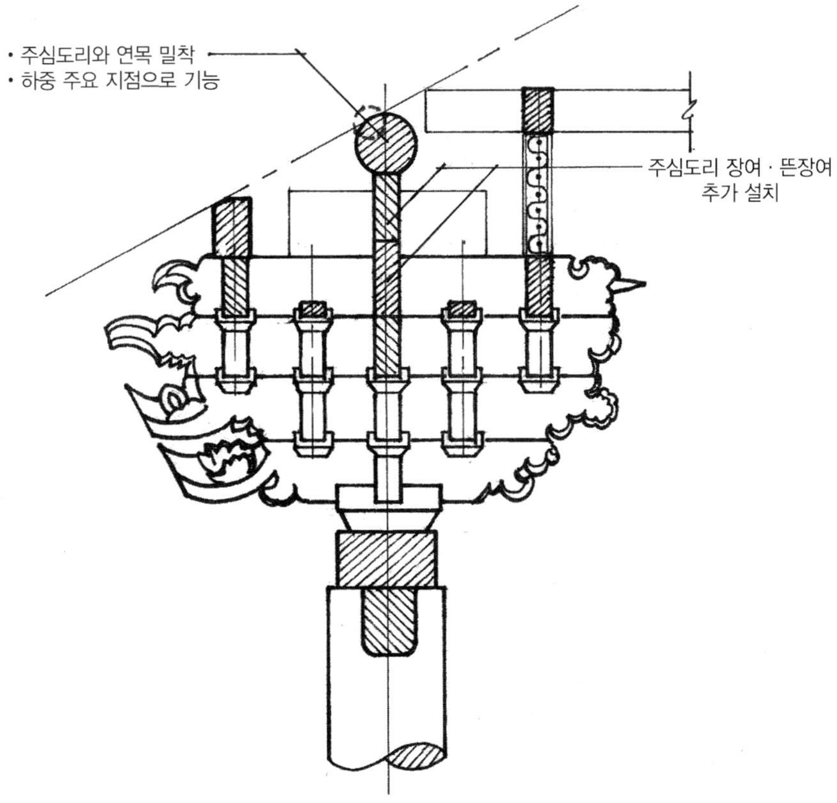

‖ 귀신사 대적광전 공포부 보수 ‖

문화재수리보수기술자
한국건축구조와 시공 ❶

PART 4 지붕가구부 구조와 시공

LESSON 01

지붕가구부 구성부재

SECTION 01 보

01 | 개요

① 개념

㉠ 전후면 기둥 사이에 설치되어 도리를 통해 전달된 지붕하중을 공포대와 기둥으로 전달하는 종방향 수평부재

㉡ 설치 위치에 따라 기능과 명칭 차이

② 설치 위치와 기능에 따른 종류

㉠ 설치 위치 : 대보, 중보(중종보), 종보, 퇴보 등

㉡ 기능 : 충량, 덕량, 곡량, 계량, 맞보, 귓보, 귀잡이보 등

③ 보의 단면 형태

㉠ 항아리보 : 고려시대 건물(봉정사 극락전, 부석사 무량수전, 수덕사 대웅전 등)

㉡ 정방형, 장방형 보

- 조선시대 다포계 건물에서 보의 폭과 춤의 비례는 1 : 1.2
- 익공계 건물은 1 : 1.3 이내

㉢ 원형 보 : 홍예보

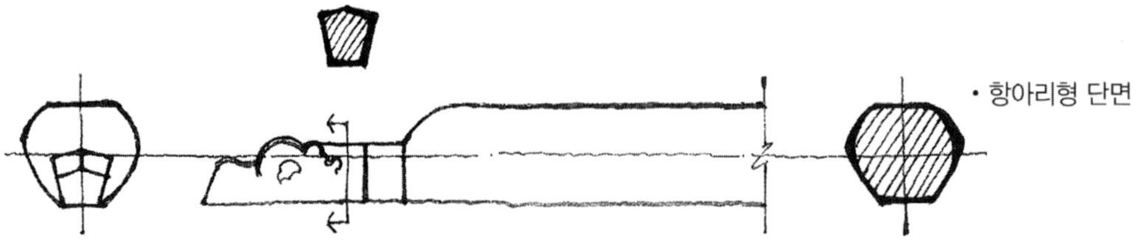

은해사 영산전 항아리형 보

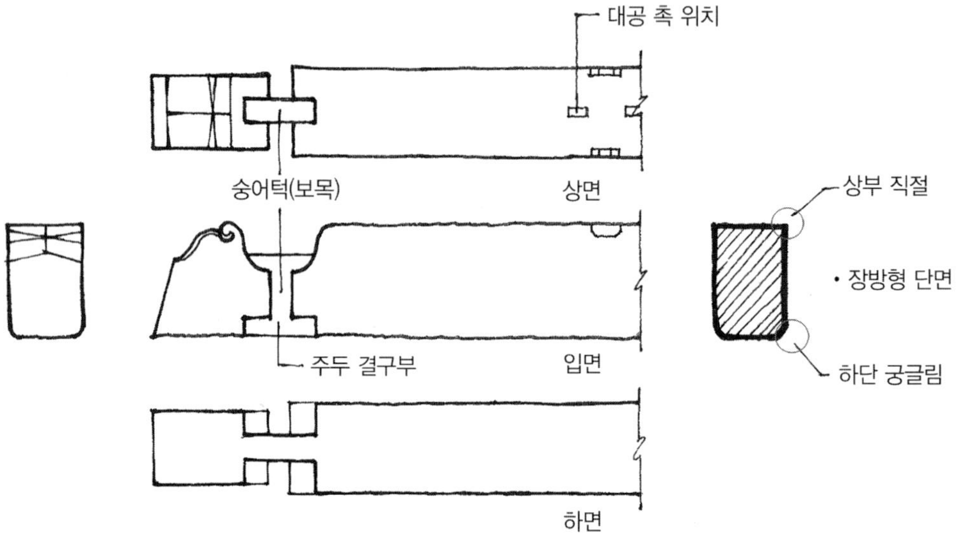

휘경원 배위청 대량 상세도

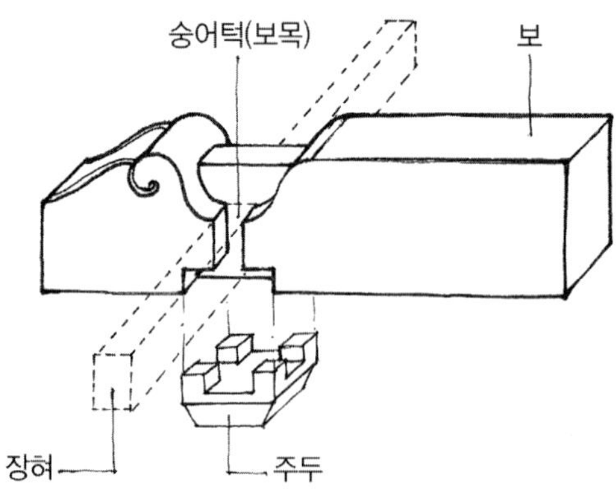

숭어턱 설치구조

02 | 보의 설치구조

① 민도리집

㉠ 기둥머리에 결구

㉡ 보목을 가늘게 하여 기둥 화통가지에 끼움(기둥사개에 숭어턱 맞춤)

㉢ 보뺄목은 빗자르고 상면을 산(山)형으로 다듬고 게눈각을 새기거나 직절

㉣ 보머리의 폭은 기둥보다 작게 치목

② 포집

㉠ 주두, 소로, 공포 부재 위에 놓임

㉡ 보뺄목(주심포계) : 공포재와 같은 수장폭 단면

㉢ 보뺄목(익공계, 다포계) : 몸체 단면을 그대로 유지

㉣ 기타 : 보머리를 노출하지 않고 제공 형태의 별재 설치

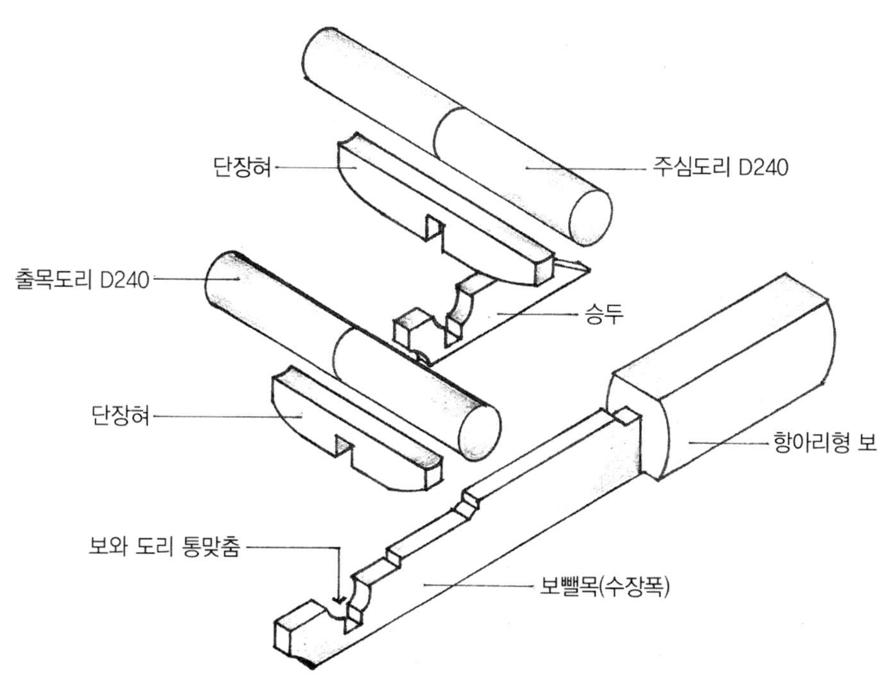

‖ 봉정사 극락전 대량 결구도 ‖

③ 고주와 퇴보의 결구

㉠ 퇴보는 고주에 장부맞춤(통장부, 내림주먹장, 장부맞춤)

㉡ 쐐기와 산지로 고정하고 띠쇠 등 철물로 보강

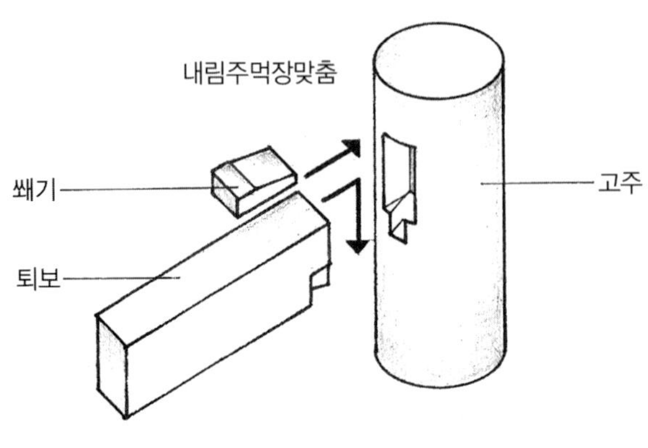

▍고주와 보의 결구▍

④ 보와 충량의 결구

㉠ 보에 직교하여 충량 결구

㉡ 두겁주먹장 맞춤, 통넣고 주먹장맞춤, 걸침턱맞춤, 통맞춤, 주먹장맞춤, 안장맞춤, 촉 보강

⑤ 보와 보의 이음

㉠ 고주 상부에서 보와 보, 보와 퇴보의 이음(경간 및 부재의 한계)

㉡ 기둥 상부에서 반턱이음

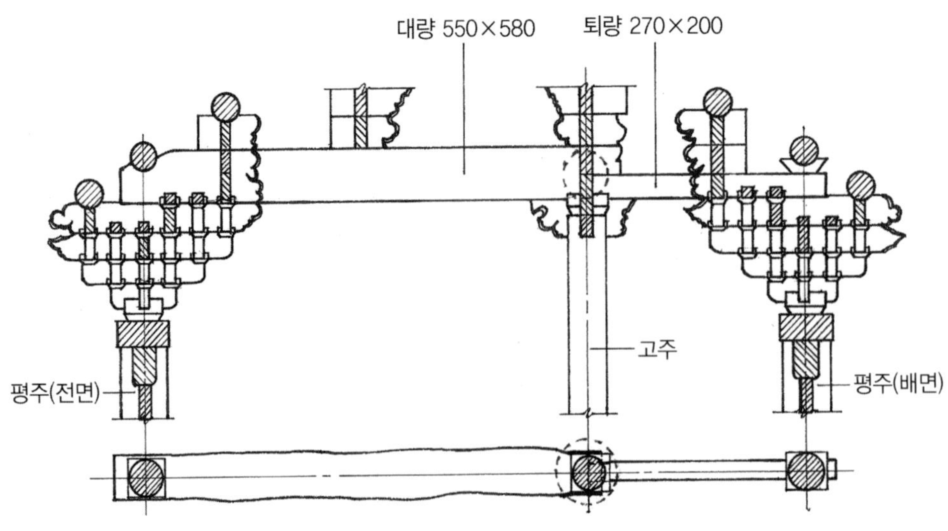

▍대비사 대웅전 보와 보의 이음▍

⑥ 보와 장여, 도리의 맞춤(민도리집)

㉠ 장여가 기둥사개에 장부맞춤

㉡ 도리는 기둥사개에 장부맞춤하고 보목 상부에 두겁으로 연결

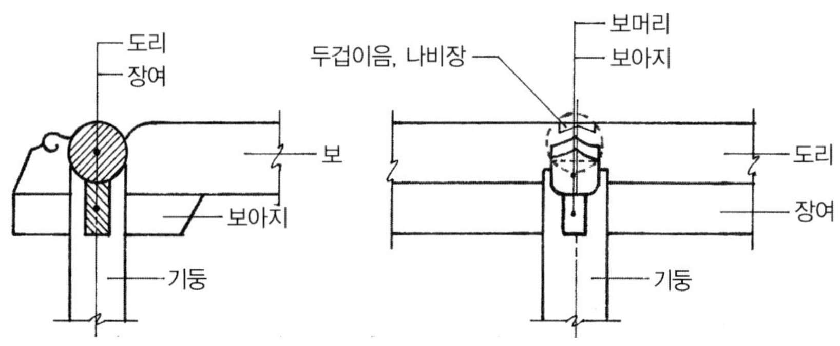

‖ 민도리집 보와 도리의 맞춤 ‖

⑦ 보와 장여, 도리의 맞춤(포집)

㉠ 주두, 첨차 등 공포재 위에서 장여가 보에 통물리고 보목 하부에 반턱맞춤

㉡ 장여끼리 반턱주먹장이음, 보목에 맞댐, 보목에 주먹장 맞춤 등

㉢ 도리는 보목에 통맞춤 또는 두겁을 내어 숭어턱에 숭어턱맞춤, 보목에 주먹장맞춤 등

㉣ 고려시대 고식건물

- 도리가 보와 결구되지 않고 초방, 초공 등의 부재와 결구(통장부맞춤)
- 보는 첨차, 장여 등과 결구(반턱맞춤)

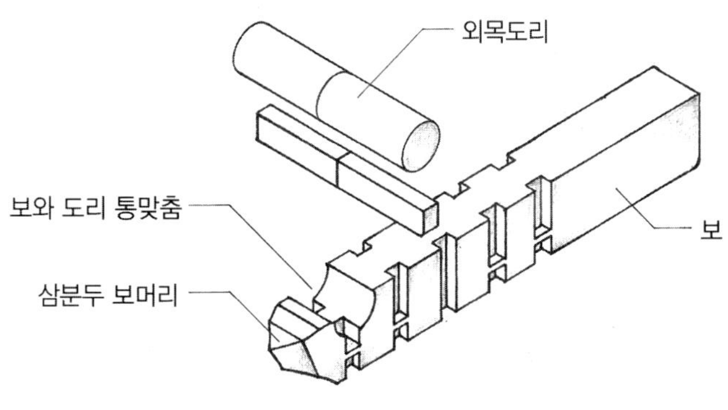

‖ 숭례문 대량 결구도 ‖

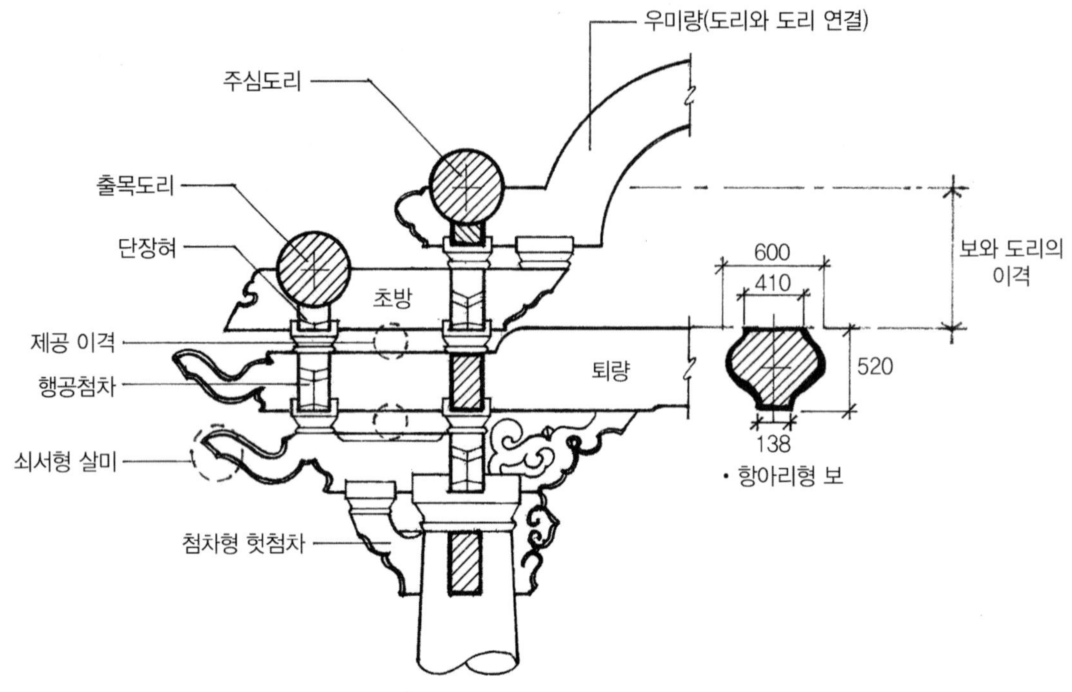

‖ 수덕사 대웅전 보와 도리의 결구 ‖

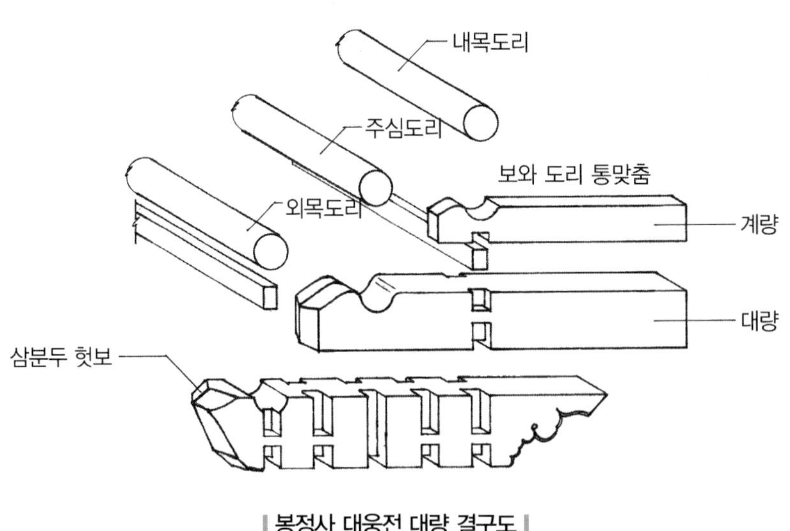

‖ 봉정사 대웅전 대량 결구도 ‖

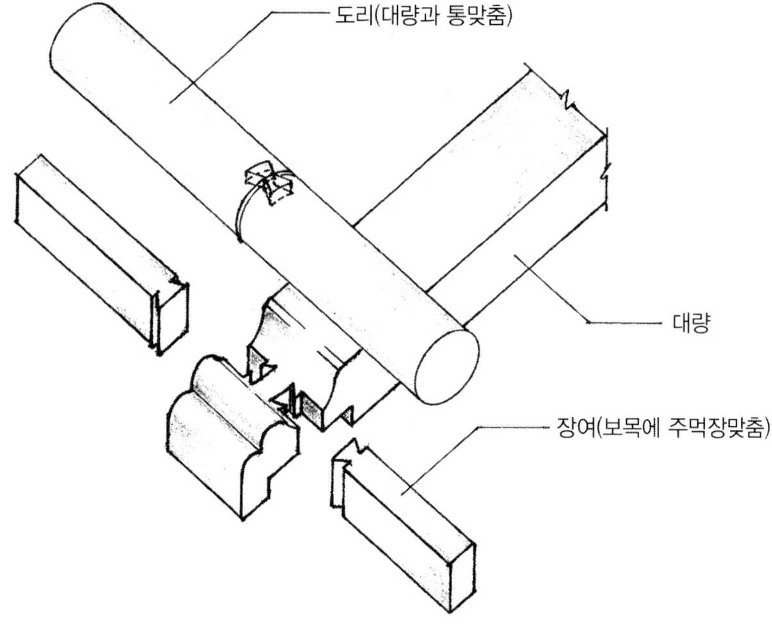

| 피향정 대량 결구도 |

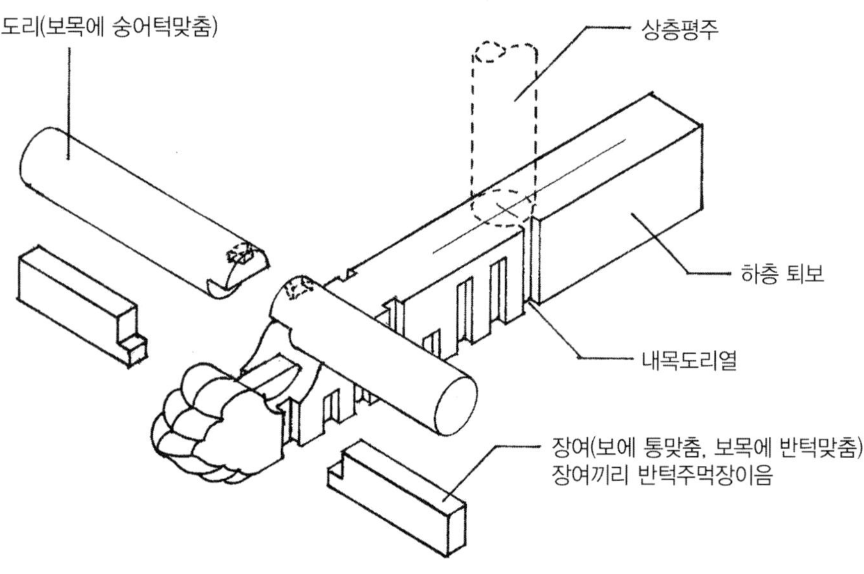

| 근정전 보와 도리의 결구 |

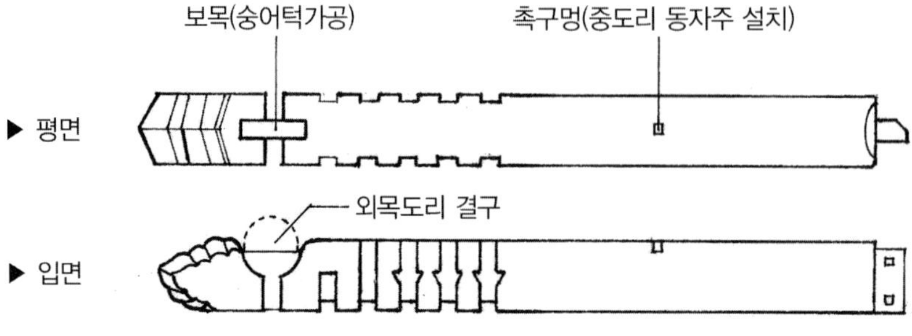

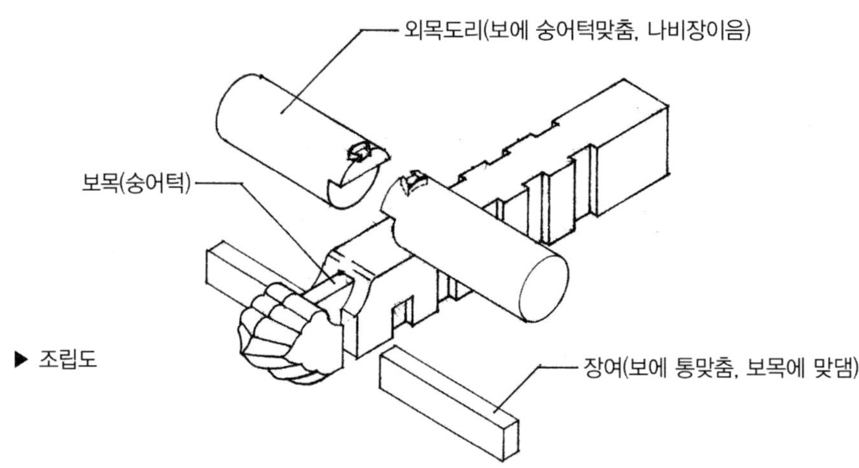

| 대한문 대량과 도리의 결구 |

⑧ 보와 공포부재의 결구

㉠ 보가 공포대 안쪽에서 끝나는 경우는 마구리에 별재의 보뺄목, 운공 등 공포부재를 이음

㉡ 주먹장이음, 통장부이음으로 결속(별재를 받을장으로 조립)

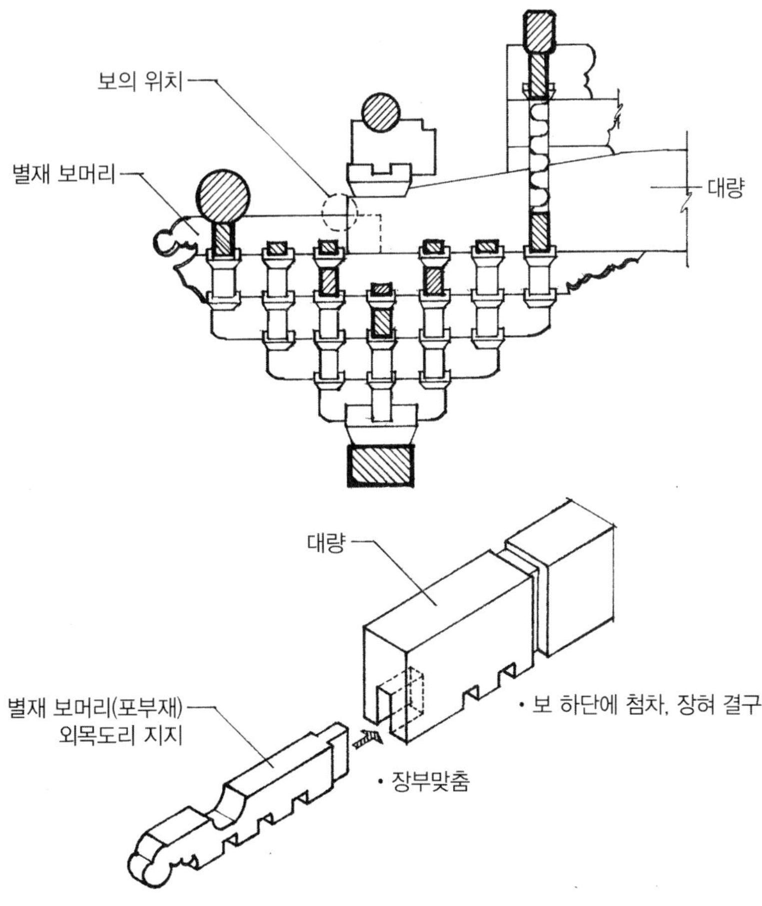

‖ 율곡사 대웅전 대량 설치구조 ‖

⑨ 보와 동자주의 결구

㉠ 촉맞춤, 쌍장부맞춤, 십자쌍촉, 엇빗쌍촉, 통맞춤

㉡ 기타 : 소슬재가 사용된 여말선초 건물에서 소슬재가 보에 경사각으로 통맞춤, 장부맞춤

03 | 보의 치목

① 주심 외부의 보 단면형태

㉠ 고려시대 주심포계 건물은 보목부터 보머리까지 수장폭으로 가공(공포부재와 결구)

㉡ 조선시대 익공계, 다포계 건물은 보 몸체의 단면을 유지

② 보머리의 형태

㉠ 초공형

- 고려시대 주심포계 건물
- 수장폭으로 내밀고 공포재 형태로 초각한 보머리(부석사 무량수전, 은해사 영산전 등)

㉡ 삼분두형 : 조선 중기 이전 초기 다포계 건물

- 보머리의 단부를 세 번 꺾어 깎아내고 옆면을 산(山)형으로 접은 것(숭례문)
- 보 하부에 삼분두 살미, 삼분두 헛보 사용(개심사 대웅전, 봉정사 대웅전)

㉢ 초각형 : 익공계, 다포계 건물에서 보머리를 굵게 내어 옆면과 밑면에 초각

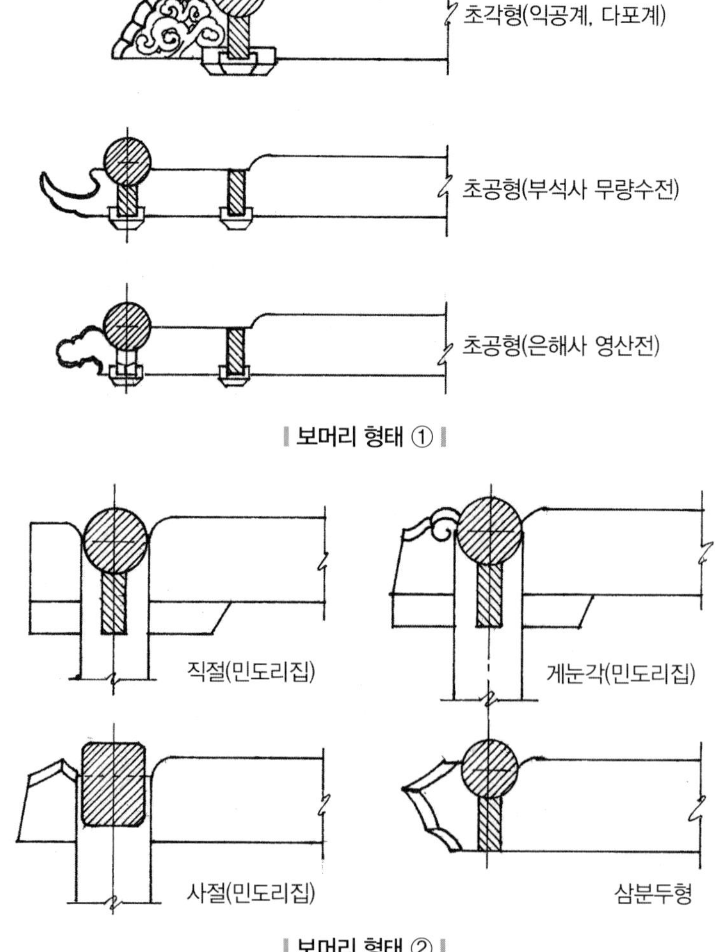

‖ 보머리 형태 ① ‖

‖ 보머리 형태 ② ‖

③ 숭어턱

㉠ 개념 : 보를 기둥이나 주두, 소로에 끼우기 위해 보목의 단면폭을 줄여 만든 턱

㉡ 형태 : 턱의 너비는 수장폭 기준, 높이는 도리의 그레먹선 기준

④ 장방형 보의 치목 기법

㉠ 바데떼기

- 건물 내부에서 보아지가 끝나는 지점부터 보의 밑면을 1~2치 정도 걷어냄
- 보가 처져 보이는 것을 교정하고, 하중에 의한 보의 처짐에 대비

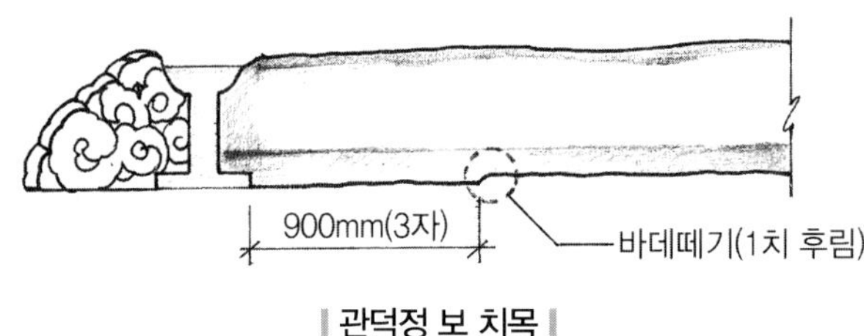

‖ 관덕정 보 치목 ‖

㉡ 소매걷이 : 기둥에 맞춰 보의 양 옆을 둥글게 깎아 내는 것. 소매걷이한 면이 일매지게 하고, 자연상태의 부정형 부재는 무리하게 직선이 되지 않도록 자연 곡선대로 소매걷이

㉢ 반깎기 : 수장폭을 중심으로 보의 하부 옆면 모서리를 굴려서 가공하는 것

㉣ 도래걷이 : 둥근 기둥과 도리에 접하는 보의 등을 둥글게 굴려 깎는 것

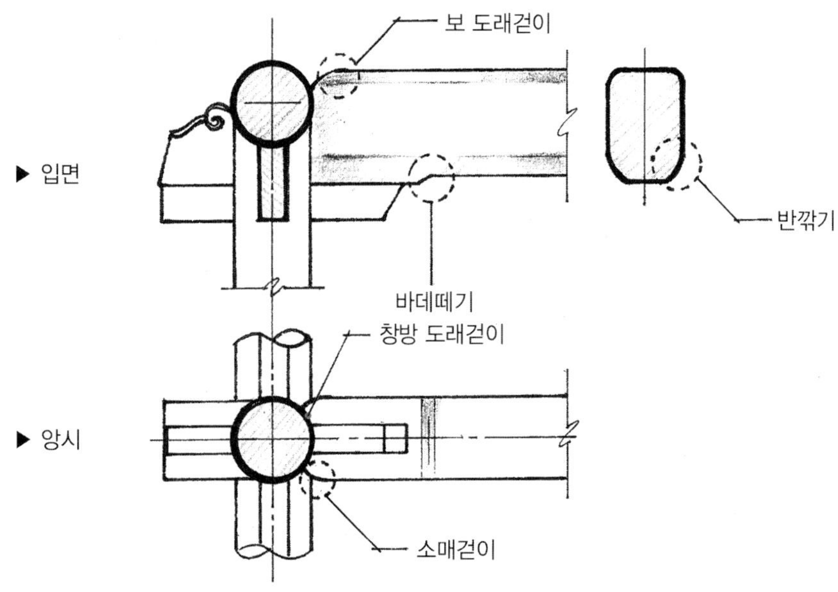

‖ 장방형 보의 치목기법 ‖

04 | 홍예보, 곡량

① 개념 : 보의 중간부가 휘어오른 보

② 사례

㉠ 목재의 휨을 살리고 부재 치목을 최소화한 경우(조선 후기 사찰 불전)

㉡ 단칸 팔작지붕, 모임지붕 구조에서 도리 방향으로 건너지른 홍예보(휘경원 비각, 창덕궁 태극정 등)

㉢ 휘어오른 형태의 퇴보(밀양 영남루 등)

05 | 우미량

① 개념

㉠ 여말선초 건물에 사용

㉡ 단차가 있는 도리와 도리 사이를 계단형식으로 연결하는 휨이 있는 수평방향 연결부재

㉢ 보가 도리를 직접 지지하지 않는 고식 주심포계 건물에서 도리와 도리를 연결하는 곡재

② 홍예초방

㉠ 우미량의 다른 명칭

㉡ 고려말 주심포계 건물에 사용된 초방의 한 종류

㉢ 단차가 있는 도리를 계단 형식으로 상호 연결하는 부재

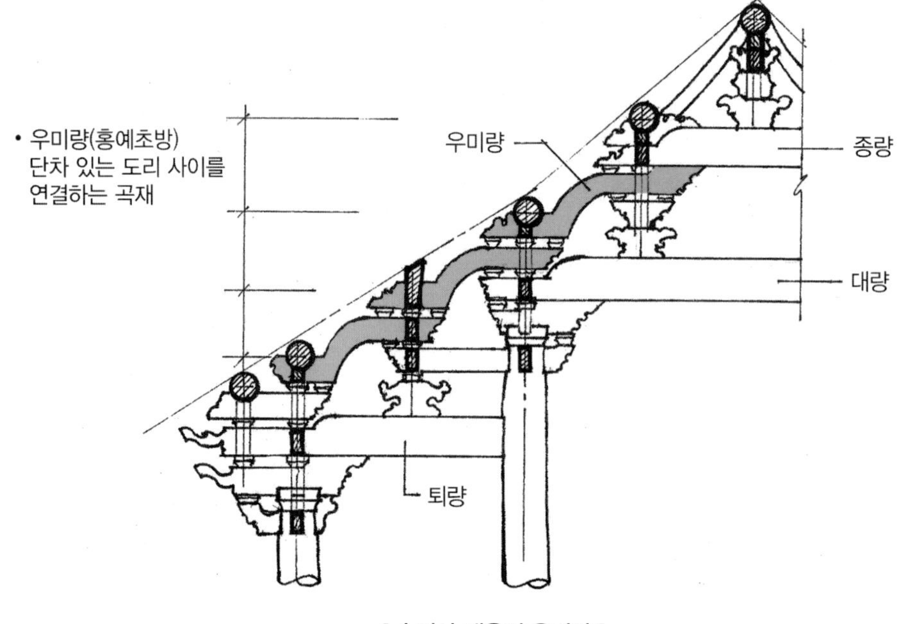

▌수덕사 대웅전 우미량▐

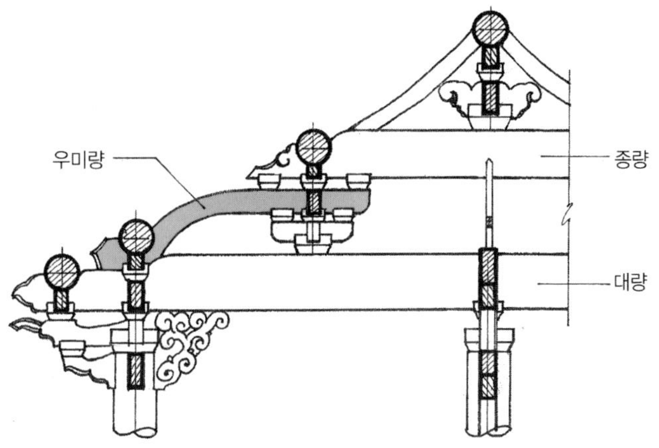

도갑사 해탈문 우미량

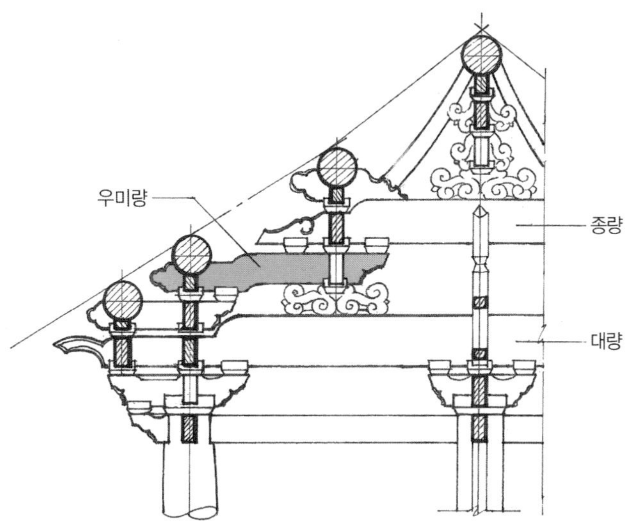

임영관 삼문 우미량

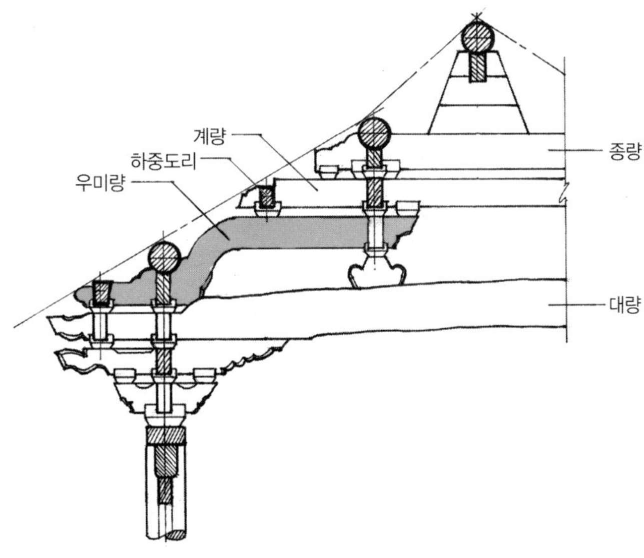

고산사 대웅전 우미량

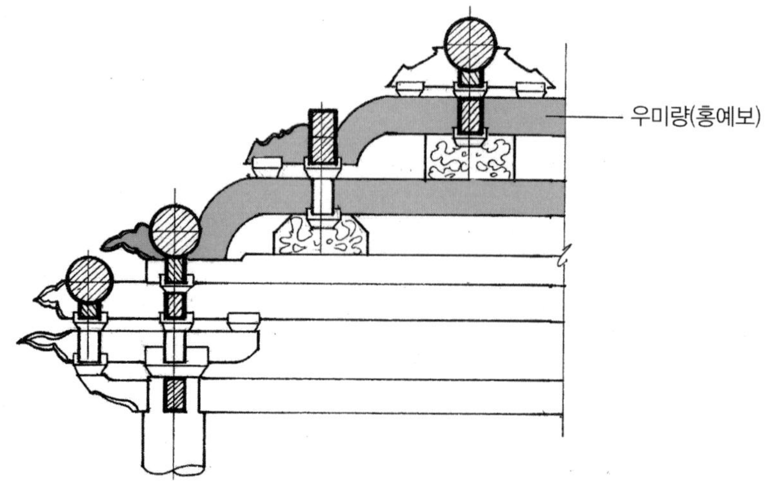

관룡사 약사전 우미량

06 | 덕량, 곡량

① 측면 주심도리에서 내부의 보, 대공 등에 건너지른 부재

② 측면이 단칸인 팔작지붕 건물에서 측면 서까래와 추녀 구성을 위해 설치

③ 주심도리에 두겁주먹장맞춤

④ 수원 화성의 동북공심돈, 서장대, 포루, 각루 등에 덕량 부재 명칭 사용

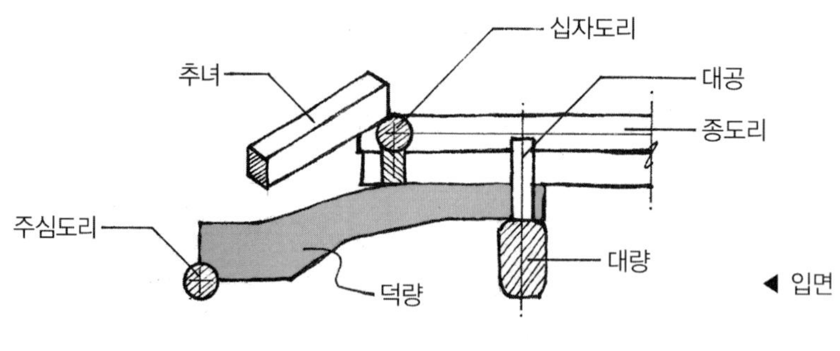

열화정 덕량 설치구조 ①

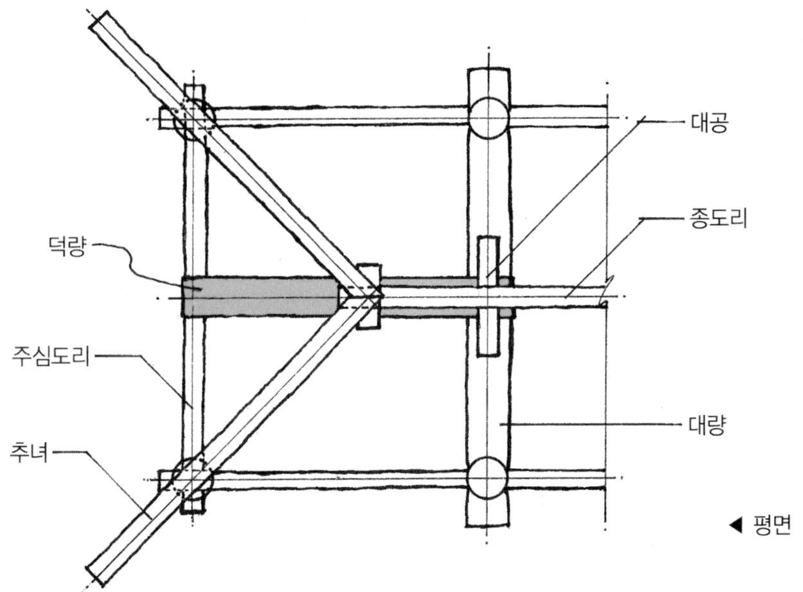

열화정 덕량 설치구조 ②

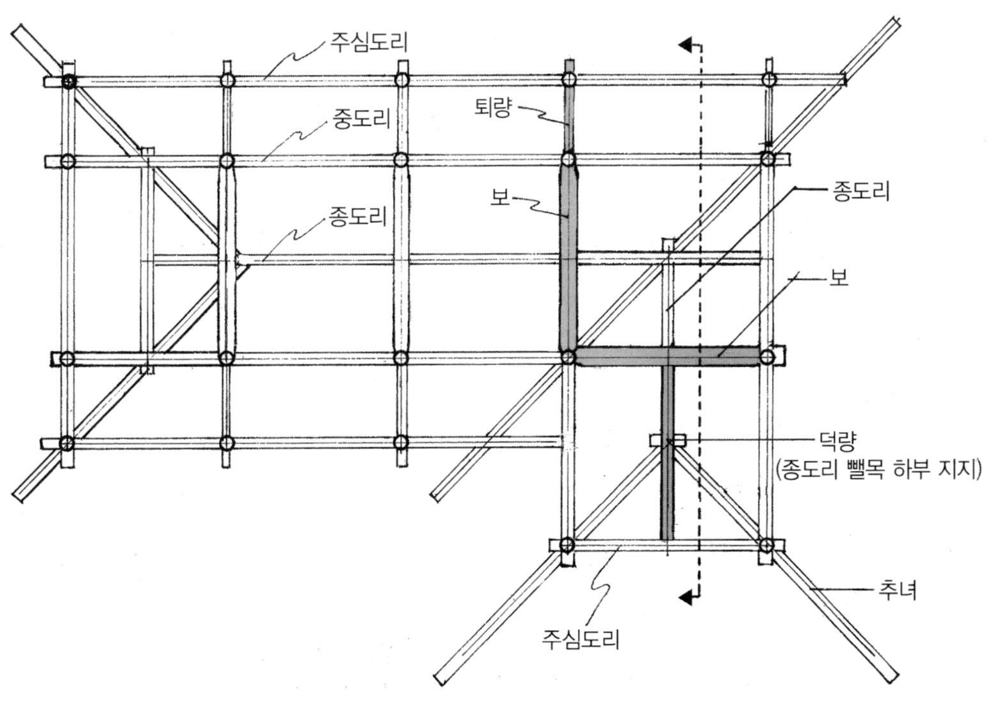

열화정 지붕가구 앙시도

07 | 귓보, 귀잡이보

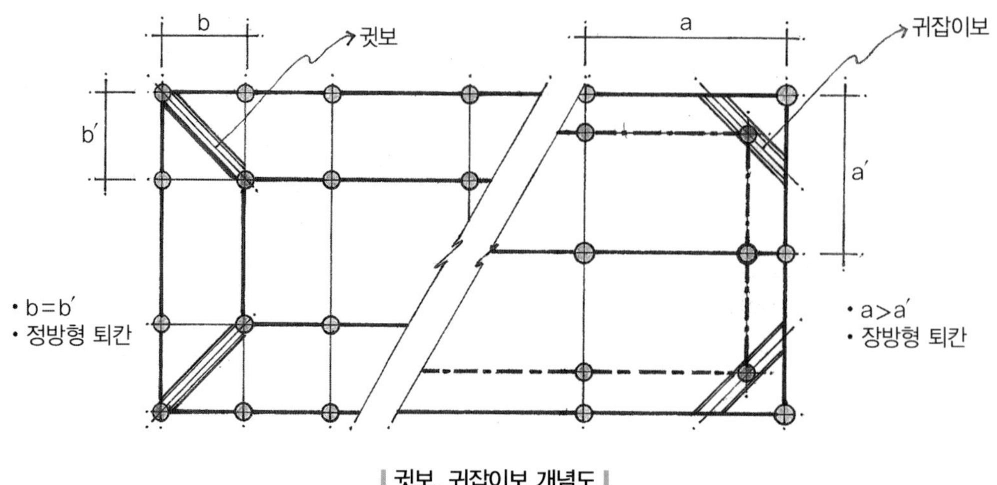

‖ 귓보, 귀잡이보 개념도 ‖

① 귓보

㉠ 외진 우주에서 내부 우고주에 45도로 걸린 보

㉡ 내외부 우주를 긴결하여 횡력에 대응

㉢ 중층건물에서 상층 우주를 설치하는 받침보 역할

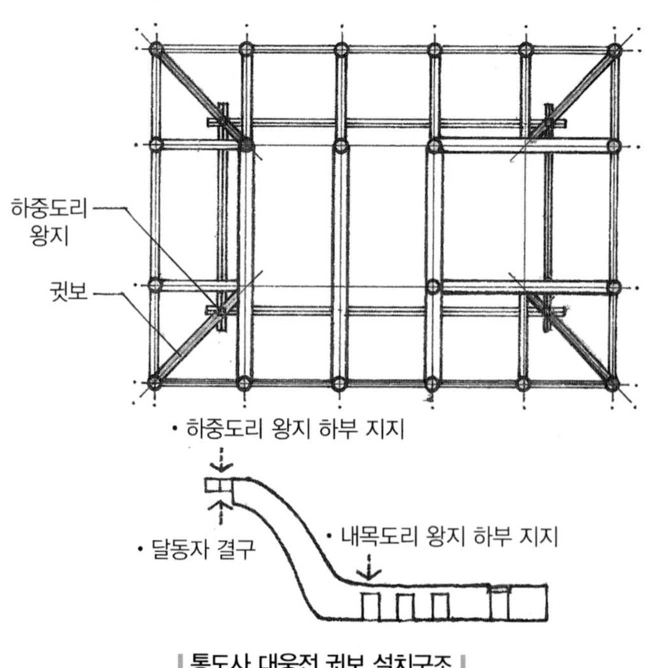

‖ 통도사 대웅전 귓보 설치구조 ‖

② 귀잡이보

㉠ 모서리칸에서 전배면과 측면의 기둥 사이나 간포 사이에 45도로 걸리는 보

㉡ 모서리부의 구조보강(가새 역할)

㉢ 중층건물에서 상층 우주를 세우는 받침보 역할

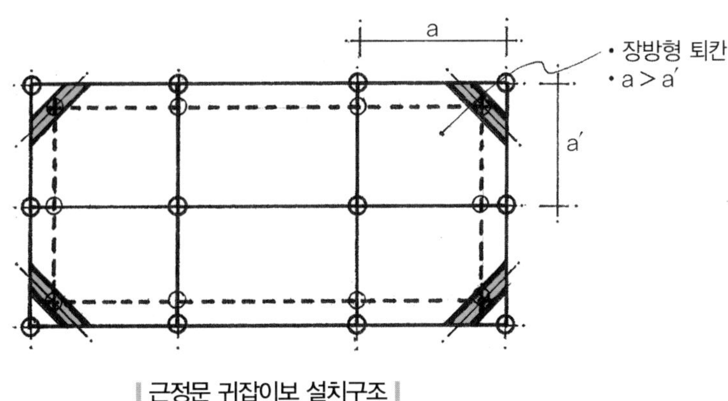

‖ 근정문 귀잡이보 설치구조 ‖

08 | 맞보

① 기둥 위에서 전후면 두 개의 보부재가 이음하는 경우

② 측면 2칸 문루건물에서 중앙열의 심고주 몸통에 결구되는 전후면 보(숭례문, 흥인지문 등)

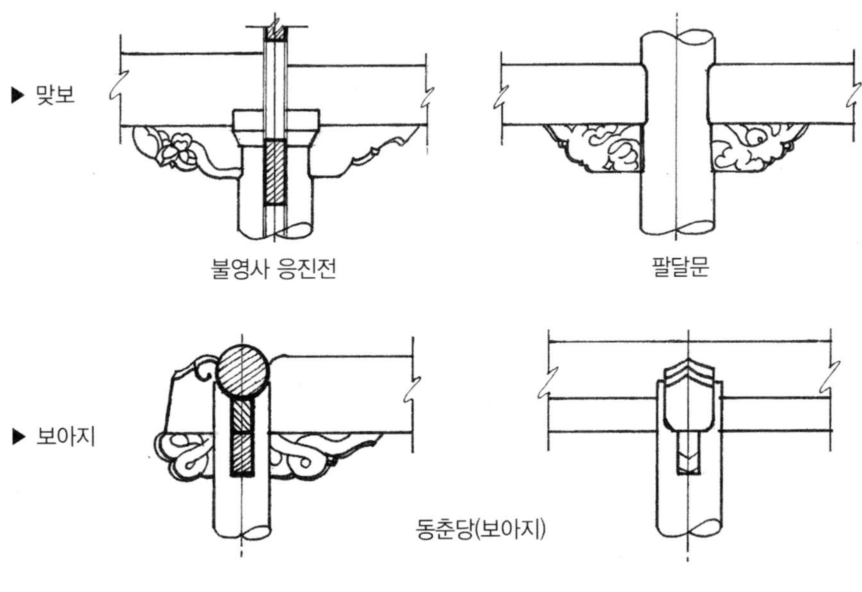

‖ 맞보, 보아지 설치구조 ‖

09 | 보아지(양봉)

① 기둥과 보의 결구 시에 보의 전단력 보강을 위해 설치하는 받침목

② 보의 처짐 방지

③ 양봉(화성성역의궤상의 용어)

10 | 단퇴량(계량)

① 초기 다포계 건물에서 내목도리열과 중도리열을 연결하는 수평 방향 부재(봉정사 대웅전 등)

② 중층건물 상층에서 내목도리열과 중도리열을 연결(근정전, 인정전 등)

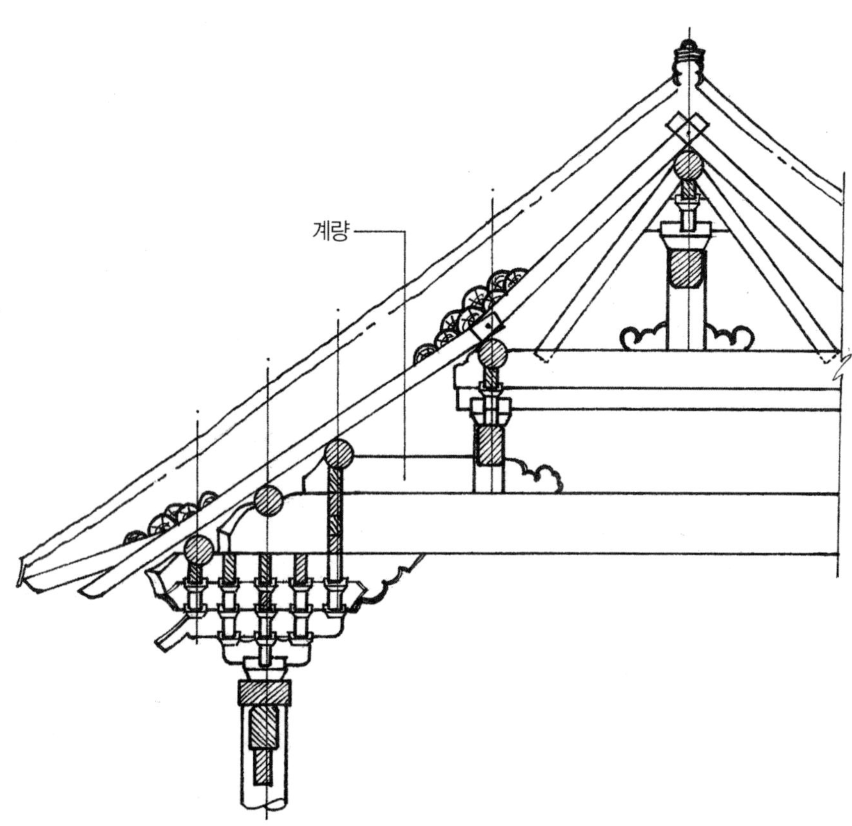

‖ 봉정사 대웅전 계량 설치구조 ‖

11 | 충량

① 개념

㉠ 측면지붕을 갖는 팔작, 우진각 지붕 건물에 사용(측면 2칸 이상)

㉡ 한쪽은 대들보에 직교하고 반대쪽은 측면 평주에 걸리는 보

㉢ 내부기둥의 감주와 이주가 일반화되면서, 퇴보가 내부고주에 결구되지 못하고 보에 결구된 형태

② 기능

㉠ 측면에서 가구부재의 결속력 보강(퇴보의 역할)

㉡ 측면 서까래를 받는 외기도리 하부를 지지(지붕하중의 전달)

③ 결구

㉠ 한쪽은 주심의 공포대 상부에 놓이고, 반대쪽은 보에 걸침

㉡ 걸침턱, 통맞춤, 통 넣고 주먹장맞춤, 촉 결구

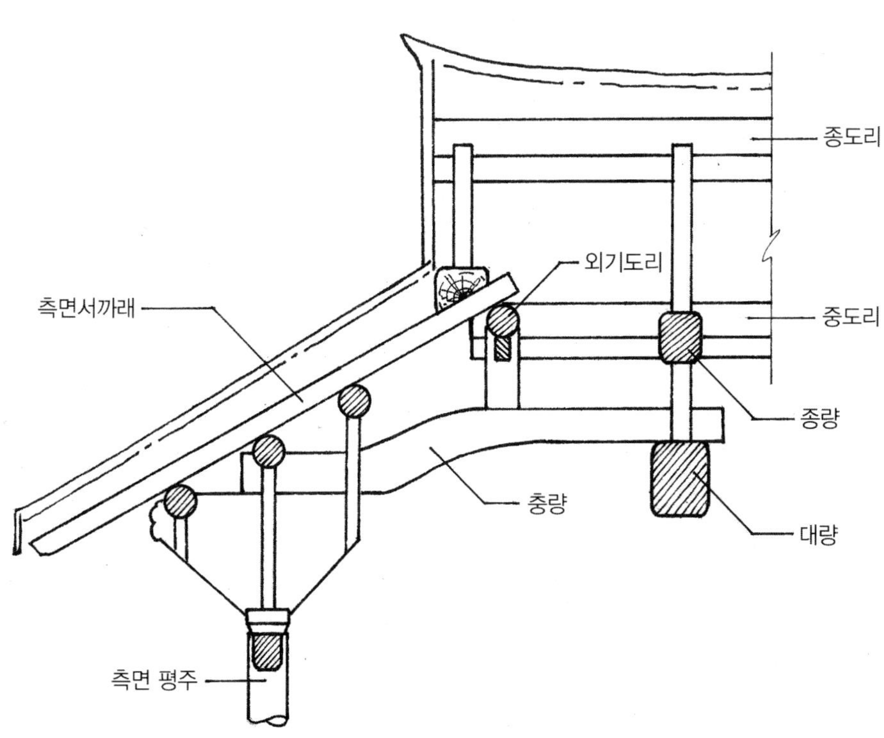

‖ 충량의 설치구조 ‖

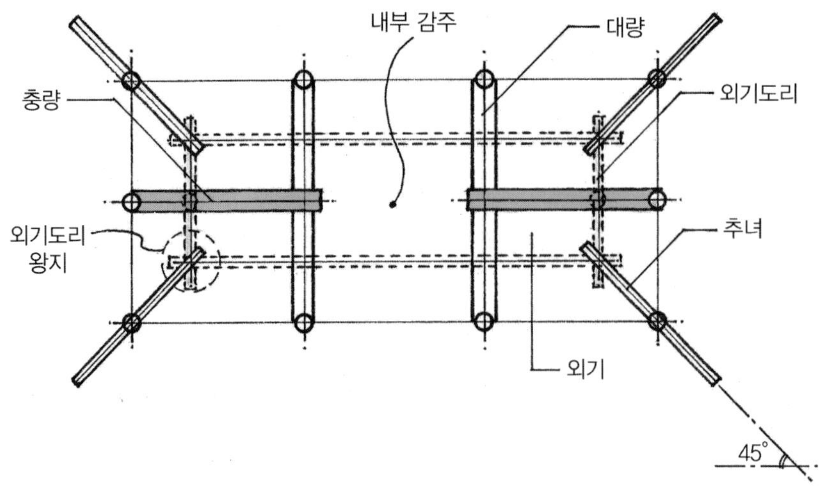

충량과 외기도리 설치구조

④ 형태

㉠ 측면 기둥 공포대 위에 놓이는 한쪽과 대들보 위에 놓이는 반대쪽과의 높이 차이 발생

㉡ 내외부의 높이 차이로 인해 곡이 있는 형태를 취함

㉢ 사찰 불전 등에서는 내부에 노출되는 마구리에 용머리 등을 장식하여 불전 장엄으로 기능

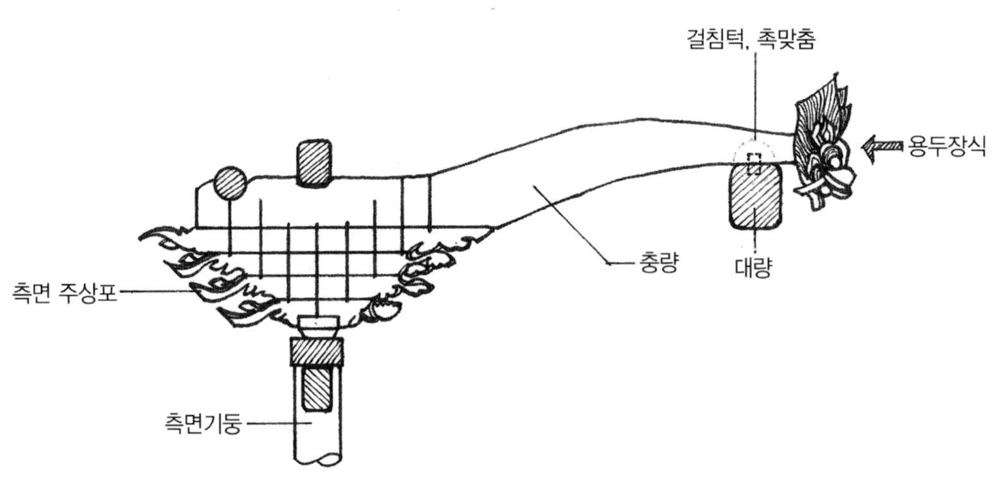

선암사 대웅전 충량 설치구조

SECTION 02 도리

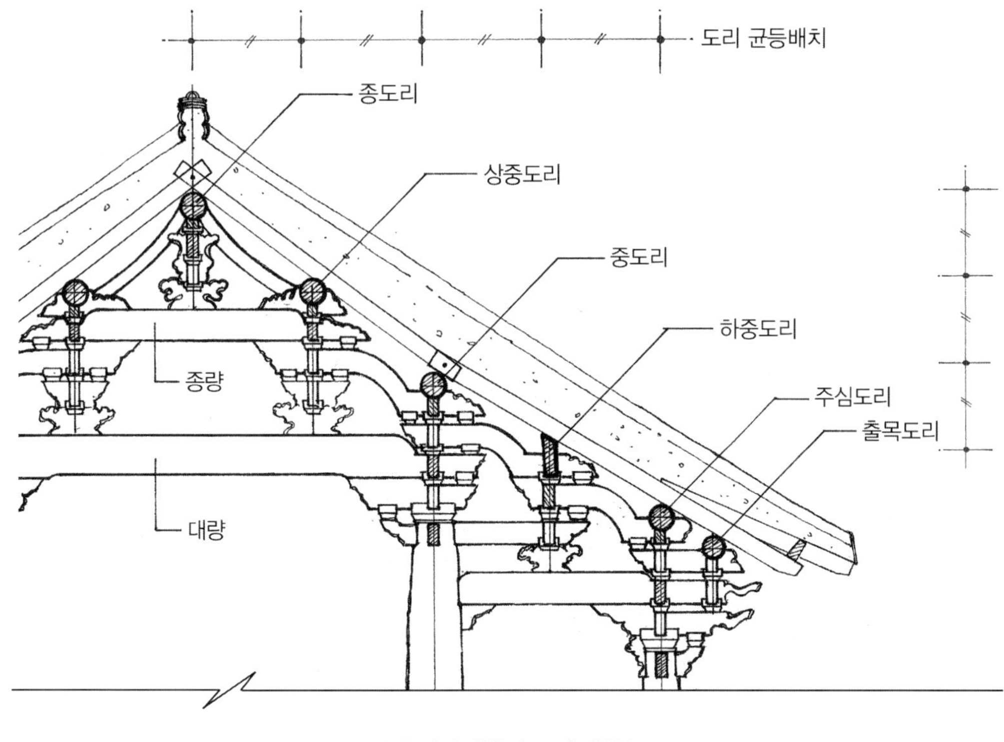

‖ 수덕사 대웅전 도리 배치 ‖

01 | 개요

① 개념

보, 동자주, 대공 상부에 놓여져 지붕부의 토대인 연목을 지지하는 부재

② 기능

연목의 각 지점을 지지하여 지붕하중을 보, 동자주, 기둥으로 전달

③ 종류

㉠ 형태 : 납도리, 굴도리

㉡ 설치 위치

- 처마도리, 출목도리(외목도리, 내목도리), 주심도리
- 중도리(상중도리, 중중도리, 하중도리), 종도리

㉢ 기능 : 외기도리, 덧도리, 왕지도리, 적심도리

④ 시대적 특징

㉠ 고려시대 주심포계 건물 : 하중도리 사용(도리의 균등배치)

㉡ 조선 초기, 중기 다포계 건물 : 주심도리 생략 경향

㉢ 조선 후기 다포계 건물 : 내목도리 생략 경향 / 충량+외기도리 구조

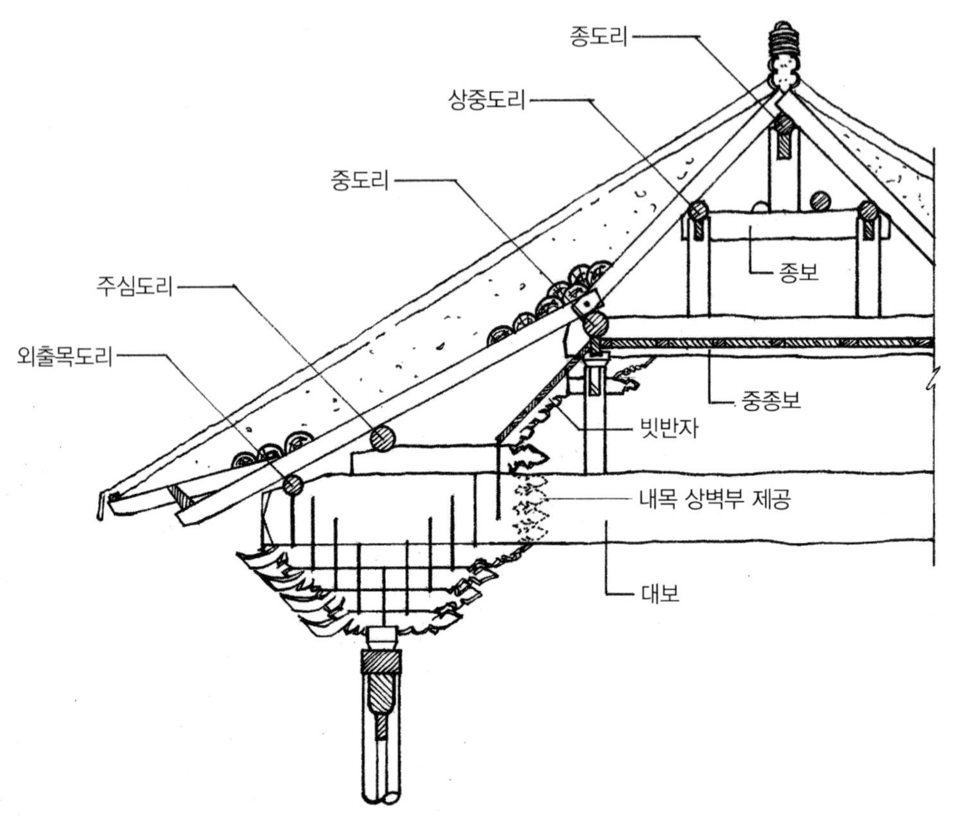

‖ 논산 쌍계사 대웅전 내목도리 생략 구조 ‖

02 | 도리의 위치 설정

① 도리의 수평위치 : 처마내밀기, 퇴칸의 폭, 변작법과 연관

② 도리의 수직위치 : 서까래 물매, 처마 높이, 대보와 종보의 간격, 동자주 · 대공의 높이와 연관

03 | 도리의 규격 및 형태

① 도리의 규격과 형태

㉠ 도리의 규격 : 전체 건물의 규모, 주칸의 길이, 기둥의 규격 등을 고려

㉡ 도리의 형태 : 건물의 격식 등을 고려

② 납도리

㉠ 민가, 격이 낮은 건물에 사용

㉡ 정방형, 장방형 : 단면크기 4×6치(5치 각기둥), 5×7치(6치 각기둥), 6×8치(8치 각기둥)

③ 굴도리

㉠ 통상 0.8~1.2자 규격

㉡ 하부에 장여 설치

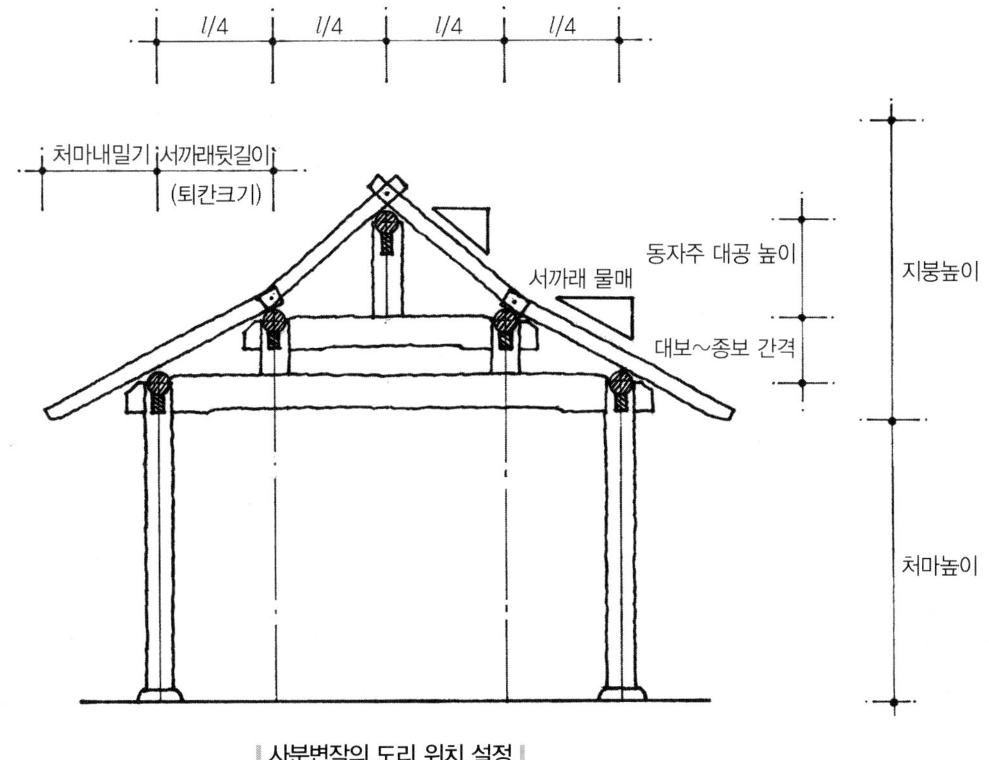

‖ 사분변작의 도리 위치 설정 ‖

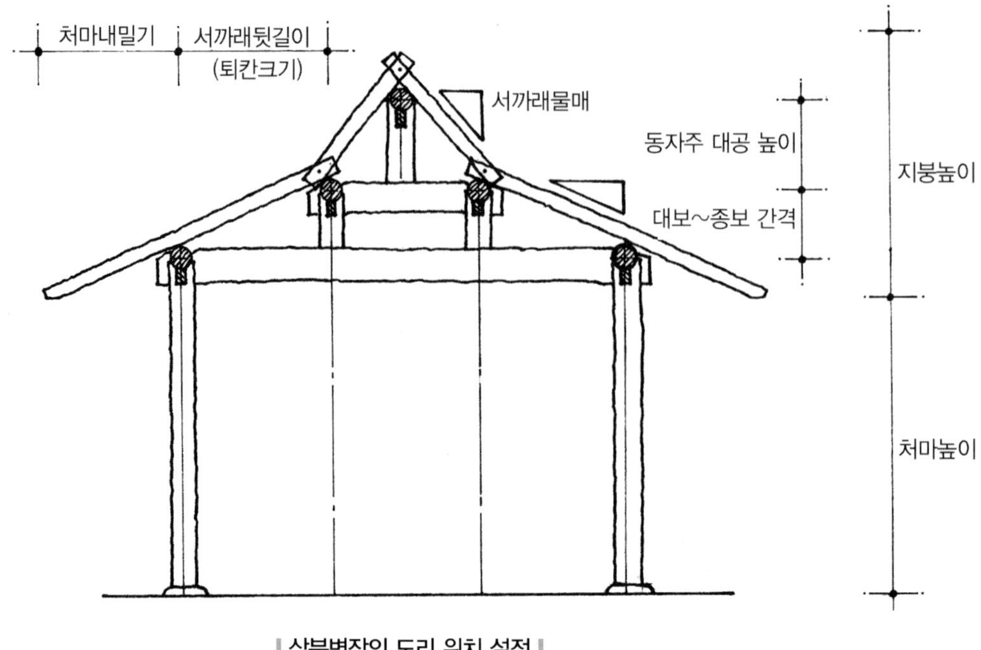

Ⅰ 삼분변작의 도리 위치 설정 Ⅰ

04 | 굴도리와 장여의 맞춤부 가공

① 장여 평깎기

㉠ 장여의 수평면에 맞추어 도리 하면을 평깎는 경우

㉡ 사례 : 법주사 대웅보전, 관룡사 대웅전, 개심사 대웅전, 법주사 원통보전 등

② 장여 굴깎기(홈깎기)

굴도리의 밑면에 맞추어 장여 상면을 홈깎아 밀착

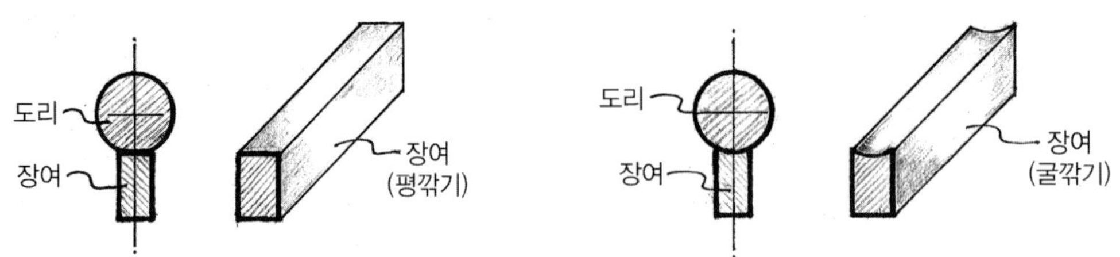

Ⅰ 장여와 도리의 결구 Ⅰ

05 | 외기도리

① 개념

㉠ 팔작지붕, 우진각지붕 구조에서 측면 연목을 받는 중도리

㉡ 중도리 'ㄷ 자' 틀 : 장방형 퇴칸 구조에서 45도로 추녀를 걸기 위해 전후면 중도리 뺄목을 길게 빼고 여기에 측면 중도리를 설치한 구조(외기)

② 충량+외기도리 구조

㉠ 중도리 뺄목을 길게 빼내어 측면에 외기도리를 설치

㉡ 외기도리 하부를 충량으로 지지

③ 추녀 뒤초리 결구 : 외기도리 왕지부에 추녀 결구

06 | 도리 뺄목

① 맞배집

㉠ 측면에서 비 들이침과 입면 의장을 고려해 도리 뺄목을 길게 도출시켜 측면에 처마를 형성

㉡ 후대로 갈수록 도리 뺄목의 길이가 짧아짐(측면 벽체, 기둥 보호를 위해 풍판 설치)

② 팔작집 : 종도리 뺄목이 외기도리 밖으로 길게 빠져나와 합각부 가구를 구성

③ 우진각집 : 종도리 뺄목이 측면 외기도리 안쪽에 위치(합각없이 추녀마루만으로 구성)

07 | 도리의 결구

① 민도리집의 도리 이음

㉠ 도리가 기둥에 직접 결구

㉡ 납도리 : 보목 또는 기둥에 두겁 주먹장맞춤하고 좌우 도리의 두겁은 주먹장이음, 은장이음

㉢ 굴도리 : 기둥에 통맞춤하고, 숭어턱에 턱맞춤 한 뒤 좌우면 도리끼리 이음

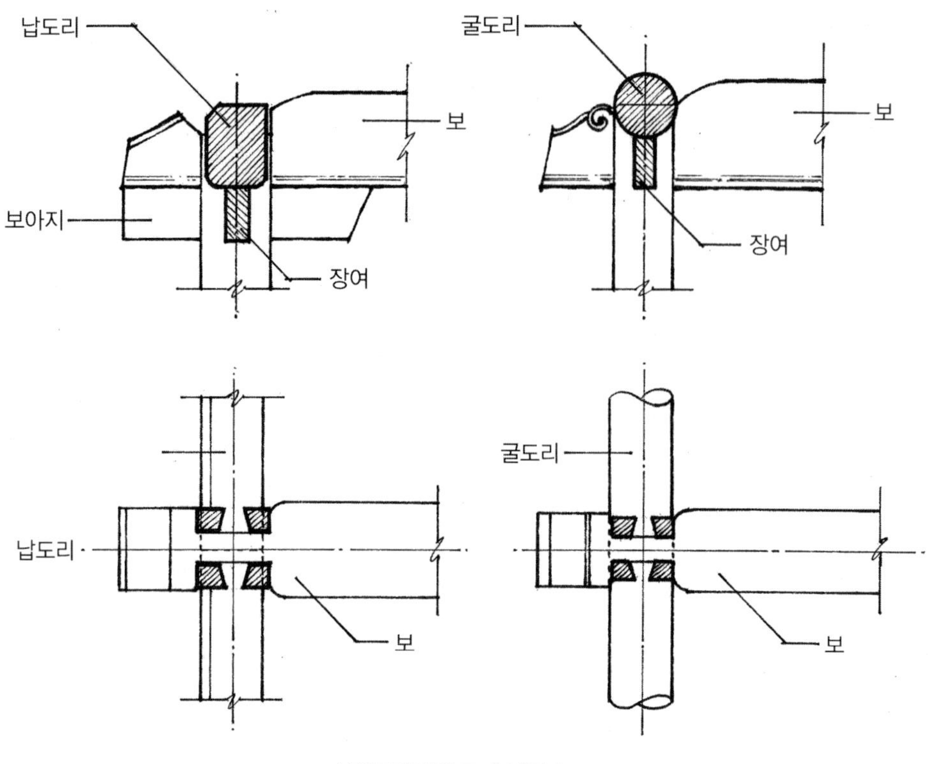

‖ 민도리집의 도리 결구 ‖

② 포집의 도리 이음

㉠ 주두 위에서 도리 이음

- 익공계 건물 / 주두 위에서 보와 도리 결구 / 도리가 보에 통물리고 도리 이음
- 조선 후기 건물에서는 숭어턱에 도리 걸침턱을 두어 도리 이음(보와 도리의 숭어턱맞춤)

㉡ 공포재 위에서 도리 이음

- 공포재 위에 놓여진 보에 도리가 결구되어 이음
- 쇠서, 운공 등에 도리를 통따넣거나 숭어턱을 두어 걸치고 이음

③ 도리 왕지맞춤

㉠ 전후면 도리와 측면 도리의 맞춤(반턱연귀맞춤)

㉡ 외목, 주심, 내목도리 왕지맞춤의 방향을 서로 달리하여 하중의 흐름을 분산(받을장, 업힐장)

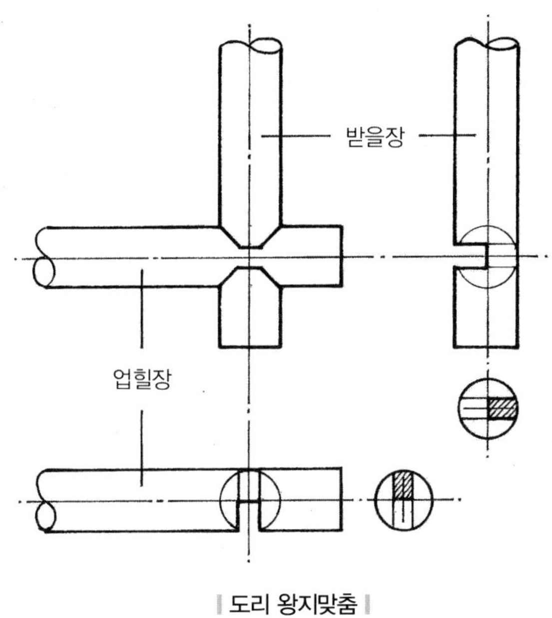

도리 왕지맞춤

08 | 장여(장혀)

① 개념 : 도리 아래에 도리와 같은 방향으로 받쳐대는 긴 장방형 단면의 부재

② 기능 : 도리열의 단면내력 증가 / 도리 구름 방지

③ 형태 : 수장폭 단면 규격 / 상면처리(굴깎기, 평깎기)

④ 단장혀 : 도리 하부를 짧게 받치는 장혀(봉정사 극락전 등 고려시대 건물에 사용된 도리받침재)

⑤ 뜬장혀 : 도리를 직접 받지 않는 장혀

⑥ 가첨장여

㉠ 순각반자를 설치하기 위해 사용된, 도리받침장혀보다 춤이 작은 장혀

㉡ 도리받침장혀 하부에 추가로 설치된 뜬장혀

㉢ 가첨장혀(화성성역의궤), 가반장혀(인정전영건도감의궤)

09 | 화반

① 개념

㉠ 익공계, 주심포계 건물에서 주간에 놓여져 도리 장여를 받치는 부재

㉡ 화반, 소로, 장여 결구

② 기능 : 도리, 장여 하부 지지, 의장적 효과

③ 종류 : ㅅ자형, 초각한 화반형, 동자주형, 복화반형, 제형, 원형, 첨차형 등

SECTION 03 동자주, 대공

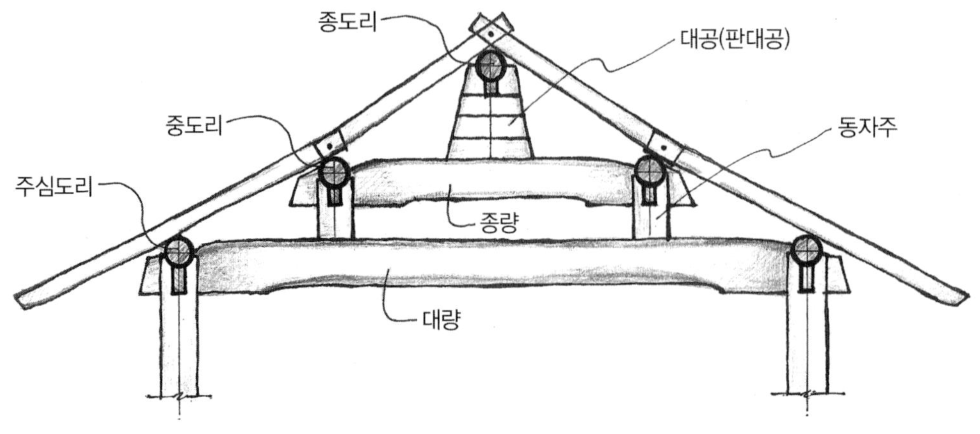

▌동자주, 대공 개념도▐

01 | 동자주

① 개요

㉠ 개념 : 보 위에 놓여져 종보와 중도리를 받는 짧은 기둥(중대공)

㉡ 종류 : 동자주형, 대접받침형, 화반형 등

② 동자주형

㉠ 형태 : 원형, 방형

㉡ 규격 : 받침보의 너비보다 1~2치 작게 폭을 구성

㉢ 결구 : 보의 윗면을 수평지게 다듬고 촉으로 결구, 또는 그렝이로 밀착하고 촉 결구

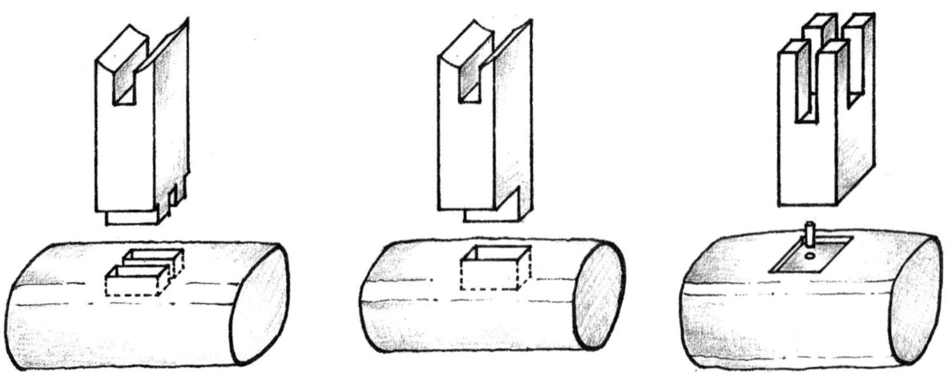

▌금산사 미륵전 동자주와 보의 결구▐

③ 대접받침 동자주, 화반 동자주

㉠ 대접받침형 : 주두형태의 부재를 놓고 상부에 보, 도리, 장여를 결구(부석사 조사당 등)

㉡ 화반형 : 보 위에 화반을 설치하고 보, 도리를 받는 경우(수덕사 대웅전, 부석사 무량수전 등)

④ 포동자주

㉠ 화반, 대접받침에 첨차, 초공 형태의 공포부재를 짜올려 중도리와 종보를 받는 동자주

㉡ 여말선초 건물에서 동자주, 대접받침, 화반 등에 공포부재가 함께 결구된 포동자주 사용

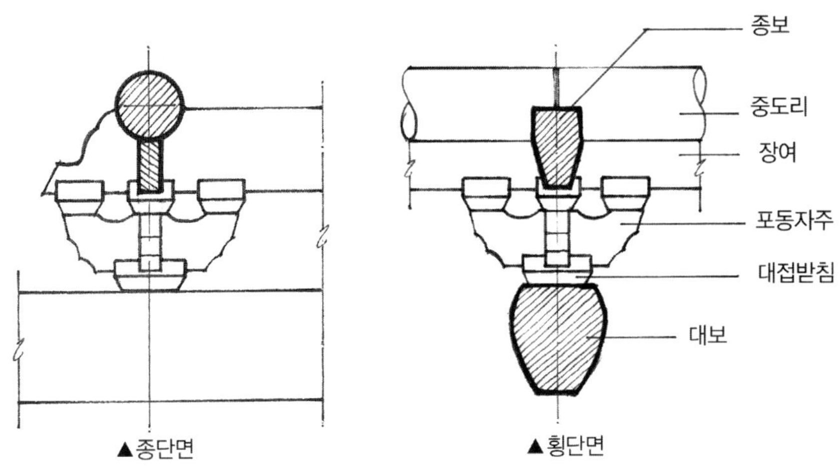

‖ 부석사 조사당 포동자주 ‖

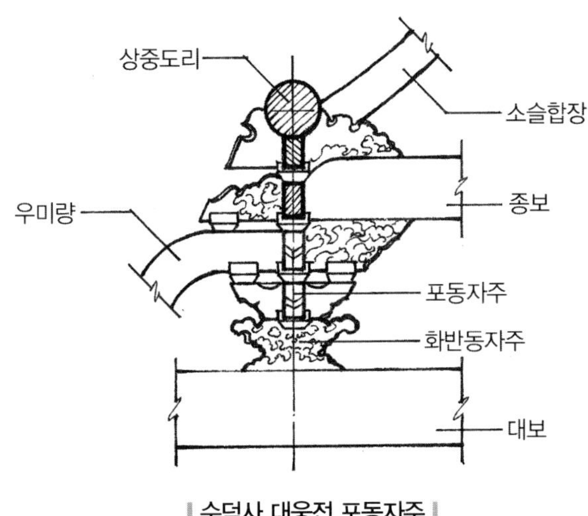

‖ 수덕사 대웅전 포동자주 ‖

02 | 대공

① 개요

㉠ 개념 : 종보나 대들보 위에 놓여져 종도리를 받치는 부재

㉡ 기능 : 종도리에 실린 지붕하중을 보에 전달

㉢ 종류 : 동자주대공, 키대공, 접시대공, 제형대공, 판대공, 파련대공, 포대공 등

② 동자주형 대공

㉠ 각형의 짧은 기둥 모양 대공

㉡ 보 상면에 장부맞춤 또는 촉 결구(쌍촉, 엇빗쌍촉)

㉢ 장여는 대공에 통넣고 주먹장맞춤

㉣ 도리는 대공에 통넣고 숭어턱에 반턱맞춤. 도리와 도리는 주먹장이음, 은장이음

㉤ 뜬창방은 대공에 통넣고 주먹장맞춤

③ 판대공(키대공, 가로판대공, 파련대공)

㉠ 규격 : 통상 수장폭과 같거나 크게 사용

㉡ 키대공 : 두꺼운 널재 한 장을 옆세워댐 / 종보에 장부맞춤, 촉맞춤

㉢ 가로판대공 : 여러 장을 포개어 쌓음 / 상하 판재는 촉으로 결속 / 사다리꼴(조선 후기 제형 판대공)

㉣ 파련대공 : 가로판대공에 초각한 것

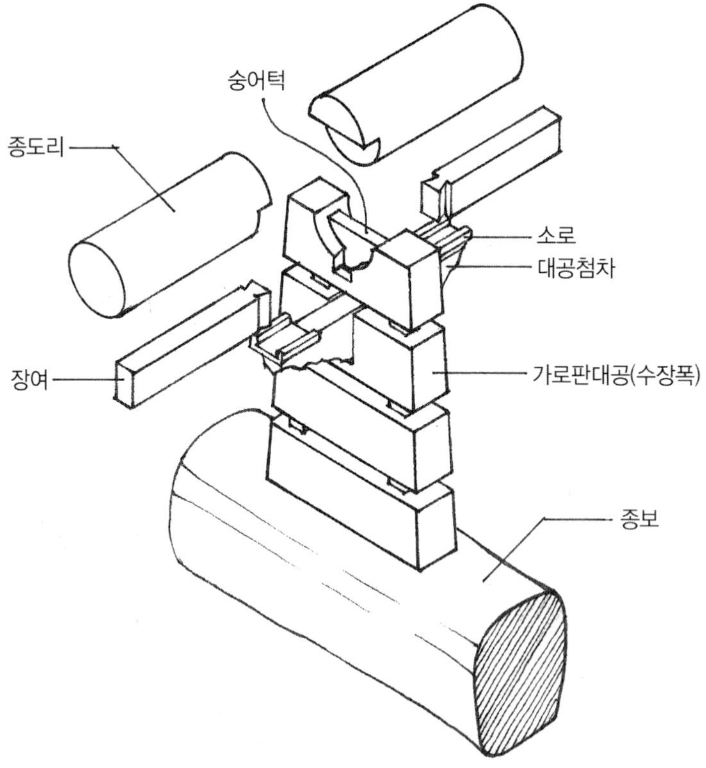

‖ 판대공 조립도 ‖

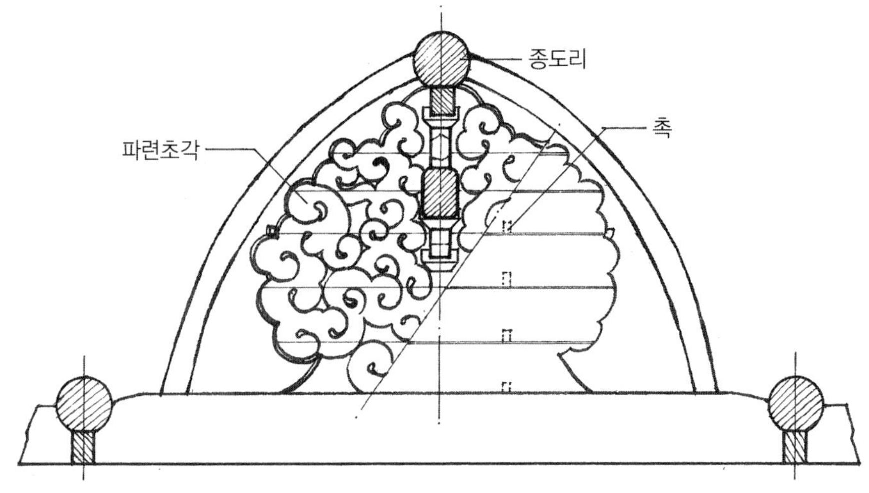

▌개심사 대웅전 파련대공▐

④ 화반대공

봉정사 극락전 화반대공(복화반)

⑤ 접시대공

㉠ 종보 위에 주두 형태의 부재를 놓아 종도리 하부를 지지(대접받침)

㉡ 주두 위에 보방향, 도리방향으로 포부재를 결구(도갑사 해탈문 등)

⑥ 포대공

㉠ 화반에 첨차, 살미, 초공 등의 포 부재를 짜올려 종도리를 지지

㉡ 화반과 공포부재의 조합(수덕사 대웅전 등)

㉢ 제형받침과 공포부재의 조합(은해사 영산전 등)

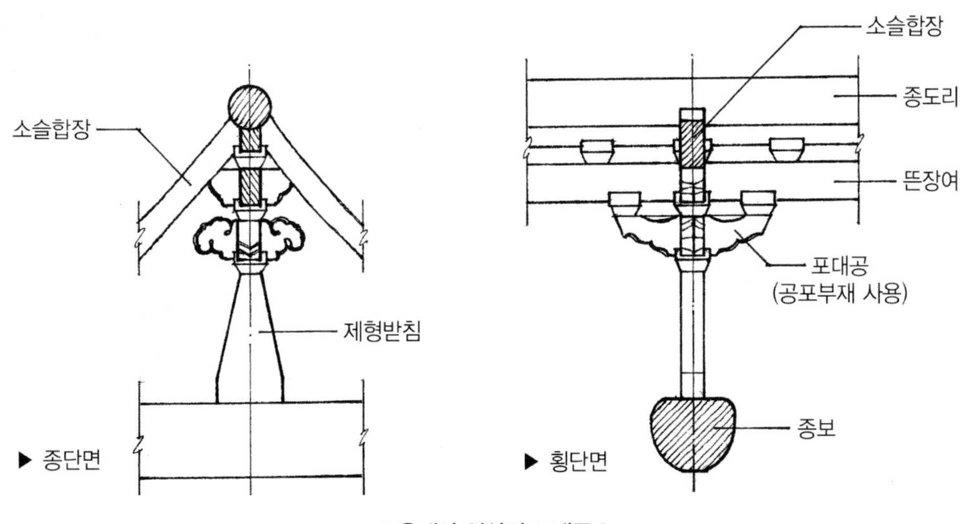

▌은해사 영산전 포대공▐

⑦ 합각부 대공

팔작지붕 측면에 합각부를 구성하기 위해 내밀어진 종도리 뺄목 하부를 지지하는 대공 부재

⑧ 솟을합장(소슬합장)

㉠ 여말선초 건물에서 대공 옆에 경사지게 세워대 도리 하부를 지지하거나 대공을 보강하는 부재

㉡ 소슬합장과 소슬대공

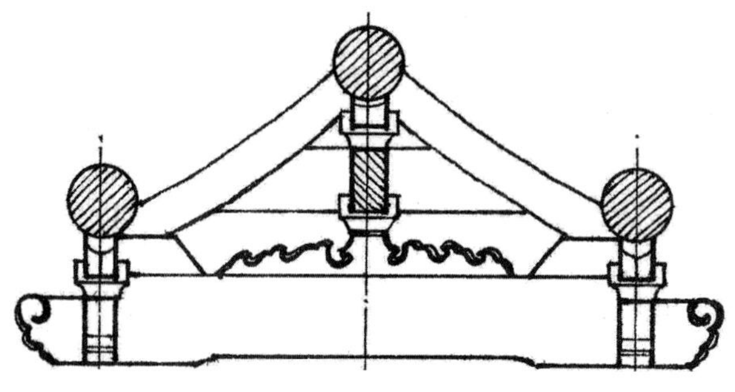

▌봉정사 극락전 대공과 소슬합장▐

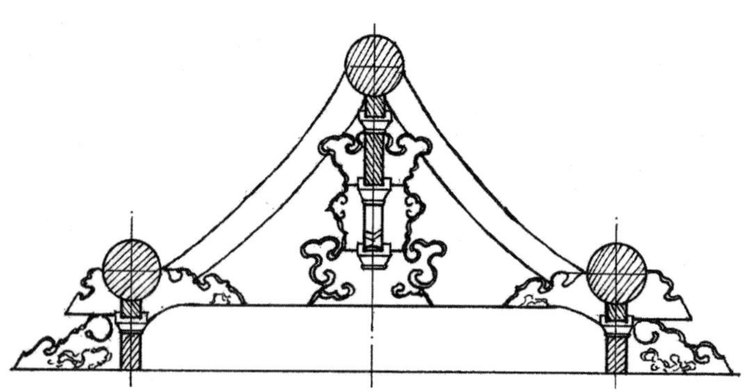

▌수덕사 대웅전 대공과 소슬합장▐

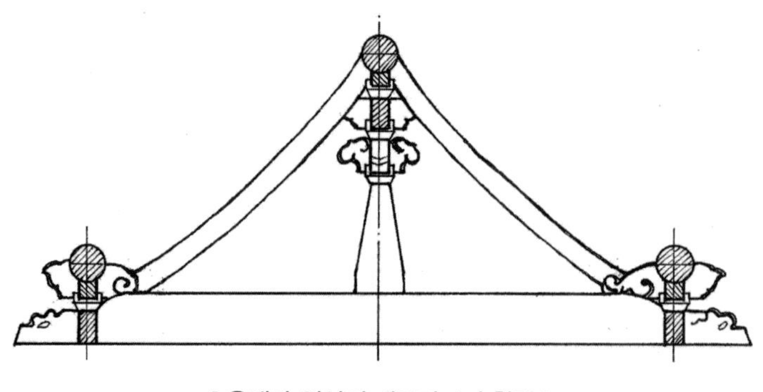

▌은해사 영산전 대공과 소슬합장▐

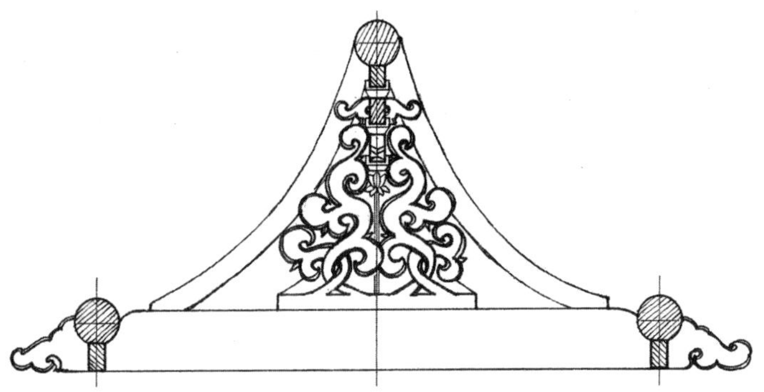

무위사 극락전 대공과 소슬합장

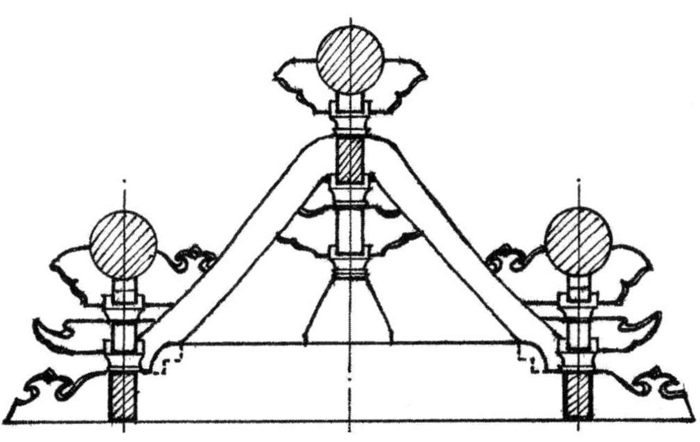

부석사 무량수전 소슬대공

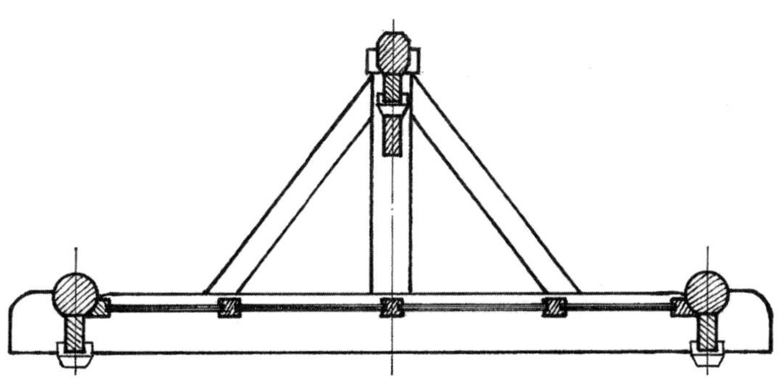

법주사 대웅보전 소슬대공

⑨ 대공의 시대적 특징

㉠ 여말선초 건물 : 대공이 도리를 직접 지지하지 않음 / 포대공, 화반대공 / 포부재, 소슬재 사용

㉡ 조선시대 건물 : 대공이 도리를 직접 지지 / 동자주 대공, 판대공 / 포부재, 소슬재 미사용

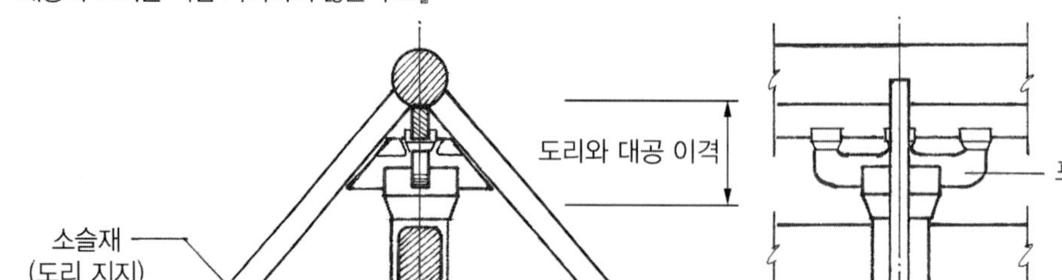

‖ 봉정사 대웅전 대공 구조 ‖

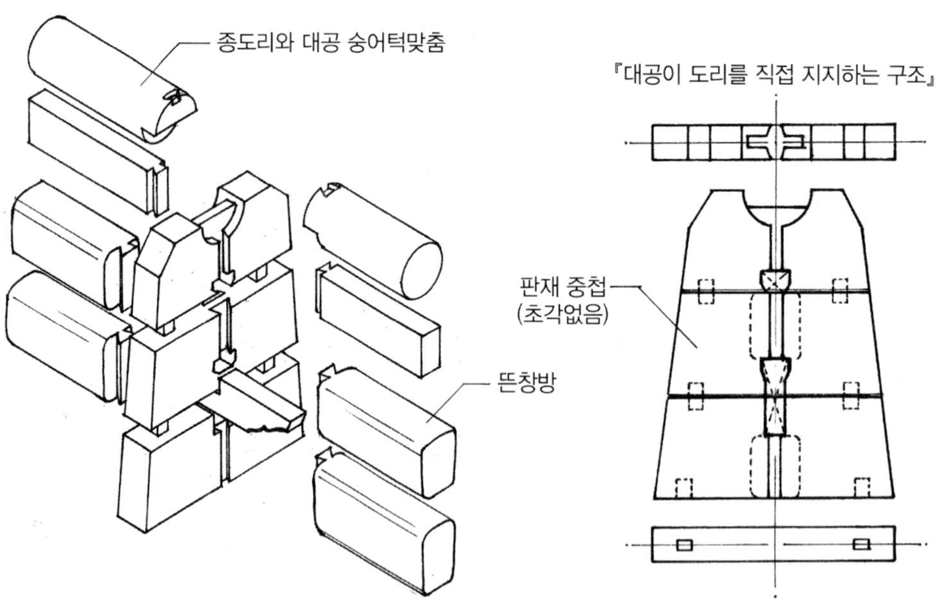

‖ 근정전 대공 설치구조 ‖

SECTION 04 솟을합장(소슬합장, 소슬대공)

01 | 개요

① 개념

㉠ 소슬합장 : 대공 옆에 인(人)자형으로 설치한 부재. 도리를 직접 지지

㉡ 소슬대공 : 인자대공. 人자형으로 부재를 경사지게 세워서 종도리를 받도록 한 대공

㉢ 종도리의 이동을 방지하고 대공의 종도리 지지를 보강

② 시대적 특징

㉠ 여말선초 : 대공이 도리를 직접 받지 않는 여말선초 건물에 사용

㉡ 조선시대 : 동자주 대공, 판대공으로 도리를 직접지지 / 소슬재의 구조적 기능 퇴화, 부재 소멸

㉢ 봉정사 극락전의 사례 : 처마도리~종도리에 걸쳐 소슬재를 사용

③ 기능 : 종도리의 이동방지, 대공의 종도리 지지 보강, 의장성

④ 형태

㉠ 직선형(해인사 장경판전 등)

㉡ 곡선형(중간이 안으로 휘어내린 곡선재 사용)

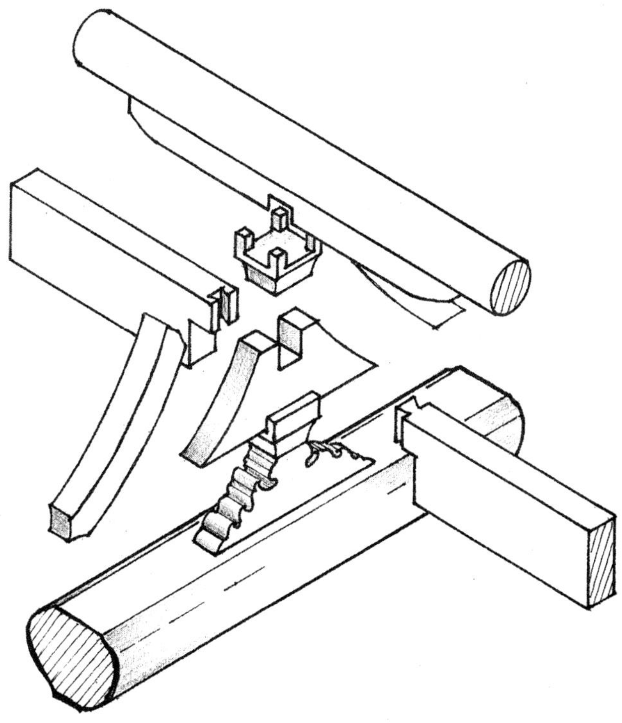

‖ 봉정사 극락전 대공 설치구조 ‖

02 | 소슬재의 결구

① 종보, 중도리와의 결구

㉠ 종보 상면에 결구 : 종보에 통맞춤, 안장맞춤 등 / 부석사 무량수전, 은해사 영산전, 부석사 조사당 등

㉡ 중도리에 결구 : 중도리 또는 중도리를 받치는 초공과 결구 / 봉정사 극락전, 수덕사 대웅전 등

② 대공, 종도리와의 결구

㉠ 종도리를 직접 지지 : 봉정사 극락전, 수덕사 대웅전, 부석사 조사당, 은해사 영산전 등

㉡ 종도리를 직접 지지하지 않는 경우

- 소슬대공 형태(도리 하부에서 대공의 일부로 기능)
- 부석사 무량수전(뜬장여와 결구)
- 법주사 대웅보전(대공머리에 고정)

▼ 주요 건물의 소슬재 설치구조 비교

구분	건물명	결구부	형태
고려시대	봉정사 극락전	종도리~중도리	내반 곡선재
	수덕사 대웅전	종도리~중도리	내반 곡선재
	부석사 조사당	종도리~종보	내반 곡선재
	부석사 무량수전	대공~종보	내반 곡선재
조선시대	봉정사 대웅전	종도리~종보	직선재
	도갑사 해탈문	종도리~종보	내반 곡선재
	개심사 대웅전	종도리~종보	외반 곡선재
	법주사 대웅보전	대공~종보	직선재

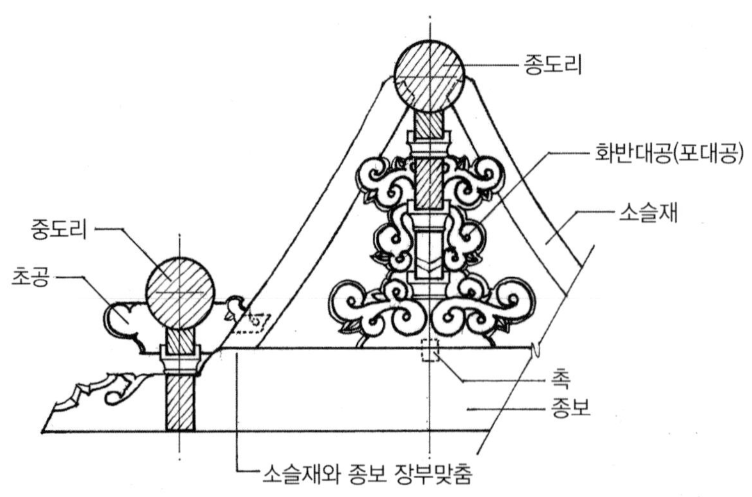

‖ 임영관 삼문 소슬합장 설치구조 ‖

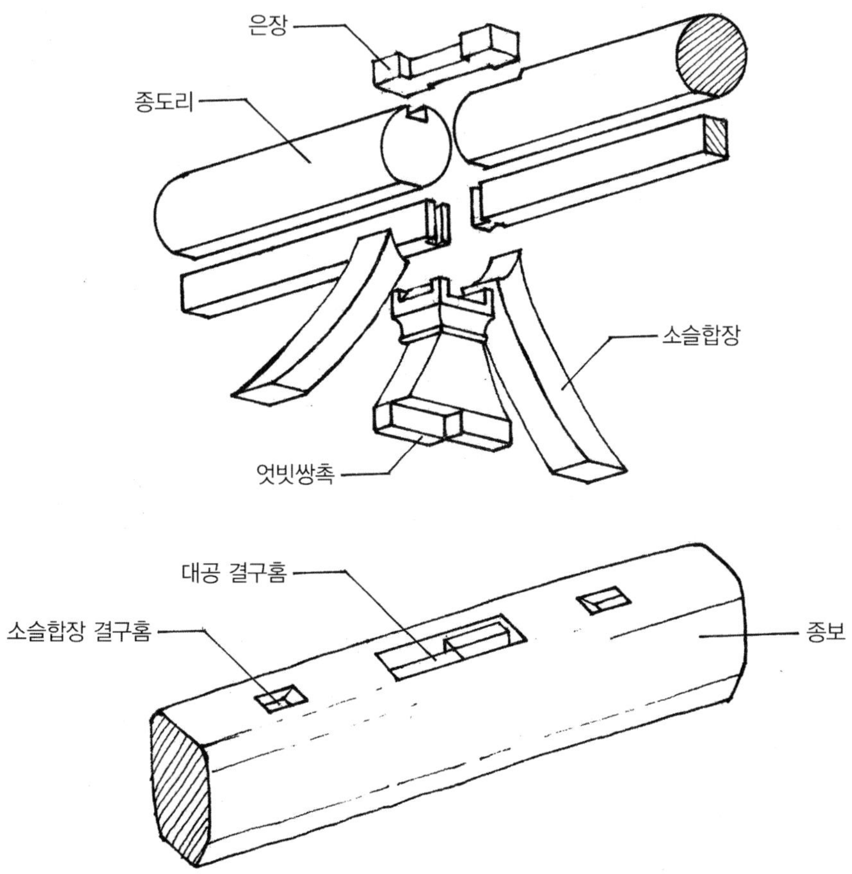

부석사 조사당 소슬합장 설치구조

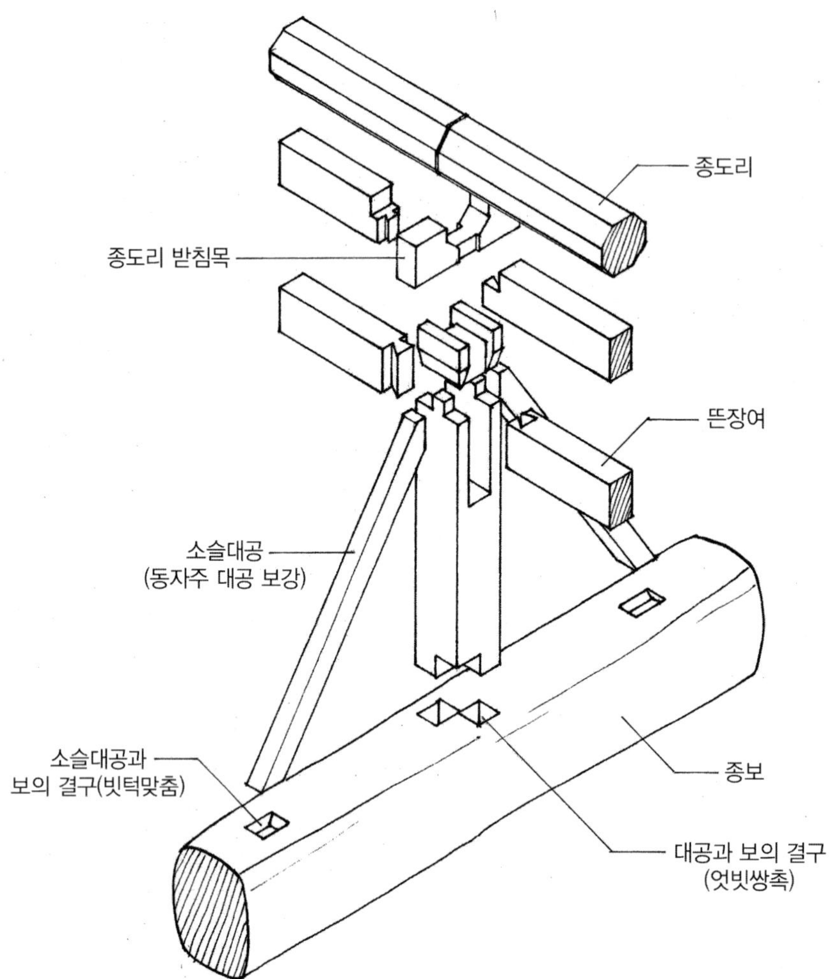

▌법주사 대웅보전 소슬대공 설치구조▐

SECTION 05 초공, 초방

01 | 초공

① 보가 도리를 직접 받지 않는 경우

② 도리구름을 방지하기 위해 보방향으로 도리를 받쳐 주는 짧은 부재

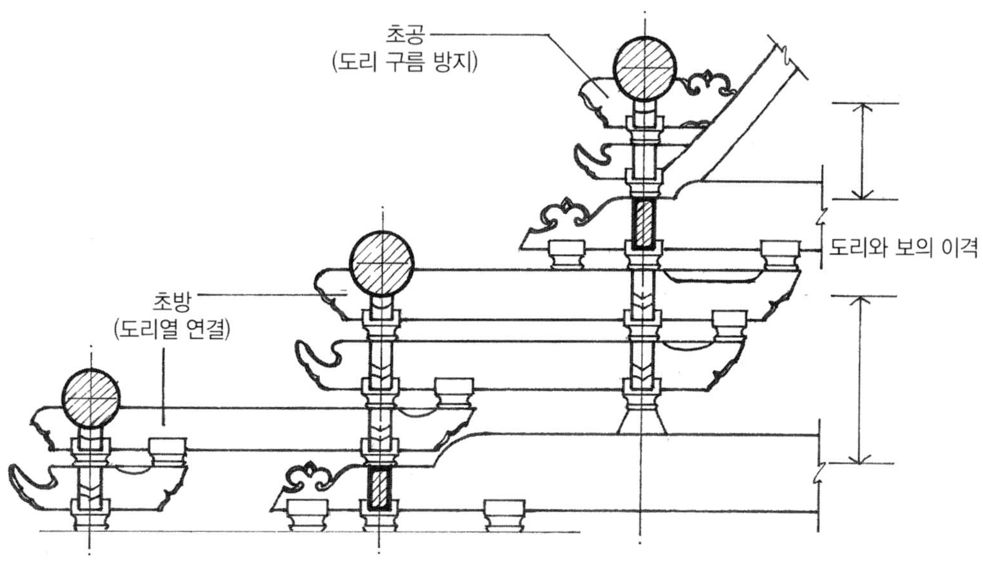

| 부석사 무량수전 초방과 초공 |

02 | 초방

① 도리와 도리중심선에 중첩된 부재들 사이를 보 방향으로 연결하여 결속력을 높여주는 부재

② 도리를 직접 받아 초공의 역할을 겸하거나, 높이가 다른 도리열을 곡재로 연결(홍예초방)

③ 여말선초 주심포 양식 건물에 사용

03 | 시대적 특징

보가 도리를 직접 받고, 보와 보 사이를 단순하게 동자주로 직접 연결하는 조선시대 건물에서는 초공, 초방 등의 부재가 점차 사라짐

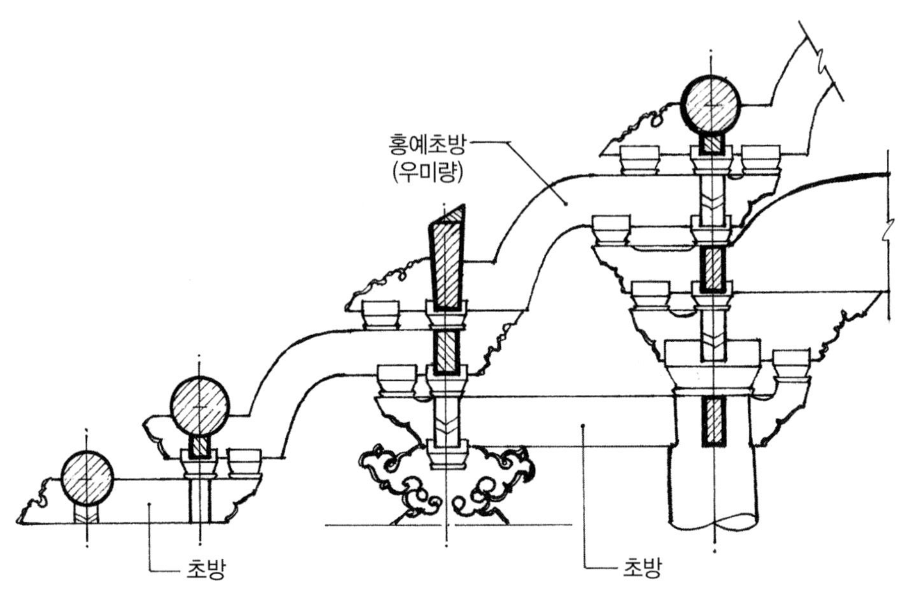

‖ 수덕사 대웅전 초방 ‖

LESSON 02

맞배지붕 지붕가구부

SECTION 01 개요

01 | 맞배집의 개념과 특징

① 개념

㉠ 건물의 전후면에만 지붕면이 구성되는 지붕가구

㉡ 측면에 삼각형 형태의 벽으로 마감(박공 설치)

| 맞배지붕 |

② 특징

㉠ 부속건물, 격이 낮은 건물, 엄숙함이 강조되는 사당 등의 제례 건물에 주로 사용

㉡ 추녀마루가 없이 용마루와 내림마루만으로 지붕면 구성

㉢ 측면에 지붕면이 없으며, 건물의 전후 방향으로만 지붕면이 구성(일방향성)

㉣ 전후면의 공포, 처마, 지붕가구가 이어지지 않고 단절

02 | 맞배집 지붕가구부 구조

① **측벽 가구** : 내부 지붕가구가 반복되며 측벽에 지붕가구재 노출

② **측면 도리** : 측면에 연목이 설치되지 않으며, 연목을 지지하기 위한 측면 도리 구성 불필요

③ **횡력에 취약** : 전후면 도리열과 측면의 도리열이 교차하여 방형틀을 구성하는 팔작지붕, 우진각지붕의 지붕가구와 비교하여 횡력에 취약한 구조

④ **도리뺄목**

㉠ 측벽 외부로 전후면의 도리들이 돌출하여 뺄목 구성

㉡ 측면 박공, 풍판 설치를 위한 바탕재로 기능

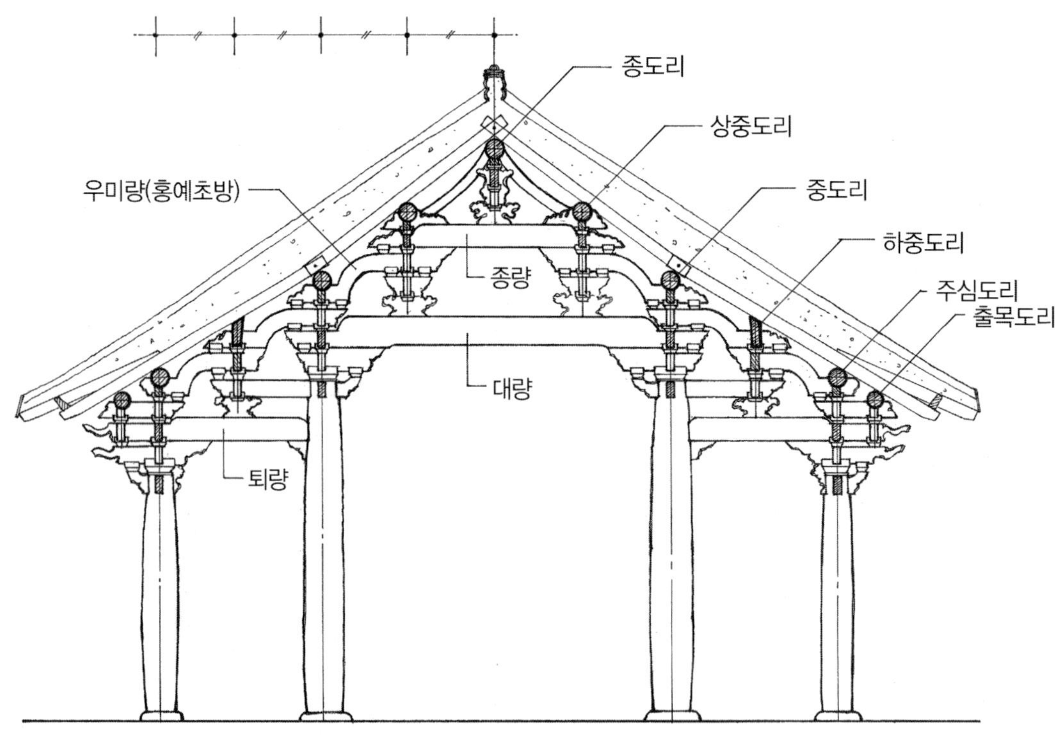

‖ 수덕사 대웅전 종단면도 ‖

SECTION 02 맞배집 지붕가구부의 시대적 특징

01 | 하중전달방식(고려시대)

① 외진 평주와 내부 고주를 통한 하중전달

㉠ 내부에 기둥열이 존재. 내부 기둥의 감주와 이주가 제한적

㉡ 지붕하중을 내 · 외부 기둥을 통해 분산하여 처리

② 도리 배치

㉠ 수평배치 : 경간에 비해 많은 수의 도리를 일정 간격으로 균형있게 배치(도리 간격 균등배치)

㉡ 수직배치 : 도리 사이의 수직 간격이 일정(장단연의 물매차가 크지 않음)

㉢ 하중도리 : 내출목도리가 없는 주심포계 건물에서 주심과 중도리 사이에 하중도리 설치

③ 보와 도리의 결구

㉠ 보가 도리를 직접 지지하지 않음

㉡ 보와 도리 사이에 수평방향의 방부재(초방), 곡부재(우미량)를 중첩하여 간접적인 하중전달

㉢ 전후면 도리를 연결하는 수평방향 부재의 발달(초방, 우미량)

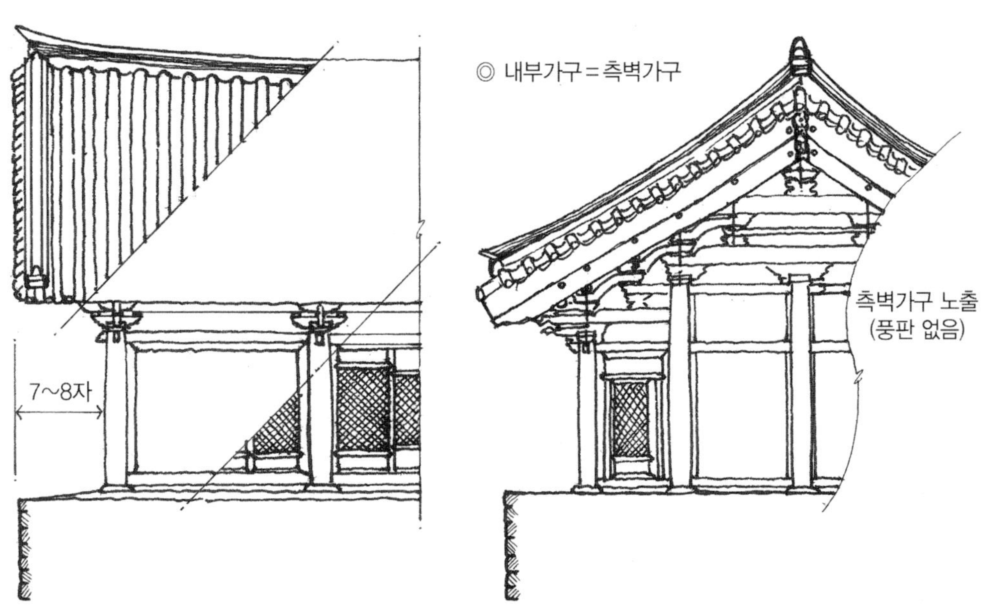

수덕사 대웅전 정면 · 측면 구조

02 | 하중전달방식(조선시대)

① 외진주에 집중된 하중처리

내부 기둥의 감주와 이주 성행 / 지붕하중이 보를 통해 외진 평주로 집중

② 보에 집중된 하중처리

㉠ 도리와 보, 도리와 동자주의 직접 결구를 통해 지붕하중을 곧바로 보에 전달

㉡ 내부기둥의 생략에 따라 하중이 보에 집중(장통보의 사용 / 보의 단면 규격 증대)

③ 도리 배치

㉠ 수평배치 : 도리의 불균등 배치

㉡ 수직배치 : 종도리와 중도리의 높이차 증가(장단연 물매 차이 증가)

㉢ 하중도리 미설치

④ 보와 도리의 결구

㉠ 보와 도리 사이를 연결하는 방부재, 포부재 등이 생략

㉡ 보가 도리를 직접 지지

⑤ 도리와 도리의 연결

㉠ 보가 전후면 도리를 직접 지지하므로, 전후면 도리를 연결하는 수평 방향 부재의 퇴화

㉡ 지붕가구부재의 단순화, 의장성 약화

⑥ 횡력 보강

㉠ 횡방향 수평 가구부재의 증가(뜬창방, 뜬장여)

㉡ 중도리, 종도리, 고주열에 뜬장여 설치

㉢ 내부 가구와 측벽 가구의 불일치(내부에는 대량 설치, 측벽에는 고주 설치)

03 | 측면 지붕가구부의 변화

① 고려시대

㉠ 측벽가구 : 기둥열이 존재하는 내부가구가 측벽 가구에서 반복됨

㉡ 도리뺄목 : 도리뺄목을 길게 구성. 측면의 처마부분이 길게 구성됨

② 조선시대

㉠ 측벽가구 : 내부 기둥의 감주와 이주에 따라 측벽 가구와 내부가구의 불일치

㉡ 도리뺄목 : 뺄목길이 감소(측벽 지붕가구 은폐, 측면 벽체와 기둥 보호를 위해 풍판 설치)

▼ 주요 건물의 측면 처마길이 비교

고려 말 조선 초		조선 중후기	
봉정사 극락전	1,712	대적사 극락전(1689)	1,306
수덕사 대웅전	2,343	귀신사 대적광전(1633)	1,259
은해사 영산전(1375)	1,941	장곡사 하대웅전(1700)	1,315
임영관 삼문(1380)	1,500	안심사 대웅전(1816)	1,658
무위사 극락전(1430)	1,972	범어사 대웅전(1613)	1,850
부석사 조사당(1490)	1,910	기림사 대적광전(1785)	1,863
측면처마길이 5~8자		측면처마길이 4~6자	

04 | 조선시대 맞배집의 특징

① 다포계 맞배집의 성행

② 뜬장여 설치(횡력보강), 내부에 반자 설치, 실내에 마루 설치

③ 익공양식, 다포양식의 혼용(익공형 초각첨차, 다포계 살미, 상하부 제공이 이격 없이 밀착)

④ 익공형 화반 사용 증가

⑤ 창방 규격 증가

⑥ 풍판 설치

05 | 풍판

① 조선시대 맞배집의 측면 박공부에 풍판 설치

② 측면 처마길이 감소(도리 뺄목길이 감소) → 측벽 벽체 및 목부재 보호 필요성 증가

③ 장단연 물매차 증가 → 박공 외부로 노출되는 도리 뺄목 마구리 은폐 필요

④ 측벽 외부로 노출되는 지붕가구부재 은폐(의장성이 사라진 단순하고 조악한 형태의 지붕가구 부재)

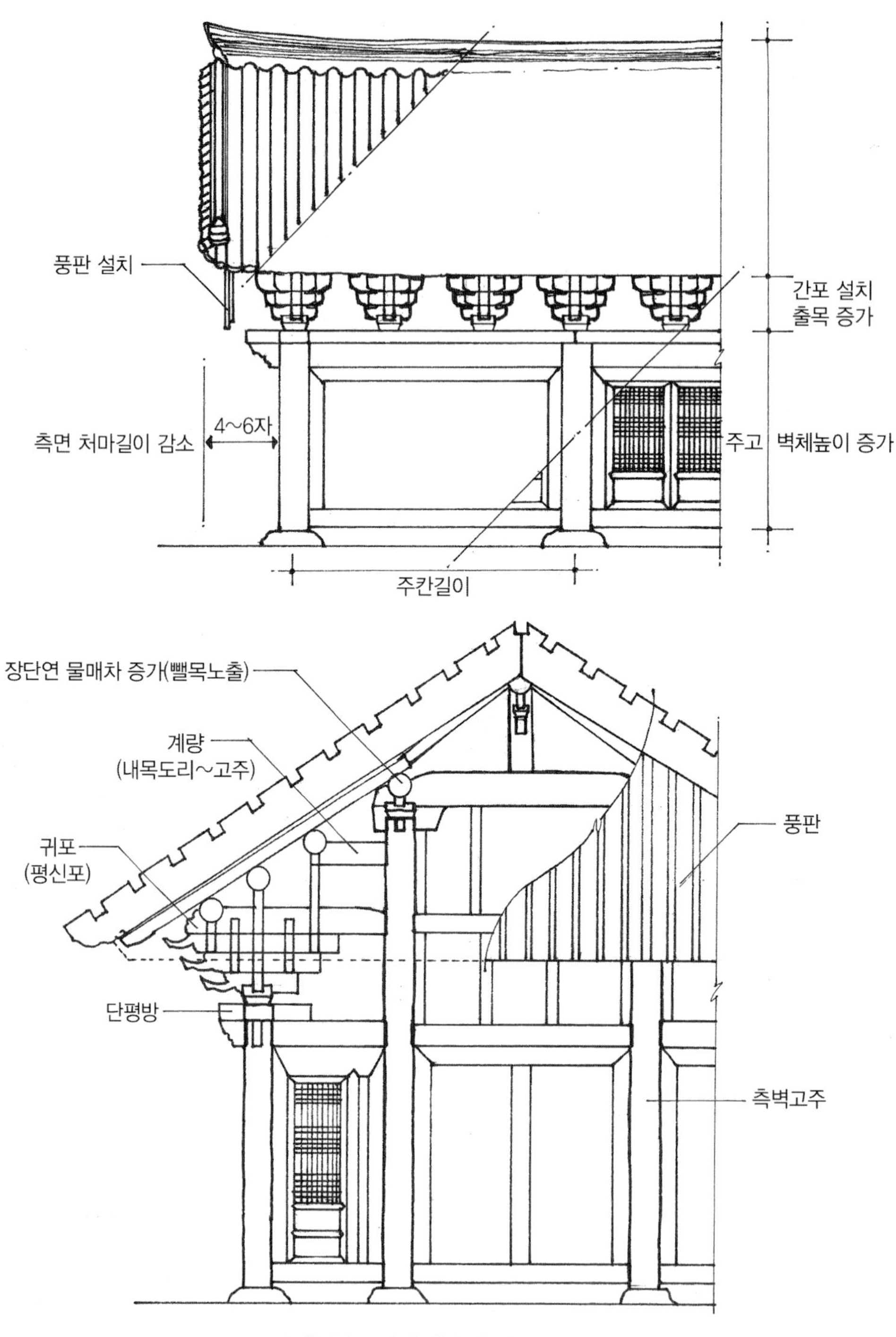

▌대전사 보광전 정면, 측면 구조▐

SECTION 03 맞배집 측면 벽체, 가구부의 훼손 및 보수

01 | 훼손 유형

① 도리 뺄목의 처짐, 처마의 처짐
② 박공 및 풍판의 기울음, 부식, 균열, 이완
③ 측벽 벽체 훼손 및 기둥 하부의 부식

02 | 훼손 원인

① 지붕하중의 과다(KS기와 사용, 보토 · 강회다짐의 두께) / 내림마루의 하중
② 측면 기단내밀기와 박공처마의 내밀기 차이($l' > l$)
③ 측벽에 우수 유입
④ 풍판 틀재의 부실
⑤ 주변환경(배수로 부실, 잡목 등에 의한 통풍과 일조 저해)

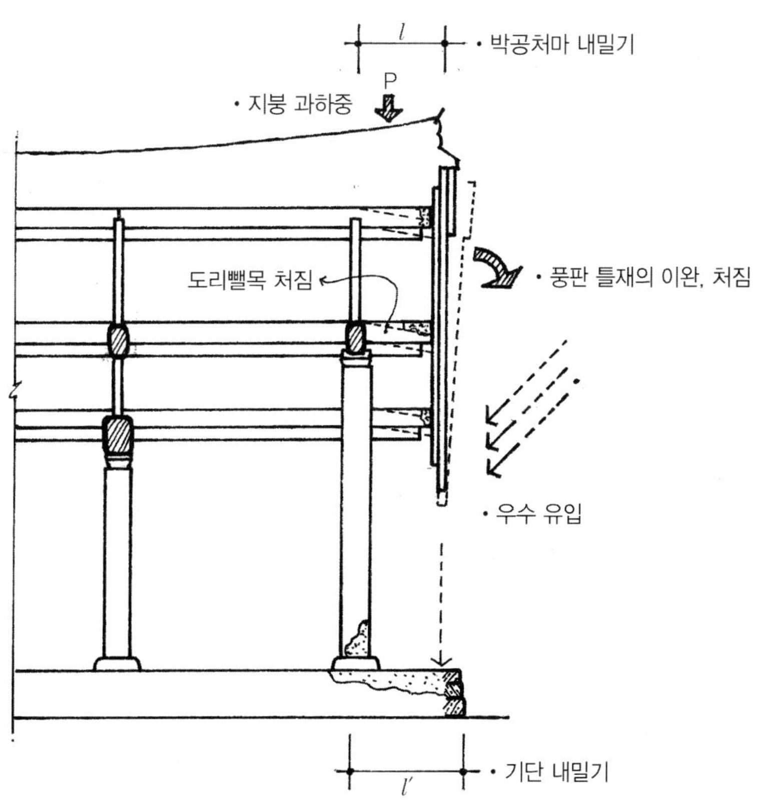

‖ 맞배집 측면부 훼손원인 ‖

03 | 도리뺄목과 박공 처짐에 대한 보강

① 사례

㉠ 장수향교 대성전 : 귓기둥에서 주심의 뜬장여를 받치는 대첨차 하부에 받침기둥 설치

㉡ 경주향교 대성전 : 처마도리에 활주 설치 / 풍판 지지하는 가새 보강

㉢ 왕릉 정자각 : 창방 뺄목을 길게 빼서 도리 장여 뺄목지지 / 창방 뺄목 하부에 까치발 설치

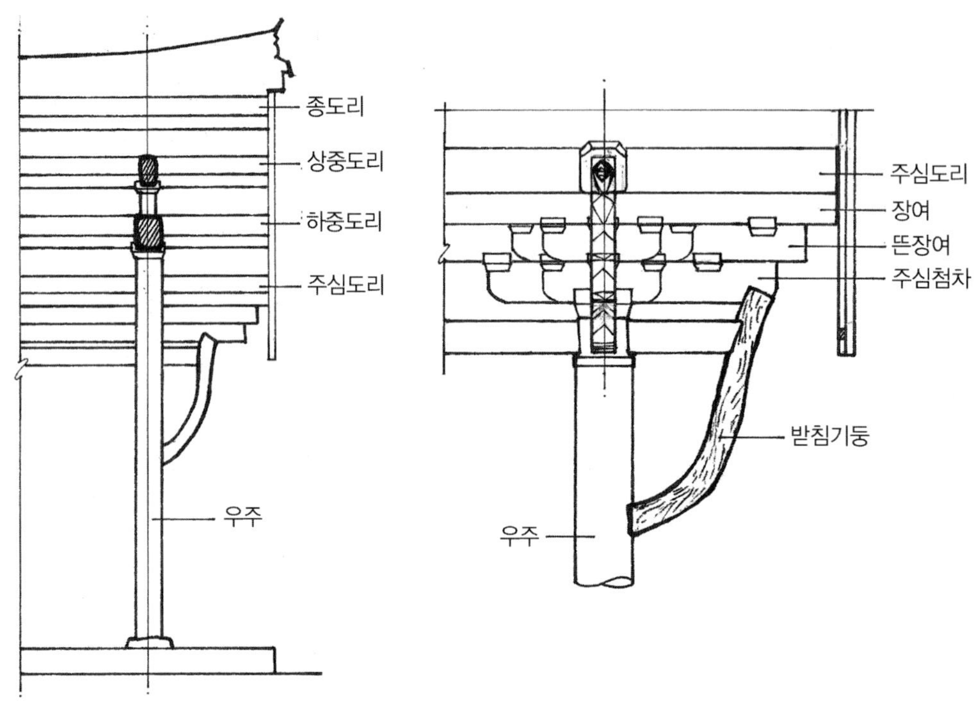

| 장수향교 대성전 측면부 구조 |

② 보강방안

㉠ 처마도리 하부에 활주 설치

㉡ 지붕부 하중 경감

- 박공처마 상부에 덧서까래 설치(화암사 극락전)
- 적심을 늘리고 보토 및 강회다짐의 두께를 줄임
- 기와 교체 시 기와두께를 줄여서 제작

㉢ 도리뺄목 하부에 까치발, 가새 보강

㉣ 도리뺄목 교체 : 이음재, 규격이 부실한 부재의 교체

㉤ 도리 뺄목의 규격 및 형태 보강(곡재 사용, 춤 확보)

㉥ 측벽 대공 설치 시 솟음 고려

㉦ 풍판틀재 보강 : 규격 확보 / 결구법 보강 / 장선, 달대 추가 설치 / 도리뺄목, 연목 등에 풍판틀 고정

㉧ 박공의 고정 : 전후면 연목에 모두 고정되도록 설치(집우사 설치)

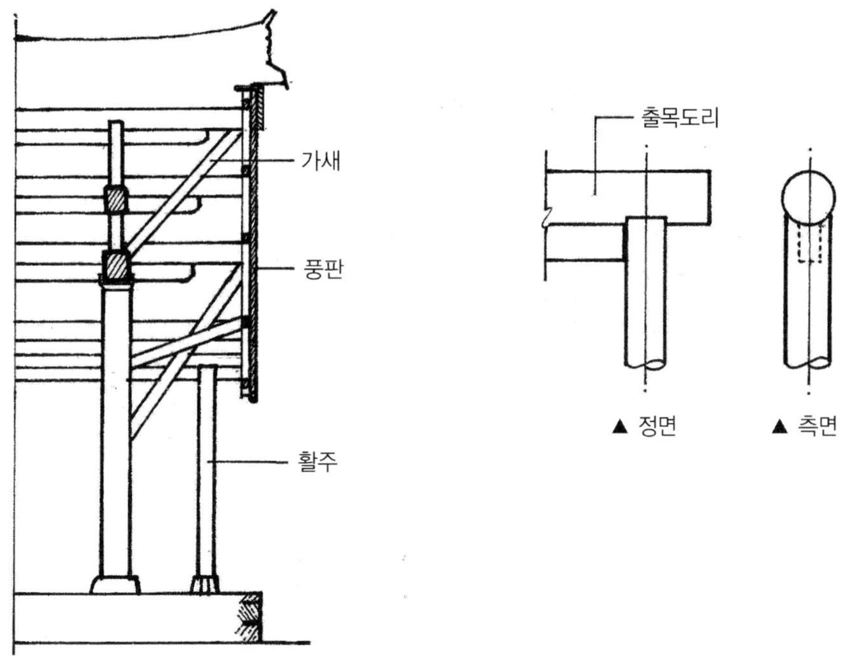

경주향교 대성전 활주 설치구조

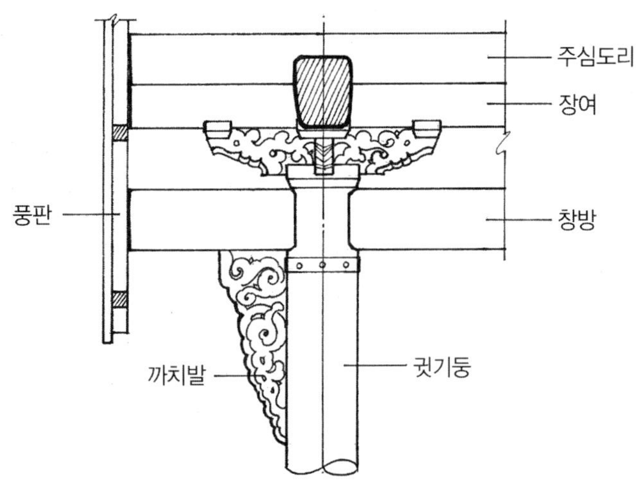

정자각 정청 측면부 구조

LESSON 03

다포계 맞배집의 구조

SECTION 01 다포계 맞배집의 개요

01 | 개념

① 다포계 공포를 구성하면서 맞배지붕을 올린 건물

② 다포계의 의장성과 맞배지붕 시공의 경제성이 결합된 구조

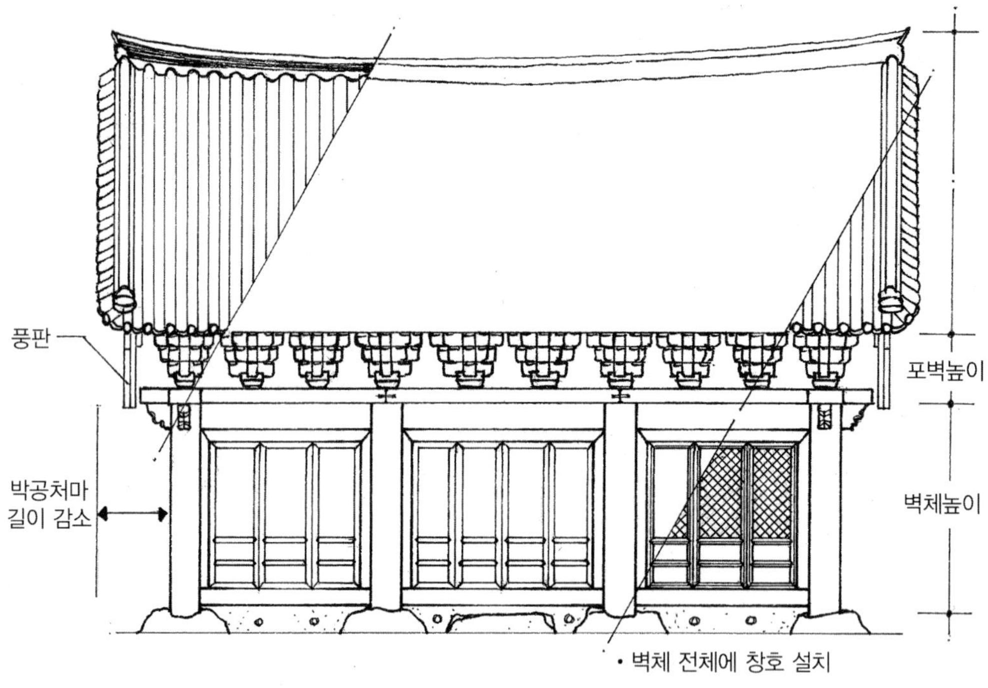

대비사 대웅전 정면도

02 | 다포계 팔작집과의 비교

① 지붕면이 전후면으로만 구성

② 측면에 연목, 보방향 도리, 공포대가 구성되지 않음

03 | 시대적 특징

임진왜란 이후 사찰의 재건과정에서 집중적으로 조성

04 | 다포계 맞배집의 조영 유형

① 다포계 팔작집에서 다포계 맞배집으로 개수
② 주심포계 맞배집에서 다포계 맞배집으로 개수
③ 다포계 맞배집으로 초창(중창)

05 | 다포계 맞배집의 사례

범어사 대웅전, 귀신사 대적광전, 용문사 대장전, 화암사 극락전, 선운사 대웅전 등

SECTION 02 다포계 맞배집의 특징

01 | 평면 및 주칸 설정

① 세장한 평면 : 다포계 맞배집의 장단비 1.52 / 다포계 팔작집의 장단비 1.35
② 주칸설정 : 측면에 공포가 배열되지 않으므로 측면 주칸거리는 포간거리의 정수배와 무관

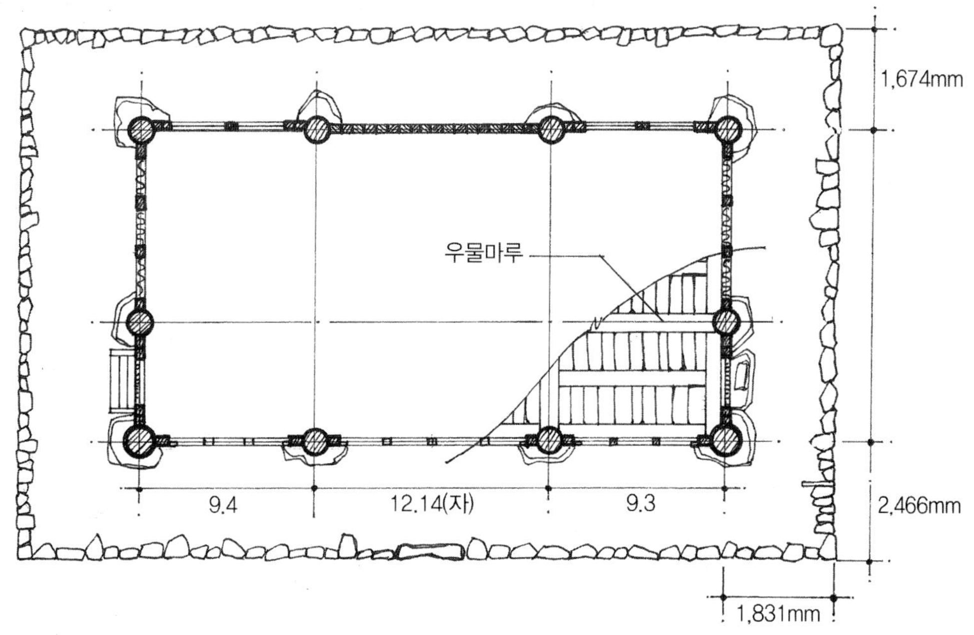

‖ 안심사 대웅전 평면구조 ‖

02 | 입면상의 특징

① 이중적 외관

㉠ 주심포계 맞배집과 다포계 팔작집의 비례체계 특성을 동시에 지님

㉡ 다포계 법식의 화려하고 장엄한 외관과 맞배지붕의 단정하고 엄숙한 의장

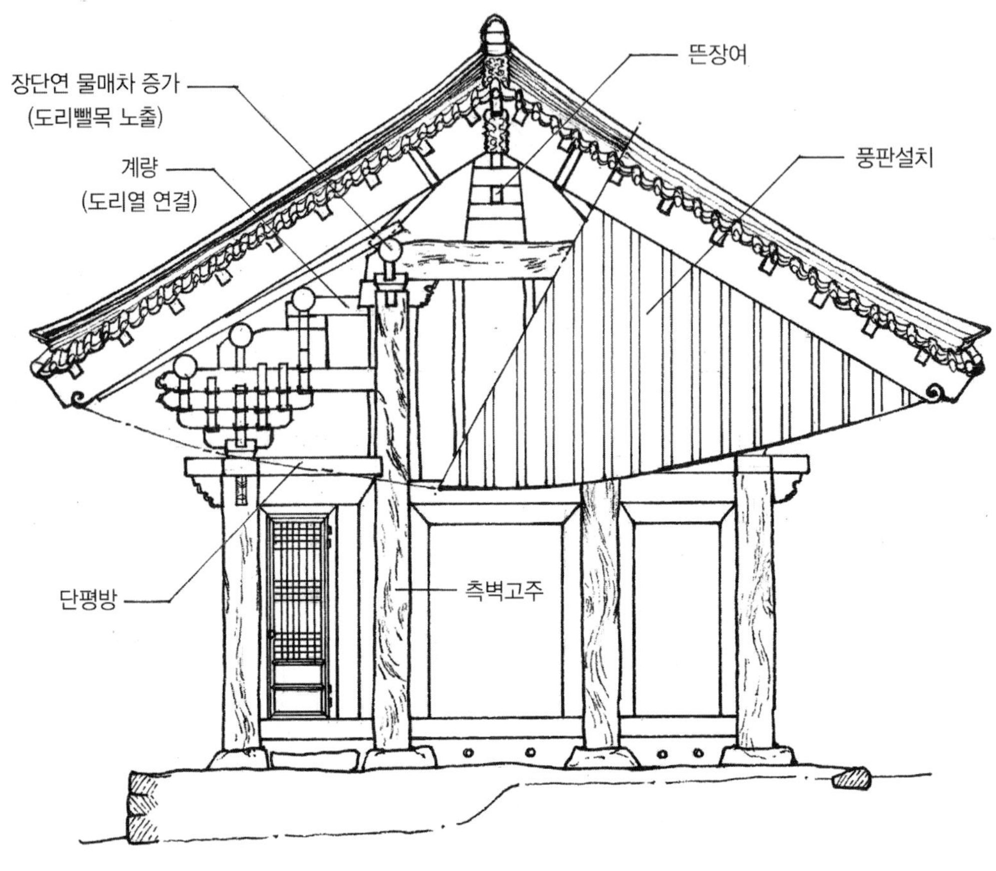

▮ 대비사 대웅전 측면 구조 ▮

② 입면의장

㉠ 주칸길이, 주고, 공포대의 높이 등에서 다포계의 법식을 따름

㉡ 벽체, 공포대가 높아 주심포계 건물에 비해 장려한 외관을 지님

③ 주칸과 주고 비례

㉠ 주칸길이가 주고의 약 1.2배로 다포계 법식의 비례와 유사

㉡ 주심포계 맞배집의 입면비례 : 주칸길이가 주고의 1.4배, 공포고가 벽체고의 1/3 이하

㉢ 다포계 팔작집의 입면비례 : 주칸길이가 주고의 1.1배, 공포고가 벽체고의 1/3 정도

④ 지붕곡, 물매 : 맞배지붕의 비례

03 | 가구구조의 특징

① 하중전달구조

㉠ 공포대와 창평방을 통해 벽체와 지면으로 하중을 분산 전달하는 다포계 구조방식

㉡ 하중의 흐름은 맞배집의 전후면 일방향성을 지님(측면지붕 없음)

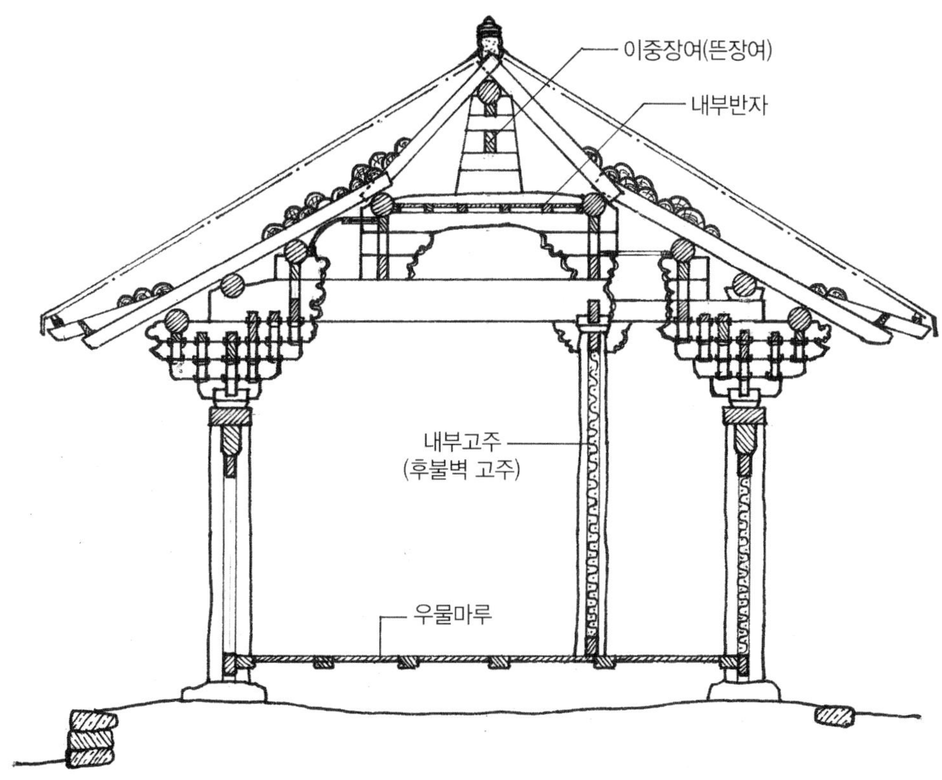

‖ 대비사 대웅전 종단면 구조 ‖

② 구조적 한계

㉠ 측면에 도리가 없어 사면의 도리가 방형틀을 구성하지 못함(횡력에 취약)

㉡ 창평방 설치구조 : 창평방이 방형틀을 갖추지 못함

04 | 다포계 맞배집의 가구보강 요소

① 내부가구와 측벽가구의 불일치 : 측벽에 2고주, 또는 심고주 설치(내부는 무고주, 1고주)

② 뜬장혀, 이중장여 : 측벽고주와 내부 동자주, 고주를 연결하는 뜬장혀, 뜬창방

③ 계량, 단퇴량 : 내목도리와 중도리열을 연결하는 방부재 사용

④ 충량 : 측벽에서 내부 대량을 연결하는 충량 설치(다포계 팔작집에서 개수한 건물)

⑤ 문얼굴 : 주선, 인방에 비교적 단면이 큰 부재를 사용

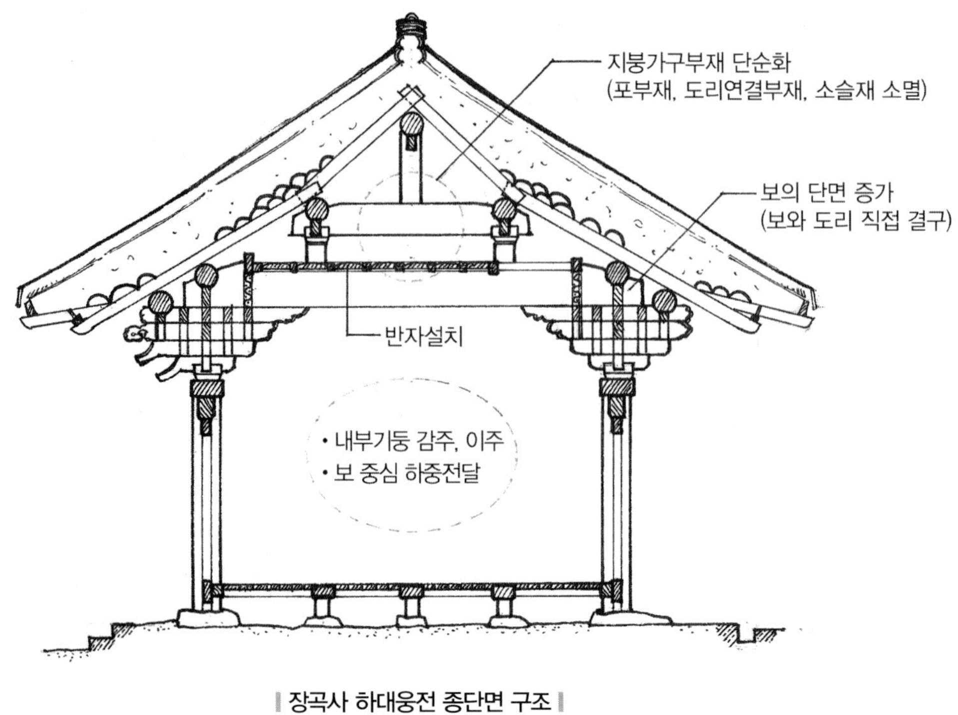

▍장곡사 하대웅전 종단면 구조▍

05 | 다포계 맞배집의 장점

① 귀처마 구성 용이 : 추녀, 사래, 전각포, 선자연이 없는 구조

② 시공의 경제성

㉠ 장식성이 적은 동일 부재의 반복 사용

㉡ 장재, 단면이 큰 부재 사용량이 적음

㉢ 주요부재의 사용량과 소요인원이 다포계 팔작집의 60% 수준

06 | 다포계 맞배집의 공포부 구조

① 출목

㉠ 외출목 : 외2출목, 외3출목

㉡ 내외출목 구성

② 측면의 공포구성 : 측면에는 공포가 배치되지 않음

③ 측면에도 공포대를 구성한 사례

㉠ 다포계 팔작지붕에서 다포계 맞배집으로 개수한 건물

㉡ 안심사 대웅전, 장곡사 하대웅전, 불영사 응진전 등

④ 단평방 설치구조

㉠ 측면 퇴칸 일부에 설치 : 범어사 대웅전

㉡ 측면 퇴칸 전체에 설치 : 선운사 대웅전, 성주향교 대성전

㉢ 측면에 공포대와 통평방 설치 : 안심사 대웅전, 장곡사 하대웅전, 불영사 응진전

⑤ 귀포의 형태

㉠ 평신포 형태 : 일반적

㉡ 전각포 구성 : 안심사 대웅전, 장곡사 하대웅전, 불영사 응진전(다포계 팔작지붕에서 개수한 경우)

⑥ 귀포 주심첨차의 측면 빼목형태

㉠ 첨차형태 : 첨차의 측면 빼목부를 단순 교두형으로 처리한 경우(대비사 대웅전)

㉡ 살미형태 : 범어사 대웅전

㉢ 기타 : 장여형태로 직절(대전사 보광전)

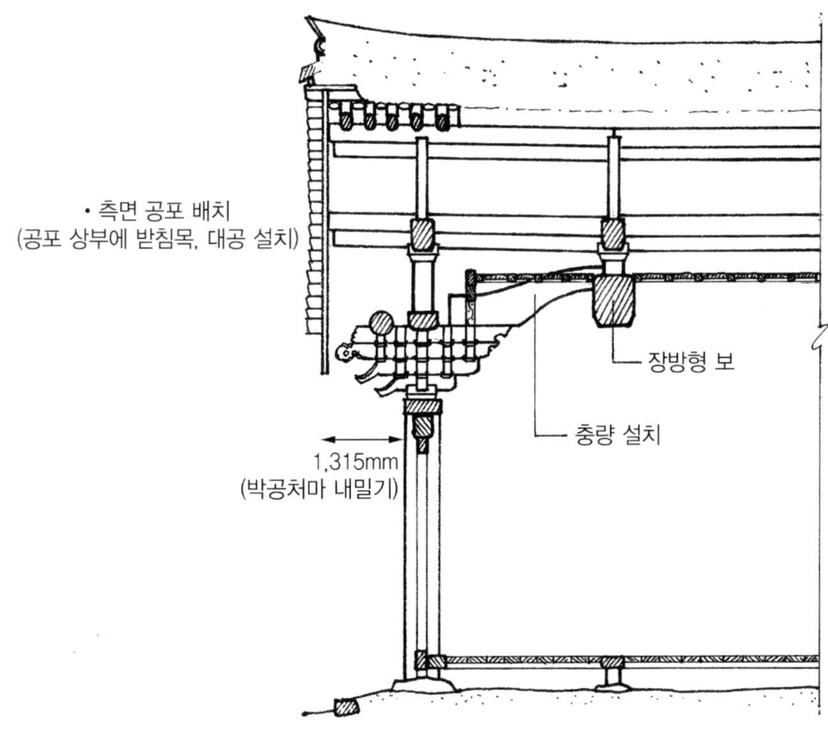

‖ 장곡사 하대웅전 횡단면 구조 ‖

07 | 천장구조

① 반자의 형태 : 빗반자, 층급반자

② 전후면 층급 : 공포가 없는 측벽에는 층급이 형성되지 않고 층급반자가 측벽에 직접 맞닿는 구조

③ 사면에 층급 : 측면에 공포가 배열되는 다포계 맞배집의 반자 구조

LESSON 04

팔작지붕 지붕가구부

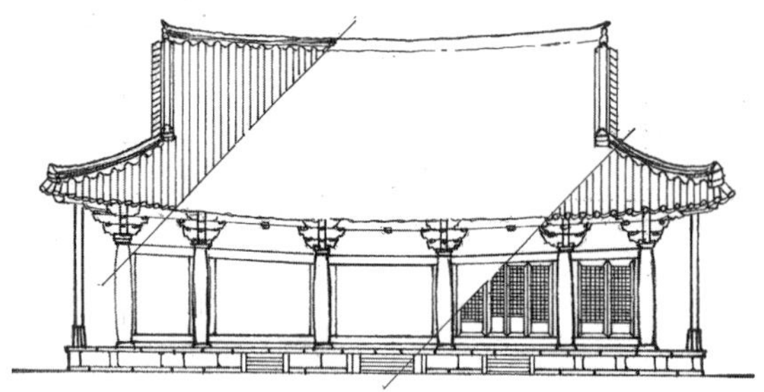

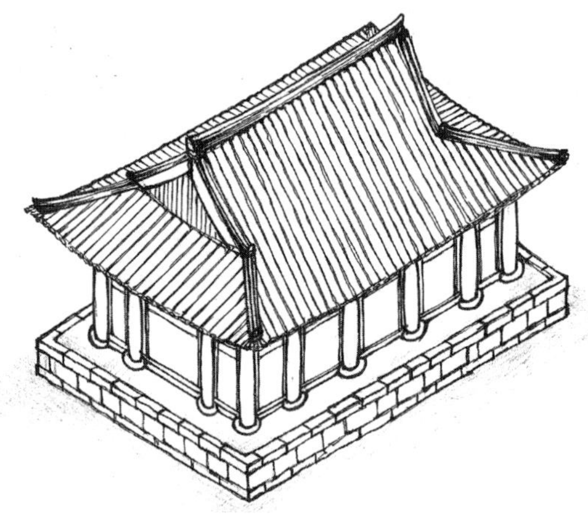

‖ 팔작지붕 ‖

SECTION 01 개요

01 | 개념

㉠ 측면에 삼각형 형태의 합각벽을 갖는 지붕구조

㉡ 용마루, 내림마루, 추녀마루로 구성되며 전후좌우 사방으로 지붕면을 구성

㉢ 맞배지붕과 우진각지붕을 결합한 형태

02 | 팔작집 가구부의 특징

㉠ 전후좌우 사면에 추녀와 귀서까래 설치

㉡ 측면 지붕을 형성하기 위해 측면에 서까래 설치

㉢ 추녀와 측면 서까래를 지지하기 위한 지붕가구 구성(중도리틀)

㉣ 합각벽 구성을 위해 측면 서까래 상부에 도리 뺄목, 대공 등으로 합각부 가구 형성

SECTION 02 팔작집 지붕가구부의 일반적 형태

01 | 외기도리의 사용

① 외기

㉠ 중도리가 양쪽 퇴칸으로 내민보 형식으로 빠져나와 틀을 구성한 부분

㉡ 장방형 퇴칸을 갖는 중도리가 있는 5량가 이상 팔작지붕 건물에서 나타남

㉢ 중도리 뺄목에 보 방향으로 도리를 왕지맞춤하여 ㄷ자 틀을 구성

㉣ 외기도리로 측면 연목의 뒤초리를 고정하고, 도리 왕지맞춤 부분에 추녀가 놓여짐

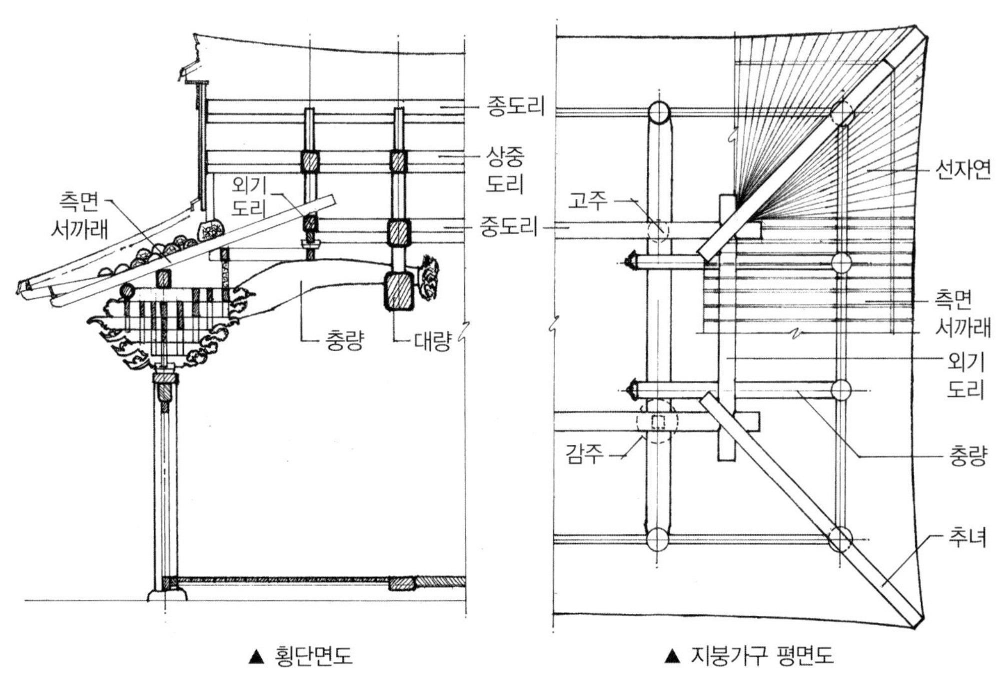

▲ 횡단면도

▲ 지붕가구 평면도

선암사 대웅전 외기, 충량 설치구조

② 외기도리 : 측면 서까래를 지지하기 위해 외기에 설치된 측면 중도리

③ 외기, 외기도리 지지

㉠ 일반 : 측면에 설치된 충량으로 외기와 외기도리 하부를 지지

㉡ 기타

- 하부에 별도의 지지 구조 없이 내민보 형태로 구성
- 내부 고주 상부에 후면 중도리 설치

02 | 충량의 사용

① 충량의 개념

측면 기둥열에서 내부 대량 몸통에 직각 방향으로 결구되는 보

② 충량의 기능

㉠ 충량 상부에 놓인 동자주 등으로 외기도리의 하부를 지지

㉡ 건물 내외부 가구를 연결(횡력 보강)

SECTION 03 | 충량이 없는 팔작지붕 구조

01 | 외기가 없는 팔작지붕구조

① 3량가 팔작집

㉠ 중도리가 없으므로 외기를 구성하지 못함

㉡ 종도리, 종도리 뺄목(십자도리)에 추녀와 측면 연목을 직접 결구

㉢ 충량, 덕량을 설치하여 종도리 뺄목 하부를 지지

㉣ 충량, 덕량 상부에 직접 추녀와 연목을 설치

② 내진고주열을 이용한 구조

㉠ 정방형 퇴칸과 내진고주열을 갖는 단층, 중층 전각

㉡ 내진고주열의 보, 도리 등으로 측면 연목과 추녀를 지지

㉢ 사례 : 부석사 무량수전, 근정전, 인정전, 법주사 대웅보전 등

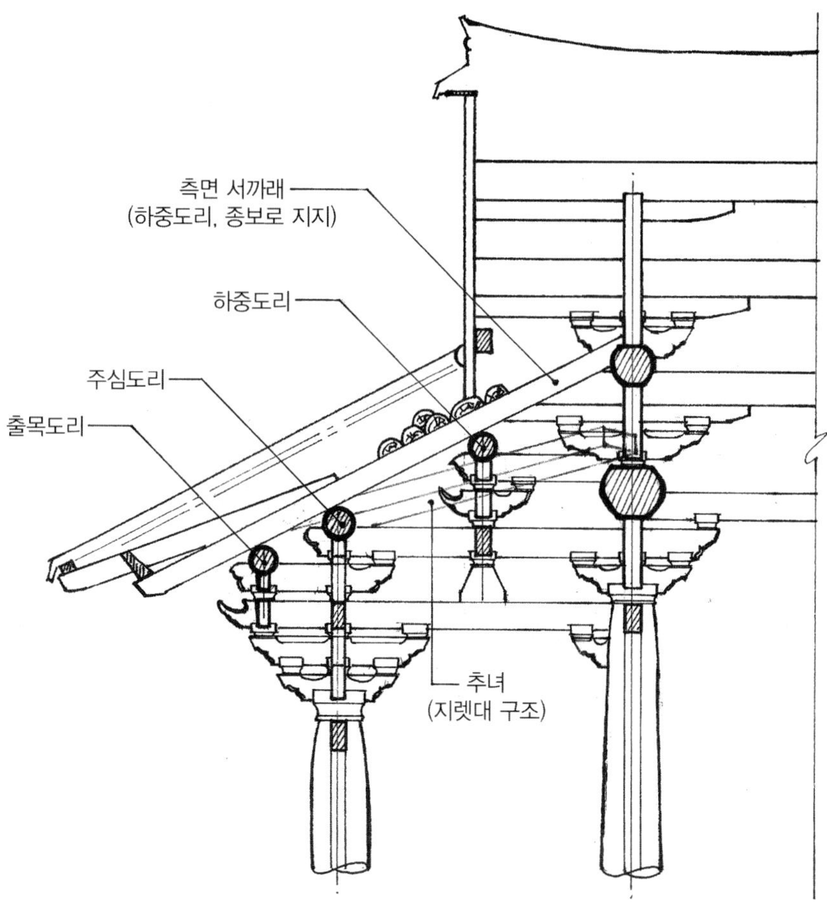

‖ 부석사 무량수전 횡단면 구조 ‖

02 | 충량이 없는 팔작지붕구조

① 단칸 팔작집

㉠ 전면 단칸이므로 원칙적으로 내부에 보가 없는 구조

㉡ 기둥열과 무관하게 내부에 보를 설치하여 중도리틀 구성(신륵사 조사당)

㉢ 내목도리열의 공포대로 연목과 추녀지지(송광사 약사전)

㉣ 내목도리열에 지지되는 뜬창방틀 상부에 중도리틀 구성(북지장사 대웅전)

㉤ 홍예보를 설치하여 연목과 추녀를 지지(왕릉 비각)

② 내진고주열을 이용한 구조

㉠ 내진고주열에 설치된 보, 도리 등으로 측면 연목과 추녀를 지지

㉡ 내진고주에 결구된 퇴보 상부에 받침재를 놓고 하중도리 설치(부석사 무량수전)

③ 내민보 구조

㉠ 중도리 뺄목을 짧게 내밀어 외기를 구성한 경우(정방형에 가까운 퇴칸 구조)

㉡ 하부에 별도의 지지구조 없이 외기도리로 측면 연목지지

㉢ 사례 : 나주향교 대성전, 풍남문 등

④ 합각보와 뜬창방틀로 외기도리 지지 : 봉정사 대웅전

⑤ 내부 공포대를 이용해 외기도리 지지 : 율곡사 대웅전, 운문사 대웅보전

03 | 충량이 없는 팔작지붕 사례

① 부석사 무량수전

㉠ 내진고주 상부의 종보가 측면 연목을 지지

㉡ 퇴보 상부 제형 동자주로 하중도리 지지 → 측면 연목 지지

㉢ 추녀는 하중도리 하부에 위치(중도리 왕지 하부에 추녀 뒤초리 위치)

㉣ 추녀가 지렛대 구조로 작동하여, 중도리 하부를 지지하는 구조

㉤ 중도리 상부 하중으로 추녀 뒤를 누르는 구조

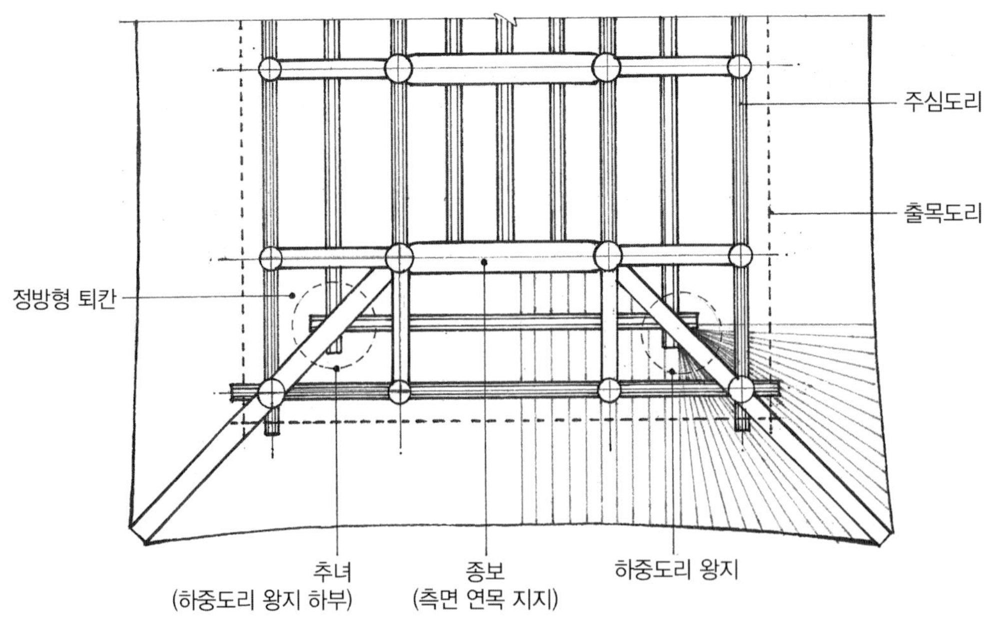

‖ 부석사 무량수전 측면부 앙시도 ‖

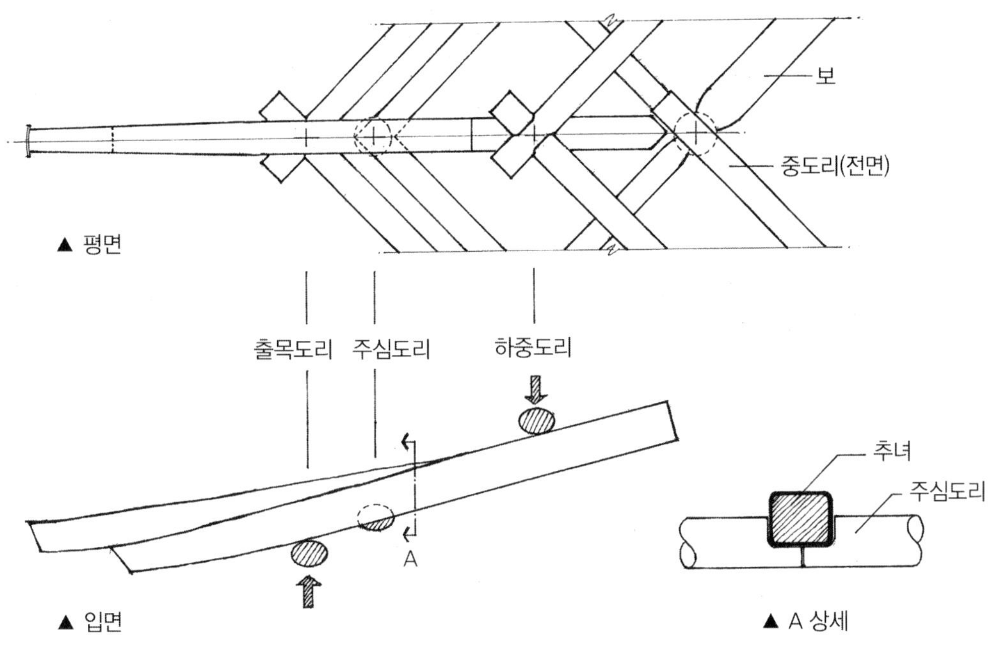

‖ 부석사 무량수전 추녀 설치구조 ‖

② 봉정사 대웅전

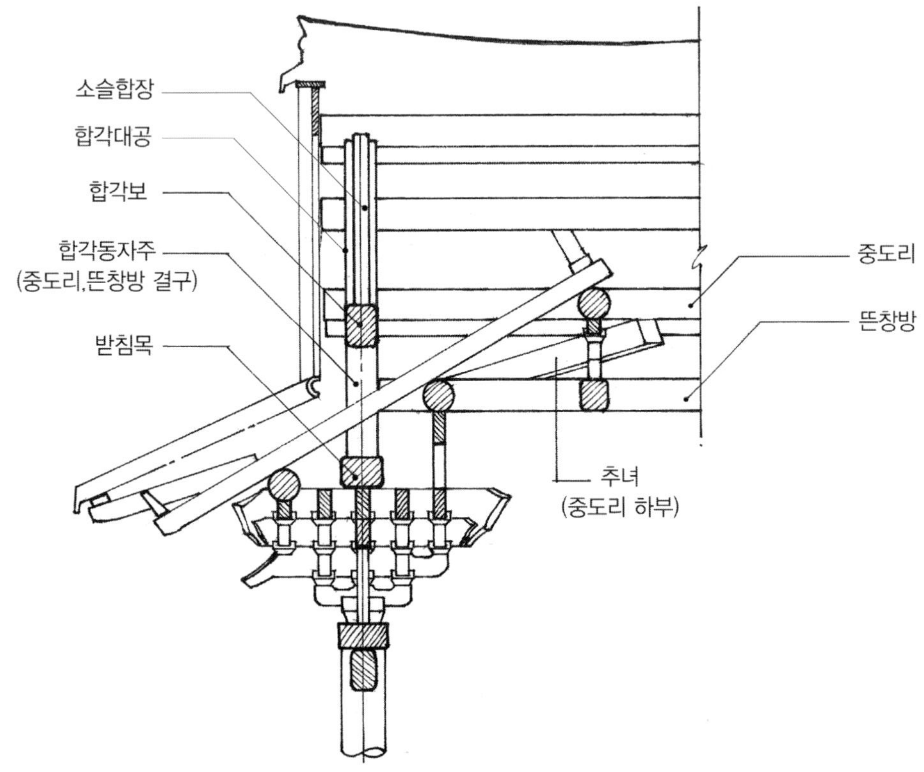

‖ 봉정사 대웅전 횡단면 구조 ‖

㉠ 뜬창방으로 ㅍ자 틀을 구성하여 상부의 중도리틀(ㅍ자)을 지지
㉡ 측면 주심열까지 연장된 뜬창방, 중도리를 합각보로 지지(합각벽 구성의 토대)
㉢ 추녀는 중도리 하부에 놓이고, 측면 연목은 외기도리(중도리틀)에 의해 지지
㉣ 추녀가 지렛대 구조로 작동하여, 중도리 하부를 지지하는 구조
㉤ 중도리 상부 하중으로 추녀 뒤를 누르는 구조

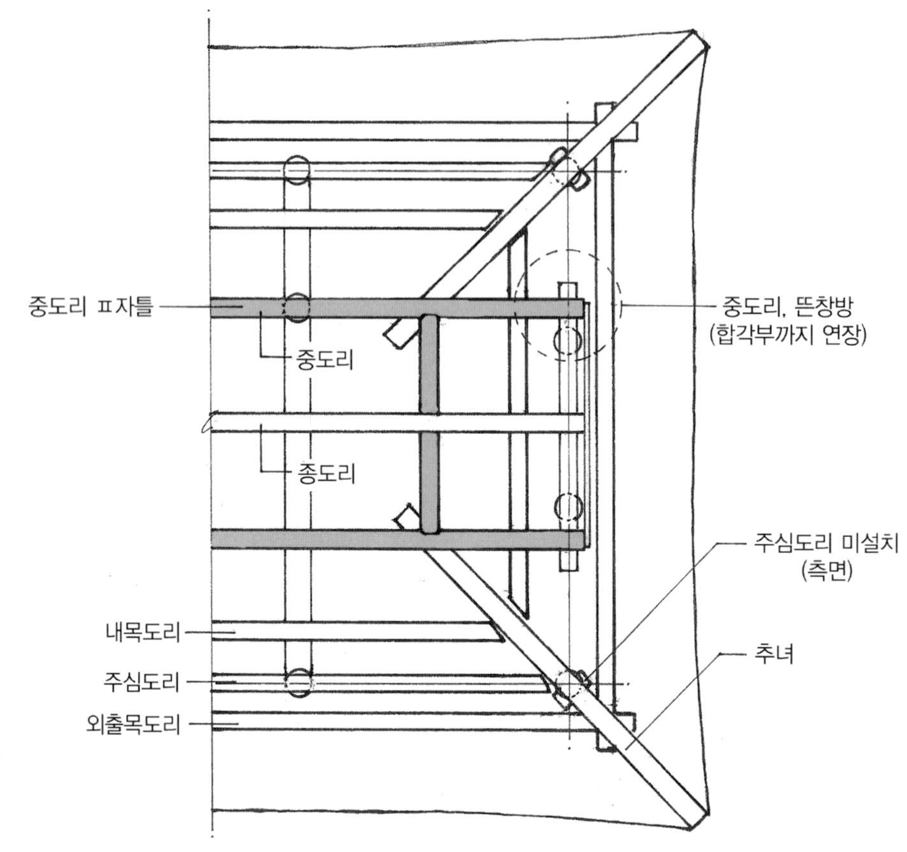

봉정사 대웅전 도리 배치구조

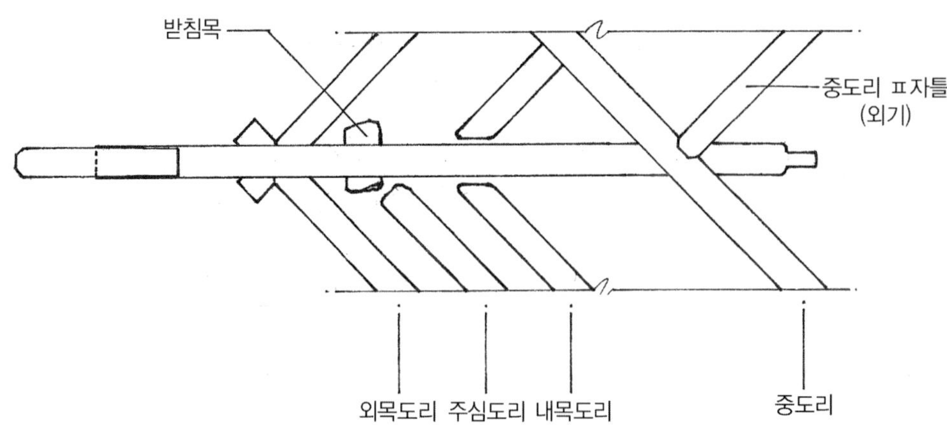

봉정사 대웅전 추녀 설치구조 ①

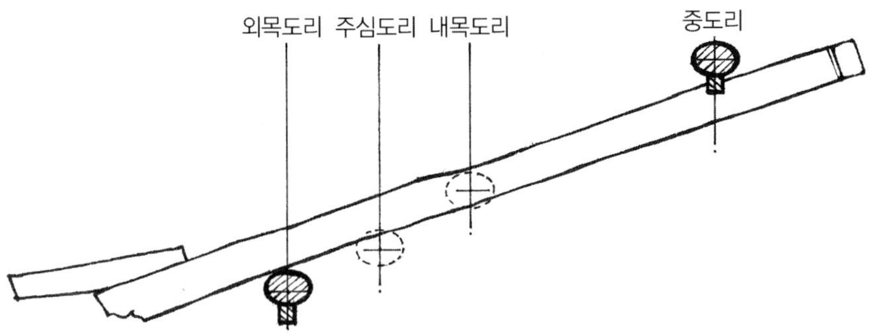

‖ 봉정사 대웅전 추녀 설치구조 ② ‖

③ 율곡사 대웅전

㉠ 보 상부에 평방형 부재로 틀을 짜고, 별도의 내부 공포대를 배치

㉡ 내부 공포대로 측면 연목 및 추녀 지지

㉢ 사례 : 율곡사 대웅전, 운문사 대웅보전

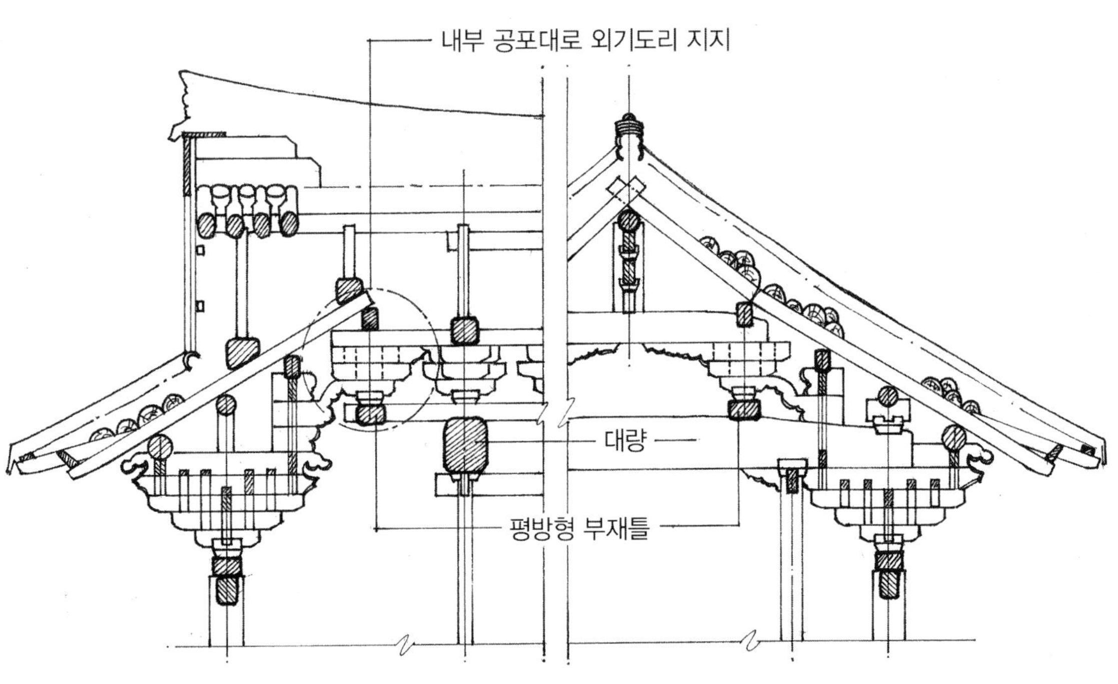

‖ 율곡사 대웅전 단면구조 ‖

④ 근정전

㉠ 반칸물림 중층전각(상층에서 내진고주열 형성)

㉡ 측면의 내진고주열 상부에 도리를 배치하여 상층 측면 연목과 추녀 뒤초리 지지

㉢ 내진고주열 상부의 보와 도리를 이용하여 측면 연목 및 추녀를 지지하는 구조

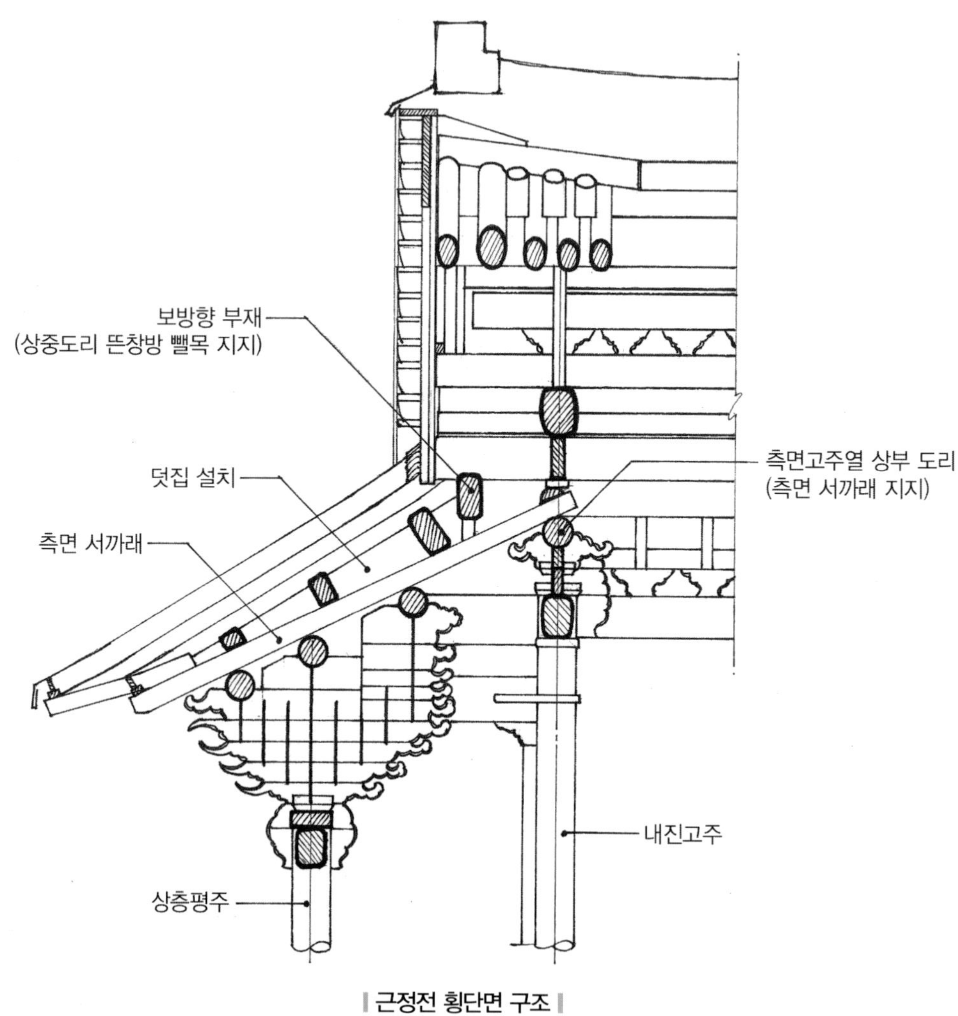

근정전 횡단면 구조

⑤ 왕릉 비각

㉠ 정면 단칸 구조

㉡ 홍예보 설치

㉢ 홍예보 상부 십자도리에 전후면 추녀와 연목 설치

⑥ 나주향교 대성전

㉠ 정방형에 가까운 퇴칸 구조

㉡ 중도리뺄목을 짧게 내민 내민보 구조

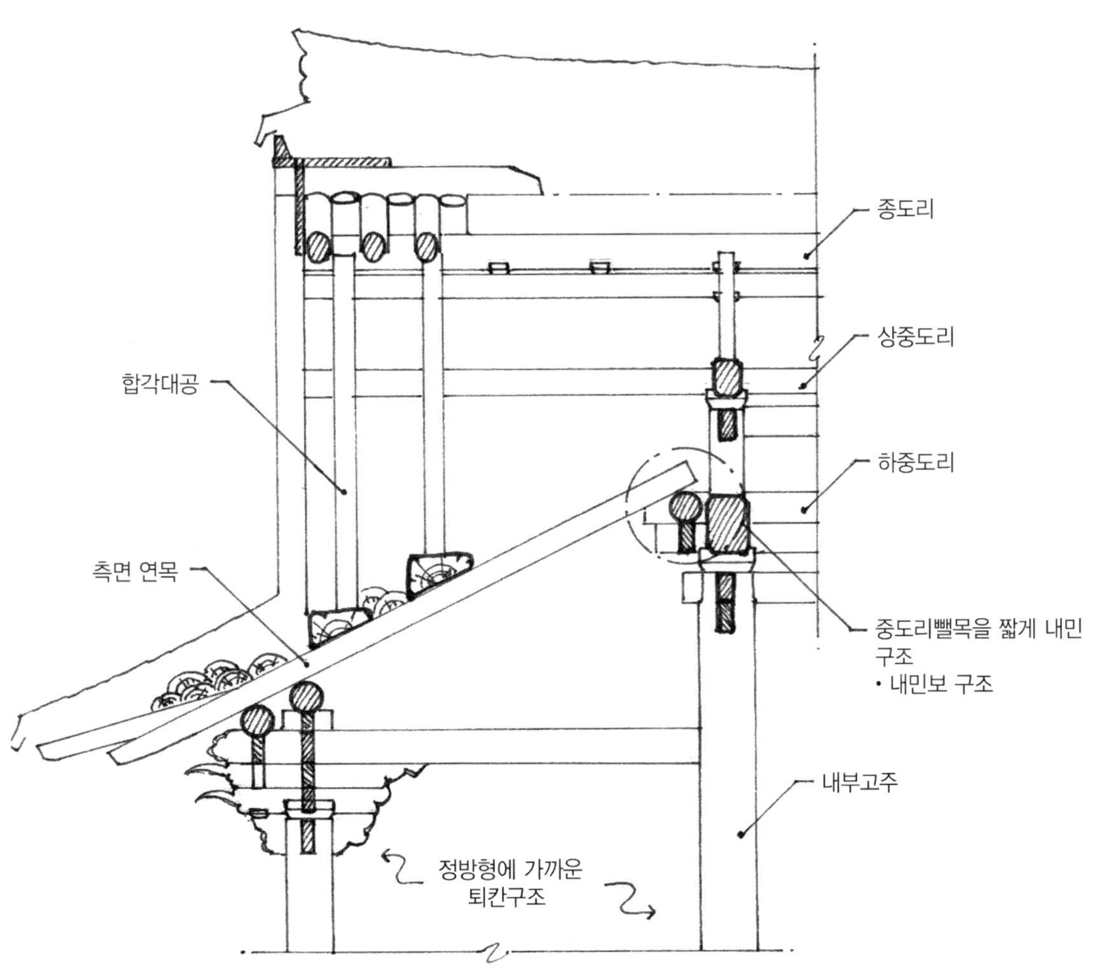

나주향교 대성전 횡단면 구조

SECTION 04 3량가 팔작집의 지붕가구부 구조

01 | 개요

① 일반적인 팔작지붕 구성방법

㉠ 측면 연목 지지 : 측면에 중도리(외기도리)를 설치하여 측면 연목을 지지

㉡ 추녀 지지 : 중도리 왕지맞춤 상부에 추녀 뒤초리를 고정

② 3량가 팔작집의 지붕가구 특징

㉠ 중도리가 없는 소규모 건물(3량가)

㉡ 중도리가 없으므로 외기를 구성하지 못함

02 | 3량가 팔작집의 지붕가구 구성방법

① 종도리 뺄목만으로 추녀, 귀서까래 지지

㉠ 종도리 뺄목 하부에 별도의 지지부재가 없는 내민보 구조

㉡ 종도리 뺄목에 십자도리 결구

㉢ 종도리 뺄목(십자도리) 상부에 측면 연목과 추녀 뒤초리를 고정

㉣ 사례 : 정재영 가옥 등 소규모 민가 건물

② 종도리 뺄목 하부를 충량, 덕량으로 지지하는 구조 : 보성 열화정 등

③ 충량, 덕량으로 추녀, 귀서까래 지지

㉠ 측면 기둥에서 내부 보, 대공에 충량을 걸고 충량 상부에서 추녀와 귀서까래 지지(경주 양동 무첨당)

㉡ 측면 주심도리에서 보, 대공에 덕량을 걸고 덕량 상부에서 직접 추녀와 귀서까래 지지(경주 양동마을 심수정)

④ 홍예보로 추녀와 연목 지지

㉠ 전면 단칸 건물에서 도리 방향으로 홍예보 설치

㉡ 홍예보 상부에 십자도리를 결구하여 추녀와 귀서까래를 결구

㉢ 사례 : 광릉 휘경원 비각, 영릉 비각 등

03 | 3량가 팔작집의 사례

① 무첨당

㉠ 충량 설치 : 측면 기둥 상부에서 숭어턱맞춤, 대량에 두겁주먹장맞춤

㉡ 충량 중앙부 상부에 대접받침을 놓고 종도리 뺄목, 추녀, 귀서까래 지지

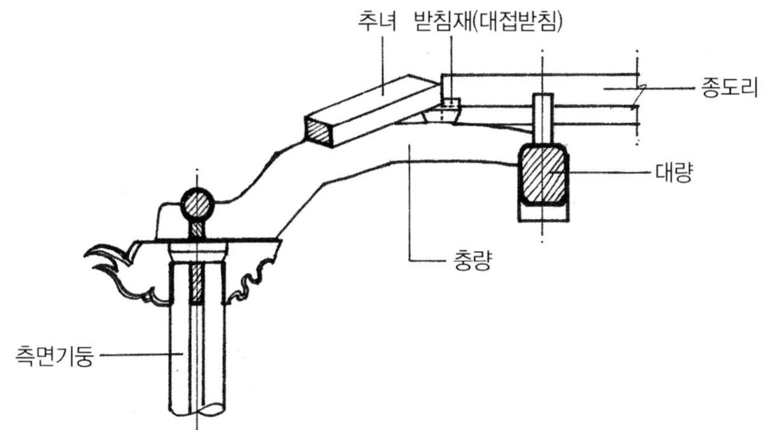

‖ 무첨당 횡단면 구조 ‖

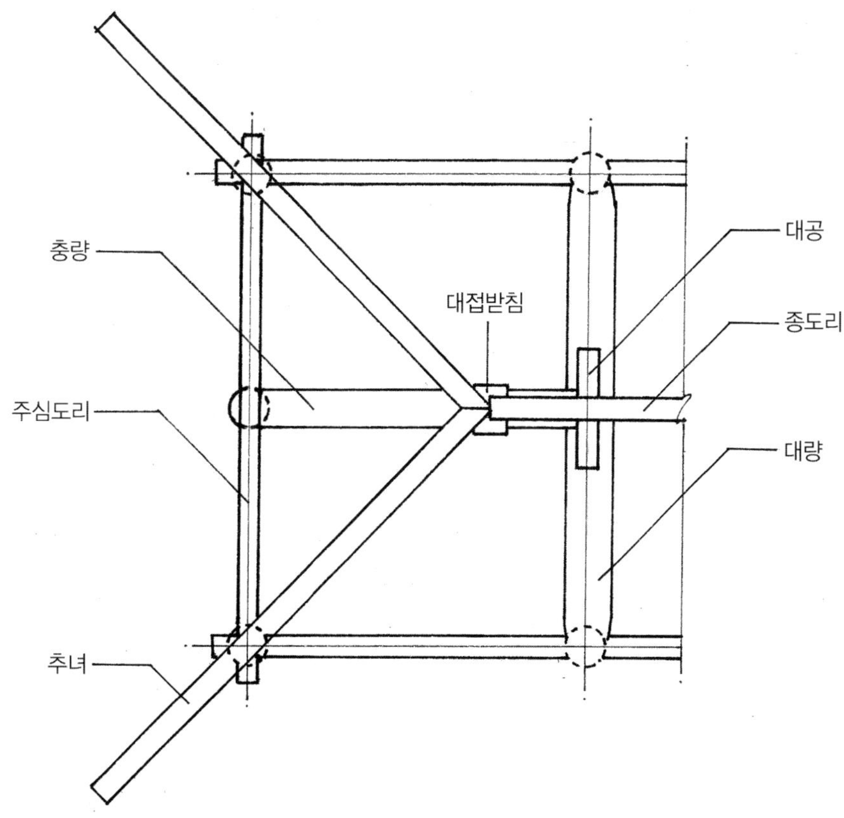

‖ 무첨당 지붕가구 평면도 ‖

② 보성 열화정

㉠ 측면 도리에서 내부 보에 걸쳐진 덕량이 종도리 뺄목 하부를 지지

㉡ 종도리 뺄목에 십자도리를 걸고 추녀, 귀서까래의 뒤초리 결구

③ 융릉 비각

㉠ 정면 2칸, 측면 1칸 건물

㉡ 내부 대량 상부에 대공과 종도리 설치

㉢ 종도리를 좌우로 외팔보 형태로 내밀고 보 뺄목부에 십자도리 결구

㉣ 종도리 십자도리에 측면 연목과 추녀를 결구

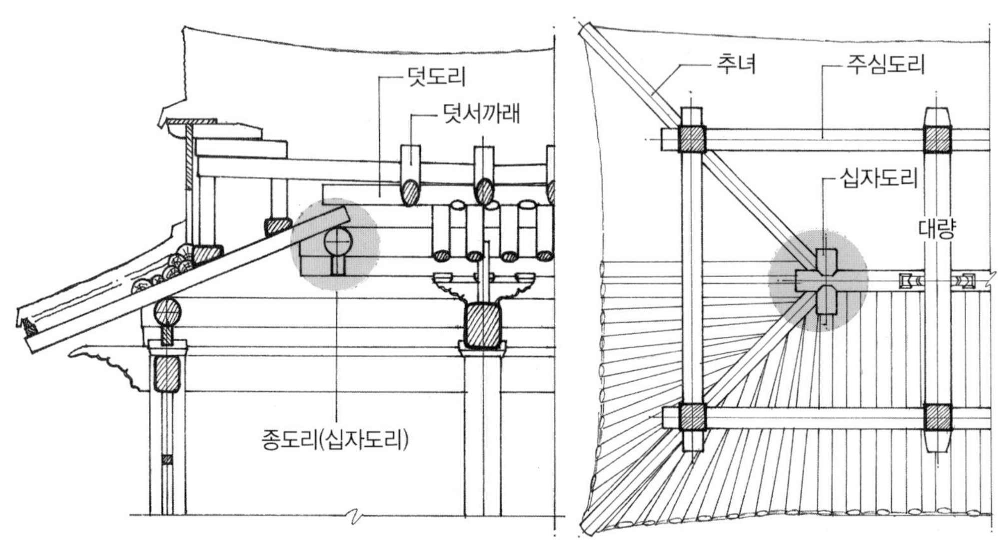

‖ 융릉 비각 지붕가구부 구조 ‖

④ 소수서원 경렴정

㉠ 대량 상부에 대공 설치하여 종도리 지지

㉡ 대공 상부에서 종도리 뺄목부에 추녀, 연목 결구

SECTION 05 단칸팔작집의 지붕가구부 구조

01 | 개요

① 단칸팔작집의 특징

㉠ 정면이 단칸으로 구성되어, 원칙적으로는 내부에 보가 설치되지 않는 구조

㉡ 연목과 추녀를 지지하기 위한 별도의 지붕가구부 구성

② 단칸팔작집의 지붕가구부 구조

㉠ 내부에 보 역할을 하는 부재를 설치 : 신륵사 조사당, 광릉 휘경원 등

㉡ 공포대와 내출목 도리열을 이용 : 송광사 약사전, 북지장사 대웅전 등

㉢ 홍예보를 설치하여 연목과 추녀를 지지 : 광릉 휘경원 비각, 영릉 비각 등

02 | 사례

① 신륵사 조사당

㉠ 전후면 도리열에 의지하여 보방향으로 보 부재 설치

㉡ 보 상부에 도리방향으로 덧보를 설치

㉢ 덧보 상부에 동자주를 놓고 중도리 설치(중도리 방형틀 구성)

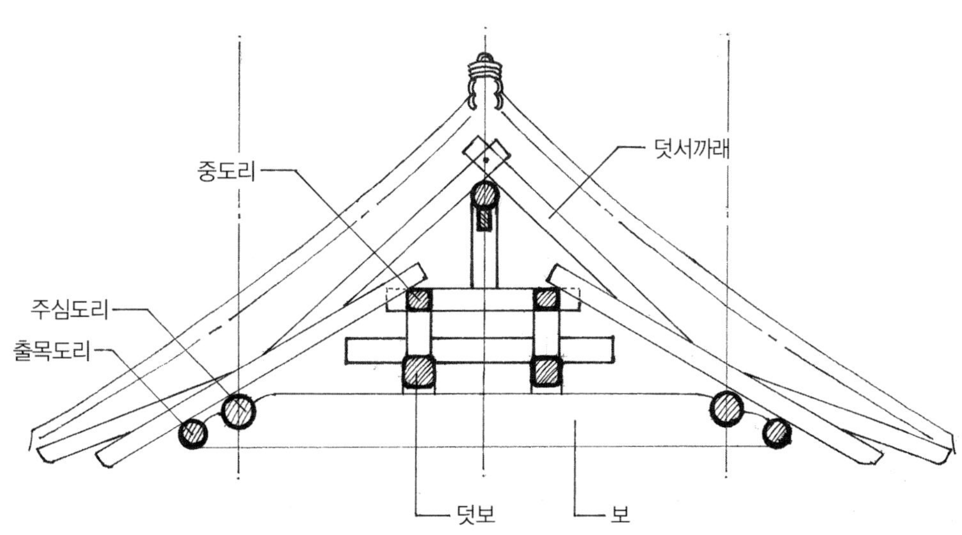

| 신륵사 조사당 종단면 구조 |

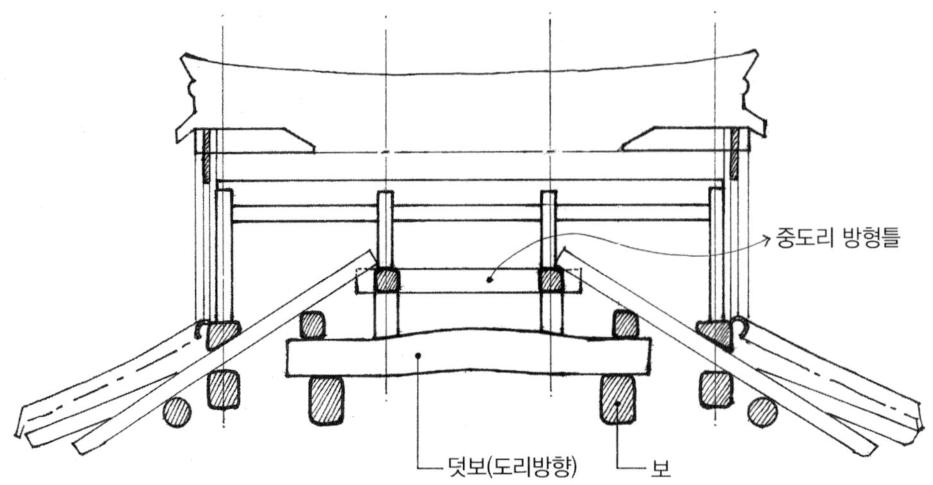

신륵사 조사당 횡단면 구조

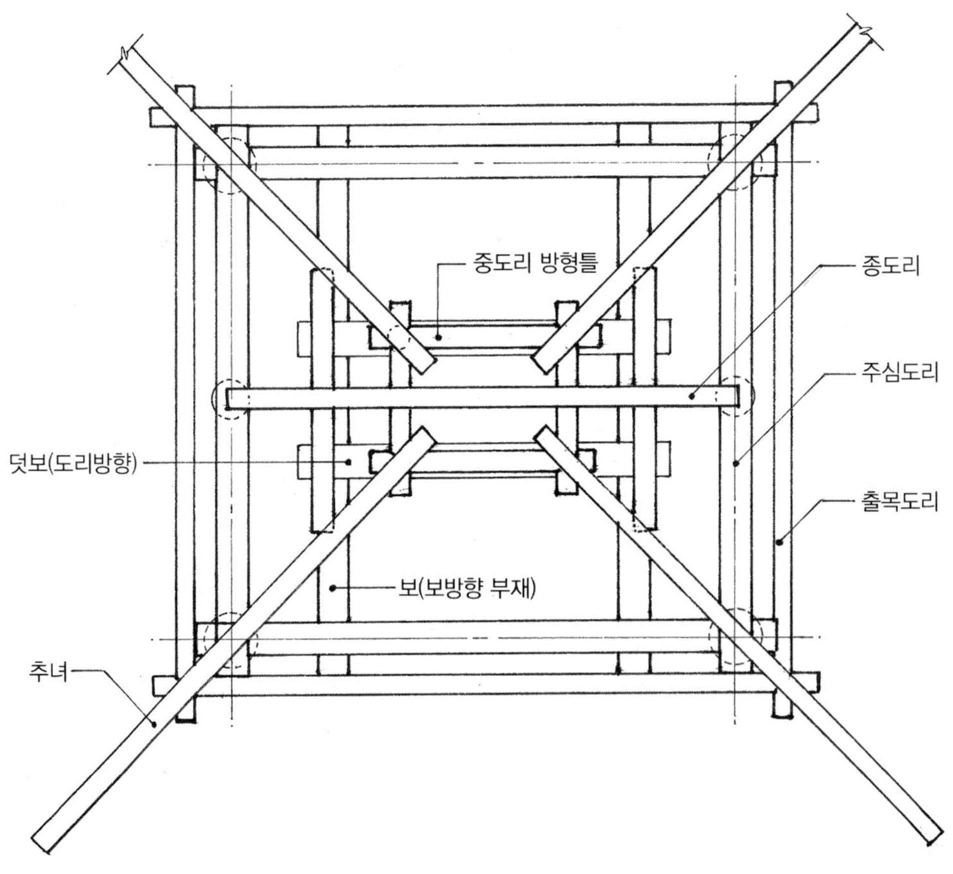

신륵사 조사당 지붕가구 평면도

② 북지장사 대웅전

㉠ 내출목 도리열에 의지해 뜬창방틀 구성(내목도리장여와 결구된 뜬창방틀)

㉡ 뜬창방틀 상부에 중도리틀 구성

㉢ 측면 연목 상부 누리개와 대공에 의지해 종도리, 종도리 장여 설치

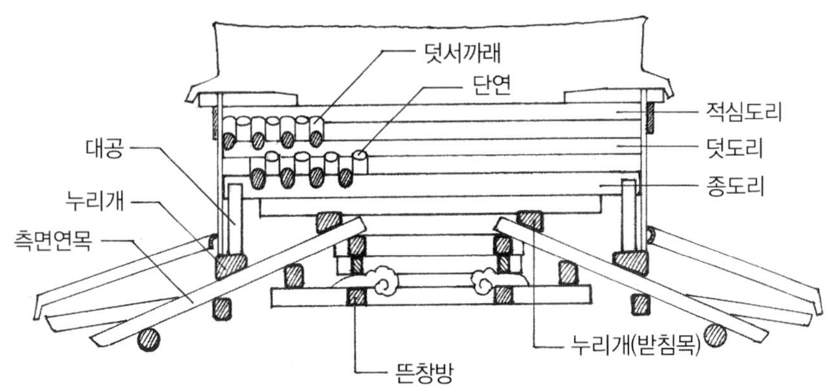

북지장사 대웅전 횡단면 구조

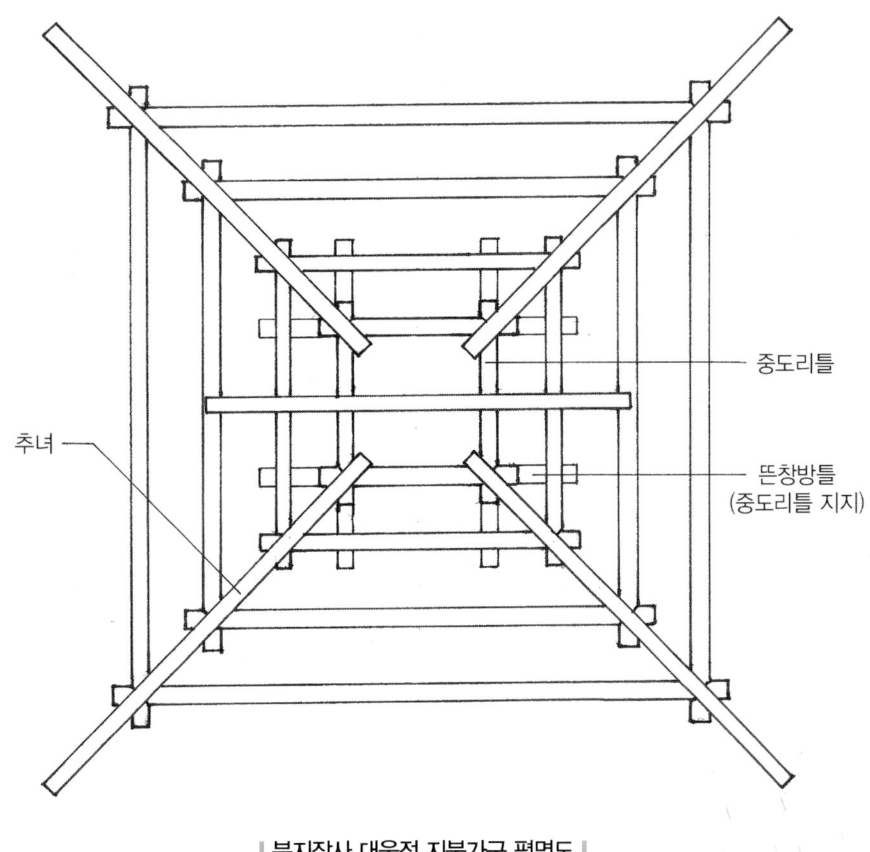

북지장사 대웅전 지붕가구 평면도

③ 송광사 약사전

㉠ 공포대를 활용한 팔작지붕 구성

㉡ 내목도리열이 중도리 역할(연목 뒤초리 지지)

㉢ 종도리 장여 하부에 추녀 뒤초리 결구(추녀 지렛대 구조)

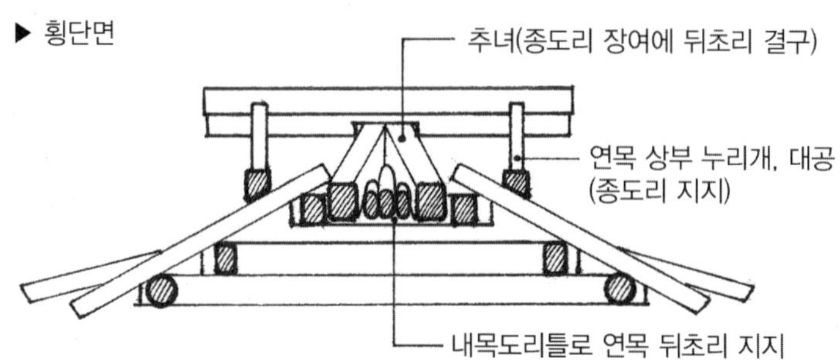

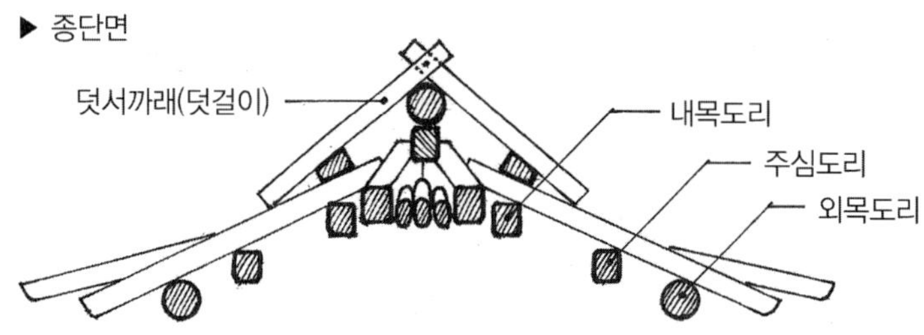

‖ 송광사 약사전 단면구조 ‖

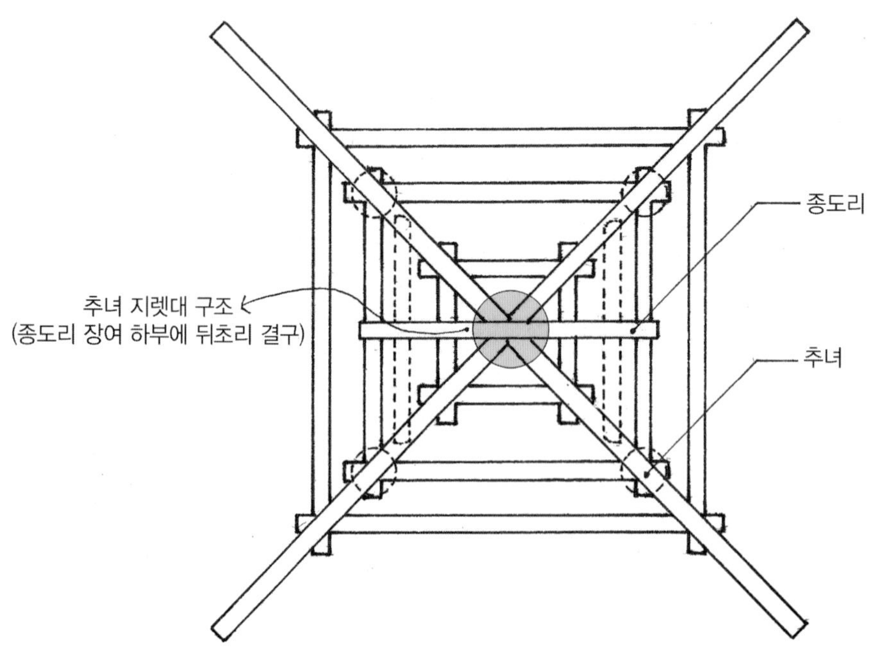

‖ 송광사 약사전 지붕가구 평면도 ‖

④ 휘경원 비각

㉠ 좌우 측면 도리열에 걸쳐 홍예보 구성(종도리와 종도리 대공의 역할)

㉡ 홍예보 상부에 직교하는 십자도리를 설치하여 측면 연목 및 추녀 뒤초리 지지

㉢ 홍예보 위에 놓이는 전후면 연목 교차부 상부에 덧도리 설치, 덧서까래 설치

㉣ 덧서까래, 덧도리로 지붕물매와 합각벽 형성

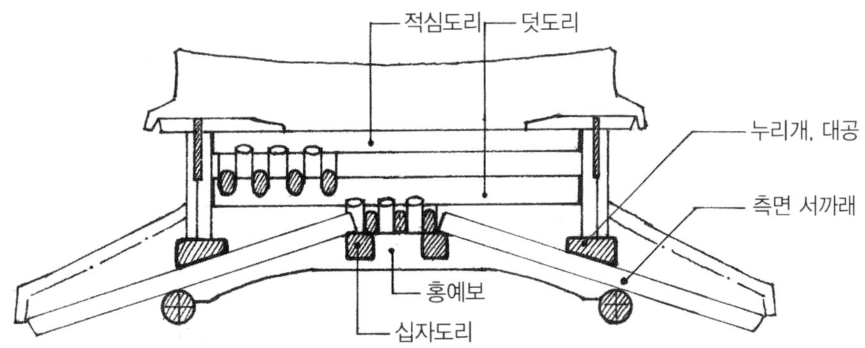

‖ 휘경원 비각 횡단면 구조 ‖

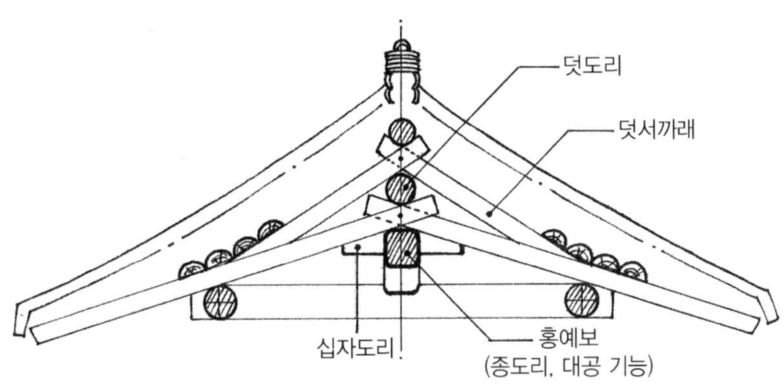

‖ 휘경원 비각 종단면 구조 ‖

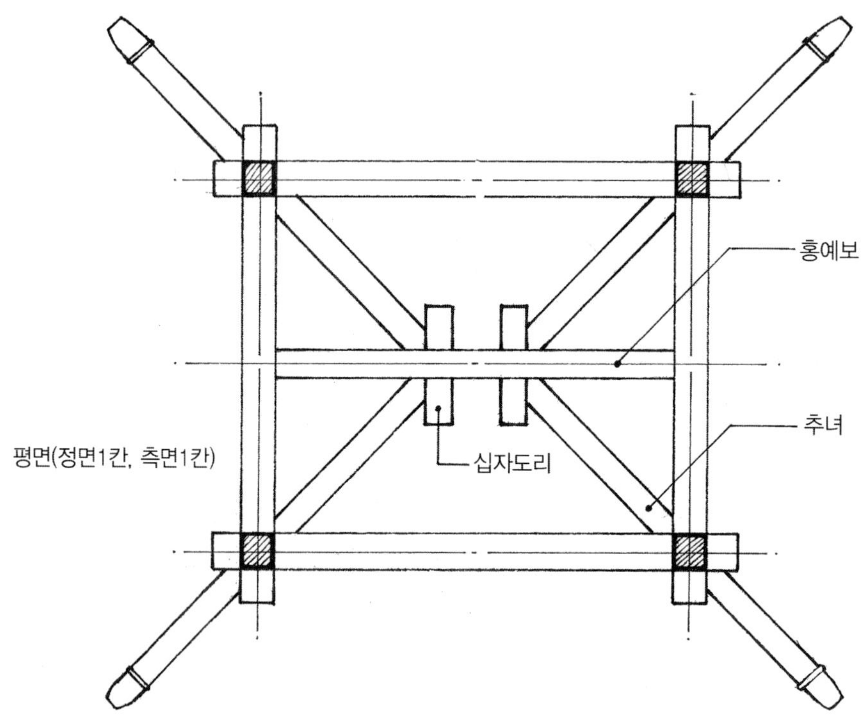

‖ 휘경원 비각 앙시도 ‖

LESSON 05 우진각지붕 지붕가구부

SECTION 01 개요

01 | 우진각집의 지붕형태

전후좌우 사면으로 지붕이 구성되며 합각 없이 용마루와 추녀마루만으로 구성되는 지붕형태

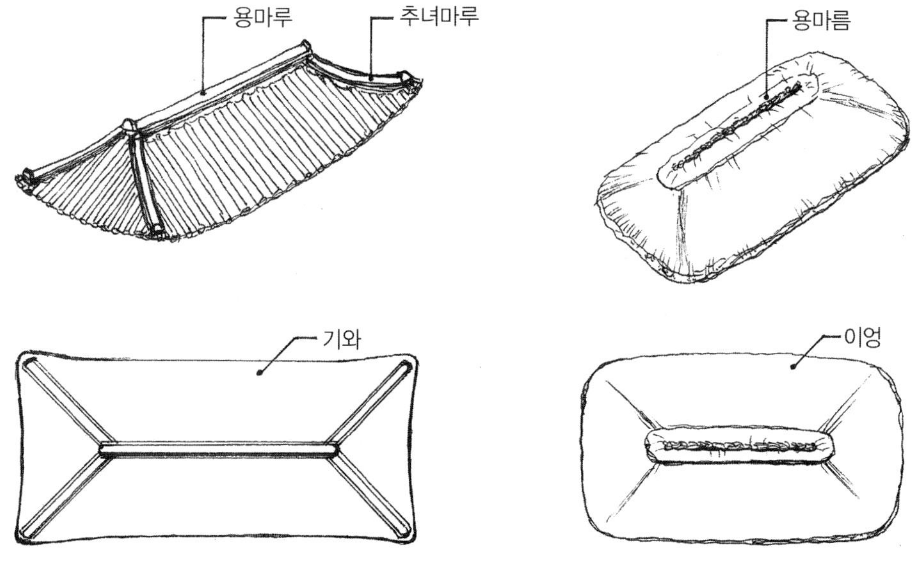

| 우진각 지붕형태 |

02 | 우진각집 지붕 및 처마부의 특징

① 합각벽 없이 사면에 지붕면 구성

② 내림마루 없이 추녀마루와 용마루로 구성

③ 지붕 면적이 크고 이에 따른 하중이 크게 작용(귀처마의 하중이 크게 작용)

④ 합각부의 하중으로 추녀와 연목 뒤초리를 눌러주지 못하는 구조

⑤ 추녀, 귀서까래 등에 장재가 소요

⑥ 궁궐의 대문, 성곽 문루의 지붕(근정문, 숭례문 등)

⑦ 초가의 지붕

SECTION 02 우진각집 지붕가구 및 처마부의 구성

- 팔작지붕과의 공통점 : 측면 지붕이 형성되므로, 측면 연목을 지지하기 위한 구조 필요
- 팔작지붕과의 차이점 : 합각부 유무에 따른 종도리 빼목의 위치, 추녀 뒤초리의 결구 위치

01 | 도리, 도리빼목

① 합각벽이 구성되지 않으므로 종도리 빼목이 외기도리 안쪽에 위치

② 종도리 빼목부에 추녀와 귀서까래, 또는 덧추녀와 덧서까래를 결구

02 | 추녀 설치 구조

① 추녀가 종도리에 결구되는 경우

㉠ 단일 부재 사용 : 종도리나 우미량(덕량, 충량 등)에 짧은 도리를 교차시켜 십자로 짜고 그 위에서 추녀를 반턱맞춤(종도리빼목에 십자도리 설치)

㉡ 이음 부재 사용 : 중도리 왕지 상부의 동자주에 추녀 뒤뿌리 결구하고, 별도의 추녀 부재를 중도리 동자주에서 종도리 대공 방향으로 이어서 결구(숭례문의 사례)

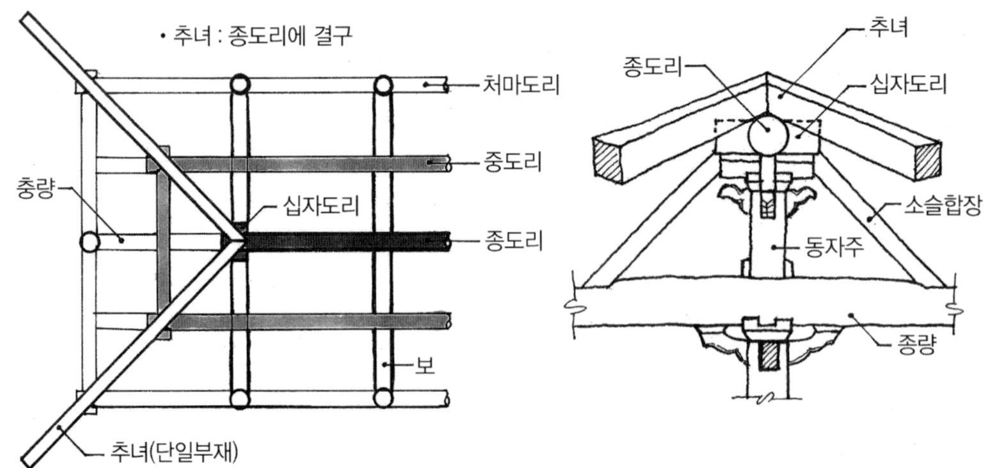

▮ 해인사 수다라장전 추녀 설치구조 ▮

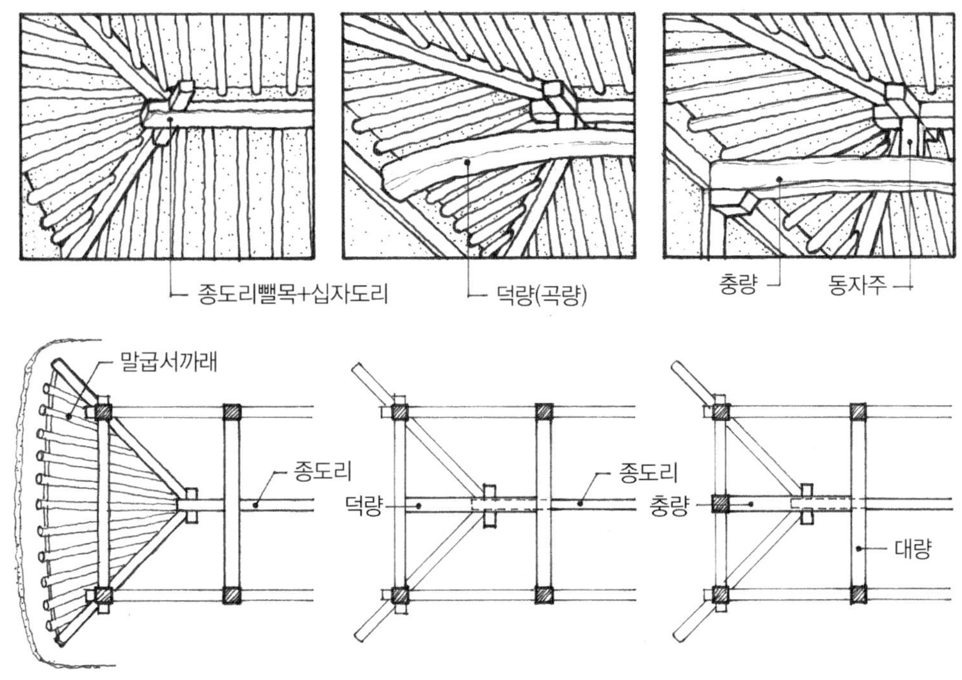

소규모 민가의 우진각 지붕가구

② 추녀가 중도리에 결구되는 경우

㉠ 일정 규모 이상의 우진각 지붕 건물

㉡ 추녀는 중도리에 결구

㉢ 중도리에서 종도리까지 덧추녀, 덧서까래 등을 설치하여 지붕 바탕을 구성

㉣ 사례 : 팔달문, 근정문, 대한문 등

③ 기타 사항(처마부 구성의 특징)

㉠ 추녀 뒷누름 : 합각부가 없어 추녀 뒷누름이 취약한 구조(상대적으로 추녀 물매가 완만)

㉡ 덧추녀, 덧서까래 : 중도리와 종도리 사이에 지붕면 형성을 위해 덧추녀, 덧서까래 설치

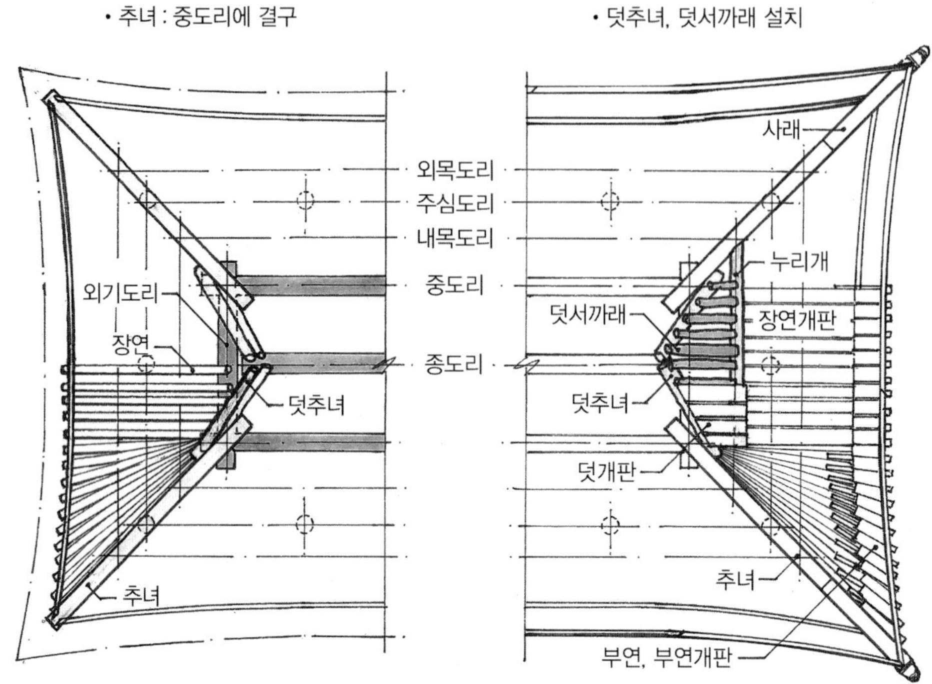

‖ 대한문 추녀와 서까래 설치구조 ‖

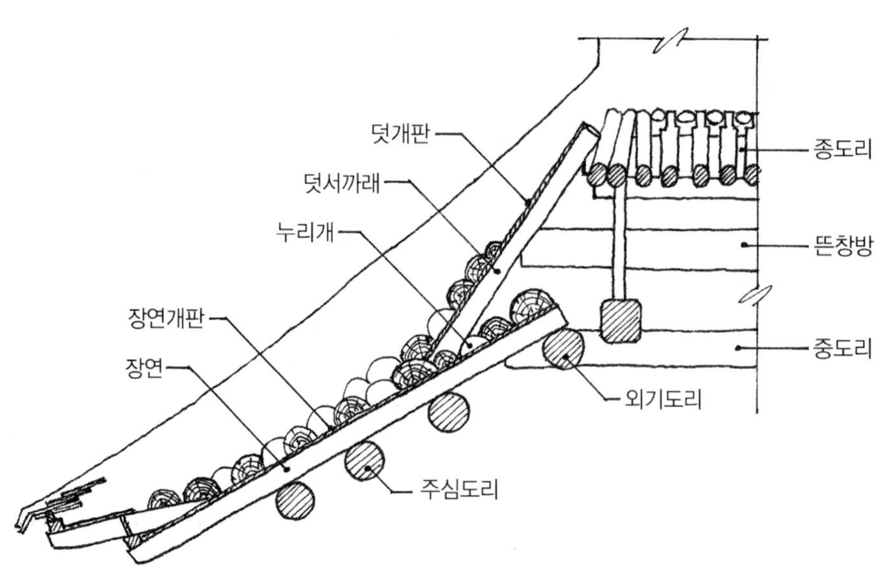

‖ 대한문 횡단면 구조 ‖

03 | 측면지붕의 구성방법

① 귀처마의 구성

㉠ 민가 : 말굽서까래 설치

㉡ 권위건물 및 반가 : 선자연 설치(5량가 이상, 중도리 왕지부에서 선자연 구성)

㉢ 장연 단독 구조 : 추녀와 함께 종도리에 이르는 하나의 장연을 사용(소규모 건물)

㉣ 장연, 단연 구조 : 중도리까지 장연 설치, 단연(덧서까래)으로 종도리까지 이어서 마감

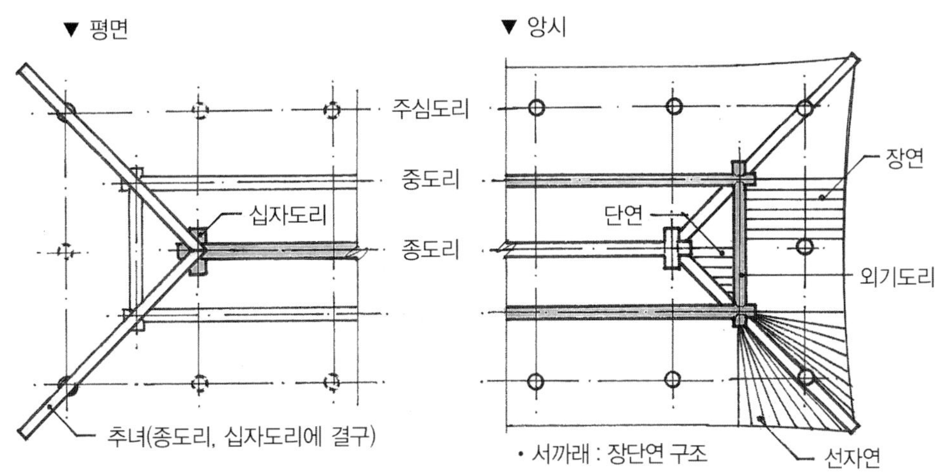

해인사 수다라장전 추녀와 서까래 설치구조

② 외기도리~종도리 뺄목부 구조

㉠ 중도리 왕지부 추녀뒤초리에서 종도리 뺄목에 덧추녀 설치하고, 덧추녀와 측면 중도리에 의지하여 측면 연목 상부에 덧서까래 설치(사례 : 팔달문, 대한문 등)

㉡ 외기도리와 종도리 뺄목이 근접하고 높이 차이가 크지 않은 경우, 짧은 서까래와 판재 등으로 마감 (사례 : 근정문, 흥인지문 등)

㉢ 대한문의 사례

- 중도리까지 설치된 추녀 뒤초리에서 종도리에 이르는 덧추녀 설치
- 측면 장연 위에 개판을 깔고 뒤초리에 누리개 설치
- 누리개와 덧추녀에 걸쳐서 덧서까래(단연) 설치

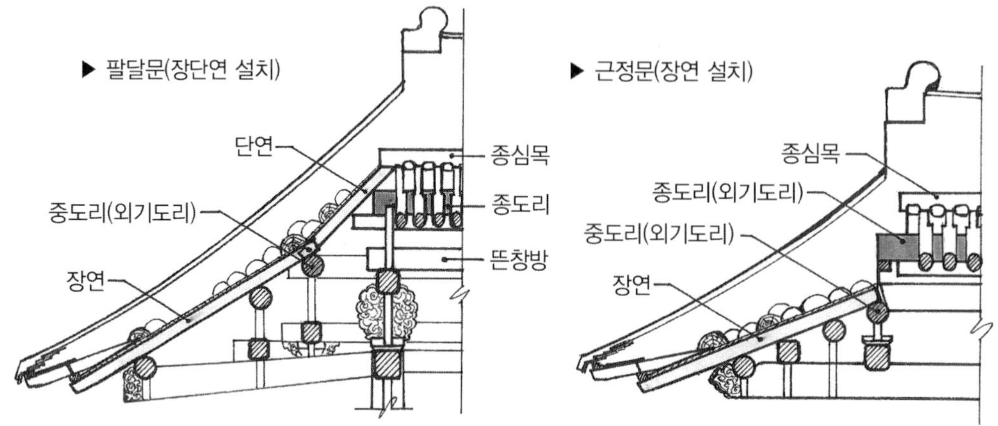

우진각지붕 측면 처마 구성 사례

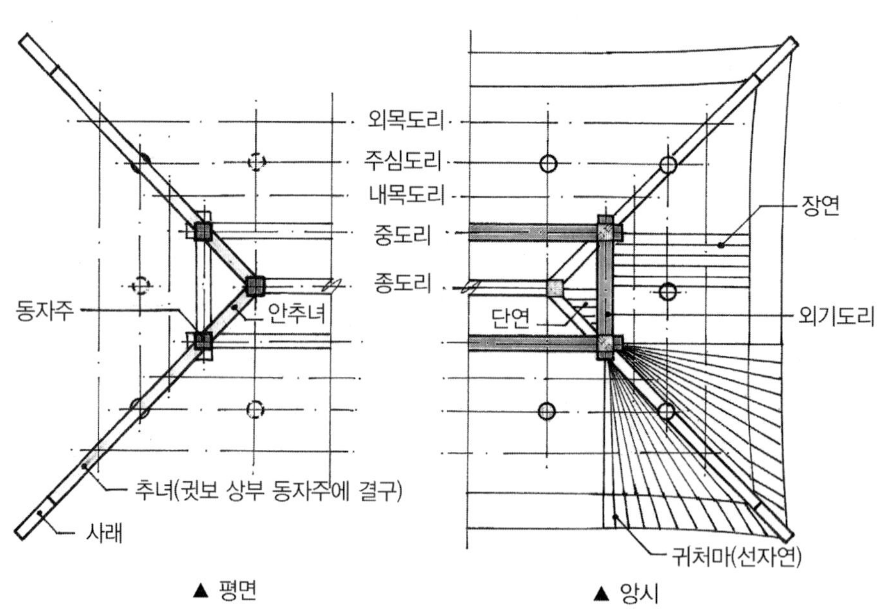

숭례문 추녀와 서까래 설치구조

LESSON 06 모임지붕 지붕가구부

SECTION 01 개요

01 | 개념

① 모임지붕

㉠ 용마루가 없이 추녀마루만으로 구성된 지붕

㉡ 지붕면이 중앙의 한 점으로 모아지는 뿔 형태의 지붕

㉢ 지붕면 중심에 절병통 설치

② 지붕 평면구조 : 사모, 육모, 팔모지붕 등

③ 모임지붕의 사례 : 정자, 누각, 목탑, 장대 등

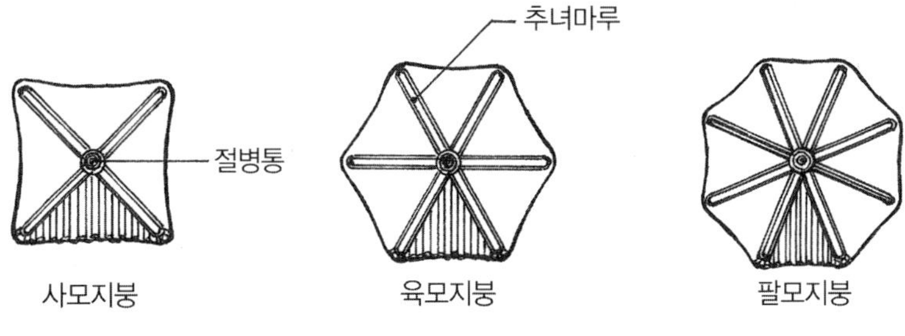

| 모임지붕 평면구조 |

02 | 모임지붕 건물의 특징

① 기초 및 기단부

㉠ 기단이 없거나 외벌대 기단

㉡ 장주초석, 석주 사용(우수로부터 목부재 보호)

② 벽체가구

㉠ 흙벽 없이 기둥만으로 구성

㉡ 기둥 사이를 연결하는 인방재가 없어 횡력에 취약

㉢ 평면규모에 비해 창방 등의 규격을 크게 사용

㉣ 낙양 설치(구조보강, 의장성)

③ 공포부

㉠ 기둥 위에만 공포가 배치되는 주심포계, 익공계 양식(내부출목 없음)

㉡ 주간에는 화반, 운공 등으로 장식

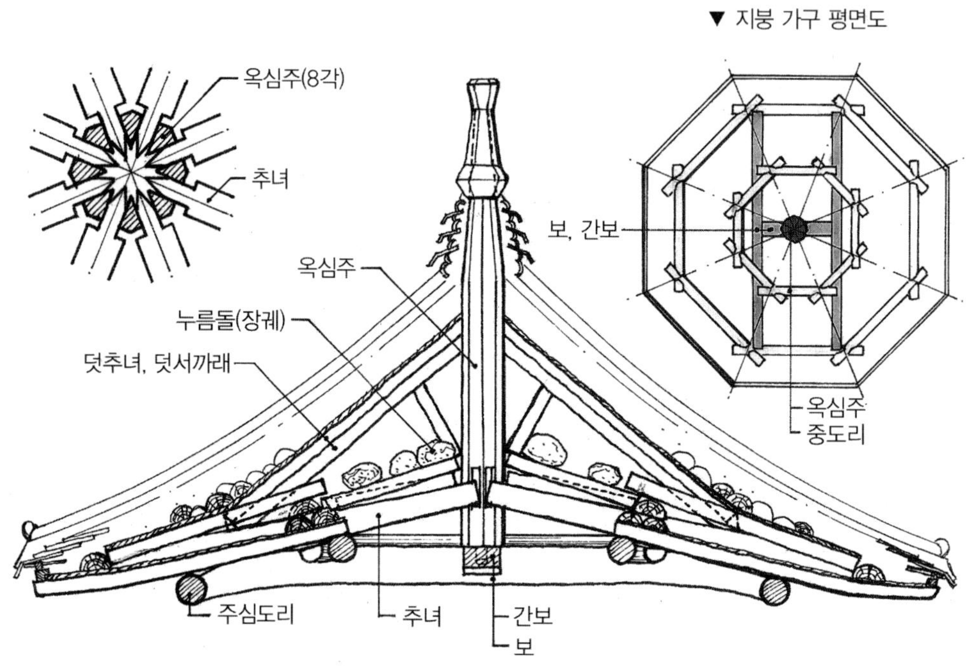

‖ 집옥재 팔우정 지붕부 종단면도 ‖

④ 지붕가구

㉠ 보 설치 구조

- 각 면 기둥 상부 또는 도리 상부에 보(홍예보) 설치
- 중도리를 통해 지붕하중을 지지하여 기둥으로 전달하는 구조(중도리가 설치된 일정 규모 이상의 정자와 누각, 종각 등)

㉡ 보 미설치 구조 : 처마도리를 지점으로 옥심주가 지렛대 구조로 작용하며 지붕하중 지지

㉢ 중도리 설치 여부 : 내부에 중도리가 설치된 경우와 중도리 없이 구성한 경우

㉣ 중도리의 기능 : 지붕하중을 받아 보로 전달하는 경우 ↔ 반자 설치를 위한 의장적 요소인 경우

㉤ 중도리의 고정 : 내부에 보가 없는 경우, 연목 상부에 덧도리 설치하여 강다리로 결속

⑤ 옥심주 설치구조

㉠ 기능

- 지붕면 중앙에 옥심주가 종도리와 대공의 역할
- 처마도리를 지점으로 지렛대 구조 형성
- 추녀 뒤뿌리 고정, 절병통 설치를 위한 바탕재 역할

㉡ 형태

- 지붕평면에 따라 4각, 6각, 8각 형태
- 4개 이상의 추녀가 결구되므로 단면규격 1.5자 이상의 부재를 사용

㉢ 결구

- 추녀는 옥심주에 장부맞춤하고 쐐기, 철물 보강(못, 꺾쇠)
- 추녀의 뒤들림 방지를 위해 장궤 설치(누름돌)

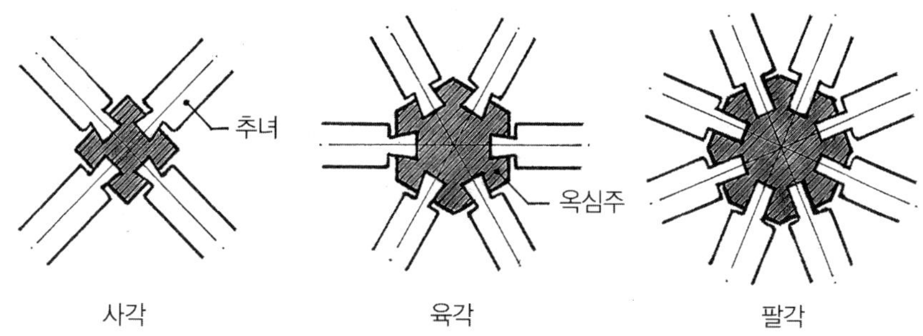

‖ 옥심주 단면형태와 추녀 결구 유형 ‖

⑥ 처마부

㉠ 추녀 뒤초리 : 옥심주에 결구

㉡ 건물의 규모가 작아 연목과 추녀의 물매를 약하게 설치(연목, 추녀의 뒷길이 부족)

㉢ 덧추녀, 덧서까래 : 연목, 추녀 상부에 덧추녀와 덧서까래를 설치하여 지붕면 물매 형성

㉣ 장연 구조 : 모든 연목을 선자연 형태로 추녀에 고정

㉤ 장단연 구조 : 중도리를 기점으로 선자연을 구성하고, 사이에는 평연 설치

⑦ 지붕부

㉠ 지붕 물매 : 건물 규모에 비해 지붕 물매가 급함(경사지 입지조건, 벽체와 지붕의 입면비례 고려)

㉡ 물매 형성 : 덧추녀, 덧서까래, 덧개판 등을 설치하여 지붕면 바탕을 형성

㉢ 절병통 설치

⑧ 수장부

㉠ 벽체 : 벽체 없이 개방된 구조(내부에 실을 구성하는 경우 창호 설치)

㉡ 천장

- 반자를 설치하지 않은 경우
- 반자를 설치한 경우(중도리틀에 반자 구성 / 추녀와 연목 뒤초리 결구부 은폐)

㉢ 바닥 : 우물마루 설치

㉣ 계단 및 난간 : 목조 및 돌계단, 낙양, 헌함(평난간, 계자각 난간)

㉤ 기타 : 창호 및 온돌 설치 사례(경복궁 향원정)

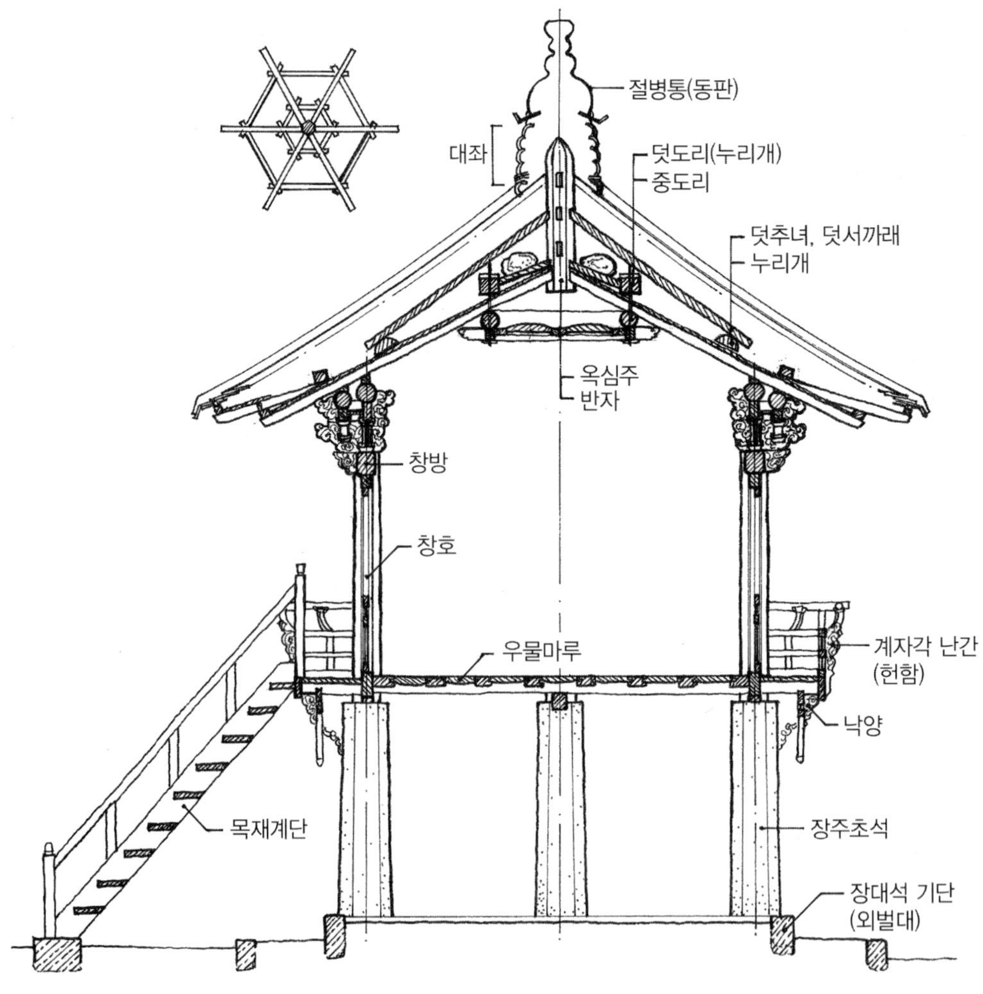

‖ 창덕궁 상량정 종단면도 ‖

SECTION 02 모임지붕의 하중 전달 구조

01 | 옥심주를 통한 하중 전달 구조(지렛대 구조)

사례 : 창덕궁 상량정, 능허정 등

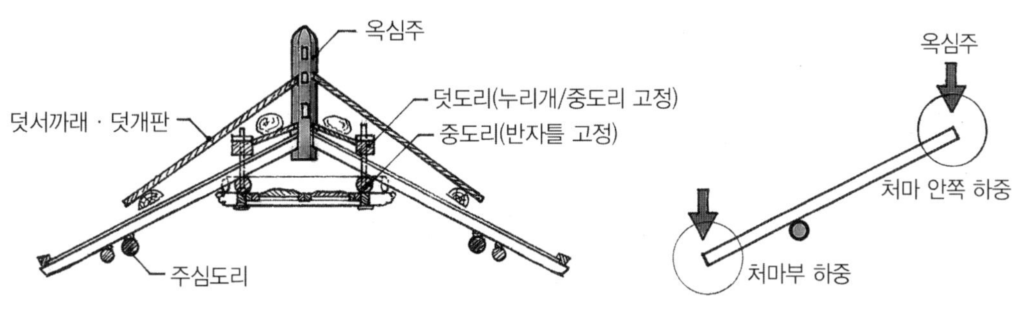

옥심주 지렛대 구조

02 | 보를 통한 하중 전달 구조

사례 : 창덕궁 태극정, 농수정, 애련정, 존덕정, 법주사 원통보전, 종각 건물 등

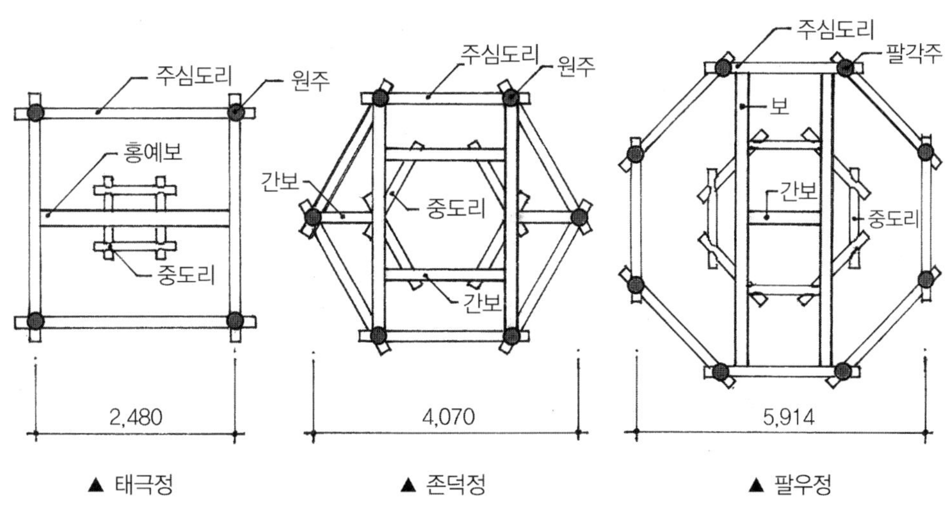

보가 설치된 모임지붕 지붕가구 유형

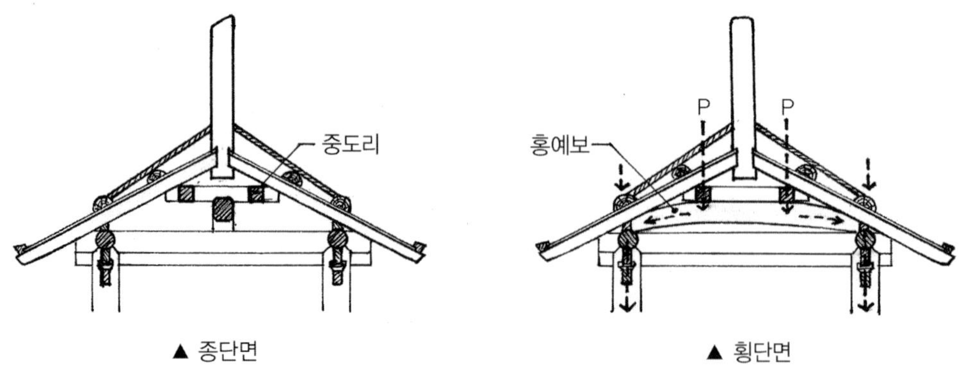

| 보 설치 구조 |

SECTION 03 모임지붕 지붕가구 및 처마부의 구성

01 | 추녀 결구 방법

① 옥심주에 결구

㉠ 일반적인 모임지붕 추녀 결구

㉡ 옥심주에 추녀, 덧추녀의 뒤초리 장부맞춤 결구

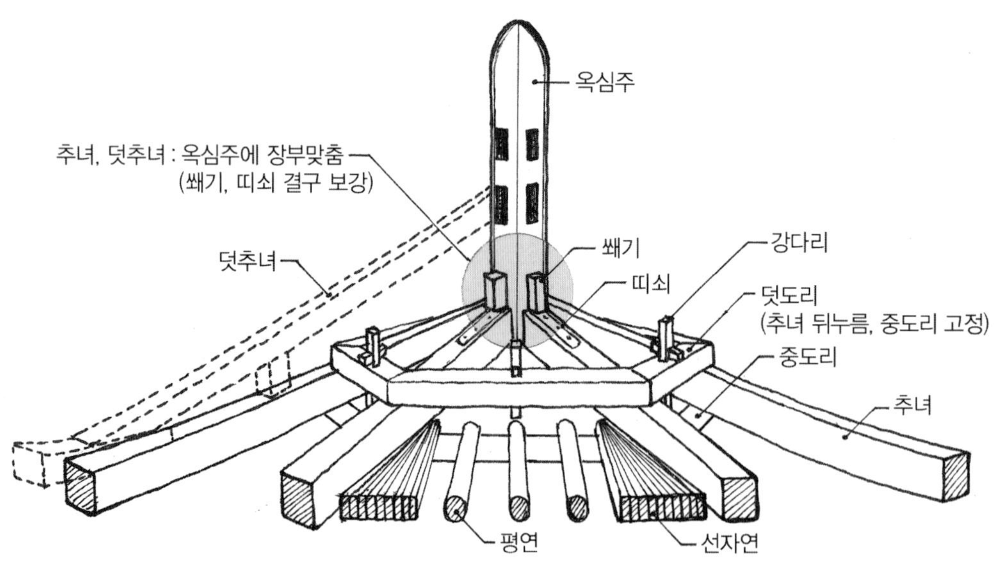

| 창덕궁 상량정 추녀 설치구조 |

② 중도리에 결구

㉠ 창덕궁 존덕정

- 추녀는 중도리에 결구(추녀정, 띠철 보강)
- 추녀 뒤초리 상부에 판재로 귀틀 구조 설치
- 귀틀재 상부에 누리개와 누름돌을 설치하여 추녀 뒤초리 누름
- 추녀 상부에 연목 방향 누리개 설치(지붕 물매 형성)
- 중심부에 절병통 구성을 위한 찰주 설치

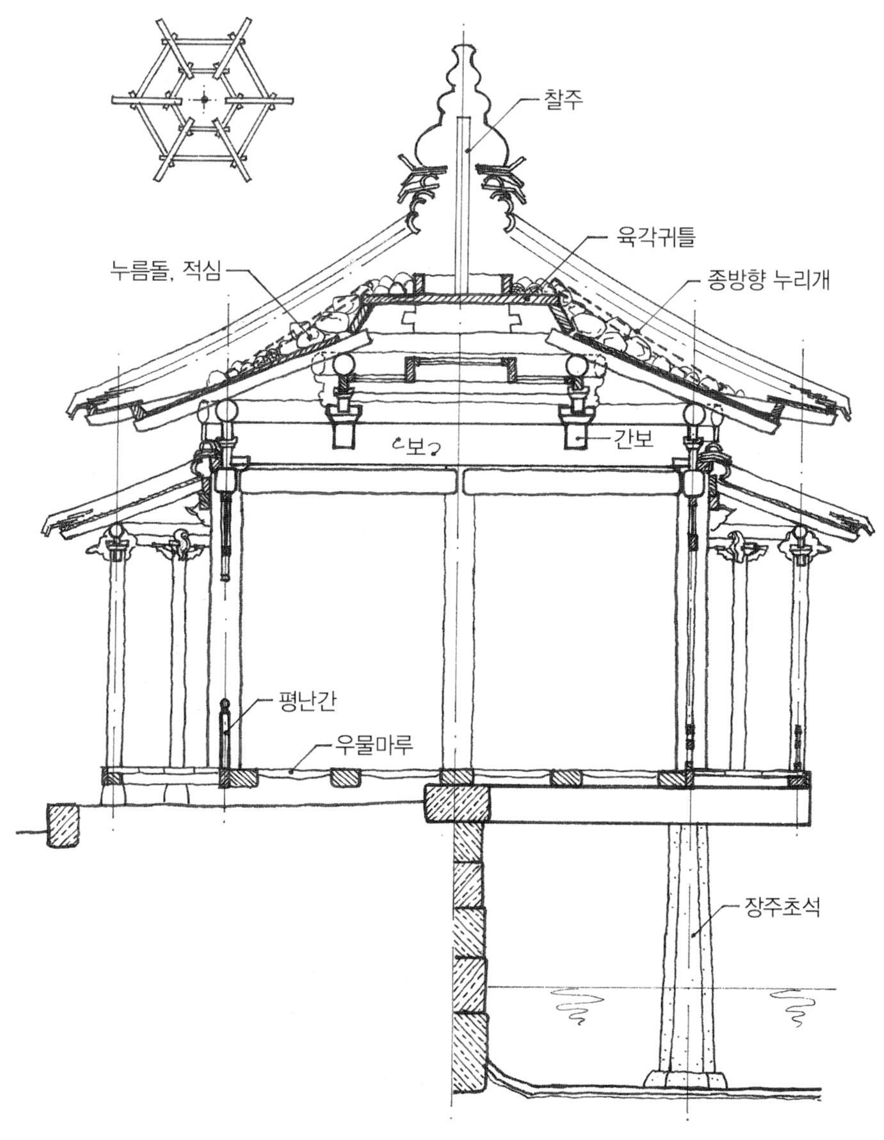

‖ 창덕궁 존덕정 종단면도 ‖

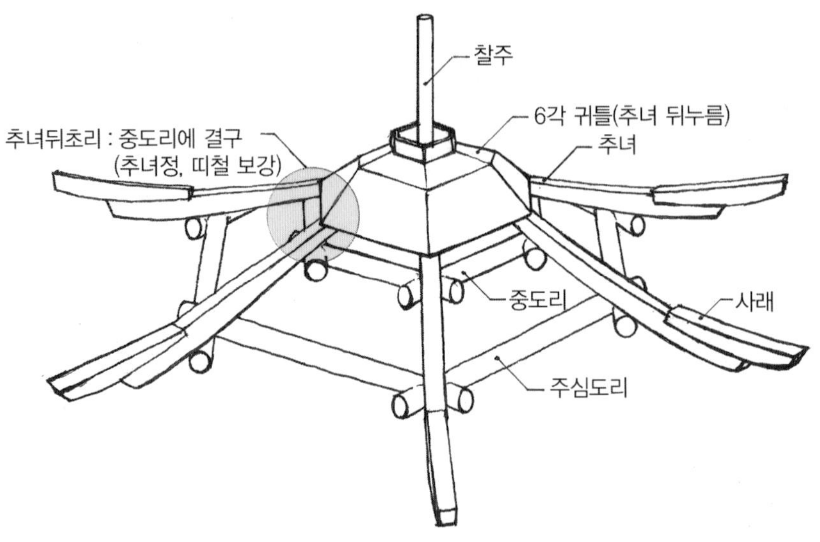

‖ 창덕궁 존덕정 추녀 설치구조 ‖

ⓛ 법주사 원통보전

- 추녀는 중도리에 결구
- 추녀 상부에 덧추녀 설치
- 십자보 상부의 옥심주 가로대에 덧추녀 뒤초리 설치

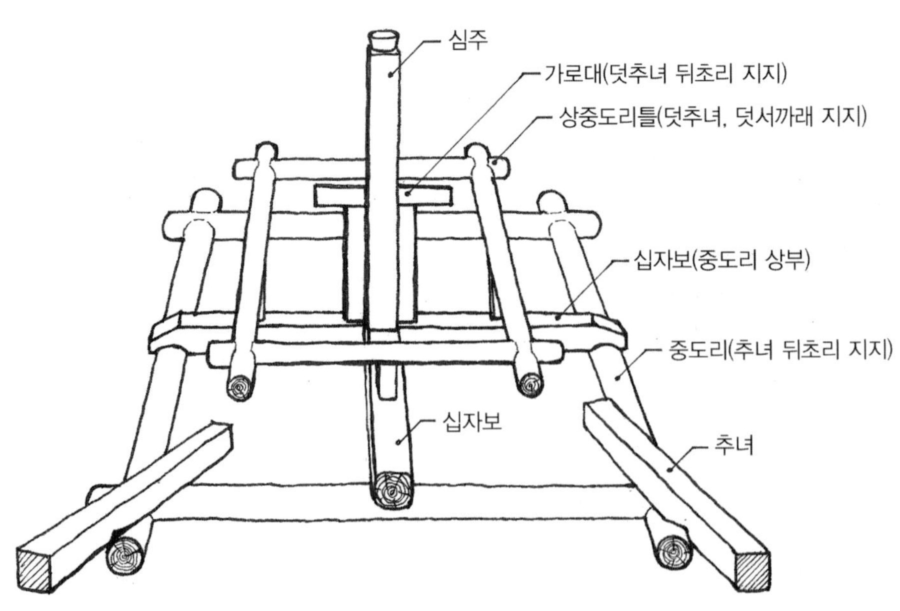

‖ 법주사 원통보전 지붕가구 구조 ‖

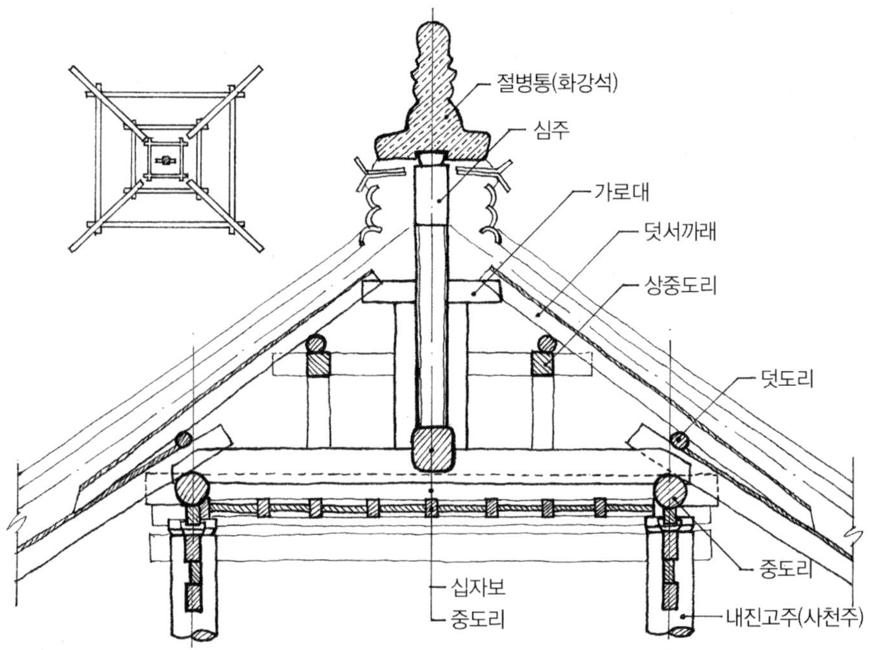

법주사 원통보전 횡단면 구조

02 | 중도리 구성 방법

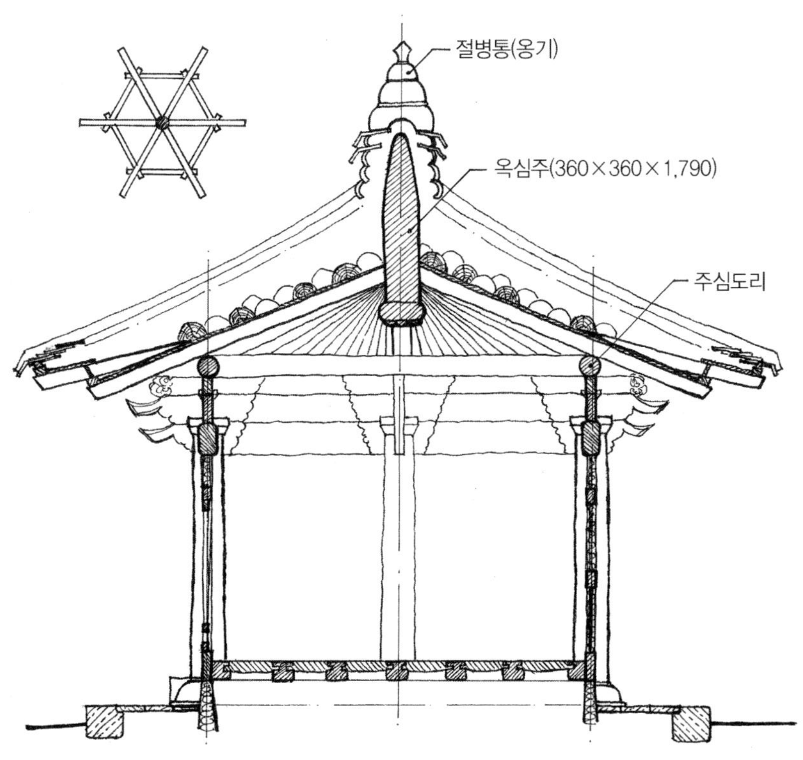

홍제암 정견각 종단면도

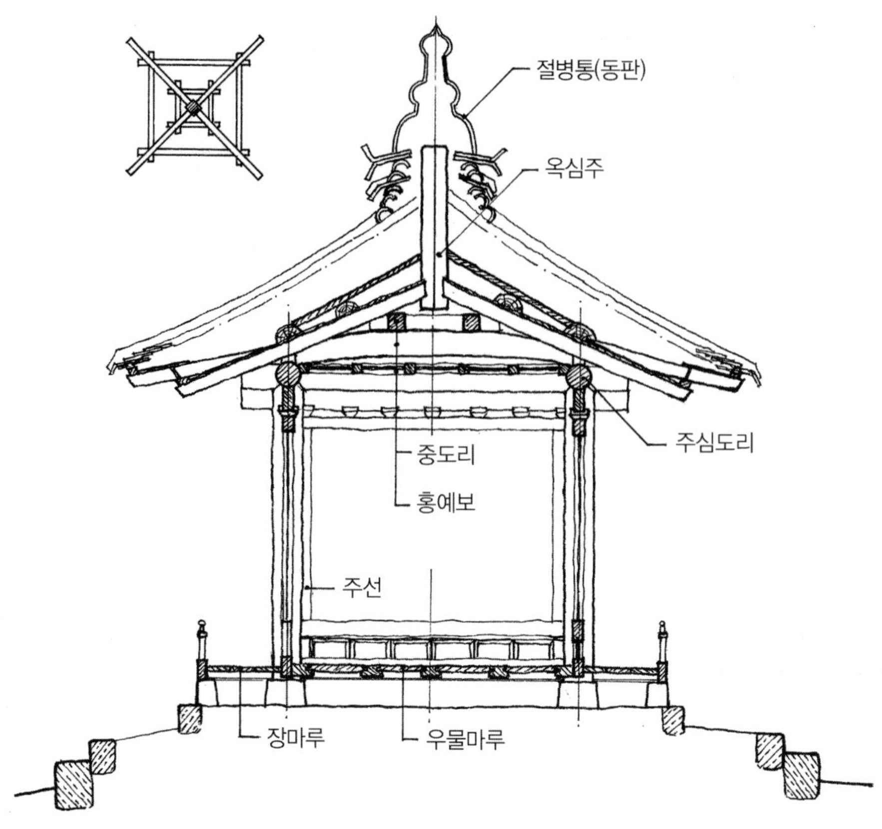

창덕궁 태극정 종단면도

① 중도리가 없는 구조(소규모 건물)

② 중도리를 설치한 구조

㉠ 반자 구성을 위한 중도리 설치 : 덧도리로 중도리 고정(상량정, 능허정 등)

㉡ 하중 전달을 위한 중도리 설치 : 하부에 받침보 설치(태극정, 존덕정, 법주사 원통보전 등)

03 | 덧추녀, 덧서까래 구조

덧추녀, 덧서까래, 덧개판 등으로 지붕면 물매 형성

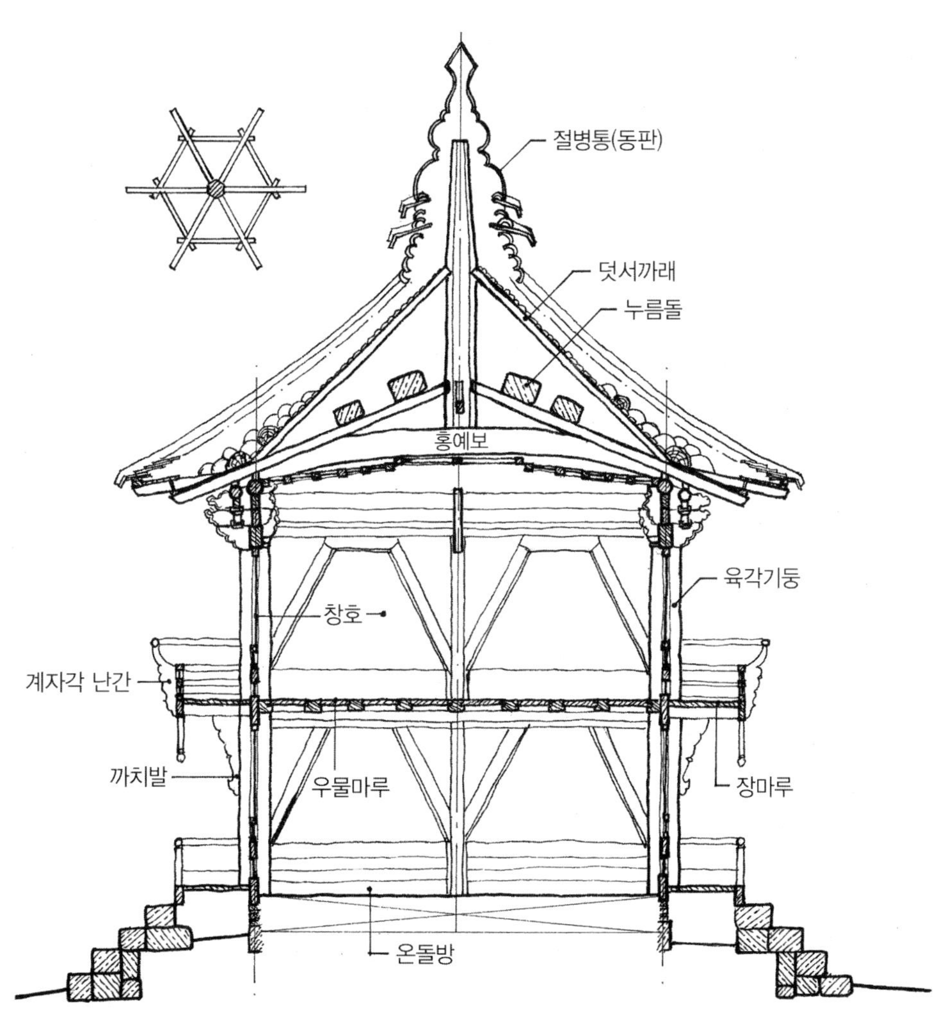

| 경복궁 향원정 종단면도 |

SECTION 04 모임지붕 건물의 훼손 유형 및 수리 시 유의사항

01 | 훼손 유형

① 건물의 회전 및 기울음

② 기둥의 부식, 침하

③ 지붕면의 물결침, 처마부 처짐(연목, 추녀 뒤들림)

④ 마루, 난간 등 목부재 부식

02 | 수리 시 유의사항

① 균형 확보

㉠ 추녀의 수종, 규격, 휨, 건조상태가 유사한 부재를 사용(각 면의 균형 유지)

㉡ 해체 및 재설치 시 편심 발생 유의(균형 해체, 균형 설치)

㉢ 추녀, 연목의 뒤누름 균형(적심, 누리개, 장궤 균형 설치)

㉣ 가새 및 버팀목 설치(건물 전도 유의)

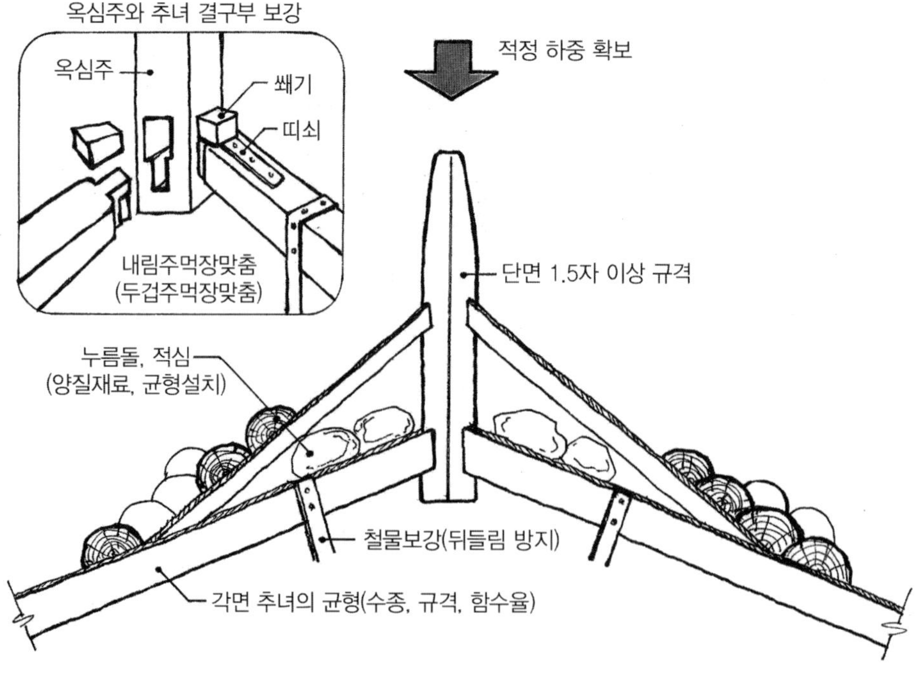

| 모임지붕 수리 시 주요사항 |

② 추녀 뒤뿌리 결구부 보강

추녀의 들림 방지 : 덧추녀, 덧서까래, 적심, 장귀의 사용

③ 추녀마루 누수 방지

㉠ 당골막이 기와를 틈없이 설치

㉡ 알매흙, 홍두깨흙의 배합비 고려

④ 지붕하중 경감 및 적정 하중 확보

⑤ 주변정비 : 배수로 정비, 잡목 제거 등

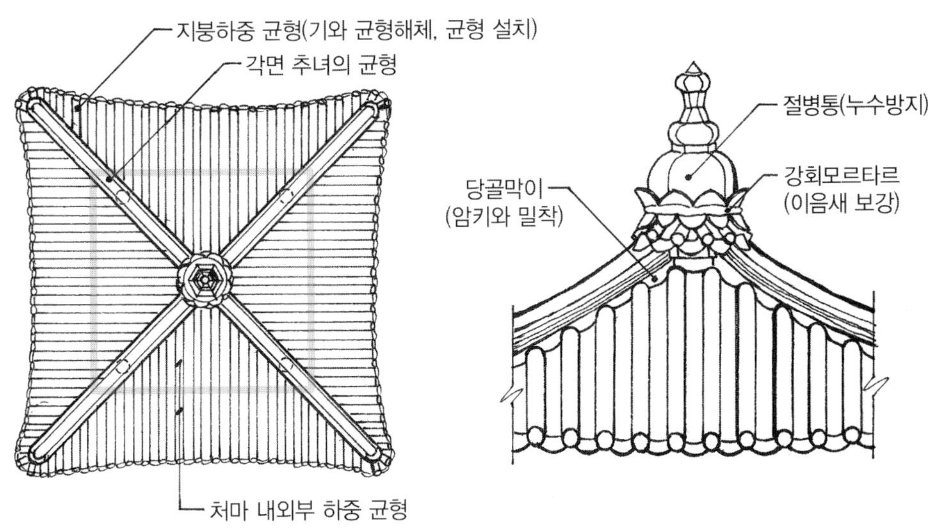

‖ 모임지붕 지붕 조립 시 주요사항 ‖

LESSON 07

합각부 가구

SECTION 01 개요

01 | 합각

팔작지붕에서 측면 지붕에 설치되는 삼각형 형태의 벽체부

합각벽의 사례

02 | 종류

① 재료 : 흙, 전돌, 풍판

② 흙벽, 전돌, 와편 등으로 합각벽을 구성하는 경우에는 길상문자 문양 등을 장식(꽃담 형식)

03 | 합각의 위치와 규모

측면 기둥열과 합각 사이의 거리

① 양식별 비교

㉠ 주심포양식 > 익공양식 > 다포양식

㉡ 다포양식 건물의 합각부가 측면 기둥열에 근접(합각 규모 증가)

② 건축 규모별 비교

㉠ 9량가 > 7량가 > 5량가

㉡ 대규모 건물 : 합각부가 측면 기둥열에서 멀어짐

㉢ 소규모 건물 : 합각부가 측면 기둥열에 근접

③ 시기별 비교

㉠ 여말선초>조선 중후기

㉡ 조선 후기 건물의 합각부가 측면 기둥열에 근접(합각 규모의 증가)

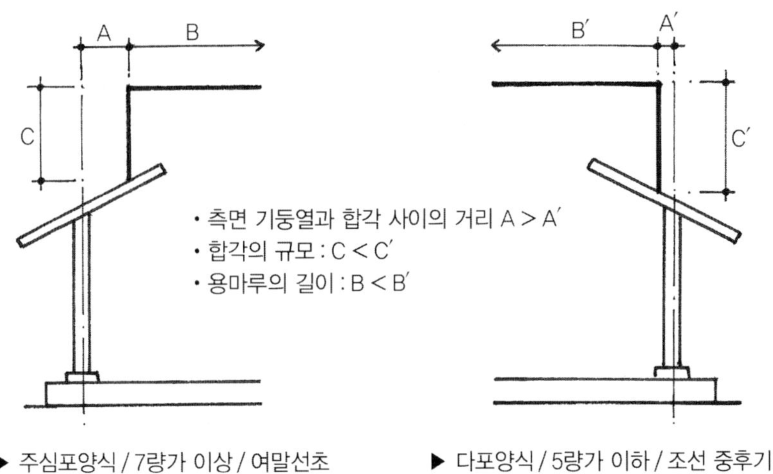

‖ 합각의 위치와 규모 ‖

SECTION 02 합각의 위치 및 구성부재

01 | 합각의 위치

① 측면 기둥열과 합각의 위치

㉠ 측면 기둥열 안쪽에 합각이 위치(관덕정, 선암사 대웅전, 불회사 대웅전 등)

㉡ 측면 기둥열에 근접하여 합각이 위치(내소사 대웅보전, 쌍계사 대웅전 등 조선 중후기 건물)

㉢ 측면 기둥열 외부에 합각이 위치(봉정사 대웅전, 관룡사 대웅전 등)

② 합각 위치에 따른 입면의장과 구성부재

㉠ 합각 위치가 측면 기둥열에 근접할수록 합각의 규모, 용마루 길이 증가

㉡ 건물의 무게감 등 입면 비례에 영향

㉢ 합각의 규모가 커질수록 합각부 구성부재 증가(중도리 빼목, 합각보, 합각연목, 누리개 등)

③ 합각 위치의 결정 요소

㉠ 합각이 측면 기둥열 안쪽에 위치하는 것이 구조적으로 유리(추녀와 측면 연목의 뒤누름 기능)

㉡ 구조적 측면과 입면의장을 함께 고려하여 합각의 위치를 결정

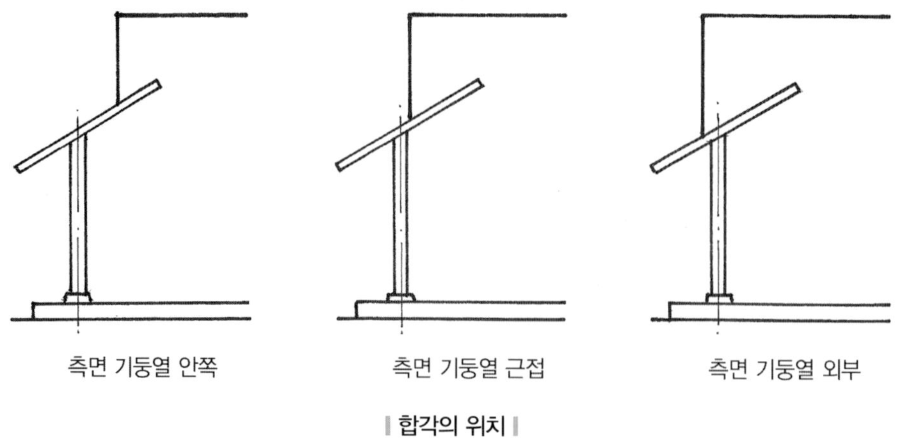

‖ 합각의 위치 ‖

02 | 합각의 구성부재

① 도리(도리뺄목)

㉠ 5량가 이하 : 합각부에 종도리 뺄목이 연장되어 대공으로 지지되며 합각부를 구성

㉡ 7량가 이상

- 종도리 외에 중도리 뺄목까지 합각부에 연장되어 합각부를 구성
- 전후면 중도리를 연결하는 합각보(종보) 부재가 설치됨
- 합각의 절대적인 규모가 크고, 상중도리, 중중도리 뺄목들이 합각부 가구를 구성

② 집우사

㉠ 박공을 고정하기 위해 도리 뺄목에 연목방향으로 설치한 경사부재

㉡ 일반 연목보다 굵기와 길이가 큰 부재를 사용

㉢ 종도리 뺄목에서 추녀 뒤초리 방향으로 경사지게 설치

㉣ 박공과 풍판틀재를 설치하는 바탕재 역할

㉤ 집우사 하부에 받침목 설치

③ 합각연목

㉠ 합각벽체 구성을 위해 연장된 도리 뺄목부에 설치되는 연목(허가연)

㉡ 일반 단연보다 규격을 크게 사용

㉢ 집우사와 함께 추녀 뒤초리를 누르도록 설치

㉣ 합각연목에 직각방향으로 버팀목 설치

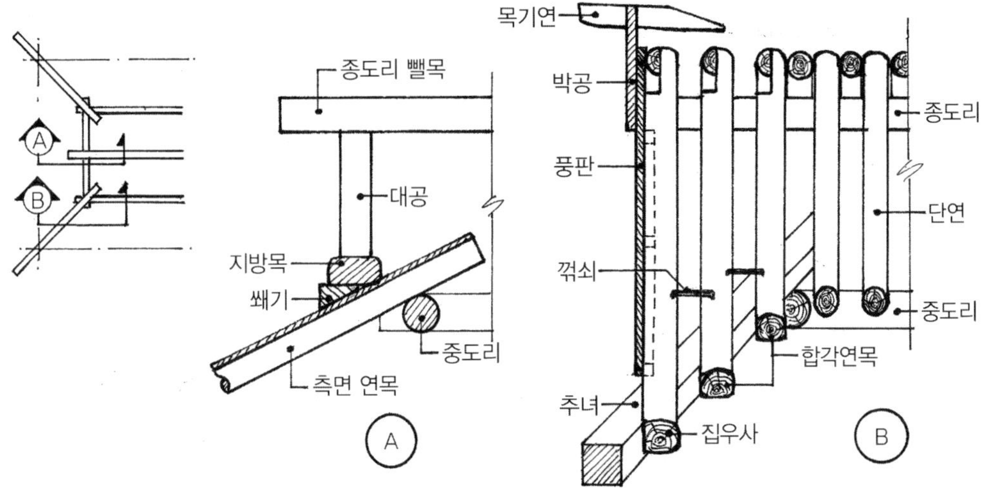

‖ 합각부 단면 예시 ‖

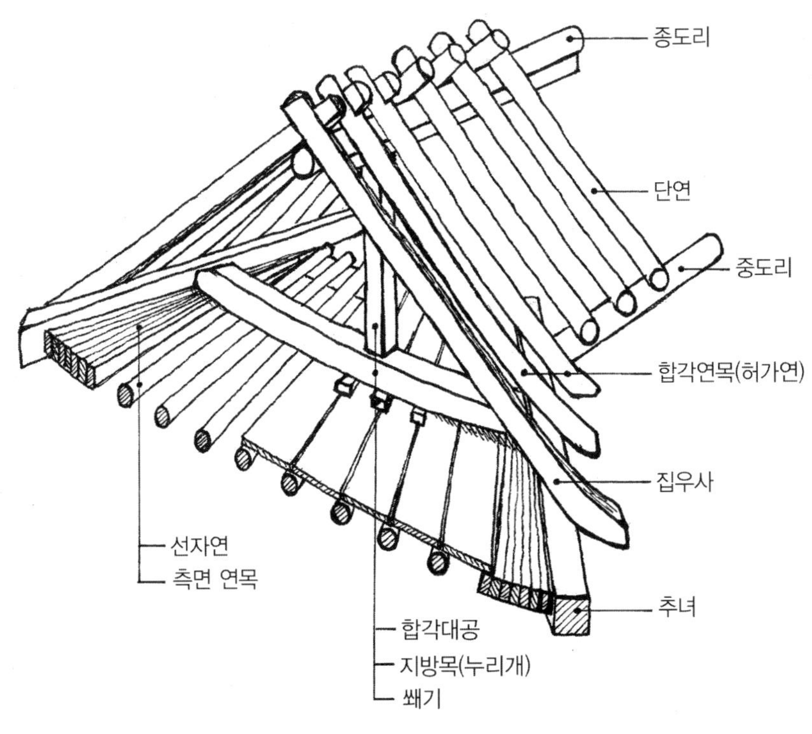

‖ 합각부 설치구조 ‖

④ 합각보

합각 구성을 위해 돌출된 전후면 도리, 뜬장여, 뜬창방 등을 보방향으로 연결하는 수평부재

⑤ 지방목, 누리개

㉠ 지방목 : 종도리 뺄목을 받는 대공을 설치하기 위해 측면 연목 상부에 설치하는 수평부재

㉡ 누리개

- 측면 연목, 추녀의 뒤들림을 방지하기 위해 설치하는 통나무 형태의 부재
- 측면 연목 뒤초리, 추녀 뒤초리에 설치

⑥ 합각대공

㉠ 합각부에 설치되는 대공(허가대공)

㉡ 합각부에 연장된 도리, 뜬장여, 뜬창방 등과 결구

⑦ 풍판

㉠ 구성요소 : 장선(띠장), 선대공, 풍판널, 틈막이대(솔대)

㉡ 결구 : 도리 뺄목, 집우사에 띠장, 선대공을 결속

SECTION 03 합각의 구조

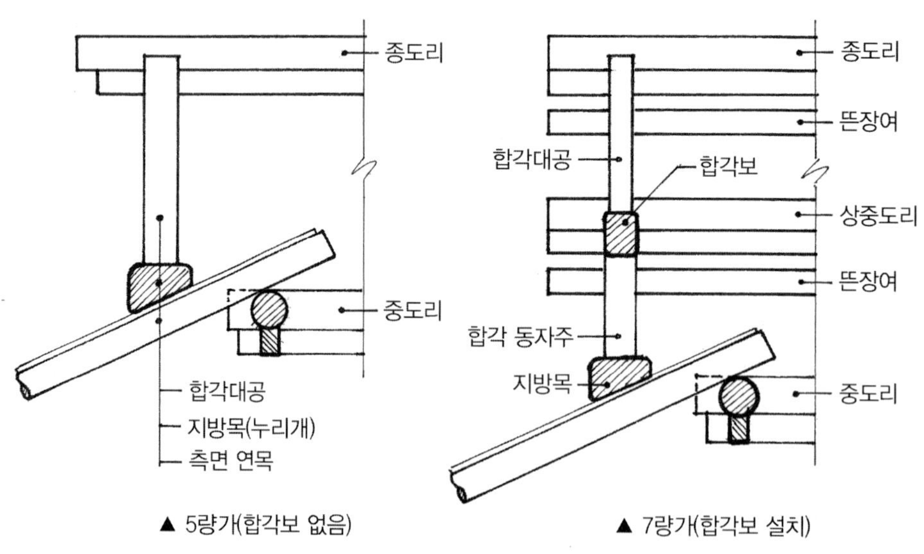

▲ 5량가(합각보 없음)

▲ 7량가(합각보 설치)

‖ 합각보 설치 비교 ‖

01 | 합각보가 없는 구조

① 5량가 이하의 중소규모 건물의 일반적인 합각부 구조

② 합각부에 종도리 뺄목 돌출

02 | 합각보가 있는 구조

① 7량가 이상의 대규모 건물의 합각구조

② 합각부에 종도리 외에 종도리 뜬창방, 전후면 중도리, 뜬장여, 뜬창방 뺄목이 돌출

③ 전후면 도리를 연결하는 합각보 설치

SECTION 04 합각 구성 사례

01 | 봉정사 대웅전

측면 주심도리 위치에 받침부재를 설치하고 합각부 대공과 합각보 구성(측면 주심도리 생략)

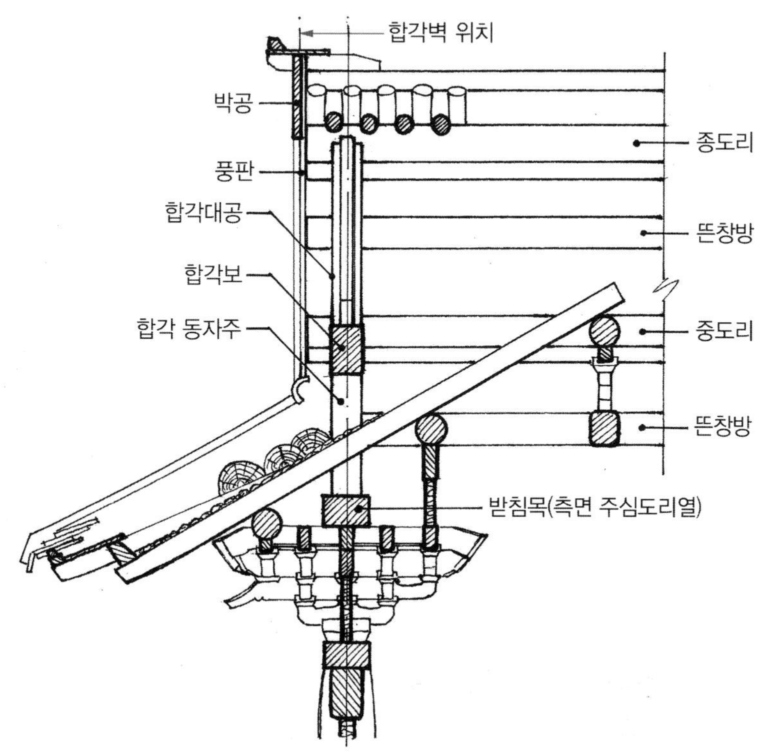

‖ 봉정사 대웅전 횡단면 구조 ‖

02 | 법주사 대웅보전

측면 공포대 내1출목선에서 합각 동자주를 세우고 합각보 설치

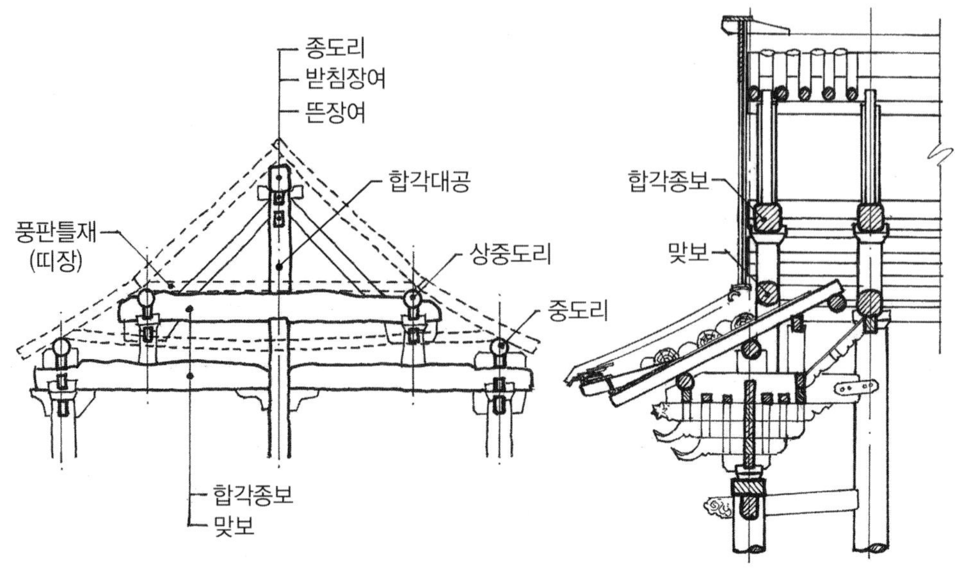

‖ 법주사 대웅보전 합각부 구조 ‖

03 | 쌍계사 대웅전(논산)

측면 연목 상부에 지방목(누리개), 대공을 놓고 합각보 구성

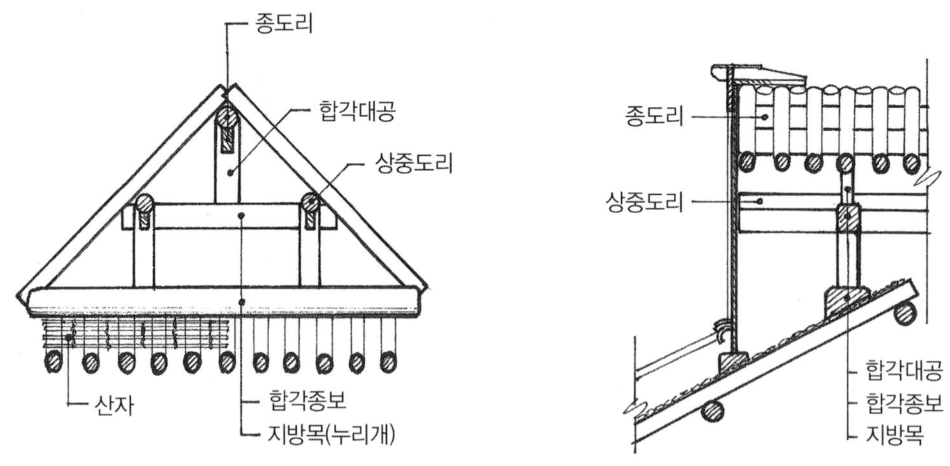

‖ 논산 쌍계사 대웅전 합각부 구조 ‖

04 | 율곡사 대웅전

측면 연목 상부 2개소에 지방목과 합각대공을 설치하여 종도리 뺄목 하부 지지

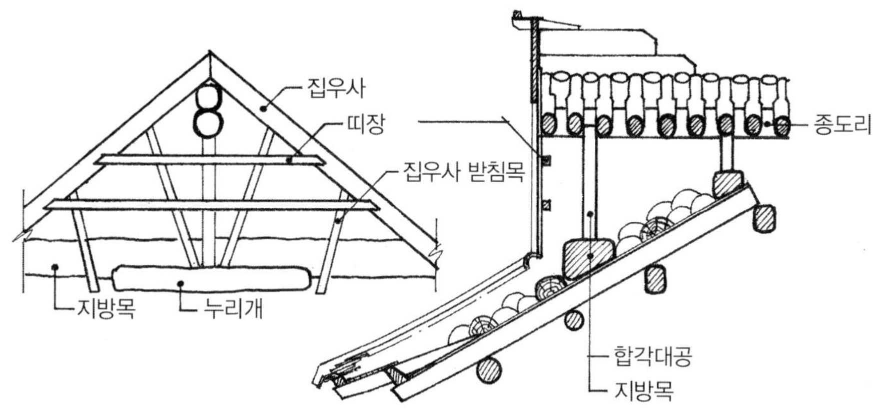

▮ 율곡사 대웅전 합각부 구조 ▮

05 | 근정전

① 측면 연목 상부에 누리개와 동자주를 놓고 합각 종보 설치
② 측면 연목 상부에 상중도리 뜬창방을 받는 보방향부재 설치
③ 합각보 상부에 판대공으로 종도리 하부 지지

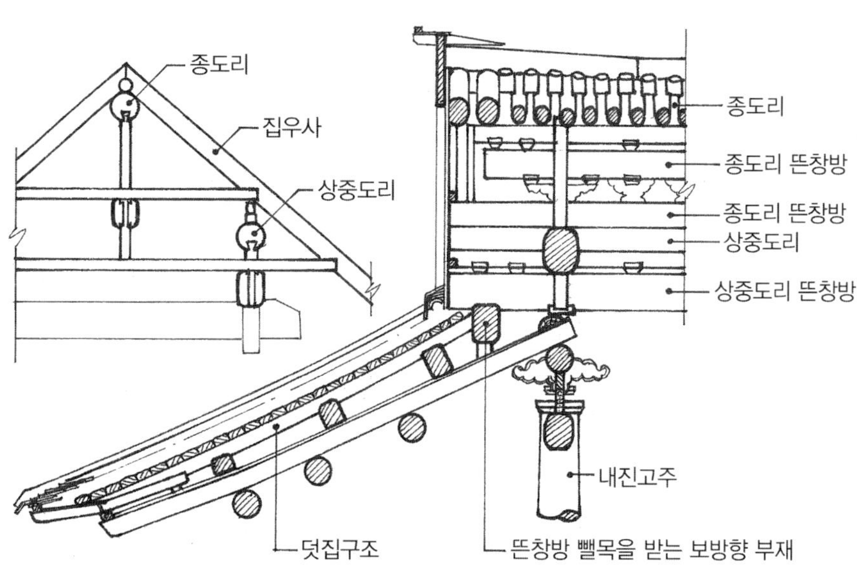

▮ 근정전 합각부 구조 ① ▮

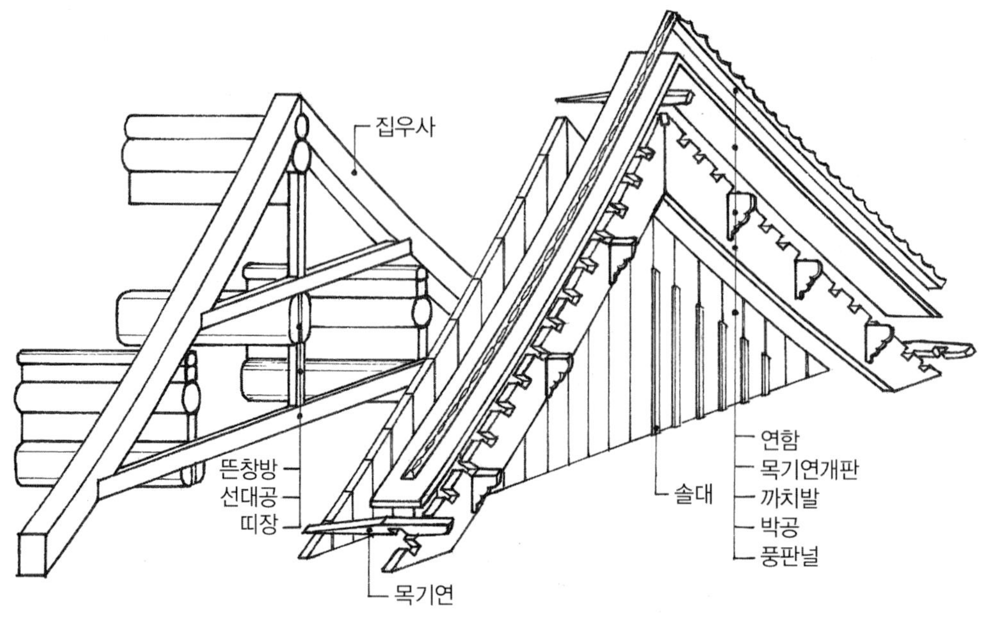

▮ 근정전 합각부 구조 ② ▮

06 | 경회루

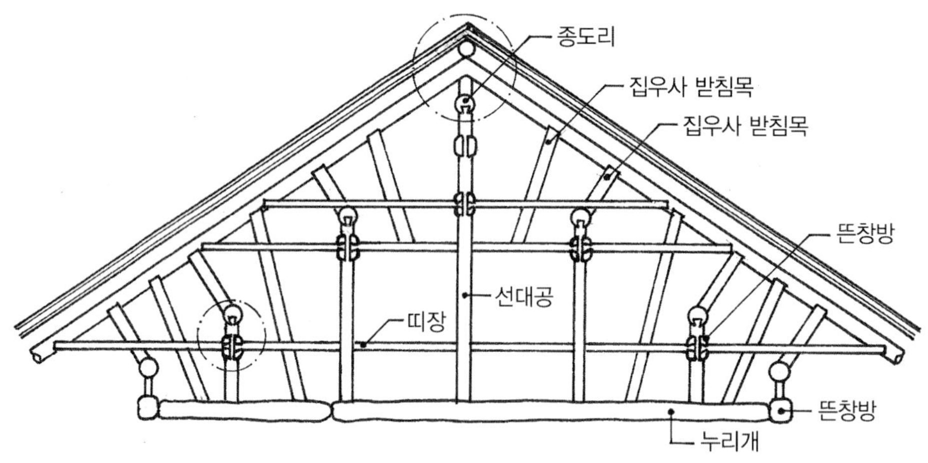

▮ 경회루 합각부 구조 ▮

SECTION 05 합각부 훼손 원인과 보수

01 | 훼손 유형

① 합각벽의 벌어짐
② 합각벽체의 풍화, 파손
③ 합각벽의 기울음

02 | 훼손 원인

① 풍판틀재가 도리뺄목, 집우사 등과 긴밀하게 결구되지 못한 경우
② 합각연목, 집우사의 결구 부실(추녀와의 고정 부실, 받침목 부실)
③ 누수에 의한 목부재 부식
④ 도리, 대공, 추녀 등 가구부재의 변형에 연동

03 | 보수 시 유의사항

① 풍판틀재(띠장과 선대공)를 도리 뺄목에 긴밀히 연결
② 도리 뺄목 하부에 받침목 등을 설치하여 처짐 방지
③ 풍판틀재 내부에 가새 등을 설치하여 보강
④ 합각연목, 집우사는 추녀와 누리개 상부에 안정적으로 설치(꺾쇠 등 철물 보강)
⑤ 합각부 대공 설치 시 솟음 고려

04 | 보수 사례

① 창경궁 환경전
㉠ 훼손 현황 : 합각이 외부로 기울음, 집우사의 균열 및 부식
㉡ 훼손 원인 : 풍판틀이 도리뺄목에 결구되지 못하고, 집우사에만 결구

㉢ 수리 내용
- 풍판 재설치, 집우사 균열 및 부식부에 대한 보강
- 부식부 제거 후 메움목, 수지 충전 / 스테인리스강판(10T)을 양면에 대고 볼트 체결
- 추녀뒤뿌리 결구 보강(추녀정, 감잡이쇠, 누름돌 설치)

② 쌍계사 대웅전(하동)

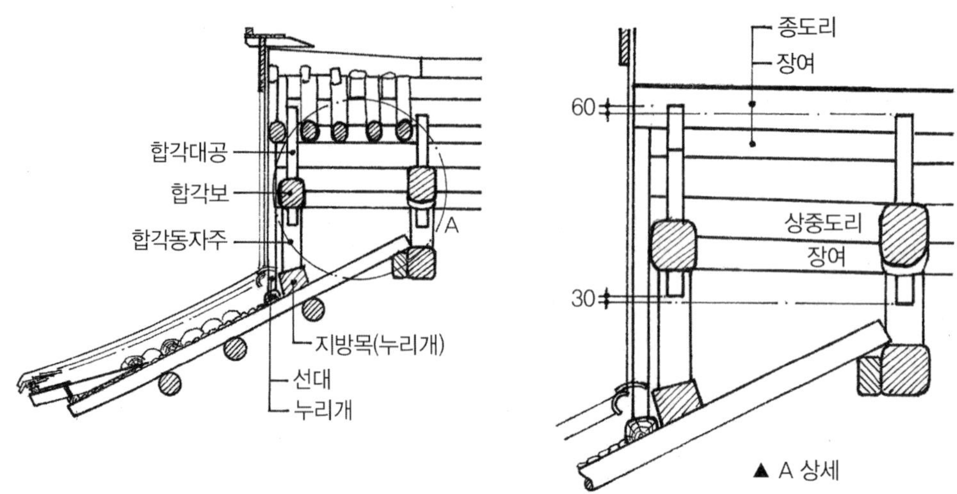

▌하동 쌍계사 대웅전 합각부 솟음 시공▐

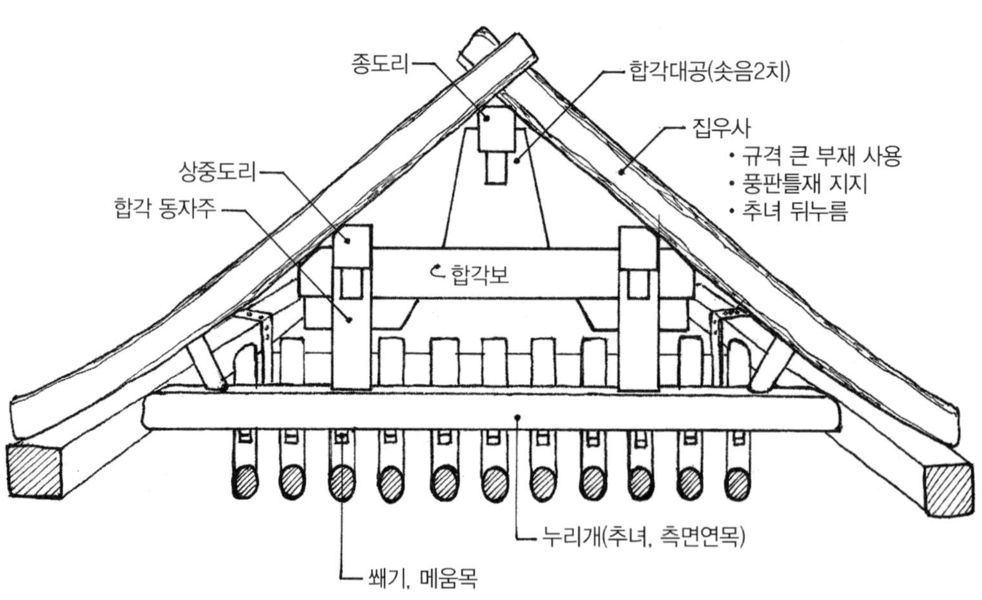

▌하동 쌍계사 대웅전 합각부 수리 사례▐

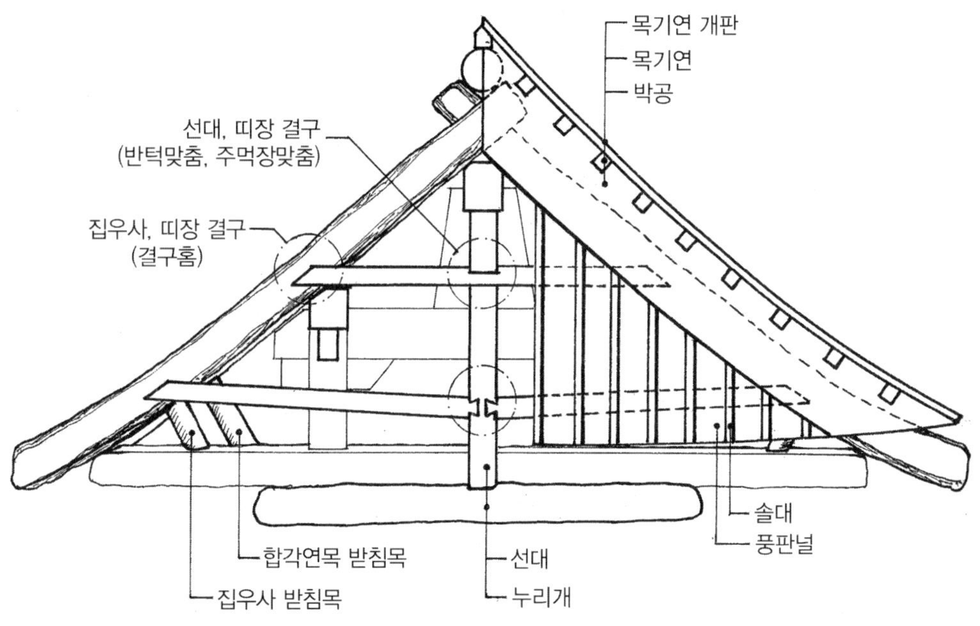

‖ 하동 쌍계사 대웅전 합각벽 구조 ‖

③ 관덕정

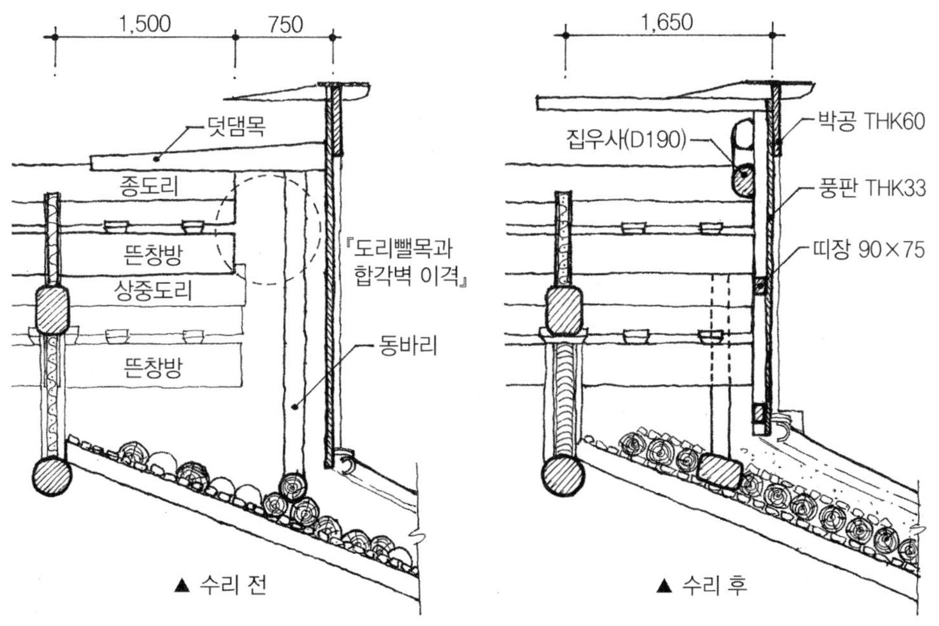

‖ 관덕정 박공, 풍판 재설치 ‖

LESSON 08

지붕가구부의 훼손과 보수

SECTION 01 지붕가구부의 훼손 유형

01 | 보

① 보의 처짐과 균열(휨모멘트, 인장력에 의한 변형)

② 보머리 파손 및 전단(전단력에 의한 균열 및 파손)

③ 보 상면 동자주, 대공 결구부의 압밀 침하

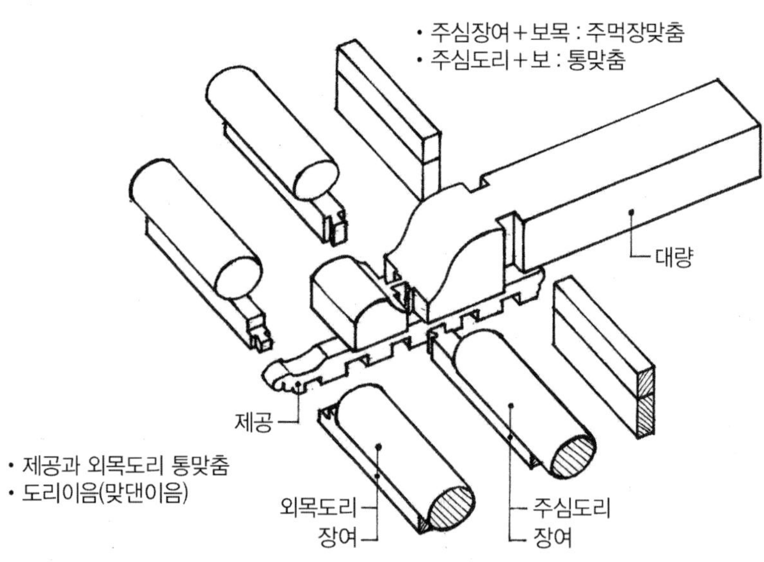

| 불영사 응진전 보와 도리의 결구 |

02 | 도리

① 결구부 파손 및 이완, 이탈(도리의 밀림과 처짐)

② 도리 왕지부 파손 / 부식 / 도리 뺄목의 처짐

③ 부재 균열, 파손

03 | 동자주, 대공

① 동자주, 대공의 부식, 기울음, 압밀 침하

② 사개부 파손

③ 규격이 작은 동자주의 수직 균열 및 단면 파손

④ 판대공, 포대공의 뒤틀림, 균열, 이완

SECTION 02 지붕가구부의 훼손 원인

01 | 보

① 치목 및 결구법 문제

㉠ 보와 도리의 통맞춤 구조 : 보의 단면 손실에 따른 부재력 저하, 부재 변형

㉡ 보 빼목의 길이 부족(편심 발생)

㉢ 보의 단면 규격 부족(보의 휨, 균열)

② 하중전달구조 문제

㉠ 주심도리 생략 구조(편심작용)

㉡ 외목도리에 하중집중으로 인한 편심(보머리 파손)

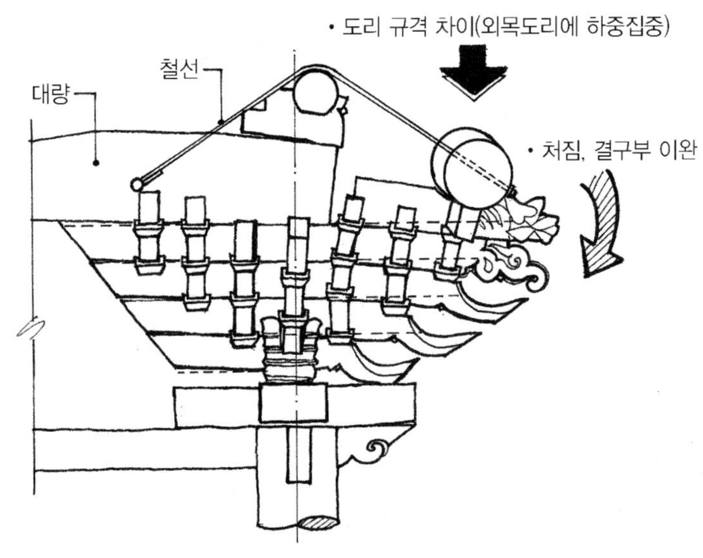

‖ 숭림사 보광전 주상포의 변형 ‖

③ 도리 결구부 이완, 이탈에 따른 외력 작용

④ 상부 도리, 대공의 변위와 편심 작용

⑤ 충해(흰개미 등)

02 | 도리

① 결구법의 문제

㉠ 도리이음부의 부실(맞댄이음, 나비장이음 등 결속력 부족)

㉡ 결구부의 결속력 저하(장부의 파손, 은장의 수축에 따른 이완 등)

② 보머리 파손에 따른 도리 이탈

③ 포부재의 수축과 처짐

㉠ 보 하부 공포대의 처짐에 따른 외력 작용

㉡ 귀포의 처짐과 도리왕지의 파손

④ 장단연 결구부 누수 및 집중하중

㉠ 누수에 의한 도리 상면의 부식

㉡ 장단연 결구부의 집중하중에 의한 보, 도리 결구부 파손

㉢ 동자주 균열, 기울음, 파손에 따른 도리이탈

⑤ 도리, 연목의 설치구조

㉠ 도리의 단면 규격 부실

㉡ 도리 받침부재의 부실(승두, 대공, 장여 등)

㉢ 외목에 하중이 집중되는 구조

⑥ 연목 추녀의 변위

㉠ 연목의 들림과 슬라이딩에 따른 도리 변위

㉡ 추녀의 들림과 슬라이딩에 따른 도리왕지부 파손

⑦ 충해, 주변환경 문제

03 | 동자주, 대공

① 집중 하중에 의한 동자주나 대공의 침하, 기울음 발생

② 상부 편심에 의한 동자주, 대공 결구부 파손

③ 동자주 단면 규격 부실(균열)

④ 상부 누수에 의한 결구부 부식, 편심에 의한 사개부 파손

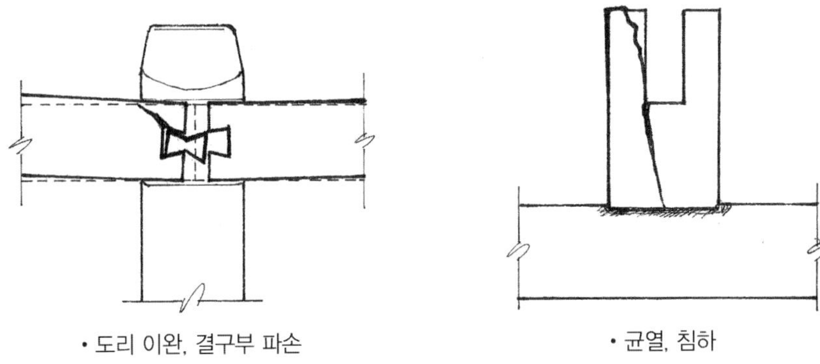

• 도리 이완, 결구부 파손 • 균열, 침하

‖ 도리, 동자주의 변위 ‖

SECTION 03 | 조사사항

➤ 전체적인 조사의 필요성
- 초석, 기둥, 공포부, 처마부, 지붕부의 훼손 현황에 대한 전체적인 조사
- 처마선의 변형, 앙곡과 안허리곡의 교란, 지붕면 상태, 지붕마루 물결침 등에 대한 조사
- 기둥의 기울음과 침하 등 건물의 전체적인 변형 상태를 조사
- 배수시설 및 통풍 조건 등 주변 환경에 대한 조사

➤ 하중조사 및 구조검토
- 지붕 트렌치 조사를 통한 지붕하중조사
- 구조검토를 통한 적정하중 검토, 부재 단면 내력 검토

01 | 사전조사

① 구조양식, 낙서, 명문 등에 대한 조사

② 재료, 가공법, 사용 연장, 단위 치수, 형식, 가구법, 기법, 이음과 맞춤법, 의장, 시대 등

③ 각부 높이, 위치 실측 및 기록

④ 훼손 현황 조사

02 | 해체조사

① 각 부재에 쓰인 묵서명, 낙서 등을 조사
② 수평 · 수직 기준실을 띄우고 기울기, 처짐, 벌어짐 등을 조사
③ 구조 및 양식이 설계도서와 일치하는지 조사
④ 각 부재의 이음 및 맞춤, 못자리 등을 조사
⑤ 부식, 충해, 변형 등에 대한 조사
⑥ 필요시 연륜연대 조사(축조 시기가 불확실한 경우, 양식적으로 중요한 부재인 경우)
⑦ 목재 수종조사(모든 부재에 대해 수종조사 / 수종조사서 작성)

⑧ 부재별 조사사항
- 보 : 균열, 파손, 부식 부위와 정도 / 보와 도리의 결구법
- 도리 : 파손, 이완 상태 / 도리 이음부 결구법 / 도리의 규격 및 설치구조
- 동자주, 대공 : 사개부 상태 / 하부 측 결구 위치, 결구법

03 | 조사 시 유의사항

① 해체 시 무리한 힘을 가하여 부재가 손상되지 않도록 주의하여 해체
② 갑작스러운 변화를 일으키지 않도록 보강조치를 취한 후 조사(가새, 버팀목 설치)

04 | 해체 시 주요사항

① 목부재 해체 전에 각 부재의 위치 등을 구분하여 부재 번호표 부착, 도면에 기록
② 단청 부재는 단청면을 보양한 후 해체
③ 불상 등 동산 문화재에 대한 보호시설 설치, 또는 안전한 장소로 이동하여 보관
④ 묵서명 · 상량문 · 낙서 흔적 · 못구멍 · 홈자국 등을 실측, 사진 촬영, 기록
⑤ 이음과 맞춤 부분은 실측하고 사진 촬영하여 기록(조립 시 적용)
⑥ 철물은 해체 시 파손에 유의하고, 원위치를 표시하여 보관(기록 및 촬영)

05 | 해체 부재의 보관

① 불용재 중 조각, 치목 및 맞춤 기법, 단청 흔적이 있는 부재는 별도 보관
② 부재 손상 정도에 따라 재사용, 부분 수리, 교체 등으로 구분하여 보관
③ 재사용하지 않는 부재는 가치의 중요성을 분석하여 보관부재와 폐부재로 구분하여 보관
④ 단청 훼손의 우려가 있는 경우에는 부재와 부재 사이에 한지 등을 감은 졸대를 끼워 보관
⑤ 변형될 우려가 있는 보, 포 부재 등은 보양조치를 하여 보관
⑥ 단청이 있는 부재는 문양모사 및 보호조치를 하여 보관

SECTION 04 수리 및 보강방법

01 | 공통사항

① 결구부 철물 보강

보와 도리, 도리와 도리, 도리와 연목, 동자주 사개부(나비장, 띠쇠 등)

② 치목법 및 설치구조 개선

숭어턱 설치, 도리이음방법 개선

③ 하중전달흐름 개선

㉠ 주심에 주된 하중이 실리도록 설치

㉡ 생략된 주심도리 설치, 주심도리 규격 확보 검토

㉢ 연목 설치 시 외목도리와 이격

④ 지붕하중경감 및 적정하중 확보

㉠ 전통수제기와 제작 사용, 기와 제작 시 두께 조절

㉡ 적심 사용량을 늘리고 보토 및 강회다짐의 두께 조절

㉢ 덧서까래 설치 검토

⑤ 주변환경 정비

배수로 및 배면 석축 정비, 잡목 제거 등

02 | 보

① 신재 교체 : 구조적 성능이 확보되지 않는 경우 교체 고려

② 결구법 개선 : 숭어턱 시공 등 단면 확보

③ 결구부 보강 : 기둥과 퇴보, 보와 도리의 연결부에 띠철 보강

④ 균열부 보강 : 균열부에 메움목과 수지처리, 철물보강(강판, 볼트 체결)

⑤ 부식부 제거 : 부식부 제거 후 메움목, 수지처리

⑥ 파손부 보강

㉠ 보머리 파손 및 전단부에 스테인리스봉, 강핀 삽입

㉡ 강판 삽입 후 볼트 체결

㉢ 수지처리 및 표면 대패질 마감

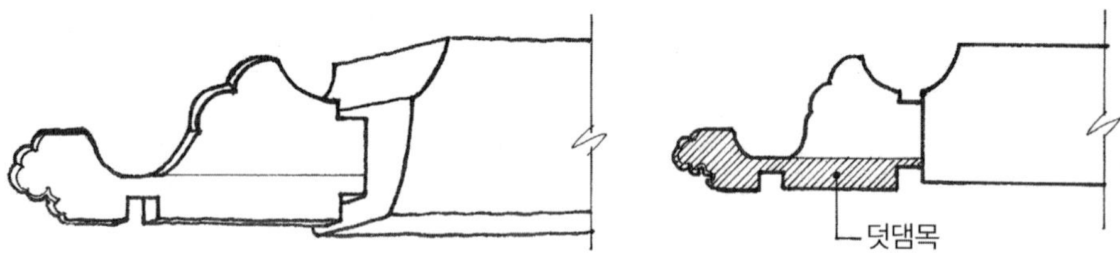

‖ 정수사 법당 보머리 하부 덧댐 보수 ‖

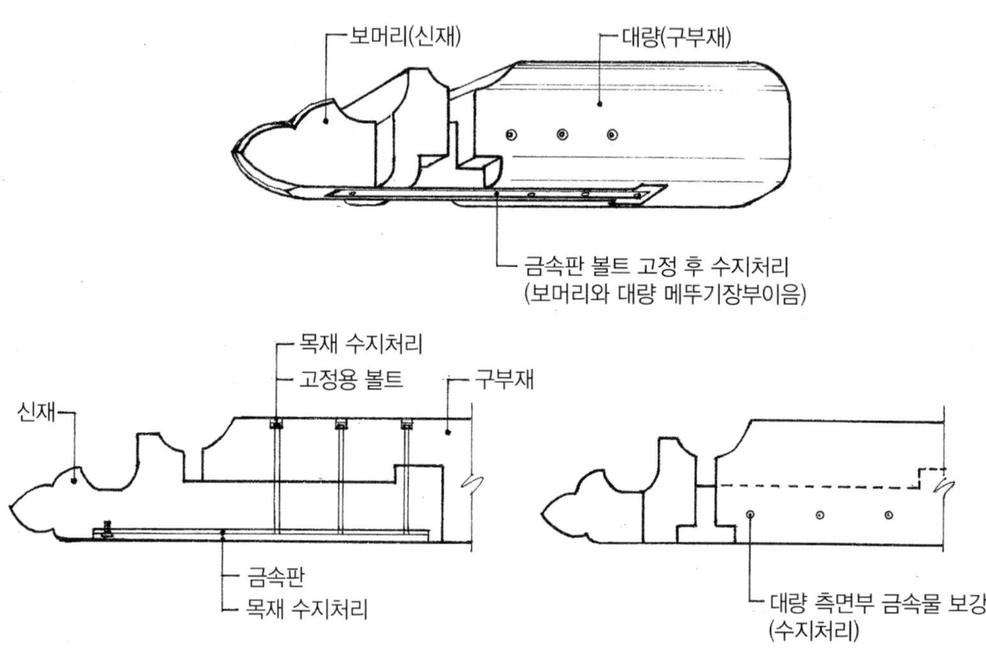

‖ 문산관 보머리 신재 이음 및 금속물 보강 ‖

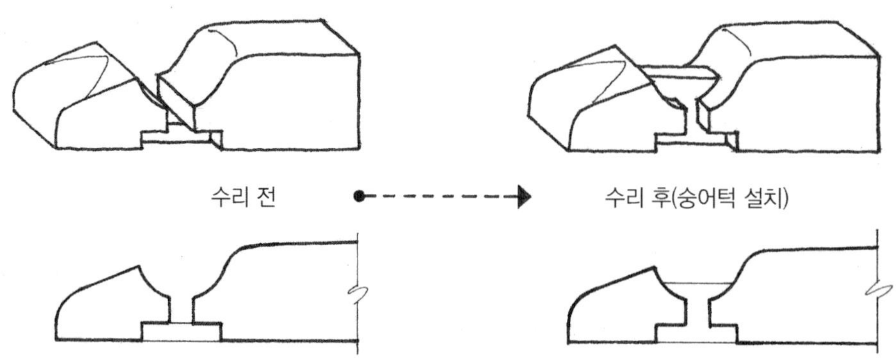

‖ 법주사 대웅보전 보목 숭어턱 보강 ‖

03 | 도리

① 이음부 보강

㉠ 재사용 부재는 철물로 연결부 보강

㉡ 교체부재는 이음방법 개선 고려(맞댄이음 → 주먹장이음)

② 보와 도리 결구부 보강

㉠ 보목에 도리 결구턱 시공(숭어턱)

㉡ 띠쇠로 결속력 보강

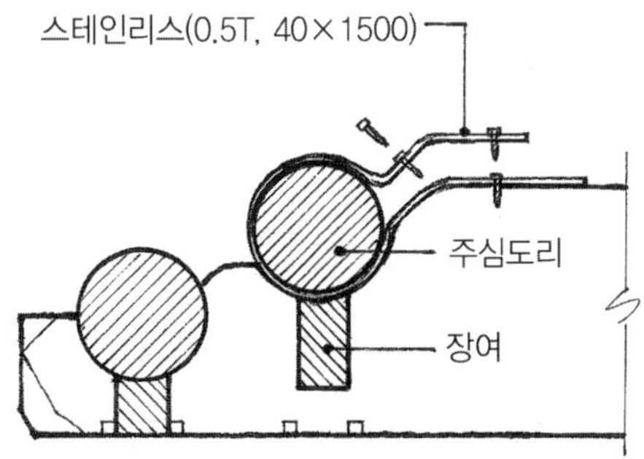

‖ 전주객사 주심도리 철물보강 ‖

③ 부식부 제거 후 메움목 및 수지 처리

④ 하중전달구조 개선

㉠ 주심도리 설치 검토

㉡ 주심에서 하중을 충분히 지지할 수 있도록 도리의 직경 확보

㉢ 뜬장여, 승두 등 주심 부재의 추가 설치 및 규격 확보

㉣ 조립 시 외출목도리와 연목 사이에 5푼 ~1치 정도의 이격 확보

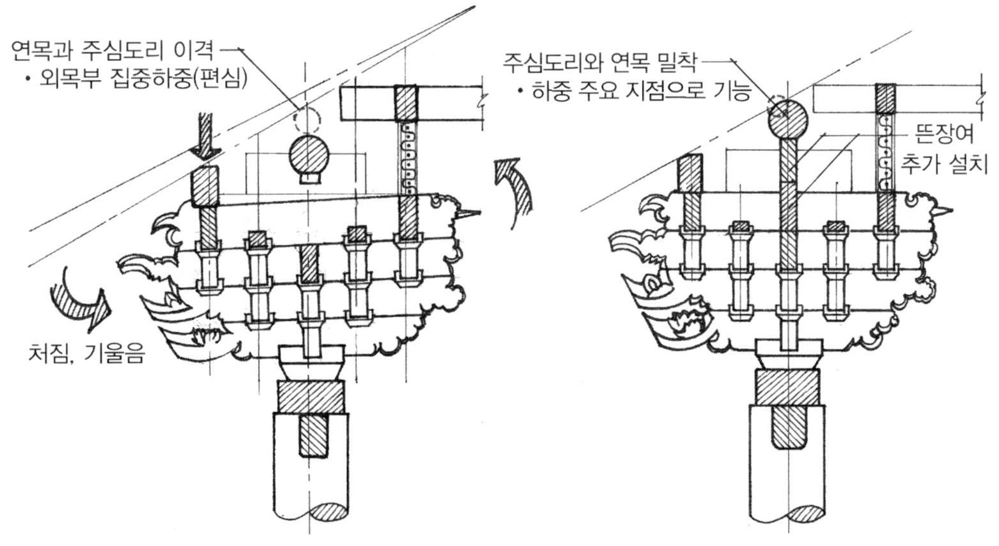

‖ 귀신사 대적광전 수리 전후 비교 ‖

⑤ 장단연 결구부 보강

㉠ 장단연 결구부 상부의 하중 저감(적정하중 확보)

㉡ 부식된 적심재 교체, 적심의 밀실한 설치 및 고정

㉢ 연목과 도리의 결구 보강(연정의 길이 확보, 설치 개소 증가, 양질의 누리개 재설치)

04 | 동자주, 대공

① 동자주, 대공 사개부에 띠철 보강

② 규격이 부족한 부재의 교체 검토(단면내력 확보)

③ 보 상면에 박달나무, 참나무 등으로 고임목 설치, 촉 보강

④ 균열 및 단면 훼손부에 대한 수지처리

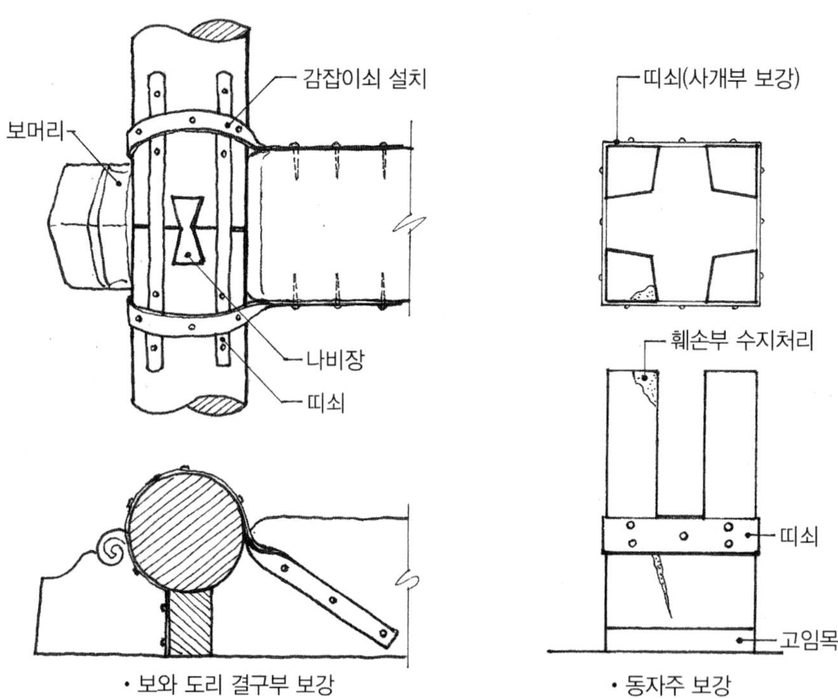

‖ 지붕가구부 보강 사례 ‖

SECTION 05 보수 시 유의사항

01 | 해체 시 유의사항

① 부재별 위치 표시, 번호표 부착, 도면 기록, 야장 및 부재조사표 작성

② 해체 시 부재 파손 유의
  ㉠ 보머리 파손 유의
  ㉡ 결구부 파손 유의(보목, 사개부)
  ㉢ 도리 왕지맞춤부의 추녀 해체 시, 쐐기목을 박아가며 점진적으로 추녀 해체

③ 조사와 해체의 병행
  ㉠ 결구법에 대한 조사
  ㉡ 명문, 묵서 등에 유의하여 해체
  ㉢ 보 중심먹 조사

④ 철물은 사용된 원위치를 표시하여 별도 보관

02 | 조립 시 유의사항

① 지붕하중 경감
  ㉠ 하중이 지붕의 경사면을 따라 작용
  ㉡ 보, 도리, 기둥 사이의 연결부에 인장력 발생, 부재 간 이격 발생
  ㉢ 지붕하중을 경감시켜 부재에 발생하는 응력을 줄임

② 적정하중 확보
  ㉠ 지붕 현황조사와 구조검토를 통해 적정하중 검토
  ㉡ 지붕하중 경감 시 하중흐름이 왜곡되어 추녀 연목 등의 뒤들림 현상이 발생치 않도록 유의

③ 부재는 원위치에 원래의 맞춤과 이음대로 조립

④ 훈증 및 방충방부처리

⑤ 메움목 및 수지처리
  ㉠ 메움목은 구부재와 함수율, 재질이 동일한 부재 사용(구부재, 고목재)
  ㉡ 수지처리는 구부재의 나이테와 질감과 조화되도록 시공, 가역성 확보

SECTION 06 | 보수 사례

01 | 보머리 보수

① 귀신사 대적광전

㉠ 전단된 보머리와 몸체 사이에 철물보강

㉡ 보에 홈을 파내고 강판 삽입 후 볼트 체결

㉢ 덧댐목(상판) 설치 및 수지처리

㉣ 부분 탈락부에는 강핀으로 부재 접합

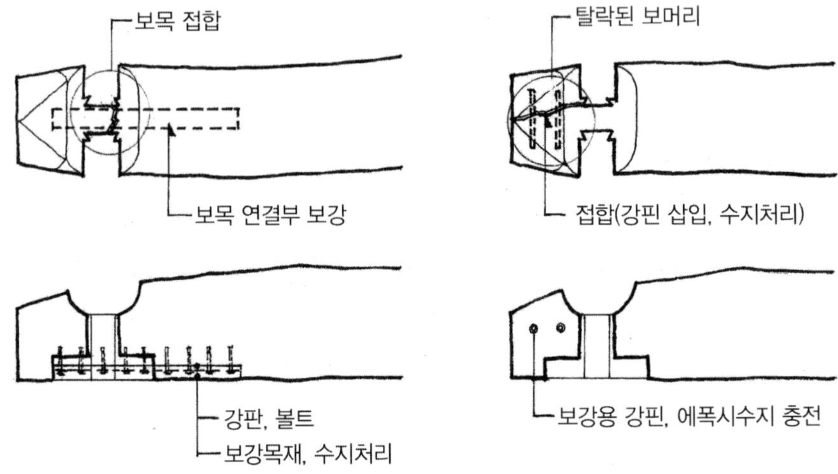

‖ 귀신사 대적광전 보머리 수리 ‖

② 송광사 침계루 : 전단된 보머리와 몸체 사이에 스테인리스봉 삽입 후 수지처리

③ 정수사 법당 : 보머리 하부에 부재를 덧댐하여 단면 보강

④ 광한루 : 전단된 보머리와 몸체 사이에 스테인리스봉 삽입 후 옆면에서 스크류볼트 체결 / 수지처리

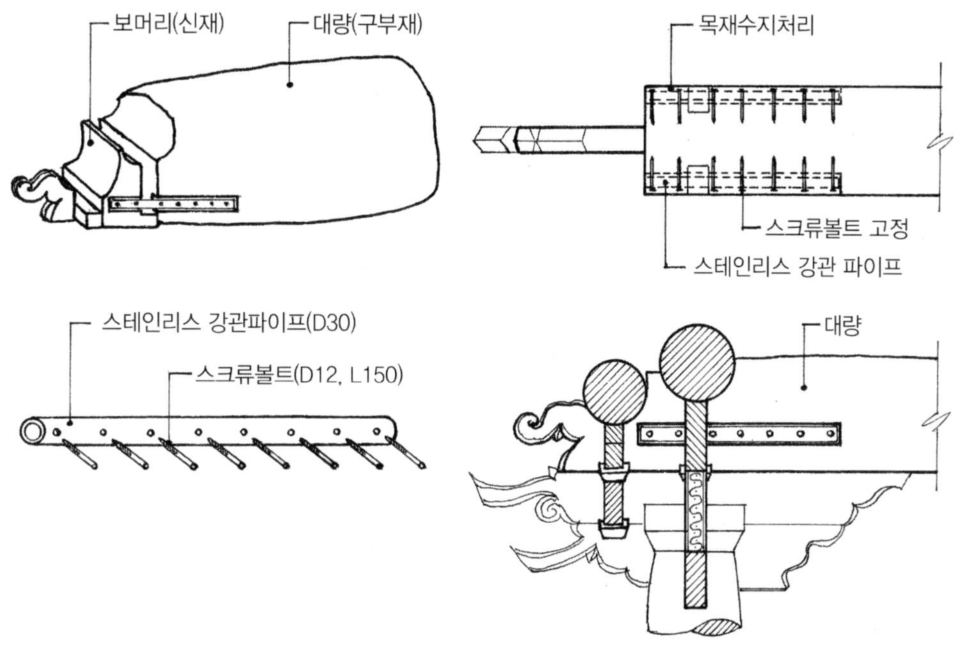

광한루 보머리 보수 사례

⑤ 부석사 조사당

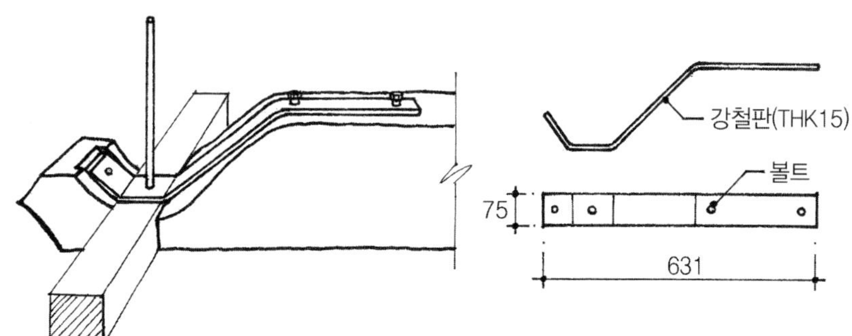

부석사 조사당 보머리 철물보강

02 | 하중전달구조 개선

① 봉정사 극락전

㉠ 수장폭 보머리의 파손으로 외목도리 처짐 발생

㉡ 하중이 주심에 집중되어 하부 벽체 파손 유발

㉢ 보머리는 철물로 보강하여 재사용

㉣ 모든 도리가 연목과 이격없이 지점이 되도록 조립

㉤ 지붕하중 경감

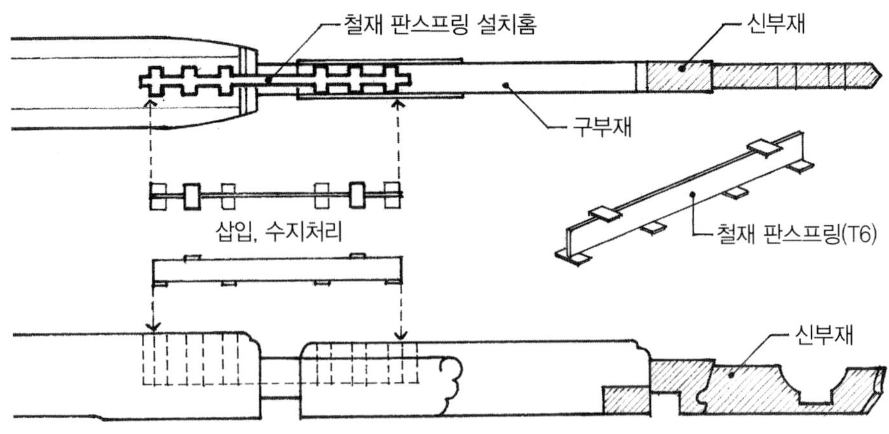

‖ 봉정사 극락전 철물보강 사례 ‖

② 쌍계사 대웅전

㉠ 도리의 직경차이(외목 1.2자, 주심 1.1자, 내목 1자)

㉡ 도리의 직경을 동일하게 치목 조립(주심도리의 직경 확보)

㉢ 보목에 숭어턱 시공, 승두 보강 설치

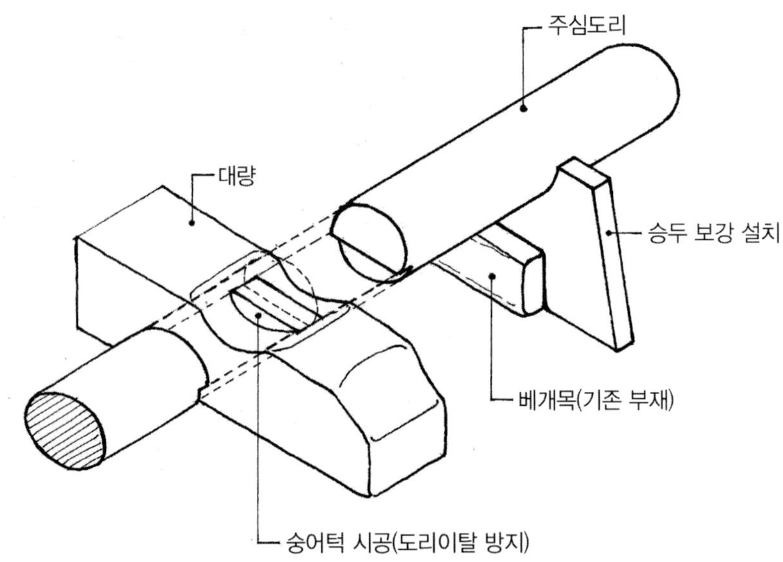

‖ 하동 쌍계사 대웅전 수리 사례 ‖

③ 성혈사 나한전

㉠ 도리이음방법 개선

㉡ 맞댄이음, 반턱이음 → 나비장이음, 주먹장이음

④ 율곡사 대웅전

㉠ 훼손 현황 : 귀포, 추녀 및 선자연이 아래로 처짐, 제공이 활처럼 휘는 현상 발생

㉡ 훼손 원인

- 도리 이음부가 나비장 또는 맞댄이음만으로 구성
- 도리와 연목의 이격, 도리 이음부 이완 및 이탈
- 추녀와 선자연의 뒤들림
- 주심도리의 규격이 작고, 하부 받침부재 부실

㉢ 수리내용 : 주심도리 장여 치수를 크게 사용, 주심도리 받침부재 보강(주심부 보강)

03 | 지붕하중 경감

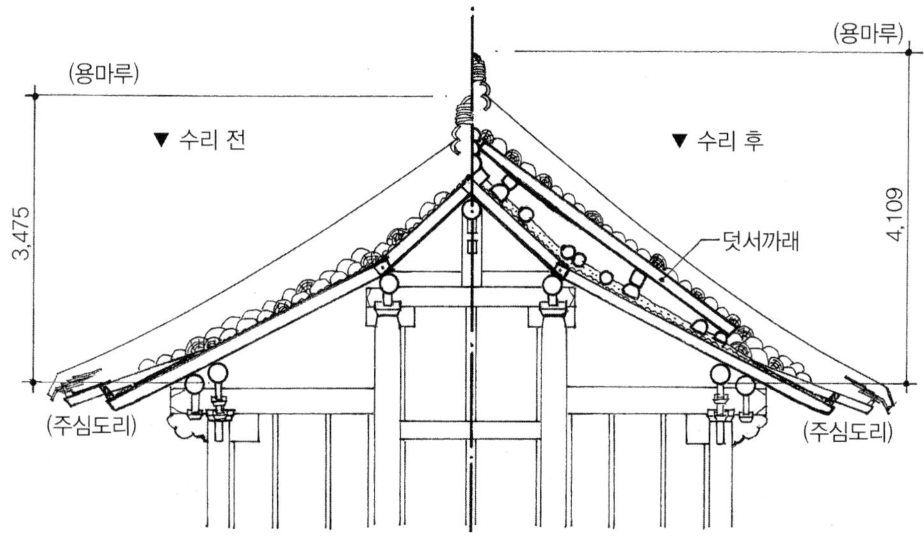

| 영천향교 대성전 맞배집 측면부 덧서까래 설치 |

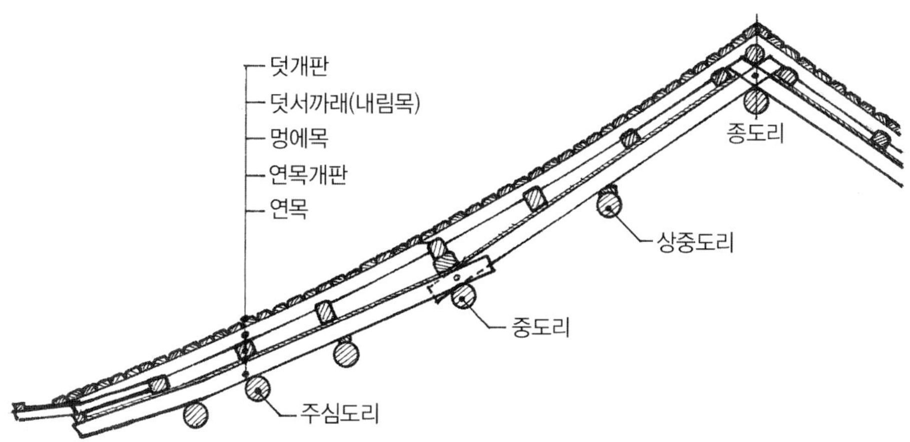

| 근정전 헛집 설치구조 |

문화재수리보수기술자
한국건축구조와 시공 ❶

PART 5 처마부 구조와 시공

LESSON 01

연목의 구조와 시공

SECTION 01 연목(서까래)의 구조

01 | 개요

① 개념

높이가 다른 도리와 도리 상부에 경사지게 건너지른 긴 부재

② 기능

㉠ 상부에 적심, 보토, 기와 등을 올려 지붕부를 형성하는 바탕재

㉡ 지붕 하중을 도리에 전달

02 | 연목의 종류

① 처마서까래

㉠ 처마

- 연목이 기둥 밖으로 빠져나온 부분을 통칭
- 벽체 외부로 내민 지붕의 아랫 부분(면처마, 귀처마, 박공처마)

㉡ 처마서까래 : 처마도리 외부로 길게 내민 서까래(장연)

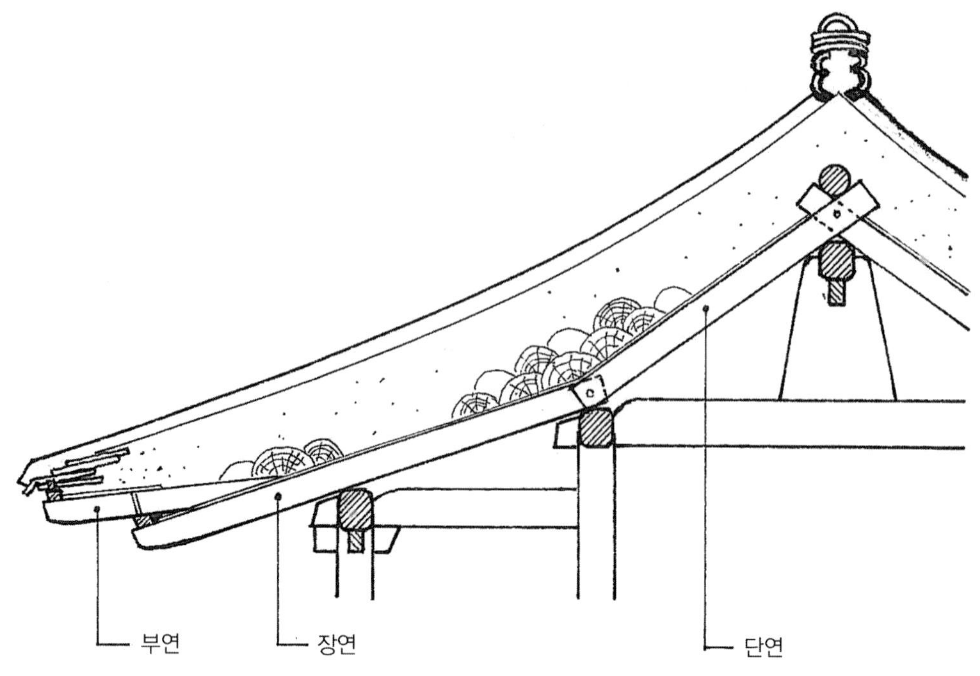

▌단면구조상 서까래의 유형▐

② 평면상 서까래의 유형

㉠ 면서까래(평연)

㉡ 귀서까래(선자연, 마족연)

㉢ 회첨서까래

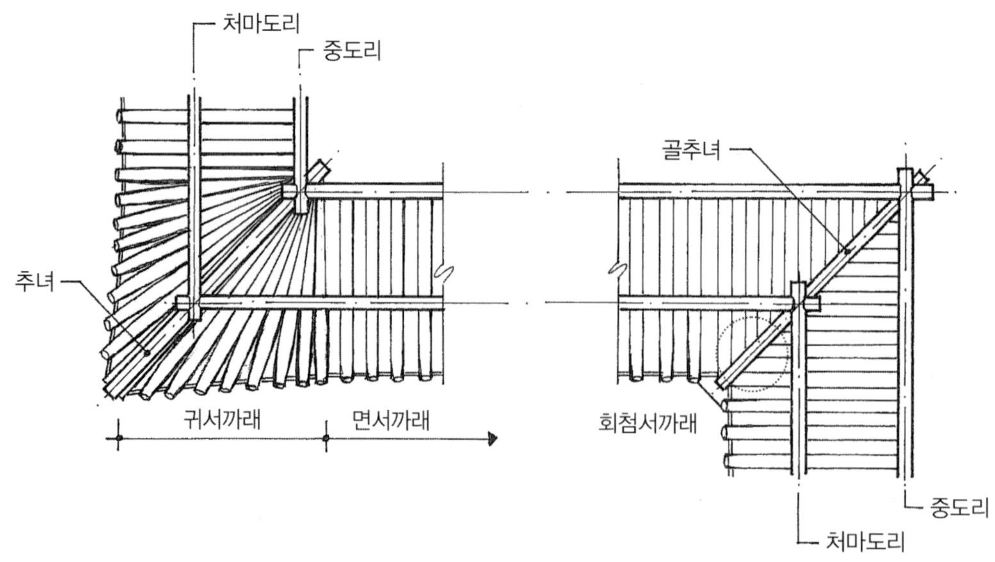

▌평면상 서까래의 유형▐

③ 단면 위치에 따른 서까래의 유형

㉠ 장연 단독 구조(3량가)

㉡ 장연, 단연 구조

㉢ 장연, 중연, 상연 구조

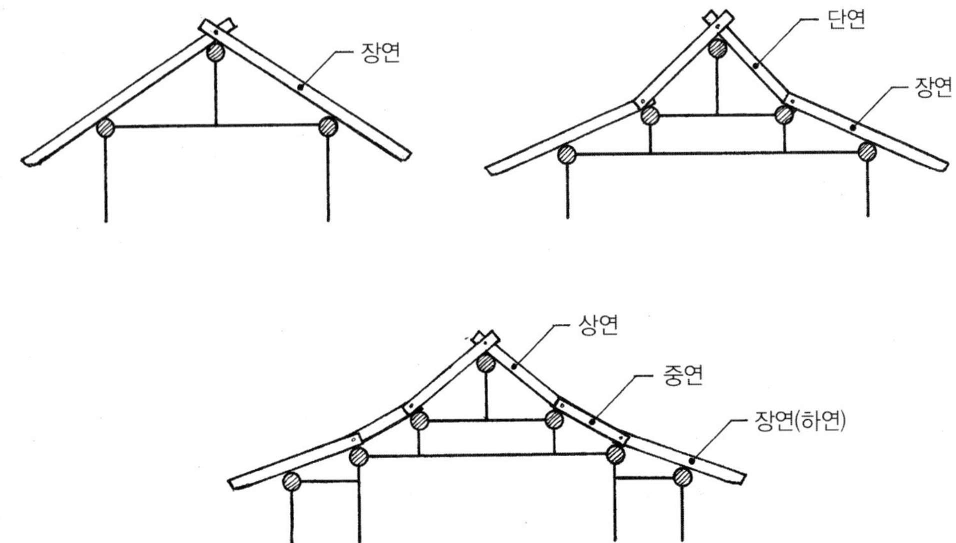

▌단면위치에 따른 서까래의 유형▐

④ 부연

㉠ 장연 상부에서 내밀어 놓여지는 각형 서까래

㉡ 겹처마 구성, 처마내밀기 증대, 의장성

⑤ 목기연 : 박공널에 직각으로 결구하는 서까래(모끼연)

⑥ 방연 : 일각문 등에 사용되는 방형 서까래(각서까래, 수평서까래)

⑦ 덧서까래

㉠ 서까래 상부에 추가로 설치하는 서까래

㉡ 지붕의 물매구성, 하중경감, 장연뒤누름 기능

⑧ 덧걸이

장연 상부에 누리개, 덧도리를 설치하고 덧도리 위에 단연을 경사지게 걸쳐댄 구조

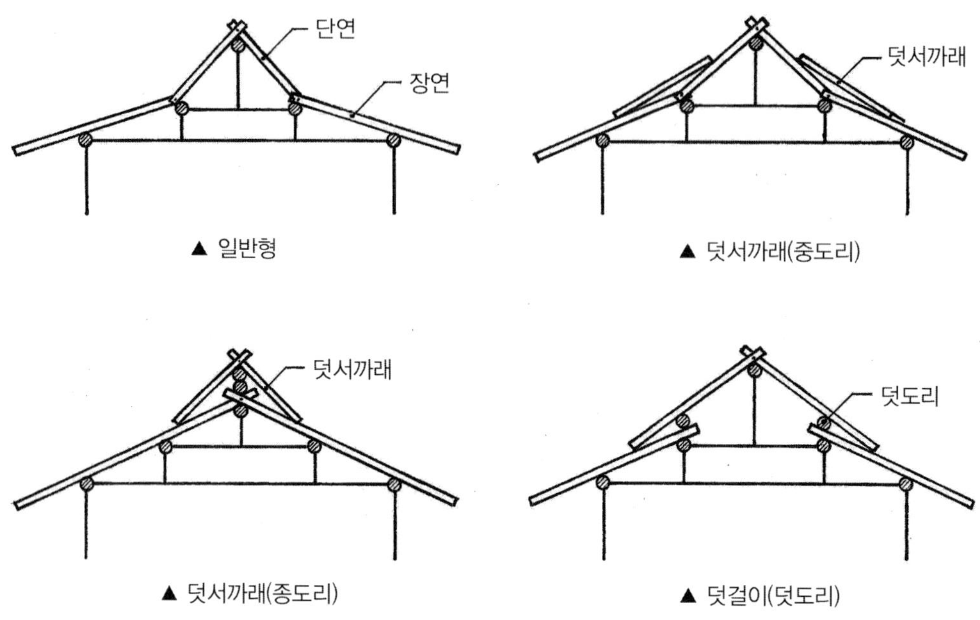

‖ 서까래 설치법의 종류 ‖

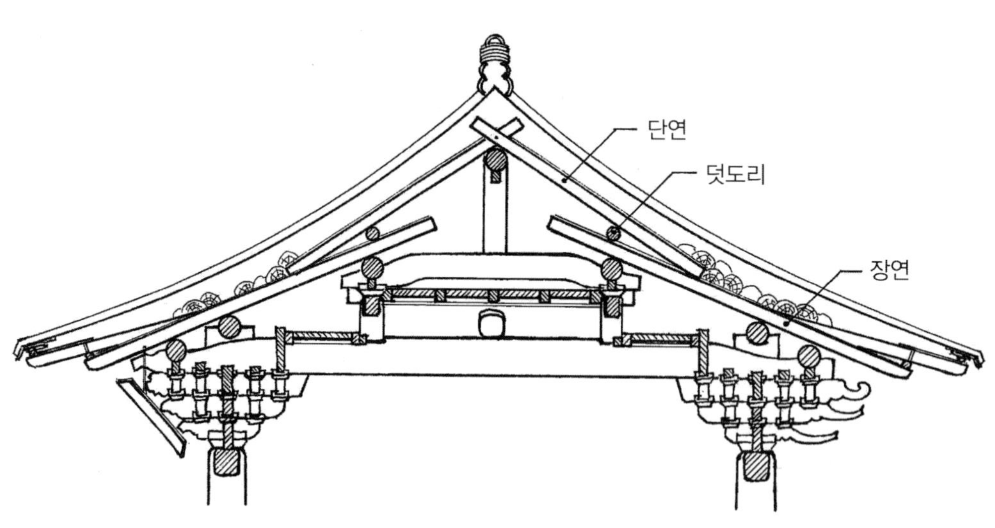

‖ 금산사 미륵전 덧걸이 구조 ‖

03 | 귀서까래의 종류

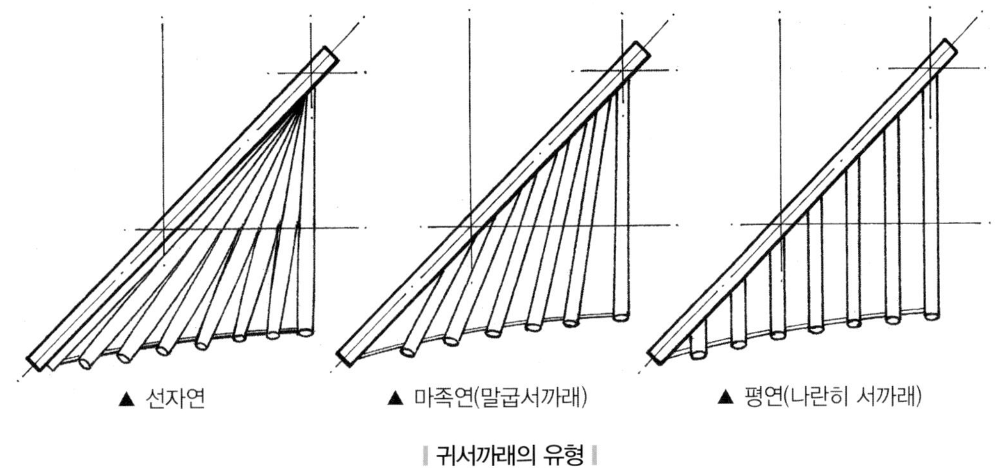

‖ 귀서까래의 유형 ‖

① 귀서까래 : 추녀의 좌우면에 건 서까래의 총칭

② 선자연 : 뒤초리가 추녀 옆면의 한 점에 모이고 처마도리 안쪽에서 서까래가 밀착하는 구조

③ 말굽 서까래

㉠ 뒤초리의 중심점이 추녀 너머에 위치

㉡ 귀서까래들이 간격을 두고 추녀의 옆면에 타원형으로 부착(마족연)

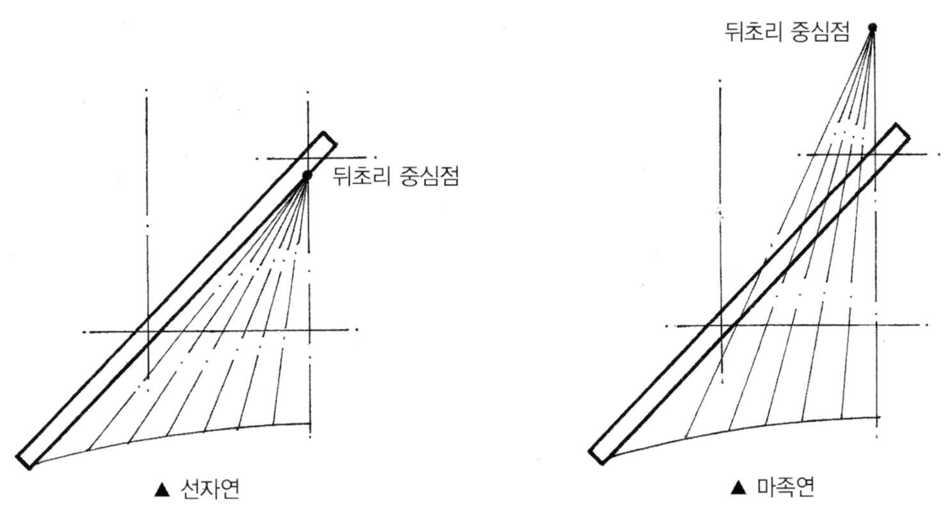

‖ 선자연과 마족연의 설치구조 ‖

④ 나란히 서까래

㉠ 면처마의 평연과 동일하게 평행으로 걸어 추녀에 결구한 구조

㉡ 골추녀 회첨의 회첨부 서까래 배열

04 | 연목의 규격 및 배치

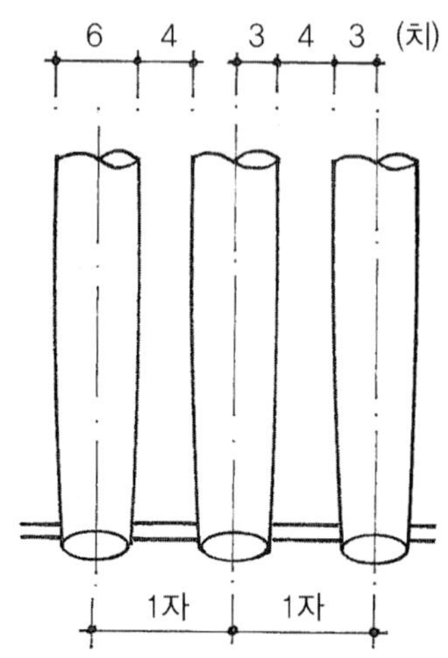

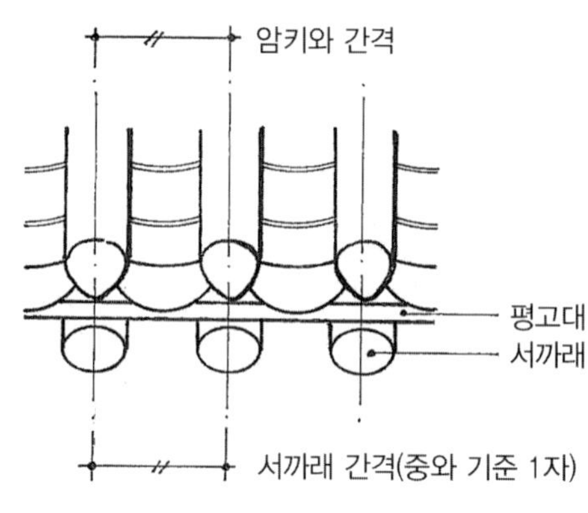

Ⅰ 서까래 배열 간격 예시 Ⅰ

① 연목의 직경

㉠ 지붕재료에 따른 지붕하중의 차이, 기둥을 비롯한 구조재 사이의 비례를 고려

㉡ 민가(초가) : 3치 이내

㉢ 민가(기와) : 3.5~4.5치

㉣ 포집 : 6~8치(근정전 8.5치, 경회루 9치, 숭례문 6.5치)

② 연목 배치간격

㉠ 1자 간격으로 설치(일반)

㉡ 연목지름 8치 이상인 경우 1.2자 간격

㉢ 산자 엮고 앙토하는 것을 고려해 연목 사이에 4치 이상의 공간 확보

㉣ 연목이 주심에 놓이지 않도록 설치(보머리, 도리이음 위치에 연목 설치를 피함)

05 | 장연과 단연의 결구

엇걸음방식, 맞댐방식, 덧걸이방식

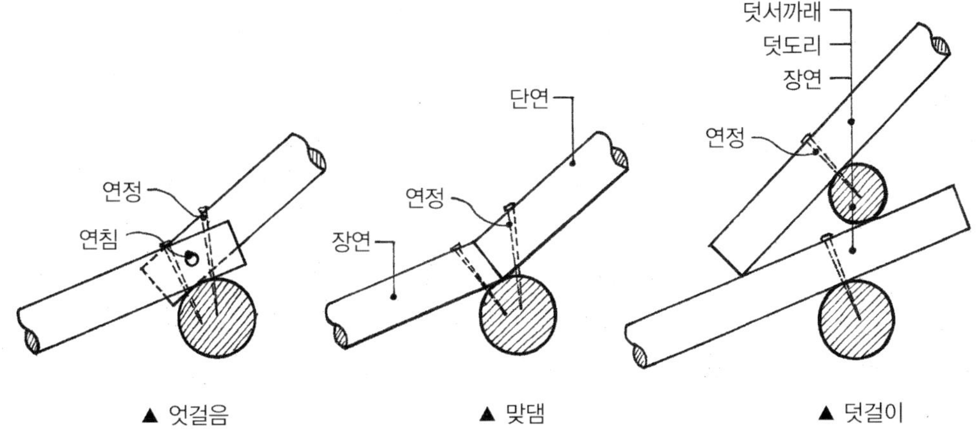

‖ 장연과 단연의 결구 유형 ‖

06 | 박공처마

① 개념 : 맞배지붕 측면, 팔작지붕 합각부의 처마

② 전후면 연목과 박공의 결속력 보강

㉠ 서까래 엇걸음 시에 전후면 중 한쪽면은 서까래가 풍판이나 박공에 맞닿지 않게 됨

㉡ 반쪽 서까래를 덧대거나, 닿지 않는 쪽의 서까래 설치간격이나 각도를 조절

㉢ 박공을 받는 전후면에 집우사를 설치

③ 집우사 설치법

㉠ 규격이 큰 서까래의 노출면을 면바르게 치목하여 전후면 부재를 맞대거나 반턱맞춤

㉡ 박공, 풍판틀재 고정

07 | 연목의 물매

① 물매

㉠ 기울어진 정도, 경사각도를 뜻함

㉡ 직각삼각형의 밑변을 1자로 했을 때 삼각형의 높이로 표현

㉢ 물매가 뜨다(=작다, 기울기가 완만하다, 느리다)

㉣ 물매가 되다(=크다, 기울기가 급하다, 싸다)

㉤ 곱물매(10치 물매, 45도 각도)

② 서까래 물매

㉠ 장연은 4.5~5.5치, 단연은 8.5치 내외

㉡ 홑처마 장연은 3.5~4치, 겹처마 장연은 4~4.5치(부연 물매는 2치 내외)

㉢ 맞지름물매 : 처마끝에서 지붕마루까지 직선으로 연결한 물매. 지붕물매(6.5치 내외)

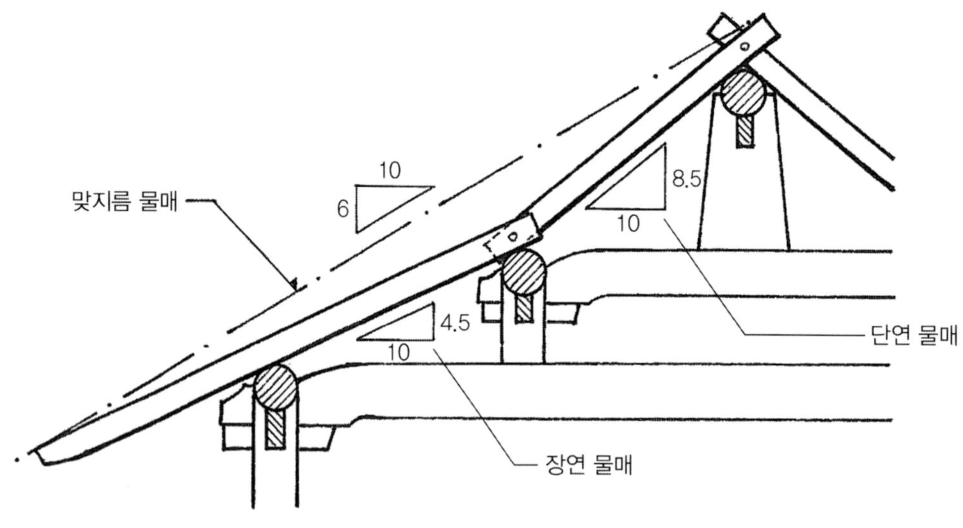

‖ 서까래의 물매 ‖

③ 물매 영향 요소

㉠ 연목의 내목길이

㉡ 기후(적설 및 강우, 풍하중)

㉢ 건물의 규모와 격식(공포대, 부연의 설치 여부 / 살림집과 권위건물, 제례건물의 차이)

08 | 부연

① 부연의 개요

㉠ 개념 : 서까래 위에 거는 짧은 방형 서까래

㉡ 기능 : 의장성, 처마내밀기 증대, 채광(처마의 앞을 들어주는 효과)

㉢ 평부연 : 장연 위에 걸리는 부연(벌부연)

㉣ 고대부연 : 선자연 위에 걸리는 부연(선자부연)

② 부연의 형태

㉠ 장방형 각재

㉡ 내민길이의 1/2~1/3 정도를 외단까지 밑면을 후리고 옆면을 빗자름(역사다리꼴 형태)

㉢ 뒤초리는 연목 설치 각도에 따라 경사지게 치목

③ 부연의 규격

㉠ 너비는 수장폭 기준(연목 직경에 비례해 너비를 연목 직경보다 1~3치 작게 사용)

㉡ 춤은 연목 크기와 같거나 비례하여 설정(너비의 1.5배 / 너비보다 1~1.5치 크게 구성)

㉢ 부연 뒷길이는 내민길이의 1.5~2배

④ 부연 내밀기, 물매

㉠ 부연 내밀기 : 처마서까래 내밀기의 1/3 정도를 내밈(전체 처마내밀기의 1/4)

㉡ 물매 : 처마서까래 물매 5치를 기준으로 평연구간의 부연은 물매 2치 내외

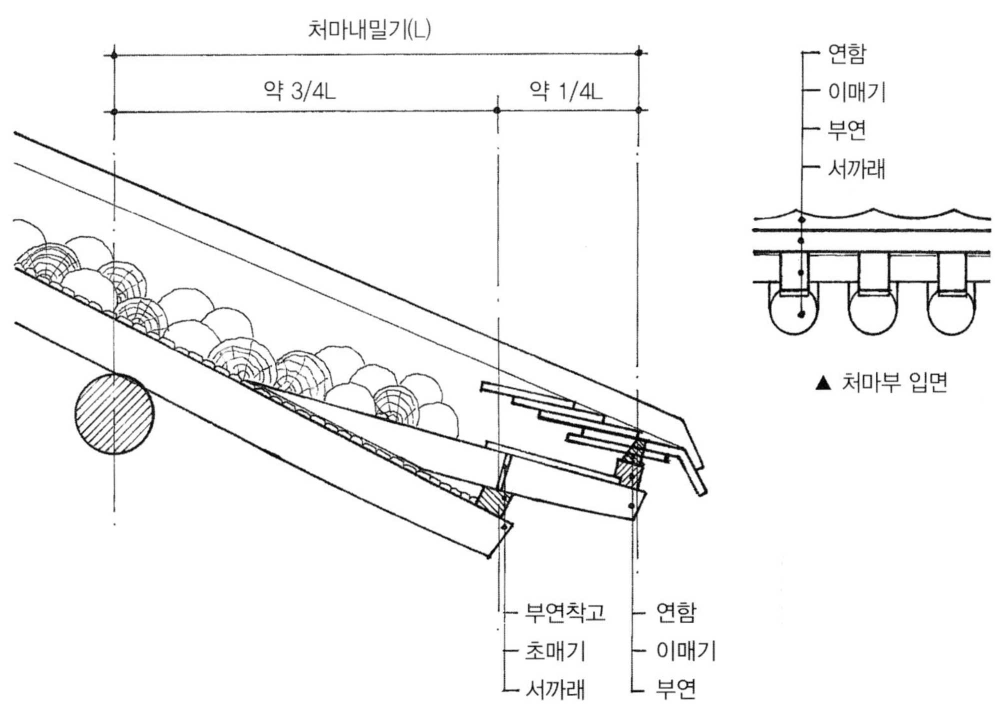

‖ 겹처마 처마부 단면 상세도 ‖

SECTION 02 처마내밀기

01 | 처마와 처마내밀기

① 처마

㉠ 주심, 벽체에서 연목 끝까지의 공간

㉡ 일조량 조절, 우수로부터 건물의 벽체 보호

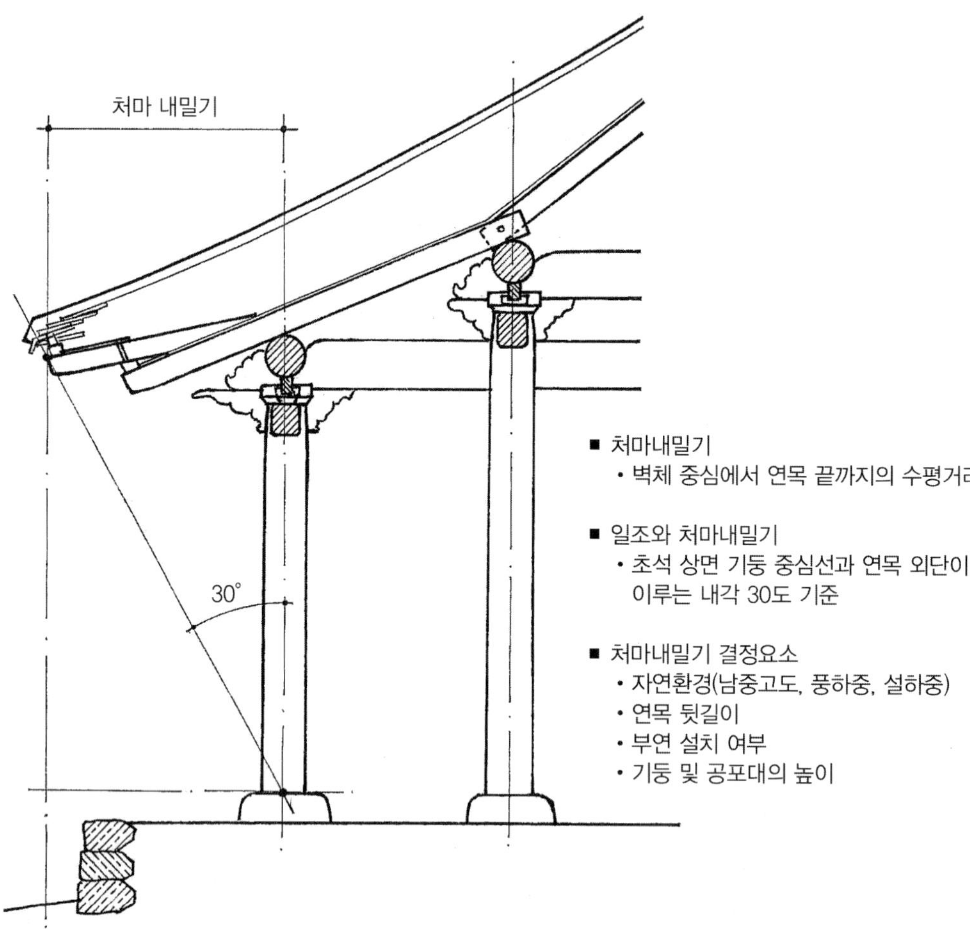

| 처마내밀기의 구조 |

② 처마의 종류

㉠ 면처마와 귀처마

㉡ 합각처마 : 팔작지붕 합각벽에서 내민 처마

㉢ 박공처마 : 맞배지붕 측면 벽체에서 내민 처마

㉣ 회첨처마 : ㄱ자, ㄷ자 등 꺾인 집에서 서로 다른 방향의 처마가 만나서 합쳐지는 부분

③ 처마내밀기의 개념

㉠ 주심선에서 연목 끝까지의 수평거리

㉡ 주심도리를 기준으로 한 수평거리

㉢ 건물 중심의 기준 서까래를 기준으로 처마내밀기를 정함

④ 처마내밀기의 평면 유형

㉠ 방구매기 : 귀처마를 휘어내밀지 않고 둥그스름하게 마감한 형태 / 초가지붕

㉡ 솟을매기 : 귀처마를 면처마보다 휘어내밀고 휘어올린 형태 / 기와지붕

㉢ 일자매기

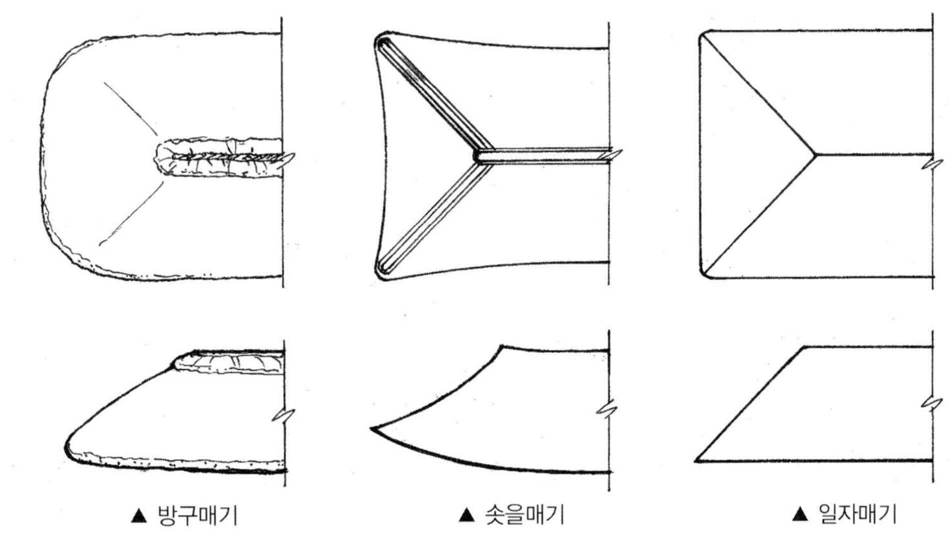

▲ 방구매기 ▲ 솟을매기 ▲ 일자매기

‖ 처마내밀기의 유형 ‖

⑤ 처마내밀기의 기준과 법식

㉠ 중국의 영조규범 : 연목의 직경에 비례하여 처마내밀기를 규정(영조법식)

㉡ 전통건축 : 연목의 직경 외에 다양한 요소들이 복합적으로 작용

㉢ 처마내밀기 : 민가 건축물 3~4자 / 권위 건축물 6~8자(포집)

㉣ 처마 끝과 초석 상면의 기둥 중심을 이은 선이 기둥 중심과 이루는 내각 30도 기준

㉤ 통상 28~33도 사이의 범위

02 | 처마내밀기에 영향을 미치는 요소

① 자연환경적 요소
- ㉠ 태양의 남중고도(일조량)
- ㉡ 산간, 해안지역의 자연환경(설하중, 풍하중)

② 건축구조적 요소
- ㉠ 벽체의 높이 : 기둥, 공포대의 높이
- ㉡ 장연의 물매와 뒷길이(중도리의 위치)
- ㉢ 연목의 직경
- ㉣ 외출목도리, 부연의 설치 유무
- ㉤ 기단 내밀기 : 기단면보다 5치~1자 정도를 더 내밈
- ㉥ 내부 평면계획 : 퇴칸 등 주칸 설정에 따른 내부 고주와 중도리의 위치

03 | 처마내밀기와 연목의 뒷길이

① 처마내밀기와 서까래 설치구조
- ㉠ 연목의 뒤들림이 없도록 적정한 처마내밀기
- ㉡ 연목의 내민길이보다 뒷길이를 길게 하여 구조적인 안정을 확보
- ㉢ 주심도리를 기준으로 연목 끝까지의 거리가 중도리까지의 거리보다 짧게 되도록 구성
- ㉣ 내목길이(주심도리~중도리) / 외목길이(주심도리~연단)
- ㉤ 내목길이를 외목길이보다 1.5배 내외로 길게 구성

② 출목이 있는 포집의 처마내밀기
- ㉠ [외목도리~중도리의 수평거리]가 [초매기~외목도리의 수평거리]의 2배 내외
- ㉡ 외출목도리를 기준으로 뒷길이는 내민길이의 2배 정도
- ㉢ 포집의 처마내밀기는 외출목도리의 위치가 기준이 됨

04 | 박공처마의 처마내밀기

① 기능 : 맞배집 측벽을 우수로부터 보호 / 의장성(시각적인 입면비례)

② 여말선초 맞배지붕 건물 : 측면에 도리빼목을 길게 내어 측면의 처마 공간을 넓게 형성

③ 조선 중후기 맞배지붕 건물 : 도리빼목이 짧아 측면의 처마공간이 좁아지며 풍판이 설치됨

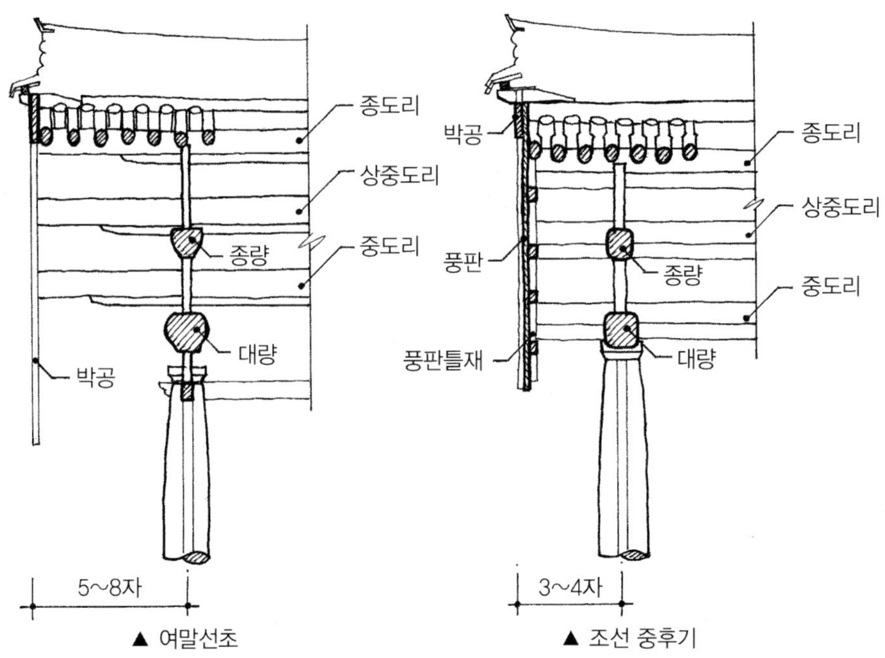

‖ 맞배지붕 측면 처마내밀기 ‖

05 | 팔작지붕 합각처마의 처짐 보강방법

① 도리뺄목, 대공에 대한 사항

㉠ 도리뺄목을 이음해서 사용하지 않음 / 지방목(누리개)을 안정적으로 설치

㉡ 합각부 대공 설치 시 솟음 설정 / 합각대공 설치 시 솟음 설정

② 합각연목, 집우사 설치에 대한 사항

㉠ 집우사, 합각연목의 적정 규격 확보

㉡ 합각연목, 집우사 하부에 받침목 설치

㉢ 전후면 집우사 고정(반턱이음, 꺾쇠 보강)

㉣ 집우사, 합각연목은 추녀 상부에 안정적으로 고정(그레질, 철물보강)

③ 풍판틀 구성에 대한 사항

㉠ 도리뺄목과 집우사에 풍판틀을 직접 고정 / 장부맞춤

㉡ 풍판틀 부재의 규격 확보 / 띠장, 선대를 치밀하게 구성

④ 목기연 설치에 대한 사항 : 목기연의 충분한 뒷길이 확보 / 받침목 및 누리개 설치

06 | 맞배집 박공처마의 처짐 보강방법

① 도리뺄목, 대공에 대한 사항

㉠ 처짐을 고려해 뺄목의 굵기 고려 / 자연스러운 곡재 사용 / 뺄목부를 이음해서 사용하지 않음

㉡ 검토사항 : 뺄목 하부에 가새, 받침목 설치 / 맞배집 도리뺄목 하부에 활주 설치

② 집우사 설치에 대한 사항 : 전후면 박공이 모두 연목 또는 집우사에 고정되도록 설치

③ 풍판틀 구성에 대한 사항

㉠ 풍판틀을 도리뺄목에 안정적으로 결구(장부맞춤)

㉡ 풍판틀 부재의 규격 확보 / 띠장, 달대를 치밀하게 구성

④ 목기연 설치에 대한 사항 : 목기연의 충분한 뒷길이 확보 / 받침목 및 누리개 설치

⑤ 지붕하중 경감에 대한 사항

㉠ 적심 사용을 늘리고 보토, 강회다짐의 두께를 줄임

㉡ 박공처마 측면부에 덧서까래 설치 검토

⑥ 구조보강 사례

㉠ 측면 처마도리 뺄목 하부에 활주, 또는 버팀목 설치

㉡ 도리뺄목 하부에 가새, 까치발 설치

07 | 배면의 처마내밀기와 물매

① 산지 경사지 건물에서 전배면의 의장성, 처마내밀기, 물매 등에 차이가 존재

② 부연 설치 여부, 공포양식 차이(겹처마와 홑처마, 출목수)

③ 전면과 배면 사이에 처마내밀기, 물매 등에 차이가 발생

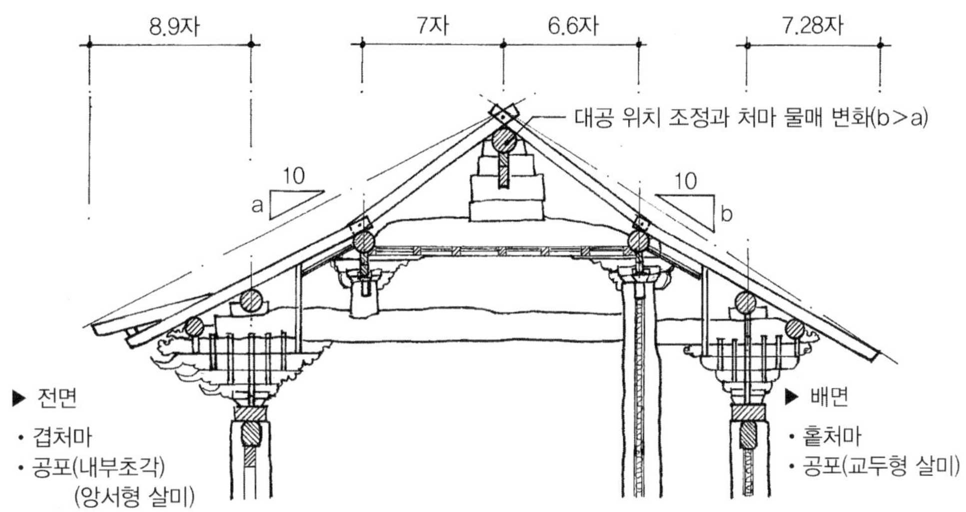

‖ 선운사 대웅전 전배면 비교 ‖

SECTION 03 서까래 치목

01 | 서까래 치목

① 탈피 및 옹이 제거(모탕, 깎낫, 훑이기)

② 마름질

㉠ 소요길이대로 자름

㉡ 여분 치수 고려, 원구를 기준으로 길이 측정

③ 원구와 말구, 등배 표시

㉠ 원구가 외부로 노출되도록 치목

㉡ 등이 아래로 가도록 치목

㉢ 내민보 구조의 장연은 하중에 의한 단부의 휨과 처짐을 고려

④ 몸통 중심먹, 마구리 심먹치기(다림추, 곡자)

⑤ 초벌 및 재벌깎기(도끼, 자귀, 대패)

⑥ 연목 나이매기기(연목 좌판 사용)

㉠ 연목 먹매김틀을 이용하여 서까래 곡 측정(선대에 3푼 단위로 눈금)

㉡ 외목, 내목 중심점 표시

㉢ 마구리 빗자름(1/10 물매)

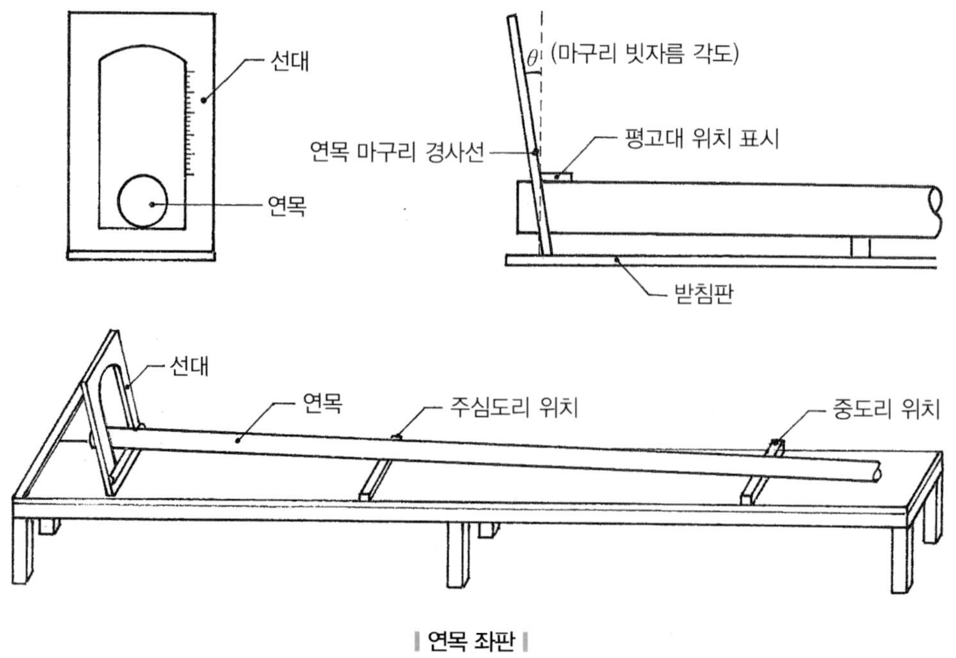

‖ 연목 좌판 ‖

⑦ 서까래 밑마구리 · 소매걷이

㉠ 밑마구리는 서까래선과 직각으로 절단하고 절단면의 하향각도는 밑면이 약간 안쪽으로 들어가게 치목

㉡ 후리기 기법 등을 사용하여 밑마구리를 소요의 지름으로 치목

㉢ 연목 마구리는 도리 위에서의 연목 직경과 5푼 정도 차이

㉣ 처마서까래의 굵기는 주심도리 위에서의 지름을 기준으로 치목

㉤ 단연은 원통형으로 깎고 마구리는 직각되게 자름

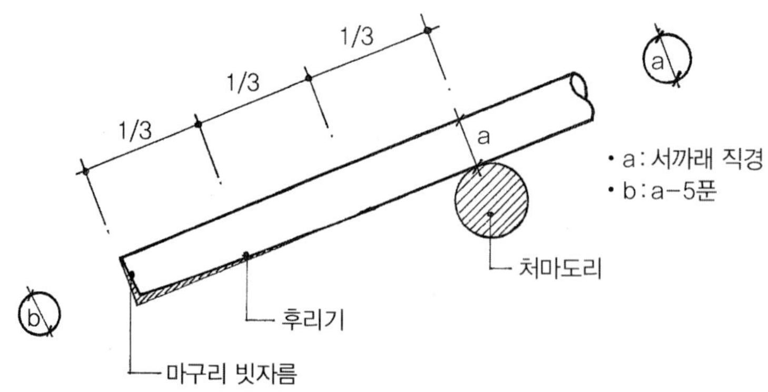

‖ 처마서까래 치목 ‖

⑧ 서까래끝마구리 옆면깎기 / 연침구멍뚫기 / 연침설치

㉠ 끝마구리는 서까래선과 직각으로 절단

㉡ 서까래지름이 서까래 간격보다 클 때에는 좌우 옆면을 균등하게 깎아서 설치

㉢ 연침구멍은 서까래의 굵기와 연침재료에 따라서 그 크기를 정함

㉣ 연침구멍은 연침설치 시 어긋나지 않도록 위치를 정하여 뚫음

㉤ 연침재는 대나무, 산죽, 싸리나무, 잡목 등을 사용. 필요시 쪼개어 사용 가능

㉥ 연침은 연침구멍에 밀착되게 끼워 움직이지 않도록 설치

㉦ 연침의 길이는 동일 방향의 서까래 3개 이상이 연결되도록 설치

02 | 보양 및 보관

① 직사광선을 피하여 통풍이 잘 되는 곳에 적재

② 습기를 고려하여 지면에 시트지 설치, 지면으로부터 1자 이상 이격

③ 연목 사이에 쫄대를 대어 적재(통풍 확보, 청태 발생 방지)

03 | 부연의 치목

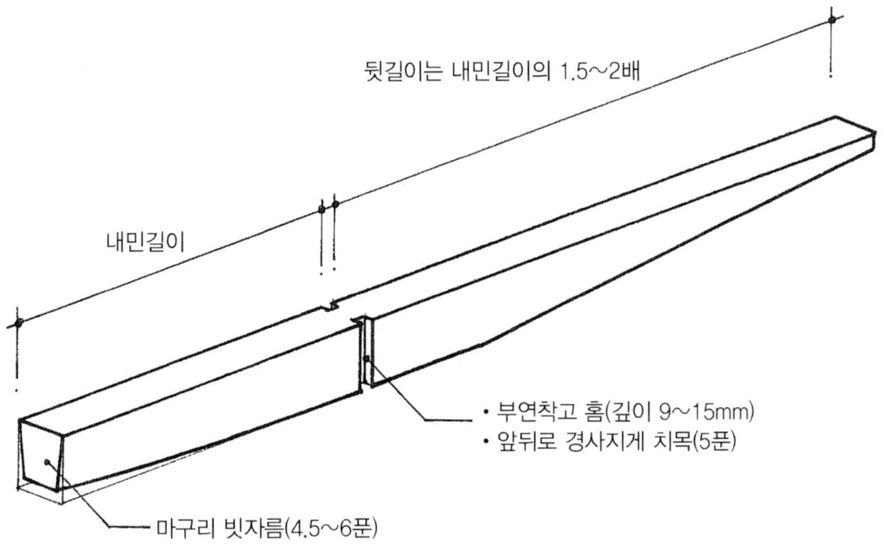

‖ 부연의 구조 ‖

① 부연 치목 : 부재를 빗잘라서 2개로 나눠쓰지 않고 원구가 바깥쪽이 되도록 치목

② 부연착고 홈 : 평고대에 놓여지는 부분에 부연착고를 끼울 널홈 치목

③ 뒤초리 : 처마서까래 설치 각도에 맞춰 밑면을 경사치목

④ 후림 : 내민길이의 1/2~1/3 정도를 마구리까지 밑면을 후림(5푼)

⑤ 양볼은 경사지게 깎음 / 부연마구리는 아랫부분을 13.5~18mm(4.5~6푼) 정도 들여 잘라서 경사지게 치목

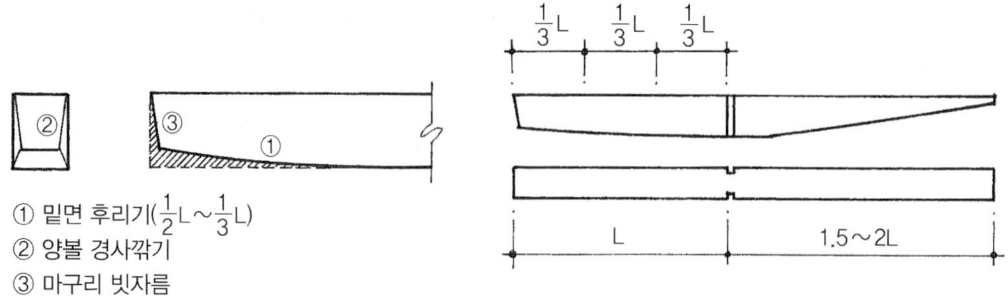

❙ 부연의 치목 ❙

SECTION 04 서까래 설치

01 | 평연 나누기

① 연목 배치간격

㉠ 서까래 직경 6치를 기준으로 1자 간격 배치

㉡ 서까래 직경 8치 이상인 경우 1.2자 간격 배치

② 서까래가 놓여질 위치 표시(중도리 상부, 평고대 하부)

02 | 기준서까래 설치, 서까래 가설치, 평고대 설치

① 계획된 처마내밀기를 적용

② 기준서까래(정면 중앙의 0번 서까래), 기준서까래 좌우로 4~5개의 서까래를 가설치

③ 평고대 설치

03 | 평연 설치

① 기준서까래 좌우로 평연 설치

② 도리 상면과 평고대 하부에 밀착 설치

③ 외목도리와 연목은 5푼 정도 이격을 두어 설치

④ 평고대 밖으로 1~2치를 내밈

⑤ 원구가 외부로, 등이 밑으로 오도록 설치

⑥ 선자연 막장 부근의 평연은 2, 3개를 비워두었다가 선자연 설치 후 조립

04 | 연목의 고정

① 도리에 연침 및 연정으로 고정

② 도리에 2~3치 정도 박힐 수 있도록 서까래 직경보다 2~3치 긴 못을 사용

③ 평고대에 못박아 고정

05 | 장단연 결구

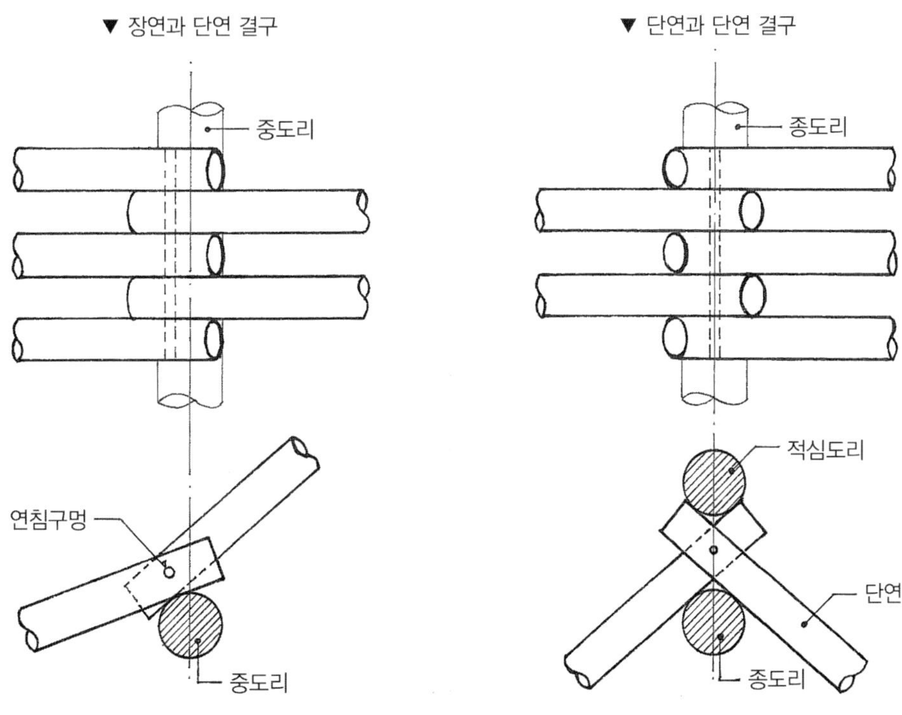

‖ 연침 설치 ‖

① 장연의 뒤뿌리는 도리의 외곽면 안쪽에 오도록 설치

② 굴도리의 경우 도리 외곽면보다 1치 이상 안쪽에 오도록 설치

③ 종도리 상부에서 전후면 단연의 결구

④ 기타(덧걸이 방식 결구)

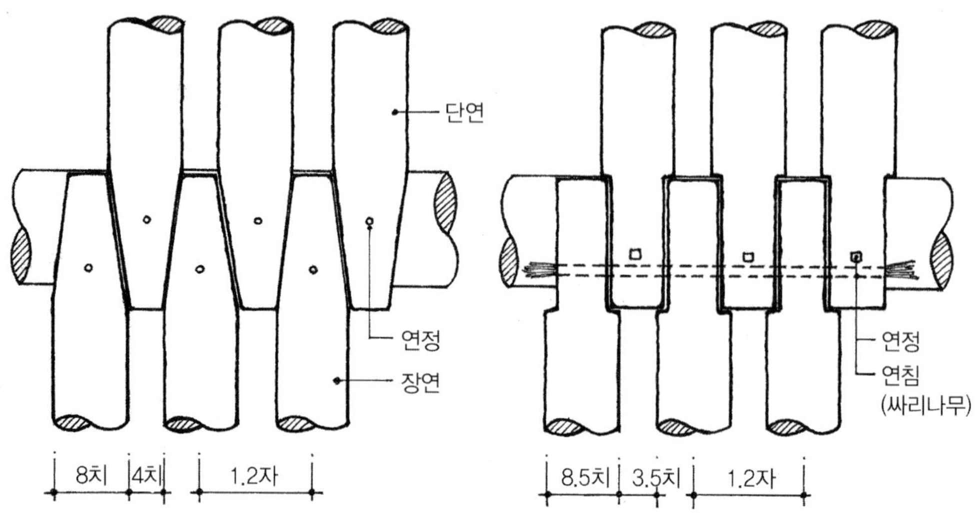

‖ 8치 이상 직경의 장단연 결구부 치목과 조립 ‖

06 | 산자엮기, 개판 설치

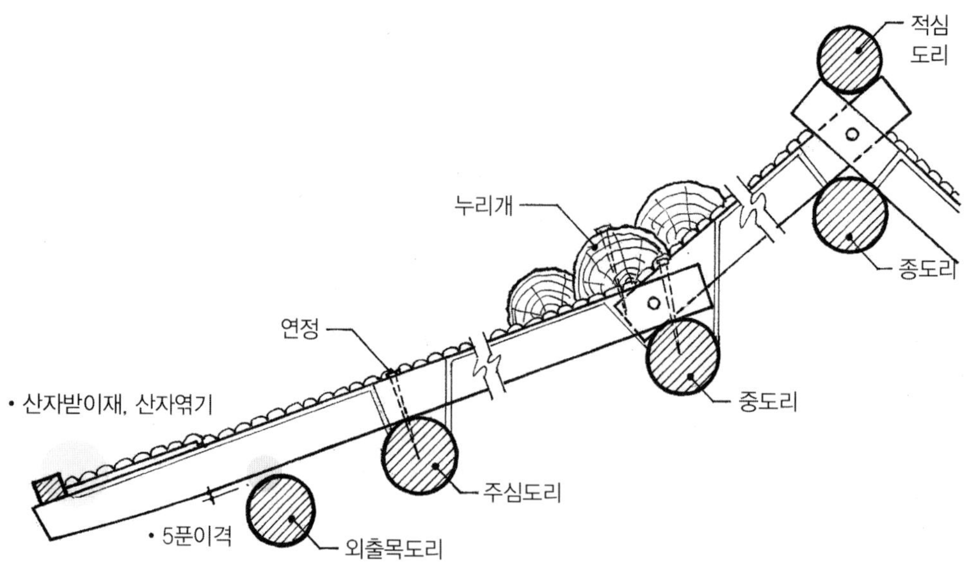

‖ 서까래 설치구조 ‖

07 | 누리개 설치

① 뒤누름 기능

② 장연, 부연, 선자연, 추녀의 뒤초리에 누리개 설치

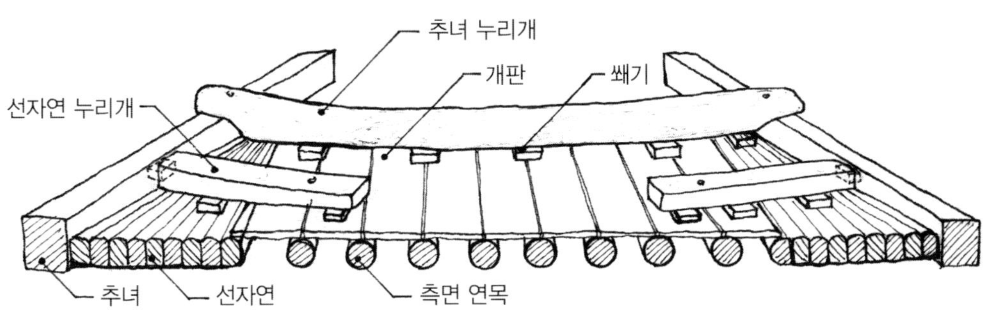

‖ 추녀, 선자연 누리개 설치 예시 ‖

SECTION 05 부연 설치

01 | 이매기 평고대 설치

① 초매기 평고대 : 초매기 평고대 상면은 부연 밑면의 설치각도에 맞게 빗깎음

② 이매기 평고대 : 직사각형 치목

02 | 평부연 설치

① 내밀기 : 내밀기는 연목 내민길이의 1/3 정도, 뒷길이는 내민길이의 1.5~2배

② 치목

㉠ 뺄목의 1/2~1/3 정도를 하면을 후리고 옆면은 경사지게 처리

㉡ 기울인 각도를 감안하여 부연착고 결구홈 치목

㉢ 마구리 빗자름(5푼 정도)

③ 기타 : 부연을 설치하기 전에, 부연이 설치되는 범위라도 미리 산자를 엮어놓음

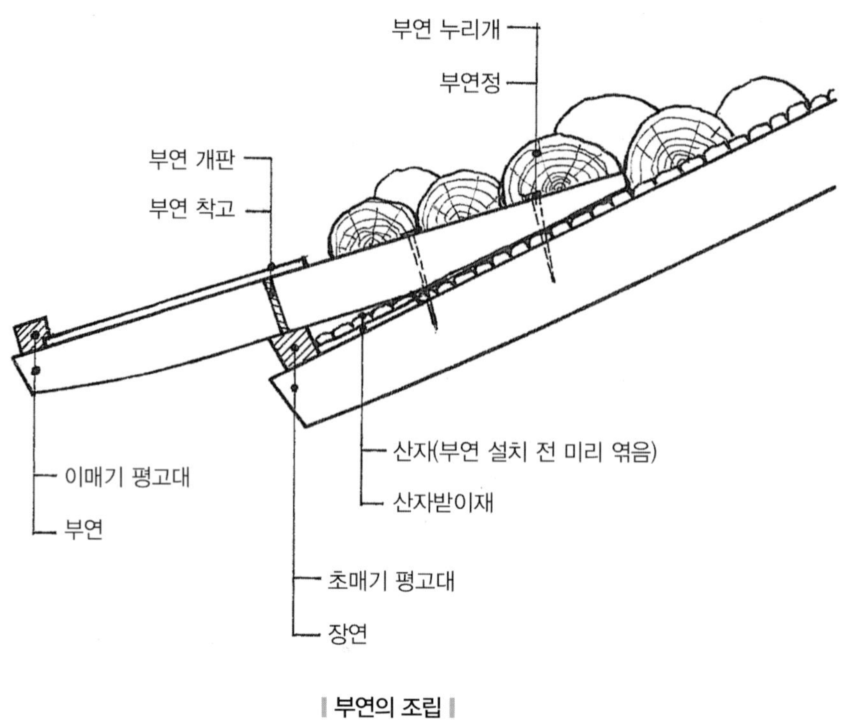

‖ 부연의 조립 ‖

03 | 선자부연 설치

① **규격** : 평부연보다 뒤가 길고 곡이 있는 부재 사용(처마 앙곡 고려)

② **결구** : 초장은 사래에 고정, 2장부터 평고대와 뒤초리에 못으로 고정

③ **중심선** : 부연 중심선과 선자연 중심선 일치(※ 새발부연 사용 시 설치 각도 조절)

④ **선자부연 배치 간격 조절** : 초장과 2장 사이의 과도한 벌어짐을 조절하는 기법

㉠ 초장과 2장 사이에 별도의 부연을 추가 설치(가지부연, 새발부연)

㉡ 선자부연 설치를 고려하여 선자연 설치간격을 미리 조정

⑤ 이매기 앙곡에 맞춰 각각의 부연 뒤초리가 선자연 개판에 밀착되도록 고정

⑥ 뒤초리는 충분한 길이를 확보하여 튼튼하게 치목 조립

⑦ 뒤초리에 받침목 등을 밀실하게 시공

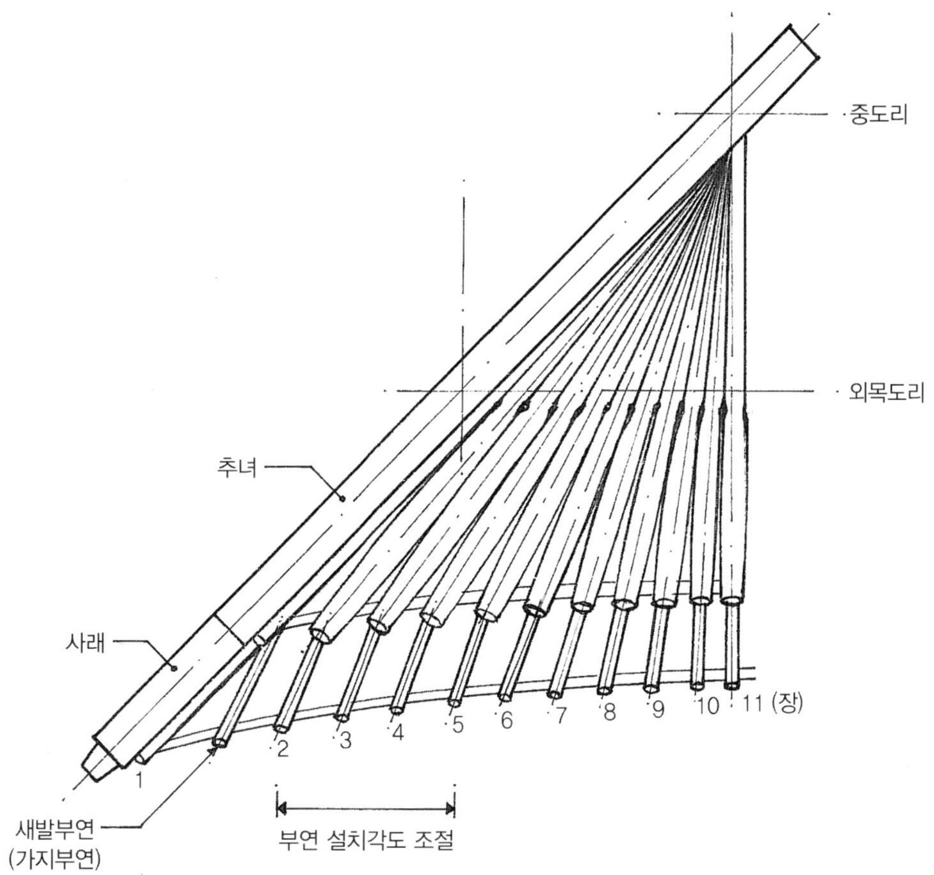

새발부연 설치구조

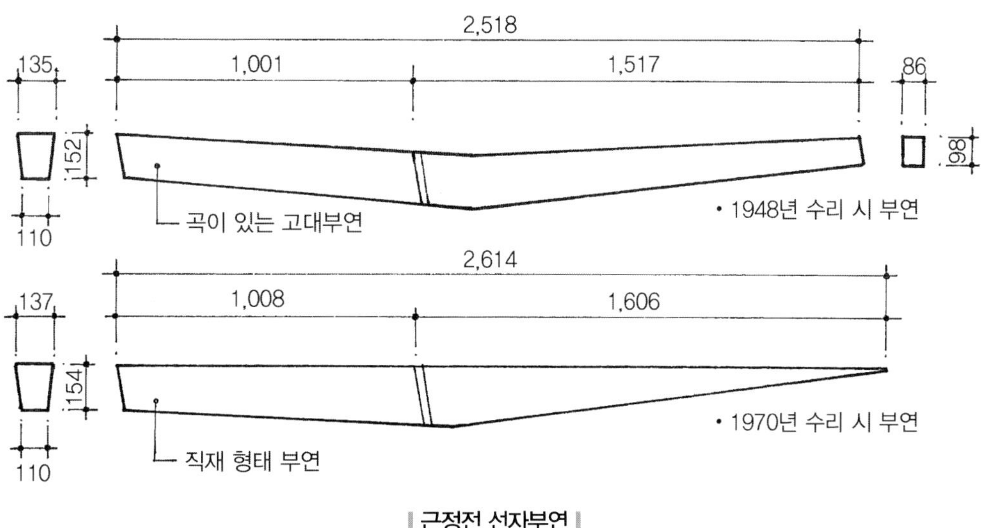

근정전 선자부연

04 | 부연 누리개 설치

부연 뒤초리에 누리개 설치

05 | 부연착고 설치

두께 6푼 정도의 널을 부연에 3~5푼 정도 물림

SECTION 06 목기연 설치

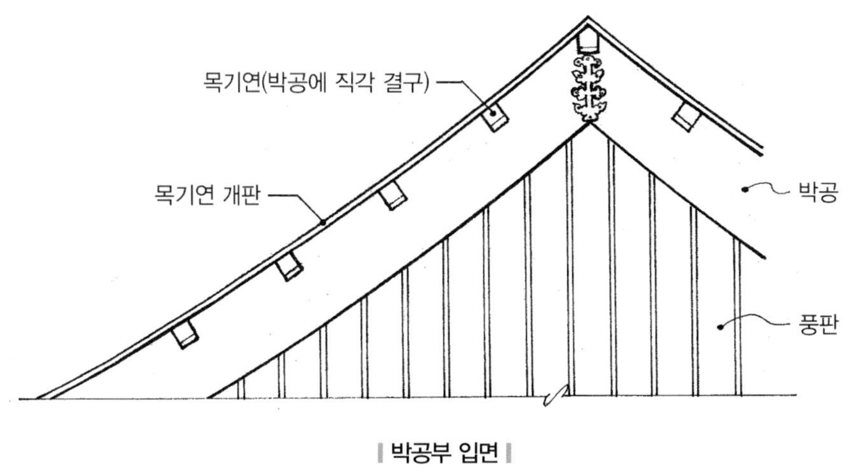

| 박공부 입면 |

01 | 목기연의 형태 및 규격

① 형태 : 부연과 동일하나 뒤초리가 부연을 엎어 놓은 형태

② 규격 : 부연과 같거나 작게 사용(부연에 비해 춤과 너비를 5푼 정도 줄임)

02 | 목기연 조립

① 박공에 직각으로 통맞춤, 반턱맞춤 또는 턱물림

② 박공에 직각으로 결구되도록 목기연 뒤초리 하부에 받침재 설치

③ 뒤초리는 연목, 집우사 등에 못박아 대고 누리개 설치

④ 상부에 목기연 개판을 놓고 연함 설치

⑤ 박공널에서 7치~1자 정도를 내밂

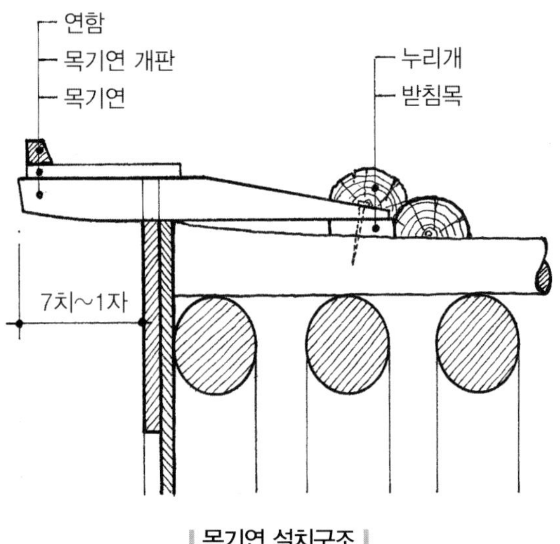

‖ 목기연 설치구조 ‖

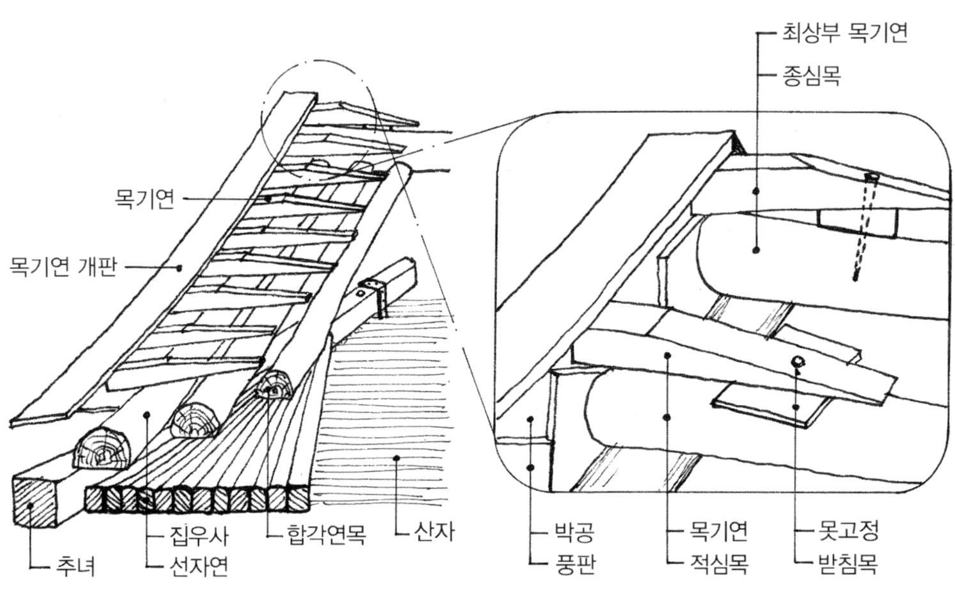

‖ 합각부 목기연 설치구조 ‖

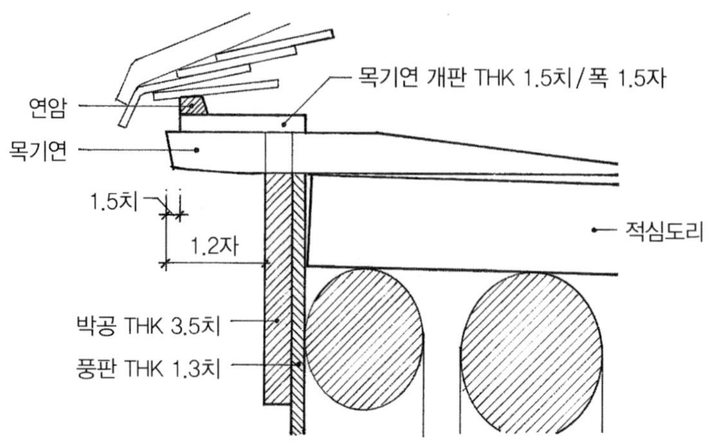

| 근정전 박공, 목기연 구조 |

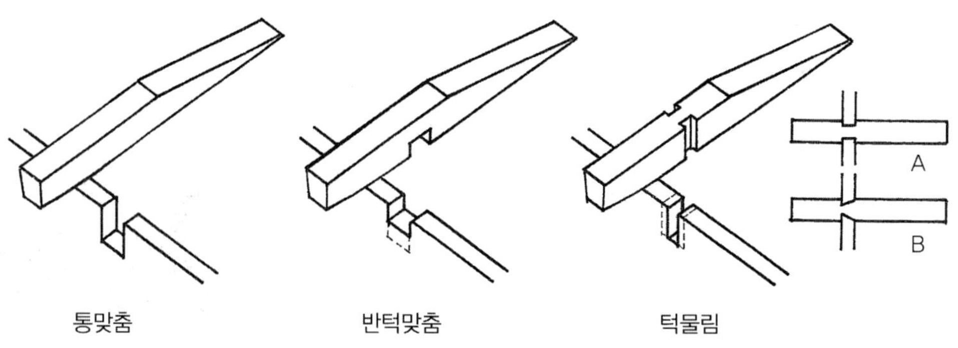

| 목기연과 박공널의 결구 유형 |

SECTION 07 회첨처마

01 | 회첨, 회첨처마

① 회첨 : 서로 다른 방향의 두 채의 건물이 ㄱ자 모양으로 만나면서 발생하는 부분

② 회첨처마 : 꺾인집에서 서로 다른 방향의 처마가 접속하여 형성되는 처마

③ 구성요소 : 회첨기둥, 회첨서까래, 골추녀, 고삽

02 | 회첨의 연목 배치

① 골추녀 회첨

㉠ 골추녀를 설치하고 골추녀에 서까래 배열(전라도 지역)

㉡ 나란히 서까래 방식으로 회첨추녀에 서까래 고정(서까래 마구리 빗자름)

㉢ 골추녀

- 일반 추녀와 달리 곡이 없는 직재를 사용하고 춤이 높지 않음
- 주심도리, 중도리에 반 정도 따서 물림(회첨서까래 윗면과 1~2치 차이)

② 맞연귀 회첨 : 양쪽 처마의 회첨서까래 끝을 45도로 잘라서 서로 맞닿게 거는 방식

③ 엇걸음 회첨 : 양쪽 처마의 회첨서까래를 직교시켜 서로 엇갈리게 교대로 거는 방식

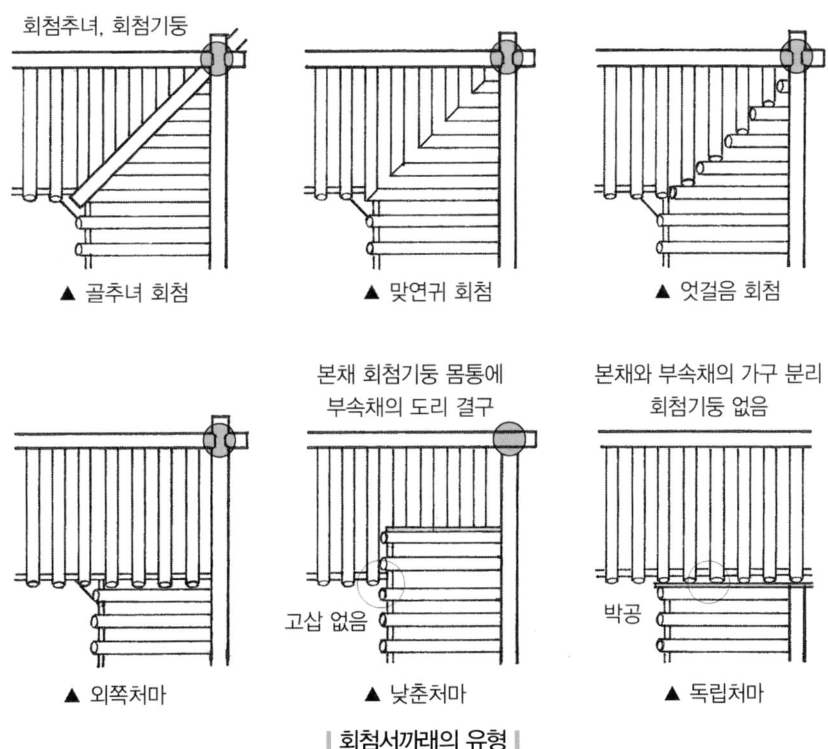

| 회첨서까래의 유형 |

④ 외쪽처마

㉠ 몸채 처마서까래를 날개채의 주심도리 바로 옆까지 거는 방식

㉡ 날개채의 처마서까래는 몸채 처마서까래를 내밀기한 위치에서 끊김(경기, 강원, 충청지역)

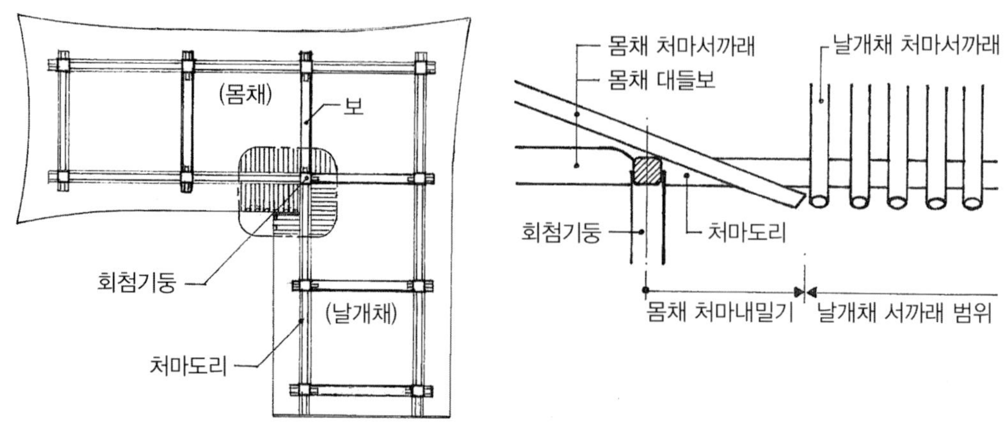

‖ 외쪽처마의 구조 ‖

⑤ 낮춘처마

㉠ 두 채의 처마높이를 달리하여 날개채 서까래가 몸채 서까래 밑으로 들어가는 구조

㉡ 몸채와 부속채의 기단, 기둥의 높이 차이

㉢ 처마높이의 차이가 발생 → 고삽 미설치

㉣ 처마높이 차이 정도에 따라 지붕골에서 회첨골의 길이가 달라짐(경상도 지역)

⑥ 독립처마

㉠ 몸채와 날개채의 지붕가구가 독립적으로 구성된 유형

㉡ 독립적인 개별건물이 ㄱ자로 단순 접속한 형태

㉢ 회첨기둥, 고삽 등 회첨부 구성요소가 없음

SECTION 08 연목의 훼손 유형과 원인

01 | 연목의 훼손 유형

① 부식, 파손, 전단

② 연목의 처짐과 밀림

③ 처마선 교란(앙곡, 안허리곡의 훼손)

02 | 연목의 훼손 원인

① 연목의 규격 부족 : 단면내력 부족에 의한 처짐과 파손, 부러짐

② 도리와 연목의 결구 문제

㉠ 연정의 길이 부족으로 도리와의 결속력 부족

㉡ 연목의 뒷길이 부족으로 도리와의 결속력 부족

③ 장단연 결구부의 문제

㉠ 연침, 연정의 결구 부실

㉡ 상부 적심의 이완과 누수

㉢ 장단연 결구부의 하중 과다

④ 추녀와 귀서까래의 결구 부실 : 귀서까래의 길이 부족 등으로 추녀에 고정되지 못한 경우

⑤ 부연의 뒷길이 부족 및 결구 부실

㉠ 부연의 뒷길이 부족에 의한 들림

㉡ 부연 뒤초리 받침목 부실, 뒤초리 고정 부실

㉢ 선자부연 자리에 뒷길이가 짧은 평부연 사용

⑥ 누리개 부실

㉠ 장연, 부연 뒤초리에 열악한 부재의 누리개를 사용, 누리개 미설치

㉡ 누리개와 개판, 산자 사이에 이격 → 결구 부실, 누리개 결속력 저하

⑦ 보, 도리, 추녀 결구부의 이완 및 파손

㉠ 보목 파손, 도리 이탈에 따른 연목의 들림과 슬라이딩 현상

㉡ 도리왕지부 파손, 추녀 들림과 밀림 현상에 따른 귀서까래의 변위

⑧ 하중전달구조의 문제

㉠ 외목도리에 하중이 집중되는 구조

㉡ 도리 간 규격 차이, 주심도리 생략에 따른 집중하중

㉢ 외목도리의 처짐에 따른 연목 처짐과 들림 현상

⑨ 지붕 과하중, 편심하중 문제 : 상부 하중에 의한 연목 처짐

⑩ 상부 누수와 결로 : 연목의 부식 및 파손

⑪ 건물의 전체적인 변위

㉠ 공포부, 기둥, 초석의 기울음과 처짐 등 건물 변위에 따른 처마부 변형

㉡ 보, 도리, 대공 등 지붕가구부재의 변위에 따른 처마부 변형

⑫ 주변환경 : 배면 석축 근접, 잡목 등에 의한 습기와 통풍저해

SECTION 09 연목의 보수

01 | 보수방안

① 부재 교체

㉠ 연목의 30% 이상 부식을 기준으로 교체 고려

㉡ 부식 정도와 별개로 도리 결구부 등 응력발생지점 부식 시 교체 고려

㉢ 장연과 단연, 단연과 단연의 결구부가 부식되어 재사용이 불가능한 경우

㉣ 뒷길이가 부족한 장연, 부연, 귀서까래의 교체(결속력 확보)

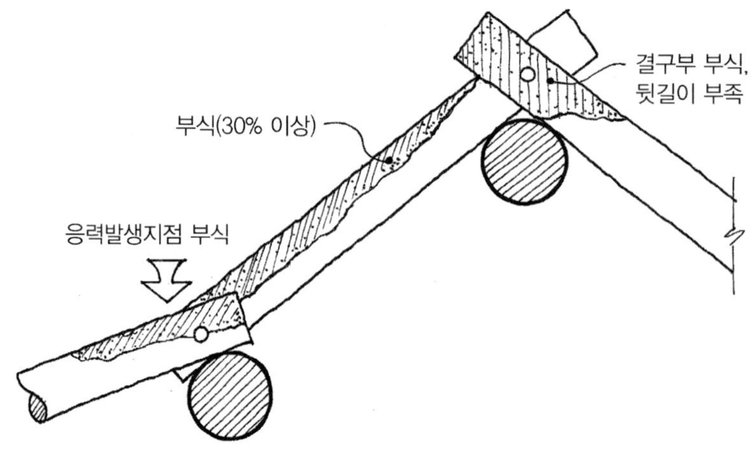

‖ 연목의 훼손과 교체 ‖

② **보존처리** : 부식부, 균열부, 탈락부에 대한 수지처리(덧댐목)

③ **결구보강** : 연정 및 연침 재설치(연정의 규격 확보)

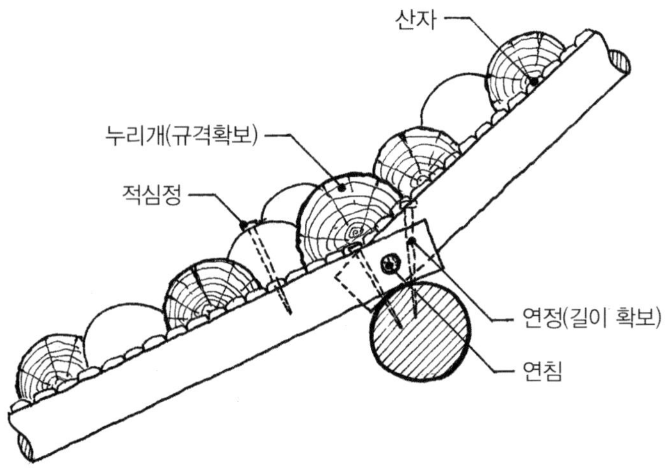

장단연 결구부 보강

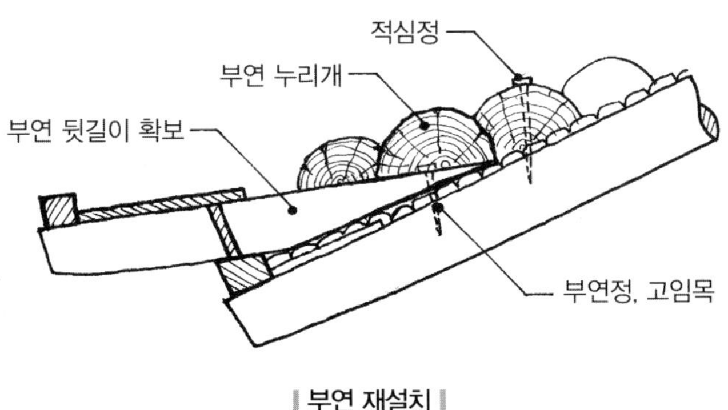

부연 재설치

④ 하중전달구조 개선

㉠ 외목에 하중이 집중되는 구조 개선

㉡ 주심도리 규격 확보

㉢ 주심도리 설치 검토

㉣ 주심 뜬장혀 추가 설치

㉤ 연목 설치 시 외목도리와 이격

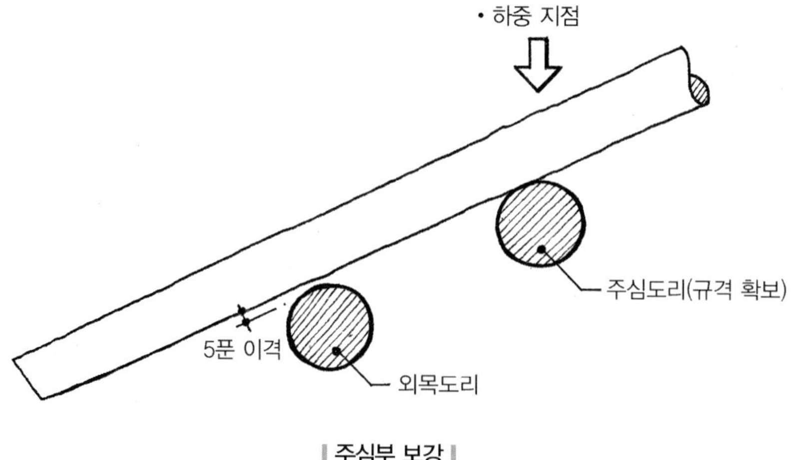

Ⅰ 주심부 보강 Ⅰ

⑤ 상하부 가구부 보수 : 보, 도리 결구부 보강 / 공포부 재설치 / 기둥 드잡이 등

⑥ 지붕하중 경감

⑦ 주변 환경 정비

02 | 보수 시 유의사항

① 하중이 주심에 실릴 수 있도록 조립 시 외목도리와 연목의 이격 확보(5푼~1치)

② 교체 및 재사용 부재는 모두 훈증 및 방충방부처리 후 사용

③ 부연 재설치 시 뒤뿌리가 밀착되도록 시공

④ 선자부연은 뒷길이를 충분히 확보하여 시공

⑤ 교체부재는 뒷길이를 충분히 확보하여 추녀, 도리 등에 안정적으로 설치

⑥ 연목 치목 후 조립 전까지 보관 유의

⑦ 충분히 건조된 목재 사용

⑧ 편심이 발생하지 않도록 지붕 사면에서 동시에 조립

⑨ 평고대는 사면을 동시에 설치한 후 물수평 확인

LESSON

02 선자연의 구조와 시공

SECTION 01 선자연의 구조

01 | 개요

① 개념 : 중도리왕지에서 추녀 양쪽에 부챗살 모양으로 건 서까래

② 규격 : 장연보다 1, 2치 정도 직경이 크고 긴 부재를 사용

③ 형태 : 곡이 있는 부재 사용(앙곡 형성)

④ 선자연 개수 : 민가 5~9장, 권위건물 13장 내외

02 | 선자연 각부 구조

① 초장 : 추녀 옆면에 붙는 반쪽 서까래(붙임혀)

② 막장 : 선자연 마지막 장. 평연과 나란하게 설치

③ 총장 : 선자연의 전체길이(내장+외장)

④ 내장 : 선자연 뒤초리~갈모산방에 접하는 선자연의 바깥 지점

⑤ 외장 : 선자연 마구리~갈모산방에 접하는 선자연의 바깥 지점

⑥ 비장 : 평고대선에서 선자연의 내민길이

⑦ 회사 : 평면상 선자연과 갈모산방이 만나는 좌우 지점 간의 거리(돌림)

⑧ 경사 : 입면상 갈모산방 위 선자연 좌우 지점의 높이 차이

⑨ 통 : 갈모산방에 걸리는 선자연의 폭(알통)

⑩ 곡 : 선자연의 들린 정도

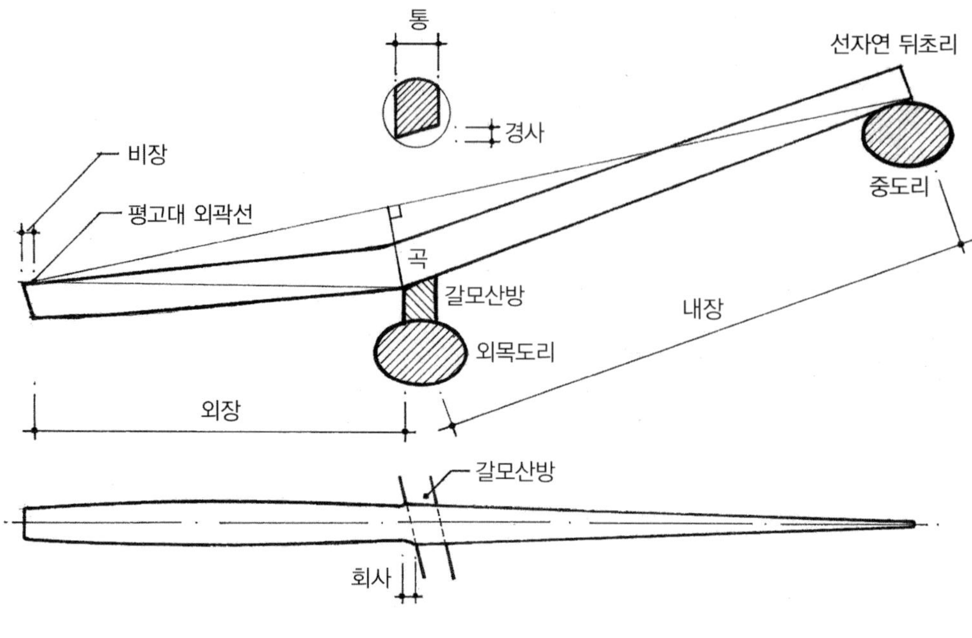

‖ 선자연의 각부 명칭 및 구조 ‖

03 | 갈모산방

① 개념

㉠ 앙곡에 따라 선자연을 설치하기 위해 도리 위에 놓는 삼각형 형태의 부재

㉡ 추녀 옆 도리 위에 놓여져 선자연의 앙곡을 형성하기 위해 사용되는 받침부재

② 규격 및 형태

㉠ 폭 : 4치

㉡ 춤

- 추녀 옆면에서 추녀곡, 선자연의 직경과 곡을 감안하여 정함. 반대쪽 춤은 1~2치
- 연목 직경보다 크고, 도리보다는 작게 설정(추녀곡의 1/2 정도)

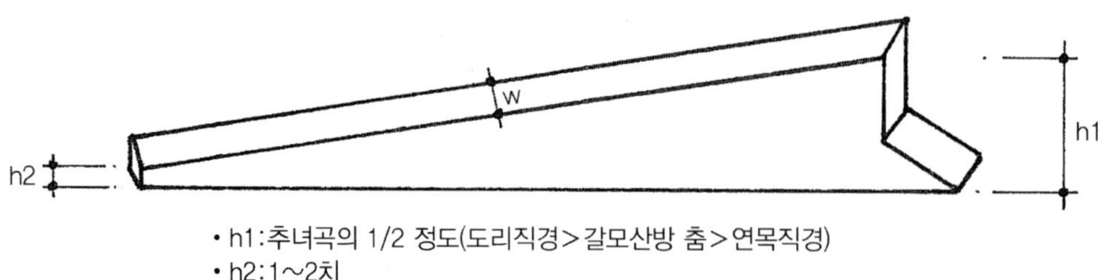

• h1 : 추녀곡의 1/2 정도(도리직경 > 갈모산방 춤 > 연목직경)
• h2 : 1~2치
• w : 폭 4치(수장폭 기준)

‖ 갈모산방의 형태 및 규격 예시 ‖

③ 결구

㉠ 추녀 옆면에 맞대고 하부는 추녀 하부에 그렝이로 밀착

㉡ 굴도리 상면에 그렝이 밀착하고 연정 고정

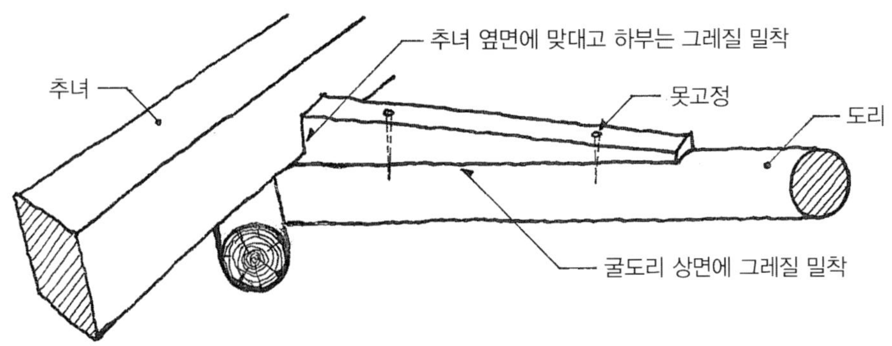

갈모산방 설치구조

SECTION 02 선자연의 작도

01 | 선자연 작도법

① 경사선 등분법

㉠ 추녀 끝점에서 안허리곡을 고려한 평고대선 작도

㉡ 선자연 뒤초리 중심점에서 평고대선으로 선자연 중심선을 등간격으로 배열하여 작도

㉢ 평고대선 위에서 선자연 중심선을 등간격 배열

② 선자연 중심선 등간격 배열방법

㉠ 사례 1 : 선자연 중심선에서 전장의 중심선에 내린 수선의 길이가 동일하도록 배열

㉡ 사례 2 : 평고대선상에서 선자연 중심선 간의 등간격 배열

02 | 견승뜨기

① 견승뜨기 : 실재 치수의 1/10 정도로 줄여서 작도

② 주심도리, 중도리의 중심선 표시

③ 추녀의 단면폭 표시

④ 선자연 초점 표시 : 중도리 중심선과 만나는 추녀의 옆면에 선자연 초점 설정

⑤ 갈모산방 폭 표시

⑥ 평고대 선 표시(안허리곡을 감안한 호 형태)

⑦ 선자연 중심선 표시

㉠ 선자연의 개수를 정하고 등간격으로 선자연 중심선 표시

㉡ 적당한 배열이 이루어지도록 반복해서 수정 작도

⑧ 선자연의 내장, 외장 표현

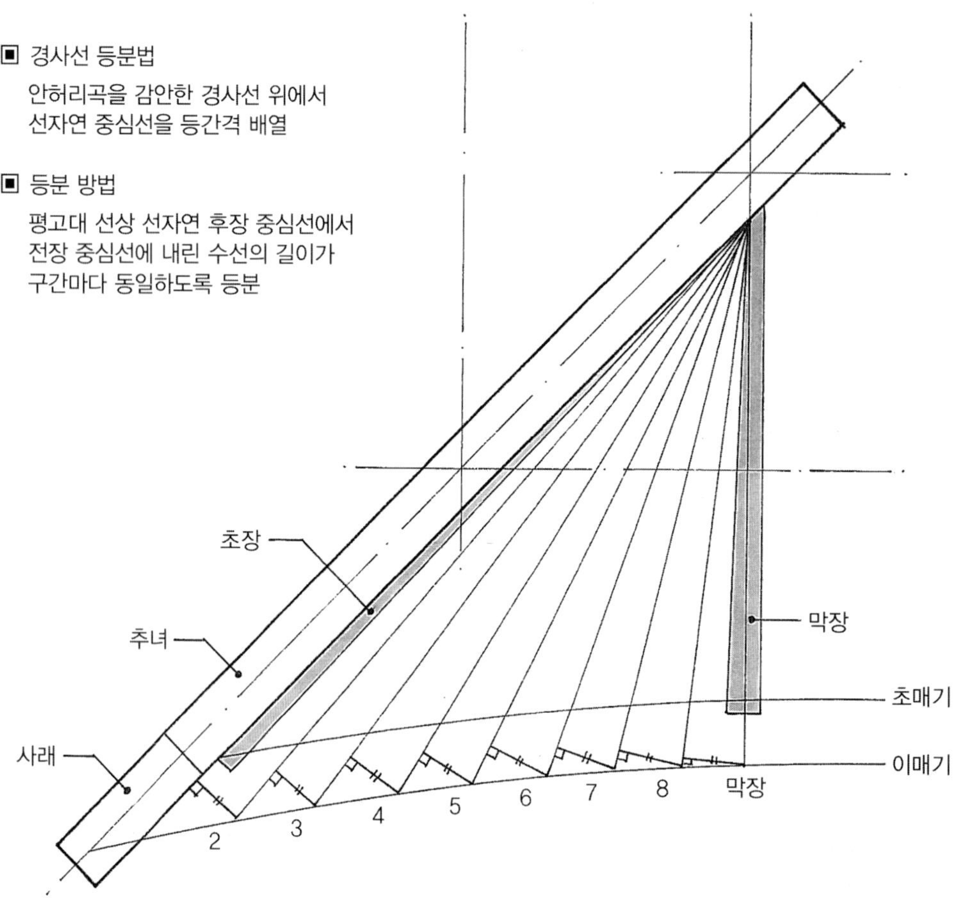

‖ 선자연 작도법 ‖

03 | 선자연 간격 조절

① 선자연 설치간격 조절

㉠ 선자연의 설치각도에 의해 단부가 벌어짐을 고려해 평연 간격보다 넓지 않게 작도

㉡ 선자부연 초장과 2장 사이의 간격이 과도하게 벌어지는 것에 대한 조절 필요

② 새발부연을 설치하는 경우

㉠ 선자부연 초장과 2장 사이에 새발부연 설치

㉡ 2~5장까지는 선자연 중심선과 선자부연 중심선이 각도를 달리함

③ 새발부연을 설치하지 않는 경우

㉠ 선자연 간격을 평연보다 좁게 하고, 초장~2장 사이를 좁혀서 작도

㉡ 선자연 위에 놓여지는 선자부연이 너무 벌어지지 않도록 조정

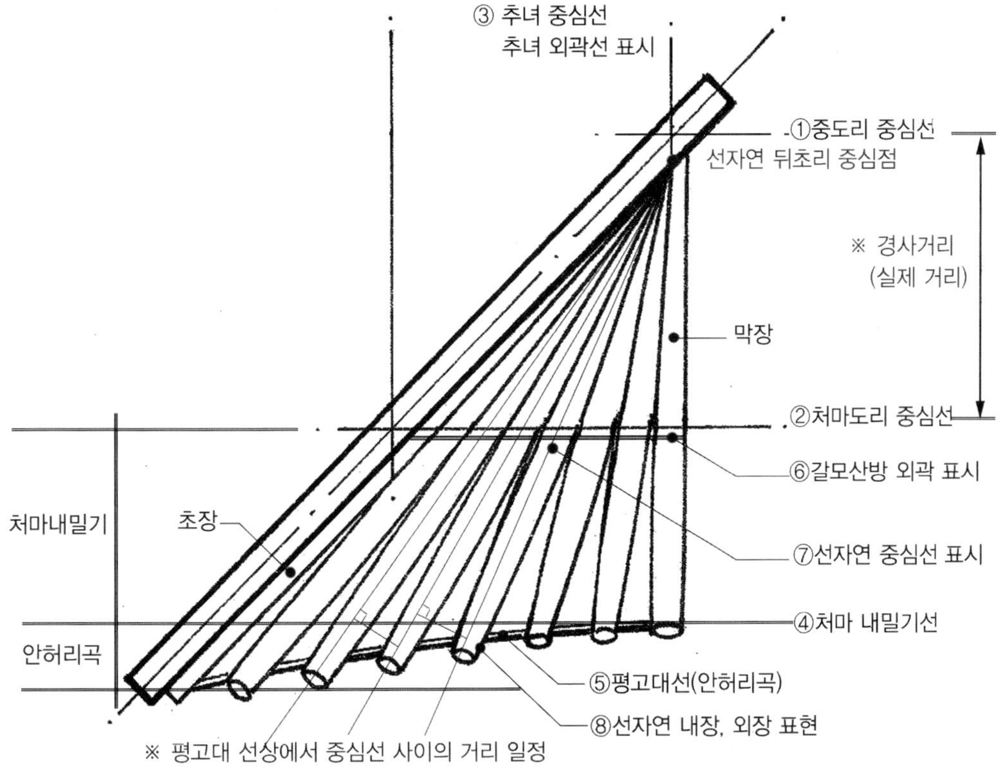

‖ 선자연 작도 예시 ‖

04 | 치목표 작성

선자연 치목표 작성 : 양판 등에 선자연 별로 총장, 내장, 외장, 통, 회사, 경사 등을 기재

SECTION 03 선자연의 치목

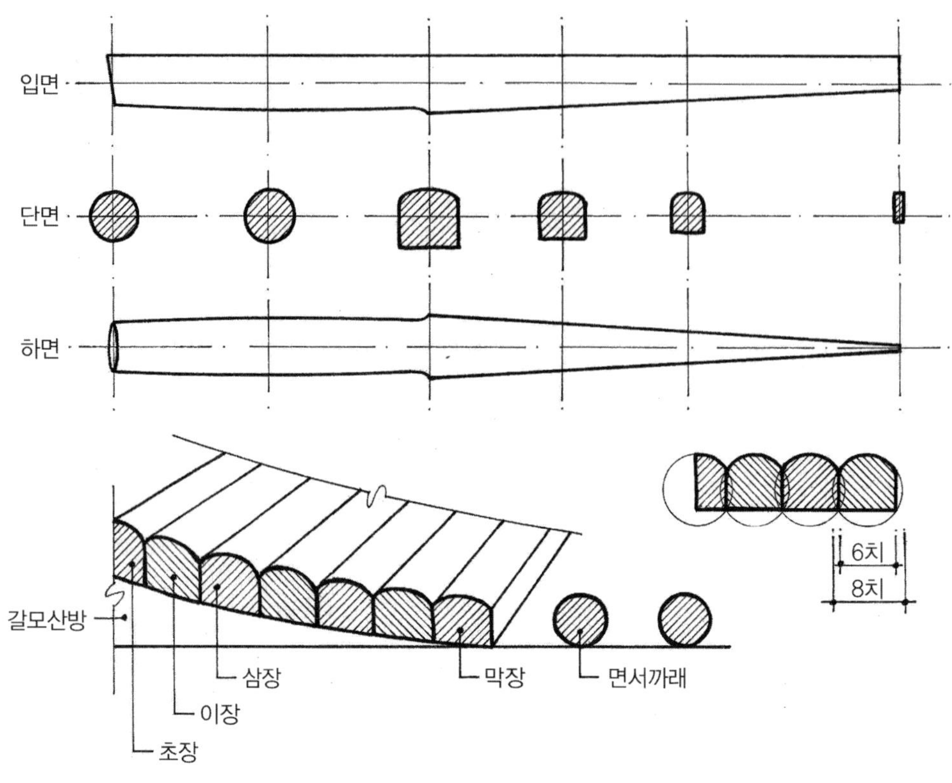

| 선자연 치목 ① |

① 마름질 및 탈피(목재의 등이 아래로 가게 치목)

② 나이 매기기(부재의 곡과 길이 고려)

③ 먹매김

㉠ 몸통 중심먹 / 마구리 심먹 / 내외장 길이에 따른 위치 / 통의 위치와 크기 표시

㉡ 알통부분에 갈모산방에 놓일 자리를 표시

㉢ 내장은 삼각형 형태로 먹매김

④ 초장 : 통나무 단면을 1/2 또는 3/5~2/3 정도로 잘라서 치목

⑤ 양볼따내기

㉠ 계획된 통에 여유를 두고 부재 중심먹에 평행하게 먹긋기

㉡ 내장과 외장의 형태를 고려하여 옆면을 따냄

㉢ 뒤초리는 2~3푼 정도의 두께를 남기고 옆면을 삼각형 모양으로 평활하게 깎아냄

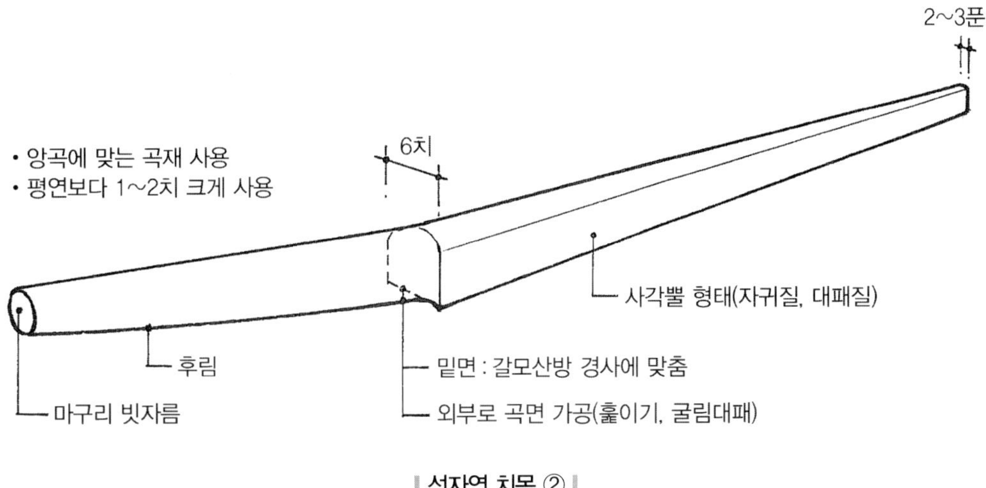

‖ 선자연 치목 ② ‖

⑥ 내장 · 외장 치목

㉠ 상하부 먹을 놓고 부재의 상하부 치목(외장의 후림 고려)

㉡ 내장의 아랫면은 평평하게 치목 / 사각뿔 형태로 치목

㉢ 외장은 원통형으로 치목

⑦ 회사 · 경사 치목

계획된 치목표에 따라 먹매김 후 치목(통, 경사, 회사 치목)

⑧ 갈모산방과 맞닿는 선자연의 외부면 치목

사각에서 원형으로 단면이 변화하므로 훑이기, 굴림대패 등을 사용하여 곡선 형태로 치목

⑨ 소매걷이, 마구리 빗자름, 마감 대패질

⑩ 부재 중심먹 놓기(조립 고려)

⑪ 선자연 치목 시 주요사항

㉠ 선자서까래는 앙곡에 맞는 곡재를 사용

㉡ 선자서까래는 후리기 기법 등을 사용하여 밑마구리를 치목

㉢ 선자서까래의 중심간격은 평고대 위에서 일정하게 되도록 치목

㉣ 선자서까래의 뒤뿌리는 양옆과 아래면을 깎되 끝마구리의 너비는 6~9mm

㉤ 선자서까래는 한 조로 같이 치목하며, 뒤뿌리는 옆면을 서로 맞닿게 하고, 밑면은 갈모산방에 맞춤

㉥ 선자서까래의 단면은 갈모산방을 기준으로 처마 쪽은 원형으로 뒤뿌리는 방형으로 치목

㉦ 초장은 추녀에 밀착되도록 옆면을 평활하게 치목

㉧ 밑마구리는 평서까래와 같이 직각으로 절단하고, 절단면의 하향각도는 밑면이 약간 안쪽으로 들어가게 치목

SECTION 04 선자연 설치

01 | 선자연 설치

① 갈모산방 설치

㉠ 도리 상면에 그렝이로 밀착하고 못, 촉 등으로 보강

㉡ 추녀 하부에 그렝이 밀착

② 중도리 왕지부 가공

선자연 뒤초리가 놓여지는 중도리 왕지부를 선자연 설치각도를 따라 경사 치목

③ 초장 설치

㉠ 추녀 옆면에 고정

㉡ 선자연 단면의 1/2~2/3 정도로 잘라내어 밀착

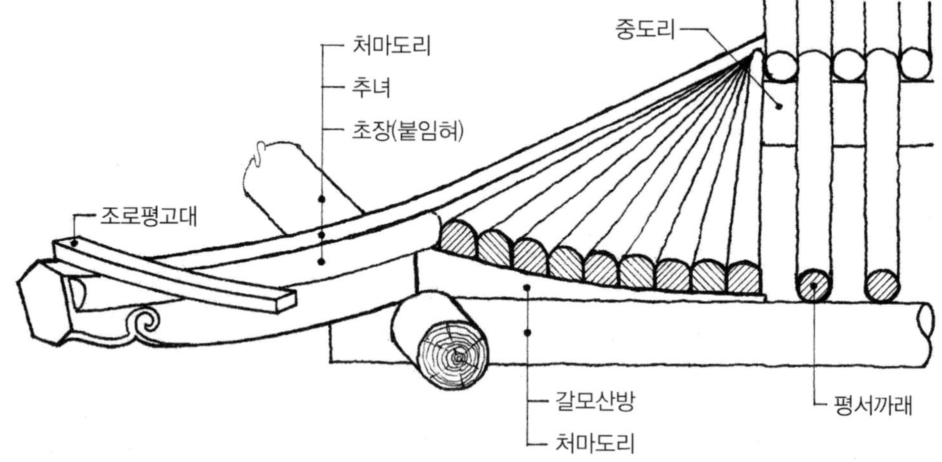

‖ 추녀와 선자연 설치구조 ‖

④ 2장~막장 설치

㉠ 2장부터 순차적으로 전장에 밀착하여 고정

㉡ 전장과 하부 갈모산방에 못으로 고정

㉢ 뒤뿌리쪽은 전장과 함께 추녀 옆면에 못박아 댐

㉣ 못은 선자연 몸통 길이 3~4자 간격으로 3개 이상 박음

㉤ 연귀자로 전장과 갈모산방이 이루는 각도를 재서 후장을 치목, 조립

㉥ 막장은 평연 형태의 부재를 중도리 왕지부에 안정적으로 고정하여 설치

⑤ 갈모산방 외부로 곡면 치목(단청, 앙토 등을 고려)

⑥ 선자연 내목부 치목 : 설치각도를 따라 노출면을 평평하게 치목, 조립

⑦ 선자연 내밀기 : 초장은 평고대에서 1치 정도 내밀고, 2장부터는 평연구간과 동일하게 1~2치 내밈

⑧ 선자연 누리개 설치

02 | 설치 시 유의사항

① 통의 단면 확보 : 조립 시 선자연을 2차 치목하는 과정에서 통 부분의 단면규격이 부족해지지 않도록 함

② 전장과 후장의 밀착 설치 : 선자연이 눕지 않도록 유의하면서 조립

③ 연정 고정 : 전장과 후장을 연결하는 연정은 연정을 박는 위치를 바꿔 가면서 조립

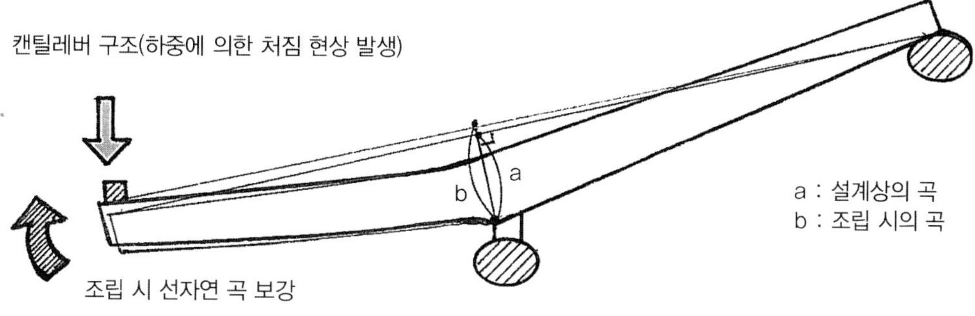

‖ 선자연의 조립 ‖

LESSON 03

앙곡과 안허리곡

SECTION 01 지붕곡과 처마곡

01 | 지붕과 지붕곡

① 지붕곡 : 앙곡, 안허리곡에 기초한 지붕면의 3차원적인 곡

② 지붕곡의 기능

㉠ 전통목조건축에서 지붕은 전체 입면에서 차지하는 비중이 큼(기단을 제외한 입면의 1/2)

㉡ 기와의 색 등이 함께 작용하여 전체적으로 무겁고 처져 보일 수 있는 구조

㉢ 지붕곡을 통해 지붕면을 가볍고 날렵하게 구성

③ 지붕곡의 형성

앙곡, 안허리곡, 처마내밀기, 지붕의 물매 등이 어우러져 종합적으로 지붕곡을 형성

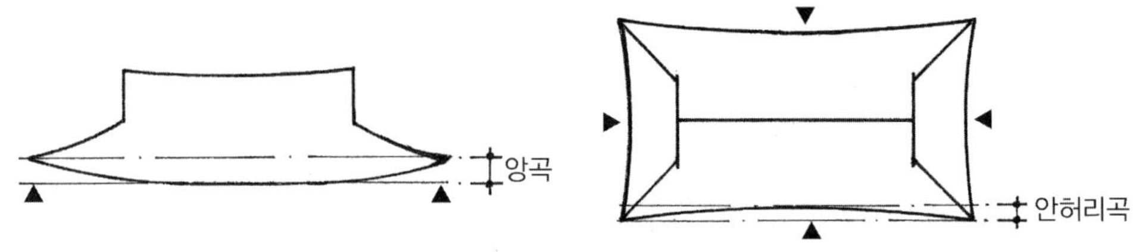

앙곡과 안허리곡

④ 앙곡

㉠ 추녀와 사래의 곡에 따라 결정

㉡ 사래의 윗면이 수평으로 되는 위치까지로 설정(처마허리)

⑤ 안허리곡

㉠ 추녀와 사래의 내밀기에 따라 결정

㉡ 면처마 내밀기의 1/4 정도를 더 내밂(처마안허리)

02 | 앙곡, 안허리곡의 기능

① 입면상 무겁고 처져 보일 수 있는 지붕을 경쾌하고 날렵하게 만듦

② 처마의 내밀기와 높이의 변화로 적정 일조량 확보

③ 앙곡에 따른 곡부재의 사용으로 처마의 처짐에 대응

03 | 앙곡, 안허리곡 설정의 기준점

① 기준서까래의 수평위치, 수직위치

② 추녀의 곡과 내밀기

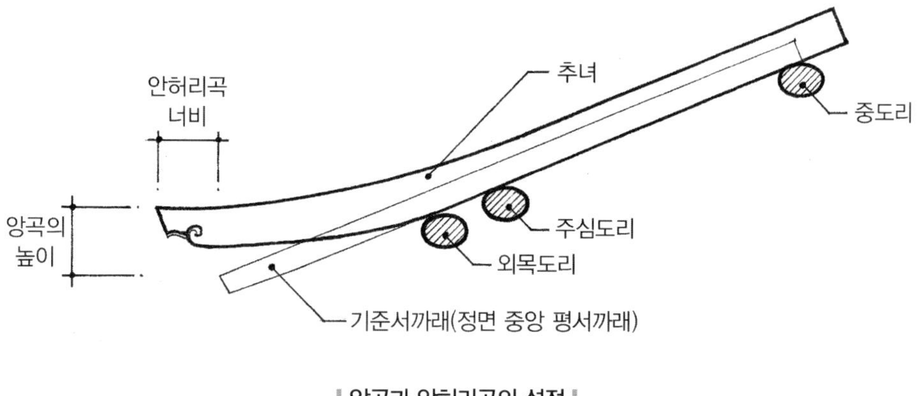

‖ 앙곡과 안허리곡의 설정 ‖

SECTION 02 앙곡

01 | 개념

입면상 귀처마가 면처마보다 휘어오른 것

02 | 앙곡의 설정

① 앙곡의 설정 : 추녀곡에 의해 결정됨

② 앙곡 설정의 사례

㉠ 주심도리~중도리 사이의 수평거리 1자당 2.5치 적용(주칸 12자, 장연 5치 물매 기준)

예 주심도리~중도리 사이의 수평거리가 8자인 경우 → 8자×2.5치=2자(추녀곡, 앙곡)

ⓒ 평면의 크기에 따라 20평 이내는 1.2~1.4자, 30~50평 이내는 1.4~1.6자, 궁궐 주요 건물은 2자 이상

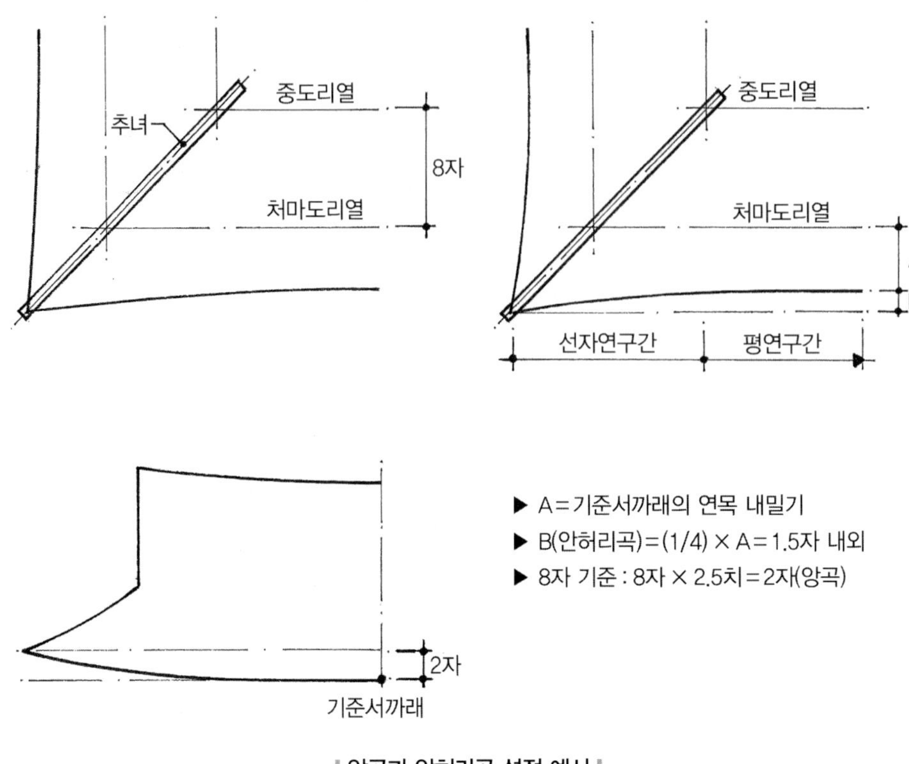

‖ 앙곡과 안허리곡 설정 예시 ‖

③ 앙곡에 따른 처마부 시공

㉠ 자연스런 휨이 있는 부재를 사용하여 연목 배열

㉡ 연목 치목 시 연목좌판을 이용하여 부재별 곡을 조사하고 앙곡에 따른 설치 위치 결정

㉢ 조립 시 연목 상하면의 가공, 도리 자리 가공 등을 통해 평고대와 도리에 밀착하여 연목 설치

SECTION 03 안허리곡

01 | 개념

평면상 귀처마가 면처마보다 휘어내민 것

02 | 안허리곡의 설정

① 안허리곡의 설정 : 연목내밀기와 추녀의 빼목길이에 의해 결정됨

② 안허리곡 설정의 사례

㉠ 연목 내민길이에 연목내밀기×1/4 정도를 더 내밈(1.5자 내외)

㉡ 평연구간에서는 안허리곡을 두지 않거나 2치 정도 설정

③ 안허리곡에 따른 처마부 시공

평연구간 중심의 기준서까래와 추녀 끝을 기준점으로 평고대를 따라 연목 설치

SECTION 04 앙곡, 안허리곡의 결정요소

01 | 추녀곡과 내밀기

추녀곡과 추녀 내민길이에 의해 앙곡과 안허리곡이 각각 정해짐

02 | 평면의 규모, 전체 주칸길이

① 전체 평면의 규모에 비례

② 측면의 주칸길이를 고려하여 곡 설정(전측면의 조화)

03 | 건물의 양식 및 입지조건

① 건물의 성격에 따른 차이(음택과 양택, 살림집과 제례건물)

② 배경이 되는 주산의 형태, 구릉지와 평지 등 입지조건

③ 마당의 형태, 진입동선과 시야각

SECTION 05 맞배집의 앙곡과 안허리곡

01 | 맞배집의 앙곡, 안허리곡 설정

맞배집에도 미세하게 앙곡, 안허리곡을 형성

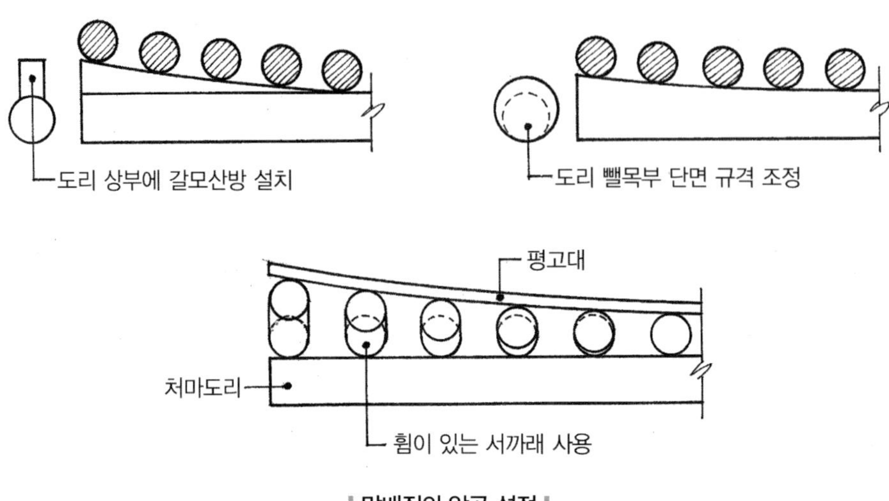

❙ 맞배집의 앙곡 설정 ❙

02 | 맞배집의 앙곡, 안허리곡에 따른 처마부 시공

① 도리 상부에 갈모산방 설치

② 도리 뺄목부의 단면 규격 조정

③ 도리 뺄목부에 휨이 있는 부재 사용

④ 평고대 설치 시 안허리곡 고려

SECTION 06 앙곡, 안허리곡에 대한 조사

01 | 보수지침

수리 전 건물의 앙곡 안허리곡 등을 조사하여 기록하고 조립 시 원형대로 재시공

02 | 앙곡 조사

① 설정된 기준점에 기초하여 수직 · 수평기준선을 설정하고 연목의 레벨을 측정

② 장연과 부연 각각의 레벨을 측정

03 | 안허리곡 조사

설정된 기준점에 기초하여 수직 · 수평기준선을 설정하고 연목의 내민 정도를 측정

04 | 조사 시 유의사항

① 처마열이 흐트러진 경우, 변위 정도를 고려하여 원형의 곡을 조사

② 추녀, 연목의 처짐과 밀림 등 변위를 고려

③ 공포부, 지붕가구부 등의 변위에 대한 조사내용을 고려

④ 현재 상태만으로 곡의 설정 유무와 정도를 판단하지 말고, 전체적인 건물 변위에 따른 처마곡의 변형을 검토하여 원형의 곡을 조사

LESSON 04 추녀의 구조와 시공

SECTION 01 추녀의 개요

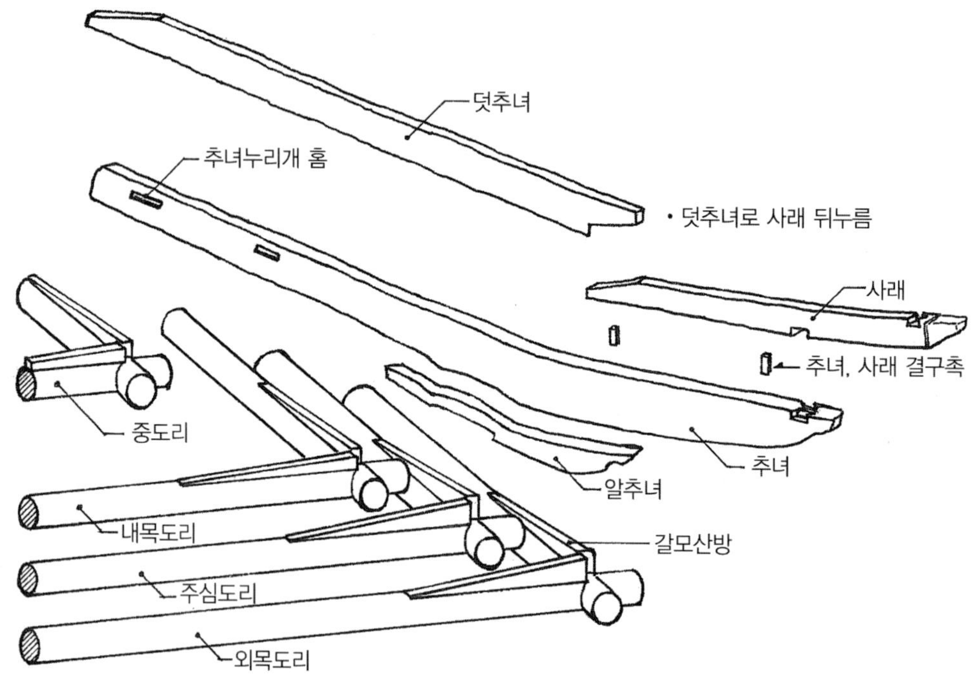

추녀 설치구조

01 | 추녀의 개념

① 지붕모서리에서 45도 방향으로 걸린 방형 단면 부재

② 팔작, 우진각, 모임지붕 등과 같이 측면에도 지붕이 형성되는 건물에서 두 방향의 처마가 만나는 귀처마에 경사지게 설치

02 | 추녀의 기능

① 지붕부의 하중을 공포부 및 벽체가구부로 전달

② 귀처마의 하중 지지

③ 귀서까래를 고정하고 귀처마 형성

④ 처마의 앙곡과 안허리곡을 형성하는 토대

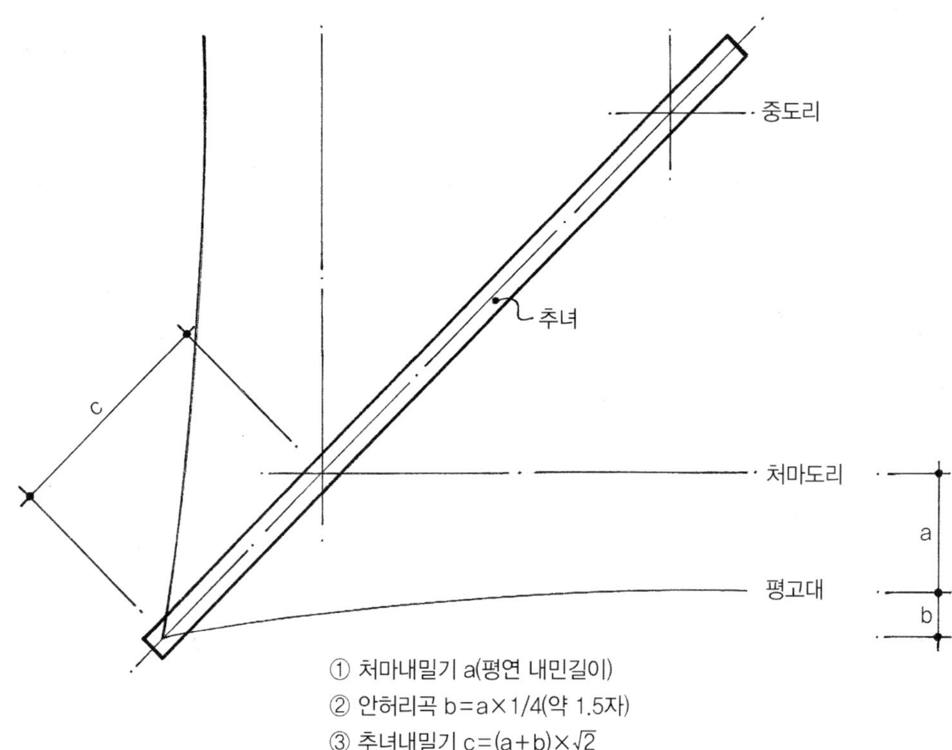

① 처마내밀기 a(평연 내민길이)

② 안허리곡 b=a×1/4(약 1.5자)

③ 추녀내밀기 c=(a+b)×$\sqrt{2}$

‖ 추녀내밀기와 안허리곡 ‖

03 | 귀처마와 추녀의 구조적 특징

① 추녀의 내밀기와 물매 : 면처마보다 길이는 $\sqrt{2}$ 배 길어지고 물매는 뜨게 됨

② 하중부담 : 귀처마는 추녀 내목부의 지붕면보다 3배의 지붕면적을 형성

③ 내민보 구조 : 안허리곡에 따른 추녀내밀기 → 추녀의 처짐과 뒤들림 현상

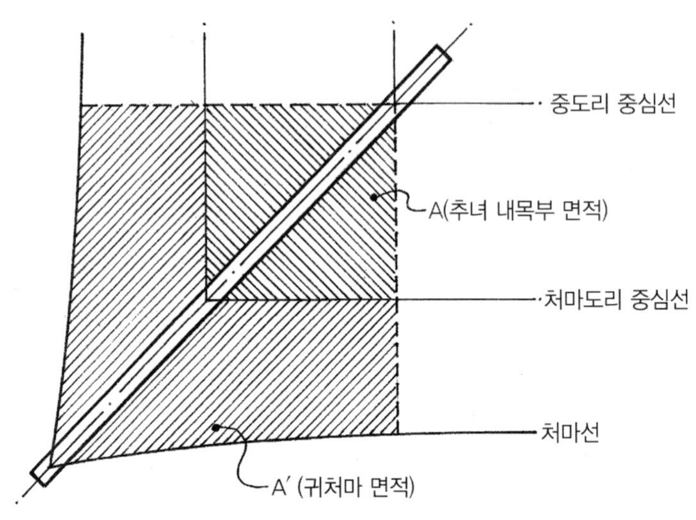

‖ 귀처마의 지붕하중 ‖

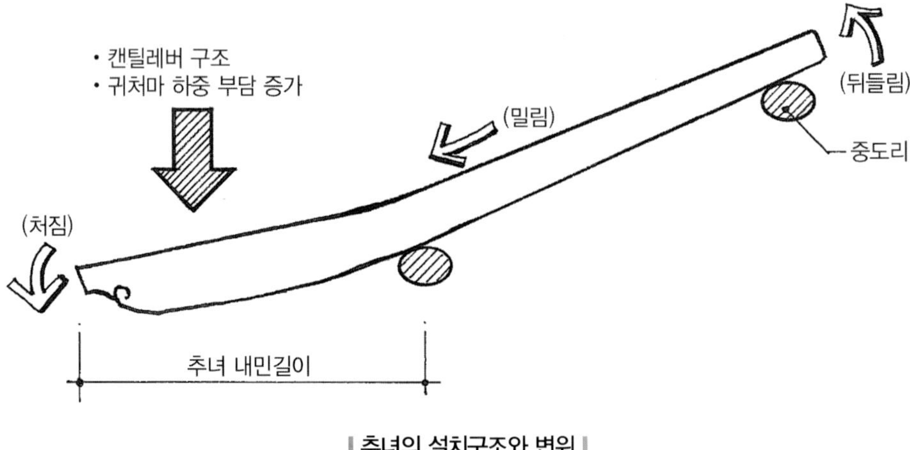

‖ 추녀의 설치구조와 변위 ‖

04 | 알추녀

① 개념 : 추녀곡을 높이기 위해 추녀 밑에 설치된 받침추녀

② 기능 : 추녀의 단면내력 보강, 추녀곡 보강

③ 사례 : 별도의 받침재 또는 추녀에 모각(근정전, 경회루, 인정전, 중화전 등)

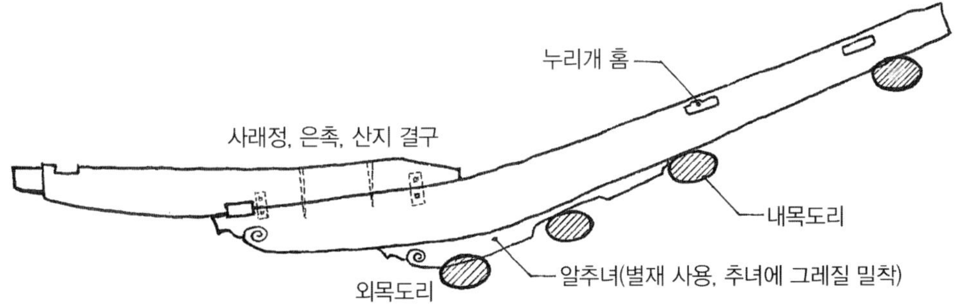

근정전 알추녀 설치구조

05 | 덧추녀

① 개념 : 추녀 상부에 추녀가 놓여진 방향대로 덧댄 부재

② 기능 : 추녀 단면내력 보강, 물매형성(적심기능), 사래뒤누름(누리개 기능), 추녀 부식 방지

③ 형태

㉠ 추녀와 그렝이로 밀착된 경우(합성추녀 형태)

㉡ 추녀에 밀착하지 못하고 상부에 경사지게 설치된 경우(물매 형성 및 누리개 기능)

④ 사례 : 경회루(추녀와 사래 상부에 그레질로 밀착하고 촉, 감잡이쇠 보강)

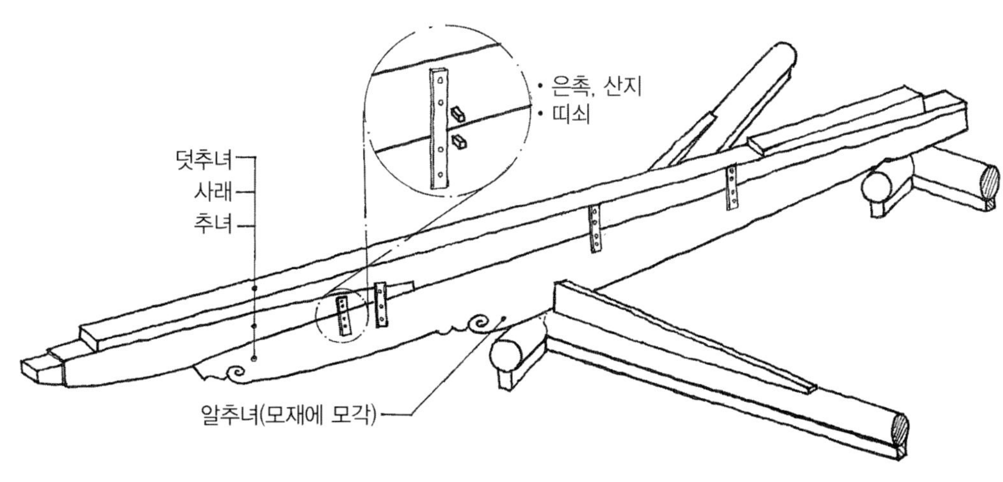

경회루 추녀 설치구조

06 | 우진각지붕의 덧추녀

① 측면에 합각이 없는 우진각지붕의 측면 지붕면 형성을 위한 서까래 설치구조
② 덧추녀를 설치하여 측면 중도리에서 종도리 사이에 설치되는 덧서까래를 고정

07 | 모임지붕의 덧추녀

모임지붕의 지붕물매를 형성하기 위해 추녀 상부에 덧추녀 설치(옥심주에 결구)

08 | 회첨추녀

① ㄱ자, ㄷ자 평면의 꺾임집에서 회첨부에 사용된 추녀
② 서로 다른 방향의 양쪽 서까래를 고정(골추녀회첨)
③ 추녀의 윗면이 연목과 비슷하게 되도록 춤을 낮게 쓰고 도리에 반 정도 따서 물림
④ 곡이 없는 직재를 사용

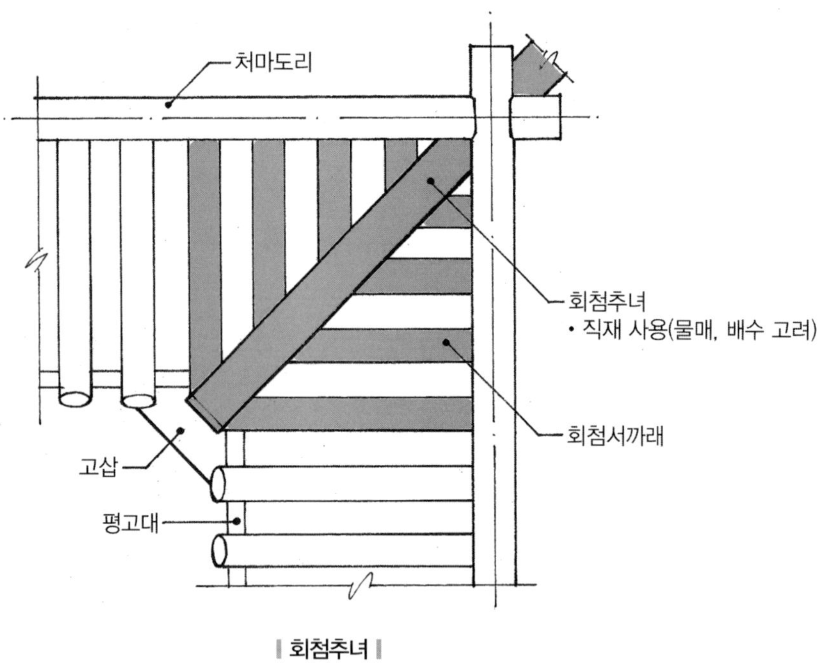

‖ 회첨추녀 ‖

09 | 사래

① 개념 : 추녀 위에 놓여져 이매기 평고대, 부연을 받아 겹처마의 곡을 형성하는 부재

② 추녀와의 결구

㉠ 추녀 상면에 고정(사래정, 은촉 설치)

㉡ 추녀에 사래 물림턱 가공

㉢ 사래 하면에 추녀 물림턱 가공

㉣ 상면은 수평에 가깝게 설치

③ 규격 및 형태

㉠ 추녀와 동일한 단면폭

㉡ 뒷길이는 내민길이의 1.5~2배

㉢ 게눈각 없이 마구리에 토수, 사래볼철 설치

SECTION 02 추녀의 결구

01 | 추녀의 고정

① 외목도리, 주심도리, 내목도리, 중도리 도리왕지부 상면에 추녀 설치

② 외목도리 왕지부에 촉으로 고정

③ 뒤초리는 중도리 왕지부에 강다리, 추녀정, 띠쇠 등으로 고정

④ 기타 : 추녀가 중도리왕지 하부에 위치하는 경우, 종도리 하부에 위치하는 경우

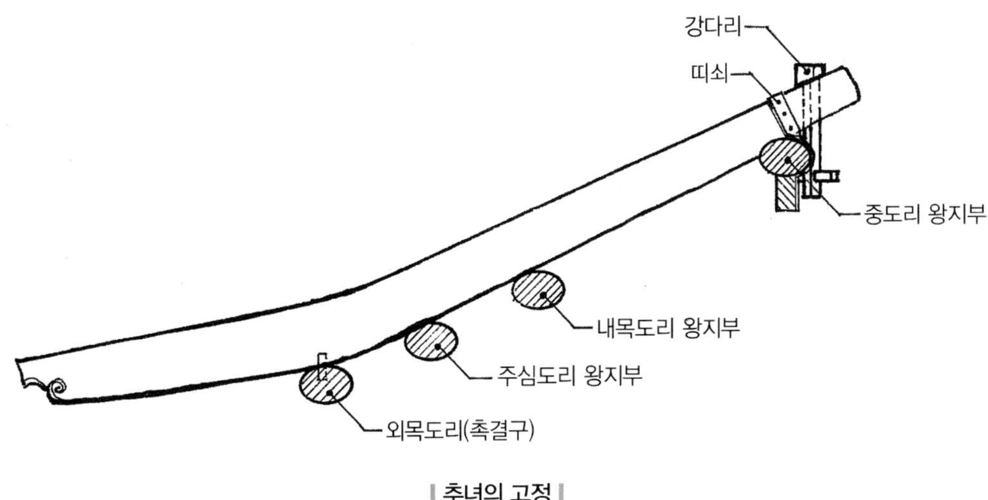

❙ 추녀의 고정 ❙

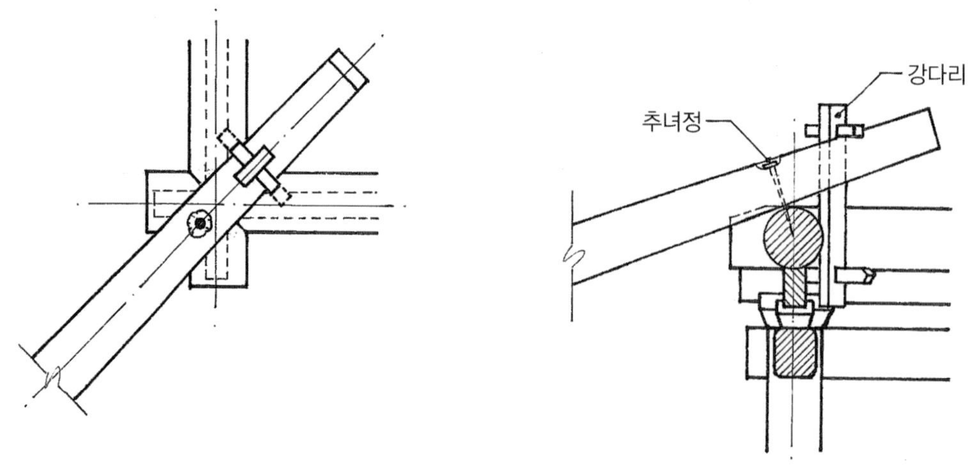

‖ 금산사 미륵전 3층 추녀 강다리 설치구조 ‖

▼ 건물유형에 따른 추녀 결구 위치

팔작지붕(일반)	중도리 왕지부 상부에 추녀 결구
우진각지붕	종도리 십자도리 상부에 추녀 뒤초리 고정 / 우미량(홍예보, 덕량, 충량) 십자도리 상부에 추녀 뒤초리 고정 / 중도리에 추녀 결구, 종도리에 덧추녀 결구
3량가팔작	종도리 빨목(십자도리), 덕량, 충량, 홍예보, 대공 상부에서 결구
모임지붕	옥심주에 추녀, 덧추녀 결구
중층건물(하층추녀)	귀고주, 상층우주, 내진우주의 몸통에 결구
중도리 하부	중도리 하부에 추녀 뒤초리가 놓이는 경우
종도리 하부	종도리 하부에 추녀 뒤초리가 놓이는 경우

02 | 추녀와 결구되는 부재

① 귀서까래, 갈모산방(귀처마 형성)

② 평고대(앙곡과 안허리곡 형성)

③ 사래(부연 설치, 겹처마 형성)

④ 덧추녀, 알추녀(추녀곡, 추녀의 단면 규격 증대)

03 | 추녀와 도리의 결구

① 도리왕지 상면에 추녀 설치(일반) : 도리왕지부를 그레질해서 추녀를 앉힘(촉 보강)

② 도리 상부 갈모산방 상면에 추녀 설치 : 부족한 추녀의 곡을 높이기 위해 갈모산방 위에 추녀를 앉힘(사례 : 불영사 대웅전 등)

③ 도리왕지 하부에 추녀 설치

㉠ 추녀 뒤초리가 중도리 왕지 하부에 놓이는 경우

㉡ 주심도리, 내목도리 왕지 상부에 추녀가 놓이지 못하고 도리 결구부를 따내고 설치됨

㉢ 사례 : 부석사 무량수전, 봉정사 대웅전

04 | 추녀와 갈모산방의 결구

① 도리왕지 위에 설치된 추녀의 밑면 틈에 갈모산방을 그레질 밀착(일반적)

② 도리왕지 위에 설치된 추녀의 옆면에 갈모산방을 맞댐(근정전, 대한문 등)

③ 갈모산방 상면에 추녀 설치 : 양면의 갈모산방을 맞대고, 상면을 그레질해서 추녀를 설치

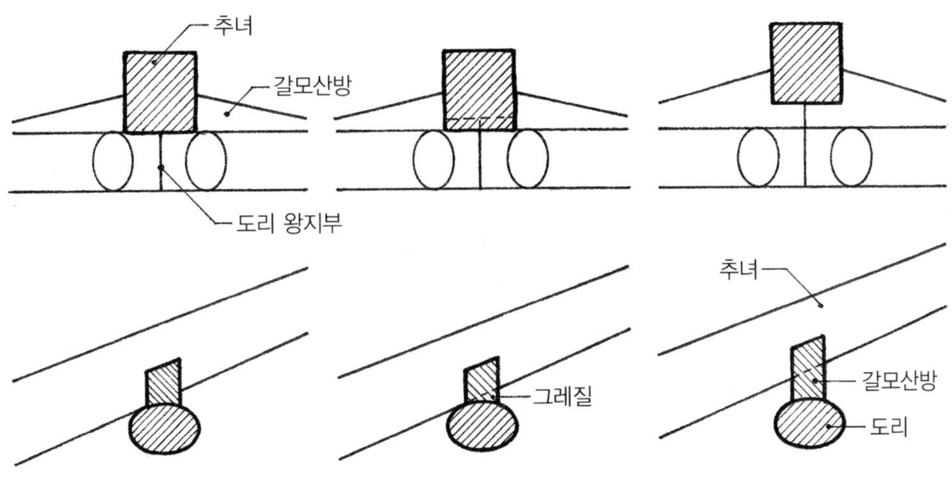

| 추녀와 갈모산방의 결구 유형 |

05 | 추녀와 평고대의 결구

① 평고대 설치

㉠ 앙곡, 안허리곡에 의해 평고대는 추녀의 상단부에 경사지게 결구

㉡ 추녀의 상면에 평고대 폭으로 장부홈을 경사지게 설치

② 연함이 설치되는 평고대

㉠ 상면에 연함이 설치되고 기와가 올려지는 홑처마의 평고대, 겹처마의 이매기 평고대

㉡ 연함과 기와의 설치를 위해 양쪽면의 평고대가 맞닿음

③ 연함이 설치되지 않는 평고대

㉠ 겹처마의 초매기 평고대

㉡ 상부에 연함이 직접 설치되지 않고 사래가 놓임

㉢ 양쪽면의 평고대가 맞닿을 필요가 없으며 이를 고려하여 추녀 상단을 치목

㉣ 추녀와 사래에 동시에 결구되도록 평고대 홈을 치목한 경우(근정전, 근정문, 대한문 등)

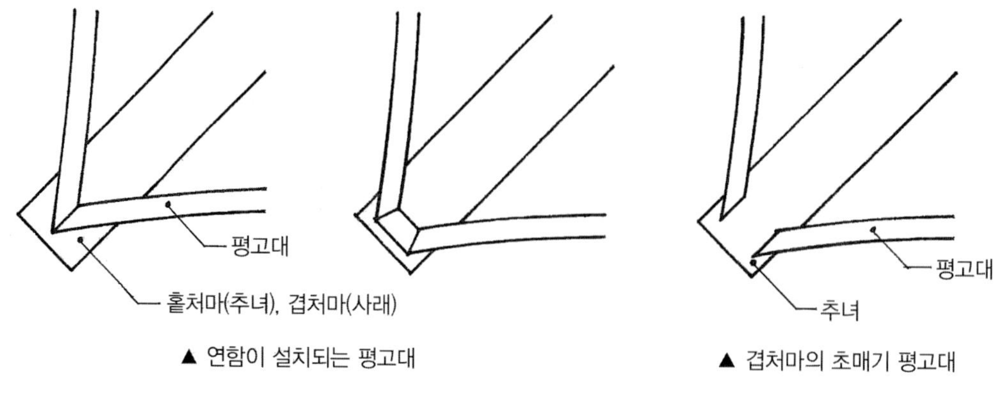

▲ 연함이 설치되는 평고대 ▲ 겹처마의 초매기 평고대

| 평고대 설치 유형 |

06 | 추녀와 사래의 결구

① 추녀와 사래의 결구법

㉠ 사래 하부를 그레질해서 추녀 상면에 밀착

㉡ 사래정, 은촉, 산지, 띠쇠 등으로 결구 보강

② 은촉, 산지 보강 사례 : 은촉으로 사래와 추녀를 물리고 옆면에서 은촉에 산지치기하여 고정(대한문, 근정전 등)

③ 평고대 물림턱 가공 : 평고대 장부홈을 추녀와 사래에 동시에 가공하여 물림턱 기능(사례 : 근정전, 대한문 등)

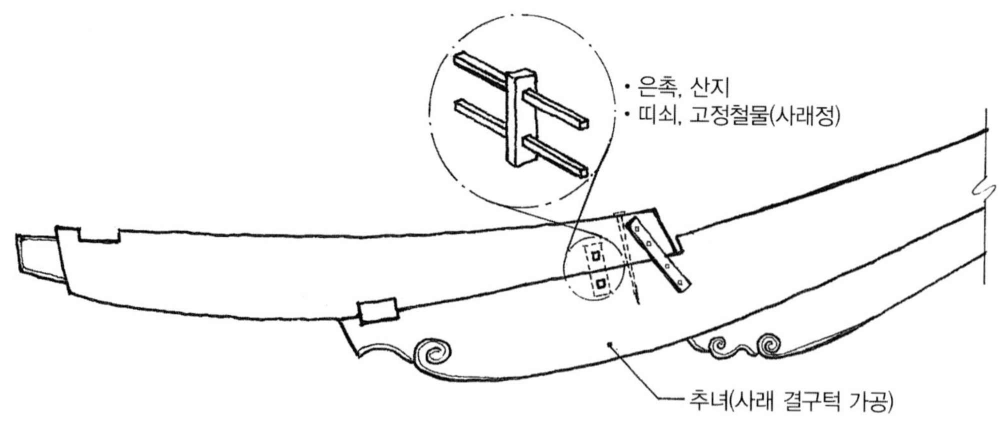

| 대한문 추녀와 사래 설치구조 |

④ 결구턱이 없는 경우

㉠ 사래가 추녀 상부에 결구턱 없이 올려지고 사래정, 은촉, 산지 등으로 결속

㉡ 사례 : 근정전, 근정문, 불갑사 대웅전, 부석사 무량수전, 봉정사 대웅전 등

⑤ 추녀에 사래 결구턱을 만든 경우 : 추녀 상면에 사래와의 물림턱을 가공(사례 : 대한문)

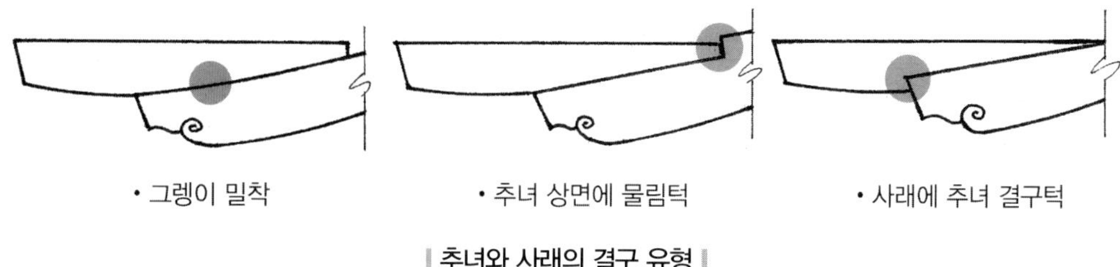

| 추녀와 사래의 결구 유형 |

⑥ 사래에 추녀 결구턱을 만든 경우

㉠ 사래 하면에 추녀와의 물림턱을 가공

㉡ 사례 : 밀양 영남루, 율곡사 대웅전, 피향정, 한벽루, 법주사 원통보전 등

07 | 덧추녀, 알추녀의 결구

① 알추녀

㉠ 알추녀 상면을 그레질하여 추녀 하면에 밀착하고, 촉으로 결구 보강

㉡ 알추녀는 외목도리 밖으로 약간 내민 정도로 설치

㉢ 일률적으로 치목하지 않고 설치될 각각의 추녀의 춤과 곡에 맞춰 치목 조립

② 덧추녀

㉠ 덧추녀 하면을 그레질해서 추녀 상면에 밀착 / 촉과 띠쇠, 감잡이쇠 등으로 결구 보강

㉡ 설치 사례

- 추녀와 사래에 동시에 그레질로 밀착하여 사래 뒤누름(경회루)
- 거칠게 가공한 원목형태의 부재를 추녀 상부에 설치(산지 사찰)

08 | 추녀 뒤뿌리의 고정

① 중도리 왕지 상부에 고정 : 추녀정, 강다리, 띠쇠, 꺾쇠, 감잡이쇠 등으로 보강

② 중도리 왕지 하부에 고정

㉠ 중도리가 추녀 뒤초리를 누르는 구조

㉡ 추녀가 도리왕지 하부를 지지하는 구조

㉢ 사례 : 부석사 무량수전, 봉정사 대웅전 등

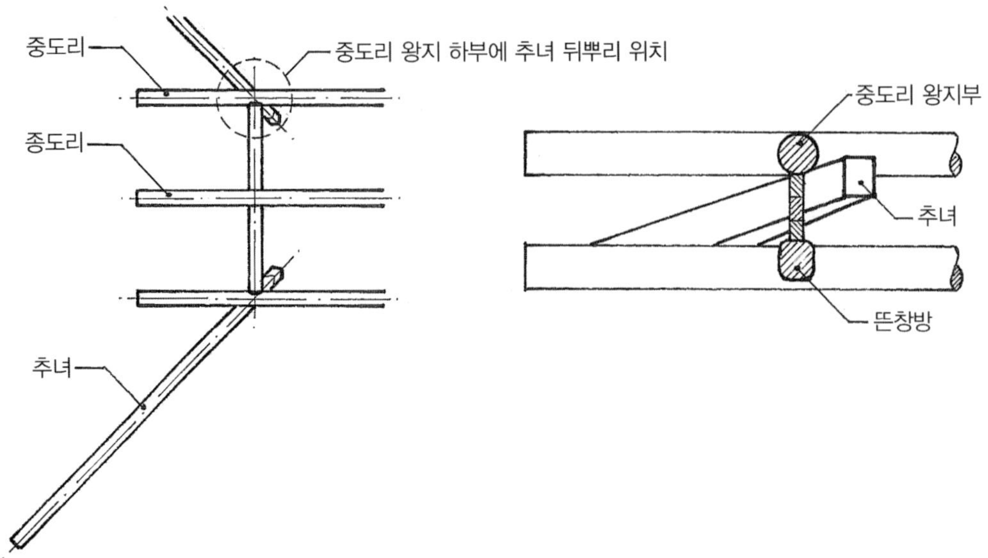

‖ 봉정사 대웅전 추녀 결구 구조 ‖

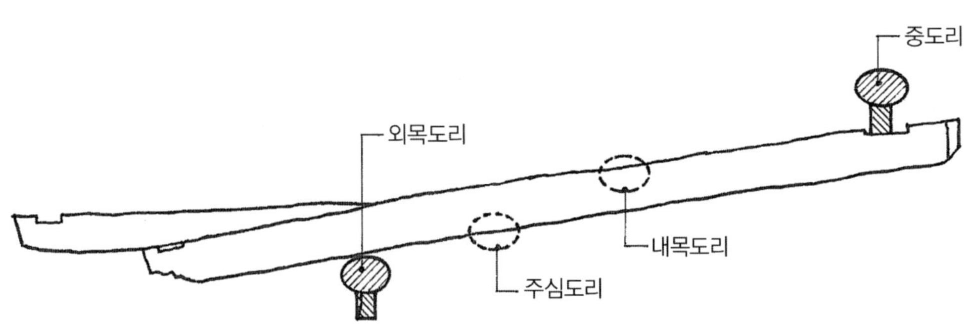

‖ 봉정사 대웅전 추녀와 도리의 결구 ‖

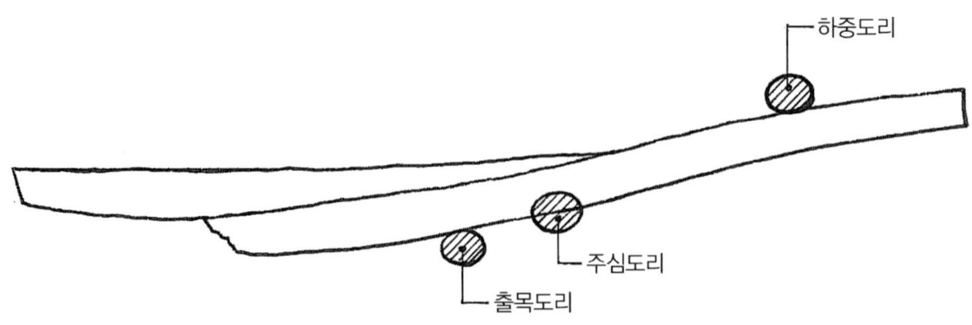

‖ 부석사 무량수전 추녀와 도리의 결구 ‖

③ 종도리 뺄목에 결구

㉠ 종도리 뺄목 십자도리에 추녀 결구

㉡ 소규모 우진각지붕, 3량가 팔작지붕

㉢ 사례 : 해인사 장경판전, 홍화문, 정재영가옥, 왕릉 비각 건물 등

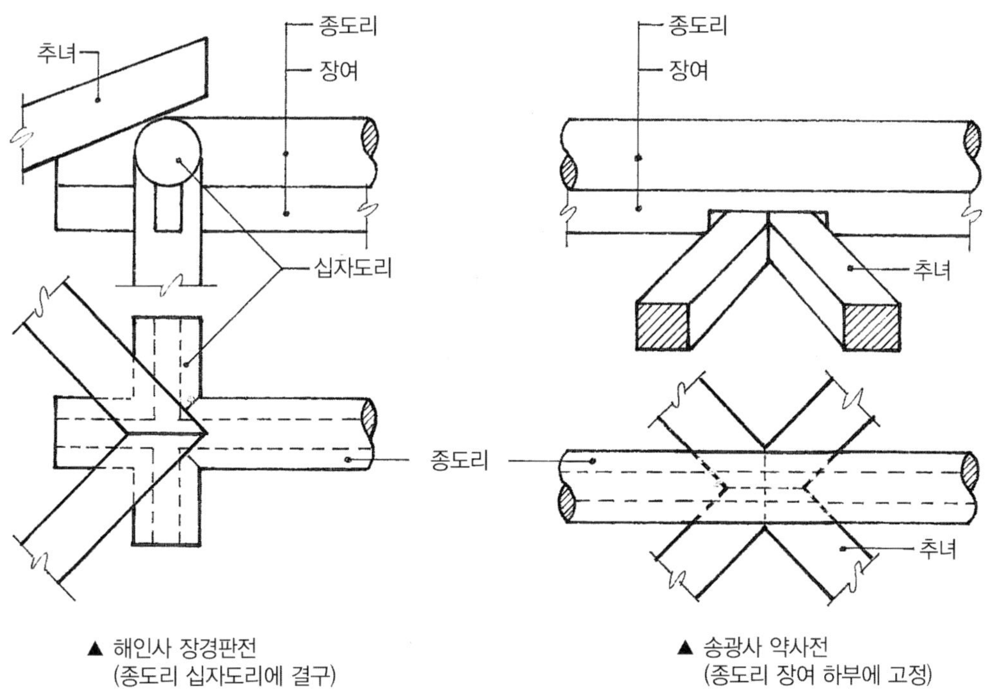

▲ 해인사 장경판전 (종도리 십자도리에 결구)

▲ 송광사 약사전 (종도리 장여 하부에 고정)

| 종도리와 추녀의 결구 |

④ 덕량, 충량 위에서 고정

㉠ 덕량, 충량 상부에서 추녀끼리 반턱맞춤

㉡ 민가의 부엌, 창고, 정자, 누마루

㉢ 사례 : 양동마을 심수정 등

⑤ 종도리 하부에 고정

㉠ 종도리 장여 하부에 추녀 고정

㉡ 장여와 결구, 추녀끼리 반턱 결구

㉢ 소규모 전각, 비각 건물, 단칸 팔작지붕 건물 등

㉣ 사례 : 전등사 약사전, 송광사 약사전, 왕릉 비각 등

⑥ 귀고주, 상층 우주 몸통에 결구

㉠ 중층건물의 하층 추녀 고정방법

㉡ 추녀 뒤뿌리에 장부를 내어 귀고주에 장부맞춤(근정전, 숭례문 등)

㉢ 추녀 뒤뿌리에 장부를 내어 상층 우주 몸통을 관통(금산사 미륵전, 법주사 대웅보전 등)

㉣ 기둥접합부는 그레질로 밀착하고 산지와 띠쇠로 보강

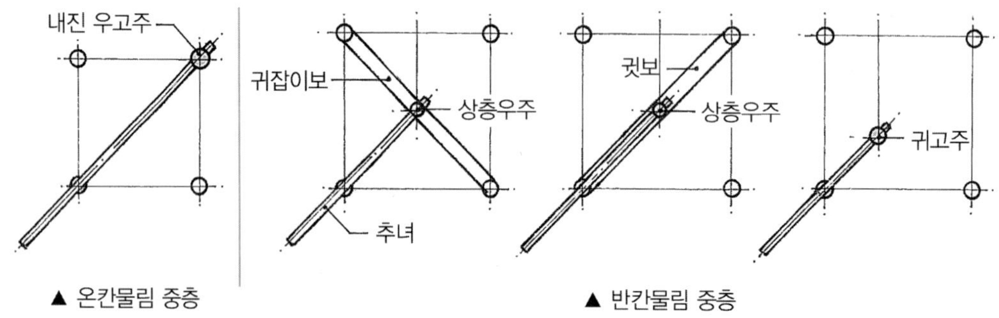

중층건물 하층 추녀의 결구

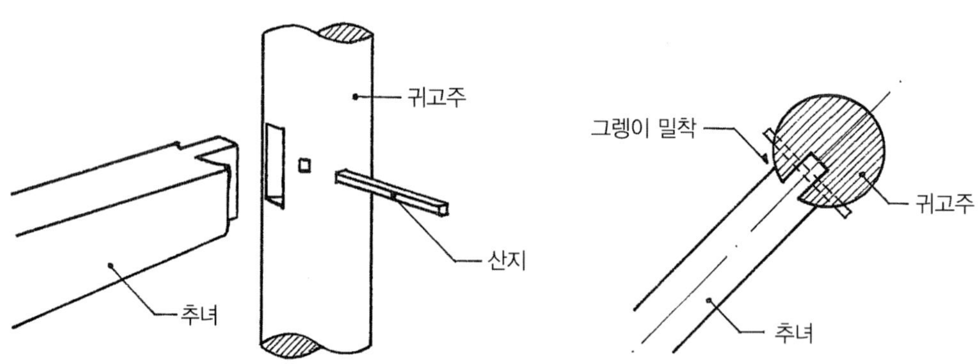

근정전 하층 추녀 설치구조

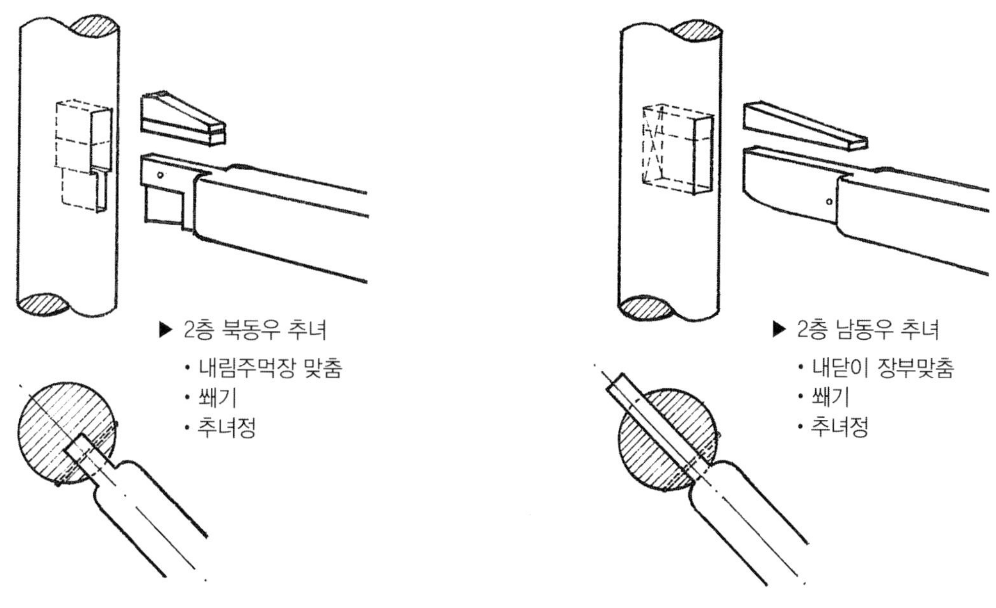

‖ 금산사 미륵전 2층 추녀 결구구조 ‖

⑦ 옥심주에 결구(모임지붕)

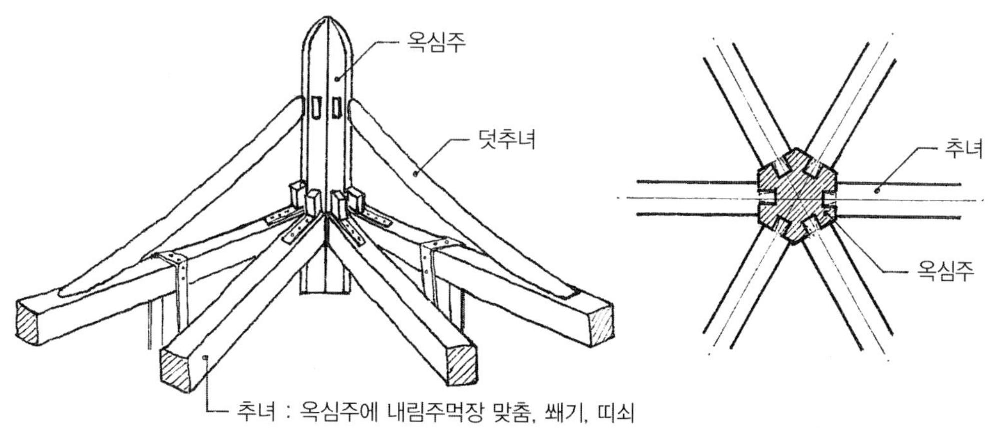

‖ 모임지붕 옥심주와 추녀의 결구 ‖

⑧ 기타

㉠ 숭례문(동자주, 대공에 결구)

㉡ 고산사 대웅전(종도리, 장여에 그레질 밀착)

㉢ 법주사 대웅보전(상중도리에 밀착)

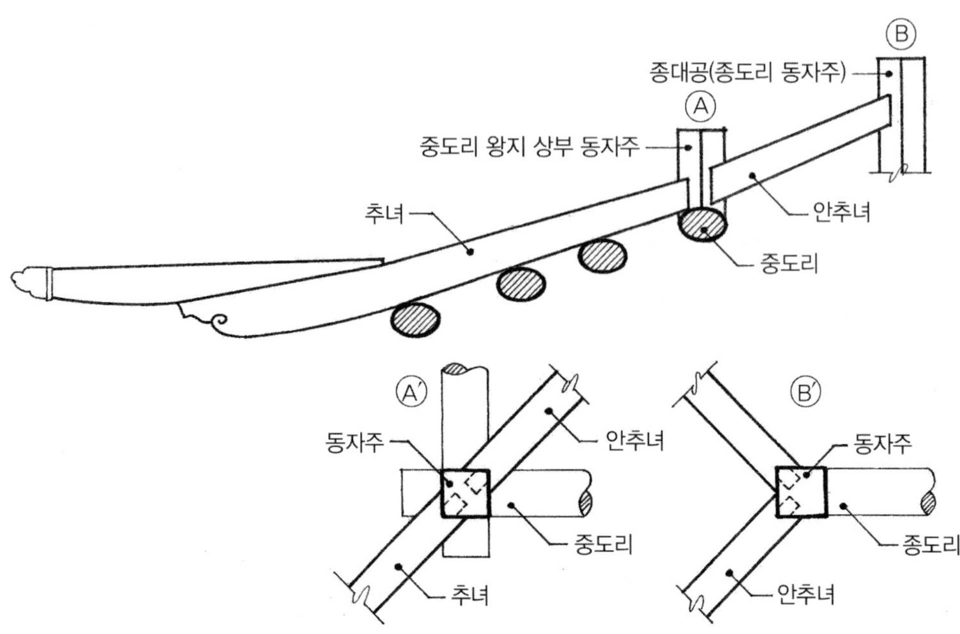

| 숭례문 상층 추녀 설치구조 |

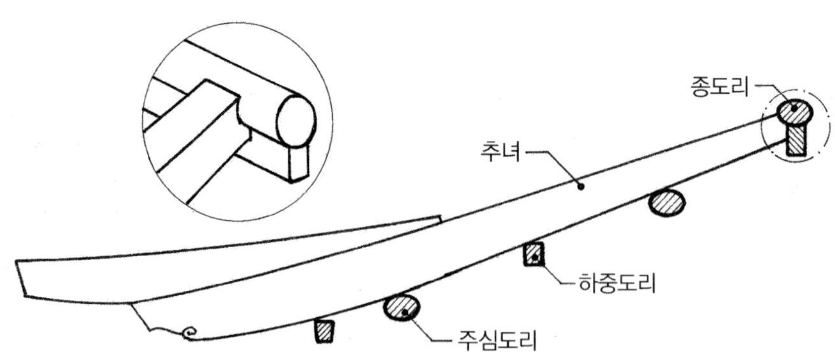

| 고산사 대웅전 추녀 설치구조 |

SECTION 03 추녀의 각부 구조

01 | 추녀의 설치구조

① 추녀의 설치각도 : 모서리칸에서 통상 45도로 결구(평연구간과 $\sqrt{2}$ 배 길이 차이)

② 추녀의 물매 : 평연구간과 길이 차이에 의한 물매 차이

③ 추녀의 내목길이 : 45도방향에서 경사지게 설치되므로 내목길이는 경사거리를 형성

④ 추녀 길이의 기준점 : 평고대, 외목왕지(처마도리 왕지), 내목왕지(중도리 왕지)

02 | 내목길이

① 내목길이 : 외목왕지 중심선~내목왕지 중심선에 이르는 거리(처마도리~중도리)

② 경사각과 물매를 적용(실제 길이)

03 | 외목길이

① 외목길이 : 외목왕지 중심선~추녀마구리에 이르는 거리(빨목길이)

② 추녀내밀기 : (평연구간의 연목 내민길이에 안허리곡을 적용한 거리)× $\sqrt{2}$

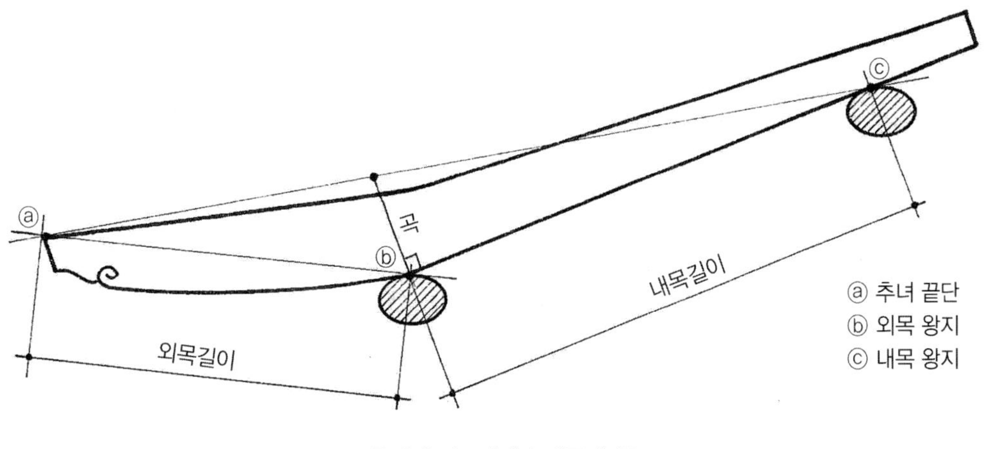

▎추녀의 외목길이와 내목길이▎

04 | 추녀 뒤초리

추녀 뒤초리는 중도리왕지에서 1자 이상 연장되도록 내목길이에 여유를 두어 치목

05 | 추녀길이 산정의 예시

a : 중도리~주심도리 사이의 수평거리

b : 중도리~주심도리 사이의 수평거리 a에 연목물매를 적용하여 계산 [중도리 높이]

c : 내목길이 [밑변길이(a× $\sqrt{2}$)와 b의 길이로 계산]

d : 처마내밀기(기둥높이, 태양남중고도 등을 고려)

e : 안허리곡 [평연내밀기에 곡을 적용(d×1/4) → 통상 1.5자]

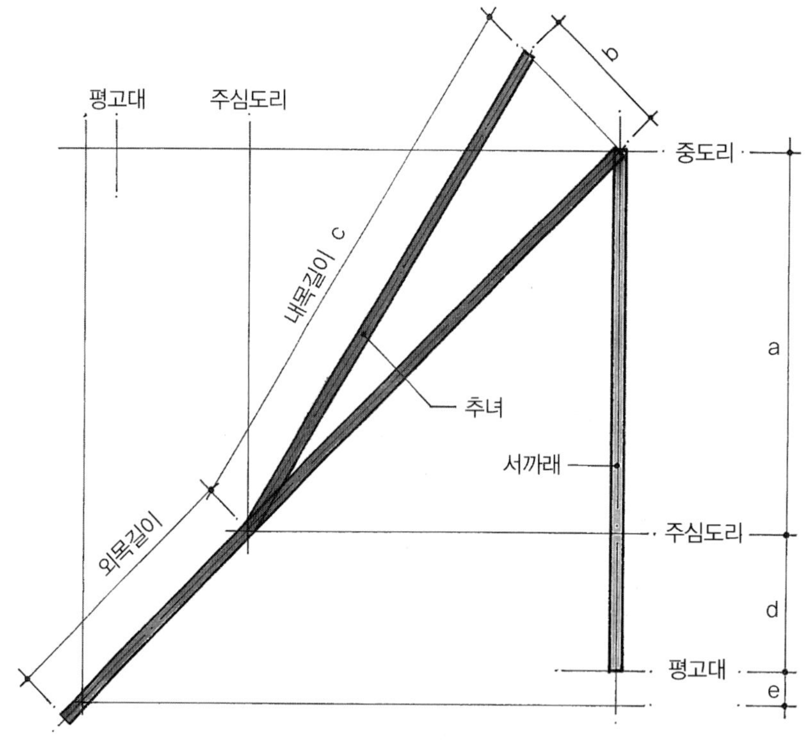

‖ 추녀길이의 산정 ‖

06 | 추녀곡

① 개념

㉠ 외목왕지에서 추녀의 들린 정도

㉡ 고정된 지지점인 도리왕지로부터의 거리로 표현(각도를 길이로 표현)

㉢ 외목왕지에서 추녀 끝과 내목왕지를 이은 선에 내린 수선의 길이로 표현

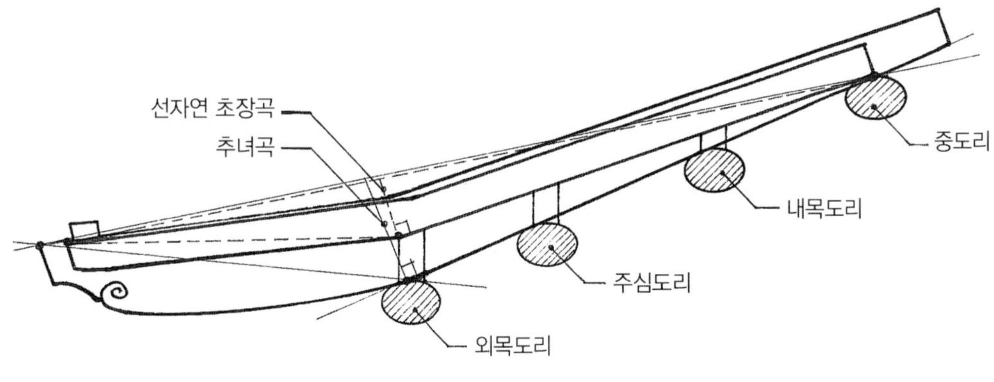

추녀곡과 선자연의 곡

② 추녀곡 설정의 사례

㉠ 하부 바닥면적 기준

- 20평 이내는 1.2~1.4자 / 30~50평 이내는 1.4~1.5자
- 규모가 큰 건물은 2자 이상

㉡ 연목 내목길이 기준 : 중도리~주심도리 사이의 수평거리 1자당 2.5치의 추녀곡 적용(주칸 12자, 5치 물매를 기준으로 가감)

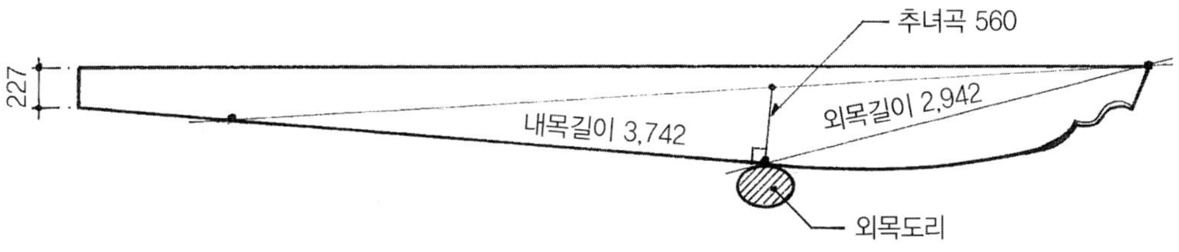

법주사 대웅보전 추녀곡

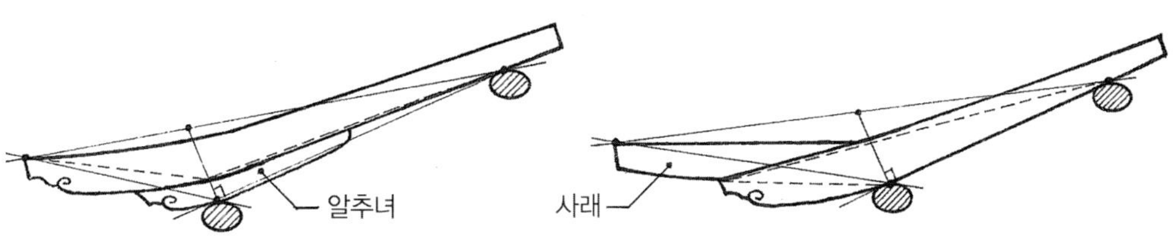

알추녀와 사래

SECTION 04 추녀의 치목

01 | 현황조사 및 현촌도 작성

① 현황조사 : 구부재에 대한 조사를 통해 수종, 재질, 규격, 함수율, 추녀곡 조사

② 현촌도
　㉠ 구부재의 추녀 현촌도를 작성하여 치목 시 사용
　㉡ 추녀들이 동일한 규격과 형태를 갖고 균형을 이룰 수 있도록 현촌도 제작

③ 견승뜨기 : 먹매김을 하기전에 1/10 스케일로 실물을 줄여서 그려봄

02 | 추녀 먹매김

① 계획된 추녀곡에 따라 추녀 재목에 외목, 내목왕지, 추녀의 단부와 평고대 위치 표시
② 현촌도에 따라 추녀머리를 표시하고 먹매김

03 | 추녀 먹매김 예시

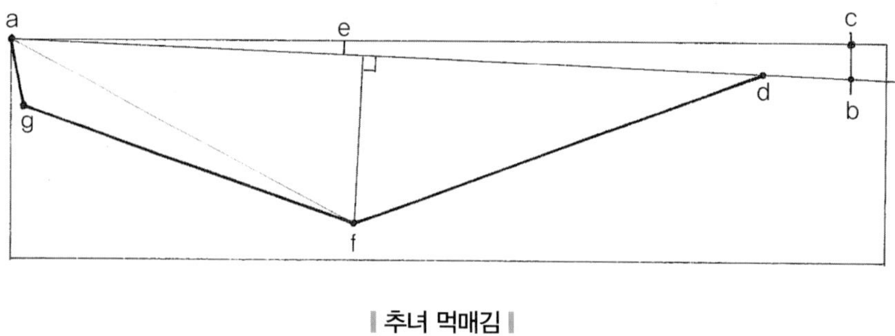

‖ 추녀 먹매김 ‖

① 부재끝점 a에서 임의의 선 a~b를 표시(뒤초리 춤이 되는 b~c : 6치 이상 확보)
② a~b 선상에서 추녀곡만큼 수선을 내리고, a점에서 외목길이를 만족시키는 지점에 f 표시
③ 내목길이만큼 f~d를 표시
④ 추녀곡의 1/2 또는 1/2보다 조금 크게 하고 물매(1/10)를 주어 a~g를 표시
⑤ g~f선 표시
⑥ 뒤초리 길이 d~b는 1자 이상, 사래물림턱 e는 춤 3치 이상이 되도록 작도

04 | 추녀의 치목

① **마름질** : 산정된 내목길이보다 1.5~2자 정도 길게 마름질

② **양변치기** : 휨이 있는 곡재를 추녀폭에 따라 양변치기

③ **추녀 상면**

㉠ 자귀로 옹이 등을 제거하는 정도로 다듬고 최대한 부재 단면을 확보

㉡ 목재의 표피를 살려서 치목(누수에 의한 부식 방지)

④ **추녀 하부(내목)** : 평활하게 치목(곡자 이용 / 수평보기)

⑤ **추녀 하부(외목)** : 부재 중심먹을 기준으로 양쪽으로 둥글게 치목

⑥ **추녀머리**

㉠ 1/10 물매로 빗자르고 옆면과 밑면을 경사지게 다듬어 경사진 오각형으로 치목

㉡ 양볼접기 / 게눈각 초각 / 평고대 장부 홈 치목 / 마구리 한지 보양

⑦ **사래물림턱 치목** : 사래의 뒷길이를 고려하여 사래 결구부 가공

⑧ **토수물림턱 치목** : 토수를 끼우는 경우, 토수가 끼이도록 마구리(촉) 가공

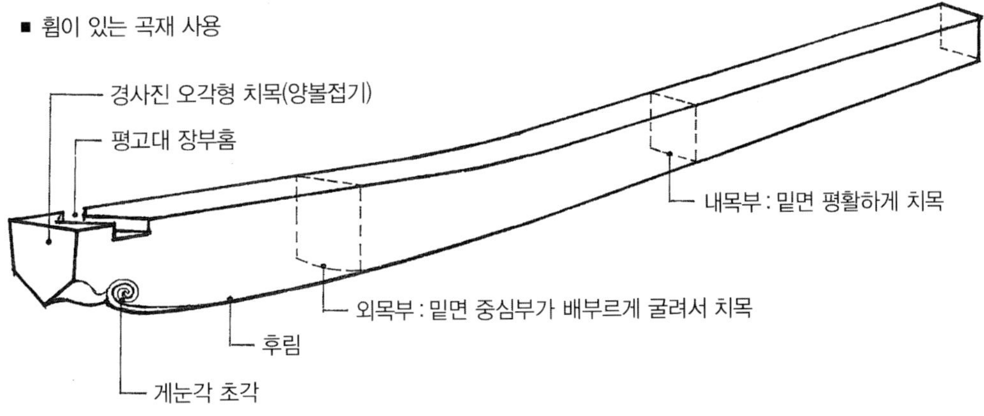

| 추녀의 치목 |

SECTION 05 추녀의 조립

01 | 다림보기, 수평보기

① 추녀 가설치

② 고임목 등을 사용하여 수평 설치(추녀마구리에서 다림추를 내림)

02 | 그레질

① 추녀가 놓여지는 도리왕지부 그레질

② 추녀 본설치

03 | 수평보기

추녀가 설치된 각 모서리부에서 추녀 사이의 수평 확인(물수평)

04 | 추녀뒤초리 고정

① 추녀정, 강다리

② 철물보강(감잡이쇠, 꺾쇠, 볼트)

SECTION 06 사래의 치목과 조립

01 | 사래의 치목

① 너비는 추녀와 같으며 머리의 춤은 추녀와 비슷한 정도로 치목

② 외목길이는 부연내밀기의 $\sqrt{2}$ 배에 안허리곡을 감안

③ 뒷길이는 내민길이의 1.5~2.5배

④ 밑면은 후림을 주어 곡선으로 가공

⑤ 게눈각을 새기지 않으며 마구리에 토수를 끼우는 경우 촉을 가공

02 | 사래의 조립

① 추녀와의 결구 : 추녀 등에 그레질 접합 / 추녀 등에 사래물림턱 가공 / 사래 밑면에 추녀 결구턱 가공

② 추녀와 결구된 사래의 윗면은 수평이 됨

③ 각면 사래의 수평보기

④ 뒤초리 고정(사래정, 촉, 띠쇠)

⑤ 평고대 결구

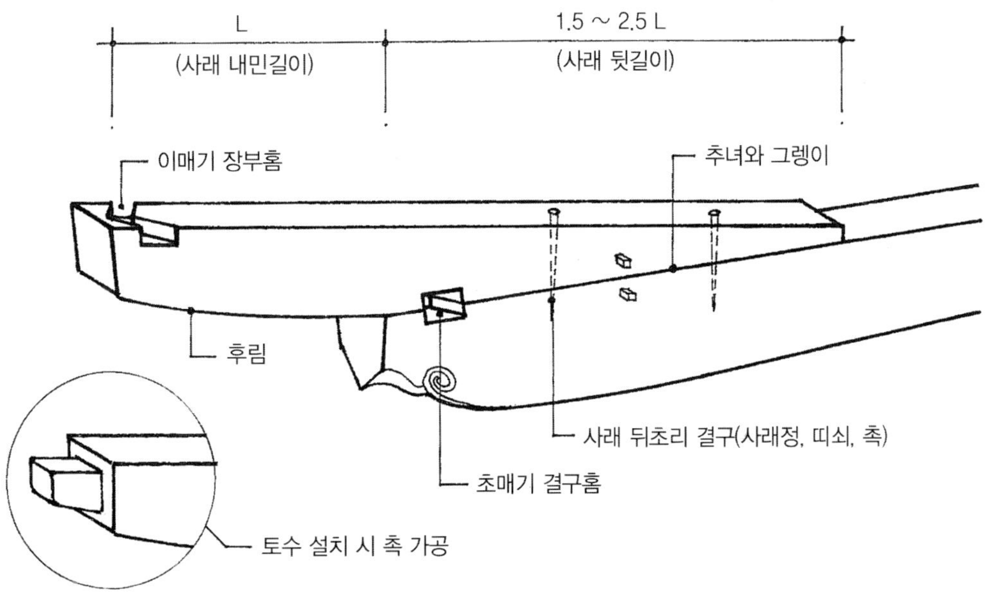

‖ 사래의 치목과 조립 ‖

SECTION 07 추녀의 훼손 유형과 원인

01 | 추녀의 훼손 유형

① 부재 균열, 부식, 파손

② 결구부 파손(도리왕지, 평고대 결구부)

③ 뒤들림, 처짐, 밀림

02 | 추녀의 훼손 원인

① 부재의 문제

㉠ 곡재가 아닌 직재를 사용한 경우

㉡ 응력이 크게 발생하는 도리 지지점에 옹이 등의 결함

㉢ 다른 추녀에 비해 재질과 수종이 열악한 부재를 설치한 경우

㉣ 건조가 덜 된 목재의 사용

㉤ 추녀 춤이 낮은 경우(부재 단면내력 부족 / 부식, 균열발생 시 구조적 성능 약화)

② 결구부의 문제

㉠ 집우사, 합각연목, 누리개 등이 추녀 뒤를 눌러주지 못하는 경우

㉡ 뒤초리 결구부의 결속력 부족(강다리, 촉, 띠쇠 등의 부식, 이완, 파손 / 도리왕지부 파손)

㉢ 귀서까래와 추녀의 결속력 부족

㉣ 덧추녀, 사래의 결구 부실, 이완

③ 공포부 및 지붕가구부의 문제

㉠ 도리 왕지부의 파손 및 도리 이탈

㉡ 외목에 하중이 집중되는 구조(외목도리의 파손 및 처짐)

㉢ 합각부의 기울음, 벌어짐

㉣ 귀포의 처짐과 파손에 따른 추녀 처짐

④ 지붕부의 문제 : 누수, 결로에 의한 추녀의 부식

⑤ 기타

㉠ 귓기둥, 초석의 기울음과 침하에 따른 추녀의 변위

㉡ 주변환경, 충해에 의한 부식

SECTION 08 추녀의 보수방안

01 | 조사사항

① 처마부에 대한 조사

㉠ 추녀의 수종, 재질, 단면규격 조사

㉡ 균열, 파손, 부식 정도 조사

㉢ 내부공동화, 충해 여부 조사(비파괴검사)

㉣ 추녀와 보, 도리의 결구상태 및 결구법

㉤ 추녀와 사래, 귀서까래의 결구상태 및 결구법

㉥ 추녀 처짐 등 변위 정도와 상태(물수평, 기준선)

㉦ 추녀곡 조사(변위가 가장 적은 추녀 기준)

② 지붕부, 지붕가구부에 대한 조사

㉠ 지붕마루, 기와의 상태 조사

㉡ 적심 및 토층의 상태 조사(트렌치 조사)

㉢ 합각부의 상태

㉣ 보, 도리의 결구상태

③ 기타

㉠ 귀포의 상태 조사(제공의 기울음, 파손 등)

㉡ 귓기둥 및 초석 변위 여부 조사

02 | 보수방안

① 부재 교체

㉠ 부식, 균열, 파손 정도에 대한 검토

㉡ 구조적 성능이 확보되지 못하는 부재의 교체 고려

② 보존처리

㉠ 균열, 부식, 탈락부에 대한 보존처리

㉡ 덧댐목 설치, 수지처리

㉢ 철물보강(강판, 볼트)

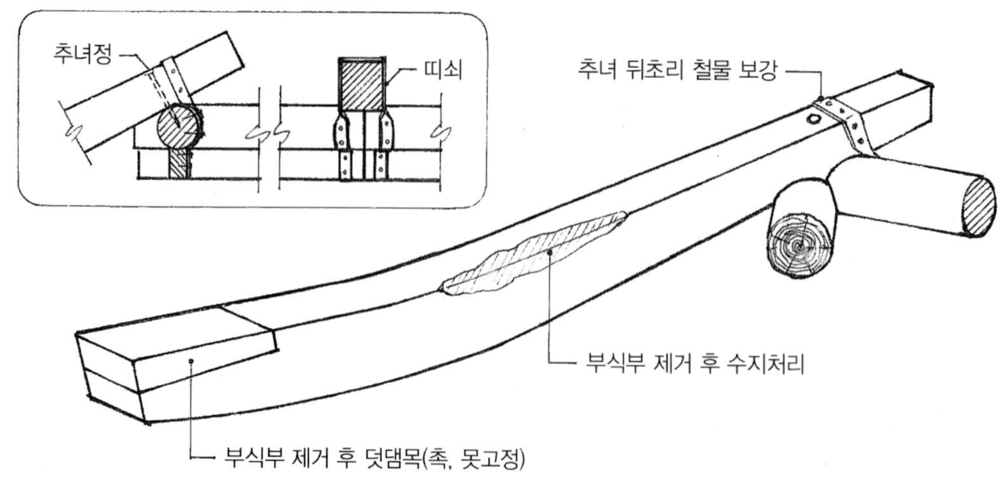

‖ 추녀 부식부 수리 및 철물보강 ‖

③ 뒤뿌리 결구부 보강(강다리, 띠쇠, 꺾쇠, 철선)

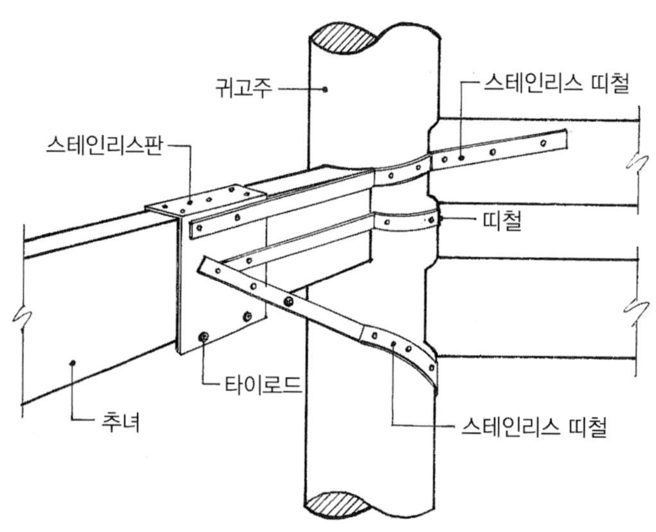

‖ 광화문 하층추녀 결구 보강 ‖

④ 뒤누름 구조 보강

㉠ 합각부 집우사, 합각연목 재설치(추녀 상부에 안정적으로 설치)

㉡ 누리개, 누름돌 보강 설치

⑤ 귀처마 지붕하중경감

㉠ 기와의 규격, 토층 및 적심의 두께 조절

㉡ 덧추녀, 덧서까래, 덧집 시공 검토

⑥ 활주 설치 검토

⑦ 주변 환경 정비

03 | 보수 시 유의사항

① 건물의 전체적인 변위와 상하부 가구의 변위를 함께 고려

② 추녀는 충분히 건조된 목재, 휨이 있는 곡재 사용

③ 지붕하중 경감 시에는 적정 하중에 대한 계산 등 구조검토 선행

④ 덧집, 덧서까래 시공 시 해당 건축물의 하중구조에 영향을 미치지 않도록 함

04 | 귀처마 하중경감

① 귀처마의 구조적인 특징

㉠ 방형 건물의 모서리부에 집중하중 작용

㉡ 내목부분에 비해 처마부에 3배의 하중이 형성

㉢ 추녀의 처짐과 밀림, 하부 공포대 및 기둥의 변위 발생

② 귀처마 하중경감 사례

㉠ 근정전 : 귀처마를 포함하여 지붕면 하부에 전체적으로 덧집 구성(멍에목, 덧서까래, 적심)

㉡ 경회루 : 귀처마부에 귀틀재와 판재, 목기와 등으로 덧집 구성(귀틀재, 가로판재, 목기와)

05 | 추녀 결구 보강사례

① 추녀 뒤누름 보강

㉠ 집우사, 합각연목을 추녀 등에 고정하여 합각부 지붕하중으로 추녀 뒤누름

㉡ 추녀누리개, 선자연 누리개 설치

㉢ 누름돌, 장궤 설치(사례 : 창경궁 환경전, 소규모 비각 건물 등)

② 강다리 설치 : 추녀 뒤뿌리와 하부 도리, 뜬창방 등을 일체화시키는 강다리 설치

③ 철물 보강

㉠ 띠쇠, 감잡이쇠 등을 추녀와 도리, 뜬창방에 걸쳐 설치

㉡ 이형철근과 볼트 등으로 추녀와 하부 부재를 관통하여 결속(법주사 대웅보전)

㉢ 종도리 대공부와 전후면 추녀를 와이어와 턴버클로 결속(대한문)

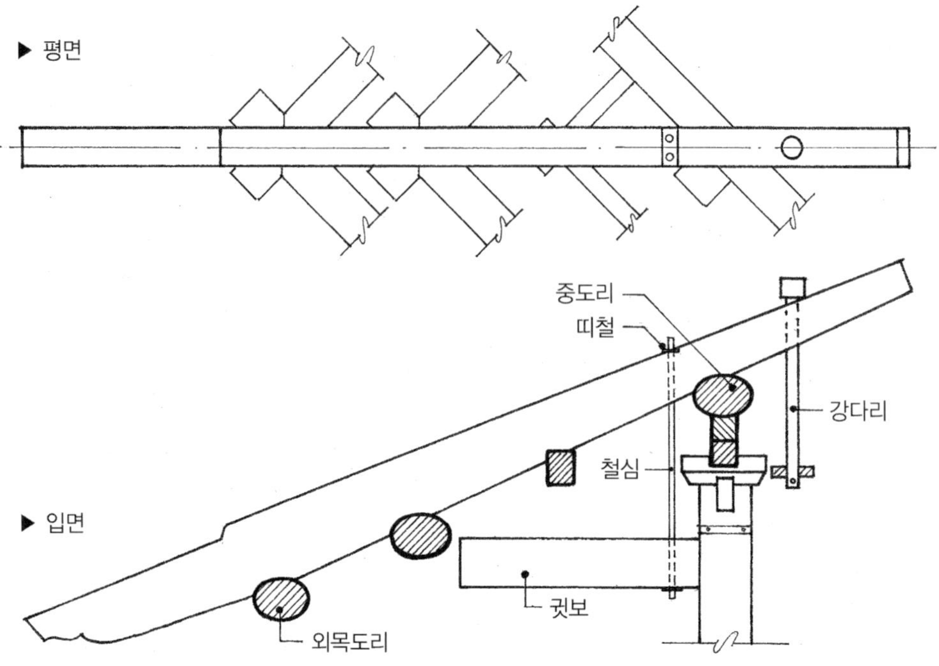

| 법주사 대웅보전 상층 추녀 설치구조 |

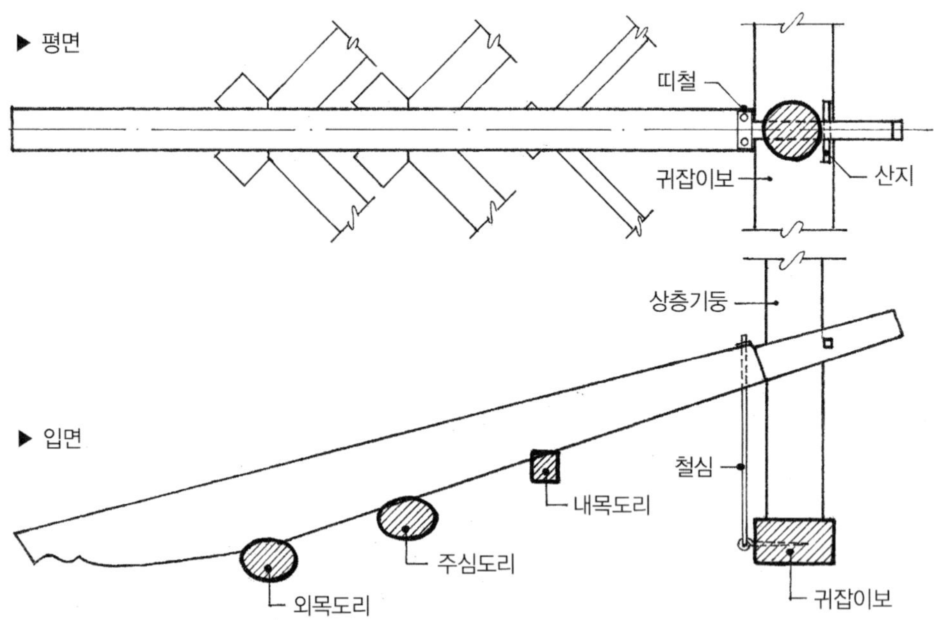

| 법주사 대웅보전 하층 추녀 설치구조 |

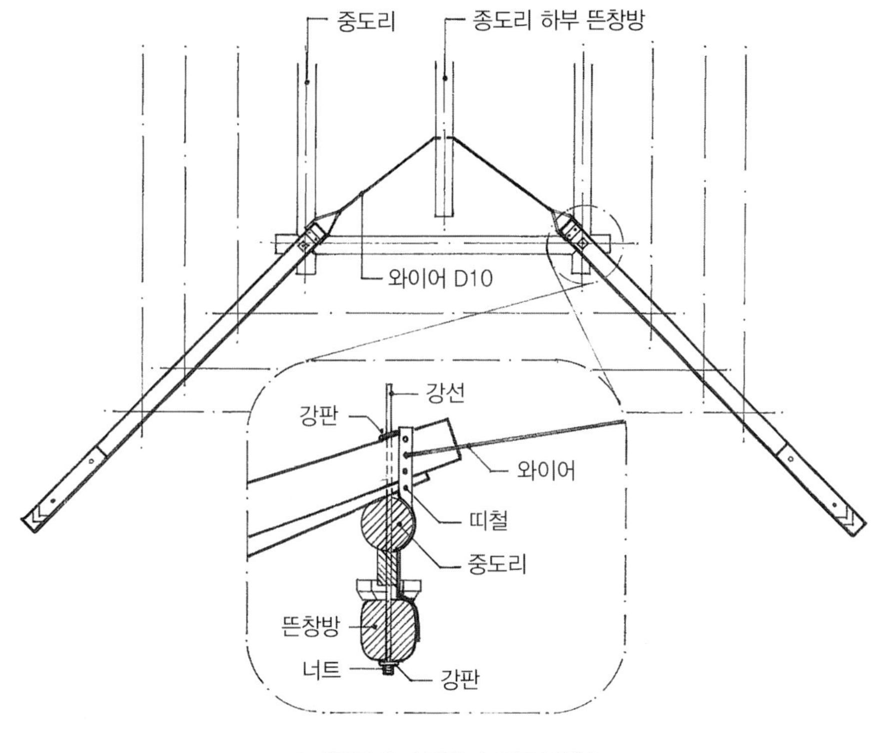

‖ 대한문 추녀 뒤초리 결구 보강 ‖

06 | 사래의 훼손 유형과 원인

① 훼손 유형 : 부식 및 파손, 이완, 기울음과 처짐

② 훼손 원인

㉠ 사래의 뒷길이 부족으로 인한 뒤들림

㉡ 추녀와의 결속력 저하(사래정, 촉의 이완 / 물림턱 파손)

㉢ 누수에 의한 상면 부식, 우수에 의한 마구리 부식

LESSON 05

평고대의 구조와 시공

SECTION 01 평고대의 구조

01 | 개요

① 개념 : 연목 상부에 설치되어 처마선을 형성하고 연함을 받치는 장방형 각재

② 기능

㉠ 처마곡 형성(앙곡과 안허리곡 표현)

㉡ 처마선 고정(연목 설치의 기준선)

㉢ 연함 설치 바탕재 역할

㉣ 개판 및 산자엮기의 마감재

③ 종류

㉠ 초매기, 이매기(홑처마와 겹처마)

㉡ 직평고대, 조로평고대(면처마와 귀처마)

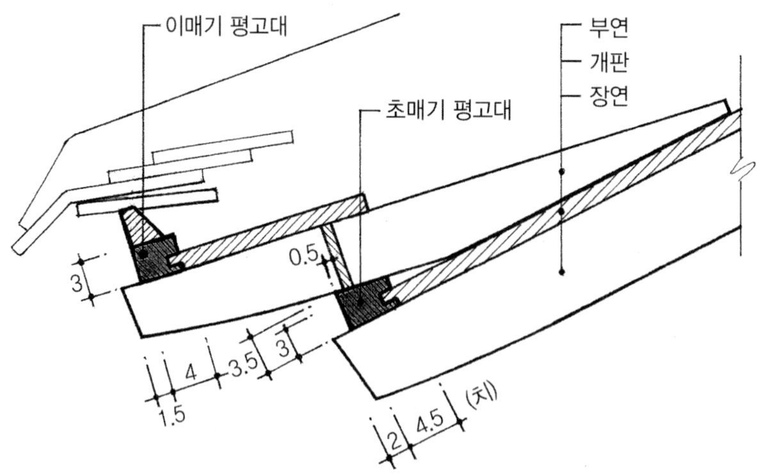

‖ 겹처마의 평고대 설치구조 ‖

02 | 평고대의 규격

① 장방형 각재

② 폭 3~4치, 높이 2.5~3치(폭과 춤은 0.5~1치 차이)

③ 이매기는 초매기보다 0.5~1치 정도 작게 설치

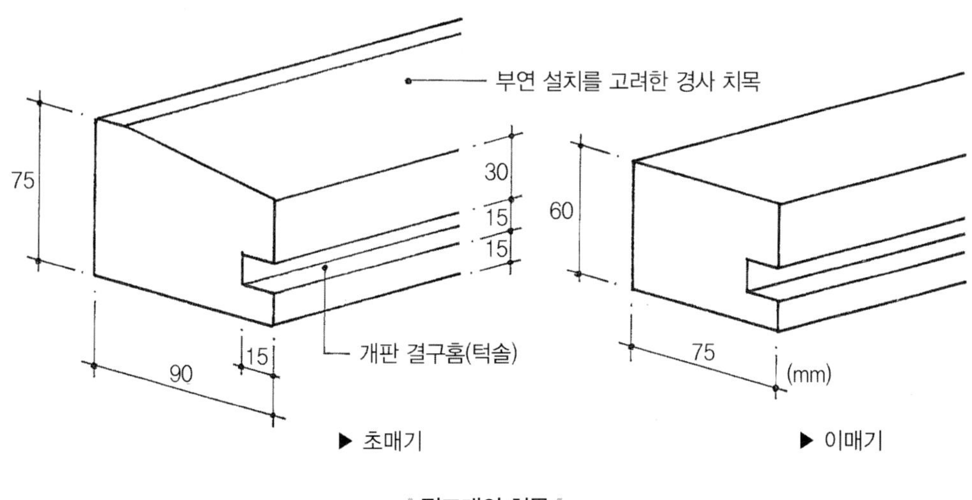

| 평고대의 치목 |

03 | 평고대의 형태

① 초매기 평고대는 부연 설치각도를 고려해 상면을 5푼 정도 빗깎아서 설치(겹처마)

② 개판 설치를 위한 홈이나 턱 가공

③ 옹이 등 결함이 없고 휨이 있는 부재 사용

④ 조로평고대는 곡이 있는 부재를 사용

⑤ 최대한 장재를 써서 이음부 처짐이 발생하지 않도록 함

SECTION 02 | 통평고대

01 | 개념

① 초매기 평고대와 부연착고가 하나의 부재로 만들어진 평고대

② 고려 말~조선 중기 이전의 건물에서 사용

02 | 단면구조

① 직각삼각형 : 봉정사 극락전, 봉정사 대웅전, 부석사 대웅전, 율곡사 대웅전

② 직사각형 : 피향정, 세병관

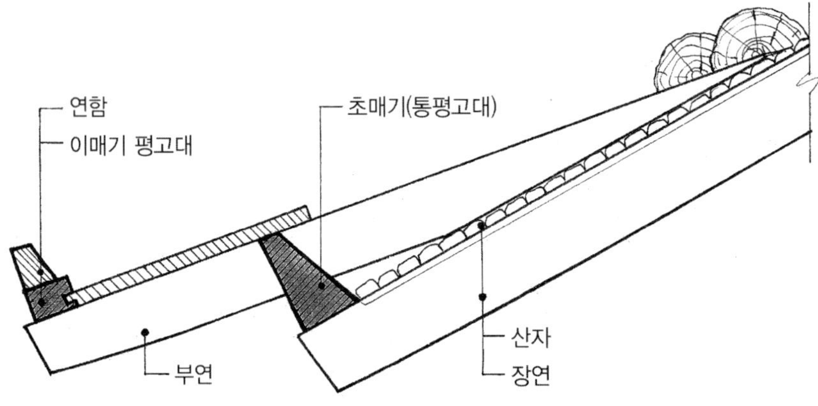

| 통평고대가 설치된 겹처마 상세도 |

03 | 평면구조(부연 결구부 형태)

① 사다리꼴 : 뒤가 넓어지는 사다리꼴 평면 / 부연 조립 시 유동성 고려 / 봉정사 극락전, 피향정 등

② 직사각형 : 직사각형 평면 / 봉정사 대웅전, 율곡사 대웅전, 부석사 조사당, 세병관 등

04 | 통평고대 사례

① 삼각형 단면+사다리꼴 평면 : 봉정사 극락전, 개목사 원통전

② 삼각형 단면+직사각형 평면 : 봉정사 대웅전, 부석사 무량수전, 부석사 조사당, 율곡사 대웅전

③ 사각형 단면+사다리꼴 평면 : 피향정

④ 사각형 단면+직사각형 평면 : 세병관

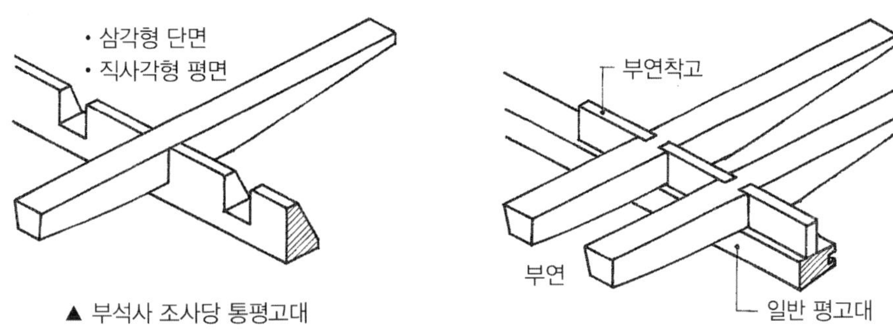

| 통평고대와 일반 평고대 |

SECTION 03 평고대의 결구

01 | 평고대의 고정

① 연목 끝에서 1~2치 들이고 연목 상부에 못으로 고정

② 가급적 아래에서 이음부가 보이지 않도록 설치

02 | 평고대와 평고대의 이음

① 평고대는 가급적 긴 부재를 사용하여 이음부를 적게 하여 설치

② 한 면에서 3개 정도의 부재를 이어서 사용

③ 연목 상부에서 이음

④ 직평고대와 조로 평고대는 선자연 막장에서 1~2개 정도 연목을 지나서 평연 구간에서 이음

⑤ 빗이음, 엇빗이음, 엇턱이음, 반턱겹빗이음

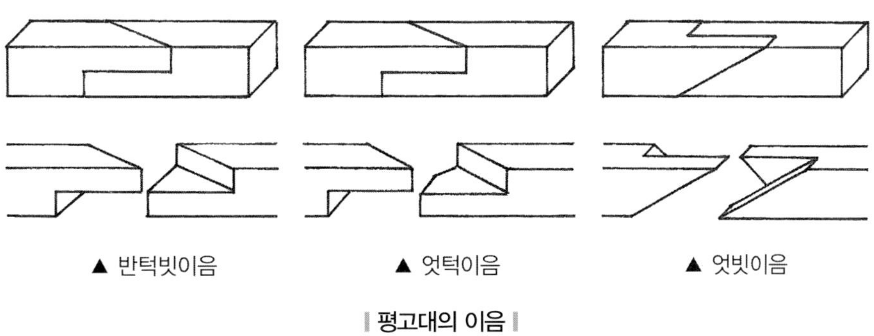

| 평고대의 이음 |

03 | 추녀, 사래 상면에서의 평고대 이음

① 평고대 상부에 연함이 설치되는 경우 : 평고대 마구리를 맞댐(연귀맞댐 또는 턱솔맞춤)

② 겹처마의 초매기 평고대 : 추녀 또는 추녀와 사래에 통파서 물림

04 | 평고대와 추녀, 사래의 결구

추녀, 사래의 상면에 걸치거나 5푼 정도 경사지게 빗홈을 파서 결구

05 | 평고대와 개판의 결구

① 맞댐 : 장부없이 맞댐(숭례문 등)

② 통맞춤 : 평고대 하부에 개판을 통맞춤(세병관, 선운사 참당암 대웅전 등)

③ 턱솔맞춤 : 개판과 평고대에 개판 두께의 1/2 정도 홈과 장부를 내어 결구(경회루 등)

④ 반턱맞춤(능가사 대웅전)

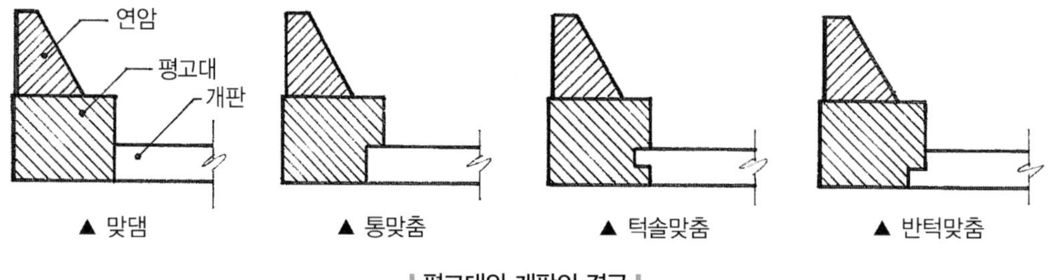

‖ 평고대와 개판의 결구 ‖

06 | 평고대와 박공의 결구(맞배지붕)

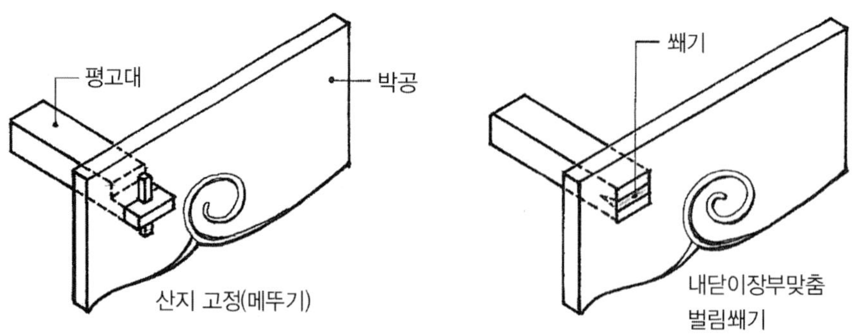

‖ 평고대와 박공의 결구 ‖

① 내단이 장부맞춤+벌림쐐기
② 장부맞춤+산지치기(메뚜기)
③ 기타 : 박공에 통맞춤 / 옆대고 못치기

SECTION 04 평고대 설치

01 | 추녀 설치

02 | 기준서까래 설치

① 건물 중심의 기준서까래와 평연 4 ~5장을 우선 설치
② 서까래 단부에 직평고대를 못으로 고정

03 | 조로평고대 설치

① 조로평고대를 추녀에 연결하고 평고대를 조정하여 앙곡 안허리곡 구성
② 평고대에 부목을 대고 탕개를 틀어 처마곡 설정
③ 조로평고대와 직평고대 이음

04 | 수평보기(물수평)

각면 평고대의 수평보기, 연목과 선자연 설치

05 | 이매기 평고대 설치

사래 설치 후 이매기 평고대 설치, 부연 설치

06 | 설치 시 유의사항

① 자연스런 곡재를 사용
② 조로평고대는 이음하지 않고 통부재 사용
③ 초매기와 이매기는 가급적 한자리에서 잇지 않도록 함
④ 평고대에 곡을 줄 때는 무리하게 곡을 잡아 부재 파손이 발생하지 않도록 점진적으로 시공
⑤ 부목을 사용하여 평고대 파손을 예방

LESSON 06

박공, 풍판

SECTION 01 박공의 구조

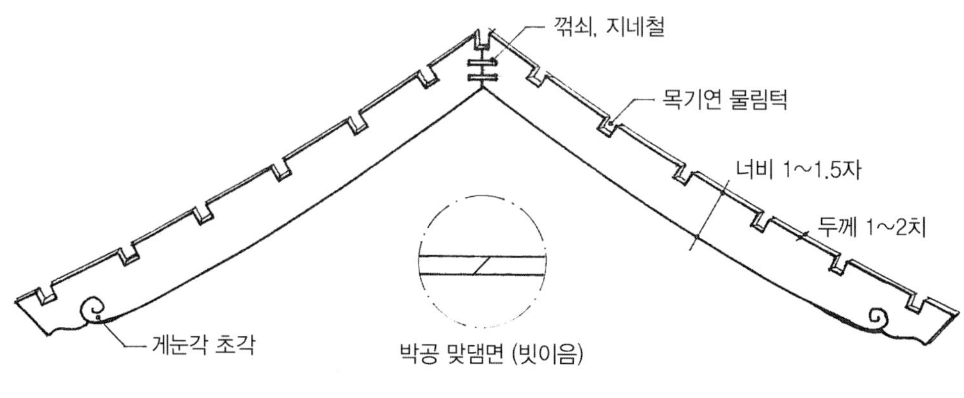

| 맞배집 박공부 구조 |

01 | 개요

① 개념 : 팔작지붕, 맞배지붕 건물 측면의 삼각형 벽면에서 지붕 끝에 붙인 널

② 기능 : 목부재 보호 / 목기연 설치 바탕재 / 도리뺄목부 은폐 / 측면 벽체 의장

③ 종류 : 박공(맞배지붕), 합각박공(팔작지붕)

02 | 형태

① 솟을각

㉠ 전후면 박공이 용마루에서 ㅅ자형으로 맞닿는 부분(박공머리)

㉡ 지네철, 꺾쇠 등으로 마감

② 마구리

㉠ 합각처마는 측면 지붕 수키와 설치를 감안한 높이에서 직절(팔작지붕)

㉡ 박공처마는 게눈각을 새겨 모양을 냄 / 평고대 고정(맞배지붕)

③ 욱음 : 중간부에서 지붕면 맞지름물매의 1/10 ~1/20의 깊이로 휘어내림

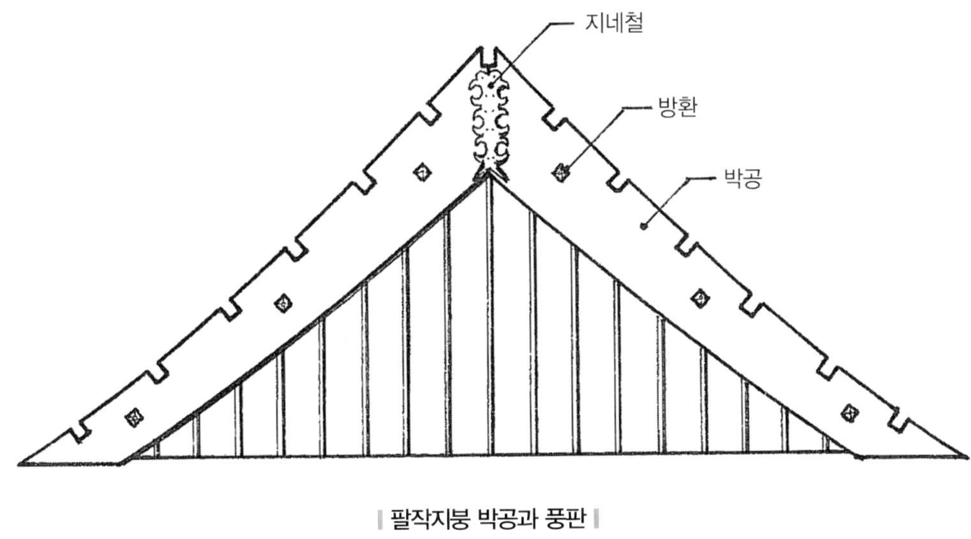

팔작지붕 박공과 풍판

03 | 박공의 규격

① 통재 또는 이음재 사용

② 두께 : 1~2치

③ 너비 : 1~1.5자(집우사의 옆면을 감추고, 도리뺄목을 1~2치 이상 덮는 정도)

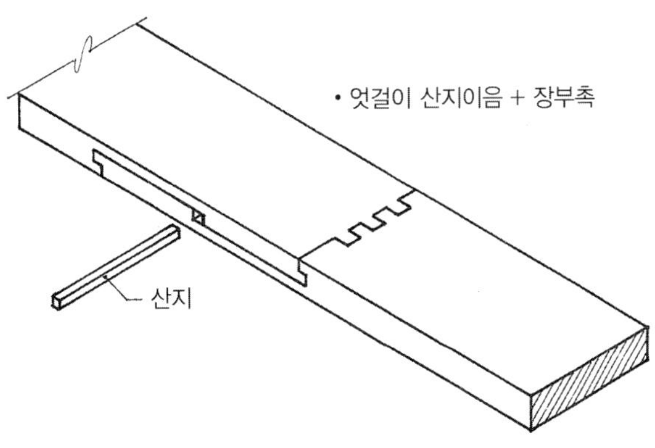

경회루 박공 이음재 사용

04 | 박공의 결구

① 전후면 박공 빗이음

② 연목, 집우사, 누리개, 적심, 도리뺄목 등에 못박아 고정(못자리에 방환 설치)

③ 박공 이음부에 지네철, 꺾쇠 설치

④ 목기연 물림턱 설치(통맞춤, 반턱맞춤, 턱물림)

SECTION 02 풍판의 구조

01 | 개요

① 개념

㉠ 비바람으로부터 목부재를 보호하기 위해 합각처마, 박공처마에 설치되는 판벽

㉡ 팔작집의 합각벽, 맞배집의 측벽에 널재를 배열하여 설치한 틀

② 기능 : 합각벽 마감, 우수로부터 벽체 보호, 의장성

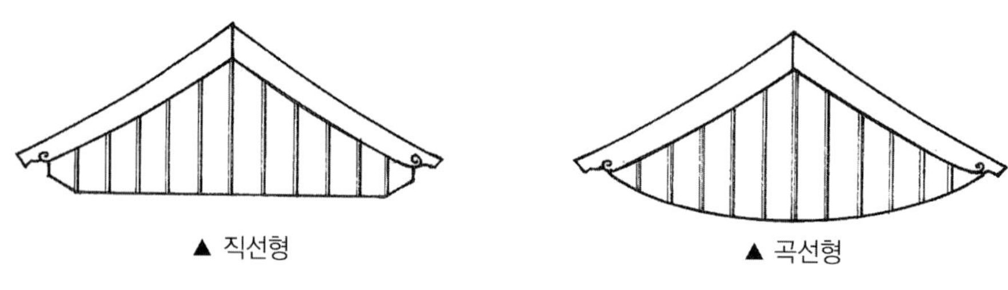

▲ 직선형 ▲ 곡선형

| 맞배집 풍판의 유형 |

02 | 구성부재

① 집우사 : 풍판, 박공널을 고정하는 서까래 방향의 경사부재(집부사)

② 솔대 : 풍판 널재 사이의 틈을 막는 띠 형태 각재 / 두께 3~6푼, 너비 1.5~2치(틈막이대)

③ 풍판널 : 두께는 0.8~1.2치 / 너비는 8치 이상

④ 띠장, 장선, 선대 : 3치각 각재

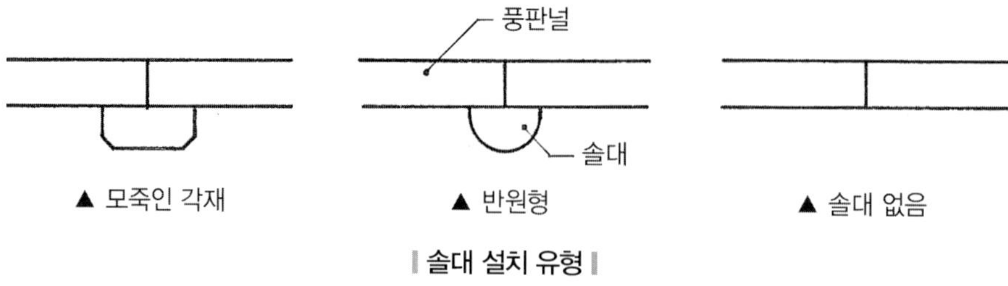

▲ 모죽인 각재 ▲ 반원형 ▲ 솔대 없음

| 솔대 설치 유형 |

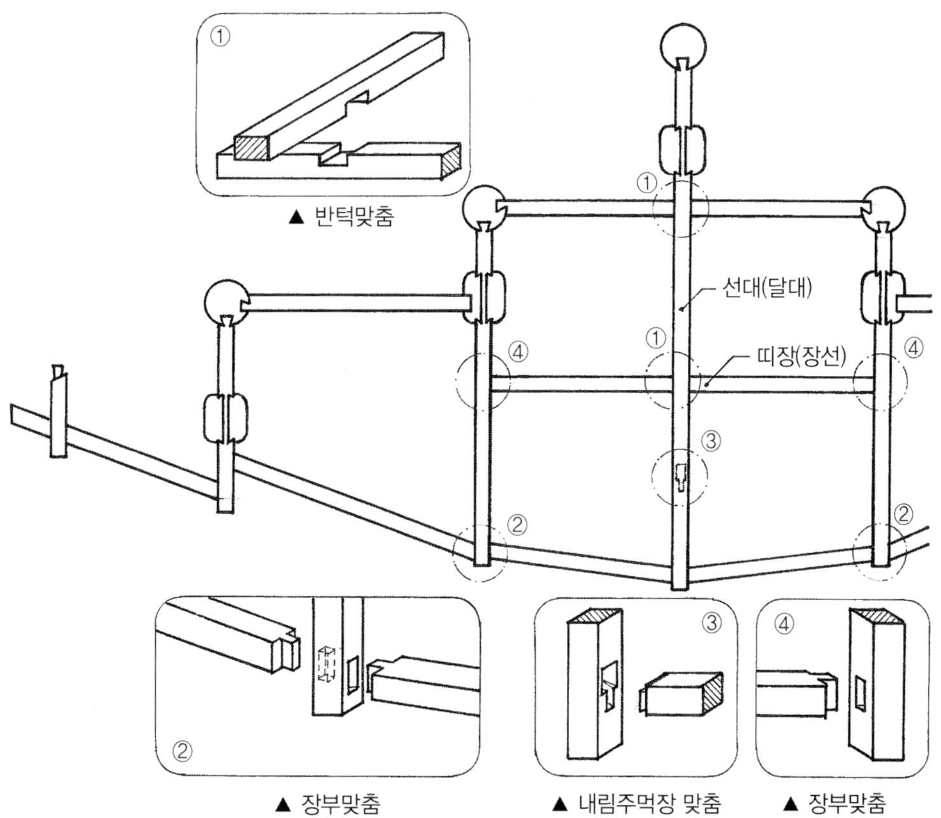

‖ 맞배지붕 풍판틀의 구조 ‖

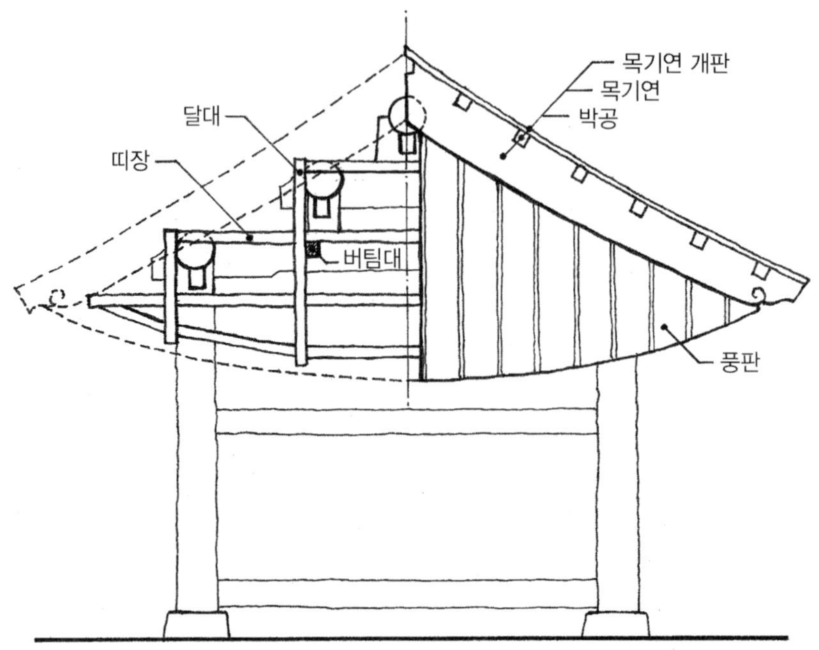

맞배지붕 풍판 설치구조 ①

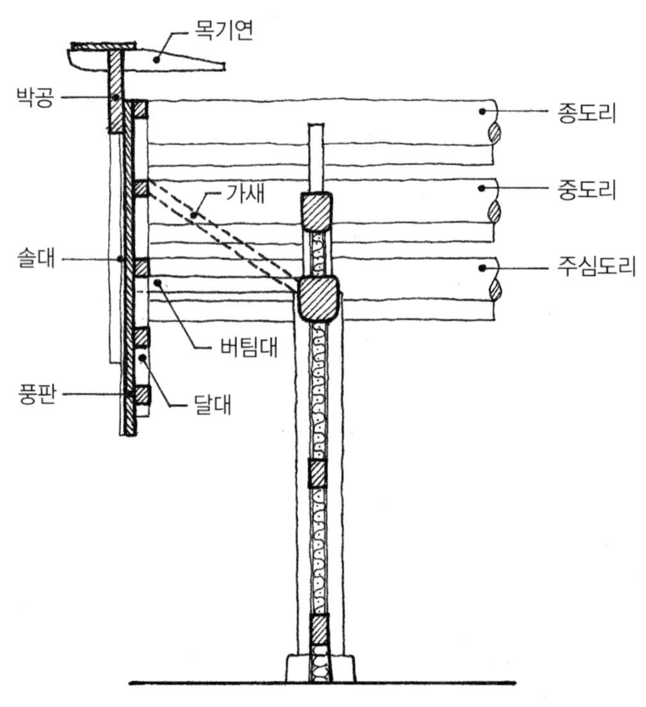

맞배지붕 풍판 설치구조 ②

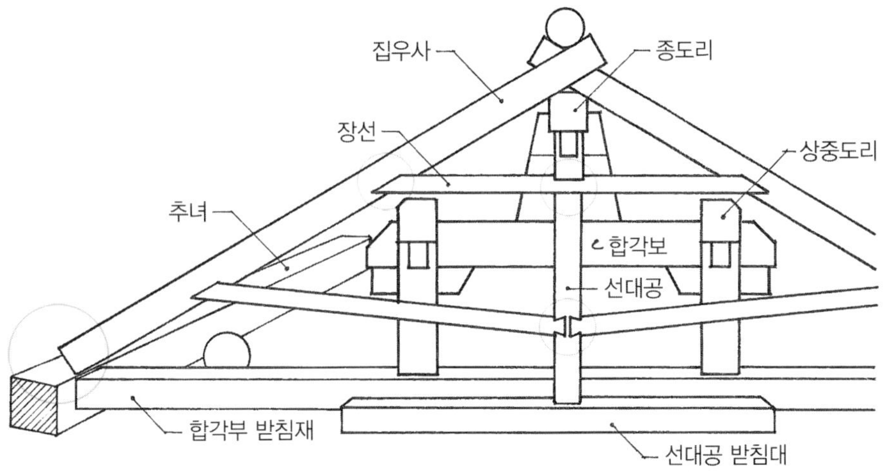

‖ 팔작지붕 풍판틀의 구조 ‖

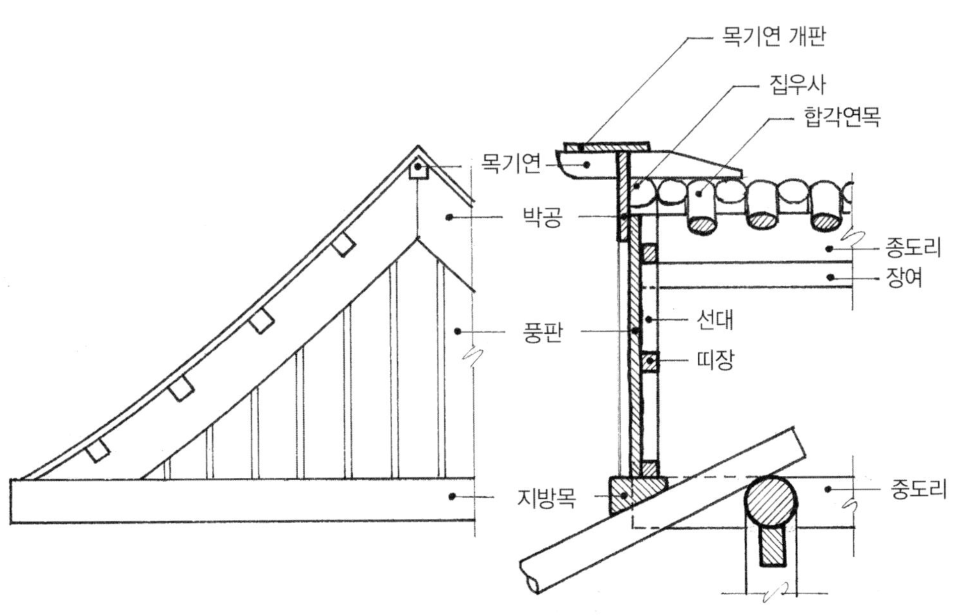

‖ 팔작지붕 합각부 박공과 풍판 설치구조 ‖

LESSON 07 처마부 보수사례

SECTION 01 송광사 대웅전

① 부식되고 파손된 추녀, 길이가 부족한 추녀, 부식이 심하고 뒤뿌리가 파손된 사래 교체
② 마구리만 파손된 사래는 보존처리 후 재사용
③ 상태가 양호한 추녀를 기준으로 처마내밀기, 앙곡, 안허리곡 재설정
④ 추녀에 부착된 꺾쇠 등 고정철물을 우선 제거 후 사래 해체, 강다리 해체, 추녀 해체
⑤ 강다리 대신 철제 앵커볼트 삽입, 사래정 위치에 볼트를 박아 고정
⑥ 장단연 덧서까래 방식에서 엇걸음 방식으로 변경
⑦ 상중도리에 접하지 않은 단연을 도리의 레벨조정으로 상중도리에 지지되도록 변경
⑧ 선자연, 마족연이 혼용된 귀서까래를 선자연으로 재시공
⑨ 부식되거나 뒷길이가 부족한 부연 교체

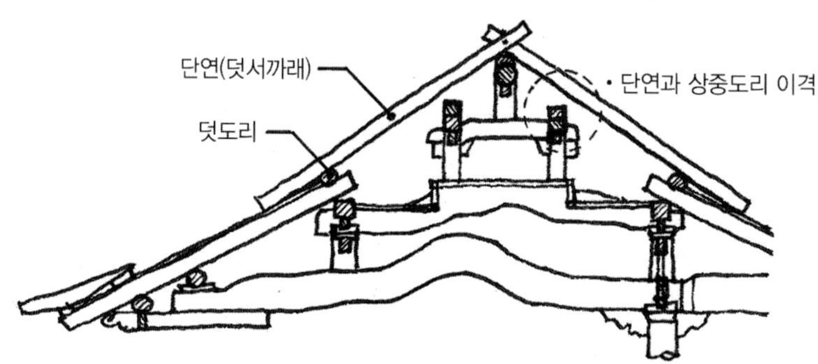

송광사 대웅전 수리 전

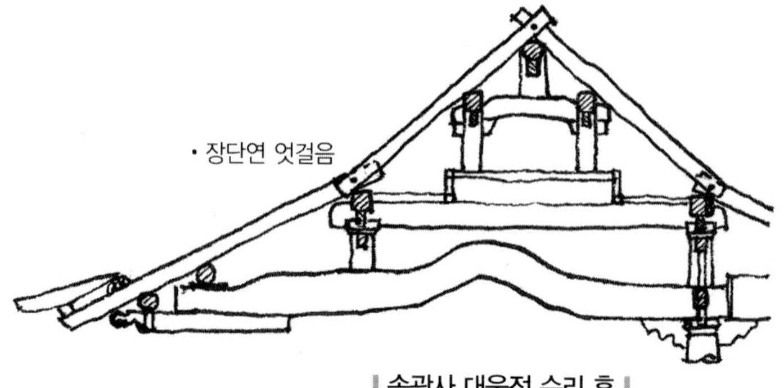

송광사 대웅전 수리 후

SECTION 02 하동 쌍계사 대웅전

01 | 훼손 현황

① 사용된 연정의 수가 극히 작고 길이가 짧아 연목이 도리에 제대로 고정되지 않음
② 선자연이 엇선자로 결구되었으며 따로 떨어진 곳도 있어 선자연이 추녀와 일체가 되지 못함
③ 연목 누리개가 튼튼하게 설치되지 않고 없는 곳이 있어 연목이 들뜨거나 흘러내림
④ 추녀 흘러내림과 뒤뿌리 들뜸
⑤ 귀처마의 평고대가 파손되고 처마의 파도현상 발생

02 | 훼손 원인

① 연정의 사용량이 극히 적고 길이가 짧아 연목의 이탈을 방지하지 못하고 처마부 변형 유발
② 선자연의 뒤뿌리가 내목도리에 걸리고 있어 내목이 짧아 처마부 하중 지지에 한계
③ 결구 부실로 추녀가 아래로 흘러내리면서 하중이 외목도리에 집중되고 귀포의 변형을 가속화

03 | 보수 방안

① 합각부에 변형이 발생하지 않도록 합각받침재를 견실히 결구
② 합각부 종도리에 30mm의 귀솟음
③ 추녀의 이탈과 뒤뿌리 들뜸을 방지하기 위해 중도리에 추녀정, 감잡이쇠, 꺾쇠 설치
④ 선자연을 모두 정선자로 교체하고 추녀와 일체화
⑤ 평부연으로 설치된 선자부연을 모두 고대부연으로 교체하고 뒤뿌리를 길게 치목 조립
⑥ 단면이 작았던 집우새와 합각연목을 단연보다 굵은 통나무를 사용하여 설치
⑦ 집우사와 합각연목의 처짐을 방지하기 위해 버팀목 설치

04 | 수리에 따른 처마선 이동

① 침하된 초석의 드잡이, 공포부 및 연목 재설치 결과 처마선이 높아지고 후퇴함
② 이완된 지붕가구를 보수하고 물매를 조정한 결과 지붕면 길이가 줄고 용마루 높이 증가
③ 처마선이 이동함에 따라 기단부 재시공(1자 정도 뒤로 이동하여 재설치)

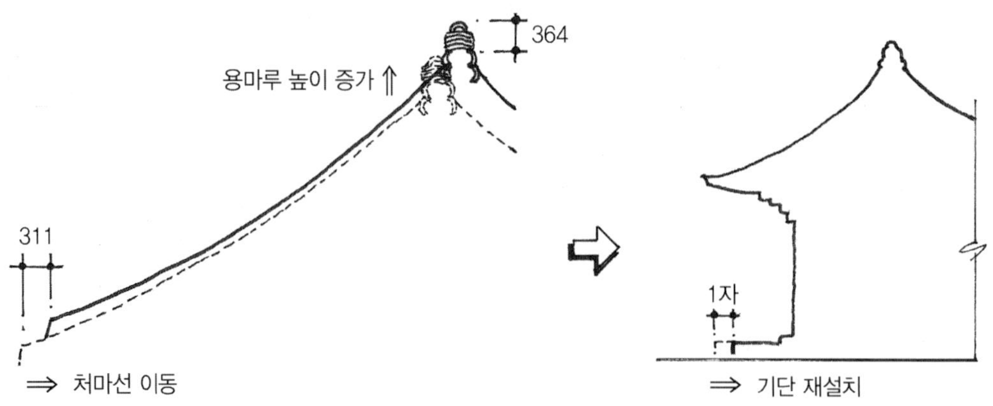

Ⅰ 하동 쌍계사 대웅전 수리 사례 Ⅰ

SECTION 03 북지장사 대웅전

01 | 훼손 현황 및 원인

① 추녀의 뒷길이 부족, 귀서까래와 추녀의 결구 부실, 도리뺄목 파손

② 장연의 직경, 길이 부족

③ 덧추녀 : 추녀와 사래 위에 3개 정도의 원목형태 부재를 그레질 없이 철선 등으로 연결

④ 추녀의 뒷길이가 부족하여 상부에 합각 지방목, 장연 누리개와 결구되지 못함

⑤ 사래의 마구리에 가공한 추녀 물림턱이 깊어 사래의 단면손실이 큼

⑥ 개판에 못박아 고정하여 건조 후 뒤틀림에 의해 개판이 깨지거나 못자리에 균열 파손 발생

⑦ 사래 마구리 파손에 따라 이매기가 이동하여 안허리곡이 흩어지고 부연이 처짐

⑧ 일부 선자부연의 뒷길이 부족, 뒤초리에 받침목 없이 이격 상태 → 부연 처짐

⑨ 사래 뒤초리가 외출목도리에 이르지 못함

02 | 보수 방안

① 부식 및 뒷길이 부족이 심각한 추녀와 사래를 전량 교체하여 뒷길이를 충분히 확보

② 사래는 내민길이 2배 이상의 뒷길이 확보

③ 장연은 뒷길이를 확보하여 중도리에 고정하고 단연과 엇걸음 결구(연침, 연정 설치)

④ 귀서까래는 마구리를 타원형으로 하여 추녀에 밀착

⑤ 전후면 추녀 상부에 얹혀 추녀 뒤뿌리를 고정하는 추녀 누리개 설치

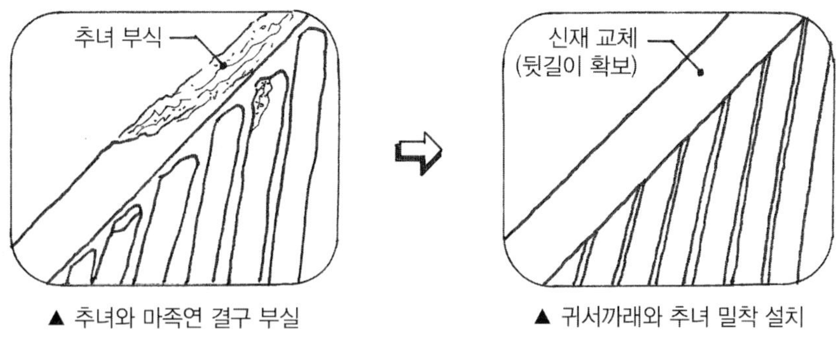

| 북지장사 대웅전 귀처마 수리 사례 |

SECTION 04 제주 관덕정

① 철골 강다리 설치, 박공 및 풍판 재설치

② 도리뺄목에 고정되지 못한 풍판 재설치(p.373 그림 참조)

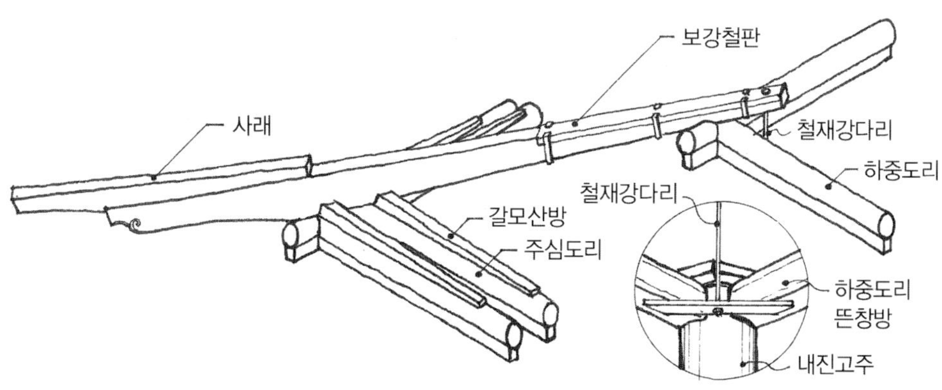

| 관덕정 철골 강다리 설치 |

문화재수리보수기술자

한국건축구조와 시공 ❶

PART 6 지붕부 구조와 시공

LESSON 01

기와의 종류와 구조

SECTION 01 지붕의 종류

① 지붕 : 건물의 벽체 위에 설치하여 건물의 최고부를 가린 구조체의 총칭

② 재료 : 기와, 이엉, 굴피, 너와(목재, 돌)

③ 형태 : 맞배지붕(박공지붕), 팔작지붕(합각지붕), 우진각지붕, 모임지붕, 솟을지붕, 부섭지붕(가적지붕)

④ 단면형태 : 욱은지붕, 부른지붕

SECTION 02 기와의 종류

01 | 형태별 종류

① 평기와 : 암키와(바닥기와), 수키와

② 막새기와

㉠ 암막새, 수막새, 귀막새

㉡ 초가리기와(서까래초가리, 부연초가리, 추녀초가리, 사래초가리)

③ 장식기와 : 용두, 취두, 치미, 귀면, 잡상, 망와(곱새기와), 절병통 등

④ 이형기와 : 모서리기와, 어새, 보습장, 착고기와

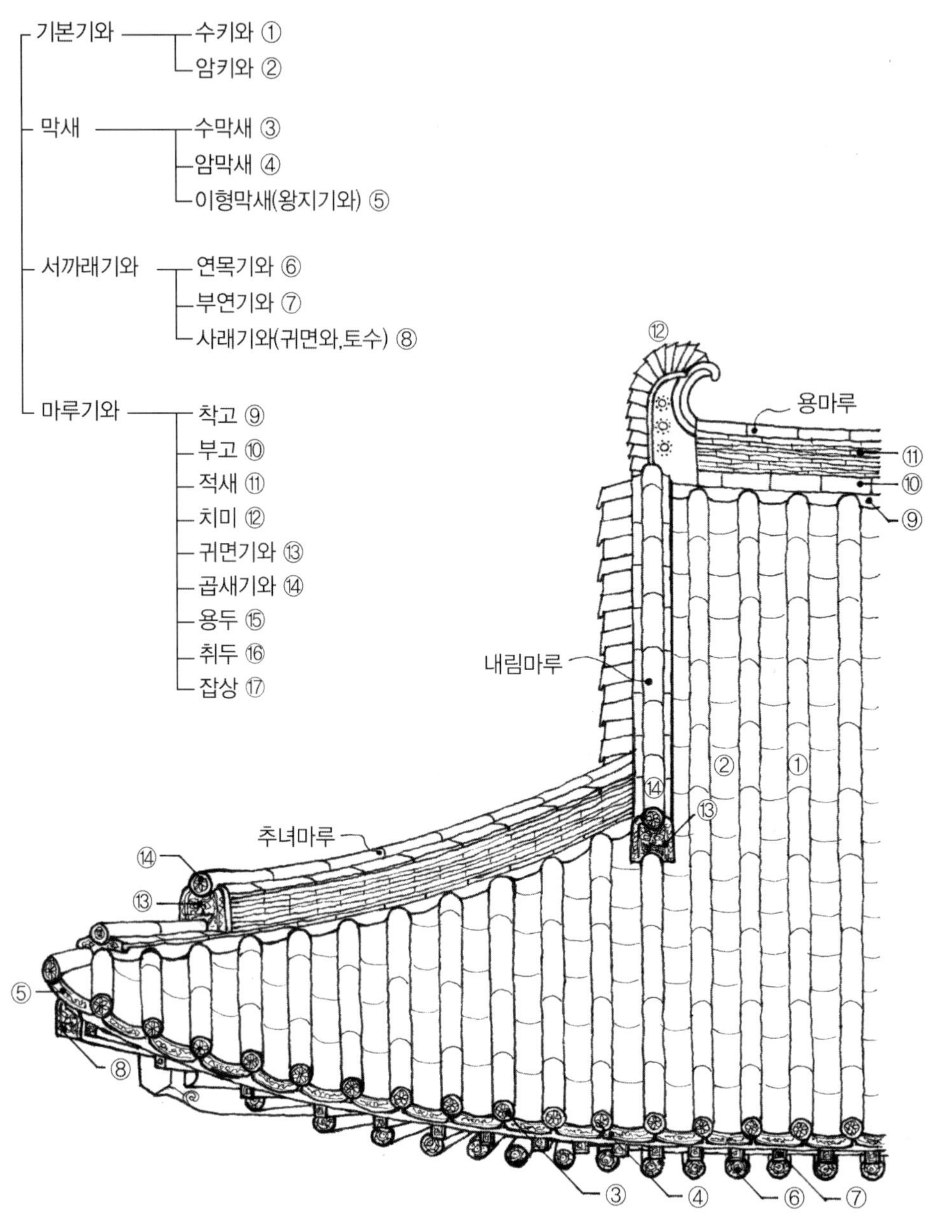

기와의 종류와 용도 ①

02 | 규격별 종류

특대와, 대와, 중와, 소와, 특소와, 특수기와

03 | 제작방법별 종류

① 수제전통한식기와(전통가마) : 전통도구와 기법으로 제작한 한식기와

② 수제전통한식기와(현대가마) : 전통도구와 기법으로 제작하되 기와소성은 현대식 가마를 이용

③ 전통한식기와(현대가마) : 현대식 기계장비를 이용하여 제작한 한식기와

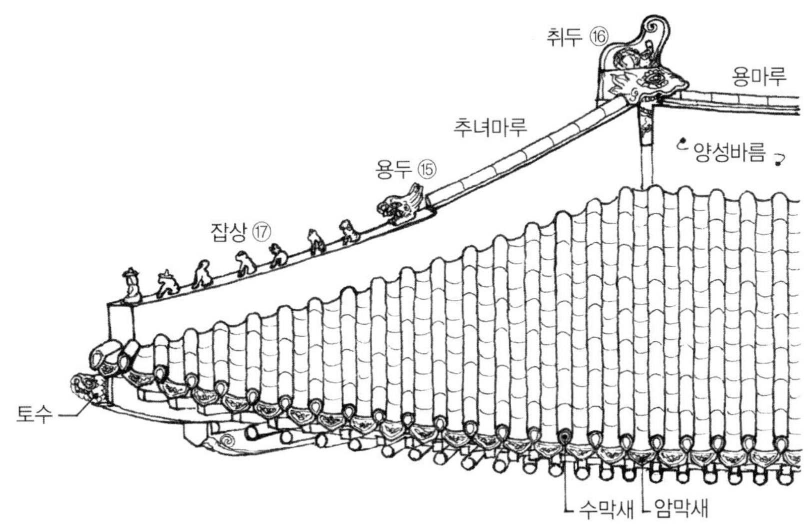

‖ 기와의 종류와 용도 ② ‖

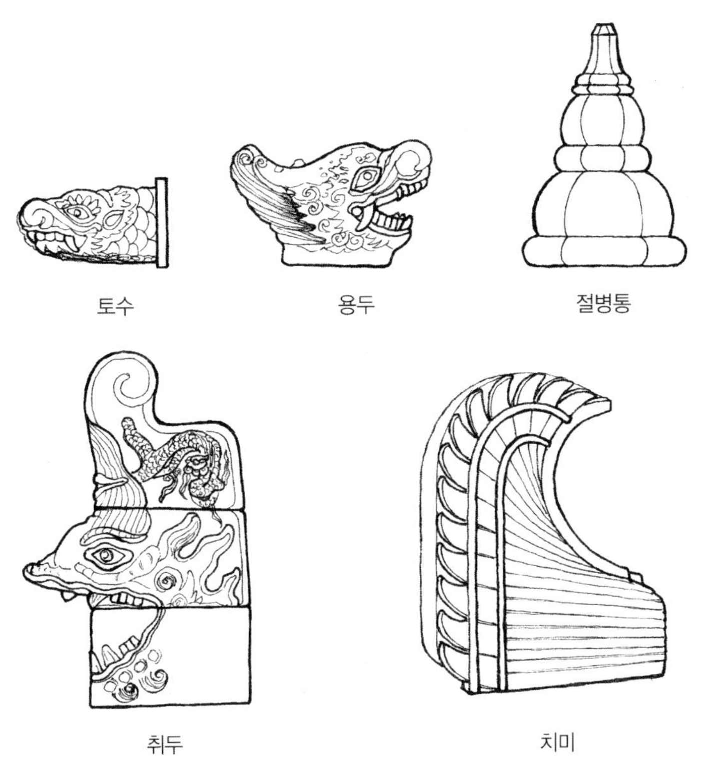

‖ 장식기와의 종류 ‖

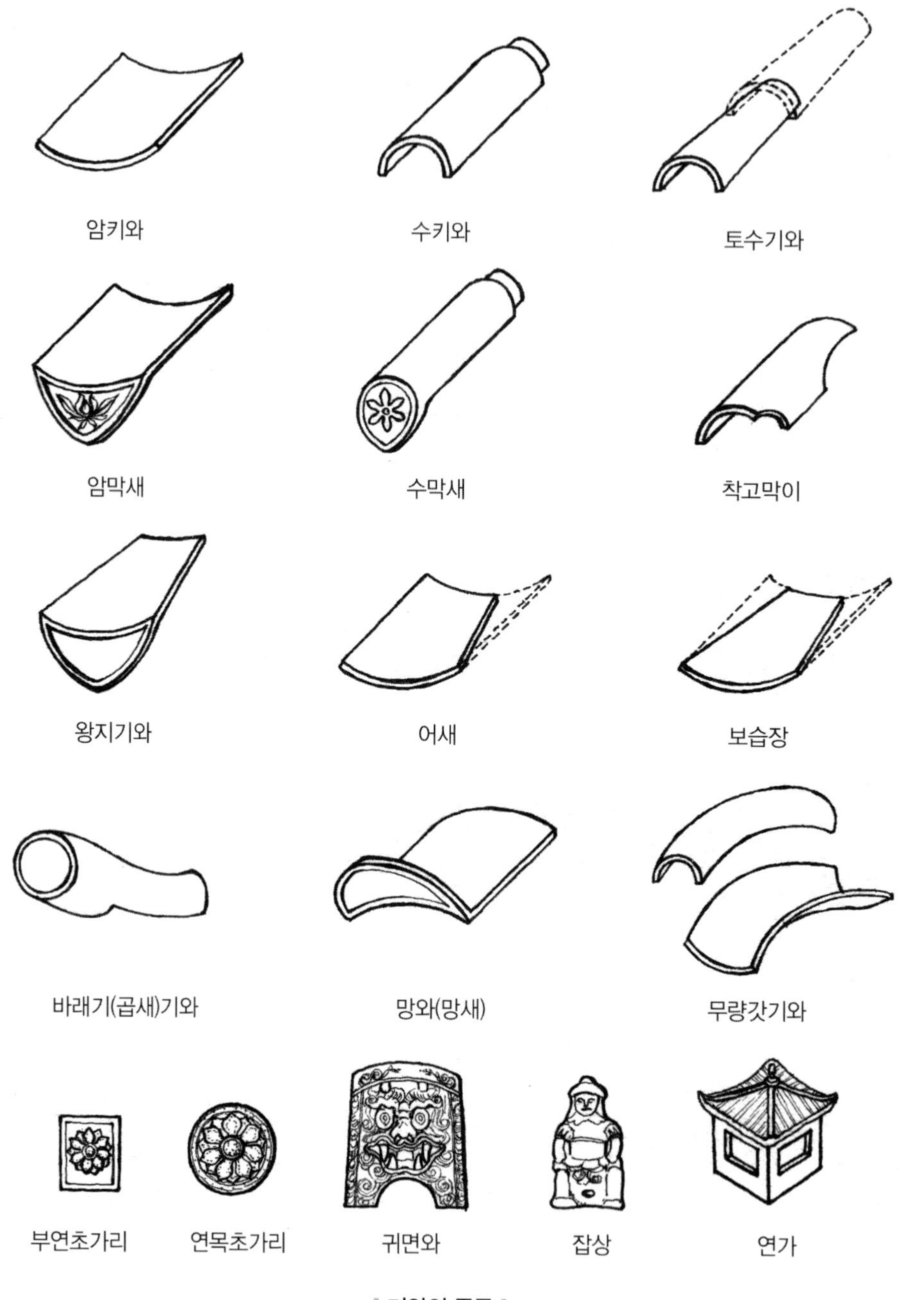
암키와
수키와
토수기와
암막새
수막새
착고막이
왕지기와
어새
보습장
바래기(곱새)기와
망와(망새)
무량갓기와
부연초가리
연목초가리
귀면와
잡상
연가

▌기와의 종류▐

▼ 전통한식기와(현대가마)의 규격

(단위 : mm)

종 별		암 키 와				수 키 와		
		길이	너비	두께		길이	너비	두께
				중앙부	단부			
표준 기와	특 소 와	180	175	11	9	190	108	15
	소 와	330	270	18	15	270	140	18
	중 와	360	300	21	18	300	150	21
특수 기와	대 와	390	330	24	21	330	170	24
	특 대 와	390초과	330 초과	30	24	330 초과	170 초과	24 초과
	특수기와	평(바닥)기와 이외의 기와 및 장식기와						

※ 한식공장제기와의 휨파괴 하중은 280kgf 이상으로 하고, 흡수율은 9% 이하

▼ 수제전통한식기와(전통가마)의 규격

(단위 : mm)

종 별		암 키 와					수 키 와			
		길이	너비		두께		길이	너비	두께	
			건장부	언강부	건장부	언강부			건장부	언강부
표준 기와	특 소 와	180	165	175	8	11	190	108	10	15
	소 와	330	260	270	12	18	270	140	12	18
	중 와	360	290	300	14	21	300	150	14	21
특수 기와	대 와	390	320	330	16	24	330	170	16	24
	특 대 와	390 초과	320 초과	330 초과	16 초과	24 초과	330 초과	170 초과	16 초과	24 초과
	부속기와	평(바닥)기와 이외의 기와 및 장식기와								
	옛 기 와	근대기 이전에 만들어져 각 건물에 남아 있는 기와								

※ 건장부 : 건장채로 두드려 얇게 만든 기와의 아래쪽 부분

※ 언강부 : 기와이기 시 기와의 위쪽 부분, 수키와에서는 위쪽 기와의 건장부가 얹히는 부분

※ 허용오차는 길이 및 너비 ±10mm, 두께 ±3mm, 수키와 길이는 언강부를 제외한 치수임

※ 전통수제기와의 휨파괴 하중은 150kgf 이상, 흡수율은 16% 이하, 비중은 1.8 에서 2.1 사이

04 | 기와의 검사방법

① 현장검사

㉠ 육안검사 : 기와의 규격, 형태, 색상, 등무늬 등이 적정하게 제작되었는지 검사

㉡ 타음검사 : 기와의 한쪽을 잡고 수직으로 하여 나무망치로 하단부를 가볍게 두들겨서 그 음색이 청음이 나는 것은 합격품, 탁음이 나는 것은 불합격품으로 처리

㉢ 육안검사, 타음검사의 검사결과가 불확실한 경우에는 정밀검사 실시(흡수율, 휨강도, 동파검사)

② 검사용 기와 선정방법

㉠ 수리현장별로 암키와, 수키와의 표본을 채취하여 실시하며, 한 장이라도 불합격한 경우에는 전부를 불합격 처리

㉡ 검사기와의 수량은 보충기와 중 암키와 및 수키와 합계 수량이 3,000매 이하일 경우 검사 항목별 각각 3매씩 검사하고 3,000매 초과 시마다 1매씩을 추가 검사. 수제전통한식기와(전통가마)의 경우 1,000매 기준

㉢ 보충기와가 KS인증제품일 경우에는 수리현장 납품 시 기와검사를 생략하며, 보충기와가 전통한식기와(현대가마)로서 수량이 1,000매 미만일 경우, 제조회사의 시험성적서를 제출하게 하여 반입기와가 설계도서상의 조건에 적합한지를 확인함으로써 검사 생략 가능

㉣ 검사용 표본의 채취는 담당원과 현장대리인의 입회하에 실시하고, 담당원은 표본에 확인 · 서명

SECTION 03 기와의 구조

01 | 기와의 사용

① 기와 : 점토를 재료로 모골 등의 제작틀을 사용해 가마 속에서 고온소성한 건축부재

② 기와의 사용

㉠ 방수성, 방화성, 내구성, 의장성의 이점으로 국가 및 고급 건축물에서 사용

㉡ 우리나라의 기와 사용

- B.C 3~2세기 고조선시대 유물 존재 / 삼국시대부터 본격적으로 사용
- 고구려 국내성, 환도산성 유적에서 붉은색 기와, 귀면 연화문 막새, 미구 기와, 토수기와 등 출토

02 | 기본기와(바닥기와, 평기와)

① 수키와 : 토수기와, 미구기와

② 암키와 : 평와, 골기와, 바닥기와

03 | 막새

① 막새 : 암키와, 수키와의 한쪽 끝에 문양을 새긴 드림새를 덧붙여 제작한 것

② 수막새 : 연꽃문양이 주가 되고 보상화, 귀면, 금수 등 다양한 무늬 조식

③ 암막새

㉠ 통일신라 직후부터 본격적으로 제작 사용

㉡ 당초무늬가 주가 되고, 포도, 화엽, 서조, 기린, 용 등을 조식

④ 모서리기와

㉠ 통일신라시대 유물에서 확인됨(왕지기와)

㉡ 조선시대에는 암키와를 가공하여 보습장, 어새 형태로 사용

⑤ 시대적 특징

㉠ 고려시대 : 귀목문 수막새, 청기와 사용 / 암막새 드림이 넓어지고, 각도가 변화

㉡ 조선시대

- 수막새(난형), 암막새(오각형, 반달형 등)
- 다양한 장식기와는 소멸된 반면 문양이 다양화
- 암막새 문양(용문, 거미문, 박쥐문, 귀면문, 화문, 문자문, 당초문)
- 수막새 문양(봉황문, 화문, 완자 · 수자 · 희자문, 박쥐문, 동물문, 추상문, 팔괘문 등)

⑥ 막새 드림의 시대적 차이

㉠ 드림의 각도 : 직각(삼국시대) → 70도(고려시대) → 50도(조선시대)

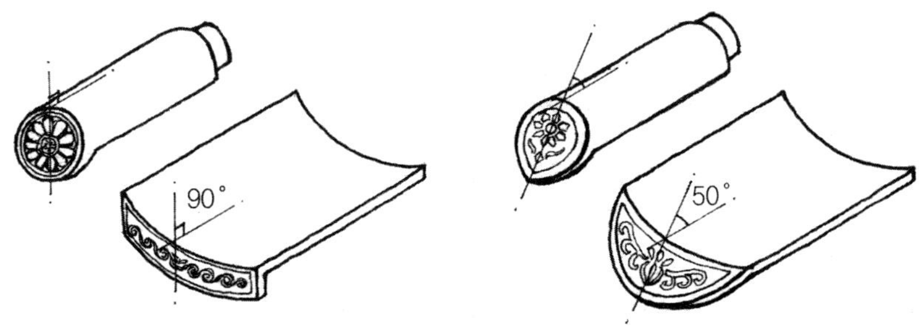

막새 드림의 각도와 형태 변화

㉡ 드림의 형태

- 삼국시대 : 암막새 드림은 암키와의 단면을 따라 띠형으로 제작
- 고려시대 : 드림의 중간부분이 넓어지고, 좌우편이 오목하게 장식
- 조선시대 : 중간이 크게 늘어져 넓게 되고 반원형 또는 다각형

㉢ 수막새 드림은 원형에서 타원형, 난형으로 변화

㉣ 막새의 문양은 연화문, 당초문을 기본으로 고려시대에는 목문, 범자문이 사용되고 조선시대에는 봉황, 용(궁궐 및 권위건물), 박쥐무늬, 국화무늬, 문자(수, 희, 복, 범자) 등이 사용됨

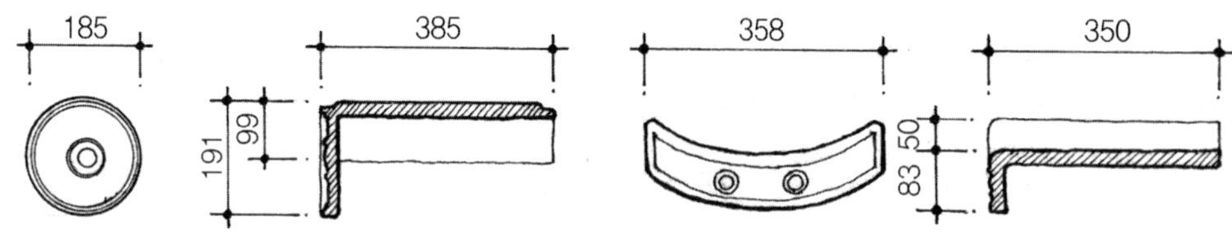

부석사 무량수전 막새기와 실측도

04 | 초가리기와

① 개념

㉠ 목부재의 마구리면 보호를 위해 사용되는 면막기용 기와

㉡ 서까래, 추녀 등의 마구리에 고정하여 부식방지와 의장 목적으로 설치

② 종류 : 연목 초가리기와, 부연 초가리기와, 추녀 초가리기와, 사래 초가리기와, 토수

③ 사래기와

㉠ 귀면이나 연화문을 조식하여 사래 마구리에 못으로 고정하는 원두방형 기와

㉡ 삼국시대 후기부터 사용

㉢ 고려후기 이후로는 암키와를 못박아 대거나 토수 제작 사용

④ 토수 : 고려 후기 이후 출현 / 이무기, 잉어 등의 형상

05 | 마루기와

① 종류 : 적새, 착고, 부고, 치미, 취두, 용두, 귀면, 망와, 잡상

② 취두 : 치미 대신에 고려 중기 이후에 용두와 함께 새롭게 나타난 장식기와(벽사와 길상)

③ 용두 : 조선시대에 성행 / 내림마루, 추녀마루에 잡상과 함께 사용

④ 귀면와

㉠ 내림마루, 추녀마루 단부를 마감 / 곱새기와(바래기기와) 등과 함께 사용

㉡ 삼국시대 이후 출현, 통일신라시대 성행, 조선시대에는 머거불 등으로 대체

LESSON 02

산자, 개판

SECTION 01

산자의 구조

01 | 개요

① 개념

㉠ 싸리나무, 대나무, 쪼갬목 등을 서까래 위에 가로로 걸쳐대고 새끼로 엮은 것

㉡ 알매흙과 치받이흙을 바르는 바탕재

② 종류 : 대나무산자, 장작산자 등

③ 재료

㉠ 대나무, 싸리나무, 쪼갬목(장작), 갈대 등을 사용

㉡ 산자의 규격은 일반적으로 길이 900mm 이상, 지름 60mm 이하

02 | 산자엮기

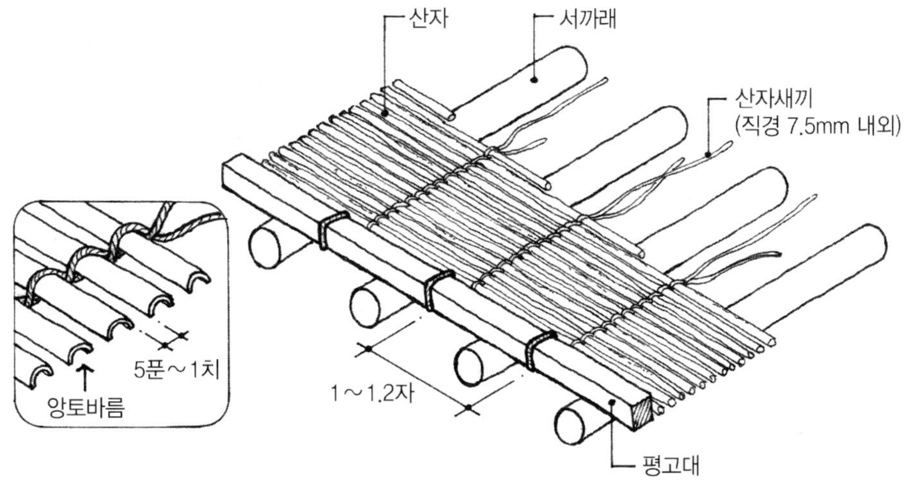

▌산자엮기 설치구조▐

① 당골벽치기

못, 대나무, 쪼갬목 등으로 연목 사이에 X자 가새 설치 후 당골벽치기(초벌)

② 산자받이재 설치

㉠ 평고대와 접하는 연목 단부에서 앙토가 잘 되도록 연목상부에 짧은 쫄대 설치

㉡ 평고대와 맞닿는 서까래 윗부분에 앙토바르기 두께 이상의 산자받이재 설치

㉢ 서까래 방향으로 90mm 이상 덧대어 앙토바르기 마감이 평고대 밑면과 수평을 이루게 함

③ 산자새끼 설치

㉠ 산자새끼 : 짚을 꼬아 만든 새끼. 삼, 칡넝쿨, 등나무넝쿨 등을 사용

㉡ 지름 7.5mm 내외의 산자새끼를 초매기 평고대에서 종도리에 걸쳐 설치

㉢ 1~1.2자 정도의 간격으로 산자새끼를 놓고 산자를 올려 놓음

④ 산자엮기

㉠ 2줄의 산자새끼를 엇갈리게 해 평고대에서 종도리까지 엮어 나감

㉡ 평고대에 새끼를 감은 뒤 한가닥은 종심목에 감아놓고, 다른 가닥으로 밑에서부터 엮어 올라감

㉢ 산자의 양끝 부분은 서까래 위에 걸쳐지도록 설치

㉣ 산자는 연목 위에서 100mm 이상 겹치도록 시공

㉤ 대나무 산자의 경우, 흙의 접착력을 고려해 대나무 안쪽면이 치받이흙에 접하도록 설치

㉥ 진새, 앙토의 접착을 고려해 산자 사이는 재료에 따라 5푼~1치 내외 이격을 두고 설치

⑤ 산자누리개

㉠ 산자 고정을 위해 각목, 피죽 등을 산자 위에서 연목에 고정

㉡ 연목 물매가 5치 이상 된물매일 경우 90mm 이하의 각재로 서까래와 직교하여 설치, 철물 고정

⑥ 진새치기

㉠ 진새흙 : 산자 위에 이겨서 까는 흙 / 진새 두께는 50mm 내외

㉡ 진새흙은 진흙에 여물 등을 이겨서 산자 위에 치기

㉢ 진새흙이 산자 사이로 불거지게 하여 앙벽바르기 부착력을 좋도록 함

03 | 산자엮기 유의사항

① 일반새끼보다 가는 산자엮기용 새끼 사용

② 못, 비닐 등 사용금지(치받이흙 탈락의 원인)

③ 앙토를 고려해 대나무 산자 사이 사이에 틈을 주고 이음

④ 산자를 엮은 상면에 각목(쫄대) 등을 사용해 산자누리개 설치(산자의 이동을 방지)

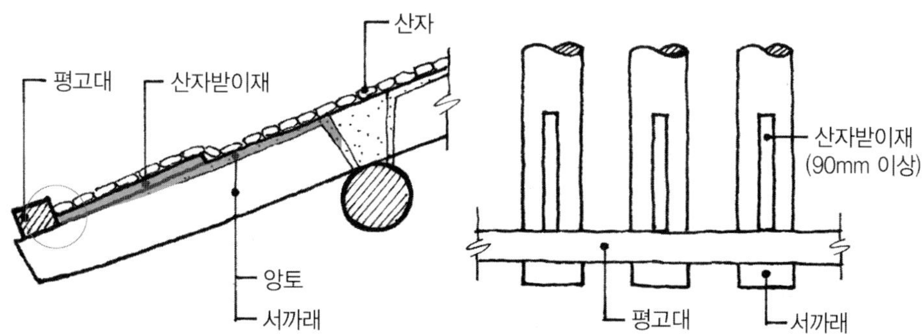

‖ 산자받이재 설치구조 ‖

SECTION 02 개판의 구조

01 | 개요

① 개판 : 연목 상부에 보토 등을 설치하기 위해 바탕재로 덮는 널
② 종류 : 골개판, 횡개판, 연목개판, 부연개판, 목기연개판

02 | 개판의 설치구조

① 재료
　㉠ 두께 6~8푼, 너비 1자 정도의 널재 사용(주요 건물은 두께 1치 이상)
　㉡ 건물 안쪽으로 설치되는 널 면은 대패질해서 평활하게 마감

② 골개판
　㉠ 서까래가 설치된 길이 방향으로 연목~연목 사이에 설치
　㉡ 연목에 못박고 구부려서 개판 고정
　㉢ 장단연 결구부, 전후면 단연 결구부에서는 그레질로 밀착
　㉣ 연목길이대로 사용하되, 불가피한 경우에는 이어서 사용
　㉤ 이음 시에는 도리 위에서 이음하여 밑에서 이음이 보이지 않게 함
　㉥ 맞댄이음, 제혀쪽매이음

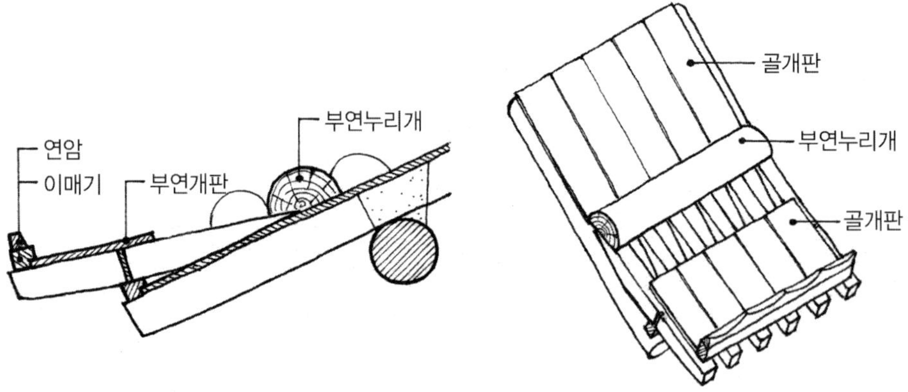

‖ 숭례문 골개판 설치구조 ‖

③ 가로개판(횡개판)

㉠ 서까래에 직각방향으로 서까래 사이를 건너질러 설치

㉡ 의장적으로 불리하여 민가나 소규모 건물에서 설치

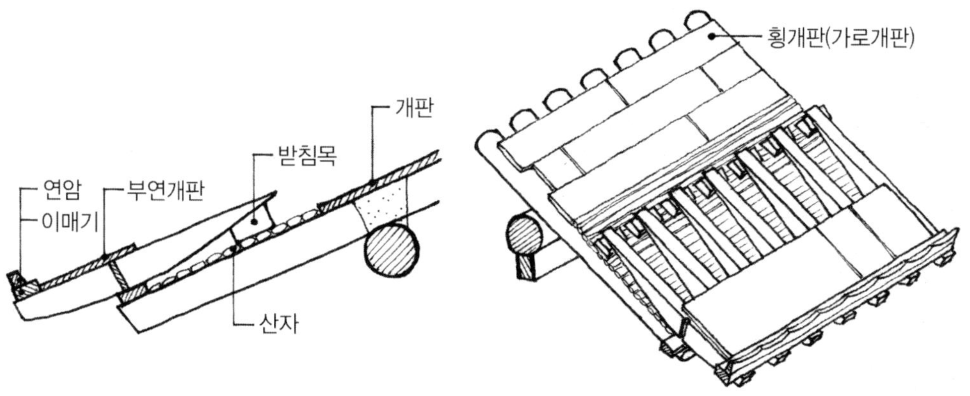

가로개판 설치사례

④ 덧개판

㉠ 부연개판 상부에 추가로 설치하는 개판. 가로개판(사례 : 근정전)

㉡ 부연 상부 누수방지

⑤ 목기연개판

㉠ 목기연에서 1치 정도를 들여서 목기연과 직각으로 지붕면을 따라 경사지게 설치

㉡ 목기연 개판 상부에 연암 설치

⑥ **부연개판** : 부연 착고를 1, 2치 넘어서는 길이로 설치

03 | 개판 설치 시 유의사항

① 널의 방향 : 수축에 따른 변형을 고려해 심재가 위로 가도록 설치

② 개판의 고정

㉠ 개판에 직접 못박지 않고 연목에 못박아 구부려 고정(수축 시 뒤틀림, 파손 고려)

㉡ 못은 한쪽에만 박거나, 양쪽을 박는 경우 서로 마주보지 않도록 교차해서 박음

③ 개판과 평고대 결구 : 맞댐, 반턱, 통맞춤, 턱솔맞춤 등

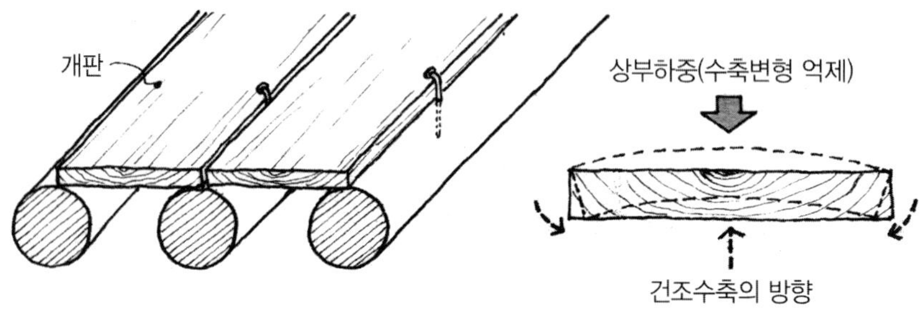

▌개판의 설치구조▐

LESSON 03

누리개, 적심, 종심목

SECTION 01 누리개

01 | 개요

① 개념

장연, 부연, 추녀, 사래 등 처마하중에 의해 뒤가 들리기 쉬운 부재들의 뒤끝을 눌러주기 위해 도리 방향으로 설치하는 누름목

② 설치구조

㉠ 껍질을 벗긴 통나무를 반으로 잘라 사용(통나무 반쪽 정도의 비교적 큰 부재를 사용)

㉡ 크기는 지름 300mm 내외, 길이 1.5m 이상의 것을 사용하되, 지붕물매에 따라 조정

㉢ 보수 시에는 재사용이 불가능한 도리, 추녀 등의 장재를 누리개로 사용하기도 함

02 | 누리개 설치

① **장연누리개** : 장단연 결구부, 측면 장연의 뒷부분에 가로로 걸치고 못으로 고정

② **부연누리개** : 부연 뒤뿌리 쪽에 설치

③ **선자연누리개** : 추녀 옆면에 홈을 파넣는 등 결속력 보강

④ **추녀누리개** : 한쪽을 추녀 상면에 걸치고 고정하거나, 전후면 추녀를 하나의 부재로 연결

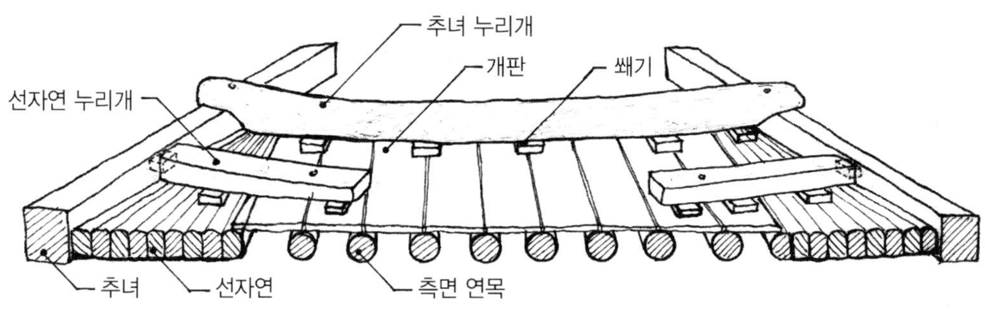

추녀, 선자연 누리개 설치 예시

03 | 시공 시 유의사항

① 누리개는 양질의 부재를 사용
② 누리개 고정못은 충분한 길이를 확보하여 연목과 일체화
③ 선자서까래 누리개를 설치할 때에는 선자서까래의 등과 누리개 사이에 앙곡으로 인한 빈 공간이 없도록 밀착되게 설치(그레질, 받침목)
④ 누리개는 적심 등과 같이 훈증, 방충 · 방부처리하여 사용

SECTION 02 적심

01 | 개요

① 개념 : 지붕면을 구성하기 위해 개판 산자를 설치한 상부에 설치하는 잡목
② 기능 : 하부의 목부재 보호, 지붕하중 및 지붕물매 형성, 지붕하중 경감

02 | 구조

① 재료 : 통나무 및 쪼갠 나무 등을 사용 / 공사과정에서 발생하는 불용재 등을 적층
② 적심의 길이 : 굵기의 10배 이상

03 | 적심의 설치

① 물매 고려 : 개판, 산자, 진새가 설치된 상부에 지붕의 물매를 고려하여 적층
② 적심의 고정 : 흐트러지거나 내려앉지 않도록 밀실하게 채우고 요소 요소에 못으로 고정

③ 설치 위치
㉠ 물매 구성을 위해 장단연 결구부 상부를 중심으로 전체적으로 펴 깔음
㉡ 우수에 취약한 측면의 합각부에는 합각벽 안쪽에도 적심을 충분히 설치

④ 설치 방법
㉠ 종도리 상부에서 처마까지 실을 띄운 후 자연스럽게 내려앉은 형태의 곡에 따라 설치
㉡ 기준실에 맞춰 물매를 따라 설치하고, 부족한 곳은 채워가며 지붕곡 형성
㉢ 물매가 5치 이상의 된물매일 경우에는 고정용 적심을 900mm 정도의 간격으로 서까래와 직교하여 설치하고 철물로 고정

04 | 시공시 유의사항

① 해체 시 유의사항

㉠ 고정용 철물을 빼내고 한 켜씩 해체(적심정 등 고정용 철물은 실측하여 보관)

㉡ 적심재는 크기, 부식 정도에 따라 구분하여 보관

㉢ 적심부재에는 이전 시기 치목 조립과정에서 발생한 구부재, 불용재 등이 함께 사용되므로, 묵서나 초각이 있는 부재 등에 유의

㉣ 적심은 인력으로 한 켜씩, 점진적으로 조사하며 해체

㉤ 건물의 원형이나 수리내용 등을 알 수 있는 적심부재에 유의

㉥ 적심부재를 통해 치목기법, 연장, 단청, 결구기법 등에 대한 조사

㉦ 적심재에 묵서명, 단청문양, 낙서 등의 흔적이 발견될 경우에는 담당원에게 즉시 보고

㉧ 적심재 중 장여, 공포재 등 보존 가치가 있다고 판단되는 것은 담당원의 지시에 따라 보관 및 처리

㉨ 적심재로 사용된 구부재 중 묵서명, 단청문양, 낙서 등의 흔적이 있는 것과 보존 가치가 있는 것은 일반 적심재와 별도 보관

㉩ 재사용 가능한 적심재는 별도 보관

㉪ 해체 부재는 습기 등에 의하여 부식되지 않도록 보관

② 조립 시 유의사항

㉠ 적심부재는 훈증, 방충 · 방부처리

㉡ 지붕누수가 쉽게 발생하지 않도록 양질의 적심 사용(피죽 사용 지양)

㉢ 적심은 이동되거나 내려앉지 않도록 밀실하게 시공

SECTION 03 종심목(적심도리)

01 | 개요

① 개념

㉠ 전후면 단연이 교차되는 상부에 놓인 도리 형태의 부재

㉡ 구르지 않도록 8각, 12각 정도로 원목을 치목

② 기능

㉠ 전후면 서까래의 결구를 보완하고 지붕마루를 쌓는 바탕재로 기능

㉡ 용마루곡 형성의 바탕재

02 | 구조

① 용마루의 높이, 지붕면의 물매에 따라 적심도리의 규격 설정

② 용마루곡 형성을 위해 측면으로 가면서 직경을 크게 하거나, 부재를 덧대거나 받침목 등을 두어 곡 형성

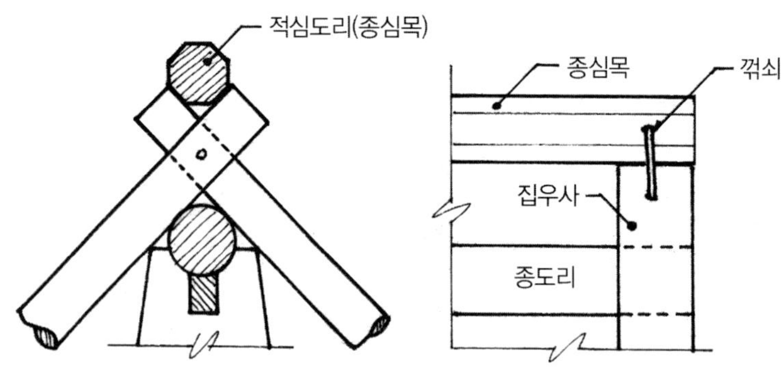

‖ 적심도리 ‖

LESSON 04

보토, 강회다짐

SECTION 01

보토

01 | 개념

① 지붕물매와 하중을 형성하기 위해 지붕부에 쌓는 흙

② 지붕물매 형성, 지붕하중 구성, 하부 목부재 보호, 단열재로 기능

02 | 강회보토

▼ 재료 및 혼합비 (1m^3당)

명 칭	단 위	수 량	비 고
진 흙	m^3	0.9	
생석회	kg	78	
마사(풍화토)	m^3	0.3	

SECTION 02 지붕생석회다짐(강회다짐)

01 | 개념

① 생석회

㉠ 생석회[강회, CaO] : 석회석을 약 900℃ 이상으로 가열하여 만든 무정형 백색결정

㉡ 소석회[$Ca(OH)_2$] : 생석회에 물을 작용하여 소화시켜 만든 백색분말 / 미장재료의 보조용

② 지붕생석회다짐 : 지붕면의 누수, 기와 처짐 방지를 위해 산자나 보토 위에 생석회와 흙을 혼합하여 시공하는 혼합재

02 | 시공

① 재료 및 혼합

㉠ 생석회에 가수하여 소화시킨 것을 마사와 혼합하여 다짐

㉡ 통상 보토층 100mm 위에 강회다짐 100mm를 지붕물매에 맞춰 펴 깔음

▼ 재료 및 혼합비 (1m³당)

명 칭	단 위	수 량	비 고
생석회	kg	128	
마사(풍화토)	m³	1.1	

② 생석회 피우기

㉠ 흙더미에 구덩이를 파고 생석회를 담은 후 물을 부어 소화

㉡ 생석회가 피워지면서 부피가 증가하는 것을 고려하여, 전체 웅덩이의 50% 정도만 채움

㉢ 물은 일정량을 한 번에 채움

㉣ 7일 이상 피워서 강회가 완전히 피워지도록 함

㉤ 강회를 피울 때 물은 가급적 적게 사용하며, 가수한 후에 높은 습도를 일정 기간 유지

㉥ 혼합된 반죽물은 뭉쳤을 경우 흘러내리지 않아야 함

③ 보토 및 지붕생석회다짐 시공

㉠ 보토 및 지붕생석회다짐은 설계도서에 제시한 두께로 다짐

㉡ 보토 상부에 일정 두께로 펴바름

㉢ 보토다짐의 윗면은 지붕물매 곡선으로 하고 평탄하게 다짐

㉣ 지붕생석회다짐은 보토 위에 다지고, 누수가 되지 않도록 밀실하게 펴 다짐

㉤ 충분한 기간을 두어 양생

㉥ 동절기 공사 시 유의

㉦ 상부에 새우흙을 깔고 기와이기

SECTION 03 보토, 지붕생석회다짐 시공 시 유의사항

① 사전에 지붕 트렌치조사를 통해 설치구조를 조사하여 원형대로 시공
② 생석회다짐층 설치 여부, 보토 및 생석회다짐층의 두께와 재료 등에 대한 조사
③ 해체 시에는 비산먼지 발생에 유의하고, 해체와 동시에 마대 등 용기에 담아내림
④ 양질의 흙과 생석회 사용
⑤ 생석회는 사용 일주일 전에 충분히 피워서 사용
⑥ 물은 생석회가 전체적으로 동일한 시간을 두고 피워질 수 있도록, 한 번에 일정량을 붓고 피움
⑦ 생석회는 내부까지 충분히 피워지도록 함
⑧ 보토 및 지붕생석회다짐은 4℃ 이하에서는 보온하여, 시공 후 동결되지 않도록 보양
⑨ 보토 및 지붕생석회다짐은 7일 이상 충분히 양생한 후 담당원의 승인을 받아 다음 공정에 착수
⑩ 양생 시 급속한 건조로 갈라짐이 발생치 않도록 보양

SECTION 04 강회다짐 시공법에 대한 검토

『전통건축물의 지붕시공기법연구, 문화재청』 참고

01 | 관련 용어의 개념

① **생석회** : 석회석을 900도 이상의 열로 가열한 것(덩어리)
② **소석회** : 생석회에 물을 작용시켜 분말화시킨 것(소화 중 발열 작용)
③ **강회** : 석회의 다른 표현
④ **골회, 패회 등** : 생선뼈나 조개껍질에서 만들어낸 회를 사용한 사실(의궤)
⑤ **면회** : 미장면에 사용하는 회
⑥ **격회** : 회격묘
⑦ **양상도회** : 양성바름
⑧ **삼물회** : 모래, 황토, 석회 혼합물을 물과 반죽한 것의 통칭
(석회 3 : 모래 1 : 황토 1을 기준으로 용도에 따라 가감)

02 | 문헌상의 석회의 용례

① 분묘 : 회격묘, 석실묘의 바닥 및 외곽

② 성곽 : 체성(벽돌+석회), 여장

③ 양상도회

④ 기단, 벽체, 기와

⑤ 성문 홍예개판 상부(화재예방)

⑥ 지붕 보토에 석회, 삼물다짐 등을 사용한 용례는 없음

03 | 문화재 공사에서 지붕부 석회 사용 기록

① 1962년 금산사 미륵전 보수공사

흙과 강회를 1 : 3의 비율로 보토 사용

② 1970년 숭례문 수리공사

㉠ 설계서 상에 강회다짐이 최초로 명기

㉡ "…보토층은 완벽한 강회다짐으로 하여 침수 예방…"

③ 문화재수리표준시방서(1974)

"누수를 예방하기 위한 강회 1, 마사 3의 비율로 이겨둔 것을… 펴 바르고…"

④ 문화재수리표준시방서(1994)

"강회다짐 $1m^3$ 기준으로 생석회 128kg과 마사(풍화토) $1.1m^3$ 배합"

04 | 강회다짐 시공에 대한 재고

① 강회다짐 시공의 문제점

㉠ 지붕공사의 강회다짐은 근대기 이후에 보급된 새로운 공법으로 전통시공기법이 아님

㉡ 당시 품질이 낮은 기와 사용으로 인한 누수현상 보완 목적으로 사용되기 시작한 것으로 추정

㉢ '강회'라는 용어는 출처가 불분명함('석회' 용어 사용)

㉣ 기와품질이 향상된 현 시점에서 전통기법이 아닌 강회다짐의 시공은 재고할 필요가 있음

㉤ 강회다짐의 효과가 증명되지 않았으며 배합비 또한 근거가 불분명함

㉥ 전통건축물 시공에 사용되는 석회의 품질, 생산, 공급에 대한 기준안 마련 필요

② 대안

㉠ 강회다짐 없이, 보토에 석회를 일정 비율 섞어 사용하는 방식(혼합비에 대한 연구 검토 필요)

㉡ 지붕흙에 석회를 사용하지 않는 방식

LESSON

05 기와이기

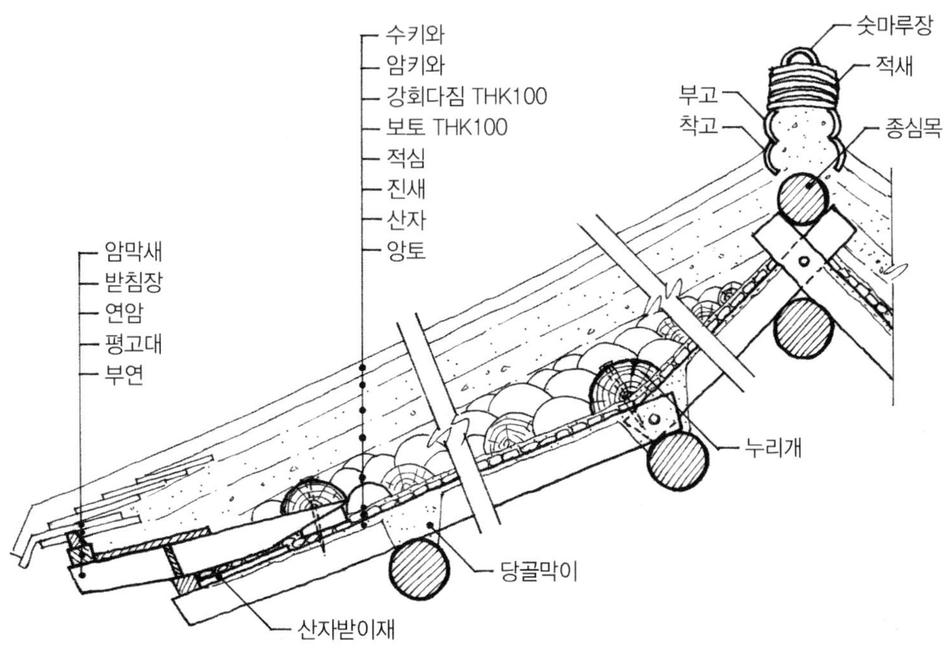

겹처마 지붕부 종단면 구조

SECTION 01 연암(연함)

01 | 개념

① 연암, 연함(椽檻)

② 바닥기와를 놓기 위해 암키와 모양대로 잘라서 평고대 위에 설치하는 얇고 긴 부재

③ 처마장, 암막새 받침장을 받음

02 | 연암의 규격 및 형태

① 규격

㉠ 하부 너비 1.5~2치 / 상부너비 3~5푼 / 높이 3치 정도 / 길이 12자

㉡ 연암 코 : 너비 1치 이내 / 두께는 3~4푼 확보(중와 기준)

㉢ 골의 깊이와 너비 : 놓여지는 바닥기와의 규격과 곡률에 따름(골깊이는 중와 기준 4~5cm)

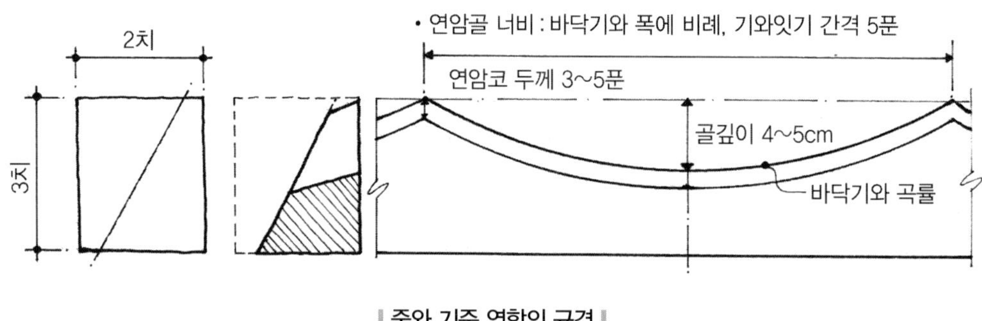

‖ 중와 기준 연함의 규격 ‖

② 단면형태

㉠ 안쪽을 경사지게 빗깎음

㉡ 방형 단면의 목재를 대각선으로 켜서 사용(연암코의 두께를 고려해 3~4푼 들여서 빗자름)

03 | 연암의 설치순서

① 기와나누기

② 연암나누기

㉠ 정면 중앙과 추녀 옆면 평고대 끝까지의 실제거리를 기준으로 기와의 규격을 감안하여 나눔

㉡ 실제 설치된 평고대의 좌우 추녀 끝에서 끝까지의 거리를 기준으로 기와폭으로 나눔

㉢ 나눈 결과가 정수 또는 정수배에 가까운 경우, 정면 중앙에 연암의 골이 오도록 배치

㉣ 정수배로 나눈 나머지가 0.5 이상 차이가 나는 경우, 정면 중앙에 연암의 코가 오도록 배치

③ 연암 치목

㉠ 반입된 기와폭을 조사하여 최대폭을 기준으로 연암자를 제작해서 사용

㉡ 연암자를 제작하여 부재에 작도하고 치목(연암자 : 사용 기와의 규격에 맞춰 본을 뜬 목재)

④ 연암 설치

㉠ 평고대에서 1~2푼 들여서 중앙에서 추녀 쪽으로 설치

㉡ 골마다 또는 한 골 거름으로 못을 박아 연암이 휘어 들뜨지 않도록 고정

㉢ 연암의 이음은 골에서 이음. 연암의 이음 위치는 평고대 이음 위치와 600mm 이상 이격

㉣ 이음은 엇빗이음으로 하며, 전면에서 틈이 벌어지지 않도록 함

㉤ 정수배를 남기고 생기는 오차는 연암을 이어가면서 코의 너비 등을 조절하거나, 연암의 이음부분에서 조정하여 상쇄시킴

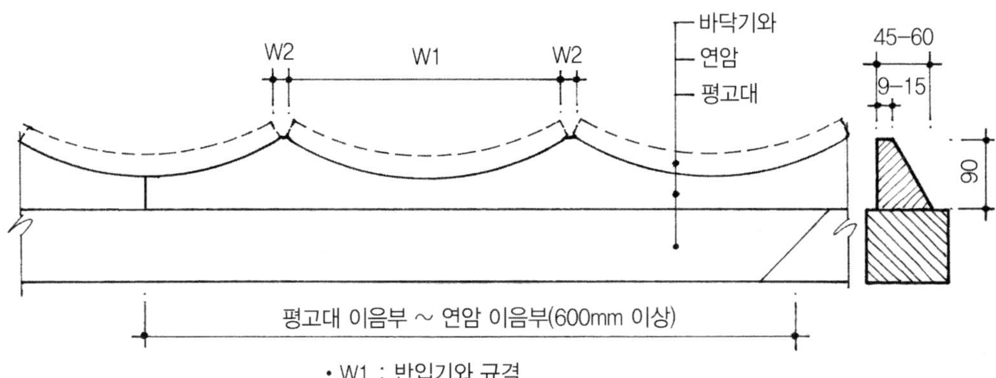

| 연암 설치구조 |

04 | 기타사항

① 귀처마에서의 연암 설치 : 곡에 맞춰 연암을 휘어서 사용(물에 적시거나 연암골에 톱자국)

② 회첨부 연암 설치 : 고삽 상부에 설치. 고삽의 위치, 연암의 춤 등을 조절하여 회첨골 물매 조정

③ 박공부 연암 설치 : 목기연 개판 위에 직접 연암을 설치

④ 귀처마 연암 설치 : 연암을 직교시키거나 45도 각도로 설치

SECTION 02 암키와이기

기와이기 시공순서

개판, 산자엮기(진새) → 적심 설치 → 보토 및 강회다짐 → 기와나누기, 연암 설치 → 기준실→ 새우흙(알매흙) → 받침장, 암막새, 암키와 → 홍두깨흙 → 수막새, 수키와 → 너새기와→ 마루기와 → 장식기와, 양성바름 → 청소

01 | 기와나누기, 연암 설치

① 개념 : 지붕면의 길이를 암키와 너비로 나누어 기왓골 수를 헤아리는 것

② 추녀에서 추녀까지(팔작지붕), 박공에서 박공까지(맞배지붕)의 처마 끝 평고대 길이를 측정

③ 용마루선의 중심에서 평고대에 수직으로 중심선을 내리고 좌우대칭이 되도록 평행선을 그어 기왓골의 수를 정함

④ 기왓골은 현장에 반입된 사용 기와의 폭으로 나누되 기와의 이격거리는 15mm 이하로 설정

⑤ 전후면 수키와 열이 어긋나지 않도록 나눔

⑥ 추녀마루의 좌우 수키와 열이 서로 대칭이 되도록 나눔

⑦ 내림마루 기와의 적새는 수키와 열의 중심에 놓이도록 나눔

⑧ 처마 양 끝에서 반쪽기와이기가 생기지 않도록 나눔

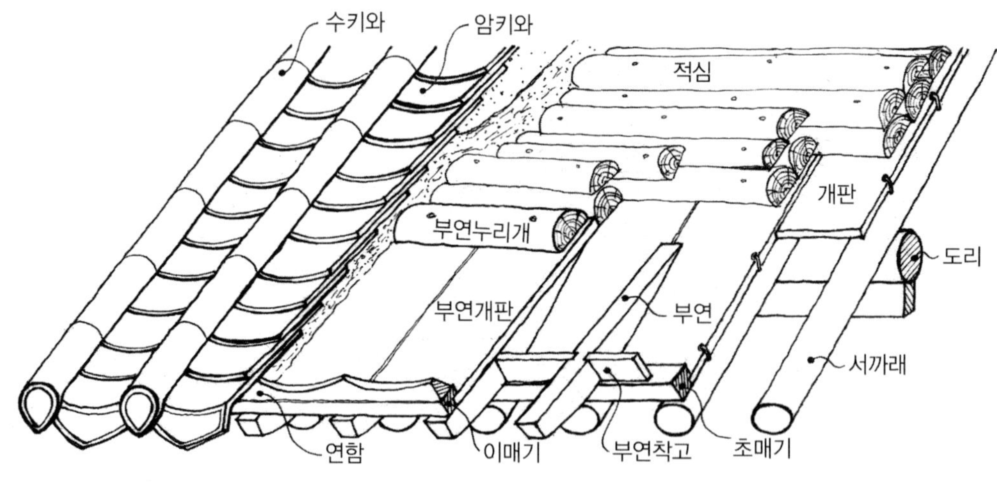

‖ 지붕부 설치구조 ‖

02 | 기준실 설치

① 용마루와 처마에 기왓골 5골 간격으로 기준점을 표시
② 기준실을 용마루 중심선에서 처마 끝까지 늘어뜨려 지붕곡을 잡음(지붕곡 반영)
③ 기준실을 암키와 옆면 하부와 연암 두둑 상부에 걸쳐 댐
④ 기준실을 이동하면서 암키와를 줄에 닿을 정도로 이어 올라감
⑤ 지붕곡을 고려해 한골 한골 줄을 띄워가며 이음

03 | 알매흙 깔기

① 알매흙(새우흙) : 암키와를 고정시키기 위해 까는 혼합재
② 알매흙 · 홍두깨흙 비빔 : 진흙, 생석회, 마사(풍화토)에 물을 혼합하여 비빔
③ 건조되지 않도록 보양 / 건조되었을 경우에는 적당량의 물을 붓고 다시 이겨 사용
④ 지붕생석회다짐면을 청소하고 갈램부에는 생석회 혼합물을 메운 후 알매흙을 채움

04 | 암키와이기 순서

① 받침장→ 암막새→ 보호첫장→ 물매에 따른 겹잇기
② 중앙부에서 곡을 잡아 양 측면으로 깔아나감
③ 박공부에 너새기와 이기
④ 귀처마 기와이기(보습장, 어새 사용)

05 | 겹잇기

① 겹잇기
㉠ 기와를 겹쳐 깔아서 누수를 방지
㉡ 이음길이 : 상부기와가 겹쳐지고 남은 노출면의 길이
㉢ 겹잇기를 많이 할수록 바닥기와 자체의 물매는 느려지게 됨
㉣ 2겹 잇기 : 이음길이가 기와길이의 1/2인 경우(중와 기준, 노출면의 길이 180mm)
㉤ 3겹 잇기 : 이음길이가 기와길이의 1/3인 경우(중와기준, 노출면의 길이 120mm)

② 지붕물매에 따른 신축적인 겹잇기
㉠ 설계도서에 따라 3겹 잇기를 기본으로 하되, 건물의 지붕물매를 고려하여 2~3겹 잇기
㉡ 역류가 발생치 않도록 지붕면의 욱음과 물매에 따라 겹잇기를 조절
㉢ 처마 쪽은 역류가 발생치 않도록 겹잇기를 조절(2.2~2.5겹 잇기)

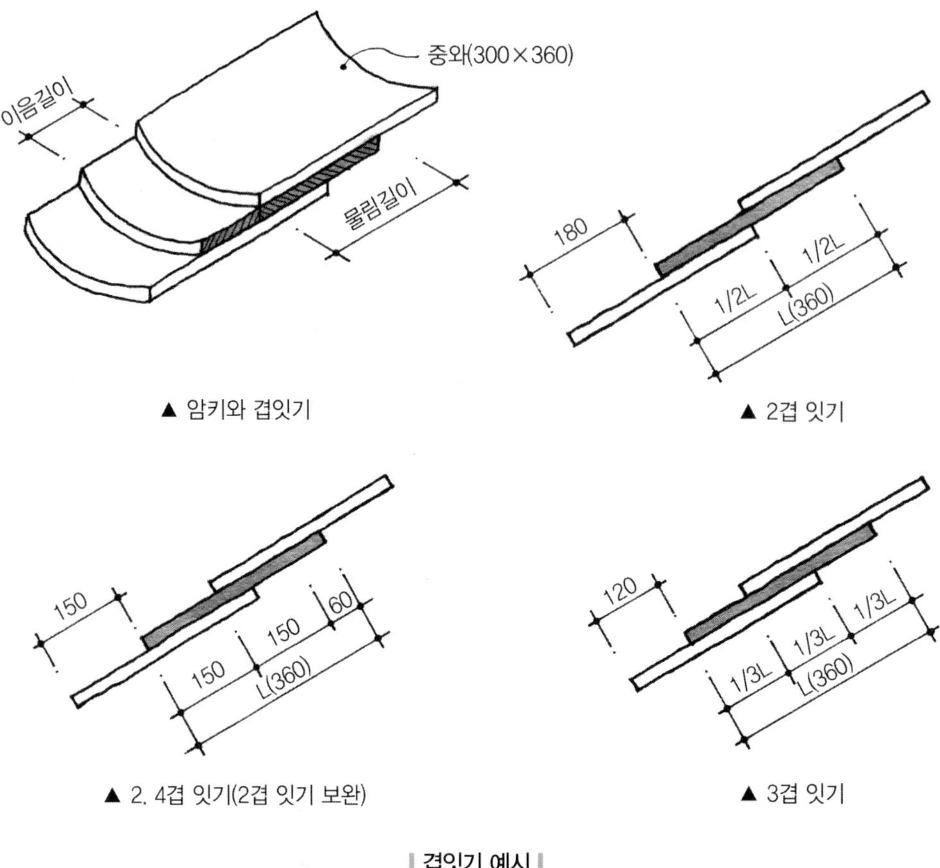

▲ 암키와 겹잇기

▲ 2겹 잇기

▲ 2, 4겹 잇기(2겹 잇기 보완)

▲ 3겹 잇기

‖ 겹잇기 예시 ‖

06 | 처마부 기와이기

① 받침장 설치

㉠ 암막새를 사용하는 경우, 암막새를 놓기 전에 암막새 하부에 받침장 설치

㉡ 연암에서 암키와 길이의 1/3 정도를 내밂 / 중와 기준 12cm / 자나무 사용

㉢ 추녀쪽으로 갈수록 조금씩 더 내밀어, 어새와 보습장에서는 15cm 정도를 내밂

㉣ 받침장의 밑면은 면바르고 연암과 암막새에 밀착되는 것을 사용

② 암막새 설치

㉠ 받침장 네 모서리에 알매흙을 놓고 암막새 설치

㉡ 내밀어진 암막새의 뒤쪽에 알매흙을 가득 채워 넣고 상부에 보호첫장 설치

㉢ 암막새 및 암키와 첫 장은 위쪽에 미리 구멍을 내어 와정을 박거나 동선으로 연결하여 흘러내리지 않도록 고정 / 동선을 묶고 못을 달아 바탕흙 안으로 고정

③ 보호첫장

㉠ 첫 장은 암막새에 2~3치 간격으로 다가잇고, 다음 장부터는 겹잇기에 따름

㉡ 첫 장의 머리가 숙여지도록 뒤를 약간 들어서 설치(처마부 역류 방지)

㉢ 첫 장과 암막새 뒤초리 사이에는 알매흙 채움(누수 방지)

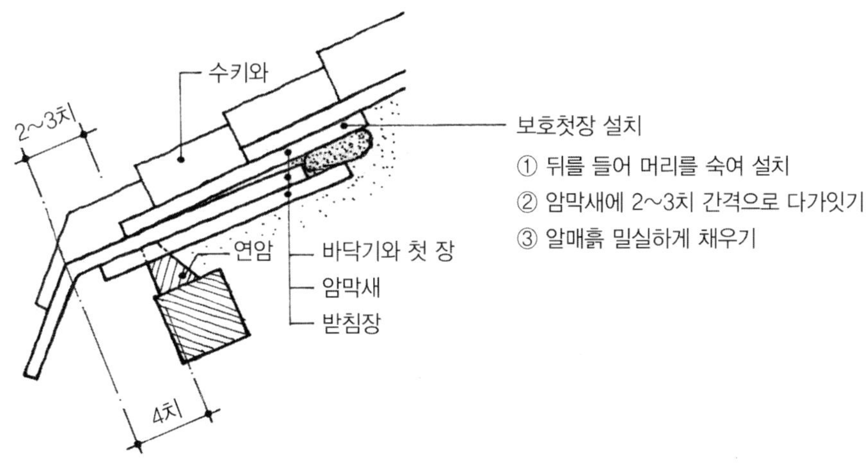

처마부 기와이기 구조 ①

07 | 너새기와 암키와이기

① 너새기와 : 박공에 직교하여 놓이는 기와

② 연암 설치 : 평고대가 없으므로, 목기연 개판 위에 연암 설치

③ 너새기와는 바닥기와의 직각 방향 또는 약간 경사지게 설치

④ 너새기와의 암키와는 바닥기와의 암키와와 끝을 맞닿게 설치

⑤ 너새기와는 뒤 끝이 약간 들리도록 설치(박공면에 대해 1/10~3/10 정도 기울음)

⑥ 너새의 수키와 등은 내림마루 안쪽 수키와 등과 동일한 높이가 되도록 설치

⑦ 목기연 개판 상부에 일정 간격으로 각목 등을 설치(흙, 기와 밀림 방지)

08 | 귀처마 기와이기

① **귀처마** : 정면과 측면의 처마가 교차되는 처마부. 90도, 120도, 135도 등으로 접속

② 기와이기

㉠ 추녀마루곡을 고려하여 기준줄을 띄우고 기와이기

㉡ 귀처마 하중 경감을 위해 목재편을 채워가며 알매흙을 깔고 기와이음

③ 왕지기와

㉠ 귀아무림을 위해 양면으로 흐름이 있게 만든 기와(왕지막새, 왕지내림새 등)

㉡ 고려시대 이전 건물에서 귀처마에 별도의 왕지기와, 막새를 제작하여 사용

④ 보습장, 어새 : 조선시대 이후 현존 건축물에서는 통상 암키와를 가공하여 귀처마에 사용 (암키와의 한 변만을 빗자른 것을 어새, 양변을 빗자른 것을 보습장이라 함)

⑤ 보습장, 어새의 내밀기

㉠ 하부 목부재의 보호와 안허리곡 형성을 위해 보습장, 어새를 1~2치 더 내밀어 설치

㉡ 추녀 끝에서 8장이나 10장부터는 평연구간에 비해 기와를 약간씩 더 내밀어 설치

㉢ 추녀에 붙는 어새기와는 평연구간보다 연암에서 1~2치를 더 내밀게 됨

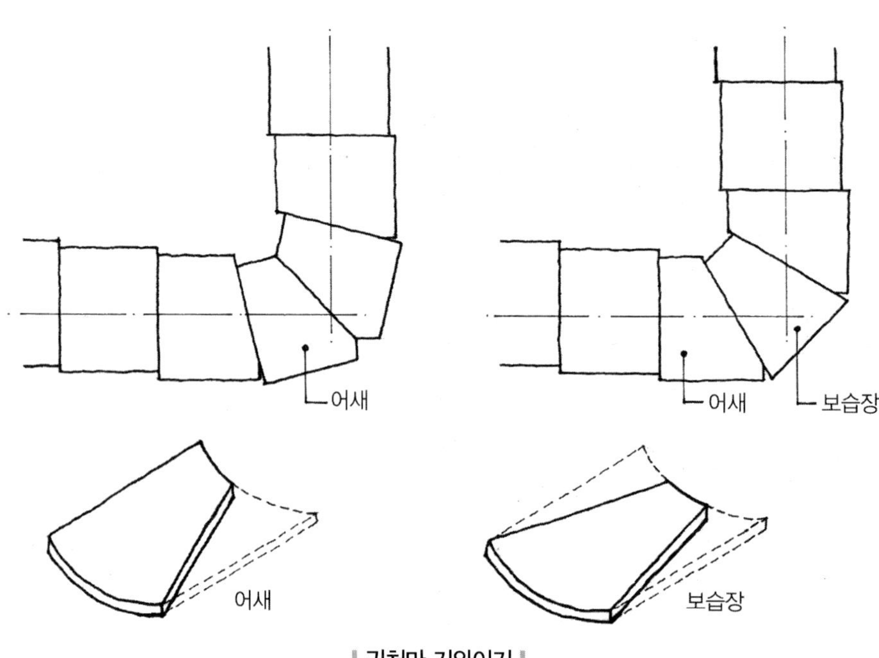

| 귀처마 기와이기 |

SECTION 03 수키와이기

01 | 수막새 설치

① 수막새는 미구에 미리 못구멍을 내어 만들고 반드시 와정 또는 결속선(동선)으로 고정
② 뒷부분에 동선을 묶고 못을 달아 지붕흙 속으로 고정(동선, 와정)
③ 막새 상면에 못구멍을 내고 직접 와정을 박는 경우(사례 : 근정전)
④ 기와를 놓기 전에 일정 간격으로 흙속에 미리 와정을 박고 동선을 늘여뜨려 놓아 막새 및 수키와 설치 시 고정용으로 사용

02 | 홍두깨흙

① 둥글게 뭉친 홍두깨흙 덩어리를 암키와를 맞댄 사이에 물리도록 올려놓음
② 홍두깨흙을 수키와 속에 가득 채우고, 수키와를 내리 누르며 설치
③ 바닥기와와 수키와에 밀착되면서, 위와 옆에서 볼 때 흙이 외부로 노출되지 않도록 시공
④ 홍두깨흙은 둥근 형태로 뭉쳐 밀려나오지 않도록 하고, 바닥기와와 밀착되도록 함

• 바닥기와와 수키와 밀착
• 홍두깨흙이 외부로 노출되지 않도록 시공

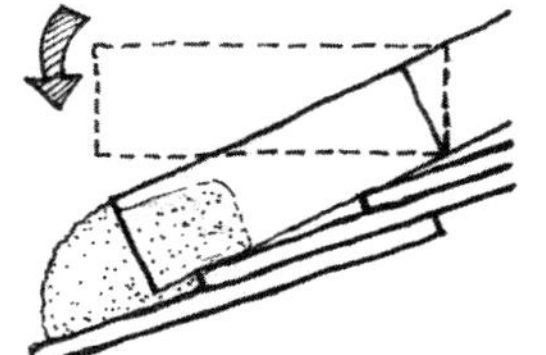

• 와구토는 내부까지 밀실하게 채움
• 석회배합비 고려(점성 확보)

| 수키와 시공방법 |

03 | 와구토

① 수막새를 사용하지 않는 경우 처마에 노출되는 수키와의 마구리에 와구토 바름
② 막새가 없는 경우 수키와의 첫 단은 와구토 공간을 감안하여 들여서 잇기

③ 시공 시 유의사항
㉠ 쉽게 탈락되지 않도록 와구토를 기와 안쪽까지 채워지도록 시공
㉡ 수키와를 들어서 안쪽에 와구토를 넣고 기와를 덮으며 내리누르고 밖에서 안으로 밀어서 채워줌

④ 석회 배합비 : 충분한 강도가 확보되도록 배합비 등에 유의

▼ **재료 및 혼합비** (1m³당)

명 칭	단 위	수 량	비 고
	보토, 알매흙		
진 흙	m³	0.9	
생석회	kg	78	
마사	m³	0.3	
	와구토		
마사	m³	0.59	
생석회	kg	550	
백시멘트	kg	110	강도 및 색상을 고려해 혼합해서 사용 가능

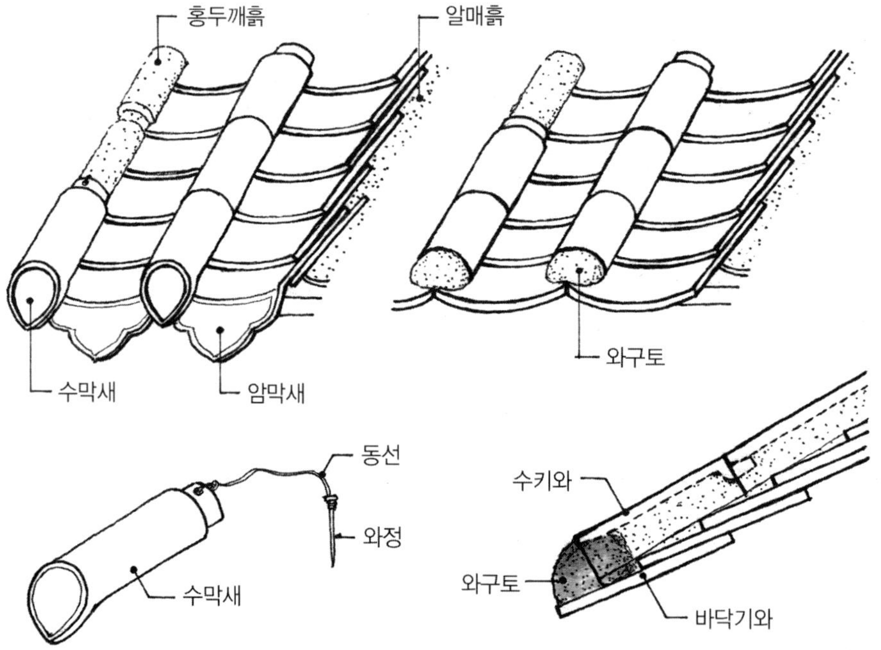

‖ 처마부 기와이기 구조 ② ‖

SECTION 04 마루기와이기

01 | 조사사항

① 마루기와의 곡과 높이

② 적새의 단수, 적새의 너비와 끝부분의 위치

③ 각 마루의 접속부 처리방법, 장식기와의 종류와 규격, 위치와 설치법 등

02 | 시공 시 주요사항

① 원형 유지

㉠ 조사된 원형대로 재조립(지역별 마루기와 시공법의 차이 고려)

㉡ 조사된 곡에 따라 줄을 띄우고 시공

㉢ 양성바름, 장식기와 등은 원형대로 재설치

㉣ 머거불기와의 설치방식, 용마루의 착고와 부고 설치방식 등을 원형대로 재설치

② 설치순서

추녀마루 → 내림마루 → 용마루 순서로 시공(해체는 조립의 역순)

③ 착고, 부고 설치

㉠ 착고기와는 수키와 높이에 맞춰 비스듬히 세워 대고 내부에는 알매흙을 빈틈없이 채워 다짐

㉡ 부고는 착고 위에 안으로 비스듬히 옆세워 대고 이음부분은 착고와 엇갈리게 설치

㉢ 부고의 사이에는 알매흙으로 속채움을 한 다음 윗면을 평탄하게 고름

㉣ 부고용 수키와는 언강이 있는 것을 사용

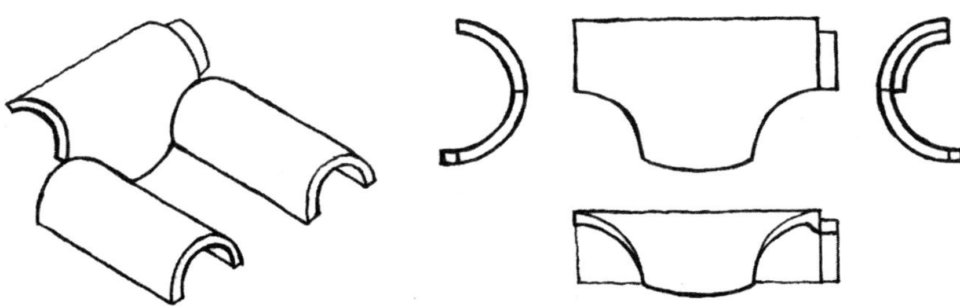

‖ 착고의 형태 및 설치구조 ‖

④ 적새쌓기

㉠ 알매흙 위에 적새를 안정되게 고정(알매흙은 적새 중심선 앞뒤로만 놓음)

㉡ 적새가 안정적으로 유지되도록 중간 중간 동선으로 적새를 결속

㉢ 세로열이 일치하지 않도록 상단과 하단 적새를 어긋나게 쌓음

㉣ 적새는 부고 위에 알매흙을 깔고 암키와를 엎어서 한 단씩 이기

㉤ 적새의 끝은 머거불 위에 망와를 올림

㉥ 양성이 있는 경우에는 양성바르기를 고려하여 알매흙을 조절

⑤ 숫마루장

㉠ 적새 위에 홍두깨흙을 채우고 수키와를 이기

㉡ 망와에 맞닿는 수키와는 망와 각도에 맞게 다듬어 숫마루장이기

⑥ 머거불

동선으로 묶어서 고정

⑦ 와구토

㉠ 망와, 머거불이 설치되는 단부에는 와구토로 마감

㉡ 홍두깨흙의 표면을 거칠게 긁고 와편 등을 박아서 보강(와구토와 홍두깨흙의 접착력 강화)

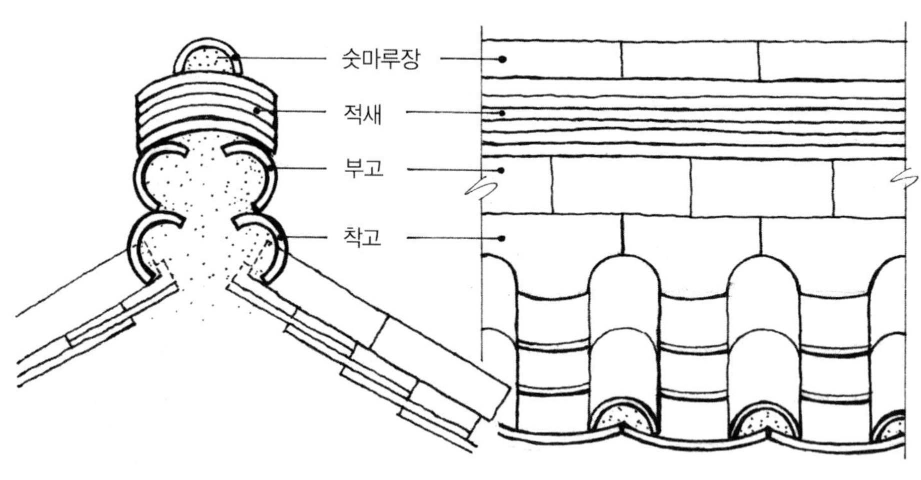

‖ 용마루 마루기와이기 ‖

03 | 추녀마루 쌓기

① 설치방향 : 추녀 끝에서 내림마루 쪽으로 쌓음

② 당골막이

㉠ 추녀의 설치각도와 수키와열에 맞추어 설치

㉡ 지붕면 수키와 등에 밀착하도록 와도로 당골막이를 제작하여 시공

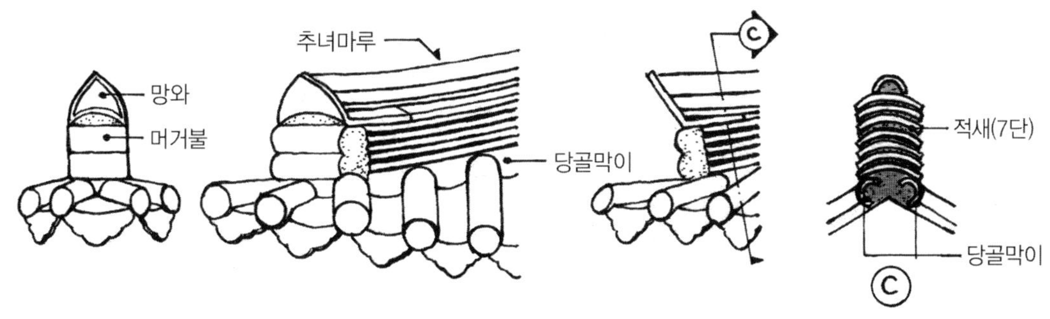

‖ 추녀마루 ‖

③ 적새

㉠ 암키와를 뒤집어서 계획된 단수에 따라 알매흙과 함께 쌓음

㉡ 용마루 마루곡 형성을 위해 끝으로 가면서 단수를 높이거나, 기와조각, 흙 등을 사용해 높임

㉢ 적새 좌우 수키와열이 대칭을 이루도록 시공

㉣ 망와, 머거불, 귀면, 용두, 잡상 등 설치

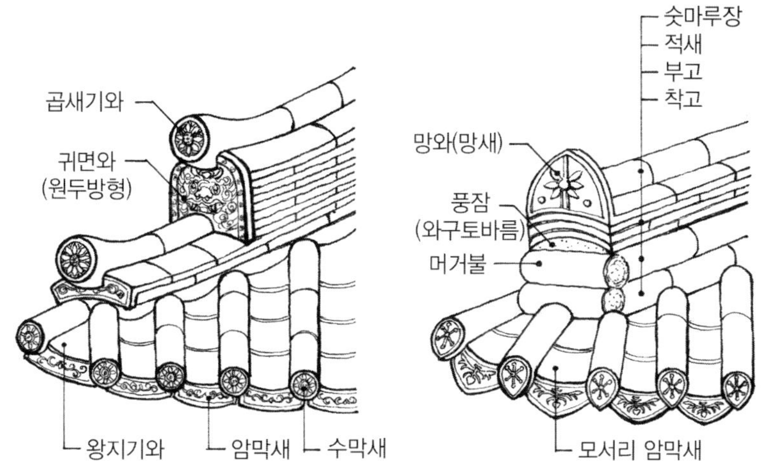

‖ 추녀마루 단부의 기와 설치구조 ‖

04 | 내림마루 쌓기

① 착고, 적새 쌓기 : 적새는 수키와열 중심에 오도록 설치

② 용두, 잡상 등 설치

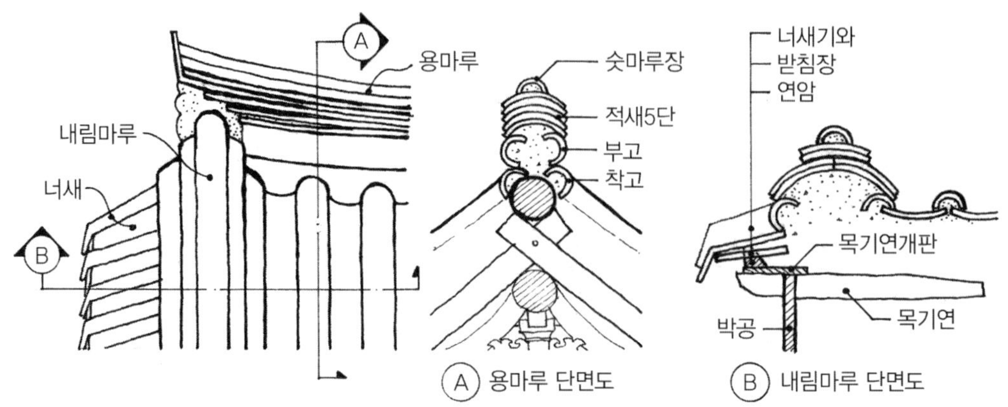

수덕사 대웅전 용마루, 내림마루 구조

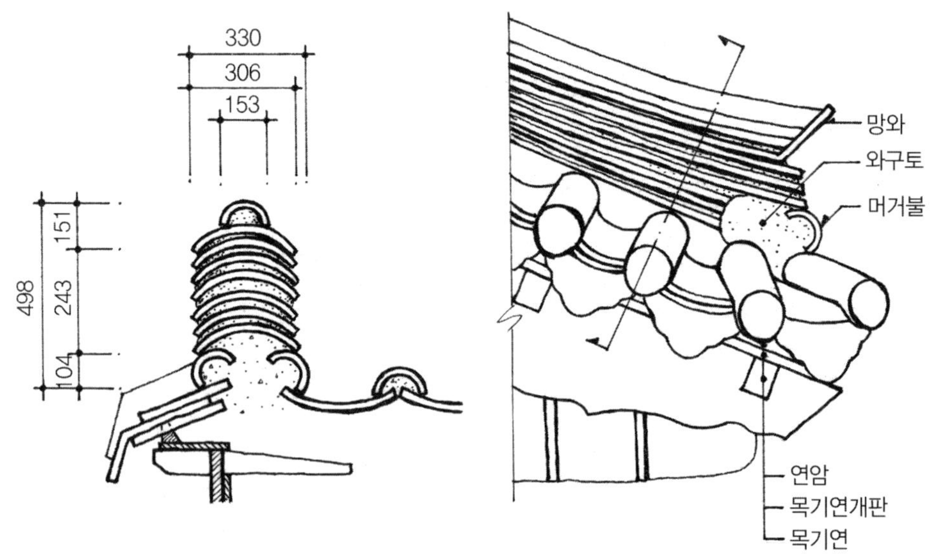

영천향교 대성전(맞배지붕) 내림마루 설치구조

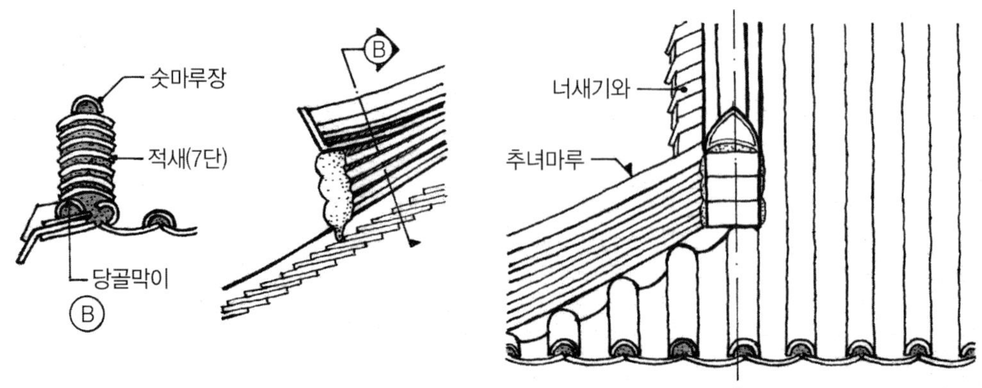

팔작지붕 내림마루 설치구조

05 | 용마루 쌓기

① 착고, 부고, 적새쌓기

㉠ 착고는 미리 설치해 놓은 동선에 묶어서 고정

㉡ 착고 설치전 줄을 띄우고 곡에 따라 설치

㉢ 적새는 한 단씩 쌓지 않고 한쪽부터 모든 단을 쌓아가며 반대쪽으로 이동

㉣ 숫마루장, 망와, 취두, 용두 등 장식기와 설치

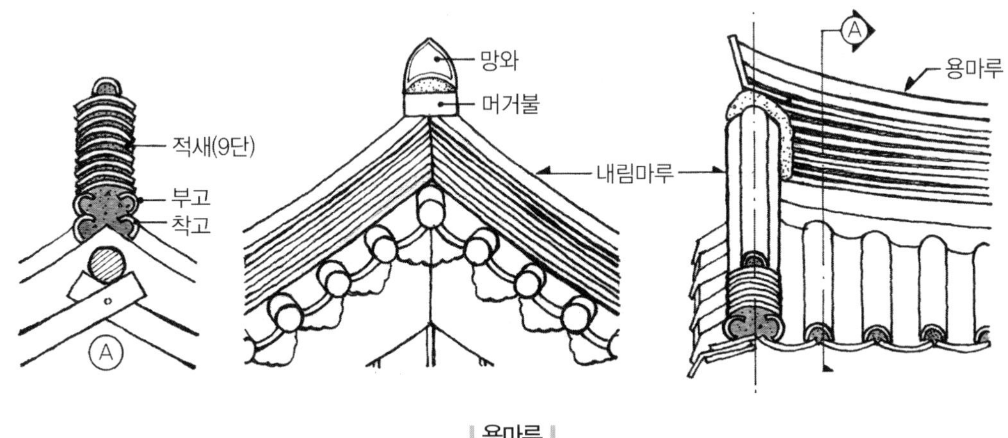

▮ 용마루 ▮

② 종심박이정

㉠ 궁궐 정전 등 대규모 건물에서 단수가 많은 적새를 고정하기 위해 사용

㉡ 큰 못을 하부 종심목에 고정(적새와 맞닿는 종심박이정 주변에 강회모르타르 바름)

③ 동망 : 양성바름을 하는 경우 사전에 동망을 깔아서 적새를 감쌈

06 | 반마루

① 개념 : 팔작지붕의 합각벽 하부, 중층건물에서 상층 벽체와 만나는 하층지붕면 상단에 쌓는 기와

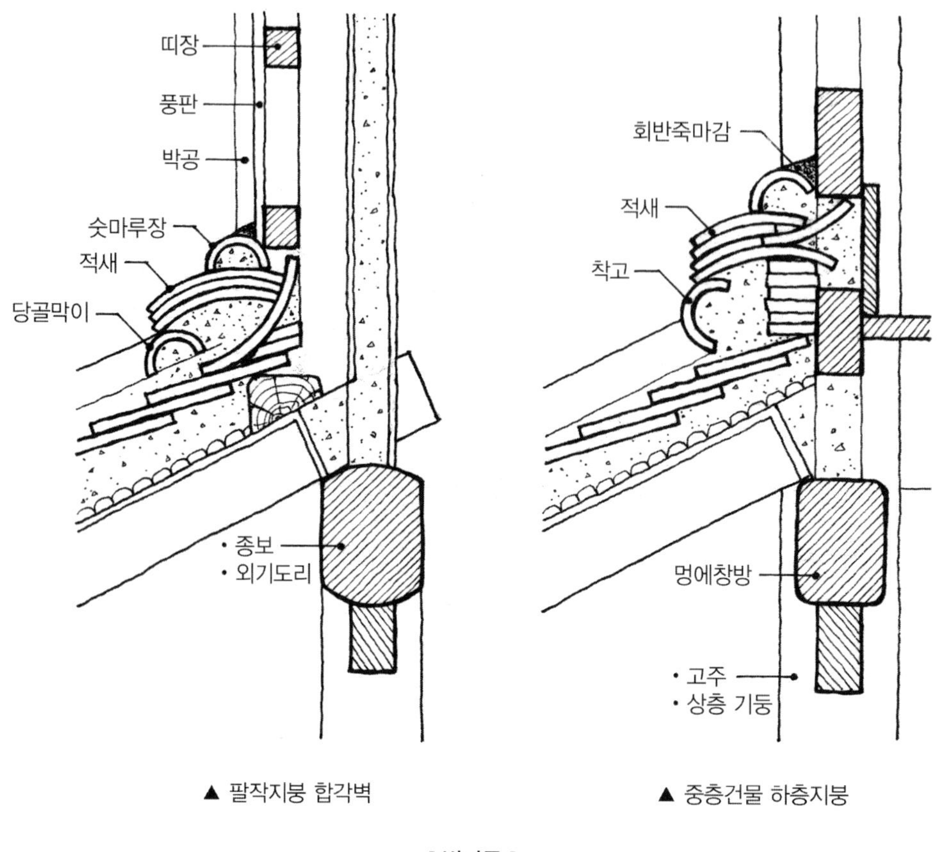

▲ 팔작지붕 합각벽 ▲ 중층건물 하층지붕

‖ 반마루 ‖

② 설치구조

㉠ 구조 : 수키와 열에 걸쳐서 착고를 놓고 상부에 적새를 쌓고 숫마루장 설치

㉡ 적새와 숫마루장은 빗물이 새어들더라도 밖으로 흘러내리도록 물흘림 경사를 두어 설치

㉢ 적새는 온장을 쓰거나 설치폭에 따라 잘라서 사용

㉣ 숫마루장과 벽체 사이에는 회반죽 마감

㉤ 궁궐, 도성문루 등 양성바름을 한 건물의 반마루는 적새를 쌓고 외부를 전체 회마감

③ 시공시 유의사항

㉠ 누수방지

- 반마루 설치 전 하부에 합각벽 안쪽까지 적심을 설치
- 바닥기와를 이을 때 합각벽 안으로 암키와를 가능한 깊게 설치
- 적새 안쪽에 암키와를 눕혀 세우는 등의 보강

㉡ 착고 설치

- 설치 시 착고 안쪽에 와편과 알매흙 등을 채워넣고 착고 설치
- 알매흙이 유실되지 않도록 밀실하게 시공(석회 배합비 고려)
- 알매흙 유실방지(바닥면에 와편깔기)

㉢ 상면처리 : 벽체와 접하는 상면부에 회반죽 마감

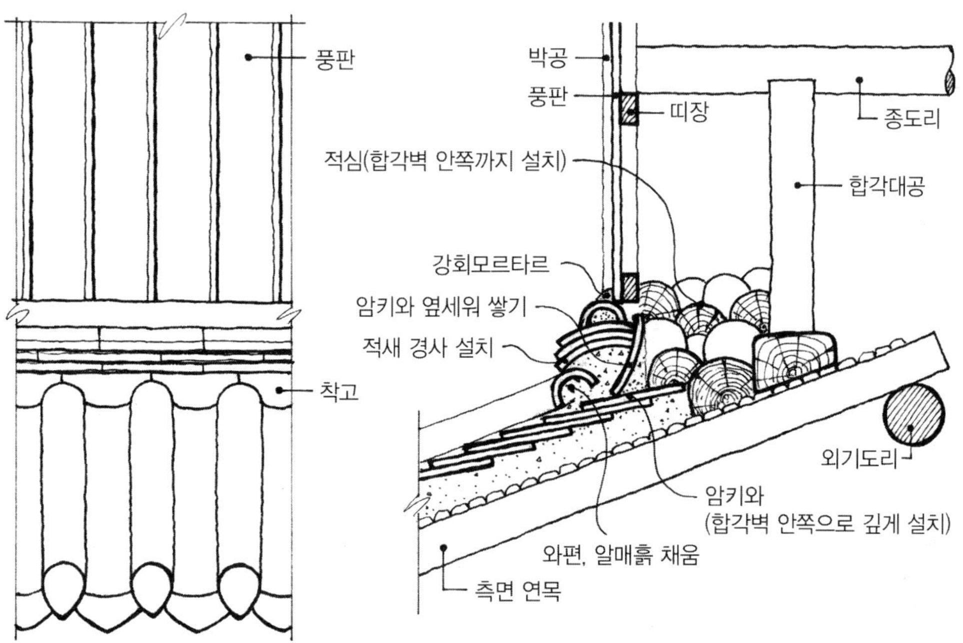

‖ 합각벽 반마루 설치구조 및 시공법 ‖

07 | 층단마루

① 개념 : 용마루에 층단을 두어 2단으로 쌓은 것

② 구조

㉠ 암키와 너비의 1.5~2배 너비로 하단 구성

㉡ 착고, 부고를 쌓고 상부에 적새를 쌓은 후 막새기와로 장식

㉢ 하단 상부에 다시 착고, 부고, 적새를 쌓고 수키와를 덮어 마감

③ 사례 : 경상도, 전라도 지방의 민가와 사찰에 나타남

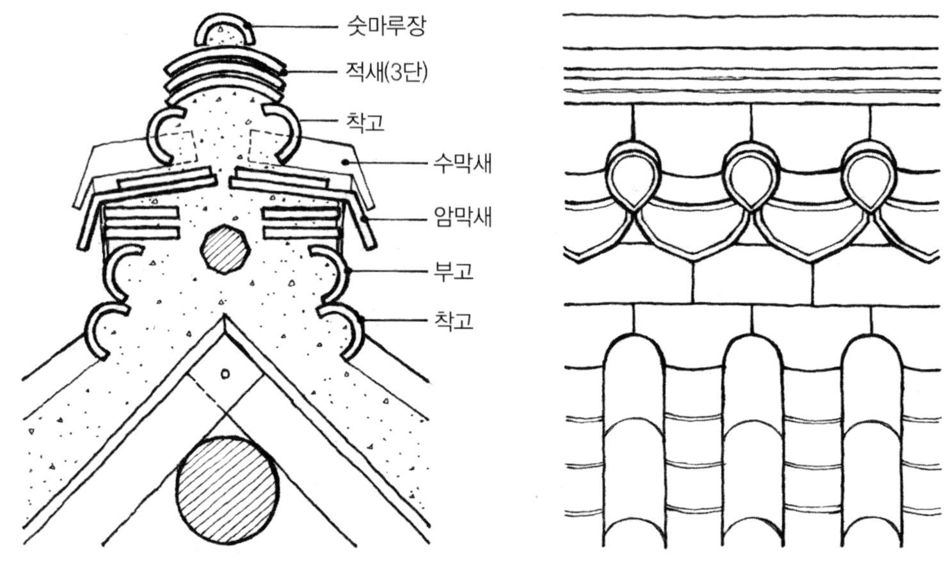

‖ 경복궁 집옥재 층단마루 ‖

SECTION 05 이형기와, 장식기와

01 | 이형기와(특수기와)

① 개념 : 특수한 용도에 따라 제작하여 설치하는 기와

② 사례 : 머거불기와, 왕지기와, 보습장, 어새, 곡와, 착고 등

③ 왕지기와

㉠ 추녀마루에서 처마 모서리에 사용되는 기와

㉡ 빗자른 암키와 두 개를 붙여 놓은 형태

㉢ 고대국가시대에 사용되었으며, 조선시대에는 암키와를 빗잘라서 사용(어새, 보습장)

④ 보습장, 어새기와

㉠ 보습장 : 추녀 위 처마 모서리에 설치하는 앞은 넓고 뒤는 삼각형 모양의 암키와

㉡ 어새기와 : 보습장에 맞게 한쪽을 빗쳐서 사용하는 기와

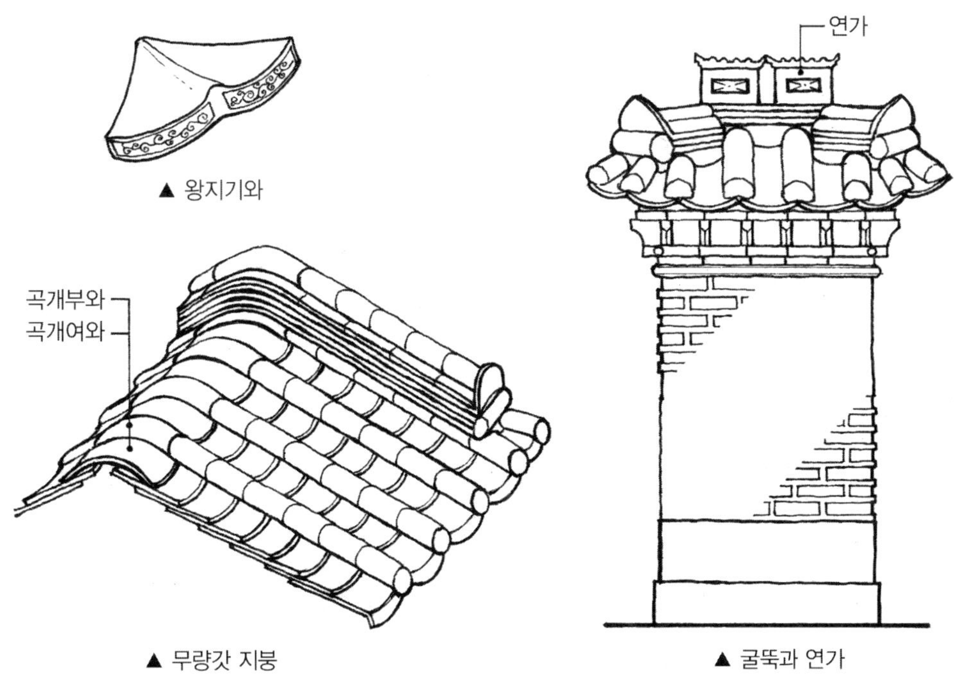

▲ 왕지기와

▲ 무량갓 지붕

▲ 굴뚝과 연가

| 왕지기와, 곡와, 연가 |

⑤ 곡와

㉠ 용마루가 없는 궁궐 침전 등의 지붕면 최상부에서 전후 지붕면을 연결하는 곡이 진 기와

㉡ 수키와 : 곡개부와(멍에 모양)

㉢ 암키와 : 곡개여와(말안장 모양)

㉣ 사례 : 창덕궁 대조전, 창경궁 통명전 등 궁궐 침전 건물

⑥ 연가

㉠ 주로 궁궐건축에서 굴뚝 상부에 비아무림과 장식을 겸하여 설치한 집형태의 토기

㉡ 사례 : 경복궁 자경전, 교태전의 굴뚝

⑦ 머거불

㉠ 마루기와 단부에 수키와를 가로 또는 세로로 옆세워 대고 마감한 기와

㉡ 귀면와 또는 머거불 전용기와를 사용하는 대신 일반 수키와를 사용(조선시대)

㉢ 마루기와 단부에 언강을 제거한 수키와를 2~3개 중첩하여 쌓고 회바름해서 마감

㉣ 적새 끝을 마감하는 초가리기와의 기능

⑧ 착고 : 용마루에서 수키와 사이를 막기 위해 사용되는 삼각형 모양의 수키와

⑨ 당골막이 기와

㉠ 기왓골이 작거나 경사져서 착고기와를 사용치 못하고 수키와를 가공하여 사용한 것

㉡ 내림마루, 추녀마루 등에 사용

⑩ 방초막이

㉠ 숫막새를 고정하기 위해 박은 와정 못머리에 씌우는 연꽃 모양의 도자기(도련)

㉡ 안쪽에 못구멍을 만들어 회반죽을 채운 후 못머리에 내리 씌움

㉢ 누수방지, 장식 기능

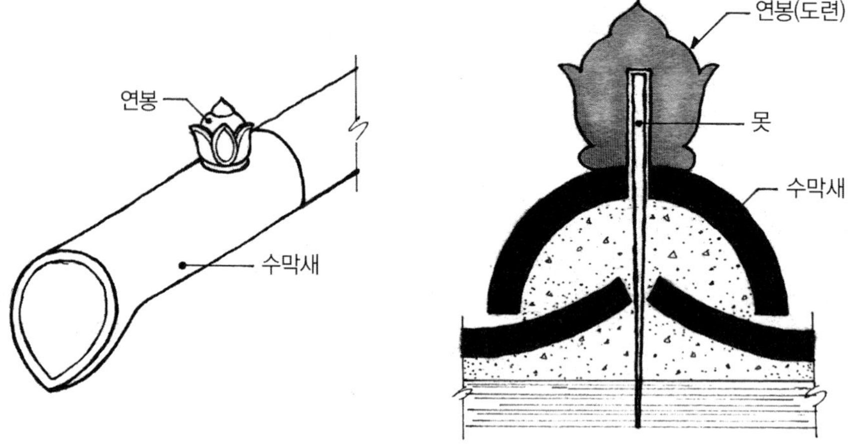

| 방초막이 |

⑪ 토수

㉠ 추녀, 사래 마구리에 끼우는 이무기 모양의 기와

㉡ 우수로부터 마구리 보호 및 장식 기능

㉢ 사래 마구리면에 끼워 맞추고 좌우에 토수박이못을 고정

㉣ 사래와 일직선으로 하고 토수 끝 부분이 처지지 않도록 설치

㉤ 토수를 끼우는 사래 마구리 부분의 부식을 방지하기 위하여 사래볼철 사용(동판)

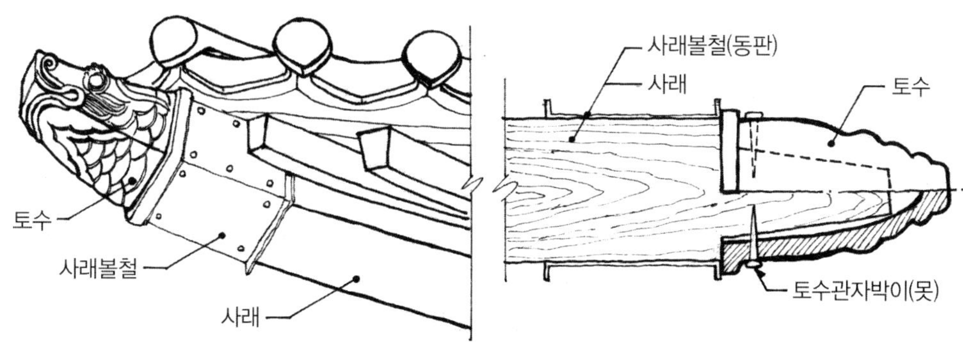

‖ 토수 설치구조 ‖

⑫ 덧기와

㉠ 중층건물에서 상층처마의 낙숫물이 떨어지는 하층지붕부에 설치하는 기와

㉡ 하층지붕 낙수면의 누수방지

㉢ 암키와를 낙수면을 따라 3~4줄 폭으로 설치

㉣ 사례 : 화엄사 각황전, 창덕궁 인정전, 마곡사 대웅보전 등

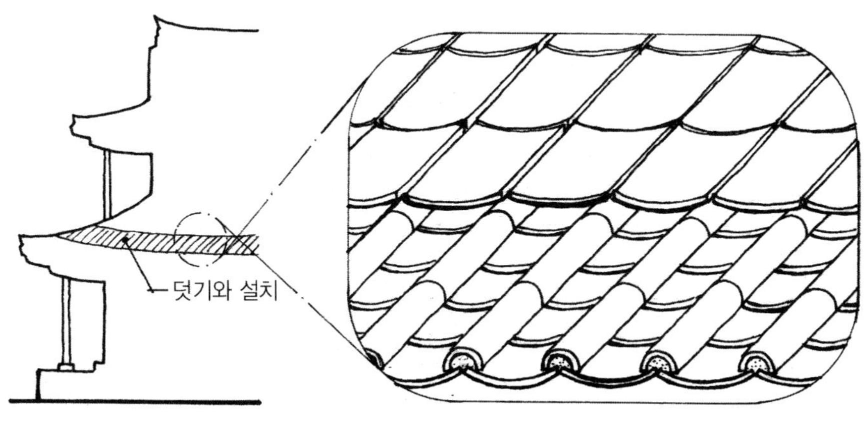

‖ 덧기와 ‖

02 | 장식기와

① 개념

㉠ 지붕면에 장식을 목적으로 설치한 기와

㉡ 구조적 기능은 없으나 지붕면의 장엄과 상징으로 작용

② 종류 : 잡상, 치미, 취두, 용두, 망와, 곱새기와, 절병통

③ 치미

㉠ 삼국시대~통일신라시대

㉡ 용마루 양단에 설치한 금수의 날개꼬리 모양의 장식기와

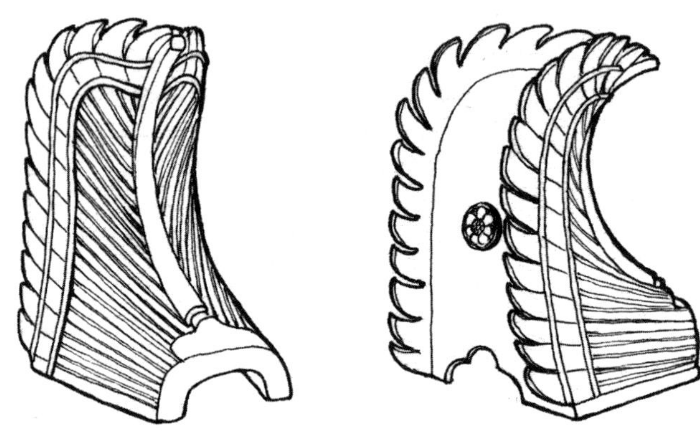

‖ 부여 부소산 절터에서 출토된 치미 ‖

④ 취두

㉠ 용마루에 장식하는 새, 용 문양 장식물

㉡ 용의 머리에 큰 입을 벌려 용마루를 물고, 위는 용꼬리처럼 되어 나선무늬로 장식

㉢ 면에는 용틀임이나 다리, 귀면 등을 부조

㉣ 전체적으로 용의 머리를 형상화

㉤ 고려시대 후기 이후 치미를 대신하여 취두가 폭넓게 사용

㉥ 건물 안쪽을 향해 설치

㉦ 북수(받침대)+운각+취두로 구성

㉧ 적새에 미리 만들어 놓은 구멍에 고정용 철심을 세우고 고정(취두박이정)

㉨ 운각과 취두는 감잡이쇠 등으로 연결

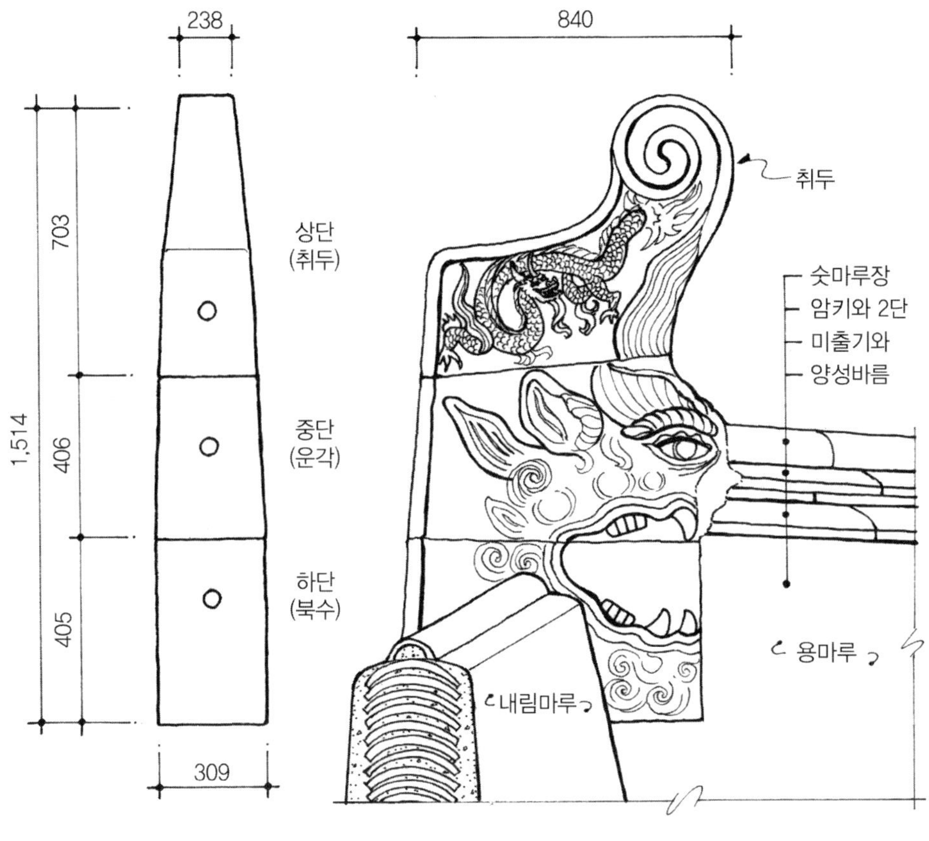

‖ 흥인지문 취두 ‖

⑤ 용두

㉠ 용머리에 입을 크게 벌리고 뒤는 용수, 용꼬리 모양으로 장식

㉡ 화마를 예방하고 신비로운 존재로서의 왕권과 왕위를 상징

㉢ 적새에 동여매거나, 회반죽으로 고정

㉣ 양성바름의 회반죽 바름 위에 설치

㉤ 취두와 달리 건물의 바깥쪽을 향해 설치

㉥ 권위건축에서 용마루, 추녀마루, 내림마루 등에 사용

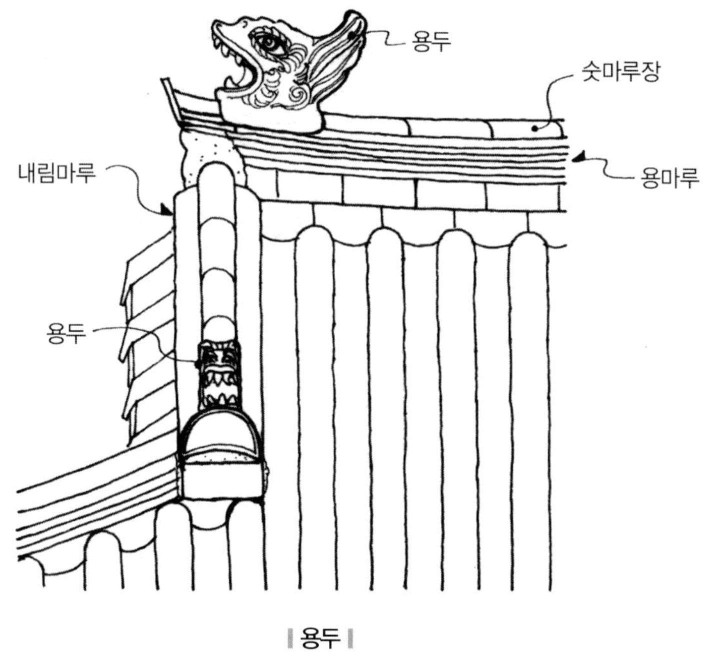

Ⅰ용두Ⅰ

⑥ 치미, 취두, 용두의 수리

㉠ 수리 시 용마루 또는 마루기와 끝에 설치된 취두, 치미, 용두는 기존의 것을 재사용

㉡ 변형, 파손되어 재사용이 불가한 경우에는 기존의 형태 및 재질과 같은 것으로 제작

㉢ 해체 시 용마루 또는 양성에 박힌 고정철심 등을 조심스럽게 수습하여 녹막이처리

㉣ 적새에 미리 만들어 놓은 구멍에 고정용 철심을 세우고 취두, 치미를 안정되게 고정

⑦ 귀면와

㉠ 내림마루, 추녀마루의 적새 끝을 마감하기 위해 단부에 설치(상부에 바래기기와 설치)

㉡ 못구멍을 내어 추녀 사래 마구리에 고정(초가리기와)

㉢ 원두방형 형태 / 벽사와 의장

⑧ 망와

㉠ 마루기와 단부에 암막새를 엎어 놓은 형태로 설치된 기와

㉡ 일반 막새보다 드림새가 큰 별도의 망와를 제작해서 사용하거나 암막새를 뒤집어서 사용

⑨ 곱새기와

㉠ 내림마루 단부에 설치한 굽은 원통형 기와(바래기기와)

㉡ 하부에 귀면와 설치

㉢ 사례 : 쌍봉사철감선사 부도의 지붕마루에 표현

⑩ 보탑

사찰에서 용마루 중간에 설치한 집이나 탑 모양의 부재(보정)

03 | 잡상

① 개요

㉠ 내림마루, 추녀마루 위에 벽사와 장식을 겸하여 설치하는 장식물

㉡ 고려 말 이후 궁궐, 문루, 왕릉 정자각 등의 권위건물에서 사용

㉢ 불교에서 불법을 수호하는 상징물이나 상상 속의 동물을 형상화

㉣ 건물의 규모 등에 따라 3, 5, 7, 9, 11개를 배치(경회루 11개, 흥인지문은 상층 8개, 하층 9개)

② 잡상의 종류와 배치

㉠ 대당사부, 손행자, 저팔계, 사화상, 이귀박, 이구룡, 마화상, 삼살보살, 천산갑

㉡ 상와도(像瓦圖) 기준

잡상의 종류 – 상와도 기준

③ 잡상의 설치

㉠ 적새 위에 동선, 못 등으로 고정하고 양성바름 위에 함께 고정

㉡ 적새 상부에 긴결 철물 등으로 고정하고 강회모르타르 마감

④ 설치 시 유의사항

㉠ 해체 전 원형 조사(잡상의 종류, 규격, 형태, 배치순서와 간격 등)

㉡ 원형대로 재설치

㉢ 내구성 부족으로 신재를 제작하는 경우 구재와 동일한 재질과 색감, 규격으로 제작

㉣ 배치순서와 배치간격 등을 원형대로 시공

‖ 잡상의 사례 - 협길당 ‖

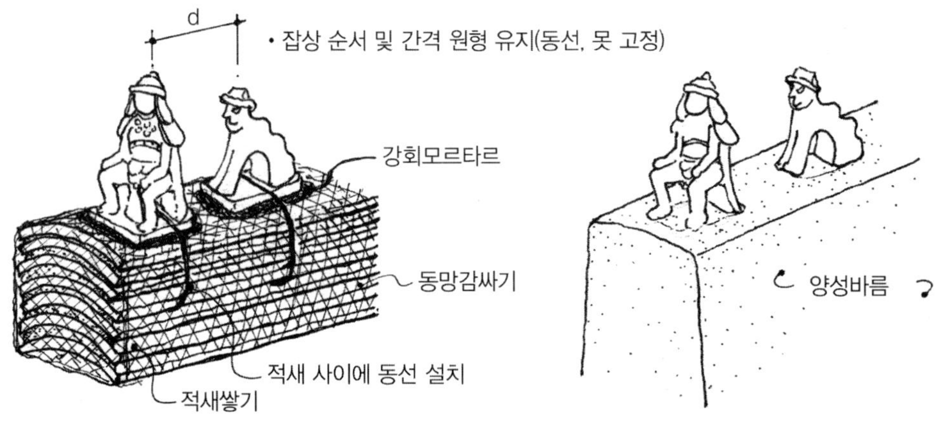

‖ 양성바름과 잡상 설치 ‖

SECTION 06 와구토

01 | 사용 위치

① 막새를 설치하지 않는 경우 수키와 마구리에 와구토 시공
② 마루기와의 단부에 머거불 설치 시 마감처리
③ 용마루, 내림마루, 추녀마루의 접속부 마감
④ 반마루 상부 마감

02 | 재료

① 와구토는 생석회, 마사를 다음 표의 배합비율에 따라 물을 혼합하여 사용
② 백시멘트는 강도 및 색상을 고려하여 혼합해서 사용 가능
③ 와구토 제작 : 자루에 모래와 석회를 넣고 들었다 놓으며 밟아 고르게 이김

▼ 재료 및 혼합비 (1m³ 당)

명 칭	단 위	수 량	비 고
생석회	kg	550	
마사(풍화토)	m^3	0.59	
백시멘트	kg	110	강도 및 색상을 고려해 혼합해서 사용 가능

SECTION 07 양성바름

01 | 개요

① 마루기와를 쌓아 축조한 다음 그 표면에 석회반죽, 회사반죽을 발라 마무리한 것

② 양성바름, 양성, 양상도회

③ 지붕마루의 붕괴 방지, 의장성

④ 궁궐 전각, 사묘, 정자각, 왕릉 비각 등 관영건물에 주로 쓰임

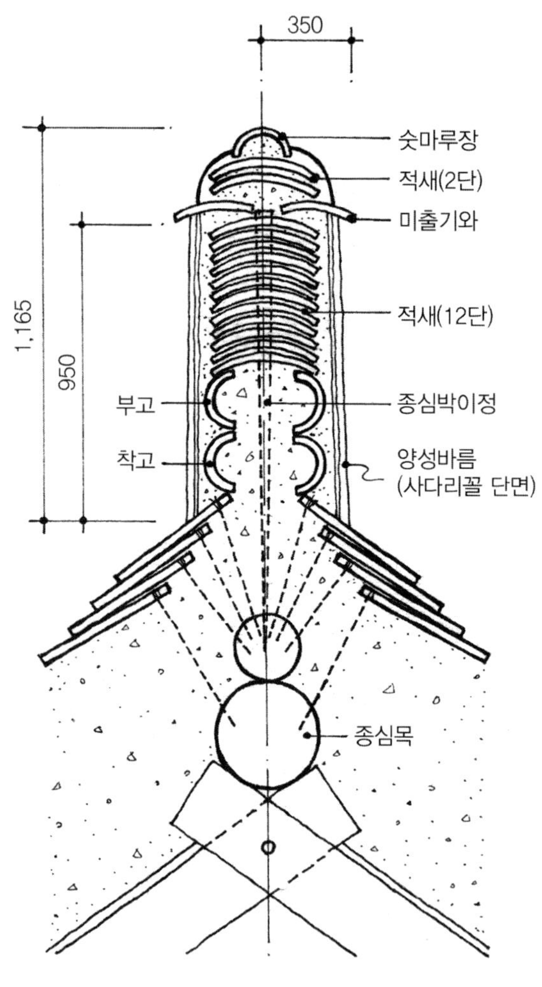

근정전 용마루 단면구조

02 | 구조

① 용마루 기와 쌓기

착고, 부고 → 적새(10~15장) → 미출기와 → 적새 1~2장 → 숫마루장

② 용마루 종심박이정

㉠ 일정 간격으로 90cm 이상의 종심박이정 설치

㉡ 적새를 관통하여 적심도리에 고정

㉢ 종심박이정에 장쇠 설치

③ 동망

㉠ 착고, 부고 위에 동망을 깔고 적새를 쌓은 후 감쌈

㉡ 적새 결속력 보강, 양성바름 미장면의 탈락 방지(현대적 보강기법)

④ 양성바름

㉠ 재료 및 배합(표준품셈) : 초벌(진흙, 여물), 정벌(생석회, 모래, 해초풀)

㉡ 회반죽 바름 : 해초풀 끓인 물 등을 사용하여 점성을 확보

㉢ 하단폭을 상단보다 넓게 경사지게 바름

㉣ 회반죽 바름 두께는 약 3~4cm

㉤ 상면구배 : 양성바름 상면에 자연스런 구배 형성

㉥ 양성바름의 전체 높이는 90~150cm, 두께는 암키와 너비의 1.5~2배 정도

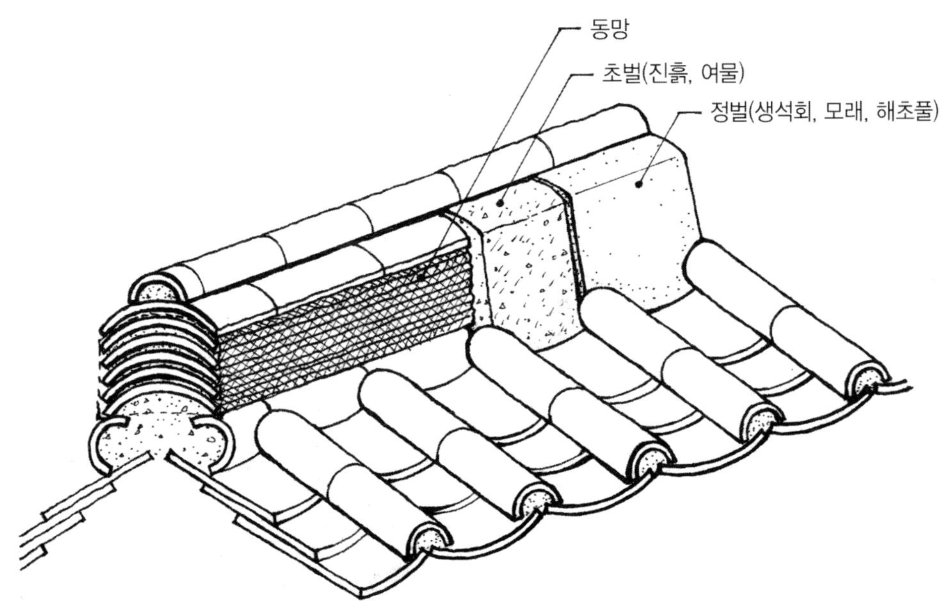

‖ 관덕정 추녀마루 양성바름 설치구조 ‖

⑤ 미출기와

㉠ 적새의 맨 위켜 한 장을 측면에서 2~3cm 내밀어 양성바름면에서 돌출시킨 것

㉡ 윗면에 적새를 1~2단 더 놓고 회반죽 바름

㉢ 용마루에서 사용

⑥ 숫마루장

㉠ 상단 회반죽바름 위에 수키와 설치

㉡ 잡상을 놓는 곳에는 미설치

⑦ 양성바름 균열 방지

조선시대 : 종이여물(지근, 백휴지), 쌀풀, 밀풀 등을 배합하고, 회 표면에 들기름 칠(광택과 방수효과)

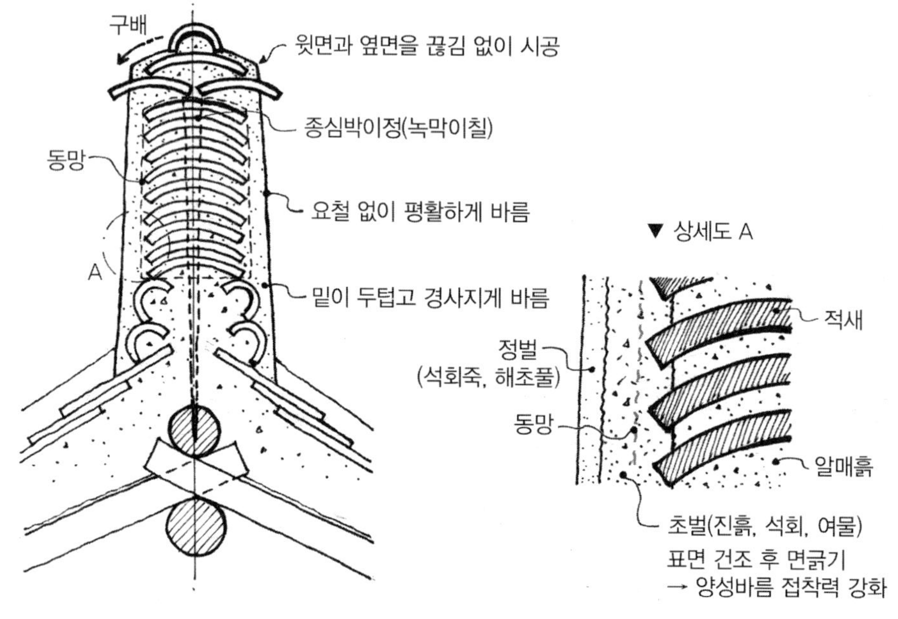

| 양성바름 단면구조 |

03 | 시공 시 유의사항

① 생석회 반죽을 밀실하게 올려 균열 및 탈락 현상이 발생되지 않도록 함

② 생석회 반죽 바르기는 요철 없이 평활하게 바름

③ 피뢰침이나 관리용 철물 등으로 인하여 미장면에 녹물이 발생하지 않도록 함

④ 기준선을 설치하고 수시로 열을 확인하여 기울어짐 없이 바르게 설치되도록 함

⑤ 탈락 및 균열부는 땜질하기 보다는 일정 구간을 제거하고 재시공

⑥ 바탕면바르기는 적새 사이의 삐져나온 알매흙을 긁어내고 적새와 일체가 되도록 바름

⑦ 양성바르기 시 옆면과 윗면은 일체가 되도록 함

⑧ 기왓골과 기와등 윗부분에서부터 용마루의 양면을 약간 밑이 두텁고 경사지게 바름

⑨ 피뢰침 등 철물로 인한 미장면 녹물 발생 유의

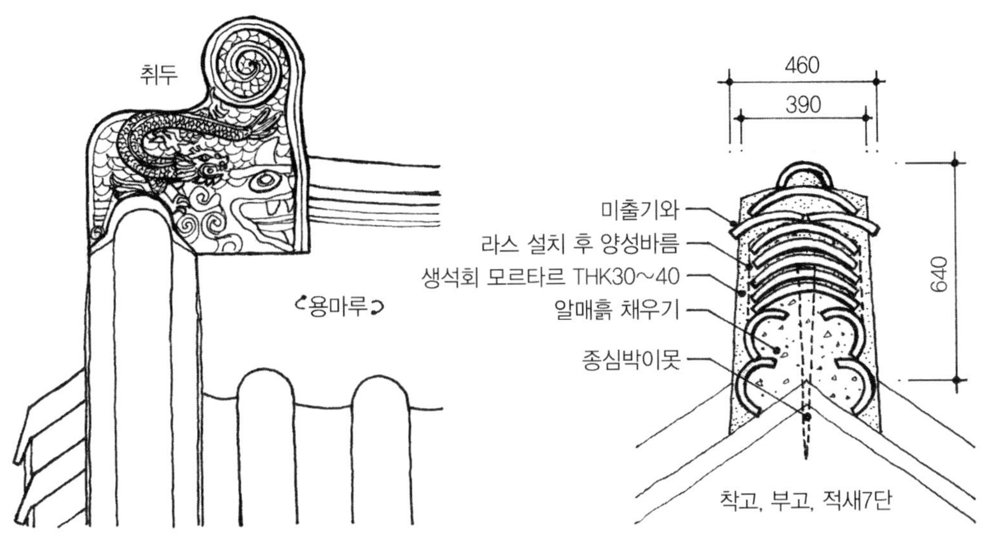

| 관덕정 용마루 양성바름 설치구조 |

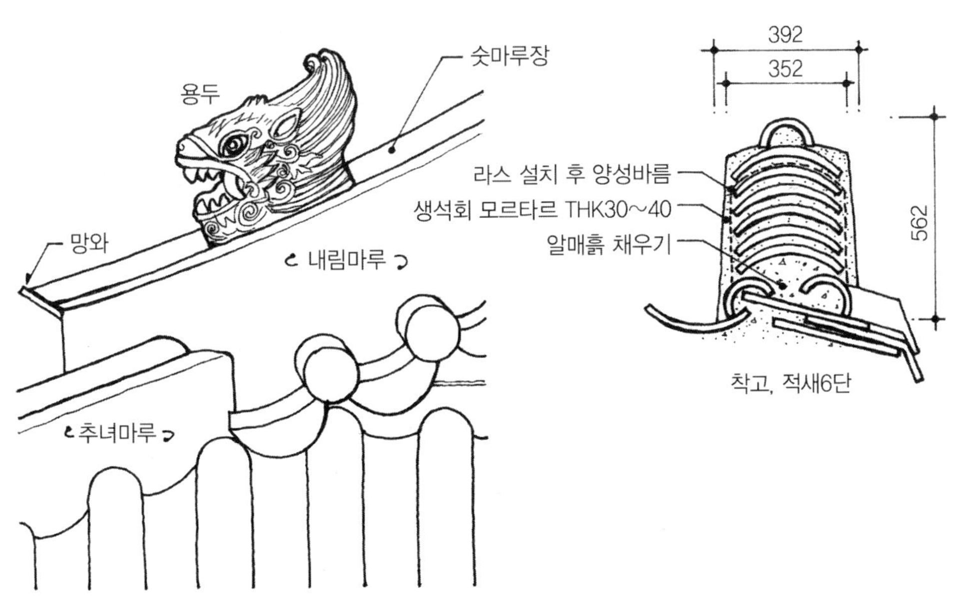

| 관덕정 내림마루 양성바름 설치구조 |

SECTION 08 절병통

01 | 개요

① 모임지붕 꼭대기에 설치되는 항아리 모양의 특수기와

② 점토를 구워 만든 항아리 모양의 2~3개 부재를 중첩하여 사용

③ 하부에 착고, 부고, 막새 등으로 받침대를 꾸미고 절병통 설치

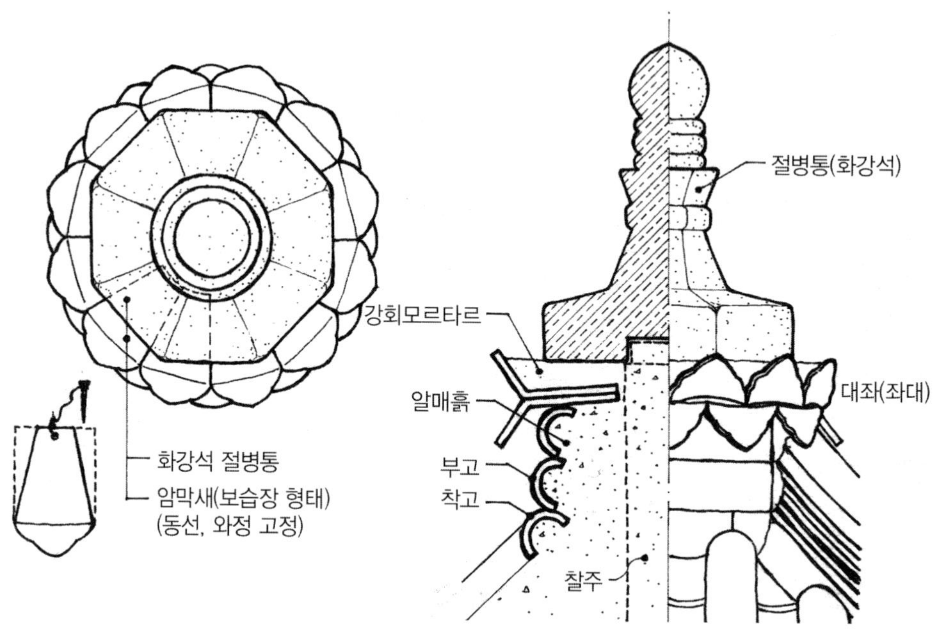

‖ 법주사 원통보전 절병통 설치구조 ‖

02 | 절병통 설치구조

① 대좌

㉠ 건물규모와 지붕면의 크기에 따라 높이가 정해지고 지름은 1.5자~4자에 이름

㉡ 지붕면의 형태에 따라 대좌의 모양이 정해짐(4각, 6각, 8각)

㉢ 마루기와가 만나는 꼭지점에서 대좌의 끝 선에 착고를 끼우고, 부고를 올림

㉣ 착고, 부고 내부에는 알매흙, 와편, 잔돌 등을 채워 다짐

㉤ 부고 설치 후 평면은 지붕형태에 따라 각을 이루되, 각 변의 길이는 같게 함

㉥ 암막새와 수막새를 원형으로 번갈아 놓아 받침대를 설치

② 대좌 구성 기와

㉠ 소와, 특소와 등을 사용하여 설치

㉡ 암막새를 바로 놓거나 뒤집어 놓아가며 꾸미고 수막새 설치

㉢ 4모, 6모, 8모 등 대좌의 평면형태에 따라 기와의 뒤초리를 보습장 형태로 가공하여 배열

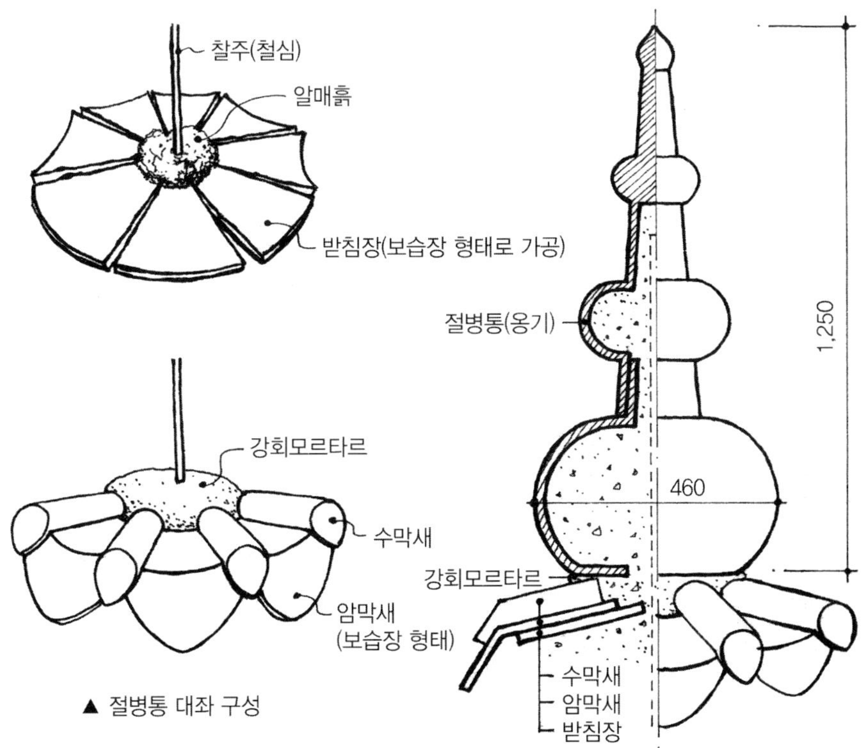

‖ 창덕궁 부용정 절병통 설치구조 ‖

③ 절병통

㉠ 절병통은 찰주를 세워 지지

㉡ 옹기, 화강석, 동판 등으로 제작하여 사용

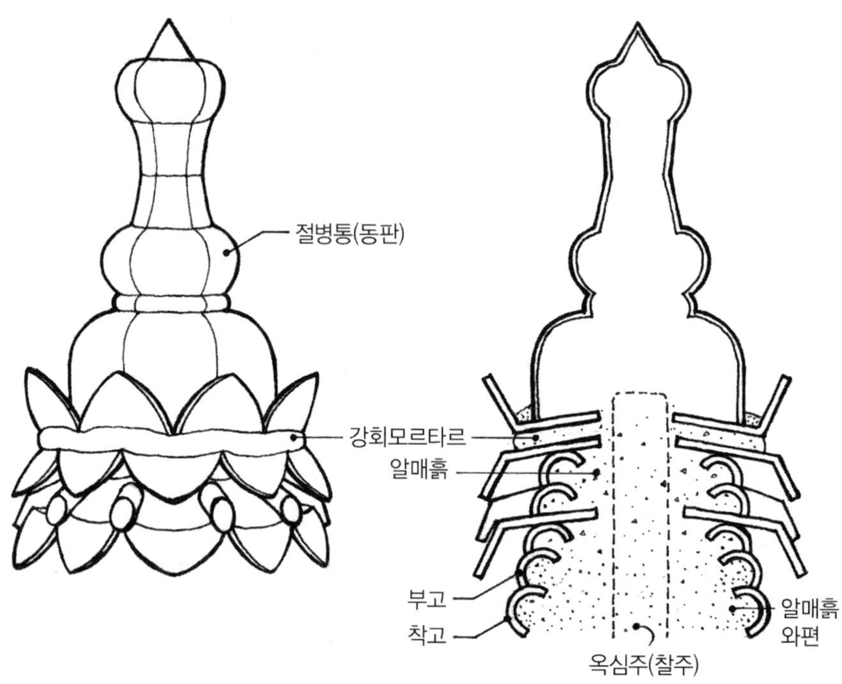

▮ 창덕궁 태극정 절병통 설치구조 ▮

SECTION 09 회첨골이기

① 연암 설치 : 평고대 바깥쪽에 고삽을 대고 상부에 연암 설치

② 동판 설치 : 동판 설치 후 새우흙 깔기(동판 폭 1.2m)

③ 바닥기와

㉠ 연암에서 마루기와까지 실을 띄우고 기와 설치

㉡ 회첨골의 바닥기와는 지붕면 바닥기와보다 한 단 낮게 설치

㉢ 지붕면 바닥기와에 회첨골의 바닥기와가 1/3 이상 겹쳐지도록 설치

㉣ 지붕면 바닥기와와 회첨골의 접속부에는 알매흙을 밀실하게 채움(석회배합비 고려)

④ 어새기와

㉠ 회첨골에 접속되는 바닥기와는 어새로 가공하여 사용

㉡ 어새는 회첨골에 접하는 각도에 맞추어 절단하여 사용

㉢ 어새는 약간 밖으로 배가 부르게 가공

㉣ 회첨골과 접하는 지붕면의 어새기와 하부에는 알매흙을 밀실하게 시공(점성과 강도 확보)

⑤ 회첨골의 물매

㉠ 배수를 고려하여 욱음 없이 직선적으로 시공

㉡ 고삽과 연함의 높이 등을 조절해서 물매 확보

㉢ 기와 2.5겹잇기

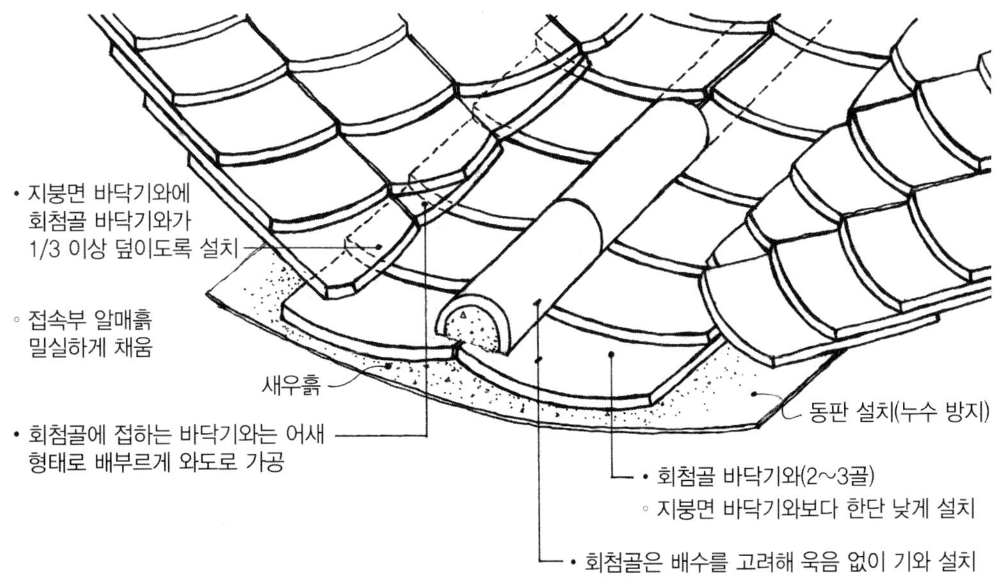

‖ 회첨골 기와 설치구조 ‖

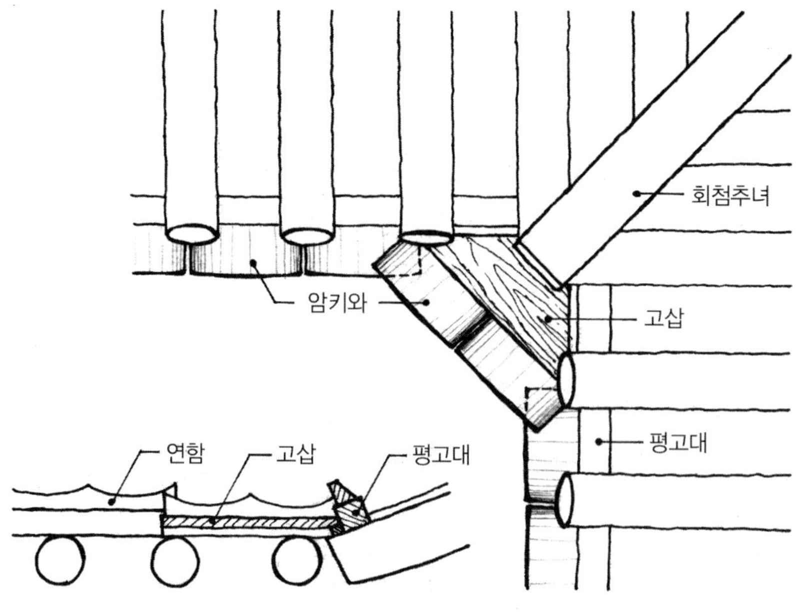

‖ 회첨처마 앙시도 ‖

SECTION 10 현대기와 사용의 문제점 및 과제

01 | 현대기와와 옛기와의 차이

① 암키와의 규격 및 형태

㉠ 옛기와

- 사다리꼴 형태(앞머리와 뒤뿌리의 곡률, 두께 등에서 차이가 존재)
- 아랫면이 얇고 경사지게 제작되어 기와끼리 서로 밀착되고 턱이 낮음(역류 발생 가능성이 낮고 배수가 원활)
- 개별건물, 지역, 시대별로 규격 상이
- 제작 시의 포흔, 등무늬 존재(모골기와)

㉡ 현대기와

- 앞뒤의 폭이 평행하고 전후면 두께가 동일
- 설치 시 계단식 단차가 발생하고, 겹쳐진 기와 사이에 틈이 발생(돌풍 등에 의한 역류와 누수 발생 가능, 배수가 불량)
- 계단식 단차로 인해 수키와 설치 시 틈이 크게 발생

• 개별 건물, 지역적인 차이가 없이 획일적

• 포흔이나 등무늬 없음

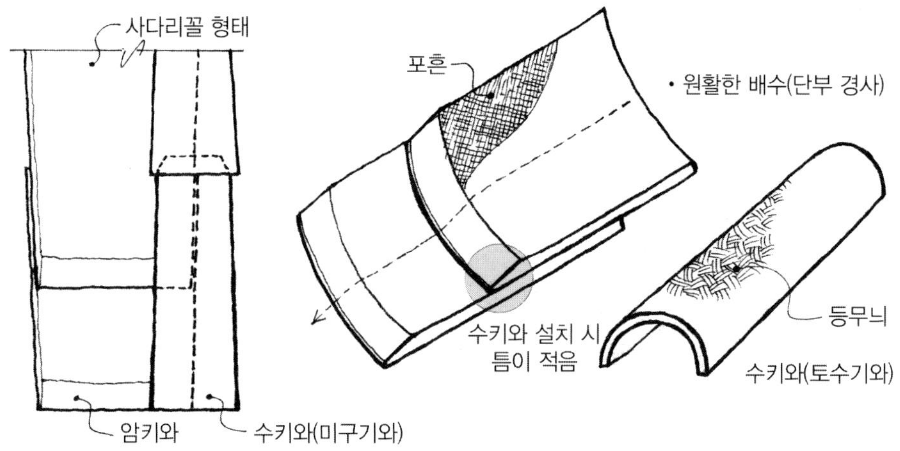

옛기와의 형태와 특징

② 수키와의 규격 및 형태

㉠ 옛기와

• 사다리꼴 형태. 상하부 크기와 곡률 차이가 존재

• 하부 너비가 상부 너비보다 3~5푼 크게 제작

• 언강이 있는 미구기와 / 언강이 없는 토수기와

• 포흔, 등무늬 존재

㉡ 현대기와 : 직사각형 형태 / 상하부 두께 균일 / 언강이 있음 / 포흔이나 등무늬 없음

③ 기와의 질감, 색상

㉠ 옛기와

• 인력을 통한 간이수공업 생산

• 소성온도와 표면탄소처리방식의 차이로 표면의 내구성이 낮음

• 시간 경과에 따라 은회색, 붉은색을 띠게 됨

㉡ 현대기와

• 기계를 사용한 공장제 대량생산

• 높은 소성온도와 표면탄소처리기법의 발달로 표면이 도기질화(광택)

• 내구성이 증가하여 색상변화가 거의 없음(검은색)

④ 기와의 성능

㉠ 옛기와

- 현대기와에 비해 흡수율이 높고 내부에 기포 등이 있어 조직이 균일하지 못함
- 인력에 의한 소량생산으로 인해 기와별로 내구성과 강도가 균일하지 못함
- 흡수율이 높은 반면 수분 발산에는 유리

㉡ 현대기와

- 표면탄소처리기법의 발달로 밀도가 높은 재료를 고온에 소성
- 흡수율이 낮고 강도가 높음. 동파발생률이 낮음

⑤ 기와의 무게

현대기와는 옛기와에 비해 1.5~2배 정도 무거운 것으로 알려져 있음(고밀도 압축 성형)

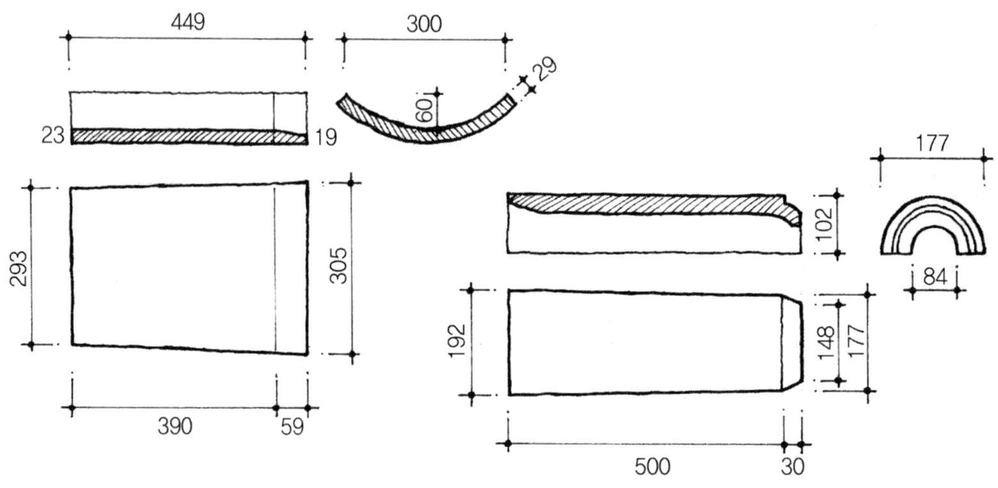

‖ 불회사 대웅전 옛기와 규격 ‖

02 | 현대기와 사용 시의 문제점

① 지붕하중 증가 : 기와무게 증가에 따른 전체 지붕하중의 급격한 증가

② 지붕면 획일화

㉠ 질감, 색상이 동일한 공장제품의 사용으로 개별 건축물의 특수성이 사라짐

㉡ 지붕면의 질감과 색상이 획일화되는 문제

③ 지붕면 색상과 질감

㉠ 포흔, 등무늬 등이 있는 옛기와와 달리 현대기와는 표면이 단순하고 도기질화

㉡ 빛 반사가 심하고 단조로움

④ 지붕면 하부 습기의 방출

흡수율이 낮은 기와의 사용은 지붕면 하부의 내부 습기를 외부로 발산하지 못하는 문제

⑤ 기와 보수 시 시공상의 문제

㉠ 규격 및 형태 차이로 인한 설치상의 문제

㉡ 한 골에 옛기와와 현대기와를 함께 설치할 수 없음(부분적인 수리 불가능)

㉢ 설치 후 질감 및 색상차에 의한 부조화 등 미적인 문제

03 | 개선방안

① 주요 건물의 보수 시 전통방식을 사용한 기와 제작 사용(숭례문)

② 기와 제작 시 등무늬 등도 함께 복원하여 제작

③ 기와 하중의 경감을 위한 연구

④ 가마터의 복원 및 연구, 전통 기와 제작법 연구 및 제와 기능자의 배출과 장려

LESSON 06

지붕부의 훼손 원인과 보수

지붕부 변형의 흐름

기와의 손상(노후화, 충격에 의한 균열 및 동파) → 기와의 유동(고정철물의 이완 및 부식, 알매흙 · 새우흙의 접착력 약화, 홍두깨흙의 유실) → 기와열의 교란 → 누수 → 하부 목부재의 부식(연목, 도리, 추녀) → 구조변형(처마의 처짐, 처마선의 교란)

SECTION 01 지붕부 훼손 유형

① 기와의 균열과 파손

② 기와열의 이완

③ 홍두깨흙, 와구토의 유실

④ 용마루, 내림마루, 추녀마루의 물결침

⑤ 지붕면의 배부름

⑥ 적심의 이완 및 누수

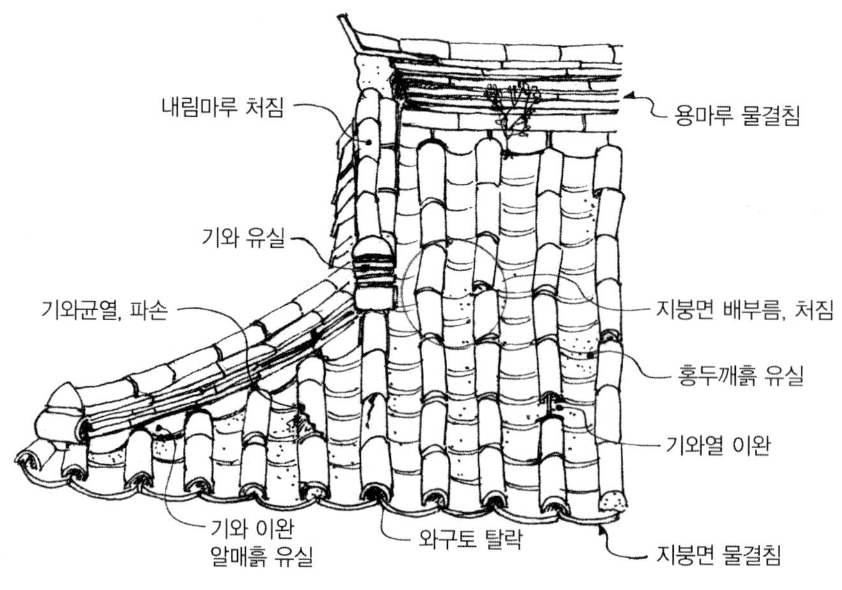

| 지붕부 훼손 유형 |

SECTION 02 지붕부 훼손 원인

01 | 지붕재료의 문제

① 기와 품질 불량에 의한 동파, 기와 내구성 저하에 따른 파손
② 알매흙, 홍두깨흙의 점성 저하

02 | 지붕부 설치구조 문제

① 기와 겹잇기 시 이음길이 부족에 따른 누수 현상
② 기와의 기계적인 겹잇기에 따른 처마부 역류와 누수 현상
③ 막새기와 설치 시 결속력 부족으로 인한 기와 이완 및 탈락
④ 홍두깨흙 부실 시공에 따른 수키와 이완
⑤ 와구토 탈락에 따른 홍두깨흙 유실, 수키와 이완

03 | 적심 설치구조 문제

① 피죽 등 열악한 부재 사용
② 적심 설치 부실(공극 과다)
③ 적심 고정 부실
④ 적심의 부식, 이완, 처짐에 따른 지붕면 처짐 현상

04 | 동절기 시공

① 동절기 시공에 따른 보토, 알매흙, 강회다짐의 양생 불량
② 해빙 시에 내부 습기 발생, 적심 등 목부재 부식, 기와 이완

05 | 풍화 및 주변 환경의 영향

① 시간 경과에 따른 기와의 내구성 저하
② 동결융해 작용에 의한 기와 파손
③ 빗물, 적설에 의한 홍두깨흙의 유실
④ 주변 습기, 와초에 의한 기와의 내구성 저하
⑤ 배면 석축 근접, 잡목 등에 의한 습기와 통풍 저해

06 | 처마부, 지붕가구부의 변위

① 연목, 추녀의 뒤들림과 밀림에 따른 지붕면 변형(배부름, 기와열 교란)

② 맞배집 도리뺄목 처짐에 따른 내림마루 훼손

07 | 기타

① 회첨골의 누수

㉠ 회첨골은 지붕면보다 물매가 뜨게 되어 누수에 취약

㉡ 회첨골 어새 하부의 알매흙 유실에 따른 누수

㉢ 회첨골 수가 1골인 경우

㉣ 동판 미설치에 따른 누수

㉤ 낙엽, 와초 등에 의한 배수 곤란, 습기 작용

② 모임지붕의 누수

㉠ 구릉지 단독 건물의 특성상 비바람에 쉽게 노출

㉡ 추녀마루 하부에 와도로 현장에서 가공한 당골막이 기와 설치 부분의 누수

㉢ 연목, 추녀의 뒤들림과 밀림에 의한 지붕면 배부름, 기왓골 이완

③ 중층건물의 누수

㉠ 상층처마의 처짐에 따른 상층지붕 기와열 이완

㉡ 하층지붕의 상층처마 낙수지점에 홍두깨흙 유실, 기와열 이완

SECTION 03 조사사항

01 | 조사의 중요성

① 지붕 해체 후에는 원형을 알 수 없음

② 해체 전에 설치구조와 기법, 곡, 각부 높이 등에 대한 면밀한 조사와 기록이 중요함

02 | 사전조사

① 현황조사

㉠ 기와 파손 범위와 정도, 기와열의 상태, 홍두깨흙의 상태

㉡ 누수현황조사 : 연목, 개판, 반자 등의 상태 조사

② 지붕재료 및 구조

㉠ 기와의 규격, 재질

㉡ 기존 기와의 문양 및 명문, 등무늬 조사(탁본)

㉢ 지붕마루의 높이, 곡, 적새의 단수, 쌓기법

㉣ 장식기와, 특수기와의 종류와 규격, 설치 위치

㉤ 지붕면의 욱음, 물매 등

㉥ 연암에서의 기와내밀기

③ 상하부 가구의 변위에 대한 조사

㉠ 합각벽의 상태, 연목 및 추녀의 상태, 평고대의 처마선

㉡ 보, 도리, 대공 등의 기울음, 침하, 결구상태

㉢ 공포부의 파손, 침하

㉣ 기둥 및 초석의 기울음, 침하

㉤ 건물의 전체적인 기울음, 회전

④ 주변환경조사 : 배수로, 배면석축, 잡목 등 주변 환경

03 | 지붕단면조사(트렌치 조사)

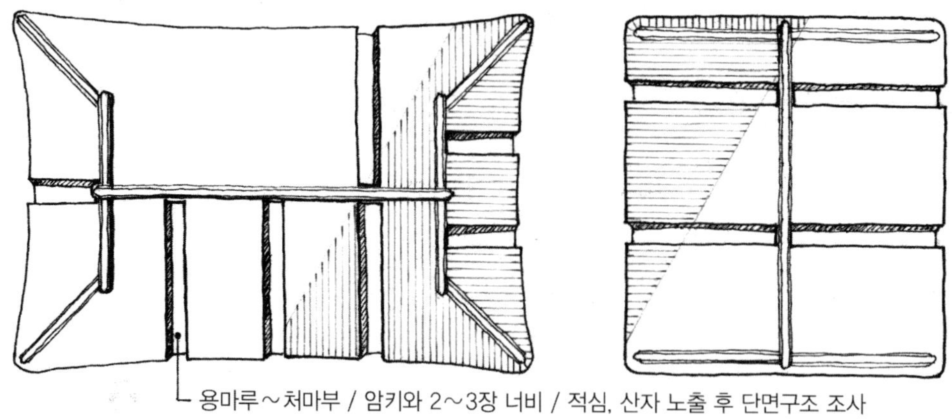

‖ 지붕부 트렌치 조사 예시 ‖

① 조사범위

지붕 전배면과 측면, 중앙면과 퇴칸부분 등 2개소 이상 설치(전체 3～4개소 설치)

② 조사방법

㉠ 암키와 2～3장 너비로 용마루에서 처마까지 해체, 적심 위까지 해체

㉡ 보토 및 강회다짐의 두께와 기와이기 기법 조사

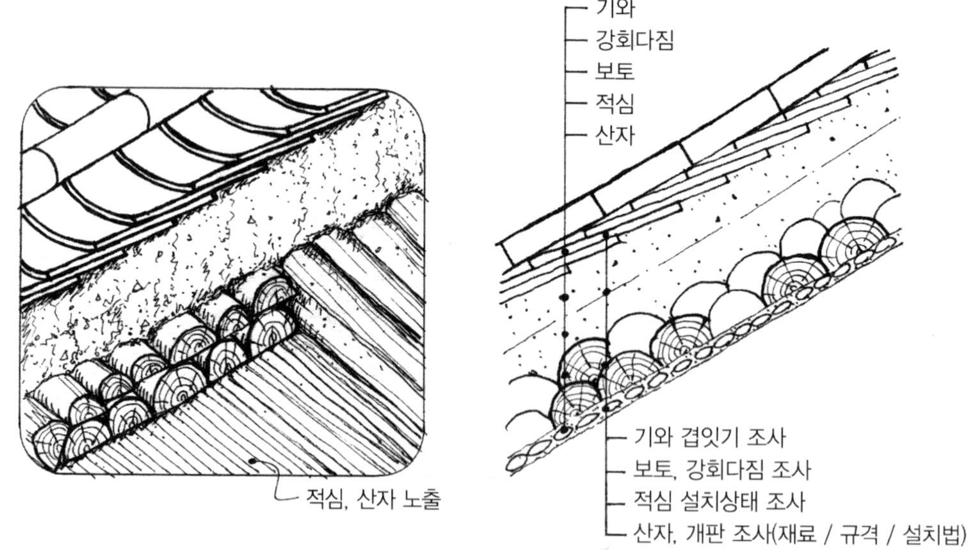

‖ 지붕부 트렌치 조사 ‖

04 | 해체조사

① 훼손 원인에 대한 조사

㉠ 외부에서 확인되지 않았던 보토, 강회다짐층, 적심, 산자 등 내부에 대한 조사

㉡ 지붕부 훼손 원인에 대한 조사와 보수방법 검토

② 지붕부 설치구조에 대한 조사

㉠ 바닥기와, 장식기와, 양성바름, 적심 및 산자, 개판 등의 설치방법에 대한 조사

㉡ 보토, 강회다짐의 설치구조

㉢ 적새 및 양성바름 설치기법

㉣ 장식기와, 막새 등의 설치기법

㉤ 고정철물의 형태, 규격, 위치 및 수량

㉥ 누리개 및 적심재의 재사용 여부와 규격

㉦ 개판의 재료와 규격 및 설치기법

㉧ 산자의 재료와 설치기법

㉨ 머거불 설치기법

③ 지붕부 하중에 대한 조사

㉠ 기와의 규격과 중량, 단위면적당 적심, 보토 및 강회다짐층의 두께 등을 조사

㉡ 지붕부의 하중을 조사하여 적정한 지붕하중 경감방안 마련

05 | 조사 시 유의사항

① 적심에 대한 조사

㉠ 적심재 중 공포재, 초각부재 등은 별도로 분류하여 치수와 문양 등을 조사

㉡ 적심으로 사용된 구부재는 묵서, 치목기법, 치목 연장, 못자리 등을 조사

② 촬영 및 기록

㉠ 적새, 바닥기와, 양성바름, 보토 및 강회다짐층, 적심 등의 구조와 현황을 조사

㉡ 촬영 및 기록을 통해 재조립을 위한 자료를 확보

SECTION 04 지붕부 해체 및 해체 시 유의사항

01 | 지붕부 해체

① 지붕 해체순서

해체 전 사전조사 → 지붕트렌치 조사 → 기와 해체 → 강회다짐 및 보토 해체 → 적심층 해체 → 개판, 산자 해체 → 해체 자재 분류 → 청소 및 현장정리

② 기와 해체순서

장식기와 → 용마루 → 내림마루 → 추녀마루 → 수키와 → 바닥기와

㉠ 장식기와는 지붕의 아래에서부터 해체

㉡ 마루기와는 용마루, 내림마루, 추녀마루 순서로 해체

㉢ 바닥기와는 위에서부터 아래로 해체

③ 해체 부재의 이동 및 적재

㉠ 안전한 장소에 종류별, 사용계획별로 분류하여 보관(재사용, 재활용, 폐기)

㉡ 기와는 눕히지 말고 세워서 적재

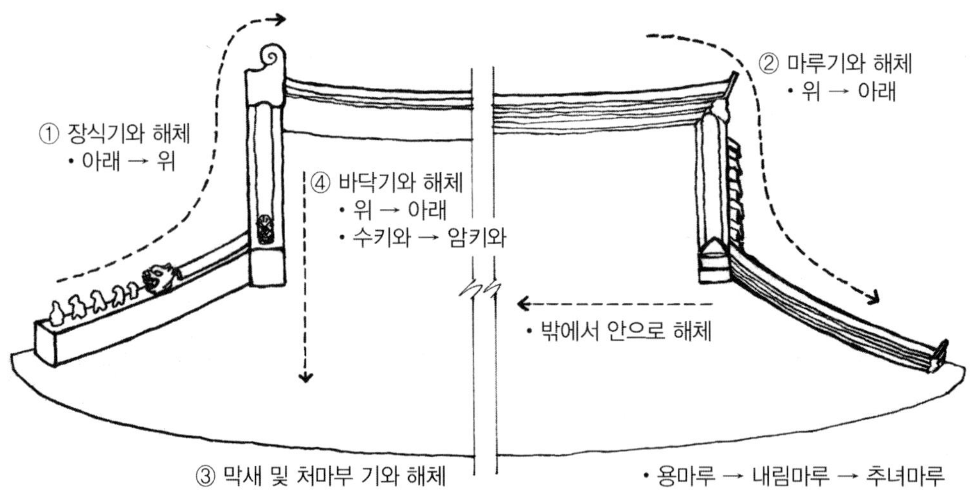

| 기와 해체순서 |

02 | 해체 시 유의사항

① 가새 및 버팀목 설치

지붕 해체 전에 기둥 및 주요구조부, 결구부 등에 가새, 버팀목, 보강받침목 등을 설치

② 균형해체

㉠ 해체 시 편심이 발생치 않도록 건물의 전후좌우에서 균형 있게 해체

㉡ 기와는 해체 후 지붕면에 쌓아놓지 않고 바로 내리고, 내리는 즉시 종류별로 구분하여 적치

③ 해체 시 부재파손 유의

㉠ 파손되기 쉬운 장식기와, 특수기와, 막새 등은 우선 해체하여 별도 보관

㉡ 취두, 치미, 용두, 귀면, 잡상 등 장식기와는 위치를 표시하여 수리 시 기존 위치에 재설치

㉢ 해체 시 용마루 또는 양성에 박힌 고정철심 등을 조심스럽게 수습하여 녹막이처리

㉣ 인력해체 및 인력운반

㉤ 지붕해체 시 수습된 철물은 별도 보관

④ 해체 부재의 보관

㉠ 해체재료는 재사용재와 불용재로 구분하여 표시하고 지정장소에 구분 보관

㉡ 불용재는 가치의 유 · 무 등을 고려하여 보관부재와 폐자재로 구분 보관

㉢ 재사용재와 보관부재는 이물질 제거 후 손상되지 않도록 지정장소에 구분 보관

㉣ 보관부재는 '전통건축부재보존센터' 등에 보관될 수 있도록 조치

㉤ 해체재료는 상태별, 재료별, 위치별 등으로 구분 보관

㉥ 해체재는 공사기간 중에 외부로 반출 금지 / 보관부재 및 불용재는 담당원의 승인을 받아 반출 가능

㉦ 기와를 보관할 때는 눕히지 말고 세워서 보관 / 1.2m(4장) 이상 겹쳐 쌓지 않음

㉧ 재사용 가능한 기와는 별도 보관하고 규격별로 수량을 파악하여 기록

⑤ 비산먼지 발생 억제

㉠ 가설 외부에 분진방지막 설치

㉡ 작업 시 물을 뿌려가며 해체하여 비산먼지 억제

㉢ 보토, 강회다짐 등은 해체와 동시에 용기에 담아서 내림

⑥ 적심해체

적심 중 연목, 첨차, 사래, 평고대 등 주요 목부재들은 사진촬영, 정밀실측 후 별도 장소에 구분하여 보관

⑦ 산자, 개판 해체

㉠ 해체 전 산자의 재료 및 규격, 산자새끼, 산자엮기 기법 등을 조사

㉡ 산자는 해체 전 앙토를 먼저 제거하고, 구간별로 해체하여 내림

㉢ 개판은 해체하여 재사용재와 불용재로 구분하여 보관

㉣ 해체 시 박혀 있는 못을 먼저 빼내고 개판이 파손되지 않도록 주의

SECTION 05 보수방안

01 | 조립순서

산자엮기(진새), 개판 설치 → 누리개 → 적심 → 보토, 강회다짐 → 기와이기 → 장식기와이기 → 합각벽 설치 → 양성바르기 → 마감 및 청소

02 | 구기와의 분류 및 재설치

① 분류 : 기와의 상태 등을 조사하여 재사용, 재활용, 폐기와 등의 수량을 조사

② 재사용 계획 수립 : 재사용 기와의 수량에 따라 재사용 위치 등을 계획

③ 장식기와 재사용 : 재사용이 가능한 장식기와는 균열부 등을 보존처리하여 재사용

03 | 지붕하중 경감

① 지붕하중조사(현황) → 적정 지붕하중 검토(구조계산, 부재조사) → 경감방안 검토(적합성)

② 경감방안

㉠ 단위부피당 중량이 적은 적심의 사용을 늘리고 보토 및 강회다짐의 두께를 조정

㉡ 기와 제작 시 기와두께를 줄여서 제작

㉢ 무게가 가벼운 구와를 최대한 재사용

㉣ 기와이기 시 물매에 따른 신축적인 겹잇기

㉤ 필요시 덧서까래, 헛집 등의 설치 검토

㉥ 덧서까래 시공사례 : 화암사 극락전 측면 지붕부, 대한문 귀처마, 광한루

㉦ 덧집 시공사례 : 경회루, 근정전

■ 기와 교체에 따른 지붕하중 증가 → 하중 경감방안 마련 → 적정하중 검토 및 시공

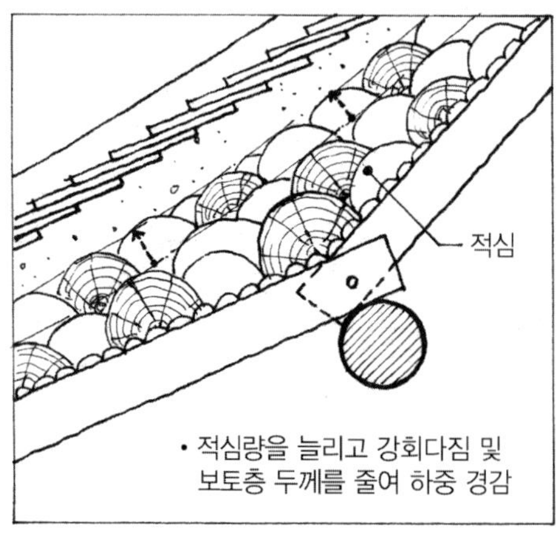

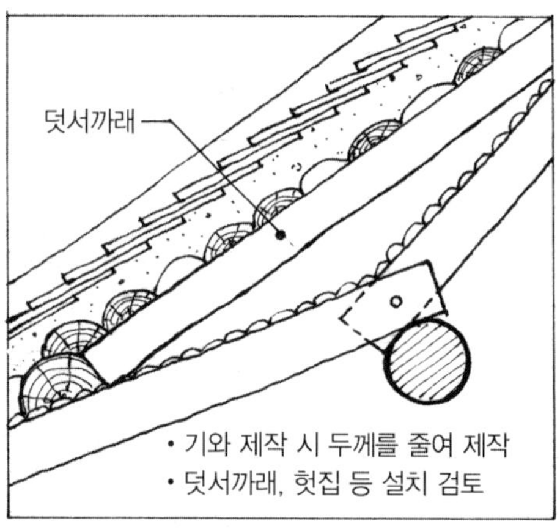

| 지붕하중 경감방안 |

③ 하중경감 시 유의사항

㉠ 적정하중에 대한 검토를 통해 시행

㉡ 문화재의 원형과 가치가 훼손되지 않도록 함

㉢ 연목, 추녀의 뒤들림 등 하중흐름의 왜곡이나 2차 변위가 발생되지 않도록 함

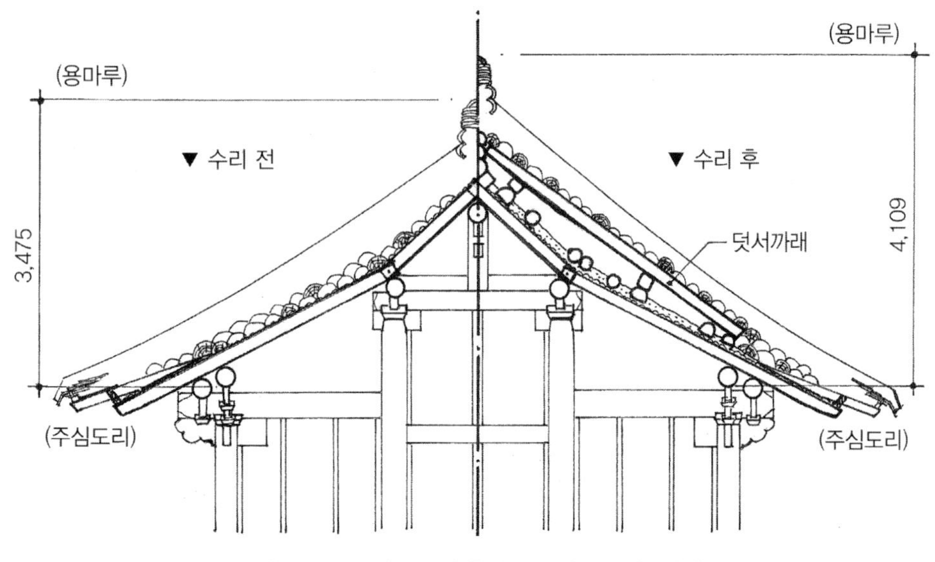

▮ 영천향교 대성전 맞배집 측면부 덧서까래 설치사례 ▮

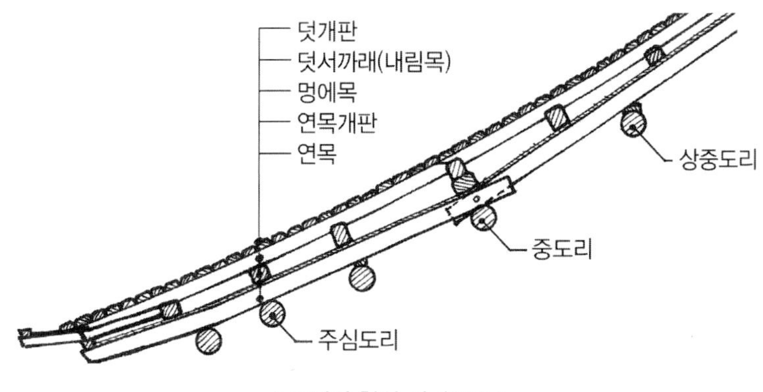

▮ 근정전 헛집 설치구조 ▮

04 | 주변 환경 정비

① 배면 석축 및 배수로 정비

② 잡목 등 습기 유발 및 통풍 저해 요소에 대한 정비

SECTION 06 | 시공 시 주요사항

01 | 일반사항

① 기와는 기존의 것을 최대한 재사용하고 파손, 풍화되어 사용이 불가능한 것은 신재로 보충
② 보충 기와의 제작은 기존 기와 중 원형으로 판단되는 기와와 유사한 규격, 형태, 색상으로 제작
③ 등무늬 문양은 마모되기 전의 문양을 최대한 살려 제작
④ 보충기와는 강도에 지장이 없는 범위 내에서 무게를 줄이기 위하여 두께를 조정
⑤ 보충 기와의 색상은 기존 기와와 같은 색상으로 제작
⑥ 기와는 균열, 모래구멍, 비틀림, 울퉁불퉁함이 없는 것을 사용
⑦ 기와 표면 및 마구리면은 평활하고, 옆면은 심한 요철이 없고 모서리가 파손되지 않아야 함

02 | 조립 시 유의사항

① 기와이기 전 가새 버팀목 설치
② 기와는 불균형 하중이 발생하지 않도록 분산하여 지붕 위에 올려놓음
③ 조사된 겹잇기 구조를 바탕으로 설계도서에 따라 시공하되, 물매를 고려한 겹잇기가 되도록 함
④ 물매가 뜨는 처마부에서는 2~2.5겹잇기 고려
⑤ 적심, 누리개 등은 훈증 및 방충방부처리
⑥ 홍두깨흙, 와구토 등은 쉽게 유실되지 않도록 적정한 석회 배합비를 확보
⑦ 마루기와의 쌓기법, 장식 등은 원형을 유지하여 재시공하는 것을 원칙으로 함
⑧ 취두, 치미, 용두는 기존의 것을 재사용
⑨ 파손되어 재사용이 불가한 경우에는 기존의 형태 및 재질과 같은 것으로 제작하여 사용
⑩ 기와이기가 끝난 다음에는 기와바닥을 물청소하여 마무리
⑪ 기와바닥 청소 시 깨진 기와나 이완된 기와의 여부를 확인하고 불량할 경우 교체

03 | 구와 재사용 방법

① 재사용량이 적은 경우에는 적새 등으로 사용
② 구와와 신와 사이에 하중차이가 발생할 수 있으므로, 보수 시 교체의 범위와 방법을 신중히 고려
③ 구와는 한쪽 면에 모두 설치하지 않고, 구와와 신와를 조화롭게 나누어 설치
④ 풍화를 고려하여 배면보다는 전면 쪽에 구와를 주로 시공(편심 발생 유의 / 균형 설치)
⑤ 중층 건물은 구와를 낙수면 안쪽에 설치하는 방안 고려
⑥ 구와는 골단위로 설치(2~3골 단위로 구와 신와를 교대로 시공)
⑦ 규격이 큰 구와를 기준으로 기와나누기(연암코의 너비를 조절하여 설치간격 조정)

SECTION 07 보수 사례

01 | 기와제작, 지붕하중 경감(익산 숭림사 보광전)

① 바닥기와 : 구와 중 명문이 있는 기와를 금형을 떠서 주문제작(등무늬 표현)

② 막새기와 : 명문이 있는 기와 중 수량이 가장 많고 암막새와 제작기법이 유사하고 비례가 맞는 것을 선택하여 제작

③ 하중경감

㉠ 신와와 구와의 하중차이 발생(암키와 대와 구와는 4.0kg, 제작기와는 6.8kg)

㉡ 기와하중 21ton → 33.7ton으로 증가

㉢ 적심을 최대한 늘리고 보토 및 강회층의 두께를 줄임

㉣ 흙층 200mm(보토) → 흙층 100mm(보토+강회다짐)(총하중 8.2ton 경감)

02 | 적심 재설치, 하중경감(하동 쌍계사 대웅전)

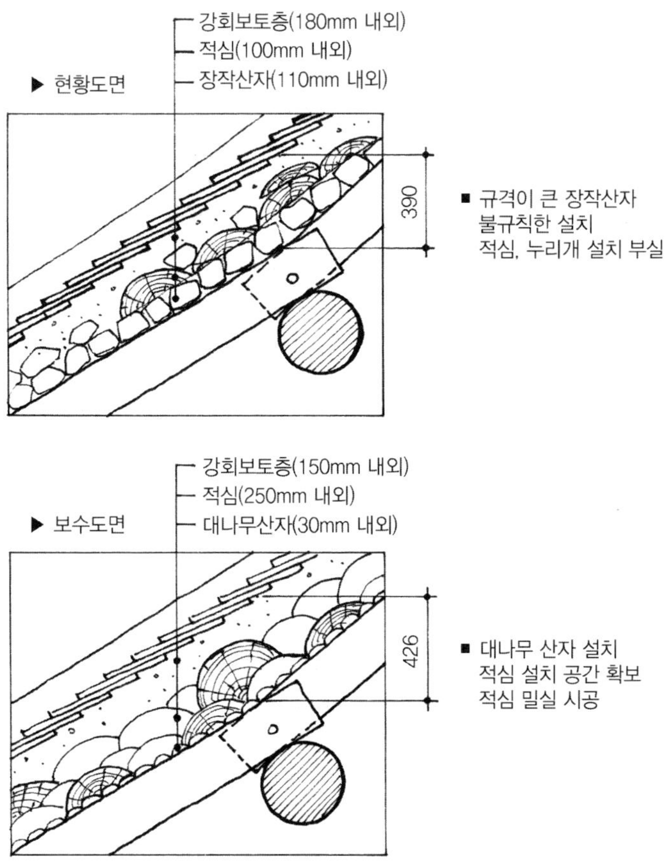

‖ 하동 쌍계사 대웅전 수리 사례 ‖

03 | 숭례문 복구공사 지붕부 시공사례

① 기와품질시험

㉠ 2008년 시험 제작 기와가 KS기와에 비해 동파에 월등히 강함

㉡ 비중이 낮아 목구조에 미치는 하중면에서 유리

㉢ 흡수율은 높으나 통기성이 좋음(습기를 머금은 후 빠르게 건조)

② 강회다짐층 적정성 검토

㉠ 강회다짐층은 1970년대 이후부터 도입한 시공기법으로 전통시공기법이 아님

㉡ 강회다짐층 대신 건토를 사용한 보토로 기와 밑의 물매 잡기

㉢ 기와에서 수분을 흡수하고 배출하는 일을 보토의 마른흙이 함께 수행

㉣ 새우흙, 홍두깨흙에는 생석회 혼합비율을 높여 점착력 확보

③ 지붕 보토 특기시방서

㉠ 1차 보토 : 가수 비빔(두께 70mm)

㉡ 2차 보토 : 가수 비빔한 1차 보토 위로 건비빔하여 깔기(두께 100mm)

④ 양성마루 형태 검토

㉠ 1960년대 수리 이전

- 추녀와 추녀마루가 평면상 불일치(일치시킨 경우보다 용마루 길이 900mm 늘어남)
- 지붕의 입면 비례상 안정감을 높이는 기법(홍화문, 대한문 사례)

㉡ 1960년대 수리 이후

추녀와 추녀마루 일치시킴(용마루 길이 감소)

㉢ 용마루 길이 복원 : 1960년대 수리 이전 상태로 복원

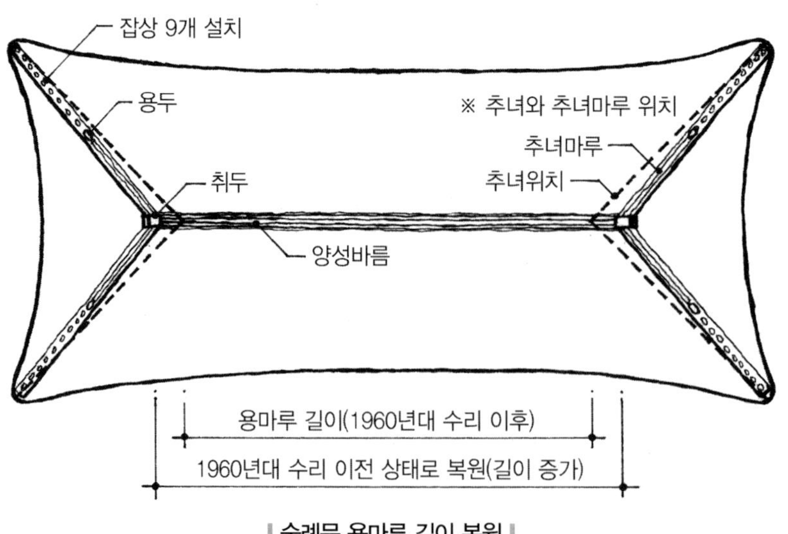

‖ 숭례문 용마루 길이 복원 ‖

⑤ 상층 지붕 바탕공사

㉠ 적심 채우기

- 기준실을 따라 적심 설치
- 부연 상부에는 판재를 횡으로 설치
- 장단연 교차부에는 하중이 큰 굵은 적심목 설치
- 추녀 측면에는 하중 최소화를 위해 작은 적심재 설치

㉡ 1차 보토

- 진새 역할을 겸함
- 물을 섞어 비빔(건보토가 지붕 하부로 떨어지는 것을 방지)
- 남측면은 서쪽부터, 북측면은 동쪽부터 동시에 반대방향으로 깔아나감
- 처마쪽은 이매기에서 30cm 정도 들어온 위치부터 설치

㉢ 2차 보토

- 1차 보토 10일 양생 후 2차 보토
- 건보토(진흙 0.9m^3, 마사 0.3m^3, 생석회 78kg 건비빔)

⑥ 상층 기와이기

㉠ 시공순서

받침장 깔기 → 암막새이기 → 암키와이기 → 수막새이기 → 수키와이기 → 착고이기 → 추녀마루이기 → 취두 설치 → 용마루이기 → 용두, 잡상 설치

㉡ 암키와이기

- 정면, 배면을 먼저 깔고 측면 깔기
- 남동, 북서에서 서로 마주보며 동시에 깔아나감
- 암막새, 초장에 동선을 묶어 와정으로 내부 적심에 고정
- 용마루 쪽의 암키와 3장은 동선으로 적심도리에 고정
- 추녀마루 양측면 암키와는 추녀마루 중심선에 거의 닿을 정도로 깊게 설치
- 추녀마루 착고 하부로 암키와가 깊에 설치되어 우수 침투 방지
- 처마쪽 2.7겹 잇기 / 용마루쪽 3겹 잇기 / 추녀쪽 2.5겹 잇기

㉢ 수키와이기

암키와이기 시 미리 설치해놓은 동선에 수막새 고정

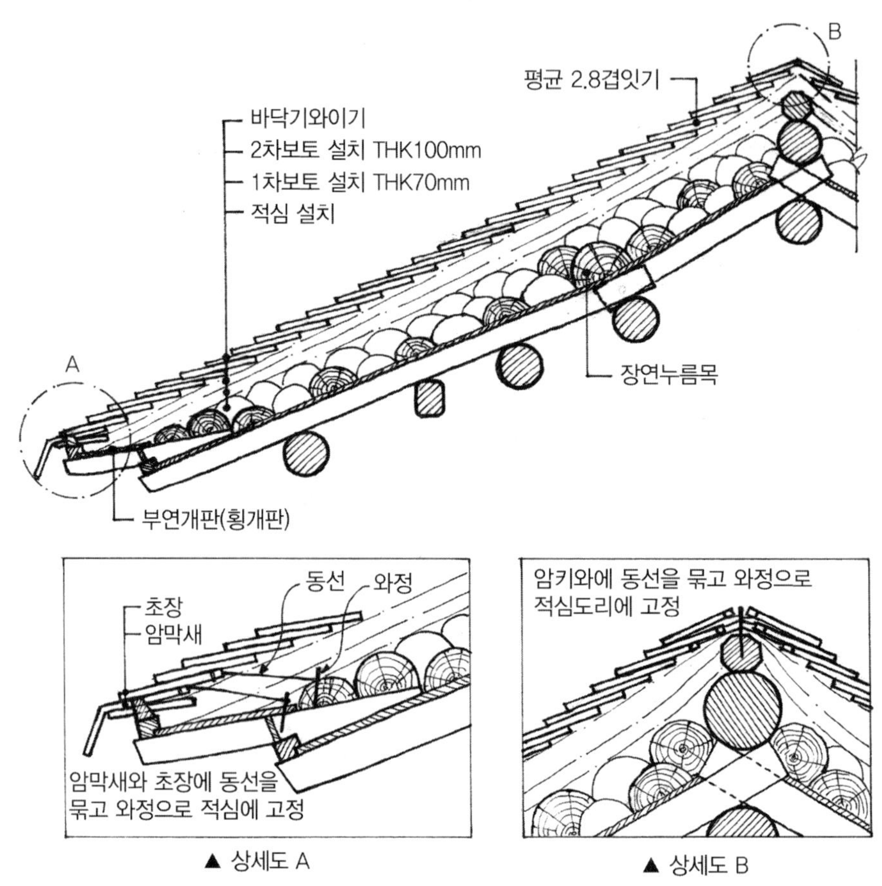

▲ 상세도 A

▲ 상세도 B

‖ 숭례문 상층 지붕부 종단면 구조 ‖

㉣ 마루기와이기(양성바름)

- 착고 상부에 동망 설치 후 부고 설치 → 적새 4단 → 취두 설치 → 적새 7단 → 동망감싸기 → 미출기와 설치, 강회모르타르바름 → 암키와, 수키와 1단
- 마루기와이기 흙은 강회다짐 배합비로 사용(양성바름으로 진흙물 배어나옴 방지)

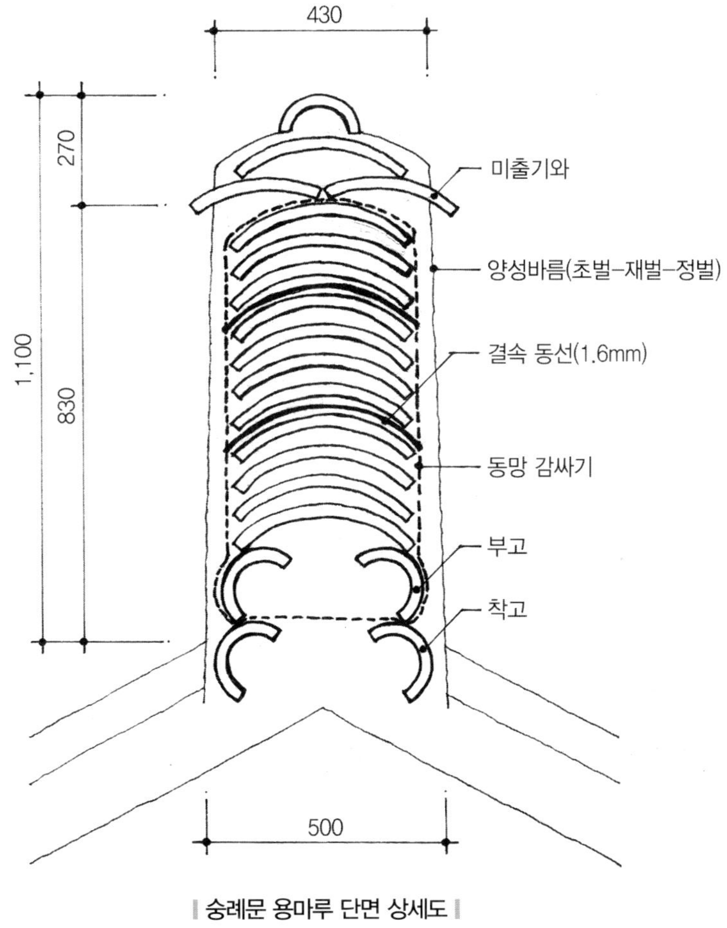

‖ 숭례문 용마루 단면 상세도 ‖

㉤ 장식기와 설치

- 취두 : 3단 구조 / 매 단 내부에 와편과 강회를 채워 취두와 일체화
- 용두 : 동선을 추녀마루 적새 사이로 관통시켜 용두를 수직으로 감아 고정
- 잡상 : 동선을 사용하여 추녀마루 적새 사이에 감아 고정

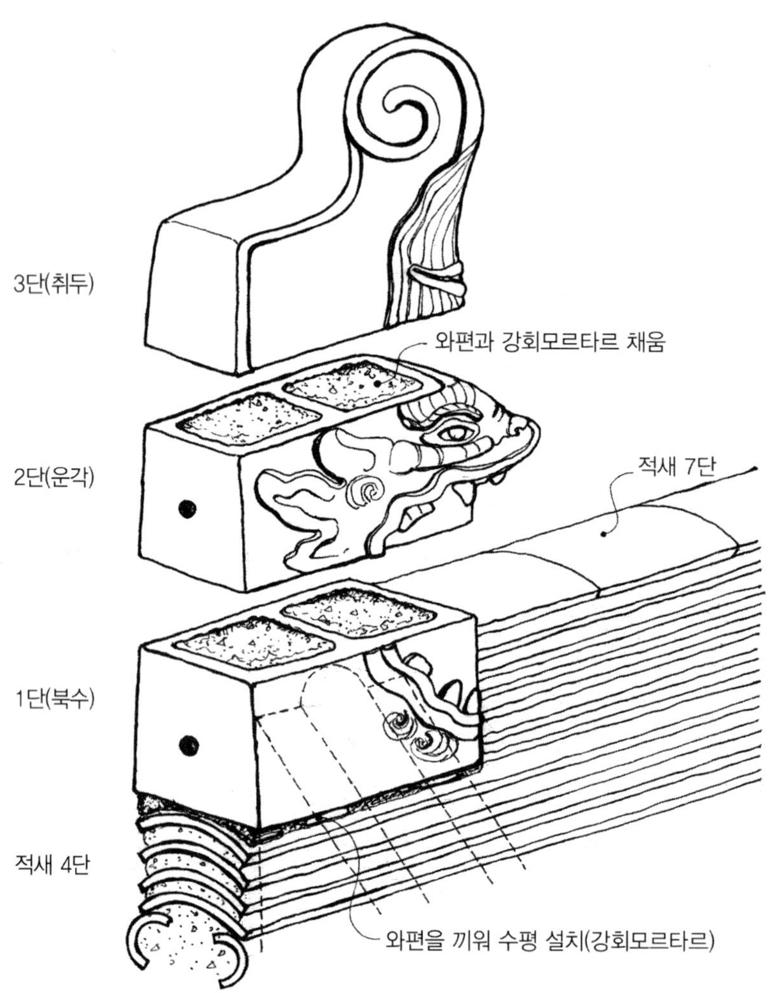

‖ 숭례문 취두 설치구조 ‖

⑦ 하층 기와이기

㉠ 연암

사래쪽 기왓골 3개의 연암 춤을 다른 처마부보다 높게 치목 설치(앙곡 고려)

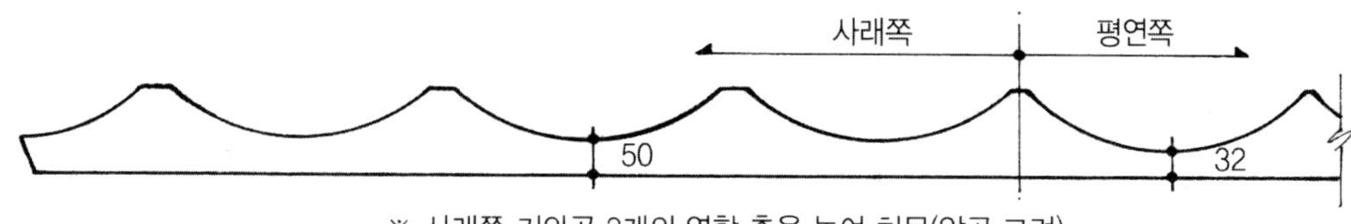

‖ 숭례문 하층 연함 치목 ‖

㉡ 암키와이기

- 2겹잇기(하층은 지붕면이 짧은 관계로 3겹 잇기 시 역물매 및 누수위험)
- 겹수를 작게 하고 알매흙을 얇게 깔아 물매 형성
- 처마쪽은 상층 지붕의 낙수를 고려해 최대한 얇은 기와로 2.8겹 잇기

㉢ 반마루(연마루)

- 상층가구의 기둥열과 맞닿는 하층 지붕의 최상부
- 기둥열 앞쪽으로 착고 설치 뒤 그 위에 암키와 2장를 포개어 구성
- 중인방과 암키와 사이에는 와편을 채우고 마사토와 강회로 양성바름 마감

MEMO

MEMO

REFERENCE

01 | 단행본

경기문화재단, 「화성성역의궤건축용어집」, 2007
김도경, 「지혜로 지은집, 한국건축」, 현암사, 2011
김동욱, 「한국건축의 역사」, 기문당, 2013
김왕직, 「알기 쉬운 한국건축 용어사전」, 동녘, 2007
신응수, 「대목장 신응수의 목조건축기법」, 눌와, 2012
장기인, 「한국건축대계Ⅴ · 목조」, 보성각, 2005
장기인, 「한국건축대계Ⅵ · 기와」, 보성각, 1996
정연상, 「한국 전통 목조건축의 결구법, 맞춤과 이음」, 고려, 2010

02 | 간행물

「2015 문화재수리표준품셈」, 문화재청, 2015
「문화재수리표준시방서」, 문화재청, 2014
「영조규범 조사보고서」, 문화재청, 2006
「전통건축물의 지붕 시공기법 연구」, 문화재청, 2012
「건축문화재 안전점검 기초와 실무」, 국립문화재연구소, 2011
「번와장」, 국립문화재연구소, 2010
「알기 쉬운 목조 고건축구조」,국립문화재연구소, 2007
「전통 목조건축 결구법」,국립문화재연구소, 2014

03 | 보고서

가. 수리보고서

「강릉 객사문 실측 · 수리보고서」, 문화재청, 강릉시청, 2004
「강진 무위사 극락전 수리보고서」, 문화공보부 문화재관리국, 1984
「강화 정수사 법당 실측 · 수리보고서」, 강화군, 문화재청, 2004
「개심사 대웅전 수리 · 실측 보고서」, 문화재청, 2007
「경복궁 건청궁 중건보고서」, 문화재청, 2006
「경복궁 광화문권역 중건보고서」, 문화재청, 2011
「경복궁 근정문 수리보고서」, 문화재청, 2001
「경복궁 근정전 보수공사 및 실측조사보고서」, 문화재청, 2003
「경복궁 집옥재 수리조사보고서」, 문화재청, 2005
「경회루 실측조사 및 수리공사보고서」, 문화재청, 2000
「관덕정 실측수리보고서」, 문화재청, 2007
「관룡사 대웅전 수리보고서」, 문화재청, 2002
「광릉 및 휘경원 보수공사 수리보고서」, 문화재청, 2007
「광릉 정자각 및 비각 수리보고서」, 문화재청, 2010
「김제 귀신사 대적광전 수리 · 실측조사 보고서」, 문화재청, 2005
「김제 금산사 미륵전 수리보고서」, 문화재청, 김제시, 2000
「나주향교 대성전 수리보고서」, 나주시청, 2008
「대구 북지장사 대웅전 수리 · 실측 조사보고서」, 대구광역시 동구청, 2012
「대한문 수리보고서」, 문화재청, 2005
「법주사 대웅전 실측 · 수리보고서」, 문화재청, 2005
「보은 법주사 원통보전 실측 · 수리 보고서」, 보은군, 문화재청, 2010
「봉정사 극락전 수리 · 실측보고서」, 문화재청, 2003
「봉정사 대웅전 해체수리공사보고서」, 안동시청, 2004
「부석사 조사당 수리 · 실측조사보고서」, 문화재청, 2005
「불갑사 대웅전 수리보고서」, 문화재청, 2004
「선암사 대웅전 실측조사 및 수리공사 보고서」, 문화재청, 순천시, 2002
「순천 정혜사 대웅전 수리보고서」, 문화재청, 순천시, 2001
「숭례문 복구 및 성곽 복원공사 수리보고서」, 문화재청, 2013
「안동 봉정사 대웅전 해체수리공사보고서」, 안동시, 2004
「영천향교 대성전 수리공사보고서」, 문화재청, 2001
「완주 송광사 대웅전 수리보고서」, 문화재청, 2002
「완주 화암사 극락전 실측 및 수리보고서」, 문화재청, 완주군, 2004
「울진 불영사 응진전 수리보고서」, 문화공보부 문화재관리국, 1984
「율곡사 대웅전 해체 보수 공사 보고서」, 문화재청, 2003
「전주객사 수리정밀실측 보고서」, 문화재청, 2004
「창덕궁 존덕정 수리보고서」, 문화재청, 2010
「창덕궁 정자 실측수리보고서」, 문화재청, 2013
「청도 운문사 대웅보전 수리실측보고서」, 문화재청, 2007
「하동 쌍계사 대웅전 수리보고서」, 문화재청, 2007
「화성 융릉 정자각 및 비각수리보고서」, 문화재청, 2008

나. 실측조사보고서

「강진 무위사 극락보전 실측조사보고서」, 문화재청, 2004
「경주 양동 무첨당 실측조사보고서」, 문화재청, 2000
「고흥 능가사 대웅전 실측조사보고서」, 문화재청, 2003
「공주 마곡사 대웅보전 · 대광보전 정밀실측조사보고서」, 문화재청, 2012
「근정전 실측조사보고서」, 문화재청, 2000
「나주 불회사 대웅전 실측조사보고서」, 문화재청, 2002
「나주향교 실측조사보고서」, 문화재관리국, 1991
「남원 광한루 실측조사보고서」, 문화재청, 2000
「논산 쌍계사 대웅전 실측조사보고서」, 문화재청, 1999
「밀양영남루 실측조사보고서」, 문화재청, 1999
「부석사 무량수전 실측조사보고서」, 문화재청, 2002
「서울 숭례문 정밀실측조사보고서」, 서울특별시 중구, 2006
「선운사 대웅전 실측조사보고서」, 문화재청, 2005
「성주향교 대성전 및 명륜당 정밀실측조사보고서」, 문화재청, 2011
「수덕사 대웅전 실측조사보고서」, 문화재청, 2005
「수원 방화수류정 정밀실측조사보고서」, 수원시 화성사업소, 2012
「신륵사 조사당 실측조사보고서」, 문화재청, 2005
「안동 봉정사 화엄강당 · 고금당 정밀실측보고서」, 문화재청, 2010
「여수 진남관 실측조사보고서」, 문화재청, 2001
「영암 도갑사 해탈문 실측조사보고서」, 문화재청, 2005
「영천 은해사 거조암 영산전 실측조사보고서」, 문화재청, 2004
「예산 수덕사 대웅전 실측조사보고서」, 문화재청, 2005
「울진 불영사 대웅전 실측조사보고서」, 문화재청, 2000
「울진 불영사 응진전 정밀실측조사보고서」, 문화재청, 2012
「전등사 대웅전 · 약사전 정밀실측보고서」, 문화재청, 2008
「전주 풍남문 실측조사보고서」, 문화재청, 2004
「제주 관덕정 정밀실측보고서」, 문화재청, 2007

REFERENCE

「창경궁 통명전 실측조사보고서」, 문화재청, 2001
「창녕 관룡사 약사전 실측조사보고서」, 창녕군, 2001
「창덕궁 인정전 실측조사보고서」, 문화재관리국, 1998
「청계천발굴유적 실측 및 설계보고서Ⅲ. 오간수문 실측조사보고서」, 서울특별시, 2005
「청도 대비사 대웅전 정밀실측조사보고서」, 문화재청, 2012
「청송 대전사 보광전 정밀실측보고서」, 문화재청, 2011
「청양 장곡사 상 · 하 대웅전 정밀실측보고서」, 문화재청, 2010
「청원 안심사 대웅전 정밀실측조사보고서」, 문화재청, 2012
「피향정 실측조사보고서」, 문화재청, 2001
「한국의 전통가옥 _ 경주양동마을 기록화보고서」, 문화재청, 2009
「한국의 전통가옥 _ 보성 이금재 · 이범재 · 이용욱가옥 · 열화정」, 문화재청, 2006
「합천 해인사 정밀실측조사보고서」, 문화재청, 2014
「해남 미황사 대웅전 정밀실측조사보고서」, 문화재청, 2011
「해인사 장경판전 실측조사 보고서」, 은해사, 문화재청, 2002
「홍성 고산사 대웅전 실측조사보고서」, 문화재청, 2005
「흥인지문 정밀실측조사보고서」, 서울특별시 종로구, 2006

04 | 논문

김동욱, 「조선후기 지붕구조의 새로운 시도」, 한국건축역사학회, 건축역사연구 v.19 n.2(통권 69호), 2010
김병진, 「팔작지붕 추녀에 관한 목구조적 고찰」, 대한건축학회 학술발표대회 논문집, 2007
김왕직, 「수원 화성의 기초공법 고찰」, 한국건축역사학회 춘계학술발표대회, 2007
김왕직, 「조선후기 선자연 치목기법에 관한 연구」, 대한건축학회논문집 계획계 v.26 no.5, 2010
김왕직, 「한옥 평연의 치목기법에 관한 연구」, 대한건축학회논문집 계획계 v.28 no.6, 2012
류성룡, 「주심포 팔작지붕의 전각부 결구방식에 관한 연구 – 추녀와 귀포 결구를 중심으로」, 대한건축학회논문집 계획계, v.22 n.2, 2006
류성룡, 「봉정사 대웅전 팔작지붕 가구에 관한 연구 – 부석사 무량수전과 비교를 통하여」, 대한건축학회논문집 계획계, v.23 n.5, 2007
류성룡, 「고려시대 대공의 결구 방식에 관한 연구」, 대한건축학회논문집 계획계 v.19 no.6, 2003
박언곤, 「합각지붕의 합각마루 위치와 보형비례에 관한 연구」, 한국건축역사학회 추계학술발표대회 논문집, 1991
배병선, 「다포계맞배집에 관한 연구」, 서울대학교 대학원, 국내박사, 1993
이연노, 「고려말 조선초 다포건축 공포의 결구 특성에 관한 연구」, 대한건축학회논문집 계획계, v.19 no.8, 2003
양윤식, 「조선중기 다포계 건축의 공포 의장」, 서울대학교 박사학위논문, 2000
양윤식, 「봉정사 대웅전의 지붕가구에 대해」, 한국건축역사학회 춘계학술발표대회 논문집, 2000
양재영, 「한국 전통건축 팔작지붕의 가구에 관한 연구」, 대한건축학회논문집 계획계, v.25 n.02, 2009
이병춘, 「다포계 공포의 내부살미 변화 고찰 – 내외 2출목, 내외 3출목 공포를 중심으로」, 한국건축역사학회 춘계학술발표대회 논문집, 2012
정연상, 「조선시대 목조건축 기둥 상부의 결구방법에 관한 연구」, 대한건축학회논문집 계획계, v.23 n.6, 2007
정연상, 「조선시대 목조건축 도리와 보의 결구방법에 관한 연구」, 한국건축역사학회논문집 v.16 no.6, 2007
정지원, 「조선후기 지붕구조의 허가연에 관한 연구」,한국건축역사학회 춘계학술발표대회 논문집, 2013
김민구 · 류성룡, 「조전 (조선) 다포팔작지붕의 공포와 외기의 상관성에 관한 연구」, 한국건축역사학회 추계학술발표대회 논문집, 2016
김종훈 · 김왕직, 「초익공집 주요 구조부재 단면치수 계획과 산출기준 연구」, 한국건축역사학회논문집, v.20 no.4, 2011
남창근 · 김태영, 「백제계 및 신라계 가구식 기단과 계단의 시기별 변화특성」, 건축역사연구 (한국건축역사학회지), v.21 n.1, 2012
손영식 · 정형식, 「고대구조물의 기초공법에 관한 연구」, 한국지반공학회지 v.8 no.3, 1992
양태현 · 천득염, 「조선말기 궁궐건축의 다포계 공포의 살미 조형에 관한 연구」, 대한건축학회논문집 계획계, v.27 n.8, 2011
이연노 · 주남철, 「팔작지붕의 가구에 관한 연구」, 대한건축학회논문집 계획계 v.17 no.3, 2001
이예린 · 황종국, 「안초공의 발생과 변천에 관한 연구」, 대한건축학회 춘계 우수졸업논문전 수상 논문 개요집 : 제6회, 2010, 2001
정연상 · 이상해, 「봉정사 극락전의 목조 결구방법에 관한 연구」, 대한건축학회논문집 계획계, v.22 n.4, 2006
장헌덕 · 박새미, 「전통 목구조 살림집의 회첨부 결구방식에 관한 연구」, 한국건축역사학회 추계학술발표대회 논문집, 한국건축역사학회, 2012
정문식 · 한동수, 「화성성역의궤에 보이는 덕량에 관한 연구」, 대한건축학회 학술발표대회 논문집, 2007
김상협 · 이효진 · 김왕직, 「기둥에 관한 한 · 중 · 일 영조법식 비교연구」, 한국건축역사학회 추계학술발표대회, 2006

❑ 전통건축 관련 자료 검색에 도움이 되는 사이트

▌수리보고서 다운로드

문화재청(http://www.cha.go.kr) → 행정정보 → 간행물 → 문화재도서

▌논문 및 자료검색

국회전자도서관(http://dl.nanet.go.kr)
건축도시연구정보센터(http://www.auric.or.kr)
학술연구정보서비스RISS(http://www.riss.kr)
국립문화재연구소(http://www.nrich.go.kr)

저자소개

이승환
문화재수리기술자(보수)

박남신
문화재수리기술자(보수)

정수희
문화재수리기술자(보수, 단청)

문화재수리보수기술자
한국건축구조와 시공 ❶

발행일 | 2017. 4. 10 초판발행
2019. 1. 15 개정 1판1쇄
2020. 11. 10 개정 2판1쇄

저　자 | 이 승 환 · 박 남 신 · 정 수 희
발행인 | 정 용 수
발행처 | 예문사

주　소 | 경기도 파주시 직지길 460(출판도시) 도서출판 예문사
TEL | 031) 955 – 0550
FAX | 031) 955 – 0660
등록번호 | 11 – 76호

• 이 책의 어느 부분도 저작권자나 발행인의 승인 없이 무단 복제하여 이용할 수 없습니다.
• 파본 및 낙장은 구입하신 서점에서 교환하여 드립니다.
• 예문사 홈페이지 http://www.yeamoonsa.com
• 카이스건축토목학원 홈페이지 http://www.ikais.com

정가 : 40,000원

ISBN 978-89-274-3730-7 13540

이 도서의 국립중앙도서관 출판예정도서목록(CIP)은 서지정보유통지원시스템 홈페이지(http://seoji.nl.go.kr)와 국가자료종합목록 구축시스템(http://kolis-net.nl.go.kr)에서 이용하실 수 있습니다.
(CIP제어번호 : 2020044636)